MÉMOIRES

PUBLIÉS À L'OCCASION

DU

JUBILÉ

DE

ÉLIE METCHNIKOFF

(16 Mai 1915)

—

PARIS

MASSON ET Cie, ÉDITEURS

LIBRAIRES DE L'ACADÉMIE DE MÉDECINE

120, BOULEVARD SAINT-GERMAIN, 120

1921

MÉMOIRES

PUBLIÉS A L'OCCASION

DU

JUBILÉ DE ÉLIE METCHNIKOFF

(16 Mai 1915)

ÉLIE METCHNIKOFF
3/16 mai 1845 - 15 juillet 1916.

MÉMOIRES

PUBLIÉS A L'OCCASION

DU

JUBILÉ

DE

ÉLIE METCHNIKOFF

(16 Mai 1915)

PARIS

MASSON ET Cⁱᵉ, ÉDITEURS

LIBRAIRES DE L'ACADÉMIE DE MÉDECINE

120, BOULEVARD SAINT-GERMAIN, 120

1921

JUBILÉ

PROFESSEUR ÉLIE METCHNIKOFF

Le dimanche 16 mai 1915, le soixante-dixième anniversaire d'Élie Metchnikoff a été célébré d'une façon tout intime, à l'Institut Pasteur. A 10 h. 1/2 du matin, les amis, les collègues, les élèves du Maître, présents à Paris, se sont réunis à la bibliothèque, sous la présidence de M. Gaston Darboux. Des membres du Conseil d'administration et de l'Assemblée de l'Institut Pasteur, des membres de l'Académie des Sciences, de l'Académie de Médecine et des représentants de la Colonie russe de Paris s'étaient joints au personnel de l'Institut Pasteur pour offrir leurs compliments au professeur Metchnikoff.

M. Darboux a rendu hommage à Metchnikoff au nom de l'Académie des Sciences et du Conseil d'administration de l'Institut Pasteur. Puis il a lu une lettre du Dr Roux que la maladie tenait éloigné de la cérémonie.

M. Mesnil a donné connaissance d'un grand nombre de lettres et de télégrammes de félicitations adressés par les disciples de Metchnikoff et par diverses Sociétés savantes. S'honorant d'être le plus ancien des élèves présents de M. Metchnikoff, M. Mesnil lui a exprimé la reconnaissance de tous ceux qui ont travaillé sous son inspiration.

M. Metchnikoff a remercié pour les vœux qui lui étaient adressés en ce jour, et, dans une causerie, il a exposé ses idées sur la vieillesse prématurée et les moyens de l'éviter.

LETTRE DE M. E. ROUX

Paris, 15 mai 1915.

Cher Élie Metchnikoff,

Je maudis l'indisposition qui me retient à la chambre, puisqu'elle m'empêche de vous dire, à l'occasion de votre 70ᵉ anniversaire, en présence de nos amis, au nom de vos collègues et de vos élèves, notre admiration pour votre œuvre scientifique et notre affection pour votre personne.

Si, comme le prétend le proverbe, le temps bien employé paraît court, combien ont dû vous sembler brèves les soixante-dix années que vous avez vécues !

Dès votre enfance, vous avez manifesté le goût le plus vif pour la science de la nature, et, à dix ans, vous étiez déjà un sagace observateur des plantes et des insectes. La vivacité de Metchnikoff écolier, son avidité pour apprendre, son aptitude à tout comprendre, nous les imaginons facilement, nous, qui sommes, tous les jours, témoins de l'entrain que vous apportez dans la recherche et de l'émotion que vous éprouvez devant une belle expérience.

C'est, je crois, à dix-huit ans que vous avez publié votre premier travail, non pas travail d'étudiant qui promet, mais travail de maître, contenant une belle et bonne découverte et en faisant prévoir d'autres. Puis les mémoires succèdent aux mémoires et bientôt vous êtes agrégé à l'Université de Petrograd et chef d'école; car vous orientez l'embryologie dans la voie où elle s'est heureusement développée.

Je me garderai bien de m'étendre sur votre œuvre zoologique dont je ne pourrais parler qu'en profane. Je ne dirai de votre carrière de professeur à Petrograd et à Odessa que ce que j'ai entendu de la bouche de vos anciens élèves. Non seulement vous les instruisiez, mais encore vous leur inspiriez l'enthousiasme scientifique. Qui assistait à vos leçons voulait devenir naturaliste. A l'autorité d'un maître sachant communiquer sa science vous joigniez celle d'un caractère prêt à céder la place, plutôt que de s'associer à une mesure injuste. Tel qu'on vous a dépeint à moi, vous étiez professeur plein de feu, prodigue

d'idées neuves, faisant naître les bons travaux, éclore les jeunes
talents et de plus champion du bon droit contre la faveur.
Aussi, quel ascendant vous aviez pris sur les étudiants et de
combien de regrets ont-ils accompagné votre départ !

Au moment où vous quittiez Odessa, Pasteur et ses collaborateurs venaient de publier l'étonnante série des travaux sur
l'atténuation des virus et les vaccinations préventives. La
question de l'immunité, posée depuis si longtemps, pouvait
enfin être étudiée commodément, puisqu'il était possible de
rendre réfractaires les animaux de laboratoire. Vous aussi, vous
y pensiez à cette question de l'immunité, et vous y pensiez en
naturaliste et en philosophe. Vous y aviez été conduit par vos
observations sur la digestion chez les êtres inférieurs. Il est
donc tout naturel que vous ayez pris le chemin du laboratoire
de Pasteur et il est tout naturel aussi que Pasteur vous ait
accueilli avec empressement, car vous ne lui apportiez rien
moins qu'une doctrine de l'immunité.

Jusqu'à vous, ceux qui avaient abordé le sujet l'avaient pris
par le mauvais bout, en l'étudiant chez les animaux supérieurs.
Comment, en effet, suivre un virus et les changements qu'il
détermine dans un être aussi compliqué qu'un lapin ou même
qu'une grenouille? Comment débrouiller le rôle de l'appareil
circulatoire, du système nerveux, celui des cellules et des
humeurs ?

Avec quelle admirable ingéniosité vous avez tourné la difficulté !

Vous placez sous l'objectif du microscope un de ces êtres
transparents composé seulement de quelques cellules s'offrant
à l'œil de l'observateur, et, au moyen d'une piqûre délicate,
vous y introduisez quelques microbes. Si l'animalcule inoculé
est sensible, vous assistez au développement du virus et à l'envahissement des tissus; s'il est naturellement réfractaire vous
voyez par quel procédé il se débarrasse du parasite. Rien de ce
qui se passe entre l'organisme et le microbe ne vous échappe;
le cas est si simple que l'interprétation des faits se présente
d'elle-même.

Sur le porte-objet du microscope, vous faites passer successivement des organismes de plus en plus compliqués et vous
les infectez tour à tour; puis, vous étendez vos études aux

êtres supérieurs. De toutes ces observations, il résulte avec
évidence que chez les êtres naturellement réfractaires, les
microbes sont la proie de cellules douées de mouvements
capables de les englober et de les digérer.

Les choses se passent de la même façon chez les animaux
qui ont acquis l'immunité, les inoculations préventives ayant
accoutumé graduellement les phagocytes aux microbes et à
leurs produits.

Voici de grands résultats obtenus avec des moyens bien
simples, et c'est là le propre du génie.

Aujourd'hui, mon cher ami, vous considérez cette doctrine
de la phagocytose avec la tranquille satisfaction d'un père dont
l'enfant a fait un bon chemin dans le monde. Mais que de
tracas elle vous a causés! Son apparition a provoqué des pro-
testations et des résistances et pendant vingt ans vous avez
combattu pour elle. Il faut avoir vécu dans votre intimité,
pendant cette période de lutte, pour comprendre combien la
recherche scientifique peut procurer de joies et aussi de tour-
ments à celui qui est passionné pour elle. Vous n'évitiez
aucune occasion de vous expliquer; je vous vois toujours, au
Congrès de Budapest, en 1894, discutant avec vos contradicteurs, le visage enflammé, l'œil brillant, les cheveux embrouil-
lés, vous aviez l'air du démon de la science; mais votre parole
et vos arguments irrésistibles soulevaient les applaudissements
de l'auditoire.

Les faits nouveaux, qui semblaient tout d'abord contraires à
la théorie phagocytaire (Phénomène de Pfeiffer, immunité
antitoxique, production des anticorps), entraient bientôt en
harmonie avec elle. Elle s'est trouvée assez compréhensive
pour concilier les tenants de la théorie humorale et les partisans de la théorie cellulaire.

La doctrine de la phagocytose est certainement une des plus
fécondes de la biologie; elle rattache les phénomènes de l'immunité à ceux de la digestion intracellulaire, elle nous explique
le mécanisme de l'inflammation et celui des atrophies. Elle a
vivifié l'anatomie pathologique qui, dans son impuissance à
fournir des interprétations acceptables, était restée purement
descriptive.

L'observation du rôle des macrophages dans la disparition

des éléments nobles des organes altérés vous a conduit à vous occuper des dégénérescences. Beaucoup d'entre elles sont la conséquence des maladies infectieuses et partant évitables; quant à celles attribuées communément à la vieillesse, elles sont, d'après vous, presque toujours prématurées. Elles relèvent d'une intoxication chronique ayant son origine dans la fermentation des matières dans le gros intestin. Vous nous avertissez que c'est manquer de prévoyance que d'abandonner à elle-même notre flore intestinale. Nous devons peupler notre tube digestif de microbes bienfaisants et en éliminer les microbes nuisibles. Une grande partie de nos misères physiques et de nos misères morales sont dues à cette végétation sauvage de l'intestin. Sans elle, nous atteindrions l'âge de la vieillesse normale qui ne connaît pas l'appréhension de la mort. Vous avez développé le sujet dans vos essais de philosophie optimiste, qui sont bien l'œuvre la plus originale et la plus suggestive que je connaisse.

Vous n'en êtes pas resté aux spéculations, et, avec votre activité coutumière, vous avez entrepris l'étude de la flore intestinale, étude compliquée s'il en fût, que nous avons tous intérêt à voir pousser à bien, puisque son but est la prolongation de l'existence humaine.

En attendant d'avoir accompli ce grand œuvre, vous trouvez le microbe du choléra infantile et vous essayez de conserver la vie aux nourrissons que ce fléau fauche par milliers, surtout durant la saison chaude.

Dans vos travaux de bactériologie on devine toujours le naturaliste; que vous avez bien fait de vous souvenir de vos origines! C'est le zoologiste que vous êtes, qui a écrit cet excellent chapitre de physiologie générale, sur le moment où apparaît, dans l'échelle des êtres, la sensibilité aux poisons microbiens et la propriété d'élaborer des antitoxines. C'est encore le zoologue qui a choisi les singes anthropomorphes pour l'étude expérimentale de certaines maladies propres à l'homme. Vos recherches sur la syphilis du Chimpanzé ont donné l'impulsion à la série de travaux qui ont tant fait progresser nos connaissances sur cette grave affection.

Quand, il y a vingt-sept ans, vous êtes entré dans cet Institut qui venait d'être construit, vous désiriez seulement deux petites pièces où vous puissiez travailler en paix. Vous vous étiez installé au rez-de-chaussée, au fond du couloir de gauche, avec Mme Metchnikoff comme préparateur. Ces deux chambres où vous vouliez vous isoler ont été bientôt envahies par les travailleurs en quête d'un guide et d'un sujet de recherches. Vous deviez monter au second étage, dans un local plus vaste, où vos disciples pourraient trouver place. A Paris, comme à Petrograd, comme à Odessa, vous deveniez chef d'école, et vous avez allumé, dans cet Institut, un foyer scientifique qui a rayonné au loin.

Votre laboratoire est le plus vivant de la maison, les travailleurs s'y pressent à l'envi. C'est là qu'on discute l'événement bactériologique du jour, que l'on examine la préparation intéressante, qu'on vient chercher l'idée qui sortira l'expérimentateur des difficultés où il est empêtré. C'est à vous qu'on demande le contrôle d'un fait récemment observé, qu'on dévoile la découverte qui souvent ne survit pas à votre critique. Et puis, comme vous lisez tout, que vous savez tout, chacun puise en vous le renseignement dont il a besoin, la substance d'un mémoire qui vient de paraître et qu'il ne lira pas. Cela est bien plus commode que de chercher à la bibliothèque et aussi plus sûr, car on évite ainsi les erreurs de traduction et d'interprétation. Votre érudition est si vaste et si certaine qu'elle sert à toute la maison. Pour ma part, que de fois je vous ai mis à contribution! On ne craint pas d'abuser de vous, parce qu'aucune question scientifique ne vous trouve indifférent. Votre ardeur réchauffe l'indolent et donne confiance au sceptique.

Vous êtes un collaborateur incomparable, j'en sais quelque chose, puisque j'ai eu la bonne fortune d'être associé plusieurs fois à vos recherches. En vérité, vous faisiez toute la besogne.

Plus encore que votre science, votre bonté attire; qui de nous ne l'a ressentie! J'en ai eu la preuve touchante lorsque, à diverses reprises, vous m'avez soigné comme votre enfant. Vous êtes si heureux d'obliger que vous avez de la reconnaissance pour ceux à qui vous rendez service. Pas plus que vous, Mme Metchnikoff ne sait refuser à qui sollicite et, selon l'expression populaire, votre maison est une maison du bon Dieu.

L'intimité de cette réunion permettant d'y parler à cœur ouvert, je dirai que ne pas donner vous est si pénible que vous aimez mieux être exploité que de fermer la main.

L'Institut Pasteur vous doit beaucoup, vous lui avez apporté le prestige de votre renommée et, par vos travaux et ceux de vos élèves, vous avez largement contribué à sa gloire. Vous y avez donné l'exemple du désintéressement en refusant tout traitement pendant les années où le budget s'équilibrait difficilement, et en préférant aux situations glorieuses et lucratives qui vous étaient offertes la vie modeste de cette maison. Resté Russe de nationalité, vous êtes devenu Français par votre choix et vous avez contracté avec l'Institut Pasteur une alliance franco-russe, longtemps avant que les diplomates en aient eu l'idée.

Si nous vivions dans des temps ordinaires, cette salle serait trop petite pour contenir les fils spirituels, les amis, les admirateurs accourus de tous les pays pour fêter vos soixante-dix ans. Dans les circonstances tragiques où nous sommes, quelques amis seulement se pressent autour de vous. Ceux de vos élèves qui font leur devoir à l'armée m'ont expressément chargé d'être l'interprète de leurs sentiments d'affectueuse vénération. D'autres certainement pensent à vous en ce jour, ils ne peuvent le manifester puisqu'ils sont sous le joug de l'ennemi. Je veux parler de Calmette, enfermé dans Lille, et de Bordet et de Massart, retenus à Bruxelles. Je connais assez leur cœur pour prendre sur moi de vous offrir les hommages qu'ils ne peuvent vous adresser eux-mêmes.

Mon cher Élie Metchnikoff, à soixante-dix ans, après un labeur qui suffirait à illustrer plusieurs savants, vous êtes en belle santé, plein d'activité et d'idées aussi, nous ne vous souhaitons pas un repos incompatible avec votre tempérament, mais une nouvelle période de glorieux travaux.

Excusez, mon cher ami, ces lignes écrites en hâte, dans une chambre de malade, elles exposent votre œuvre d'une façon bien indigne d'elle; cependant, elles auront atteint leur but si vous y sentez l'affection et la reconnaissance de tous ceux qui, absents ou présents, m'ont prié de parler en leur nom.

Dr ROUX.

CAUSERIE DE M. É. METCHNIKOFF

Monsieur le Président,
Mesdames,
Messieurs,

Je suis vraiment confus de ce qu'en ce moment, lorsque toute l'attention est absorbée par une lutte gigantesque, vous vous soyez rappelé un événement aussi minuscule que mon soixante-dixième anniversaire. Je vous remercie tous bien sincèrement. Je remercie tout particulièrement notre honoré Président, M. Gaston Darboux, de son discours si bienveillant à mon égard. Je remercie, non moins, notre cher Directeur, M. Roux, qui m'a comblé de bonnes paroles capables d'illusionner l'homme le plus sceptique sur sa valeur.

Puisque nous nous trouvons réunis ici, je saisis cette occasion pour remercier l'Institut Pasteur du si bon accueil qu'il m'a fait durant les vingt-sept ans écoulés depuis sa fondation. C'est ici, dans le calme du laboratoire, en dehors de toute fonction étrangère au travail rigoureusement scientifique, que j'ai pu développer mes idées et arriver tranquillement à la fin de ma carrière. Car, il faut bien s'y résigner, soixante-dix ans constituent le terme de la vie active, dans les conditions présentes. Et c'est pour cette raison qu'on le célèbre d'une façon toute particulière.

Depuis les temps les plus reculés il a été proclamé par le roi David que « la vie des hommes est de soixante-dix années ; chez les plus forts elle va jusqu'à quatre-vingts ans ; au delà, il n'y a plus que labeur et douleur ». Depuis, cet âge de soixante-dix ans a été désigné comme la limite naturelle de la vie normale. Il a été bien établi et souvent confirmé que c'est vers l'âge de soixante-dix, soixante et onze ans qu'il se produit le plus de décès (abstraction faite des premières années de l'enfance).

Voici le tableau du statisticien italien Bodio qui en fournit la preuve. Je dois me considérer comme particulièrement heureux d'avoir atteint le sommet de cette montagne, ce qui n'est

pas toujours facile. On pense souvent que la longévité est une
qualité héréditaire. C'est ainsi que le célèbre inventeur de
l'antisepsie, Lister, a pu atteindre l'âge de quatre-vingt-cinq
ans, appartenant à une famille dont les membres vivaient
longtemps. Son père est mort à quatre-vingt-trois ans, et son
grand-père à quatre-vingt-treize ans. Tel n'est pas mon cas.

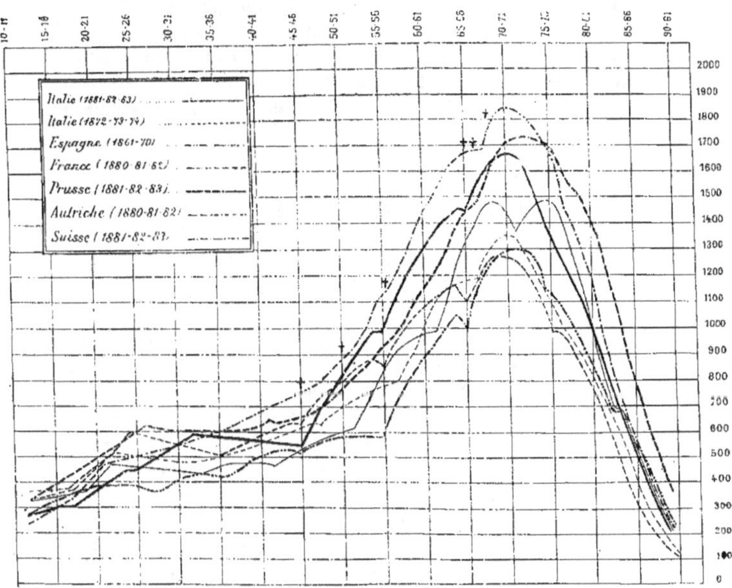

Mortalité aux différents âges, rapportée pour chaque pays à 100.000 naissances.

Mes grands-parents, mes parents, mes frères et ma sœur, tous
ont disparu avant d'avoir atteint mon âge (les petites croix
marquées sur le tableau indiquent l'âge de la mort de mes
parents, de mes frères et de ma sœur). Je suis tenté d'expliquer ma longévité par le régime hygiénique auquel je me
suis soumis depuis un certain nombre d'années, régime basé
sur la conviction de la grande nocivité de notre flore intestinale. Une idée répandue prétend que les microbes de notre
tube digestif se trouveraient en symbiose avec l'organisme

humain; je soutiens la thèse contraire. Je pense que nous nourrissons un grand nombre de microbes nuisibles qui raccour-
cissent notre existence en provoquant la vieillesse précoce et
douloureuse. Aux arguments tirés de l'étude de la flore intestinale on peut en ajouter un autre qui est de toute actualité. Tous
les jours, pendant cette guerre interminable, on voit des plaies
s'infecter, avec des bacilles de Welch (*perfringens*), des streptocoques et encore d'autres bactéries provenant toutes des
matières issues du tube digestif. Ce ne sont donc pas sûrement des hôtes inoffensifs, mais bien des agents de maladie et
de mort.

Persuadé de la nocivité de notre flore intestinale, j'ai institué
depuis plus de dix-huit ans, dans l'intention de combattre son
action néfaste, une expérience sur moi-même; je m'abstiens de
toute nourriture crue et, de plus, j'ai introduit dans mon
régime des microbes lactiques capables d'empêcher la putréfaction intestinale. Ce n'est, bien entendu, que le premier pas
dans la direction que je poursuis. En dehors des agents putréfiants, notre flore abonde en d'autres microbes capables de nous
nuire. Je cite notamment les bactéries productrices d'acide
butyrique, poison qui altère nos organes les plus précieux.
L'étude des moyens pour lutter contre ces microbes a été
interrompue à cause de la guerre qui a nécessité la suppression
des animaux d'expérience. Mais, déjà, dès le début de mes
recherches, j'ai acquis la conviction que la pullulation des
bacilles butyriques ne dépend pas uniquement de la qualité de
la nourriture. Avec exactement le même régime certains singes
hébergent une grande quantité de ces microbes, tandis que
d'autres individus de même espèce n'en contiennent pas du
tout. Ces recherches m'ont persuadé que la flore intestinale
subit une orientation dès les premiers moments après le
sevrage. Il faut donc, pour obtenir une bonne flore intestinale,
ensemencer les microbes utiles et éliminer les microbes nuisibles dès la première enfance. Les expériences à ce sujet
devraient être faites dans des asiles d'enfants et dans des sin-
geries dans lesquelles on tâcherait d'élever des singes. D'un
autre côté, les asiles de vieillards pourraient servir pour l'étude
des régimes alimentaires capables d'assurer la vieillesse normale et la plus grande longévité. Tandis que pour le moment

il faut se considérer comme favorisé si on arrive à soixante-dix
ans encore capable de continuer l'œuvre de sa vie, dans l'avenir
la limite actuelle pourra certainement être reculée de beaucoup. Seulement, pour atteindre ce résultat, un long travail
scientifique est à faire. A côté des recherches sur le rôle de la
flore intestinale comme agent de vieillesse précoce avec ses
lésions vasculaires, nerveuses et autres, la macrobiotique
scientifique, qui est presque toute à fonder, devra étudier les
maladies des vieillards, parmi lesquelles les pneumonies et les
tumeurs malignes occupent une place prépondérante. L'idée
adoptée par notre Institut et si bien défendue par Borrel, sur
l'origine exogène des cancers, doit servir de base aux
recherches nouvelles. Il y aurait lieu d'abord de faire des
observations dans les asiles de vieillards. Si réellement il
existe un virus cancéreux, le régime d'aliments stériles et la
propreté de la peau doivent préserver les hommes contre
l'action funeste de ce virus.

La macrobiotique rationnelle est une science de l'avenir;
mais pour le moment il faut se contenter d'une vie normale à
soixante-dix ans. Heureusement qu'à cet âge déjà, au moins
chez quelques individus à évolution raccourcie (au nombre
desquels je crois appartenir), la peur instinctive de la mort
commence à s'effacer et à céder la place au sentiment de la
satisfaction de l'existence et au besoin du néant. Nous tou-
chons ici à un des plus grands problèmes qui préoccupent
l'humanité depuis les temps les plus reculés. Étant donné que
ce problème était abordé par les penseurs à l'âge où le désir
de vivre est le plus prononcé, on arrivait à une conception pes-
simiste de la vie, parce qu'on ne pouvait pas se présenter un
état d'âme dans lequel ce désir ne se faisait plus sentir. Ce
sont, notamment, les poètes et les romanciers qui s'occupaient
de cette question. Parmi eux, s'est distingué surtout Tolstoï,
qui l'a traitée à diverses reprises et qui a donné le meilleur récit
de la peur de la mort. Par l'organe d'un de ses personnages, il
avoue que pendant de longues années il n'avait jamais pensé à
« une petite circonstance, le fait que la mort arrivera et que
tout sera fini, qu'il ne valait pas la peine d'entreprendre quoi
que ce soit et qu'il est impossible de remédier à cela. C'est
terrible, mais c'est ainsi », conclut-il. En poursuivant ses

réflexions pessimistes, il ajoute : « Si ce n'est pas aujourd'hui, cela sera demain, et si cela n'est pas demain, mais seulement dans trente ans, est-ce que ce n'est pas toujours la même chose ? » (*Anna Karénine*.) Non, ce n'est pas du tout la même chose. Tolstoï, qui était certainement un très grand connaisseur de l'âme humaine, ne se doutait pas que l'instinct de la vie, le besoin de vivre n'est pas le même aux différents âges. Peu développé chez les jeunes gens, il domine d'une façon très intense à l'âge mûr et surtout pendant la vieillesse. Mais, arrivé à une vieillesse avancée, l'homme commence à éprouver un sentiment de satisfaction vitale, une sorte de satiété qui amène une répulsion devant l'idée d'une vie perpétuelle. Dans les conditions actuelles, cet état d'âme ne se manifeste que dans des cas exceptionnels, car très rares sont les individus qui arrivent à une vieillesse très avancée, ayant conservé leur intelligence intacte. Mais dans l'avenir, lorsque l'hygiène rationnelle aura fixé les règles d'une vie normale, l'exception d'aujourd'hui deviendra loi générale.

Lorsque les préoccupations du moment présent, dominées par la guerre mondiale, seront depuis longtemps reléguées dans les archives, les problèmes de la vie et de la mort garderont leur place prépondérante. Il faut espérer que les travaux de notre Institut, auxquels je ne pourrai plus prendre part, contribueront largement pour permettre aux hommes de l'avenir d'atteindre la limite normale de la vie, bien plus longue qu'elle n'est aujourd'hui.

Élie Metchnikoff.

JUBILÉ E. METCHNIKOFF

REMARKS ON THE NATURE AND SIGNIFICANCE

OF THE SO-CALLED

" INFECTIVE GRANULES " OF PROTOZOA

by E. A. MINCHIN.

During the past few years several investigators have observed
the extrusion of minute corpuscles from the bodies of various
Protozoa parasitic in the blood of Vertebrates. The first observation of this kind appears to have been made by Major W. B.
Fry in 1911, who communicated his results to the Royal Society
in June 1911. He regarded these socalled granules as true de-
velopmental stages of the parasite which, after extrusion from
the body of the trypanosome, were capable of developing into
the adult form again. Similar observations were made on the
spirochætes of fowls by Dr. Andrew Balfour, in whose laboratory at Khartoum the observation of Fry were made, and who
proposed for these bodies the term « infective granules ».

At the time when the discoveries of Fry and Balfour were
published, I was engaged in writing my text-book on the Protozoa, which went to press early in 1912 and was published in
September of that year. In that work I wrote (p. 306) : —
« That a trypanosome or any other living cell might excrete
grains which, when set free, could exhibit movements due to
molecular or other causes, is highly probable; but that such
grains represent a stage in the life-history of a trypanosome is

far from being so. »   At the time I wrote these words the only figure of the « infective granules » that had been published, so far as I am aware, was the diagrammatic and scarcely convincing figure given by Fry, and in my criticism I was misled by assuming that the word « granule » was used by Balfour and Fry in the ordinary cytological sense of the word. Subsequently the formation of « infective granules » in Hæmogregarines was described in detail by Dr. Herbert Henry in 1913, and in the same year a full account of these bodies was published by Fry and Ranken. Both these memoirs were accompanied by numerous illustrations, from which (and specially from these given by Fry and Ranken) it seems to me quite clear that the term « granule » applied to these bodies is a complete misnomer; they are not cell-granules in the ordinary sense of the term, but endogenous buds, the formation of which begins by a concentration of chromidia, and each bud, when complete, has the morphological and cytological value of a true cell, very minute in size and reduced almost entirely to its chromatin-elements; the cytoplasm so small in amount as to be practically invisible, or perhaps absent altogether.

In order to establish this interpretation, I may first draw attention to the many known examples of endogenous budding in other Protozoa, and specially in the Amœbæa. There are, in fact, so many examples of this process of reproduction known to occur in Amœbæa that in a short note it is impossible to refer to them all; I must content myself here by mentioning a few typical instances, such as the life-history of *Arcella* (summarized in my book, pp. 177-181 and fig. 80) and that of *Amœba minuta*, recently published by Popoff, and I will deal presently in more detail with the very typical instance described by Liston and Martin. In Flagellata, instances of this method of reproduction are less common, but typical examples are seen in the life histories of the Mastigamœbæ so fully described by Goldschmidt (see also pp. 265-267 and fig. 112 of my book).

I select for special notice the reproduction of the amœba described in detail by Liston and Martin, not only because it offers a very typical example of the process of internal bud-formation, but because the observations were made in my laboratory and I am able to vouch for their accuracy. In the living condition the amœba was seen sometimes to divide as a whole into two by binary fission, after apparent disappearance of the nucleus. More frequently the amœba, while moving about and feeding actively, was seen to extrude tiny buds from its cytoplasm, and these buds moved off as small amœbulæ which

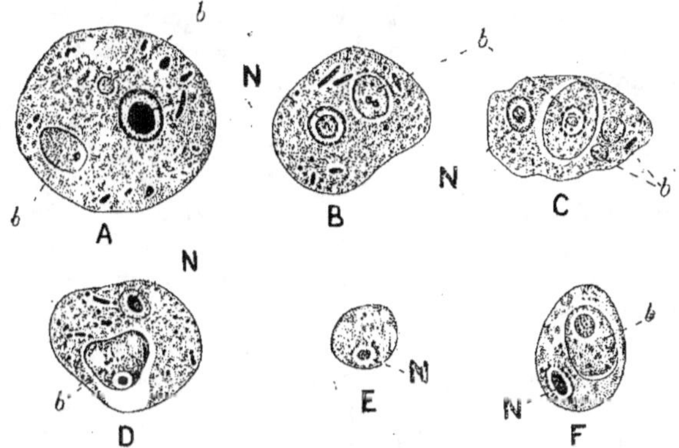

Fig. 1. — *Formation of endogenous chromidial buds in an amœba.*

A, specimen with one large and one small bud; B, smaller specimen with one bud; C, a small specimen with one full-sized bud and two small ones; D, a specimen with a full-sized bud in process of liberation from the parent; E, a bud recently liberated, with its nucleus not fully formed; F, a small amœba containing a large bud. All the amœbæ contain numerous chromidia and ingested bacteria scattered in their cytoplasm; N, principal nucleus, which takes no share in the bud-formation; b, buds in various stages of formation. After Liston and Martin.

grew to the size of their parent and produced other buds in their turn. By both these methods of reproduction, but especially by formation and extrusion of buds the amœbæ multiplied rapidly in the cultures.

In preserved specimens the body of the amœba was seen to contain a conspicuous principal nucleus (N, fig. 1), visible in the living condition, and very numerous chromidial grains in the cytoplasm. In the process of binary fission, the apparent disappearance of the principal nucleus was due to its dividing by mitosis, after which the cytoplasmic body divided also. In the process of bud-formation the principal nucleus took no part; the process began by a small portion of the cytoplasm, containing chromidia, becoming surrounded by a clear space with fluid contents and thus cut off from the rest of the body (fig. 1, A, *b*). The corpuscle thus defined grew in size, its chromidial grains increased in number, and some of them became clumped together at one spot (fig. 1, F, *b*). The entire corpuscle was extruded finally from the body of the amœba (fig. 1, C, D, E) as an amœbula wich contained a nucleus formed from the clump of chromidia. In some cases the nucleus was completely formed before the bud was extruded (fig. 1, D, *b*); in other cases the bud might be set free with its nucleus scarcely advanced beyond the condition of a clump of chromidia (fig. 1, E, N). Several of these endogenous buds could be observed frequently in process of formation in one and the same amœba.

If we now compare the process described by Fry and Ranken in trypanosomes with that described in amœbæ by Liston and Martin, I think no one can fail to be struck by their essential similarity. The bud-formation in trypanosomes begins with extrusion of small chromatin-grains from the trophonucleus (fig. 2, A, chr.), grains which are proved, both by their origin and destiny, to be true chromidia. The chromidial masses can be seen in many cases to be cut off from the cytoplasm of the parent by a clear space ; they travel to the surface of the body and are cast off from it as a free bud, which grows in size and develops into a trypanosome (fig. 2, E-L). In the process of development the bud grows in size by increase of the chromatin-grains (E) and formation of a cytoplasmic body (F) while at the same time the differentiation of the chromatin-elements into trophonucleus and kinetonucleus becomes apparent. The bud continues to grow in size and at such a stage as that figured in fig. 2, H, it only differs from the newly-extruded amœba-bud (fig. 1, E) in possessing a kinetonucleus in addition to the principal nucleus. In later stages a flagellum grows out from the vicinity of the kinetonucleus and the small flagellate may divide, but grows finally into a trypanosome.

From the comparison of the budding in the two cases, it is seen that the bud produced by the trypanosome differs only from that produced by the amœba : 1° in being very minute and containing very few chromidia, perhaps but a single grain (which, however, is of larger size in most cases than the grains in the cytoplasm, and may be produced by a clumping and

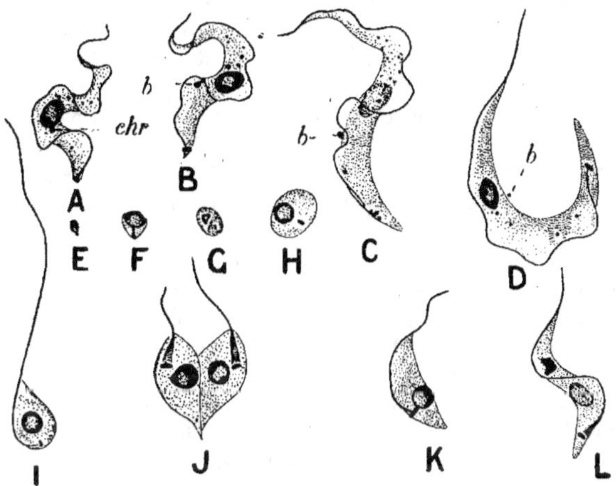

Fig. 2. — *Formation of endogenous buds (« infective granules »),*
in Trypanosoma rhodesiense.

A, a trypanosome containing chromidial grains, one of which (*chr.*) is seen coming off from the nucleus; B, a trypanosome containing chromidial grains, two of which are coming off from the surface of the body as a bud (*b*); C and D, trypanosomes with chromidial grains and buds (*b*) in process of liberation, or liberated, from the body; E-L, development of the buds after liberation from the parent; E-H, growth of the bud with formation of the kinetonucleus; I shows the flagellum formed; J division of small crithidial forms; K and L, small trypanosomes; K, still almost crithidial in structure. After Fry and Ranken.

fusion of smaller chromidial granules); 2° in the apparent absence of cytoplasm. The second of these two features is by no means uncommon in particular stages of some Protozoa, especially when stained by the Romanowsky stain, which, as I have pointed out elsewhere (1909), tends to make the chromatin-elements appear larger than they really are. since the red-staining substance of the combination deposits round the parts witch it selects as well as in them. In the micro-gametes of *Coccidium*, for example, the cytoplasmic substance appears to be represented only by the flagella, and in the microgametes of the malarial parasites, when stained by the Romanowsky method, no cytoplasm can be discerned. I feel justified, therefoe, in asserting that the bud-formation in trypanosomes, as described by Fry and Ranken, differs only in degree, and not in kind, from that already well-known to take place in many amœbæ and other Protozoa; as compared with the process as described by Liston and Martin, the buds of the trypanosomes give the impression of being set free in an earlier and more incomplete stage of differentiation than those of amœbæ.

It is not necessary for me to deal in detail with the « gra-nule-shedding » described by Henry in *Hæmogregarina simondi*, since this author has fully recognized the chromidial nature of these formations, and the opinion I have expressed above with regard to trypanosomes applies also, *mutatis mutandis*, to the case described by Henry. I may content myself by referring briefly to the suggestions put forward by Henry to the effect that the « granules » are to be interpreted as recapitulating an older phylogenetic condition in the evolution of the Protista

I have always been of the opinion that the condition in which the chromatin-elements of the Protist body are in the form of scattered chromidial granules was antecedent phylo-genetically to the condition in which the chromatin-grains are concentrated and organized into a definite nucleus. I imagine to myself the more remote ancestor of the Protozaa as a form with well-developed cytoplasm containing scattered chromidial grains, and that from such a form the definitely cellular cha-racter of the body seen in Protozoa (and in unicellular plants) arose by formation of a definite cell-nucleus from the whole or a part of the scattered chromidial grains. Consequently the chromidial buds, or any other stages of Protozoa in which the chromatin is found only in the form of scattered chromidial grains, might very well be regarded as of phylogenetic and recapitulative significance. I doubt, however, whether the minute buds of trypanosomes and hæmogregarines can be interpreted as recapitulating a still older phylogenetic stage, similar to that perhaps represented by the Chlamydozoa at the present day, a stage in which the body consists of a single chromatin-grain. It seems to me much more likely that the minute buds of trypanosomes and hæmogregarines have arisen by a secondary reduction in size and structure of chromidial buds such as those formed in amœbæ and other Protozoa, probably as an adaptation to parasitism in blood; and that consequently their minute size and simple structure must not be regarded as characters which are capable of a phylogenetic interpretation.

I would like to point out, finally, that the discoveries of Fry and Ranken and of Henry constitute, in my opinion, a very important advance in our knowledge. They show that reproduction by formation of endogenous chromidial buds occurs in the Hæmoflagellates and Hæmosporidia, groups in which it had not been suspected hitherto to take place (1). It may well be, therefore, that this method of reproduction is of much wider occurrence among Protozoa than has been supposed up to the present, and that in many forms, such as *Lamblia*, for example, where division is not often found, it may be on method of the reproduction of the organism. Light is also thrown by it on the nature of the « chromatoid grains » of trypanosomes, which have been asserted to be, in most cases, grains of the nature of volutin; but the proof that they can give rise to « secondary » nuclei puts it beyond all doubt that in some cases at least , they are true chromidia. I may mention here that I drew attention to extrusion of grains from the nucleus in my memoir (1909, p. 795 and p. 802) on *Trypanosoma lewisi*.

Summary and Conclusions. — This brief note does not a bring forward any facts hitherto unknown, but attempts to

---

(1) I do not refer here specially to the observations of Balfour on spirochætes, because I am unable to regard these organisms as true Protozoa, and I think it possible that the « infective granules » or « coccoïd bodies » of spirochætes may require a different cytological (and phylogenetic) interpretation from those of trypanosomes, in spite of their similarity in appearance and function.

compare and coordinate certain known facts with a view to demonstrate their essential similarity and homology. The conclusion reached is that the phrase « infective granule » is misleading and erroneous, since the bodies so termed are true endogenous chromidial buds. Consequently the term « granule-formation » should be replaced by « endogenous bud-formation » and the term « granule shedding » by extrusion of buds or some similar phrase.

Lister Institute, April, 1914.

REFERENCES

BALFOUR, A. (1911). — The Infective Granule in certain Protozoal Infections, as illustrated by the Spirochætosis of Sudanese Fowls. *British Medical Journal*, 1911 (1), p. 752 (April 1st).

FRY, W. B. (1911). — A Preliminary Note on the Extrusion of Granules by Trypanosomes. *Proc. Roy. Soc.* (B) LXXXIV, p. 79, 80, 1 text-fig.

FRY, W. B. and RANKEN, H. S. (1913). — Further Researches on the Extrusion of Granules by Trypanosomes and their Further Development. *Proc. Roy. Soc.* (B) LXXXVI, p. 377-393, pls. IX-XI.

HENRY, H. (1913). — The Granule Shedding of *Hæmogregarina simondi*. A consideration of the Infective Granule in the Life-history of Protist Organisms. *Journ. Pathol. Bacteriol.*, XVIII, p. 240-258, pls. XX-XXII.

LISTON, W. G. and MARTIN, C. H. (1911). — Contributions to the Study of Pathogenic Amœbæ from Bombay. *Quart. Journ. Micr. Sci.*, LVII, p. 107-128, pls. XVI-XVIII.

MINCHIN, E. A. (1909). — The Structure of *Tryponosoma lewisi* in Relation to Microscopical Technique. *Quart. Journ. Micr. Sci.*, LIII, p. 755-808, pls. XXI-XXIII.

— (1912). — An Introduction to the Study of the Protozoa. London (Edward Arnold).

POROFF, M. (1911). — Ueber den Entwicklungscyclus von *Amœba minuta*. *Arch. Protistenkunde*, XXII, p. 197-223, pls. XIII, XIV, 7 text-fig.

LE ROLE ANTIPUTRIDE DE LA BILE

par H. ROGER.

Les bactéries de l'intestin, s'attaquant aux débris alimentaires, élaborent des substances dont le rôle pathogène est indiscutable. Bouchard avait insisté sur l'importance des putréfactions intestinales. Metchnikoff a repris et élargi la question, il a montré que les troubles fonctionnels les plus variés, les lésions viscérales les plus diverses, les dégénérescences cellulaires les plus profondes, que certaines manifestations de la décrépitude sénile doivent être rattachés à l'action des poisons putrides.

L'importance des putréfactions intestinales donne un intérêt considérable à la recherche des procédés que l'organisme met en œuvre pour en restreindre le développement et en atténuer les effets.

Depuis longtemps, physiologistes et médecins attribuent à la bile un pouvoir antiputride. Quand ce liquide n'est plus déversé dans l'intestin, les putréfactions augmentent : les matières exhalent une odeur forte et nauséabonde ; des gaz fétides sont expulsés par l'anus : l'haleine acquiert une senteur désagréable.

Ces constatations bien simples ont conduit à supposer que dans les conditions normales la bile entrave la pullulation des microbes.

L'expérience ne confirme pas cette déduction. La bile, exception faite du pneumocoque, ne trouble pas la végétation des bactéries, et, dans bien des cas, la favorise.

Il y a entre ces deux constatations une contradiction flagrante, un véritable paradoxe, dont il m'a semblé utile de poursuivre l'étude.

Ayant semé des cultures polymicrobiennes d'origine intestinale, comparativement dans du bouillon pur et dans du bouillon additionné de bile, j'ai constaté que la pullulation des microbes est aussi abondante dans les deux milieux; mais la flore est loin d'être identique. La bile favorise le développement du colibacille au détriment des anaérobies, c'est ainsi que le *Bacillus perfringens*, le *Bacillus butyricus*, quand ils sont en culture pure, ne sont nullement gênés par la bile, mais dans une culture mixte avec le *Bacillus coli*, ils sont étouffés par leur associé.

En favorisant la pullulation du colibacille aux dépens des anaérobies, qui sont les principaux agents des putréfactions, la bile exerce indirectement une action antiputride. En modifiant la flore, elle modifie les fermentations. Mais son rôle ne se borne pas à aider la concurrence vitale de certains microbes, elle exerce sur ceux qui se développent une action fort curieuse : elle trouble leur fonctionnement et diminue leur pouvoir fermentatif. C'est ce qu'on démontre facilement en étudiant les transformations des hydrates de carbone.

Dans une première série de recherches, j'ai utilisé de l'eau peptonée ou du bouillon contenant de l'amidon et additionné de carbonate de calcium, ce sel étant indispensable pour neutraliser les acides de fermentation dont l'accumulation ne tarderait pas à arrêter la végétation des microbes. Les milieux ainsi préparés sont distribués dans des tubes, dont les uns sont gardés comme témoins, dont les autres sont additionnés d'une quantité variable de bile. Tous sont ensemencés avec des cultures polymicrobiennes d'origine intestinale. Chaque jour on prélève une petite quantité de ces divers liquides et, par le réactif iodo-ioduré, on suit la marche du processus. La couleur primitivement bleue devient, à mesure que l'amidon est remplacé par les dextrines, violette, puis lilas et rose; quand il ne reste plus que des achrodextrines, du sucre et des acides de fermentation, le liquide est simplement coloré en jaune par le réactif.

On constate ainsi que, dans les tubes témoins, l'hydrolyse est achevée en trois ou quatre jours; dans les tubes contenant de 2 à 15 p. 100 de bile, on trouve encore, au bout de quinze jours, des quantités appréciables de dextrine et même d'amidon.

Ce qui complique le problème, c'est qu'en augmentant la

teneur en bile, on obtient un effet diamétralement opposé.
Quand la proportion atteint de 33 à 66 p. 100, l'attaque de
l'amidon est plus énergique et plus rapide que dans les tubes
témoins.

On peut remplacer la bile totale par des solutions de sels
biliaires : les résultats sont analogues; les fortes doses favorisent la fermentation, les doses moyennes l'entravent. Mêmes
résultats en utilisant au lieu d'amidon du glycogène, c'est-à-
dire des décoctions de foie de lapin additionnées de peptone, ou
en employant des solutions de glycose. Avec ce sucre, les
recherches gagnent en précision, des dosages quotidiens permettant de suivre exactement la marche du processus.

Les résultats obtenus avec les cultures polymicrobiennes,
s'ils ont l'avantage de nous renseigner sur ce qui doit se passer
dans l'intestin, ont l'inconvénient d'être assez complexes; il
faut les compléter par une étude analytique faite en choisis-
sant certains microbes intestinaux et en recherchant les variations de leur pouvoir fermentatif.

Il était tout indiqué de commencer par le microbe le plus
répandu, le colibacille, qui se prête d'autant mieux à l'expérience qu'il attaque fortement le glycose. Le milieu utilisé
contenait 1,25 p. 100 de ce sucre; après vingt-quatre heures
de culture, on trouvait les chiffres suivants :

```
  *  Tubes témoins . . . . . . . . . . . . . . . . . . . . .   0,33
     Tubes contenant 5 à 10 p. 100 de bile . . . . . .   0,6 à 0,62
     Tubes contenant 18 p. 100 de bile . . . . . . . . . . .   1,08
     Tubes contenant 33 p. 100 de bile . . . . . . . . . . .   0,39
```

Ainsi les doses moyennes empêchent presque complètement
la fermentation du glycose; les doses élevées la diminuent
légèrement.

Pour donner un caractère plus général à mes résultats, j'ai
étudié l'action du *Bacillus mesentericus vulgatus* sur l'amidon.
Ce microbe est un hôte constant du tube digestif, qui attaque
si énergiquement les matières amylacées que, dans les tubes
témoins, le réactif iodo-ioduré ne décèle, au bout de quarante-
huit heures, que des traces de dextrine; après quatre jours, il ne
provoque plus de coloration appréciable. L'adjonction de la
bile, quelle qu'en soit la proportion, entrave notablement la
fermentation. Après douze ou quinze jours, le processus n'est

pas terminé; le réactif iodo-ioduré provoque encore une belle coloration violette. C'est du moins ce qu'on observe avec les doses moyennes oscillant entre 15 et 20 p. 100, elles agissent mieux que les doses élevées atteignant 30 et 40 p. 100.

Le *Bacillus mesentericus vulgatus* hydrolysant l'amidon au moyen d'un ferment soluble, j'ai été conduit à rechercher l'action de la bile sur ce ferment. Les résultats ont été identiques à ceux que j'avais obtenus avec les cultures vivantes; la bile a gêné l'amylolyse.

En cultivant comparativement le *B. mesentericus* dans de l'eau peptonée amidonnée, pure ou additionnée de bile, j'ai constaté encore que la bile entrave la production du ferment microbien. Il suffit de prélever chaque jour une certaine quantité des diverses cultures et, après stérilisation par un mélange de chloroforme et d'essence de cannelle, de les faire agir sur de l'eau amidonnée. On constate ainsi que l'amylase est moins abondante dans les tubes additionnés de bile que dans les tubes témoins. La bile agit donc en entravant la production du ferment et en réduisant l'action du ferment produit.

En répétant toutes ces expériences avec des solutions de sels biliaires, j'ai obtenu des résultats identiques.

*   *

L'étude des hydrates de carbone et des transformations qu'ils subissent est relativement simple. Mais elle est moins importante que l'étude des matières protéiques, puisque c'est aux dépens de celles-ci que se développent les poisons putrides.

J'ai continué mes recherches en me servant de cultures polymicrobiennes d'origine intestinale, que j'ai semées dans plusieurs séries de tubes contenant de l'eau peptonée. De ces tubes, les uns étaient gardés comme témoins, les autres étaient additionnés de bile.

La réaction du biuret permet de suivre la marche de la fermentation.

Après 48 heures, la quantité de peptone a considérablement diminué dans les tubes témoins; à partir du 4e jour, il n'en reste que des traces; puis le processus se ralentit et c'est seulement vers le 15e ou le 20e jour que la réaction est négative.

Dans les tubes contenant de la bile, après 48 heures de culture, les peptones sont intactes; elles n'ont pas complètement disparu après 40 et 45 jours. C'est quand la bile se trouve à la dose de 10 à 20 p. 100 que son action antifermentescible est le plus marquée. Les proportions plus élevées, tout en entravant le processus, agissent moins énergiquement.

Si l'on remplace la bile par une solution de sels biliaires, on obtient des résultats analogues; on constate également la persistance de la réaction du biuret, qui est surtout intense quand la proportion des sels biliaires oscille entre 1 et 2 p. 100. Elle est moins marquée quand la dose est plus forte, elle est encore manifeste, quoique atténuée, quand la teneur est de 0,25 à 0,1 p. 100.

On arrive à des résultats plus précis en faisant des cultures dans des milieux contenant des matières azotées et en déterminant au bout de quelques jours le résidu sec. L'intensité de la putréfaction est indiquée par la perte de poids qui représente la quantité évaporée. Si le milieu est riche en albumine, si, par exemple, il contient du blanc d'œuf, la diminution des matières solides, après 12 jours, est de 47 p. 100; sous l'influence de la bile, elle n'est que de 39. La différence est appréciable, mais légère. Au contraire, dans l'eau peptonée, les écarts sont énormes : 58 p. 100 dans le ballon témoin, 27 dans le ballon contenant de la bile. Cette dernière constatation est d'autant plus intéressante qu'à l'état normal les matières protéiques qui cheminent dans l'intestin sont à l'état de peptones.

L'étude des putréfactions que subissent les matières azotées comporte quelques déductions applicables à la pathologie. C'est à leurs dépens que les bactéries intestinales élaborent des substances toxiques. Or, l'expérience démontre que la bile est l'antidote des poisons intestinaux. Il suffit, pour s'en convaincre, de semer comparativement des microbes d'origine intestinale dans deux ballons renfermant l'un du bouillon peptoné, l'autre du bouillon peptoné additionné de 25 p. 100 de bile de bœuf. Après 3 ou 4 jours de culture, on reprend les liquides, on les filtre et on les injecte à des lapins par la voie intraveineuse. Les accidents produits par les deux liquides sont semblables; ce sont des secousses spasmodiques, puis de violentes convulsions. Mais les doses mortelles sont bien différentes. Les cultures additionnées de bile, alors même que les injections sont poussées plus rapidement, sont de trois à sept fois moins toxiques que les cultures développées en bouillon pur.

****

Les faits que je viens d'exposer permettent d'expliquer ce qu'on peut appeler le paradoxe de l'acholie intestinale.

Jusqu'ici, on ne concevait pas par quel mécanisme des fermentations intenses, accompagnées de gaz extrêmement fétides, se développent dans l'intestin, quand l'écoulement de la bile est suspendu. Pourquoi ce syndrome putride, puisque le fluide biliaire n'entrave pas le développement des bactéries?

La réponse est devenue extrêmement simple : si les putréfactions s'exagèrent, ce n'est pas parce qu'un liquide antiseptique fait défaut, c'est parce que des substances empêchant l'action des ferments microbiens, soit qu'elles en entravent la production, soit qu'elles en neutralisent les effets, cessent d'être déversées dans l'intestin.

La bile agit encore en modifiant la flore intestinale, en favorisant le développement de certaines bactéries telles que le colibacille, au détriment de certains autres, notamment des germes anaérobies, les agents les plus importants de la putréfaction et de la toxicité. Pour intéressante qu'elle soit, cette influence ne doit être placée qu'au second plan. C'est en diminuant la production et l'action des ferments microbiens, et en neutralisant les poisons intestinaux, que la bile exerce un rôle antiputride.

CERTAIN ALTERATIONS IN BIOLOGICAL PROPERTIES
OF SPIROCHAETES
THROUGH ARTIFICIAL CULTIVATION

by HIDEYO NOGUCHI.

(From the Laboratories of the Rockefeller Institute for Medical Research.)

A new era in the experimental research of syphilis was opened out by Metchnikoff and Roux when they succeeded in transmitting syphilis to anthropoid apes (1). It was they also who furnished the experimental syphilitic material in which *Treponema pallidum* was first demonstrated, this microorganism having in the meantime been found by Schaudinn and Hoffmann to be present in human syphilis. By this means one of the requisite postulates for the establishment of the etiological relation between *Treponema pallidum* and syphilis was provided. To the pioneer work of Metchnikoff and Roux we are indebted for many of the subsequent developments in the field of experimental syphilis.

Of late years one of the most disputed problems in connection with the experimental research of syphilis has been that of the cultivation of *Treponema pallidum*. This particular phase of the investigation has called forth profound study on the part of numerous experimental workers, but it was not until the cultivation of *Treponema pallidum* was undertaken with a purely experimental material (namely the uncomplicated syphiloma of the rabbit's testicle, after Uhlenhuth and Mulzer) that the vexed question as to the identity of the spirochaeta cultivated according to various methods was finally

---

(1) METCHNIKOFF et ROUX, *Annales de l'Institut Pasteur*, 1903, 1904, 1905, 1906, 1907; — *Bull. de l'Acad. de Méd.*, Paris, t. LXIX, n° 20, and *Bull. méd.*, 1905, p. 441.

decided. We recall a time when any spirochaeta cultivated from human syphilitic tissue (highly impure material and resembling *Treponema' pallidum* in its morphological features) was thought to be the organism of syphilis (Schereschewsky, Mühlens, W. H. Hoffmann); but as the result of subsequent investigations carried out with the pure experimental syphilitic material, it has been shown that certains cultures formerly held to be those of the *pallidum* differed essentially from a virulent culture derived from the latter material in being putrefactive and avirulent [Noguchi (1), confirmed by the subsequent works of Sowade, Tomascewski, Arnheim, Shmamine, Nakano, Braeslack and others] (2). It has now been settled beyond dispute that an odor-producing *Treponema* is not the *Treponema pallidum*, and this conclusion has been arrived at through the aid of experimental syphilis produced in suitable animals. In commemorating the jubilee of our master Professor Metchnikoff it may therefore not be out of place here to record a few of the phenomena observed by me during the last few years in connection with *Treponema pallidum* and other members of the genus *Treponema*.

The phenomena in question relate to certain modifications which were seen to occur in the biological properties of various treponemata after the latter had been subjected to brief or prolonged cultivation on artificial media. It may here be recalled that I have succeeded in obtaining in pure cultures the following varieties of the *Treponema* group : *Tr. pallidum*, *Tr. pertenue*, *Tr. macrodentium*, *Tr. microdentium*, *Tr. mucosum*, *Tr. calligyrum* and *Tr. refringens*. These were maintained in pure cultures by successive transplantations and kept under observation for two to four years (since 1910-1912). The salient points of interest are briefly as follows :

From a morphological standpoint no striking modifications has been observed in these cultures. They still retain their original types even after a period of from two to four years.

(1) NOGUCHI, *Journ. Am. Med. Assoc.*, July, 8, 1911, p. 102; — *Münch. med. Wochenschr.*, 1901, n° 29, p. 1550; — *Jour. Exper. Med.*, 1911, t. XIV, p. 99; — *Jour. Exper. Med.*, 1912, t. XV, p. 90.

(2) For the literature, see the bibliography in an article appeared in n° 76 of *La Presse Médicale*, sept. 1913, p. 757.

The staining reactions are also unaffected, although the *pallidum*, when grown in a fluid medium, takes up the red component of the Giemsa somewhat more readily than the specimens in the tissue or solid culture media. On the other hand it has been noticed that certain definite alterations occur in their biological properties. In the case of the *pallidum* the virulence disappeared within about four months after its purification. In that of the *pertenue* it was found that the strain 1 studied lost its virulence as soon as it was freshly isolated in pure culture. The power possessed by the *microdentium* to produce an intense disagreeable odor remained undiminished for nearly one year, but this gradually and almost imperceptibly diminished in intensity and now after two years the odor is scarcely noticeable. In the case of the *mucosum* it was found that its mucin-producing property gradually weakened and finally disappeared within about five months after its isolation. Although the odor-producing property of this species has suffered a more gradual diminution in the course of a prolonged life in culture, nevertheless it is distinctly less marked than was the case two years ago. The other species here mentioned possess no remarkable features, and they apparently remain unmodified in their characteristics, none of them being odor-producing.

The gradual or often sudden disappearance of the virulence of highly parasitic organisms, such as the *pallidum* and *pertenue*, under artificial cultural conditions is not much to be wondered at, especially when we know from the experiments of Levaditi, Yamanouchi and M'Intosh that they rapidly become avirulent, even when cultivated in a collodion sac within the peritoneal cavity of suitable animals. On the other hand, it is rather astonishing to learn that the saprophytic species, such as the *microdentium* and *mucosum*, also undergo profound alterations in their biological characteristics. Probably the cultural conditions accorded them, which undoubtedly approximate a state of parasitism more than those of the natural habitus of these organisms, were responsible for the gradual loss of their putrefactive property, and this may constitute an example of functional loss through the disuse of certain faculties brought about by the new environments.

SULL' AZIONE DEI RAGGI ULTRAVIOLETTI

SUI BACTERI

del prof. GINO GALEOTTI.

(Istituto di Patologia generale della R. Università di Napoli.)

Da qualche tempo sono state iniziate nell' |Istituto da me diretto varie ricerche, per studiare l'azione dei raggi ultravioletti sui bacteri, e, nelle pagine che seguono, riassumerò i resultati fino ad ora ottenuti.

Credo inutile di riferire la bibliografia sull' argomento e dirò solo che, da quando il Marshall-Ward nel 1880 riconobbe, che l'azione bactericida della luce è dovuta principalmente ai raggi ultravioletti, che essa contiene, numerosissimi lavori sono stati fatti, per studiare e misurare questo mezzo di disinfezione. Con la costruzione poi della lampada di quarzo a mercurio, tali ricerche entrarono in un campo pratico, poichè la lampada a mercurio è una sorgente fortissima di raggi ultravioletti. Mi basta di citare a questo proposito i lavori di Henri e Cernovodeanu, di Courmont e Nogier, di Schrötter, di Menini, di Vallet, ecc.

Negli esperimenti, a cui adesso accennerò, fu adoperata una lampada di quarzo Hæreus, fornita dalla casa Westinghouse. Essa lavorava sotto una tensione di 75 volts.

I microorganismi, su cui si sperimentava, venivano emulsionati in differenti liquidi, e poi questi erano versati in vetrini da orologio ed esposti ai raggi della lampada, ad una distanza di circa 20 centimetri: quivi la temperatura dell' aria non saliva mai al di sopra di 30 gradi.

Intercalando e togliendo adatti schermi, si regolava, fino al secondo, l'azione dei raggi ultravioletti sulle emulsioni dei bacteri. Lo strato delle emulsioni non era mai più spesso di 2 o 3 millimetri.

A differenti intervalli si facevano poi innesti in agar e si lasciavano le culture ad adatta temperatura e per un tempo sufficiente, a fine di vedere, dallo sviluppo in questi tubi di agar, fino a quando i microorganismi erano rimasti viventi.

I

Une prima serie di ricerche (1) furono fatte con i bacilli della peste e del colera, sospesi in diversi liquidi : soluzione fisiologica, brodo, orina, siero di sangue, latte.

Inoltre, a fine di vedere se i raggi ultravioletti potessero servire a sterilizzare stoffe infette coi bacilli della peste o del colera, si imbevevano di una emulsione di questi bacteri alcuni pezzettini di stoffa sterilizzati, e poi si esponevano ai raggi della lampada a mercurio. Si facevano quindi cadere questi pezzettini di stoffa in tubi di brodo, o si strisciavano sulla superficie di tubi di agar e si notava se nel brodo o sull' agar si avesse alcuno sviluppo.

Da questi esperimenti risultò, che il tempo di esposizione ai raggi ultravioletti, necessario per uccidere i bacilli della peste e del colera, varia considerevolmente a seconda della natura del liquido, in cui i microorganismi sono sospesi.

Se il liquido di sospensione è la semplice soluzione fisiologica, basta circa un minuto di esposizione per uccidere tutti i vibrioni colerici, e fra 6 e 10 minuti per uccidere tutti i bacilli della peste.

E' necessario qui notare, che questi tempi sono alquanto più lunghi di quelli stabiliti da altri autori per vari microorganismi. Questa differenza dipende forse dal fatto, che si usarono sospensioni piuttosto ricche di microorganismi e così è probabile, che quelli che si trovavano negli strati superficiali del liquido, proteggessero i bacteri sottostanti dall' azione dei raggi ultravioletti.

Se nel liquido, in cui sono sospesi i bacteri, sono contenute altre sostanze organiche, è necessario un tempo d'esposizione ai raggi ultravioletti assai più lungo, affinchè avvenga la morte

______

(1) Ricerche fatte dai Dr. A. Schiavone e G. Trerotoli.

di tutti i microorganismi. E' così risultato, che son necessari
per i *vibrioni del colera* :

> 30 minuti, se i vibrioni sono sospesi nel siero di sangue;
> 2 ore, se i vibrioni sono sospesi nel brodo:
> 2 ore, se sono sospesi nell' orina;
> 2 ore e 30, se sono sospesi nel latte.

Per i *bacilli della peste* :

> 15 minuti, se sono sospesi nel brodo,
> 1 ora e 30, se sono sospesi nell' orina;
> 2 ore e 30, se sono sospensi nel latte;
> più di 3 ore, se sono sospesi nel siero di sangue.

Le stoffe, infettate con i vibrioni colerici o con i bacilli della
peste, possono venir facilmente sterilizzate con la esposizione
ai raggi ultravioletti per un tempo che varia da quindici a qua-
rantacinque minuti. Questo tempo può essere abbreviato, se si
ha cura di voltare le stoffe, in modo da sottoporre all' azione
dei raggi ora una faccia ora l'altra della stoffa infetta.

Per riguardo alle applicazioni pratiche della lampada a mercurio, come mezzo di sterilizzazione, si può concludere da
questi esperimenti, che facilmente i raggi ultravioletti possono
uccidere i microorganismi, che si trovino nell' acqua pura, ma
che non si raggiunge affatto lo scopo, se i microorganismi si
trovino in liquidi, contenenti sostanze organiche di qualsiasi
specie.

Queste sostanze organiche proteggono i bacteri frammisti
ad esse, assorbendo i raggi ultravioletti.

In questi casi la uccisione di tutti i bacteri avviene solo, se i
liquidi sono disposti in strati sottili e dopo 2 o 3 ore di esposizione ai raggi. Quindi si può concludere, che la lampada a
mercurio è praticamente inefficace, quando si pensi di sterilizzare con essa liquidi organici, quale appunto il latte.

II

Altre ricerche furono fatte (1) con il *bacterium coli*, che è
uno dei microorganismi più sensibili all' azione dei raggi ultravioletti (Henri e Cernovadeanu), e, in riguardo a questi bacteri,

(1) Ricerche fatte dal Dr. N. Ricciardi.

si studiò l'azione protettiva di certe sostanze proteiche e dei
loro derivati e di idrati di carbonio.

Si preparavano a tal fine soluzioni diversamente concentrate
di caseina, di peptone, di prodotti della idrolisi proteica, di glicocolla, di urato sodico, di colla d'amido, di saccarosio, e a queste
soluzioni si aggiungeva, in quantità ben determinata, una fine
emulsione culturale di *bacterium coli*. Dopo la esposizione ai
raggi ultravioletti per tempi variabili, si facevano, come al solito,
gli innesti in tubi di agar.

I risultati di questi esperimenti si possono riassumere nella
tabella seguente :

SOSTANZA	CONCENTRAZIONE della SOLUZIONE	TEMPO DI ESPOSIZIONE necessario PER UCCIDERE I GERMI
Acqua	0	30 secondi-1 minuto.
Caseina	1 p. 100	più di 45 minuti.
Peptone	0,6 p. 100	più di 15 minuti.
Prodotti idrolitici dell' albumina	»	più di 35 minuti.
Glicocolla	4 p. 100	meno di 5 minuti.
Urato sodico	1,5 p. 100	1 minuto.
Colla d'amido	2 p. 100	1 minuto.
Saccarosio	10 p. 100	1 minuto.

Si vede quindi che, tanto la caseina, quanto i derivati delle
sostanze proteiche, hanno una grande azione protettiva pei bacteri, di fronte ai raggi ultravioletti, ma minore è l'azione protettiva della glicocolla, quasi nulla quella dell' urato sodico,
così pure nulla è l'azione protettiva della colla d'amido e della
soluzione di saccarosio.

Se si confronta la differenza di comportamento della caseina
dalla colla d'amido, si può concludere, che non è alla natura
colloide di queste sostanze, che si deve l'azione protettiva.

Neppure si può dire, che questa azione sia in qualche rapporto con i processi ossidativi, che possono subire le sostanze
che si trovano insieme ai bacteri, perchè in questi esperimenti
sostanze non molto diverse per la loro ossidabilità, hanno mostrato grandi differenze nel loro potere di protezione.

Si deve quindi concludere, che questa azione protettiva
dipende dalla facoltà di assorbimento dei raggi ultravioletti,
che alcune sostanze posseggono in alto grado e altre in grado
molto minore.

Le sostanze proteiche hanno probabilmente un massimo potere assorbente pei raggi ultravioletti, e per questo difendono cosi efficacemente i bacteri dall' azione di essi.

III

Un' altra serie di esperimenti è stata fatta (1) per vedere il risultato dell' azione combinata dei raggi ultravioletti e delle sostanze cosi dette *fotodinamiche*. A questo scopo si aggiungevano alle solite sospensioni di bacteri, piccole quantità di soluzioni di sostanze fluorescenti (fluorescina, eosina, clorofillain soluzione acquosa colloidale) e poi si esponevano questi liquidi ai raggi della lampada a mercurio. A differenti intervalli di tempo si facevano innesti in tubi di agar. Si facevano poi contemporaneamente due controlli : uno con la stessa sospensione di bacteri, senza aggiunta di sostanze fluorescenti, tenendola esposta ai raggi ultravioletti, l'altro con sospensione di bacteri mescolata all' una o all' altra sostanza fluorescente e tenuta all' oscuro.

Si esperimentò sui seguenti bacteri : b. del tifo, b. coli, b. della peste, b. del colera, b. della difterite, *b. subtilis*, stafilococco piogene, *micrococcus melitensis*, paratifo A, paratifo B.

Risultò che la fluorescina e l'eosina rendono più intensa l'azione dei raggi ultravioletti, poichè i bacteri, sospesi in soluzioni che contengono piccole quantità di queste sostanze fluorescenti (quantità che sono sicuramente innocue, se i bacteri sono tenuti all' oscuro), muoiono in un tempo alquanto più breve di quello che è necessario, perchè i raggi ultravioletti soli uccidano gli stessi microorganismi, sospesi nell' acqua pura. La clorofilla invece non ha alcuna azione.

IV

In una quarta serie di esperimenti (2) fu studiata la motilità dei bacteri, dopo l'azione dei raggi ultravioletti. Questi esperimenti furono eseguiti col b. del tifo, col b. del paratifo A, col b. del paratifo B, col b. del colera, col *b. subtilis*.

(1) Ricerche fatte dal Dr. N. Di Jorio.
(2) Ricerche fatte dal Dr. F. Porcelli-Titone.

Al solito si facevano emulsioni sottili e ben uniformi di questi microorganismi, si mettevano in vetrini da orologio, che erano esposti ai raggi ultravioletti. A determinati intervalli di tempo, si prelevavano delle gocce di questi liquidi, e con esse si facevano contemporaneamente innesti in tubi di agar e preparati a goccia pendente. Questi ultimi erano subito sottoposti all' osservazione microscopica.

Risultò, che i bacilli mostravano ancora vivaci movimenti, quando già non erano più capaci di riprodursi.

Mentre, dopo un tempo d'esposizione variabile da 2 minuti a 7 minuti, ogni attività riproduttiva era scomparsa, i bacteri erano ancora mobili, dopo mezz' ora d'esposizione e talora anche dopo 45 minuti. Il tempo d'irradiazione necessario a renderli immobili era in media dodici volte maggiore di quello necessario a privarli della facoltà riproduttiva.

Nei germi esposti non molto a lungo (10-12 minuti), i movimenti erano ancora vivacissimi : in seguito essi si rallentavano gradatamente, finchè cessavano del tutto.

In due esperimenti, eseguiti col b. del tifo e col vibrione del colera, si stabilì per quanto tempo i germi, resi così incapaci di riprodursi, conservavano la mobilità, dopo cessata l'esposizione ai raggi ultravioletti. A questo scopo si prolungava l'osservazione dei preparati in goccia pendente, per alcuni giorni. Si vide, che i bacteri irradiati solo per il tempo necessario a renderli incapaci di riprodursi, erano mobili ancora dopo tre giorni. La loro mobilità persisteva però meno a lungo, che quella dei germi non sottoposti ai raggi ultravioletti : mentre i germi, più lungamente irradiati, si conservavano mobili per un tempo più breve e tanto più breve quanto maggiore era stata la durata d'esposizione.

Questi esperimenti mostrano, che i bacteri irradiati sopravvivono alla perdita del loro potere di riproduzione, il quale appare specialmente sensibile all' azione dei raggi ultravioletti.

Inducono inoltre a pensare, come già Renaud aveva affermato, che quest' azione non produca modificazioni grossolane e rapide del protoplasma bacterico, e fanno sperare in una probabile utilità d'usare come vaccini, dei germi ancora vivi, ma resi, in questo modo, incapaci di riprodursi. Su tale argomento infatti sono adesso in corso nuovi esperimenti.

FERMENTATION MÉTHANIQUE
DE L'ALCOOL ÉTHYLIQUE

par V. L. OMELIANSKY (Petrograd).

L'action de l'alcool éthylique sur les microbes a été étudiée à plusieurs reprises, et la bibliographie de cette question est déjà assez étendue. Mais dans la majorité des cas, ce problème a été traité dans la science sous un point de vue quelque peu exclusif, car on se bornait presque à n'envisager que la portée pratique de la question. On sait que l'alcool éthylique est un désinfectant assez usuel qui est employé en médecine et en hygiène pour des buts variés, et à ce point de vue il est d'un intérêt assez notable d'élucider l'action que l'alcool éthylique exerce sur les microbes. On employait habituellement pour de semblables expériences les solutions concentrées dont on se sert dans la pratique, et l'on déterminait le temps nécessaire pour paralyser ou tuer les microbes soumis à leur action. Sans nous arrêter à cette question (elle n'a qu'un rapport indirect avec le problème que nous allons exposer), nous renvoyons toutes les personnes intéressées par elle aux mémoires de Russ (1), de Kurzwelly (2), où sont analysés avec soin tous les travaux concernant l'action désinfectante de l'alcool éthylique.

Mais tout en exerçant, en solutions concentrées, une action toxique sur les microbes, l'alcool éthylique en solutions diluées peut servir de substance nutritive pour les organismes supérieurs aussi bien que pour les microbes. Les recherches entreprises à ce sujet ne sont pas bien nombreuses ; nous nous arrêterons seulement à celles qui ont pour but d'élucider la valeur nutritive de l'alcool éthylique pour les microbes (3).

(1) Russ, *Centralbl. f. Bakt.*, Abt. i, Originale, Bd XXXVII, p. 115 et 280 (1914).
(2) Kurzwelly, *Jahrb. f. wissenschaftl. Botanik*, Bd XXXVIII (1903).
(3) Pour l'analyse des travaux consacrés à l'étude de la valeur nutritive que l'alcool éthylique présente pour l'homme, voir les mémoires de Duclaux, *Ann. de l'Institut Pasteur*, vol. XVI, p. 857 (1902) et vol. XVII, p. 770 (1903).

Les premiers auteurs qui s'étaient occupés de cette question avaient montré que, même employé en solutions peu concentrées (par exemple, en solution à 2 p. 100), l'alcool éthylique entrave ou même arrête le développement des microbes [Buchholz (1)]. Mais cette conclusion n'a pas tardé à être réfutée par les auteurs ultérieurs qui ont démontré que l'alcool éthylique en solutions peu concentrées peut exercer sur certains microbes une action nutritive qui ne le cède en rien à celle du sucre, substance douée d'un pouvoir nutritif si élevé.

Les recherches comparées de Lœw (2) ont établi que la valeur nutritive des alcools homologues de la série grasse va en s'abaissant au fur et à mesure qu'en augmente le poids moléculaire (par allongement de la chaîne carbonée ouverte) ; voilà pourquoi l'alcool éthylique présente pour les microbes une substance nutritive d'une valeur plus élevée que ne le sont, par exemple, l'alcool amylique et les autres alcools supérieurs. La propriété de pulluler sur solutions alcooliques est très accusée chez certaines espèces, par exemple chez les bactéries acédifiantes (optimum de pullulation sur milieu contenant jusqu'à 5 p. 100 d'alcool éthylique) et les champignons de la levure du genre *Mycoderma*. Lœw (3) a décrit en 1902 une espèce très intéressante au point de vue physiologique, à savoir le *Bac. methylicus* qui pullule parfaitement sur solutions diluées d'alcools méthylique et éthylique. L'alcool éthylique peut servir de source de nutrition carbonée pour certaines bactéries fixant l'azote, par exemple pour l'*Azotobacter chroococcus* [Beijerinck (4)]. D'après les recherches de Wirgin (5), l'alcool éthylique, ajouté en petite quantité au milieu nutritif, rend notablement plus énergique le développement du *Bac. fluorescens liquefaciens* et du *bacille pyocyanique* ; cet auteur est même d'avis que non seulement l'alcool stimule la croissance de ces microbes, comme l'avaient supposé quelques auteurs, mais encore qu'il est employé par eux en qualité de matière nutritive véritable.

(1) Buchholz, *Archiv für experimentelle Pathologie und Pharmakologie*, Bd IV, p. 1 (1875).
(2) Lœw, *Die chemische Energie der lebenden Zellen*, 2ᵉ édit., p. 36 (1906).
(3) Lœw, *Centralbl. f. Bakt.*, Abt. ı, Bd XII, p. 463 (1892).
(4) Beijerinck, *Centralbl. f. Bakt.*, Abt. ıı, Bd VII, p. 570 (1901).
(5) Wirgin, *Zeitschr. f. Hyg.*, Bd XL, p. 307 (1902).

Les solutions diluées d'alcool éthylique constituent un assez bon milieu de culture pour quelques bactéries dénitrifiantes [Beijerinck (1)], levures et champignons [Lindner (2)]. Les moisissures des genres *Penicillium* et *Aspergillus* pullulent bien sur une solution d'alcool méthylique à 3 p. 100 qu'elles décomposent énergiquement. En revanche, le développement des moisissures du genre *Mucor* est entravé même par une solution très diluée d'alcool [Wehmer (3)].

Les quelques exemples que nous venons de rapporter suffisent déjà, ce nous semble, pour démontrer la non-justesse de l'opinion d'après laquelle l'alcool éthylique agit sur les microbes exclusivement en qualité de poison. A n'en pas douter, cet alcool sert dans nombre de cas pour les microbes en qualité de substance nutritive et de matière énergétique.

Les recherches sus-mentionnées ont laissé complètement de côté la question de la décomposition anaérobie de l'alcool éthylique. Celle-ci est-elle possible, et les micro-organismes anaérobies peuvent-ils se contenter de l'alcool éthylique comme source unique de carbone et d'énergie? Pour résoudre cette question il fallait provoquer la décomposition anaérobie de l'alcool éthylique dans une solution purement minérale, en l'absence de toute autre substance organique. Ce fut là le but de notre expérience.

Nous avons préparé le milieu nutritif de la composition que voici :

Eau distillée	100 cent. cubes.
Phosphate de potassium	0,1 gramme.
Sulfate de magnésie	0,05 gramme.
Phosphate d'ammonium	0,1 gramme.
Sel de cuisine	Traces.

C'est avec cette solution que nous avons rempli tout entier un matras à col long, muni d'un tube latéral pour recueillir les gaz. Nous avons mis dans le matras une petite quantité de craie pour neutraliser les acides qui pourraient se dégager. Ayant stérilisé le liquide, nous y avons ajouté, après refroidissement, l'alcool éthylique au taux de 1 p. 100.

(1) Beijerinck, *Centralbl. f. Bakt.*, Abt. ii, Bd XXV, p. 35 (1909).
(2) Lindner, *Wochenschr. f. Brauerei*, Jahrg. XXX, p. 457 (1913).
(3) Wehmer, *Centralbl. f. Bakt.*, Abt. ii, Bd XIV, p. 556 (1905).

Nous avions employé au début, pour l'ensemencement, une poignée de terre grasse provenant du potager de l'Institut de médecine expérimentale; mais, malgré l'inoculation répétée à deux reprises, il ne survint point de fermentation, et le liquide ne fut pas troublé. Un résultat positif fut obtenu seulement lorsque nous nous servîmes pour l'ensemencement des matières fécales d'un lapin qui avait reçu pendant deux semaines une solution d'alcool éthylique, d'abord à 1 p. 100 et ensuite à 2 p. 100. Dès le dixième jour se déclara dans ce cas, à 30 degrés centigrades, une fermentation assez énergique qui persistait pendant un mois. Le gaz recueilli deux semaines après le commencement de la fermentation était composé de : 11,5 p. 100 CO_2, 87,4 p. 100 CH_4, et 1,1 p. 100 H_2.

La matière recueillie au fond de ce matras fut ensemencée dans un nouveau matras rempli du même milieu minéral. La fermentation se déclara au bout d'une semaine, et elle fut très énergique. Le gaz était composé exclusivement d'acide carbonique (12 p. 100) et de méthane (88 p. 100), et l'hydrogène y faisait complètement défaut. Il en était de même avec le gaz formé par les générations ultérieures, le méthane prédominait invariablement d'une manière très accusée (il s'élevait parfois à 97,5 p. 100).

De la sorte nous avons réussi à provoquer la fermentation méthanique de l'alcool éthylique dans un milieu nutritif minéral dépourvu de toute autre matière organique. Dans les liquides de même composition, mais ne contenant guère d'alcool éthylique, la fermentation a toujours fait défaut. Le liquide où la fermentation avait déjà cessé était-il additionné d'une nouvelle quantité d'alcool éthylique, la fermentation se déclarait de nouveau avec la même énergie. Lorsqu'elle cessait, le liquide ne contenait plus d'alcool.

Cette fermentation, tout en conservant les traits typiques, a persisté pendant plus d'un an dans une série de générations. La culture faiblissait-elle et la fermentation se ralentissait-elle, nous stimulions le développement des agents de celle-ci en ajoutant au milieu une petite quantité d'une infusion de foin (décoction de 1 gramme de foin par litre d'eau). La fermentation ne tardait pas à survenir dans ces conditions, mais la culture était notablement souillée par des espèces bactériennes étrangères, par suite de l'abaissement des propriétés électives dont le milieu avait été doué. Voilà pourquoi nous n'eûmes recours à ce moyen qu'en cas de besoin extrême, et nous donnâmes la préférence à la solution minérale sus-décrite.

Nos expériences ultérieures ont montré qu'on réussit parfois à provoquer la même fermentation en ensemençant le matras avec de la terre de potager. Nous avons obtenu un résultat

Agent de la décomposition méthanique de l'alcool éthylique.

positif en employant pour l'ensemencement de la terre provenant du gouvernement de Volhynie. La fermentation présentait le même caractère que celle provoquée par les matières fécales de lapin.

Dans le stade initial des recherches accomplies jusqu'à présent, nous nous sommes borné à instituer des expériences pour enrichir la culture en microbes spécifiques et à examiner ces micro-organismes. Ils se présentent sous forme de bacilles très minces et assez longs, légèrement courbés, dépourvus de spores. La figure ci-dessus en donne le microphotogramme à un grossissement de 1.000. Cette espèce microbienne prédominait dans la culture à un point tel que c'est elle incontestablement qui constituait l'agent pathogène de la décomposition méthanique subie par l'alcool éthylique.

TRANSMISSION DE LA LÈPRE

PAR LES MOUCHES (*MUSCA DOMESTICA*)

par E. MARCHOUX.

Par conception hypothétique, bien des auteurs ont accusé les insectes d'être les agents vecteurs du virus lépreux. Nous avons examiné la question ailleurs, en ce qui concerne les anthropodes piqueurs ou parasites (1), nous n'y reviendrons pas ici. Mais parmi les insectes non piqueurs, il y en a qui doivent plus particulièrement attirer notre attention, ce sont les mouches. Incriminées à juste titre de véhiculer les germes de la tuberculose, du choléra et de la fièvre typhoïde, elles pourraient bien jouer le même rôle vis-à-vis de la lèpre.

L'idée n'est pas neuve, R. Blanchard (2) pense que Linné et Rolander ont considéré *Chlorops (Musca) lepræ* comme capable de transmettre la lèpre.

La Commission de la lèpre pour les Indes (3) conteste à ces insectes tout pouvoir de propagation parce que, sur dix mouches placées sur des ulcères riches en bacilles lépreux, aucune ne renfermait de germes spécifiques.

Corredor (4) parle d'un Indien qui aurait contracté la lèpre au voisinage de lépreux, dont les ulcères étaient fréquentés par de nombreuses mouches qui venaient ensuite se poser sur lui.

Joly (5), dans un rapport sur la pathologie de Madagascar, écrit : « J'ai vu des malades atteints de lèpre tuberculeuse,

(1) L. MARCHOUX, La lèpre. *Revue d'Hygiène et de police sanitaire*, t. XXXV, n° 8, août 1913, p. 883.
(2) R. BLANCHARD, *Zool. méd.*, p. 497.
(3) *The Lancet*, 13 mai 1893.
(4) CORREDOR, *Revista med. de Bogota*, n° 201, 1883 cité par NUTTALL, *John Hopkins Hosp. rep.*, t. VIII, 1899.
(5) JOLY, Mission hydrographique de *la Rance*. *Archives de médecine navale*, t. LXXV, 1901, p. 460.

supporter sur leurs plaies, sans même y prêter attention, des légions de mouches. Or ces mouches se répandent ensuite de tous côtés, viennent se poser sur une simple écorchure, une blessure légère non protégée, comme en ont si souvent aux jambes les indigènes marchant nus dans la brousse; et voilà le bacille ensemencé. »

Tucker (1) croit, sans en fournir la preuve, que les mouches jouent un rôle dans la dissémination de la lèpre.

Römer (2) a trouvé des bacilles lépreux, soit isolés, soit groupés en faisceaux caractéristiques, dans des préparations faites avec des mouches domestiques prises dans les dortoirs de la léproserie de Medan (Sumatra).

Clift (3), dans une lettre parue en 1907, dit qu'il est disposé à croire que, comme la tuberculose, la lèpre se transmet par le tube digestif. Les mouches, si fréquentes en Chine où il observe, transportent les bacilles des ulcères sur les aliments et en particulier sur les poissons dont se nourrissent les Chinois.

Wm B. Wherry (4) décida de s'assurer expérimentalement si ces odieux diptères méritent le reproche qu'on leur adresse. Il observa que des larves nourries sur un cadavre de rat lépreux se gorgeaient de bacilles, mais s'en débarrassaient très vite dès qu'on leur donnait un autre aliment. Si on les maintenait sur milieu infecté, on trouvait encore des bacilles chez les pupes et même, pour un cas, chez un imago dans les premières vingt-quatre heures de sa métamorphose. Les insectes parfaits absorbent beaucoup de germes qu'ils rendent avec leurs excréments.

Nash (5), Duque (6) expriment l'opinion que la lèpre peut être convoyée par les mouches.

D. H. Currie (7) a repris les expériences de Wherry et a

---

(1) Tucker, A contribution to the discussion on the etiology of lepra. *Indian lancet*, 1903, p. 830, et *Baumgarten's Jahresbericht*, t. XIX, p. 335.

(2) R. Römer, La lèpre. *Bull. de l'Acad. roy. de méd. de Belgique*, 27 janv. 1906, p. 99, et *Lepra*, t. VI, p. 258.

(3) Clift, *Brit. med. Journ.*, avril 1907, p. 931.

(4) Wm B. Wherry, Further notes on rat leprosy and on the fate of human and rat lepra bacilli in flies. *Journ. of inf. dis.*, t. V, 1908, p. 507.

(5) Nash, House flies. *Journ. of hyg.*, t. IX, 1909, p. 161.

(6) Duque, *Sanidad y Beneficencia*, juin 1909.

(7) Donald H. Currie, Flies in relation to the transmission of leprosy. *U. S. public health bull.*, sept. 1910, n° 39, p. 21.

constaté que *Musca domestica* conserve dans l'intestin les bacilles qu'elle a absorbés, plus longtemps (4 jours) que des mouches d'autres espèces telles que *Sarcophaga pallinervis*, *S. barbata*, *Volucella obesa* et une espèce indéterminée de *Lucilia*. Les recherches ont été faites avec le bacille de Mœller et aussi avec de la sérosité d'ulcères lépreux. Il conclut de ses observations que les mouches peuvent transporter des germes, mais il se demande si ces bacilles restent vivants dans l'intestin des insectes.

Lindsay Sandes (1) a placé 70 mouches sur un ulcère lépreux. Il n'a trouvé que deux bacilles dans l'intestin de l'une d'entre elles, et un seul chez une autre.

Lebœuf (2), en Nouvelle-Calédonie, a capturé des mouches qui s'étaient gorgées sur des ulcères préalablement reconnus bacillifères. Tous ces insectes avaient de nombreux bacilles de Hansen dans l'intestin, encore 24 et même 36 heures après leur repas. Leurs déjections en renfermaient aussi de grandes quantités. Un certain nombre de mouches prises au hasard parmi celles qui fréquentaient l'infirmerie des lépreux, portaient aussi dans l'intestin de nombreux germes disposés en globies caractéristiques. De ces recherches Lebœuf conclut que les mouches sont des agents actifs de dissémination du bacille de Hansen. Si la lèpre ne se transmet pas davantage, cela tient à ce que les mouches ne s'écartent guère de l'endroit où elles trouvent une abondante nourriture. Mais il considère que les bacilles contenus dans le tractus intestinal sont vivants car, dit-il, « l'excellent état extérieur des microbes, leur homogénéité, leur parfaite aptitude à la coloration et, plus encore, un allongement de quelques éléments hors des globies, sorte de culture en réduction, laissent à présumer qu'ils ont conservé toutes leurs propriétés vitales ».

De toutes ces observations, il résulte que les mouches et, en particulier, les mouches domestiques peuvent absorber des quantités de bacilles de Hansen en se nourrissant sur des

---

(1) LINDSAY SANDES. The mode of transmission of leprosy, *Lepra*, t. XII, 1911, p. 67.

(2) A. LEBŒUF, Dissémination du bacille de Hansen par la mouche domestique. *Bull. Soc. Path. Exot.*, t. V, 1912, p. 860.

ulcères ou des mucosités bacillifères; qu'elles conservent pendant plusieurs jours de nombreux germes, dans l'intestin et qu'elles en émettent avec leurs déjections. D'après Lebœuf, ces bacilles lépreux ne périraient vraisemblablement pas pendant leur séjour chez l'insecte et pourraient servir à transmettre la lèpre, si la mouche infestée déposait ses excréments sur une écorchure, sur une plaie ou sur certaines muqueuses de personnes saines vivant au voisinage immédiat de lépreux.

Malheureusement, cette hypothèse n'a pas été vérifiée expérimentalement soit parce que les observations, comme celles de D. Curie et de Lebœuf, ont été faites à l'aide du bacille de la lèpre humaine, qui n'est pas inoculable aux animaux, soit parce que, comme dans celles de Wherry, l'inoculation a été faite au cobaye, animal réfractaire au virus lépreux du rat. Il est, cependant, pour la prophylaxie, d'un intérêt capital d'être fixe. C'est dans le but de recueillir quelques précisions à ce sujet que nous avons entrepris les recherches que nous allons exposer.

La lèpre murine et la sensibilité des rats au virus nous fournissent des éléments d'étude qui nous manquent avec la lèpre humaine.

Pour une première expérience, nous avons enfermé, dans un même bocal, du matériel infectant, des mouches et des rats blessés.

Le *bocal* était un seau en verre de 15 litres, sur le liséré duquel était fixée une manche en tulle à coulisse.

Le *matériel septique*, formé d'une pulpe légèrement pâteuse, avait été obtenu par broyage de ganglions volumineux retirés à des rats fortement infectés. Conservée à la glacière elle est restée à peu près pure. Les bacilles de Stefansky s'y rencontraient en quantités innombrables.

Les *mouches*, capturées au laboratoire, appartenaient toutes à l'espèce *Musca domestica*. Elles avaient été soumises à un jeûne de 12 heures avant d'être mises en présence de la pulpe ganglionnaire.

Comme *rats d'expérience*, nous avons utilisé les rats blancs d'élevage qui, nous le savons, sont très sensibles à la lèpre. On leur avait fait, d'un coup de ciseaux, une boutonnière de 1 centimètre sur le dos. Les animaux en expérience étaient maintenus par un appareil de contention. Celui qui nous a donné toute satisfaction est un cylindre fenêtré, composé de lamelles métalliques articulées entre elles et disposées en losanges extensibles. La section du cylindre et sa longueur varient beaucoup suivant la position des lames. Quand on exerce une pression suivant l'axe, les lames décrivent des losanges très fermés dont la plus grande diagonale est une portion de circonférence. La surface de section est maxima.

Au contraire, quand, en comprimant le cylindre par sa périphérie, les losanges s'allongent parallèlement à l'axe, la surface de section tend vers le minimum.

Les lames extrêmes sont légèrement recourbées si bien que l'appareil a plutôt la forme d'un barillet que d'un cylindre.

D'un seul coup, par une simple pression de la main, on enferme le rat et on le saucissonne. L'animal est fixé et immobilisé sans être gêné pour respirer. Les courbures des extrémités amènent les lames à se joindre en ces deux points et contribuent à empêcher le rat de s'échapper.

18 juin 1913. — 200 mouches enfermées dans un bocal depuis 12 heures reçoivent un peu de pulpe septique déposée sur une boîte de Petri. Les insectes se jettent sur la nourriture qui leur est offerte.

19 juin. — Quelques-unes des mouches sont disséquées. L'intestin est rempli d'une matière rougeâtre formée de pulpe ganglionnaire contenant une masse énorme de bacilles acido-résistants.

On donne dans la matinée un deuxième repas de matériel septique aux insectes.

Un rat blanc auquel on a fait une boutonnière sur le dos est exposé dans le bocal de 2 heures à 6 heures du soir.

Cet animal a été autopsié le 10 octobre 1913, c'est-à-dire 4 mois après l'expérience. *Il était infecté.*

20 juin. — Un autre rat est placé dans le bocal de la même façon que celui de la veille. Les mouches n'ont plus à leur disposition de matérie. septique. Elles n'ont pas d'autre nourriture que de l'eau et du sucre.

Le rat, autopsié le 6 octobre, c'est-à-dire à peu près à la même époque que la précédente, *n'est pas infecté.*

21 juin. — Un troisième rat est déposé dans le bocal. Les mouches ne disposent toujours que d'eau et de sucre.

Autopsié le 3 octobre, ce rat *n'est pas infecté.*

Dans cette expérience, seul a été infecté le rat qui se trouvait dans le bocal en même temps que le matériel septique. Lorsque les insectes n'eurent plus à leur disposition que de l'eau et du sucre, ils cessèrent d'être infectants.

On pourrait donc de ce qui précède conclure que les mouches véhiculent des germes avec leurs pattes et leur trompe et déposent le matériel septique sur le rat exposé, mais que la dessiccation les débarrasse très vite du virus dont elles sont souillées. Nous savons, en effet, que le bacille de Stefansky ne résiste pas à la dessiccation.

On pouvait se demander d'autre part si, seul, le premier rat n'avait pas été visité par les mouches, les deux autres étant demeurés indemnes parce qu'aucun insecte n'était venu les contaminer.

Dans l'expérience suivante nous nous sommes assuré que les mouches étaient bien venues sur le rat d'expérience.

6 *juin* 1913. — 200 mouches, jeûnant depuis 12 heures, sont nourries avec de la pulpe chargée de bacilles acido-résistants. Un rat, portant une petite plaie sur le dos, est placé dans le bocal à deux reprises : 1° de 11 heures à midi, 10 mouches ont visité la plaie ; 2° de 4 heures du soir à 4 h. 1/2, 8 mouches sont venues sur le rat. Tous ces insectes repus se sont posés sur le rat comme ils auraient fait ailleurs, se promenant sans chercher à s'alimenter. Ce rat est mort le 25 décembre 1913. *Il était très infecté.*

7 *juin.* — Les mouches n'ont plus à leur disposition que de l'eau et du sucre. Un deuxième rat est placé dans le bocal de 2 heures à 3 heures du soir ; 13 mouches ont visité la plaie qu'il portait sur le dos. Les insectes, au contraire de ce qui s'est passé hier, se sont nourris sur le rat de sang et de lymphe. Le rat est mort le 4 février 1914. *Il n'était pas infecté.*

Cette expérience complète la précédente et montre que les mouches sont capables de convoyer des bacilles seulement quand leurs pattes et leurs trompes sont récemment souillées. Leur contact a été, avec le 2ᵉ rat, plus intime et plus prolongé qu'avec le 1ᵉʳ, et cependant, alors que le 1ᵉʳ a été infecté, le 2ᵉ est resté indemne. Seulement le 2ᵉ jour les bacilles que nos diptères pouvaient encore porter sur la trompe ou les pattes étaient desséchés et par conséquent morts.

Restait à savoir si les germes enfermés dans l'intestin étaient encore vivants. Pour nous en assurer, nous avons disséqué un certain nombre de mouches après leur repas infectant et nous en avons introduit l'intestin sous la peau de quelques rats, 1, 2, 4 jours plus tard.

Après 1 jour : 31 *mai* 1913. — Une centaine de mouches ont été nourries hier avec de la pulpe ganglionnaire très riche en bacilles acido-résistants. 10 d'entre elles sont capturées aujourd'hui et disséquées. L'intestin est rempli de matières alimentaires chargées d'acido-résistants. On isole

7 intestins qui sont séparés en deux lots, l'un de 3, l'autre de 4. L'un et l'autre sont insérés sous la peau de 2 rats neufs. Le premier de ces rats meurt le 26 juin. *Quelques bacilles acido-résistants dans le ganglion inguinal droit.* Le deuxième meurt le 15 octobre. *Il est sérieusement infecté.*

Après 2 jours : *Première expérience.* — Le 22 mai on donne à des mouches de la pulpe ganglionnaire remplie d'acido-résistants.

Le 23, le matériel est desséché. On le retire et on ne laisse dans le bocal que de l'eau et du sucre.

Le 24, on dissèque 4 mouches. 2 n'ont qu'un petit nombre d'acido-résistants dans l'intestin, ce sont des mâles; 2 femelles ont l'intestin distendu par une matière rougeâtre qui est de la pulpe ganglionnaire. L'un de ces deux derniers intestins est introduit sous la peau d'un rat neuf. Ce rat meurt le 27 février 1914 *très infecté.*

Deuxième expérience. — Le 1er juin, 17 mouches, nourries le 30 mai avec de la pulpe ganglionnaire et laissées depuis cette date à l'eau et au sucre, sont disséquées. Un rat reçoit 4 intestins, 2 provenant de femelles et bien remplis, 2 extraits à des mâles et renfermant peu de matériel. Ce rat meurt le 12 novembre 1913 *très infecté.*

Après 4 jours : Le 26 mai, 9 mouches, nourries le 22 avec de la pulpe ganglionnaire, sont disséquées. L'intestin est vide chez les mâles. Dans le tube digestif des femelles il reste quelques matières jaunâtres. Au milieu de beaucoup d'autres microbes, on voit un certain nombre d'acido-résistants. 4 intestins de femelles sont introduits sous la peau d'un rat neuf. Cet animal meurt le 5 janvier 1914 *très infecté.*

De cette expérience, il résulte :

1° Que les femelles absorbent plus de matériel septique que les mâles et qu'elles en conservent plus longtemps dans l'intestin;

2° Que le bacille de Stefansky se garde vivant dans le tube digestif des mouches pendant au moins 4 jours. Les éléments microbiens semblent augmenter de nombre parce que, contrairement aux substances azotées dans lesquelles ils sont contenus, ils ne sont pas attaqués par les liquides digestifs. Ils se concentrent dans une masse de plus en plus faible, mais ils ne se multiplient pas.

Nous n'avons pas d'inoculation d'excréments de mouches, parce qu'il est très difficile de les recueillir frais et que la dessiccation est un agent très actif de destruction des bacilles de Stefansky. Mais il ne nous paraît pas douteux que, si des excréments frais sont émis par des insectes sur une plaie, l'infection puisse se faire aussi sûrement que par l'introduction sous la peau du contenu intestinal.

Il semble, toutefois, que cette éventualité se produise moins communément que quelques auteurs ne l'avaient cru.

Les expériences que nous avons faites, en exposant aux mouches des rats blessés, montrent que, même quand ils se nourrissent sur la plaie, les insectes éloignés depuis 24 heures du matériel septique demeurent inoffensifs. L'émission d'excréments au moment du repas reste donc une exception et ne doit pas être érigée en règle générale.

En résumé : 1º Les mouches véhiculent les germes de la lèpre sur leurs pattes et sur leur trompe.

2º Les bacilles ne meurent pas dans l'intestin de ces diptères.

3º Il n'y a pas émission d'excréments chaque fois qu'une mouche se nourrit.

4º L'infection se fait dans le voisinage du malade, non pas parce que les mouches ne s'en éloignent pas, mais parce que, quand elles s'en éloignent, les germes déposés sur la carapace se dessèchent vite et meurent.

LOCAL SPECIFIC THERAPY OF INFECTIONS

by SIMON FLEXNER.

(From the Laboratories of The Rockefeller Institute for Medical Research,
New-York.)

Medicine possesses no universal remedies for the infectious
diseases, and the more deeply biological phenomena are
studied, the more certain become the indications that no such
class of remedies will be discovered. This probability follows
from the fact of the specificity of cells — those composing on the
one hand the structures of the host, or macroörganism, and
those comprising on the other the invading parasite or microörganism.

Pathological processes are essentially local in character.
Pathogenic microörganism do not attack and injure all parts of
the body equally and indifferently. Indeed, each microbe
exhibits preferences as regards location in which to settle and
to multiply. When, as often happens, the entire body responds
to the pathological process, it is by reason of general effects of
far smaller degree than exist at the local seat of disease. It is
at one time the blood, at another the lymphatic glands, and at
still another the central nervous organs, the kidneys, the
intestine, or other part that suffer most. Hence the problem
confronting the therapeutist is not alone to search for curative
agents but also to devise the means of bringing such remedies
into intimate relation with the local lesions of disease [1].

Experience has shown that the causes of microbic disease
are most readily and certainly brought under the influence of
healing agencies when the parasites are widely disseminated
throughout the blood. The operation of quinine against the
malarial parasites is such an example; while mercury and
salvarsan are most effective against syphilitic infection at that

period in which *Treponema pallidum* is widely distributed throughout the body. Indeed, once the spirochaetae have become aggregated into local lesions or in situations that are more remote from the circulating blood, they are destroyed with far less certainty. In other words, curative agents depend for their action on accessibility to the microbic causes of disease. Even when the severe effects are caused not by the microörganisms themselves but by their toxic products, the same rule holds true. Diphtheria toxin is readily neutralized by diphtheria antitoxin, because it exhibits low affinity for organic cells that withdraw it from the blood and away from the sphere of action of the antitoxin; while tetanus toxin, being quickly and firmly bound by nerve cells, is far more difficult to bring under the neutralizing effects of tetanus antitoxin.

The process of destruction of microbes takes place chiefly within the tissue spaces and lymph cavities which are cut off from direct communication with the blood. Hence all the defensive and curative principles that are contained within the blood must leave that fluid in order to reach the true seat of disease. This fact is equally true of the phagocytes and of dissolved immunity principles or drugs. The phagocytes escape from the blood into the local lesion through emigration, and the dissolved principles by transudation, two processes which are accelerated as the result of inflammation that occurs about the lesion. But both are nevertheless limited by conditions which on the one hand determine the local quality of the lymph and on the other the supply and extent of emigration of the phagocytes.

The lymph is poorer in protein constituents than is the plasma of the blood and it is not identical in composition in the lymph spaces and the several serous cavities. The lymph surrounding the spermatic cord may approach in protein content that of the blood; while the lymph transudate in the pleura may show in a thousand parts 20 of protein, in the peritoneum 11, and in the cerebrospinal membranes 6. Since a close relationship exists between the protein and antibody content of the several lymphatic fluids, it follows that the chemical composition of the lymph may well become a deciding factor in the issue of infection. Moreover, drugs which have been introduced into the blood pass also unequally into the lymph.

Parasites which therefore have become localized in regions inaccessible or not readily accessible to the defensive or curative principles contained within the blood are thus insured a potential advantage against the host; and this advantage is strengthened by the circumstance that, as they multiply within a confined area to which the lymph has not ready access, the immunity principles originally present are exhausted.

Still other factors play a part in determining the issue of infection. It is not sufficient that curative principles shall be possessed since it is also necessary that they be able to act upon the microbic causes of disease in such a degree of concentration as to insure maximal effect. We already know that for trypanosomal, meningococcal and streptococcal infections, the higher the concentration is of the specific immune sera about the parasites, the greater the assurance of their destruction [2].

Moreover, variation and mutation occur among microörganisms which operate to determine their susceptibilities to injurious agencies, whether immunity bodies or drugs. Even phagocytosis is affected by variations in virulence among bacteria [3]. This factor has come to be regarded as highly important in deciding the issue of infection. In how far it can be set aside by the more direct local attack upon disease remains still to be determined; but the oportunity which the method affords of uniting immune sera and curative drugs in their action upon the parasites offers in this respect manifest advantages.

It is desirable to recall that in the course of their curative action, specific drugs are assisted in the destruction of parasites by antibodies; hence an artificial combination of specific drug and specific antibody should offer definite therapeutic advantages. It is, moreover, probable that an antibody or drug will operate with greater affect against an already injured tha nagainst a normal parasite; while mutation or variation among the parasite is less readily achieved in several directions than in one direction.

In certain departements of medicine local therapy has long been employed. This fact is especially true as regards the treatment of diseases and wounds of the exposed surfaces of the skin and of such of the mucous membranes as are readily accessible from without. In a somewhat different class belong devices for causing local hyperemia, such as heat and pressure, which depend for their value upon the local accumulation of the defensive principles contained within the blood. But local specific therapy in the sense here employed relates to the purposeful treatment of infectious processes whether within the body or merely on its surface by means of specific antibodies or drugs especially fashioned for the purpose.

The central nervous system.

Local specific therapy is especially applicable to the treatment of infections in the region of the central nervous organs, namely, the meninges and the nervous organs proper. Thus far the greatest advance has been made in the treatment of infections of the meninges, among which that infection caused by the meningococcus termed epidemic cerebrospinal meningitis has received the greatest attention.

Meningococcal Meningitis. — A long series of observations indicate that the injection of an antimeningococcal serum into the subarachnoid space reduces the mortality, the period of illness, and the number of sequale occurring in epidemic meningitis [4]. At first regarded as identical, it now appears that more than one strain of *meningococci*, antigenetically considered, occurs in nature. Possibly dissimilar and resistant or fast strains may arise also artificially under the influence of antibodies contained within the meninges. However this may be, an important variant from the common strain of *meningococcus* is the *parameningococcus* of Dopter which causes a certain number of cases of epidemic meningitis. Dopter has not only recognized this variant, but he has succeeded in preparing a specific antiserum for the treatment of cases of infection with the *parameningococcus* [5]. Through the kindness of Dr. Dopter The Rockefeller Institute has been supplied with two cultures of the *parameningococcus* which have been studied as regards their specific properties by Dr. Wollstein [6]. She has confirmed the observations of Dopter and has found also that the *parameningoccocus* can be made to set up a fatal infection of the meninges in rhesus monkeys which is preventable by a parameningococcic serum, but not by an antiserum prepared from the usual strain of *meningococcus*.

The antimeningitis serum acts favorably only when it can be brought into contact with the seat of infection in the meninges. Hence when inflammatory obstruction exists at the base of the brain, preventing the serum from passing from the spinal into the cerebral meninges and ventricles, infection in the latter remains unaffected by the intraspinous injections. To overcome this obstacle indirect intraventricular injection of the serum is used; and it has succeeded not only in young children but also in the adult, in whom a trephine opening of the skull is required for the injections [7].

Influenzal and Pneumococcic Meningitis. — The injection into the spinal meninges of suitably virulent cultures of influenza *bacilli* and of *pneumococci*, respectively, set up acute inflammations which tend to terminate fatally. The influenzal meningitis, so-called, can be prevented or cured by the local injection of an anti-influenzal serum prepared in the horse [8]. To overcome the pneumococcal meningitis, something more than the employment of an anti-pneumococcal serum is required. In the first place exact relationship must exist between the type of infecting *pneumococcus* and that of the specific antiserum employed; and in the next place the addition of a lytic substance seems also to be necessary. For the latter purpose sodium oleate has been successfully employed along with the antipneumococcal serum in controlling the experimental inflammation [9]. Optochin (ethylhydrocuprein) has been employed in one instance in the local treatment of pneumococcal meningitis apparently with a successful result [10].

Tabes Dorsalis and Paresis. — The discovery by Noguchi of *Treponema pallidum* in the brain in paresis and in the spinal cord in tabes has opened up these affections to specific therapy. Even before this discovery Swift and Ellis employed on general anatomical grounds a method of local specific therapy in the treatment of tabes dorsalis [11]. The method consists in the subarachnoidal injection of salvarsanized serum, obtained from the blood of patients following an intravenous injection

of salvarsan. This serum, suitably diluted, is introduced into
the spinal meninges. The results obtained have been highly
encouraging and a similar procedure is now being tested in
the local treatment of paresis. It would therefore seem desirable, on theoretical grounds, to employ the local method, along
with general specific medication, in the treatment of sleeping
sickness.

Tuberculous Meningitis. — Tuberculosis of the serous membranes can be readily induced in animale by injecting an
emulsion of tubercle *bacilli* into the serous cavities. In this
manner tuberculosis of the pleura and of the meninges has
been produced in the dog and the monkey. When left untreated the lesions progress and terminate the life of the animal;
but their progress has been retarded by injecting living leuco-
cocytes locally into the site of the tuberculous lesions. By
means of repeated subdural injections of dog leucocytes, tuberculous meningitis in the dog has been either arrested or
healed; and experimental tuberculosis of the meninges in the
monkey has been favorably affected by local injections of rabbit's leucocytes [12].

OTHER APPLICATIONS.

It is obvious that local specific therapy in the manner here
indicated is applicable to other parts of the body than the
central nervous system. The antimeningococcal serum has
indeed been successfully employed in the local treatment of
metastatic meningococcal arthritis. Syphilitic keratitis in the
rabbit has been healed by local instillations of neosalvarsan [14], and *ulcus serpens* by the local use on the one
hand of antipneumococcal serum [15] and on the other of
optochin [16]. Experimental streptococcal infections of the
uterus in rabbits have been controlled by the local application
of antistreptococcal serum [17]. A mere beginning has been
made in this field of investigation; with growth of knowledge
of the specific qualities of microörganisms, as determined first
by species and next by variants or mutants, and ever finer
approximation between the pathogenic microbe and the
specific antidote designed to overcome its pathogenic effect will

be sought.   Undoubtedly antisera are capable of closer adaptation in this respect; but an outlook even more promising is afforded by experimental chemo-therapy since specific drugs already appear to be less narrowly limited in their activities by the finer antigenic distinctions occurring among the variants of a single microbic species.

It is profoundly gratifying that immunology, to which subject professor Metchnikoff, whom we today honor, contributed the fundamental and fertile doctrine of phagocytosis, should hold out such high hopes of benefit to mankind.

BIBLIOGRAPHY

[1] FLEXNER : The Local Specific Therapy of Infections, *Jour. Am. Med. Assn.*, 1913, LXI, 447, 1872.

[2] FLEXNER : A Serum-Therapy for Experimental Infection with Diplococcus Intracellularis, *Jour. Exper. Med.*, 1907, IX, 168. FLEXNER and JOBLING : An Analysis of Four Hundred Cases of Epidemic Cerebrospinal Meningitis Treated with the Antimeningitis Serum, *Jour. Exper. Med.*, 1908, X, 690. UNGERMANN and KANDIBA : Ueber quantitative Verhältnisse der Antikörperwirkung, *Arb. a. d. k. Gesundheitsamte*, 1912, XL, 24.

[3] MENNES : Das Antipneumokokken-Serum und der Mechanismus der Immunität des Kaninchens gegen den Pneumococcus, *Ztschr. f. Hyg.*, 1897, XXV, 413. MARCHAND . Étude sur la phagocytose des streptocoques atténués et virulents, *Arch. de Méd. Expér.*, 1898, X, 253. ROSENOW : The role of phagocytosis in the pneumococcidal action of pneumonic blood, *Jour. Inf. Dis.*, 1906, III, 683 ; Human pneumococcal opsonin and the antiopsonic substance in virulent pneumococci, *Jour. Inf. Dis.*, 1907, IV, 285.

[4] FLEXNER : The Results of the Serum Treatment in Thirteen Hundred Cases of Epidemic Meningitis, *Jour. Exper. Med.*, 1913, XVII, 553. LEVY : Erfahrungen mit Koll-Wassermannschem Meningokokkenheilserum bei 23 Genickstarrekranken, *Klin. Jahrb.*, 1908, XVIII, 317; Serumbehandlung der übertragbaren Genickstarre, *Klin. Jahrb.*, 1911, XXV, 121. DOPTER : La sérothérapie antiméningococcique dans 196 cas de meningite cérébro-spinale épidémique, *Bull. et Mém. de Soc. Méd. des Hôp. de Paris*, 1909, Sér. 3, XXVIII, 39.

[5] DOPTER : Étude de quelques germes isolés du rhino-pharynx voisins du méningocoque (paraméningocoques), *Comptes rendus de la Soc. de Biologie*, 1909, LXVIII, 74 ; Méningites cérébro-spinales à paraméningocoques, *Bull. et Mém. de Soc. Méd. des Hôp. de Paris*, 1911, XXXI, 590.

[6] WOLLSTEIN : Unpublished studies.

[7] FISCHER : Cerebrospinal Meningitis in an Infant, Two Months Old, *New York Med. Jour.*, 1910, XCI, 625. LEVY : Die Behandlung der epidemischen Genickstarre durch Seruminjectionen in die Seitenventrikel. Bericht über einen geheilten Fall, *Arch. f. Kinderheilk.*, 1912, LIX, 72. BOUCHÉ : Un nouveau cas de méningite cérébrospinale à méningocoque de Weichselbaum ; sérothérapie ; guérison, *Jour. de méd. de Bruxelles*, 1912, XVII, 21. MARTIN : Cerebro-Spinal Meningitis with report of a case treated by introducing serum into the lateral ventricle, *Southern Med. Jour.*, 1914, VII, 101.

[8] Wollstein : Influenza Bacillus in Inflammations of the Respiratory Tract in Infants, *Jour. Exper. Med.*, 1906, VIII, 681 ; Serum Treatment of Influenzal Meningitis, *ibid.*, 1911, XIV, 73; Influenzal Meningitis and Its Experimental Production, *Am. Jour. Dis. Child.*, January, 1911, p. 42.

[9] Lamar : Chemo-Immunological Studies on Localized Infections. First Paper : Action on the Pneumococcus and its Experimental Infections of Combined Sodium Oleate and Antipneumococcus Serum, *Jour. Exper. Med.*, 1911, XIII, 1; Fourth Paper : Experimental Pneumococcic Meningitis and Its Specific Treatment, *Jour. Exper. Med.*, 1912, XVI, 581.

[10] Wolf und Lehmann : Ueber einen durch intralumbale und intraventrikuläre Aethylhydrocruprein-Injektionen geheilten Fall von Pneumokokken-meningitis, *Deutsche Med. Wochenschr.*, 1913, XXXIX, 2509.

[11] Swift and Ellis : The Direct Treatment of Syphilitic Diseases of the Central Nervous System, *New York Med. Jour.*, 1912, XCVI, 53; Die kombinierte Lokal- und Allgemeinbehandlung der Syphilis des Zentralnervensystems, *München. med. Wochenschr.*, 1913, LX, 1977, 2054.

[12] Opie : The Effect of Injected Leucocytes on the Development of a Tuberculous Lesion, *Jour. Exper. Med.*, 1908, X, 419. Manwaring : The Effects of Subdural Injections of Leucocytes on the Development and Course of Experimental Tuberculous Meningitis, *Jour. Exper. Med.*, 1912, XV, 1; The Effects of Subdural Injections of Leucocytes on the Development and Course of Experimental Tuberculous Meningitis. Second Paper, *Jour. Exper. Med.*, 1913, XVII, 1.

[13] Ladd : Serum Treatment of Epidemic Cerebrospinal Meningitis, *Jour. Am. Med. Assn*, 17 oct. 1908, p. 1315. Taylor : The Serum Therapy of Meningococcus Arthritis, *Cleveland Med. Jour.*, 1913, XII, 348.

[14] Castelli : Ueber Neosalvarsan : Lokalbehandlung der generalisierten Syphilis und generalisiertem Framboesia bei Kaninchen, *Deutsche med. Wochenschr.*, 1912, XXXVIII, 1487.

[15] Römer : Experimentale Grundlagen für klinische Versuche einer Serumtherapie des Ulcus cornea serpens nach Untersuchungen über Pneumokokkenimmunität, *Arch. f. Ophth.*, 1902, LIV, 99.

[16] Morenhoth und Bumke : Spezifische Desinfektion und Chemotherapie bakterieller Infektionen, *Deutsche med. Wochenschr.*, 1914, XL, 538.

[17] Spiess : Die Anwendung von Antistreptokokkenserum (Höchst) per Os und lokal in Pulverforn, *Deutsche med. Wochenschr.*, 1912, XXXVIII, 207.

THE PLURALITY OF SPECIES OF

THE SO-CALLED

" THRUSH-FUNGUS "

(CHAMPIGNON DU MUGUET) OF TEMPERATE CLIMATES

by ALDO CASTELLANI M. D.

Director Clinic for Tropical Diseases, Colombo (Ceylon).

In previous publications I have, I think I may venture to say, succeeded in demonstrating the plurality of species in the tropics (Ceylon and Southern India) of the so-called « Thrush » fungus, viz. that the hyphomycete generally known by the term of oidium or *saccharomyces*, or *monilia albicans*, does not represent in the Tropics merely one species, but that the term covers a large number of different species of fungi, that in fact some of these fungi probably belong to different genera.

While on leave in Europe in 1913, I thought it might perhaps be of interest to investigate whether the same conclusion could be come to in temporate zones ; and thanks to the kindness of prof. Martin I was able to carry out some work on the subject at the Lister Institute of London. It was not difficult to foresee that similar conclusions would probably be obtained, considering the widely different descriptions which the various authorities give of the thrush fungus, some stating that it liquefies gelatine, others affirming the reverse ; some writers giving it as clotting milk : others as having no action on this medium. How could the same species present such widely differing characters?

During my work on the subject in London, all swabs sent to the Lister Institute for examination, taken from cases of thrush stomatitis, were kindly handed to me. Each swab was smeared on two maltose and two glucose agar plates, and every

. colony of fungi was investigated in the same manner as I had investigated the thrush found in the tropics, viz. by passing them through a number of sugar broths, and growing them on milk gelatine, and serum. It seems to me that the classification of fungi of the genera *monilia, saccharomyces,* and *cryptococcus,* cannot be based purely on their morphology; their biochemical characters should be studied, and whenever possible, their biological properties, such as productions of agglutinins, etc. in inoculated animals.

The most important biochemical properties are put in evidence by growing the fungi in milk, gelatine, and various sugar broth. A large number of sugars should be used in the same manner as is done in the classification of the various species of intestinal bacteria. It is to be noted that the reactions with certain sugars are constant, while with others, for instance mannite, may vary. It is to be noted also that in analogy to intestinal bacteria, a species may be trained to ferment certain sugars in which it did not act when recently isolated. While taking all this into account, I believe the investigation of the various biochemical reactions to be of the greatest value for classifying these fungi.

In London, from 11 cases of thrush, seven different species of fungi belonging to the genus *monilia* were isolated. The characteristics of each species are collected in the following Table :

Morphologically all the fungi had the characters of those belonging to the genus *monilia.* None belonged to the genus *endomyces,* no endospores and asci having been seen. They all grew abundantly on the various sugar agars, especially if slightly acid, less abundantly on ordinary agar. On solid media the fungi could hardly be distinguished one from the other. The growth was abundant in all, of a white, creamy colour. The fungi grew under two forms : a globular form, morphologically similar to a typical yeast; and a filamentous form, showing mycelial threads simple or ramified; asci and internal spores were always absent.

Comparison with the thrush fungi found in the Tropics. — Anyone interested in the subject may compare the thrush fungi found in London with the *monilia found in the tropics,*

TABLE N° I, SHOWING CULTURAL REACTIONS OF VARIOUS MONILIAS FOUND IN LONDON

	LITMUS MILK	GLUCOSE	LAEVULOSE	MALTOSE	GALACTOSE	SACCHAROSE	LACTOSE	MANNITE	DULCITE	DEXTRIN	RAFFINOSE	ARABINOSE	ADONITE	INULIN	SORBITE	INOSITE	SALACIN	AMYGDALIN	ISODULCITE	ERYTHRITE	GLYCERINE	BROTH	PEPTONE WATER	GELATINE	SERUM
Monilia, n° 1.	0	AG	AGvs	AGs	As	0	0	0	0	0	0	0	0	0	0	0	0	0	0	0	0	C	C	0	0
Monilia, n° 2.	C	AG	AG	AGs	A	A	0	0	0	As	0	0	0	0	0	0	0	0	0	0	A	C	C	0	0
Monilia, n° 3.	C	AG	AG	AGs	AG	A	A	A	0	A	0	0	0	0	0	0	0	0	0	0	0	C	C	0	0
Monilia, n° 4.	C	AG	AG	Alk	A	AG	A	0	0	0	0	0	0	0	0	0	0	0	0	0	0	C	C	0	0
Monilia, n° 5.	C	AG	AG	A	A	A	A	0	0	0	0	0	0	0	0	0	0	0	0	0	A	C	C	0	0
Monilia, n° 6.	C	A	AG	AG	A	0	0	0	0	0	0	0	0	0	0	0	0	0	0	0	0	C	C	0	0
Monilia, n° 7.	C	AGvs	0	AGvs	A	A	A	0	0	A	A	A	0	0	0	A	A	AC	0	0	A	C	C	0	0

Abbreviations used in the table :
A, acid ; Alk, alkaline ; C, clot ; C, clear (broth and pepton water); G, gas ; 0, negative result, viz. neither acid nor clot in milk, neither acid nor gas in sugar media, or non liquefaction of gelatine or serum as the case may be ; *s*, slight; *vs*, very slight.

TABLE N° II. SHOWING CULTURAL REACTIONS OF VARIOUS SPECIES OF MONILIAS FOUND IN CEYLON AND SOUTHERN INDIA. WITH NAMES ARRANGED IN ALPHABETICAL ORDER.

	LITMUS MILK	GLUCOSE	LAEVULOSE	MALTOSE	SACCHAROSE	LACTOSE	MANNITE	DULCITE	DEXTRIN	RAFFINOSE
Monilia Albicans (Ch. Robin), 1853, Em. Cast., 1909 (1).	AC	AG	AGs	AGs	Ans	0	0	0	0	0
— Blanchardi, Cast., 1912	Avs.Alk	AGs	A	A	A	0	0	0	0	As
— Bronchialis, Cast., 1910	0	AG	AG	AG	AGs	0	0	0	A	0
— Burgessi, Cast., 1912	0:Alk	AGs	A	AGs	AGs	0	0	0	0	As
— Chalmersi, Cast., 1912	As:Alk	AG	AG	As	AG	0	0	0	0	AGs
— Communis, Cast., 1912	As/D	A	AGs	Aas	AGs	0	0	0	A	0
— Decolorans, Cast. et Loix, 1913	DFC	AGs	AG	AGs	AG	0	0	0	A	0
— Enterica, Cast., 1911	0.Alk	AG	AG	AG	AGs	0	As	0	A	0
— Faecalis, Cast., 1911	A;DPs	AG	AG	AG	AGs	0	0	0	A	0
— Faecalis, n° 2, Cast.	ACs	AG	AG	AG	AGss	0	0	0	A	0
— Faecalis, n° 3, Cast.	APs	AG	AG	AG	AU	0	0	0	A	0
— Guilliermondi, Cast., 1910	0/Alk	AG	AG	As	AGs	0	0	0	0	0
— Insolita, Cast., 1911	As:Alk	AG	AG	AG	AU	0	0	0	0	AGs
— Insolita, n° 2, Cast.	As	AG	AG	AG	AGs	0	As	0	0	0
— Intestinalis, Cast., 1911	ADs	AG	AG	As	A	A	As	0	0	0
— Krusei, Cast., 1909	0	AG	AG	0	0	0	0	0	0	AGs
— Lustigi, Cast., 1912	AD	A	AGs	Aas	AGs	0	0	A	0	AGs
— Negrii, Cast., 1911	Avs.Alk	AG	AG	As	AG	A	0	0	0	A· or 0
— Nitida, Cast., 1910	A Dic	AG	AG	A	A	0	0	0	0	AG
— Nivea, Cast., 1910	0.Alk	AG	AG	AG	AGs	0	0	0	Aas	AG
— Nivea, n° 2, Cast.	A	AG	AG	AGs	A	0	0	0	0	0
— Para-Tropicalis, Cast., 1909	As Alk	AG	AG	AG	AG	AG	0	0	0	0
— Pseudo Tropicalis, Cast., 1909	ACs	AG	AG	0	AGs	0	0	0	0	As
— Perryi, Cast., 1912	As AlkD	A	AGs	A	0	AG	0	0	Aes	0
— Pinoyi, Cast., 1910	0	AG	AG	AG	AG	0	0	0	0	As
— Pulmonalis, Cast., 1911	0;AlkD	AG	AG	AG	AG	A	Aas	0	Aus	0
— Rhoi, Cast., 1909	As:Alk	AG	AG	Aas	AG	0	0	0	0	A
— Rotunda, Cast., 1911	AC	A	A	A	0	0	0	0	0	0
— Rugosa, Cast., 1910	A;PsCs	As	As	As	As	A	0	0	0	0
— Tropicalis, Cast., 1909	A	AG	AG	AG	AGs	0	0	0	0	0
— Tropicalis, n° 2, Cast.	As:Alk	AG	AG	AG	AG	0	0	0	0	0
— Tropicalis, n° 3, Cast.	0:Alk	AG	AG	AG	AG	0	0	0	0	0
— Zeilanica, Cas..., 1910	ACs	A	A	A	A	As	0	0	A	Aus,Aus

	ARABINOSE	ADONITE	INULIN	SORBITE	BROTH	PEPTONE WATER	INDOL	MILK	GELATINE	SERUM
Monilia Albicans (Ch. Robin), 1853, Em. Cast., 1909 (1).	0	0	0	0	CTP	C	0	+	+	+
— Blanchardi, Cast., 1912	0	0	Ars	0	C	C	0	[illegible]	[illegible]	[illegible]
— Bronchialis, Cast., 1910	0	0	0	0	C	C	0	[illegible]	[illegible]	[illegible]
— Burgessi, Cast., 1912	0	0	0	0	C	C	0	[illegible]	[illegible]	[illegible]
— Chalmersi, Cast., 1912	0	0	AGs	0	C	C	0	[illegible]	[illegible]	[illegible]
— Communis, Cast., 1912	0	0	0	0	C	C	0	[illegible]	[illegible]	[illegible]
— Decolorans, Cast. et Loix, 1913	0	0	0	0	C	C	0	[illegible]	[illegible]	[illegible]
— Enterica, Cast., 1911	0	0	0	0	C	C	0	[illegible]	[illegible]	[illegible]
— Faecalis, Cast., 1911	0	0	0	0	C	C	0	[illegible]	[illegible]	[illegible]
— Faecalis, n° 2, Cast.	0	0	0	0	C	C	0	[illegible]	[illegible]	[illegible]
— Faecalis, n° 3, Cast.	0	0	0	0	CTP	C	0	[illegible]	[illegible]	[illegible]
— Guilliermondi, Cast., 1910	0	0	0	0	C	C	0	[illegible]	[illegible]	[illegible]
— Insolita, Cast., 1911	0	Ars or 0	0	0	C	C	0	[illegible]	[illegible]	[illegible]
— Insolita, n° 2, Cast.	0	Aus or 0	0	0	C	C	0	[illegible]	[illegible]	[illegible]
— Intestinalis, Cast., 1911	0	0	0	0	C	C	0	[illegible]	[illegible]	[illegible]
— Krusei, Cast., 1909	0	0	0	0	CTP	C	0	[illegible]	[illegible]	[illegible]
— Lustigi, Cast., 1912	0	0	0	0	C	C	0	[illegible]	[illegible]	[illegible]
— Negrii, Cast., 1911	0	0	0	0	C	C	0	[illegible]	[illegible]	[illegible]
— Nitida, Cast., 1910	0	0	0	0	CTP	C	0	[illegible]	[illegible]	[illegible]
— Nivea, Cast., 1910	0	0	0	0	C	C	0	[illegible]	[illegible]	[illegible]
— Nivea, n° 2, Cast.	0	0	0	0	C	C	0	[illegible]	[illegible]	[illegible]
— Para-Tropicalis, Cast., 1909	AGs	0	0	0	C	C	0	[illegible]	[illegible]	[illegible]
— Pseudo Tropicalis, Cast., 1909	0	0	0	0	C	C	0	[illegible]	[illegible]	[illegible]
— Perryi, Cast., 1912	0	0	0	0	CTP	C	0	[illegible]	[illegible]	[illegible]
— Pinoyi, Cast., 1910	0	0	Aus	0	C	C	0	[illegible]	[illegible]	[illegible]
— Pulmonalis, Cast., 1911	0	0	0	0	C	C	0	[illegible]	[illegible]	[illegible]
— Rhoi, Cast., 1909	0	0	0	0	C	C	0	[illegible]	[illegible]	[illegible]
— Rotunda, Cast., 1911	0	0	0	0	C	C	0	[illegible]	[illegible]	[illegible]
— Rugosa, Cast., 1910	0	0	0	0	C	C	0	[illegible]	[illegible]	[illegible]
— Tropicalis, Cast., 1909	0	0	0	0	CTP	C	0	[illegible]	[illegible]	[illegible]
— Tropicalis, n° 2, Cast.	0	0	0	0	C	C	0	[illegible]	[illegible]	[illegible]
— Tropicalis, n° 3, Cast.	0	0	0	0	C	C	0	[illegible]	[illegible]	[illegible]
— Zeilanica, Cas..., 1910	0	0	Au	0	C	C	0	[illegible]	[illegible]	[illegible]

Abbreviations used in the table :

A, acid; A Alk. acid then alkaline: B. medium surrounding growth brown; G. [...] neither acid nor clot in milk, neither acid nor gas in sugar media. non production [...] TP, thin pellicle; +, positive result; s, slight; vs, very slight; F, fine.

C, clear (broth and pepton water); D. decolourized; G, gas; 0, negative result, viz.: [...] indole, non liquefaction of gelatine or serum as the case may be; P, peptonized (milks);

(1) Since 1900, when I started the classification of monilias, I have retained the te[rm] [...] authorities (Hewlettok), have given these characters to the fungus.

Monilia albicans to indicate a strain which clots milk and liquefies gelatine, as most [...]

by comparing Table I with Table II. It should be noted that several of the tropical *monilias* mentioned in Table II did not derive from cases of thrush, but from cases of bronchomycosis, blastomycosis, « tea-factory cough » etc.

Conclusions.

1. The term Thrush-Fungus (*monilia*, saccharomyces, *oidium*, *albicans*) does not indicate a single species of hyphomycete, but both in temperate and tropical zones has been used to cover a large number of different species.

2. The fungi found in 11 cases of thrush-stomatitis investigated by me in London, belonged to seven different species of the *genus monilia* Gmelin 1791. For No. 1 species of Table I, I propose the term *monilia Metchnikoffi*.

3. The fungi found in the London cases were different species from those found in the Ceylon and South Indian cases.

THE ROLE OF LEUCOCYTES IN THE WORK
ON INTERMEDIARY
METABOLISM OF CARBOHYDRATES

by P. A. LEVENE and G. H. MEYER.

(From the Rockfeller Institute for Medical Research, New-York, U. S. A.)

Carbohydrates are undoubtedly the principal source of energy required for maintenance of life, particularly for the mechanical energy developed within a living organism.

The final products of combustion of sugar have been known for a long time. When the carbohydrates molecule is completely transformed into water and into carbonic acid gas, it has delivered all the available energy contained in it to the organism. The intermediate phases leading up to the final products remained unknown until very recently. True there have been advanced some theories regarding certain phases in the process of carbohydrate metabolism. Particularly meritorious are the investigations of Spiro, Hoppe-Seyler and his co-workers, of Embden and co-workers, and especially of Lust and Mandel.

However the methods employed by these investigators were not of a nature to justify complete confidence in the conclusions reached by them.

In order to be acceptable a method, has to satisfy at least the following requirements; first, that all products of the reaction can be quantitativly analised and second, that the simultaneous interaction of bacteria is completely eliminated.

The search for such a method led us to think of the phagocytic faculty of white blood cells discovered by professor E. Metchnikoff. This faculty is evidently based on the presence in the leucocyte of a multitude of enzymes. It was natural to expect among them also a glycolytic enzyme. By

the exercise of sufficient care leucocytes can be obtained practically free from bacterial contamination. Further the experiments with leucocytes can be carried out in usual chemical
flasks and test tubes, and therefore they permit of a quantative
study of the products of the reaction. Hence one was encou-
raged to see in the leucocyte the most satisfactory agent for
the study of the process of glycolysis. The expectation was
realised in a considerable degree. The work in this direction
was begun by the present writers in 1911, and is not yet com-
pleted. Previous to the present writers Lépine was inclined to
ascribe to leucocytes the principal part in animal sugar
combustion. Simultaneously with us Salte has proved that
through the action of leucocytes glucose is transformed into
lactic acide The study of the action of leucocytes on hexoses
has led the present writers to the following conclusions.

1) The hexoses are converted by leucocytes into lactic acid
according to the following reaction : $C_6H_{12}O_6 = 2C_3H_6O_3$.

2) Lactic acid is apparently the final product of the reaction.
When lactic acid is acted upon by leucocytes it remains
unchanged. The quantity of lactic acid produced from hexoses
oy leucocytes is equivalent to the quantity of disappeared sugar.

However the mechanism of this transformation is very
complex. By the aid of leucocytes it was possible to elucidate
some of its phases.

A priori lactic acid may be produced from hexoses through
the intermediate formation of glyceric aldehyde. This in its
turn may be transformed into lactic acid directly or through
the intermediate formation of methylglyoxal. The process
is made obvious by the following structural expressions :

$$
\begin{array}{ccc}
\begin{array}{l}
\overset{\displaystyle O}{\underset{\displaystyle |}{\|}} \\
C - H \\
| \\
H - C - OH \\
| \\
HO - C - H \\
| \\
H - C - OH \\
| \\
H - C - OH \\
| \\
CH_2OH
\end{array}
&
\longrightarrow
&
\begin{array}{l}
\overset{\displaystyle O}{\|} \\
C - H \\
| \\
H - C - OH \\
| \\
CH_2OH \\
+ \\
\overset{\displaystyle O}{\|} \\
C - H \\
| \\
H - C - OH \\
| \\
CH_2OH
\end{array}
\end{array}
$$

$$
\begin{array}{ccccc}
\overset{O}{\underset{\|}{C}} - H & & \overset{O}{\underset{\|}{C}} - OH & \overset{O}{\underset{\|}{C}} - H & \overset{O}{\underset{\|}{C}} - H \\
HC - OH & \longrightarrow & H - C - OH & H - C - OH \quad H \longrightarrow COH & \\
CH_2OH & & CH_3 & CH_2OH \quad - \quad OH \quad CH_3 &
\end{array}
$$

glyceric aldehyde   lactic acid   methylglyoxal (enolic form).

$$
\begin{array}{ccccc}
\overset{O}{\underset{\|}{C}} - H & & \overset{O}{\underset{\|}{C}} - H & O & \overset{O}{\underset{\|}{C}} - OH \\
COH & \longrightarrow & C & + \underset{\|}{O} & CHOH \\
CH_2 & & CH_3 & H_2 & CH_3
\end{array}
$$

               methylglyoxal   lactic acid

In the first process the positions of the hydrogen atom and of the hydroxyl group attached to the second carbon atom remain unchanged, in the second it may be altered; this is obvious from the graphic expression of the reactions. Bearing in mind on the one hand this consideration and on the other the configuration of various hexoses, one should expect the structure of each individual hexose to determine the structure of the lactic acid formed from it. For instance,

$$
\begin{array}{ccc}
\overset{O}{\underset{\|}{C}} - H & \overset{O}{\underset{\|}{C}} - H & \overset{O}{\underset{\|}{C}} - OH \\
OH - C - H & OH - C - H & OH - C - H \\
OH - C - H & CH_2OH & CH_3 \\
H - C - OH & + & l.\ \text{lactic acid} \\
H - C - OH & \overset{O}{\underset{\|}{C}} - H & \overset{O}{\underset{\|}{C}} - OH \\
CH_2OH & H - C - OH & H - C - OH \\
\text{mannose} & CH_2OH & CH_3 \\
& & d.\ \text{lactic acid}
\end{array}
$$

$$
\begin{array}{ccc}
\overset{O}{\underset{\|}{C}} - H & \overset{O}{\underset{\|}{C}} - H & \overset{O}{\underset{\|}{C}} - OH \\
H - C - OH & H - C - OH & H - C - OH \\
OH - C - H & CH_2OH & CH_3 \\
H - C - OH & + & d.\ \text{lactic acid} \\
H - C - OH & \overset{O}{\underset{\|}{C}} - H & \overset{O}{\underset{\|}{C}} - OH \\
CH_2OH & H - C - OH & H - C - OH \\
\text{glucose} & CH_2OH & CH_3 \\
& & d.\ \text{lactic acid}
\end{array}
$$

Hence glucose is expected to yield *d*. lactic acid and mannose *d*. *l*. lactic acid.

On the basis of these considerations leucocytes were allowed to act on glucose, mannose, fructose and galactose? It was found that only one form of lactic acid, namely *d*. lactid acid was produced in every experiment. On the basis of this it seemed suggestive that glyceric aldehyde is converted into lactic acid through the intermediate formation of methylglyoxal. To give more weight to this hypothesis it was necessary to demonstrate experimentally that methylglyoxal can be transformed into *d*. lactic acid through the action of leucocytes. The experiment was carried out and the result was as expected. Simultaneously and independently of us Dakin and Dudly have shown that methylglyoxal can be transformed into lactic acid by other animal tissues. The same observation was later made by Neuberg. However it must be admitted that the intermediate formation of glyceric aldehyde as a precursor to methylglyoxal is not definitely proven, neither theoretically nor experimentally. Its formation is a possibility. Methylglyoxal may also be formed through the following hypothetic intermediate phase :

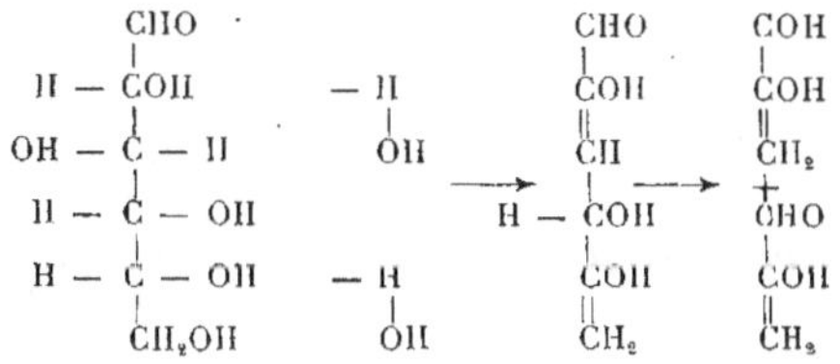

```
        CHO                           CHO        COH
         |                             |          |
    H — COH         — H              COH        COH
         |                             ‖          ‖
   OH — C — H         OH              CH         CH₂
         |                     ⟶       |    ⟶     +
    H — C — OH                       H — COH      CHO
         |                             |          |
    H — C — OH       — H              COH        COH
         |                             ‖          ‖
        CH₂OH            OH            CH₂        CH₂
```

However the true intermediate steps which lead to the formation of methylglyoxal from hexose still remain in the realm of conjecture. An attempt was made to bring the problem nearer solution in the following manner. The glycolytic enzyme was allowed to act on sugar in which the hydrogen of one or of more than one hydroxyl group was substituted by other radicles. The substances employed in the course of these experiments were the following : tetramethylglucose, α and β methylglucosides, lactose, sucrose, maltose and glucose-phosphoric acid. They are all derivatives of glucose. In the first substance four hydrogen atoms of glucose are substituted. All substitutions are in the alcoholic groups. In the other substances only one hydrogen of the glucose molecule is substituted, but the place of substitution is not the same in all substances. It was found that under the conditions of the experiment only maltose underwent the same decomposition as glucose. The other substances remained intact. The cause of the different behaviour of the various sugar derivatives is explained by the fact that animal cells contain an enzyme which decomposes maltose into glucose, but they lack the enzyme which cleaves the other substances into their components. The results of these experiments show that substitution of a hydrogen atom in the glucose molecule lends to the substance resistance towards glycolytic enzymes. This conclusion is of considerable importance in connection with some recent theories of diabetes. It was claimed by some writers that sugar is not utilised by the organism unless it had an opportunity to enter into chemical union with some other substances. This theory is not sustained by our experiments with conjugated glucoses.

Conclusions.

1) Six carbon chain-sugars in course of their catabolism are transformed into methylglyoxal. This in its turn is converted into lactic acid.

2) The phases leading to the formation of methylglyoxal and those leading to the conversion of lactic acid to carbon dioxide into water are not yet known.

3) Hexoses in which one or more hydrogen atoms are substituted by other radicles are no longer affected by the glycolytic enzymes of animal tissues, unless the substituting group had been removed.

DE LA PATHOGÉNIE DU CHOLÉRA

par II. VIOLLE.

Nous avons montré, il y a quelques années, par des expériences faites sur des animaux (chiens, singes, lapins), l'importance des diastases de la digestion intestinale dans la pathogénie du choléra. Celle de la bile joue un rôle des plus considérables dans la production et l'évolution de la grande maladie asiatique. Tant que la bile se déverse normalement dans l'intestin, le vibrion ne peut se développer qu'avec peine en ce lieu ; mais lorsque son cours est modifié ou suspendu, le bacille virgule y prolifère très aisément.

Par un phénomène curieux, la toxine cholérique a une action inhibitrice intense sur la sécrétion biliaire. Il s'ensuit que le développement du vibrion dans l'intestin, une fois amorcé, se poursuivra activement, de lui-même. Il en ressort également que, de même que la bile est le plus puissant cholalogue, la toxine cholérique devient ainsi le plus actif agent de sa propre production.

S'il paraît hors de doute que la cause du choléra, comme d'ailleurs celle des autres affections intestinales aiguës d'origine microbienne, réside dans des modifications de sécrétions intestinales, il faut néanmoins faire intervenir une autre cause, contenue dans les sécrétions du vibrion même. La pathogénie du choléra relève ainsi d'actions diastasiques, les unes d'origine intestinale, mais biliaire principalement, les autres d'origine vibrionienne. Ces deux catégories de phénomènes, à l'exemple de tous ceux qui se passent dans l'intimité de l'organisme, n'agissent point séparément : étroitement unis l'un à l'autre, ils élaborent ou arrêtent de concert le syndrome cholérique, suivant que leurs effets s'ajoutent ou se contrarient.

Illustrons par un exemple ce pouvoir conjugué de la bile et du vibrion.

La bile, seule, n'a qu'une action insignifiante sur les substances alimentaires : albuminoïdes, hydrocarbones ou graisses.

Le vibrion, seul, agit sur les hydrocarbones, les décompose et les fait fermenter (mono-, di-, et polysaccharides). Son action est plus limitée sur les albuminoïdes, car il n'en attaque que certains groupes (gélatine, sérum, peptones, etc.). Elle est nulle sur les graisses.

Or, si la bile seule ou le vibrion seul, en contact avec des graisses, les laissent absolument indemnes, par contre le mélange de ces deux éléments, bile et vibrion, a un pouvoir saponifiant intense sur les matières grasses.

On peut le démontrer en répétant l'expérience suivante :

Nos	EAU PEPTONÉE	TOURNESOL	GRAISSE	BILE	VIBRIONS	RÉSULTATS
Témoin 1.	+	+	—	—	+	Virage négatif.
Témoin 2.	+	+	—	+	—	Virage —
Témoin 3.	+	+	—	+	+	Virage —
Témoin 4.	+	+	+	+	—	Virage —
Témoin 5.	+	+	+	—	+	Virage —
EXPÉRIENCE :	+	+	+	+	+	Virage positif.

Le mélange, mis à 37°, se fait dans des tubes à essai, et suivant les quantités approximatives suivantes :

Eau peptonée neutre. . . . .   10 cent. cubes.
Tournesol (teinture de). . . . .   Q. S. pour colorer le milieu.
Huile d'olive neutre . . . .   1 cent. cube.
Bile de bœuf, fraîche, aseptique . . . .   1 cent. cube.
Vibrion cholérique (échantillon de Constantinople), en culture de 24 heures en bouillon, à 37° . . . .   1 goutte.

Nous nous trouvons donc en présence d'un phénomène offrant une assez grande analogie avec celui de certaines diastases intestinales telles que le suc pancréatique. Le pouvoir saponifiant de ce suc est, en effet, considérablement augmenté par l'addition de bile ; son pouvoir protéolytique, lui, ne se manifeste que par l'addition d'une autre substance d'entérokinase.

Mais tandis que, dans l'organisme, les deux diastases sont toutes deux de même origine humorale, ce qui est un fait banal, elles sont, dans le cas que nous citons, de provenances différentes, et c'est là un point très intéressant. C'est donc à une action humoro-bactérienne ou, plus exactement, cholalo-vibrionienne que nous avons à faire.

Nous sommes en face d'une action codiastasique, la diastase contenue dans le vibrion étant sous la forme de prodiastase inactive, activée par la bile qui jouerait ainsi le rôle de kinase ou mieux de catalyseur. L'origine de cet agent serait, soit organique (acide cholique, etc.) soit minérale (soufre, etc.).

De ce fait, et par extension, s'explique aisément la coagulation du lait par un mélange de bile et de vibrion, coagulation due à la mise en liberté des acides gras des graisses; et la non-coagulation de ce même lait additionné seulement de bile ou seulement de vibrion.

Au point de vue pathogénique, ne pouvons-nous pas émettre l'hypothèse que cette action diastasique conjuguée ait un effet abortif sur la production du choléra?

En effet, sous l'action combinée de la bile et du vibrion, les matières alimentaires de l'intestin et principalement les graisses, fournissent une réaction acide. La nature de cette réaction est franchement incompatible avec le développement du vibrion.

Inversement, si la sécrétion biliaire vient à tarir (affections gastro-intestinales, hépatiques diverses), toute coopération cholalo-vibrionienne est suspendue, et la résistance de l'organisme, par suite de cette dyscholie ou acholie, venant à faillir, le vibrion se développera dans un milieu propice. De là, ainsi que nous l'avons montré antérieurement, l'utilité du parfait fonctionnement du foie en temps d'épidémie cholérique.

QUELQUES OBSERVATIONS SUR LES *TRICONYMPHIDÆ*

par CARLOS FRANÇA.

Il n'existe pas dans les Protozoaires de formes plus intéressantes ni plus complexes que celles qui ont été réunies depuis longtemps sous la désgniation de Trichonymphides, mais il est vrai aussi que ces formes sont pour la plupart très mal connues. Les descriptions de ces parasites sont, d'ordinaire, incomplètes, ce qui explique que leur classification et les relations qui existent entre elles soient encore l'objet de vives discussions. Il suffit de lire les différents ouvrages de Protozoologie, même les plus modernes, pour se convaincre de la vérité de notre affirmation.

Faisant un contraste frappant avec la minutieuse description de formes récemment découvertes, on trouve des informations très incomplètes sur des formes décrites depuis longtemps. On ne peut évidemment pas faire la détermination de la position systématique de ces curieux Protozoaires et signaler les affinités qu'ils présentent sans connaître d'une façon rigoureuse et détaillée la structure d'un grand nombre d'entre eux.

Cette note, la première d'une série, a l'intention de contribuer à la connaissance de la morphologie et de la structure d'une des espèces de Triconymphidæ encore mal connue, quoique des plus anciennement décrites, et d'ajouter à la liste des espèces une nouvelle dont l'appareil flagellaire est des plus intéressants.

Nous croyons que ces notes auront une certaine utilité en fournissant des éléments pour de futurs travaux d'ensemble.

I

Triconympha agilis Leidy 1877.

Triconympha agilis a été d'abord découverte par Leidy en 1877 chez *Termes flavipes*, dans l'Amérique du Nord et elle a été trouvée chez *Leucotermes lucifugus* en Italie (Grassi, Foà).

En Portugal on trouve cette espèce chez presque tous les exemplaires de *L. lucifugus* qu'on examine.

La description de ce parasite donnée par Bütschli a été reproduite, presque sans aucune modification, dans les plus récents ouvrages sur les Protozoaires, lesquels reproduisent également la figure du travail de Leidy. Cette figure représente le parasite à l'état frais et elle est incorrecte.

Trichonympha agilis a une forme sensiblement ovalaire et son corps est nettement divisé en trois parties inégales : une portion antérieure, la plus petite, hémisphérique ; la seconde, un peu plus grande, en forme de cône tronqué, et finalement la troisième portion, très volumineuse, où se trouve le noyau du parasite.

La première et la seconde portion sont unies intimement, elles font corps ; au contraire la liaison avec la portion la plus grande du corps est établie de façon à permettre un déplacement latéral de la partie antérieure du Protozoaire. A l'intérieur du segment hémisphérique, et accolé à sa base, on voit un corpuscule fortement réfringent qui se prolonge dans le second segment par une tige qui lie au reste du corps ces segments antérieurs. Les flagelles, qui sont d'inégales dimensions, se détachent en trois séries.

La première série est constituée par les flagelles les plus petits. Ils sortent de la ligne d'union des deux premiers segments et ils s'infléchissent en avant.

La seconde série est composée par des flagelles un peu plus longs qui se détachent de tout le bord du second segment. Les flagelles du troisième groupe, les plus longs, semblent sortir de la partie antérieure du troisième segment du parasite et ils se courbent au long du corps de façon à en envelopper l'extrémité postérieure quand le parasite se déplace.

Triconympha agilis se déplace avec une grande vélocité et, pendant la marche, son extrémité antérieure, constituée par les deux premiers segments, se tourne tantôt vers l'un des côtés, tantôt vers l'autre, et parfois elle présente de curieux mouvements de propulsion.

A l'état vivant la différence entre la structure du cytoplasme du segment prénucléaire et celle du segment post-nucléaire est très nette. Finement granuleuse dans le premier, elle est nettement alvéolaire dans le second.

Des préparations colorées à l'hématoxyline ferrique sont indispensables pour bien étudier toute la curieuse structure du parasite.

On voit alors que, dans la partie antérieure du Protozoaire, il existe une formation fortement sidérophile ayant la forme d'un champignon, dont le chapeau constitue le squelette du premier segment et dont le pied, dilaté en arrière, forme l'axe du second segment. Cette formation sidérophile se continue par une portion plus étroite qui va se terminer par une plaque sidérophile située sur le bord antérieur du troisième segment du corps du parasite.

Cette plaque se colore moins intensivement par l'hématoxyline ferrique que la formation sidérophile des deux premiers segments et il faut de bonnes préparations pour la voir nettement.

La seule liaison entre l'extrémité antérieure, constituée par les deux segments antérieurs, et le corps du parasite, semble être la portion étroite intermédiaire à la plaque et au bâtonnet axial des premiers segments.

Les nombreux flagelles de *Triconympha agilis* se détachent de la formation sidérophile en trois séries. Les flagelles de la première série s'insèrent sur la base de la portion dilatée que nous avons comparée au chapeau de l'appareil sporifère d'un champignon; la seconde série, constituée par les flagelles moyens, prend naissance sur les bords du pied, et finalement les flagelles de la troisième s'insèrent sur la plaque du bord antérieur du troisième segment.

Chez *Triconympha agilis* il existe une séparation très nette entre l'endoplasme et l'ectoplasme, spécialement dans la portion antérieure du troisième segment. La différence de structure du cytoplasme dans la partie antérieure et dans la partie postérieure au noyau, que nous avons mentionnée en décrivant le parasite vivant, est encore plus accentuée dans les préparations colorées. C'est dans la portion post-nucléaire, à structure alvéolaire, qu'on trouve toujours de nombreux fragments de bois qui peuvent atteindre des dimensions considérables. Le noyau est situé dans la partie moyenne du corps. Il est arrondi, très riche en chromatine sous la forme d'abondants et volumineux chromosomes elliptiques.

Dans la plupart des exemplaires, on voit que le noyau est enveloppé par des stries courbes qui constituent ce que Grassi appelle le *cestello*. Le noyau occuperait le fond de cette formation, qui est visible aussi bien chez les exemplaires vivants que chez les exemplaires colorés à l'hématoxyline ferrique.

L'ectoplasme de la partie antérieure du corps est strié et ces striations obliques en dehors et en arrière correspondent au passage des flagelles à travers l'ectoplasme.

Le parasite est toujours très grand : sa longueur peut osciller entre 65 et 105 µ et sa largeur entre 35 et 49 µ. La distance de l'extrémité antérieure au noyau oscille entre 31 et 43 µ. Les deux premiers segments mesurent 7 µ environ. Le noyau a de 10 à 13 µ. de diamètre.

Nous n'avons pas vu des figures de division de *T. agilis*. Le processus de multiplication de ce parasite a été bien étudié par Foà. On voit que la division nucléaire est précédée par celle de la formation sidérophile.

Cette formation sidérophile est évidemment un blépharoplaste ou kinétonucleus et ce blépharoplaste, dans la division des Trichonymphides, joue le rôle de centrosome [(*Trichonympha* (Foà), *Pseudotrichonympha* (Hartmann)]. Chez un autre Flagelle (*Trypanosoma hylæ*), nous avons vu (1907) les blépharoplastes pendant la division mitosique jouer le rôle de centrosomes.

11

Leidya Metchnikovi, n. g. n. sp.

Une des formes les plus curieuses de Triconymphides qu'on trouve chez *Termes lucifugus* du Portugal est celle que nous allons décrire.

Nous croyons pouvoir identifier cette forme à celle que Leidy a figurée comme en étant la forme jeune de *Trichonympha agilis*; Bütschli a reproduit la figure (Pl. 76), mettant en doute qu'il s'agissait d'une forme jeune de cette espèce : « Recht zweifelhaft erscheint es, ob alle von Leidy beschreibenen Jugendformen der Trichonympha wirklich hierher gehören. Dies gilt spezial von den lang spindelförmigen, spiral gestreiften und total

bewimperten Formen, welche sehr an die gleich zu
erwähnende Gattung *Pyrsonympha* erinnern. »

Dans le traité de Delage et Hérouard, on trouve la figure de
Leidy, mais Delage pense que les relations de parenté de cette
forme avec le genre *Triconympha* « ne sont nullement démontrées ». A notre avis, il s'agit en effet d'un genre nouveau,
entièrement différent des genres jusqu'ici décrits, pour lequel
nous proposons le nom de *Leidya* en hommage au savant qui
a contribué le plus à la connaissance des Trichonymphides.
La seule figure que nous connaissions de cette forme, celle de
Leidy, reproduite par Bütschli, puis par Delage et Hérouard,
est incorrecte; elle nous permet cependant l'identification
parce qu'elle montre clairement la double spirale sur laquelle
prennent insertion les flagelles de cet intéressant Flagellé.

L'examen à l'état frais nous fait voir les principaux caractères de ce Protozoaire : corps allongé à extrémité antérieure
amincie, flagelles revêtant tout le corps et s'insérant sur une
double ligne spirale.

Les préparations colorées par l'hématoxyline ferrique nous
montrent bien la structure du parasite. Il a, nous l'avons déjà dit,
un corps allongé et son extrémité antérieure est amincie tandis
que la postérieure est émoussée. L'extrémité antérieure est occupée par une formation sidérophile allongée, se rétrécissant en
arrière. Sur cette formation s'insèrent, comme les barbes d'une
plume, d'autres petits filaments desquels se détachent les
flagelles antérieurs. Le filament se bifurque postérieurement
et ces branches terminales parcourent en double spirale tout le
corps du parasite. Sur cette double spirale prennent naissance
les innombrables flagelles que possède ce Protozoaire.

Le noyau arrondi, relativement volumineux et à chromatine
très compacte, occupe l'union des tiers antérieur et moyen du
corps.

Sur les lignes spiralées sur lesquelles s'insèrent les flagelles,
on distingue, chez des exemplaires bien colorés, de petites
granulations en série, sans doute des grains basaux.

L'insuffisance de nos connaissances sur la structure d'un

grand nombre de Triconymphides explique la multiplicité de groupements systématiques de ces curieux Protozoaires.

Chaque auteur adopte une classification et Grassi, qui étudie ces formes depuis longtemps, a présenté récemment une classification qui ne nous semble pas plus heureuse que celle de ses devanciers.

L'étude des Triconymphides est encore loin de nous permettre une systématique définitive; nous pouvons déjà dire, cependant, qu'il n'est pas naturel d'inclure dans l'ordre *Polymastigina* Blochmann la famille *Calonymphidæ* comme le fait Grassi.

Dans les *Polymastigina*, on doit, avec Grassi, placer la famille *Dinenymphidæ* (1).

Les autres familles doivent constituer l'ordre *Hypermastigina* Grassi, mais pas suivant le groupement indiqué par le savant italien. Dans sa revision des Triconymphides, Grassi reconnaît à l'ordre *Hypermastigina* une seule famille *Lophomonadidæ*, où il place les genres *Lophomonas, Joenia, Triconympha* et d'autres genres, quelques-uns desquels, créés par Grassi lui-même, sont encore mal définis. Or il n'est pas rationnel de grouper dans une même famille les genres *Lophomonas* et *Joenia* avec le genre *Triconympha*.

Il nous semble que l'état actuel de nos connaissances sur les Triconymphides nous permet d'établir la classification suivante:

Ord. Hypermastigina Grassi et Foà (1911).

Des formes d'ordinaire très grandes, ayant de très nombreux flagelles dont la disposition est très variable.

Cet ordre comprend les familles:

1. — *Calonymphidæ* Grassi.

Grandes formes à noyaux multiples. A chaque noyau correspond un blépharoplaste d'où sort un ou plusieurs flagelles. Filaments axiaux.

Cette famille comprend les genres:
A. — *Calonympha* Foà (1905),
　　　　C. grassii Foà, parasite de Termites du Chili.

---

(1) *Devescovina striata* Foà (1905) doit aussi être considérée comme un *Polymastigina*.

B. — *Stephanonympha* Janicki (1911),
      S. silvestrii Janicki (1911).

II. — *Lophomonadidæ* Grassi (1911).

Grandes formes à un seul noyau. Bâtonnet axial enveloppant dans sa partie antérieure le noyau. Appareil basal bien développé.

Cette famille comprend les genres :

C. — *Lophomonas* Stein (1860),
      L. blattarum Stein (1860), parasite du *Periplaneta orientalis*.

D. — *Joenia* Grassi (1885),
      J. annectens Grassi (1885), parasite de *Calotermes flavicollis*.

III. — *Triconymphidæ* Leidy (1877).

Grandes formes à un seul noyau. Ces formes ne possèdent pas de filament axial. Formation sidérophile à l'extrémité antérieure.

Cette famille comprend les genres :

E. — *Triconympha* Leidy (1877),
      T. agilis Leidy (1877), parasite de *Termes flavipes* (Amérique) et de *T. lucifugus* (Europe).

F. — *Gymnonympha* Dobell (1910),
      G. zeylanica Dobell (1910), parasite de *Calotermes militaris* Ceylan.

IV. — *Holomastigidæ* n. fam.

Grandes formes à un seul noyau, sans bâtonnet axial. Flagelles sur toute l'étendue du corps. Ces flagelles sont insérés sur une seule ou plusieurs lignes à trajet linéaire ou spiralé.

Cette famille comprend les genres :

G. — *Pseudotriconympha* Grassi et Foà (1911), forme mâle (1)
      ou forme A de *Triconympha hertwigi* Hartmann.

---

(1) Grassi, dans son travail, considère le genre *Pseudotriconympha* comme étant la forme femelle de *Triconympha hertwigi*. C'est évidemment inexact. La diagnose sommaire que Grassi donne du genre *Pseudotriconympha* montre déjà l'identité entre ce genre et la forme mâle, c'est-à-dire la forme A du parasite découvert et si bien décrit par Hartmann. D'un autre côté, la désignation *Pseudotriconympha* ne pourrait s'appliquer qu'à la forme mâle, la seule qui présente des analogies avec le genre *Triconympha*.

5

> *P. hertwigi* (Hartmann), parasite de *Captotermes hart-*
> *manni* (Holmgr.) Brésil.

H. — *Holomastigotoides* Grassi et Foà (1911), forme femelle
ou forme B de *T. hertwigi* Hartmann.

> *H. hertwigi* (Hartmann), parasite de *Captotermes*
> *hartmanni.*

1. — *Leidya* n. g.

> *L. metchnikovi* n. sp., parasite de *Termes lucifugus* du
> Portugal et probablement de *T. flavipes* (Amérique).

Des études ultérieures nous diront si ces familles sont suffisantes, s'il y aura opportunité à créer quelques sous-ordres, etc.
Il nous semble, cependant, que ce groupement permet d'apprécier les affinités des différentes familles et des différents genres.

On peut, en effet, voir tous les degrés de transition entre les
formes extrêmes. Des *Calonymphidæ*, possédant de nombreux
petits noyaux à chacun desquels correspond un petit blépharoplaste, on passe aux *Lophomonadidæ*, à noyau unique et à
petits blépharoplastes individualisés et disposés sur une plaque,
et aux *Triconymphidæ* où les blépharoplastes se réunissent dans
une seule formation, très volumineuse.

Finalement, les *Holomastigidæ*, possédant ou non un blépharoplaste volumineux et des granulations basales disposées
en lignes parcourant tout le corps, représentent évidemment les
formes de *Hypermastigina* qu'on peut considérer comme plus
rapprochées des Ciliés.

Cette même sériation des familles nous semble rationnelle
quand nous examinons d'autres éléments structuraux des Triconymphides.

Les filaments axiaux (homologues des axostyles des *Polymastigina*), bien développés chez les familles *Calonymphidæ*
et *Lophomonadidæ*, sont atrophiés ou disparus chez la famille
Holmastigidæ. Finalement, les corps parabasaux, ces corps
énigmatiques qu'on a trouvés chez quelques *Polymastigina*, on
les trouve dans les familles *Calonymphidæ* et *Lophomonadidæ*
et ils semblent manquer dans les autres familles.

L'étude des différentes formes de *Triconymphides* nous
montre que ces parasites doivent être placés, comme le fait
Grassi, dans la classe *Mastigophora* et l'ordre *Polymastigina*.

Ce sont bien des *Mastigophora* dont l'appareil flagellaire peut être du type *polymastigote* ou du type *holomastigote* et chez lesquels on trouve tous les éléments structuraux qui existent chez les *Flagellata*. On serait, seulement, tenté de dire que chaque Triconymphide représente la fusion de plusieurs individus.

Collares, avril 1914.

BIBLIOGRAPHIE (1)

O. Bütschli. — *Protozoa in* : Bronn's *Klassen und Ordnungen des Thierreichs.* Bd I, 3. Abteilung, 1889.

G. N. Calkins. — *Protozoölogy*, New York, 1909.

Y. Delage et E. Hérouard. — *Traité de Zoologie concrète.* t. 1, Paris, 1896.

C. C. Dobell. — *On some parasite Protozoa from Ceylan.* Spolia Zeylanica, t. VII, décembre 1910.

F. Doflein. — *Lehrbuch der Protozoenkunde.* Iena, 1911.

A. Foà. — Ricerche sulla riproduzione dei Flagellati. II. Processo de divisione della Triconinfe. Note prelim. in *R. C. della Acc. dei Lincei,* vol. XIII, 2ᵉ sem. 1904.

B. Grassi et A. Foà. — Intorno ai Protozoi dei Termitidi. Nota prelim. in *R. C. della R. Acc. dei Lincei.* Vol. XX, 1º sem. 1911.

M. Hartmann. — Untersuchungen über Bau und Entwicklung der Trichonymphiden (*Trichonympha hertwigi* n. sp.). *Festschrift zum sechzigsten Geburstage Richard Hertwigs.* Bd I, 1910.

E. A. Minchin. — *An Introduction to the study of the Protozoa.* London, 1912.

(1) Nous n'avons pu, malheureusement, obtenir le travail de Porter, publié en 1897.

QUELQUES OBSERVATIONS SUR LES PHILANTHES
CONTRIBUTION A L'HISTOIRE DE L'INSTINCT DES INSECTES

par M. E.-L. BOUVIER.

A l'époque, déjà lointaine (1900-1901), où j'étudiais les Bembex à Luc-sur-Mer et Lion-sur-Mer, je fis également de nombreuses observations sur le Philanthe apivore (*Philanthus triangulum* Fab.) qui était fort commun dans les dunes des deux localités. Faute de temps, ces observations restèrent inédites encore que plusieurs ne fussent pas dénuées d'intérêt. Il ne sera peut-être pas inutile de relever, parmi ces dernières, celles relatives aux habitudes fouisseuses des mâles et d'autres qui ont trait à la sociabilité de l'insecte. Avant d'aborder ce double sujet, il convient de noter pour mémoire que les femelles de notre Philanthe chassent l'Abeille commune, qu'elles la servent paralysée à leurs larves et qu'elles fouissent pour ces dernières et pour elles-mêmes un long terrier au bout duquel se trouvent les chambres larvaires.

Habitudes fouisseuses des mâles. — Mais où habitent les ♂ et sont-ils capables de fouir un terrier? A ces deux questions voici les réponses que je relève dans mon cahier de notes :

Le 25 et le 26 juillet, vers le milieu du jour, les ♀ voltigent en nombre sur la dune, devant le laboratoire maritime de Luc; les ♀ se tiennent presque toutes cachées, leur face jaune se montrant seule à l'orifice des nids.

Le 27, par une belle matinée qui fait suite à une nuit pluvieuse, je vois le terrier s'ouvrir et il en sort des ♂ aussi bien que des ♀. Je capture ainsi 4 ♂; ils étaient blottis dans des gîtes assez étroits qu'ils avaient sans doute dérobés à d'autres Hyménoptères de petite taille. D'autres ♂ rentrent dans des terriers qu'ils nettoient en rejetant le sable, à la manière des ♀.

Vers deux heures et demie le ciel devient orageux, les nids se ferment d'un monticule de sable et les ♂, presque tous sortis, disparaissent rapidement. La plupart doivent se cacher dans des terriers ouverts, d'autres fouissent comme les ♀ pour se faire un abri et vont très vite en besogne. L'un d'eux profite du trou qu'avait fait l'extrémité de ma canne, creuse avec acharnement pour le rendre plus profond, puis, ayant sans doute atteint une excavation souterraine, s'enfonce bien davantage et ferme l'orifice du trou avec un monticule de sable.

Un autre ♂ cherche en vain, pour fouir, quelque endroit favorable ; il trouve enfin une petite dépression, s'y occupe durant dix minutes et atteint un terrier libre où il disparaît. Mais il en sort bientôt, poursuivi par une ♀ dont c'était le gîte. Le malheureux semble désemparé et ramène les pattes antérieures sur son jaune visage. Peut-être déplore-t-il le temps perdu ! Non loin de là est une autre dépression qu'il attaque sans délai. Mais le sol est dur et le travail pénible ; l'insecte arrache avec ses mandibules, creuse des pattes, se met sur le côté ou le dos en bas, recourbant avec effort son abdomen ; peu à peu il s'enfonce et bientôt disparaît ; on ne le voit plus mais il travaille toujours, car la petite taupinière de déblai présente des soubresauts. Au bout de vingt-cinq minutes les mouvements cessent, la protection du Philanthe est assurée.

Ces observations, et beaucoup d'autres que je ne veux pas citer, démontrent sans conteste que les Philanthes mâles peuvent fouir comme leurs femelles, sinon avec le même art, du moins avec la même activité.

Habitudes sociales. — Le lendemain, je me rends de nouveau sur la dune, il fait beau temps, mais les pluies d'orage ont lavé le sol et fait disparaître les taupinières, d'un coup de tête les insectes ont vite fait d'ouvrir leurs terriers.

Or voici le curieux spectacle auquel j'assiste : d'un premier trou je vois sortir 5 ♀ ; d'un deuxième 1 ♂ et 2 ♀ ; d'un troisième 7 ♀ ; d'un quatrième 3 ♀ ; de plusieurs autres soit 1 ♂, soit 1 ♀. Les ♂ partent de suite et ne flânent pas à l'orifice comme les ♀.

A midi, tous les terriers sont ouverts. Une ♀ revient portant une Abeille et pénètre de suite dans l'un des orifices. Mais bientôt je vois sortir de ce nid 3 ♀ et il en reste une quatrième. Est-ce l'individu qui apporta l'Abeille ? Je ne saurais le dire.

En tout cas, on peut conclure, de ces observations et de plusieurs autres analogues, que les Philanthes, au mois de juillet, peuvent cohabiter en nombre et vivre en bonne intelligence dans un même terrier. Je dis au mois de juillet, car je n'ai rien observé de semblable un peu plus tard. Il semble qu'au début, peu après l'éclosion, nos insectes présentent une sociabilité qui disparaîtra dans la suite, alors que chaque ♀ aura fondé un nid.

M. et Mme Peckham (1), aux États-Unis, ont relevé quelques faits semblables chez le *Philanthus punctatus* Say et ils les attribuent à une sociabilité familiale : « Quand les Guêpes sortent du cocon, écrivaient-ils en 1889, elles se trouvent en compagnie de leurs parents les plus proches et, en possession d'une demeure, elles vivent un temps toutes ensemble avant de se disperser pour s'occuper indépendamment de leurs intérêts propres. Le 5 août, nous découvrîmes une heureuse famille de cette espèce comprenant trois frères et quatre sœurs ; les femelles, avec leur face et leurs mandibules d'un jaune brillant, étaient plus casanières que les mâles. Les sept Guêpes paraissaient vivre dans les termes les plus amicaux... Le nid était ouvert le matin vers neuf heures. Elles sortaient une à une, se promenaient autour de l'entrée, puis partaient non sans laisser quelquefois l'une d'entre elles pour garder le nid toute la journée. Pendant cette période infantile elles ne rentrent pas, sauf pour passer la nuit. Parfois, elles ont des difficultés pour retrouver le gîte et travaillent à deux ou trois autres points avant d'y arriver.

« Nous tînmes ce nid en étroite observation, certains jours surveillant l'orifice depuis le moment où il était ouvert le matin jusqu'à ce qu'il fût clos à la nuit. Le 12 août, une femelle prit la responsabilité de faire domicile à part. Le 13 août, à huit heures et demie du matin, nous trouvâmes qu'une seconde femelle, peut-être inspirée par l'exemple de sa sœur, avait fait un nouveau nid à environ deux pouces du premier... »

Il ne semble pas douteux qu'on doive attribuer à une sociabilité familiale de même nature les groupements signalés plus haut chez notre Philanthe apivore, mais certains faits me

---

(1) George W. Peckham and Elizabeth G. Peckham. On the Instincts and Habits of the solitary Wasps (*Wisconsin Geol. and Nat. Hist. Survey*, Bull. n° 2, p. 117, 119 ; 1899).

portent à croire que, dans cette espèce, des intrus peuvent être acceptés dans le groupement, tout au moins lorsqu'une grande hâte préside à la rentrée.

Ces faits sont, à coup sûr, intéressants parce qu'ils indiquent une sociabilité naissante. Mais ils semblent bien loin encore de ceux qui caractérisent les Guêpes sociales et les autres Hyménoptères sociaux. Chez ces derniers, en effet, la vie sociale a pour point de départ essentiel les rapports qui s'établissent dans un nid entre la mère et ses enfants; or, la mère des Philanthes périt à l'automne et sa progéniture quitte le cocon neuf mois plus tard, au cours de l'été suivant; c'est une progéniture orpheline et les rapports qui s'y établissent n'ont rien de commun avec ceux qui permettent la formation de colonies chez les Hyménoptères sociaux.

L'ARGUMENT DE LA CONTINUITÉ

ET

LES NOUVELLES MÉTHODES EN PHYSIO-PSYCHOLOGIE

par YVES DELAGE et MARIE GOLDSMITH.

De tout temps, le bon sens populaire a prêté aux animaux des facultés psychiques semblables à celles de l'homme et n'en différant que par le degré, variant suivant les espèces, pour s'atténuer progressivement et disparaître tout à fait chez les formes inférieures. Les philosophes d'une part, les biologistes de l'autre se sont demandé ce qu'il y avait de vrai dans cette manière de voir, et, bien entendu, deux courants d'idées opposés se sont manifestés. Les uns ont versé dans cet anthropomorphisme naïf qui consiste à juger les actes des animaux comme s'ils étaient dirigés par des pensées semblables à celles d'un homme qui les aurait accomplis. La littérature demi-scientifique abonde en relations admirables sur l'intelligence des animaux, et certaines observations vraiment scientifiques, mais plus ingénieuses que sagement méditées — telles celles de Fabre — sont venues leur fournir un appui. D'autres auteurs ont suivi une voie contraire et, s'appuyant plutôt sur des vues philosophiques que sur l'observation, dénient aux animaux toute intelligence, tel Descartes qui les déclare de simples automates agissant comme des mécanismes bien réglés, sans rien comprendre de ce qu'ils font.

Certains biologistes modernes, se réclamant du monisme, veulent éliminer la conscience et les phénomènes psychiques des réactions motrices provoquées par les excitations sensorielles, pour la raison que tous les processus vitaux se ramènent en dernière analyse à des phénomènes physico-chimiques. Ils sont comparables à ceux qui, lors des premières expériences de Pasteur, rejetaient ses conclusions au nom de la génération spontanée, inévitable en dehors de l'intervention d'un Dieu créateur. Nous admettrons, avec ces derniers, que la génération spontanée de la matière vivante s'est produite quelque part, quelque jour, dans des conditions encore ignorées. Cela n'empêche pas que Pasteur avait raison contre ses contradicteurs. De même, on ne peut se refuser à admettre que toute la biologie se ramène en fin de compte, y compris les processus psychiques, à la physico-chimie ; cela n'empêche pas que la conscience puisse intervenir dans les réactions des animaux, même invertébrés. Ceux qui nous jettent l'anathème pour penser ainsi font, non œuvre de bon sens, mais acte de démagogie scientifique. Dans un court travail résumant des idées qui auraient mérité de plus longs développements, un des signataires de cet article a cherché à remettre les choses à leur place, en montrant comment, par suite de l'absence du langage, les facultés psychiques des animaux, bien que réelles, s'exercent d'une manière extrêmement différente de celles de l'homme.

Depuis une vingtaine d'années, la question a été réexaminée d'un point de vue différent par un grand nombre de physiologistes, groupés autour de deux protagonistes : Loeb et Pawlow.

La théorie des tropismes de Loeb est plus ancienne en date, et aussi plus radicale, car elle ne s'arrête pas aux phénomènes nerveux et cherche dans les phénomènes chimiques ayant leur siège dans le protoplasme, la cause immédiate des actes attribués au psychisme.

Les tropismes étant identiques chez les plantes et les animaux, Loeb en conclut que ce qui est en cause dans les réactions motrices des animaux, c'est, non le système nerveux, mais les propriétés générales du protoplasme : si la suppression des cellules ganglionnaires entraîne celle des réflexes, ce serait par l'abolition, non d'un mécanisme élaborateur, mais simplement des voies conductrices. Les nerfs seraient seulement des conducteurs plus rapides et plus sensibles — perfectionnement devenu nécessaire chez les animaux qui mènent une vie libre. Chez certains animaux fixés (vers, ascidies), on voit, en effet, ces réactions motrices se produire après la suppression du système nerveux.

Loeb développe surtout l'exemple du phototropisme. Les deux

facteurs de la réaction seraient la symétrie bilatérale et les actions photochimiques. La lumière, en frappant l'un des côtés du corps, déterminerait (par des oxydations) la formation, de ce côté, de substances nouvelles qui agiraient comme excitants directs des réactions musculaires. Celles-ci modifieraient l'orientation de l'animal par rapport à la lumière, jusqu'à diriger vers elle son axe de symétrie, et le mouvement vers la lumière continuerait alors par une co-action égale des deux côtés du corps. Dans le phototropisme négatif, se produirait, par des phénomènes exactement inverses, un mouvement de fuite.

Comme preuve de la nature chimique de ces réactions, Loeb invoque le fait que certaines substances (l'acide carbonique, à un plus faible degré l'alcool, etc.) amplifient les réactions par un processus comparable à celui d'un catalyseur accélérant les réactions chimiques.

Les hésitations que certains auteurs (Jennings) ont cherché à expliquer par le processus psychique des « essais et erreurs », se réduisent, pour Loeb, aux oscillations ondulatoires, conséquence d'un faible phototropisme.

Cette conception a le mérite de la simplicité et de la clarté, mais son auteur lui-même paraît sentir que les tropismes sont insuffisants à expliquer l'immense majorité des mouvements observés, même chez les animaux inférieurs, et, à côté de ce premier facteur, il en introduit deux autres : la *sensibilité différentielle* et la *mémoire associative*. C'est, d'abord, la *sensibilité différentielle*, c'est-à-dire la propriété de réagir, non à une action constante, mais à des changements rapides. Loeb ne propose aucune explication de ce phénomène; il est probable qu'il doit se réduire aussi, dans son esprit, à des influences d'ordre chimique, mais son mécanisme ne nous est pas montré. Il constate seulement que la sensibilité différentielle peut considérablement compliquer et masquer les effets des tropismes.

Il en est de même pour la notion d'*instinct*. Loeb se borne à dire qu'on peut réduire toute la complication des instincts à des tropismes divers; leur transmission héréditaire serait simplement celle de certaines substances chimiques et de la symétrie bilatérale.

La difficulté et le vague augmentent encore lorsque nous

arrivons aux facultés psychiques supérieures. Loeb ne peut plus se maintenir sur le terrain chimique et doit recourir à un facteur psychologique : la *mémoire associative*, qu'il définit ainsi : *mécanisme par lequel un excitant provoque, non seulement les effets liés à sa nature et à la structure spécifique de l'organe irritable, mais aussi des effets appartenant à d'autres excitants qui, auparavant, ont agi simultanément avec lui*. Par elle, s'expliquent le dressage et l'expérience personnelle. Pour la comprendre, conclut Loeb, ni l'histologie, ni la mesure du temps de réaction, ni les opérations sur le cerveau ne peuvent être utiles. Il faut se demander quelles particularités des substances colloïdales la rendent possible. Mais à cette question, il ne fait aucune réponse. Et, malgré ses efforts pour écarter la conscience, il lui faut recourir à elle sous une forme voilée lorsqu'il dit que les *idées* peuvent jouer le rôle de sensibilisateurs, en augmentant la sensibilité à l'égard de certains excitants, et déterminer ainsi des actes attribués à un psychisme supérieur, tels que le sacrifice de sa vie à une idée.

La théorie des tropismes a inspiré toute une pléiade de biologistes. Si quelques-uns, tels que Bohn, ont sagement atténué ses exagérations, la plupart ont, au contraire, accentué son intransigeance. Ainsi Nuel, Radl ont assimilé aux tropismes la vision ; Radl ne trouve entre le phototropisme d'un animal inférieur et la vision humaine que cette seule différence que le premier réagit par tout son corps, tandis que l'homme, possédant un organe spécial, a la faculté d'arrêter son regard sur un objet déterminé. De même, Bethe a essayé d'expliquer par les tropismes seuls des mouvements aussi compliqués que ceux des fourmis allant chercher de la nourriture et l'apportant à la fourmilière. D'après lui, la présence du fardeau provoque un mouvement réflexe vers le nid, son absence, le mouvement dans la direction inverse. Il y a eu même, dans cet ordre d'idées, des tentatives d'applications sociologiques ; ainsi, Waxweiler fait reposer l'affinité sociale sur des « déterminants physico-chimiques » spéciaux.

L'école de Pawlow aborde tout autrement le problème. Négligeant les animaux inférieurs auxquels s'applique plus spécialement la théorie des tropismes, elle se préoccupe surtout des mammifères supérieurs. De plus, autant la théorie de Loeb est spéculative et part d'une idée chimique *a priori*, autant les recherches de l'école de Pawlow sont faites d'une accumulation d'expériences, d'abord purement physiologiques et dont la portée psychologique ne s'est trouvée mise en lumière que par la suite. Voici l'expérience capitale de Pawlow. La perception gustative, ou même la seule vue de la nourriture, provoque chez le chien la salivation ; si, pendant un certain temps, on joint à la présentation de la nourriture une autre excitation — lumineuse, sonore, tactile ou autre — cette excitation finit par produire le réflexe salivaire même en l'absence de la nourriture. Pawlow et son école appellent réflexes « inconditionnels » ceux qui se produisent naturellement dès l'application de l'excitant, sans réclamer de conditions spéciales, tels que la salivation en présence de la nourriture, et réflexes « conditionnels » ou « associatifs » ceux qui réclament une condition spéciale dans laquelle un nouvel excitant est associé à l'excitant « inconditionnel », par exemple, le son, la lumière, etc., à la présentation de la nourriture. Ces « réflexes conditionnels » ne sont, au fond, autre chose que la « mémoire associative » de Loeb, sous un nom dissimulant leur nature psychique. Pawlow et son école les ont soumis à une étude très approfondie. Ils ont décrit leur « extinction » après un certain temps, leur « inhibition » par de nouvelles excitations, leur « reviviscence », leurs multiples variations de détail, suivant la nature des excitants conditionnels, la possibilité de faire naître des réflexes conditionnels de second degré, c'est-à-dire en associant une nouvelle excitation, non plus à celle fournie par l'aliment, mais à celle qui provoque le réflexe conditionnel, etc., etc... Ces expériences, entreprises pour étudier la physiologie des organes des sens du chien, ont conduit à des conclusions psychologiques. D'après l'école de Pawlow, toutes les réactions des animaux se ramènent à ces deux catégories de réflexes : inconditionnels et conditionnels ; les actes instinctifs entrent dans la catégorie des premiers. Un acte instinctif est un réflexe déterminé, dans son mode de production, par la nature anatomique et physico-chimique de l'organisme ; il est héréditaire et semblable chez tous les individus de l'espèce. Les réflexes conditionnels sont, au contraire, acquis et variables selon les individus. Toutes les expériences faites sur le com-

portement des animaux se rapportent à ces réflexes conditionnels.

Dans la conception de l'école de Pawlow, la question de
savoir si ces réactions sont conscientes ou non est volontaire-
ment laissée de côté; c'est en cela, et aussi dans l'élimination
des expressions psychologiques, telles que sensations, images,
mémoire, etc., que consiste le caractère « objectif » de la nouvelle école. Elle se fonde pour cela sur l'impossibilité de prouver
l'existence des états psychiques chez les animaux; expliquer
l'action de l'animal, c'est *déterminer les conditions physiologiques de cette action*. Avec d'autres, sorties du laboratoire de
Bechterew et portant sur les réflexes moteurs chez le chien, les
expériences de Pawlow ont formé la base de ce qu'on a appelé
la *psychologie objective*, ou encore la *théorie des réflexes*.

Bechterew définit aussi la nouvelle psychologie par l'exclusion du phénomène de la conscience et de l'introspection. Mais
sa conception paraît être un peu moins exclusivement physiologique et un peu plus psychologique que celle de l'école de
Pawlow. Dans sa terminologie, les réflexes conditionnels
deviennent des *psychoréflexes* qui supposent une reviviscence
des traces des réflexes antérieurs. C'est pour lui la définition
même du *phénomène psychique*. C'est dans cette catégorie qu'il
fait entrer tous les processus psychiques supérieurs: jugements,
état d'attention (qu'il appelle « concentration nerveuse »), langage, mimique et, enfin, les « réflexes personnels » qui constituent l'attitude caractéristique de l'individu et donnent l'illusion d'une volonté libre.

Malgré ces légères atténuations, la tendance générale de la
conception physiologique nouvelle est d'écarter systématiquement la conscience de l'explication des phénomènes psychiques,
en les ramenant tous à des réflexes plus ou moins compliqués.
Ainsi, on raisonne comme si l'animal n'avait pas de perceptions
sensorielles, mais seulement des réactions sensorielles, dont
on ne recherche pas s'il les ignore ou les connaît.

Le raisonnement des adeptes de la nouvelle école est celui-ci :
les phénomènes de conscience ne peuvent être connus que par
l'introspection; or, on ne peut faire de l'introspection sur les
animaux. Les phénomènes de conscience chez eux ne peuvent
donc être étudiés. On ne peut pas même affirmer leur existence.

Aussi on ne saurait en tenir compte dans une étude scientifique : il faut les laisser de côté dans l'interprétation des phénomènes psycho-physiologiques et chercher l'explication de ces derniers dans la physiologie pure.

Il n'y a rien à objecter à un raisonnement aussi scrupuleux, sinon que, lorsqu'on a de tels scrupules, il ne faut pas s'arrêter en si beau chemin. Il faut aller jusqu'au bout. Or, le bout, c'est le *cogito ergo sum* de Descartes, symbole de cette conception irréfutable que la seule chose dont nous soyons absolument certains, c'est notre propre pensée. La réalité du monde extérieur est indémontrable et incertaine, non moins indémontrable et non moins incertaine que la conscience des animaux. Faut-il donc nous arrêter à cette conclusion et nous croiser les bras ? On sait comment Descartes a cherché à échapper aux conclusions de son raisonnement. « J'ai, dit-il, des pensées si claires qu'elles s'imposent à ma croyance, et d'autres qui me laissent dans le doute. Le doute est une imperfection. Or le parfait ne saurait procéder de l'imparfait. Donc le parfait existe en dehors de moi : c'est Dieu. Ce Dieu parfait ne saurait avoir mis en moi des idées si claires qu'elles s'imposent à ma croyance et qui cependant seraient fausses. La croyance au monde extérieur est au nombre des idées claires. Donc le monde extérieur existe .» Et voilà surmontée la difficulté qui aboutissait au *cogito ergo sum*. Pour voir ce que vaut le raisonnement, suivons Descartes dans la série de ses déductions. Nous rencontrons bientôt un autre exemple de ces idées si claires qu'elles s'imposent à notre croyance. Le voici : « Le sang circule parce qu'en arrivant au cœur il emprunte à celui-ci une grande chaleur qui le fait se dilater et jaillir dans les artères... » Cette conclusion montre ce que vaut le raisonnement qui a conduit à l'existence de Dieu et à l'immortalité de l'âme. Descartes n'a donc pu triompher de l'objection qu'il s'était faite à lui-même et personne n'en triomphera jamais. Cela ne veut pas dire qu'il faille s'arrêter au *cogito ergo sum*. Le raisonnement de Descartes prouve que la réalité du monde extérieur ne peut être démontrée, il n'établit pas que la croyance en elle soit une erreur. On reste donc en présence de deux alternatives également indémontrables, mais également possibles : 1° le monde extérieur à nos pensées existe ; 2° ce monde n'existe pas. En l'absence de démonstration irréfutable, cherchons des raisons d'un autre ordre pour choisir entre l'une et l'autre. Si j'admets la formule de Descartes, le monde se réduit pour moi non à *la* pensée mais à *ma* pensée. Les autres humains, les animaux, les choses, les actes des premiers, les propriétés manifestées par les dernières ne sont que des formes de ma pensée. Dès lors, lorsque je dors sans rêver et que ma pensée est supprimée, plus rien n'existe, l'univers est vide. A mon réveil, il se recrée, et ainsi son existence est discontinue, formée de disparitions et de réapparitions indéfiniment renouvelées. Allons plus loin.

Voici devant moi une horloge qui marche. Tantôt je la regarde, tantôt j'en détourne mes regards, pour la regarder de nouveau un instant après. Tout cela, ce sont des formes de ma pensée. C'est entendu. Tant que cette pensée d'horloge est présente en moi (je devrais dire : constitue mon être), elle subit une variation continue. Quand elle disparaît, pour reparaître l'instant d'après, je remarque qu'elle a subi une variation brusque dans l'intervalle ; elle se serait donc modifiée pendant qu'elle était inexistante. On peut échapper à cette difficulté en disant que la deuxième pensée d'horloge est une pensée nouvelle, entièrement indépendante de la précédente, en sorte qu'on n'a pas à lui demander de s'expliquer sur quoi que ce soit, vu qu'elle ne doit rien aux lois d'un monde extérieur inexistant. J'y consens. Mais je remarque qu'une foule innombrable de pensées ont ce bizarre caractère de se présenter comme des choses identiques dans des apparitions successives, sauf une variation continue, et qu'entre deux apparitions successives vient toujours se loger une différence établissant une discontinuité dans la variation. En un mot, si l'univers est réduit à un moi pensant, il y a dans l'univers, à côté d'une variation continue, une discontinuité systématisée, entièrement inexplicable, tandis que tout devient clair dans l'hypothèse de la réalité du monde extérieur. Ces deux arguments : des destructions et recréations alternantes et de la discontinuité systématisée inexplicable, ne suffisent-ils pas à donner aux deux éventualités en présence desquelles nous laisse le raisonnement de Descartes une probabilité très inégale qui, en l'absence de preuve absolue, doit déterminer notre jugement.

La question actuelle peut être abordée de la même façon.

Nous ne sommes certains que de notre propre conscience, et les autres humains pourraient être des automates, comme les animaux dans la théorie de Descartes. Mais cette conclusion ne s'impose pas et, en l'absence d'arguments irréfutables, nous pouvons préférer une des éventualités à l'autre, comme étant infiniment plus simple et plus probable. Le philosophe qui discute avec moi parle de sa conscience comme je parle de la mienne ; il y a donc bien des chances pour que sa conscience soit non moins réelle que la mienne. De celui-ci ne peut-on passer à ce sauvage ramené par un navigateur d'une île inconnue et dont personne ne comprend le langage? Faudra-t-il nier qu'il voit, qu'il a des perceptions sensorielles et, par conséquent, des pensées, parce qu'il est incapable d'affirmer sa conscience en langage intelligible, quand sa manière d'agir en présence des excitations, sa réaction, est la même que la nôtre? Et la barrière que nous n'avons pas voulu placer entre ce sauvage et nous, la mettrons-nous entre lui et ce chimpanzé, ou entre ce dernier et le macaque? Qui laissera-t-on de l'autre côté de la barrière : le chien, l'oiseau, le poisson? La dégradation progressive des centres nerveux et des aptitudes psychiques, c'est-à-dire, en somme, l'argument de la continuité, nous l'interdit. Entre les vertébrés et les invertébrés l'hyatus est plus large, mais il suffit de comparer un poulpe, un crabe, une abeille à un poisson, pour voir que la supériorité de ce dernier est bien faible, si même elle est réelle.

Il faut être aveuglé par l'esprit de système pour nier que le poulpe et le crabe aient des perceptions, c'est-à-dire des états de conscience, et non de simples réflexes, immédiats ou conditionnels.

Une fois entrés chez les invertébrés, impossible de placer notre barrière : partout continuité dans les structures et dans la nature des réactions. C'est progressivement, insensiblement que la conscience s'atténuera, peut-être sans jamais disparaître tout à fait. Si donc la conscience existe, si elle est un facteur actif dans les réactions motrices consécutives aux excitations sensorielles, annuler ce facteur de peur de le mal interpréter, c'est commettre une erreur certaine par crainte d'une erreur éventuelle, c'est faire comme Gribouille qui se plongeait dans l'eau pour ne pas être mouillé par la pluie.

Ce qu'il faut faire, ce n'est pas négliger le facteur conscience, mais l'étudier par l'intermédiaire de ses réactions. Puisqu'on ne peut introspecter en dehors de soi, il faut extrospecter et non se boucher les yeux. Il faut éviter l'anthropomorphisme, mais sans verser dans un mécanomorphisme qui consisterait à traiter les animaux comme des mécanismes inconscients. En outre que ce serait faire outrage à la vérité, cela pourrait conduire aux pires conséquences morales, en justifiant les horreurs de la vivisection abusive, dispensée *larga manu*, sans raison suffisante.

D'ailleurs, il ne faut pas s'y méprendre : cette prétendue réforme dans la méthode psychologique se réduit à bien peu de chose. Dire : réflexes conditionnels au lieu de mémoire associative, réaction à la lumière au lieu de perception lumineuse, inhibition du réflexe conditionnel au lieu d'oubli d'une relation apprise, c'est changer les mots et non les choses, car ces réflexes conditionnels, ces réactions, ces inhibitions devront être étudiés de la même façon qu'on eût étudié la mémoire et ses variations. Il n'y a qu'un mot de changé.

Verba et voces pretereaque nihil.

ACTION DU BISMUTH
SUR LA SPIRILLOSE DES POULES

par A.-EUG. ROBERT et B. SAUTON.

L'action antiseptique du bismuth a été peu étudiée, probablement à cause de la décomposition immédiate de la plupart de ses sels, en présence d'eau. Certains de ces composés restent pourtant inaltérés, même à chaud, en solution aqueuse et l'un de nous a précédemment observé que ces produits solubles entravaient, à faible dose, la culture du bacille tuberculeux (1).

Nous avons étudié l'influence de quelques combinaisons stables de cet élément sur un grand nombre de germes, soit dans les cultures, soit dans l'organisme animal. Le présent travail résume nos expériences relatives à l'action du bismuth — que ses propriétés chimiques rapprochent de l'arsenic et de l'antimoine — sur le *Spirochæta gallinarum* (Marchoux et Salimbeni).

Nous avons utilisé pour ces premières recherches le bismuthotartrate de sodium, préparé selon les indications de Cowley (2). Les solutions aqueuses de ce composé, parfaitement neutres, peuvent être stérilisées à l'autoclave; elles sont stables en présence de la plupart des sels, du sérum, etc.; elles précipitent pourtant par les sels de calcium. Nous nous sommes servis dans tous nos essais de solutions contenant exactement 1 p. 100 de bismuth, et tous les résultats ci-dessous se rapportent aux doses de cet élément et non à celles de bismuthotartrate.

Toxicité. — Par la voie veineuse, la quantité de bismuth

(1) Sauton, *Comptes rendus de la Soc. de Biologie*, 17 janvier 1914.
(2) Cowley, *The Chem. a Drugg.*, LXXXII. p. 212, 1913.

ESSAIS DE TRAITEMENT PRÉVENTIF

POULES :		TÉMOINS								
Numéro	1	2	3	1	2	3	4	5	6	7
Poids en gr.	2.320	1.860	2.000	2.360	2.400	1.830	2.620	2.400	1.890	2.430
1er jour				Injection intramusculaire des doses suivantes de bismuth (grammes par kilogramme) :						
				0,05	0,06	0,06	0,06	0,06	0,06	0,07
2e jour	Infection par 0.2 c.c. de sang.									
3e jour	+	+	++	—	+	+	—	—	++	—
4e jour	+++	++	++++	—	—	+	—	+	+++	—
5e jour	+++++	+++++	+++++	—	—	—	—	—	++	—
6e jour	++++++	++++++	++++++ Morte.	—	—	—	—	—	—	—
7e jour	—	—	—	—	—	—	—	—	—	—
8e jour	—	—	—	—	—	—	—	—	—	—
9e jour	—	—	—	—	—	—	—	—	—	—
10e jour	—	—	—	—	—	—	—	—	—	—

POULES	TÉMOINS							
Numéro	1	2	3	4	1	2	3	4
Poids en gr.	2.550	2.000	1.680	1.780	1.650	1.890	2.700	2.95
							Six heures	
1er jour	....	....	....	....				
	....	....	....	....	0,020	0,020	0,020	0,0..
2e jour	++	+	+	++	—	—	—	
3e jour	+++	++	++	+++	—	Morte.	Morte.	
4e jour	++++++	+++	++++	++++	—	....	....	
5e jour	+++++++	+++++	++++++	++++++	—	....	....	
6e jour	—	++++++ Morte.	—	—	—	....	....	
7e jour	—	....	—	—	—	....	....	
8e jour	—	....	—	—	—	....	....	
9e jour	—	....	—	—	—	....	....	
10e jour	—	....	—	—	—	....	....	

supportée par la poule saine est de 30 à 35 milligrammes par
kilogramme; elle est seulement de 15 à 20 milligrammes pour
les animaux infectés de spirilles. L'injection intramusculaire
de 100 milligrammes de bismuth par kilogramme est supportée
sans aucun inconvénient par les poules saines. Dans ce dernier
cas, le bismuth est en partie fixé et insolubilisé sous forme d'un
dépôt blanc, abondant, dans les tissus, où on peut mettre sa
présence en évidence après plus de quinze jours par simple
touche au sulfhydrate d'ammoniaque.

ACTION IN VITRO. — Lorsqu'on mélange à parties égales du
sang provenant d'une poule fortement infectée de spirilles avec
une solution exactement neutre de bismuthotartrate de sodium,
correspondant à 1 p. 100 de bismuth, le *Spirillum gallinarum*
n'y perd pas sa mobilité après trois jours.

ACTION IN VIVO. — *Mode opératoire*. Nous avons employé
comme virus un sang non dilué, très riche en spirilles. Nous
en avons injecté aux animaux en expériences des doses de

SIX HEURES APRÈS L'INFECTION

après l'infection, injection des doses suivantes de bismuth (gr. par kilogr.) : Injection intraveineuse : — Inj. intramusculaire.

5	6	7	8	9	10	11	12	13	14	15
2.380	2.885	2.095	2.000	2.050	2.490	2.490	2.370	3.000	3.040	2.070
0,015	0,015	0,015	0,015	0,015	0,015	0,015	0,010	0,010	0,060	0,070
—	—	—	—	+	—	—	—	—	—	—
—	—	+++	—	+++	++	++	+	++	+	++
—	—	++++	—	+++	Une seconde injection de 15 milligrammes a arrêté l'infection.	Une seconde injection de 15 milligrammes a arrêté l'infection.	++++	++++	—	—
—	—	++++++	—	—			++++++	++++++	—	—
—	—	—	—	—			—	—	—	—
—	—	—	—	—			—	—	—	—
—	—	—	—	—			—	—	—	—
—	—	—	—	—			—	—	—	—

0,5 cc. ou 0,2 cc., qui nous ont toujours donné des résultats identiques.

Dans nos essais de traitement curatif, l'injection du sel bismuthique a été pratiquée au moment où les spirilles apparaissaient dans le sang, vingt-quatre ou trente heures après l'infection. L'examen attentif de préparations par étalement suivant la méthode de Burri permet alors de déceler environ un spirille dans plus de cinquante champs microscopiques. C'est le moment où il est le plus difficile d'enrayer la spirillose.

Dans les tableaux qui résument nos observations, nous avons noté de la manière suivante le nombre approximatif des spirilles :

+	un spirille dans plus de 50 champs microscopiques;
++	un à cinq spirilles dans 50 champs microscopiques;
+++	un spirille par 5 champs;
++++	un spirille par champ;
+++++	plusieurs spirilles par champ;
++++++	spirilles innombrables, amas.

TRAITEMENT PAR DEUX INJECTIONS DE B...

POULES	TÉMOINS					
Numéro. . . .	1	2	3	4	5	6
Poids en gr. .	2.350	2.780	1.950	2.050	3.120	2.630
1er jour. . . .						
2e jour. . .	+	+	+	+	+	++
3e jour. . .	++	++	++	++	+++	+++
4e jour. . .	++++	++++	++++	++++	+++++	+++++
5e jour. . .	+++++	++++++	++++++	++++++	++++++	++++++ Morte.
6e jour. . .	++++++ Morte.					
7e jour. . .						
8e jour. . .						
9e jour. . .						
10e jour. . .						

Essais de traitement préventif. — L'injection intraveineuse de 20, 25 ou 30 milligrammes de bismuth par kilogramme, pratiquée vingt-quatre heures avant l'inoculation de 0,5 cc. de sang infectant, retarde d'un jour l'apparition des spirilles ; la maladie évolue ensuite d'une manière normale, probablement à cause de l'élimination trop rapide du sel ou de son insolubilisation partielle dans l'organisme. Tout au contraire, dans les mêmes conditions de temps, l'injection intramusculaire de 50 à 70 milligrammes de bismuth par kilogramme a une action efficace. Les légères irrégularités qu'on peut relever dans les résultats consignés ci-dessous proviennent des différences de résistance individuelle des animaux et surtout de ce que le bismuthotartrate, plus ou moins fixé dans le muscle au point d'inoculation, ne circule pas dans l'organisme en proportions toujours comparables.

ET TRENTE HEURES APRÈS L'INFECTION

2	3	4	5	6	7	8	9	10	11	12	13	14	15	16	17
2.180	2.050	1.850	2.200	3.140	2.620	2.420	3.300	3.050	3.300	2.100	2.190	2.800	2.360	2.550	2.370
[...] heures après l'infection, injection intraveineuse des doses suivantes de bismuth (gr. par kilogr.):															
0,015	0,015	0,015	0,015	0,015	0,015	0,010	0,010	0,010	0,010	0,010	0,010	0,010	0,010	0,010	0.010
—	—	—	—	—	—	—	—	—	—	—	—	—	—	—	—
[...]nte heures après l'infection, injection intraveineuse des doses suivantes de bismuth (gr. par kilg.):															
0,015	0,015	0,015	0,015	0,005	0,005	0,010	0,010	0,010	0,010	0,010	0,005	0,005	0,003	0,005	0,005
—	Morte	Morte.	—	—	—	—	—	—	—	++	—	—	—	++	—
—	……	……	—	—	—	—	—	—	—	+++	—	—	—	+++	—
—	……	……	—	—	—	—	—	—	—	++++++ Morte.	—	—	—	—	—
—	……	……	—	—	—	—	—	—	—	……	—	—	—	—	—
—	……	……	—	—	—	—	—	—	—	……	—	—	—	—	—
—	……	……	—	—	—	—	—	—	—	……	—	—	—	—	—
—	……	……	—	—	—	—	—	—	—	……	—	—	—	—	—
—	……	……	—	—	—	—	—	—	—	……	—	—	—	—	—

Injection du sel de bismuth quelques heures après l'infection. — Ce mode de traitement exerce toujours une action empêchante sur le développement ultérieur des germes. A aucun moment on ne trouve de spirilles dans le sang d'une poule traitée, par voie veineuse, six heures après l'infection, par la dose — d'ailleurs mal supportée — de 20 milligrammes de bismuth par kilogramme. Dans les mêmes conditions, l'injection de 15 milligrammes ne prévient pas la maladie d'une manière régulière; quand elle se déclare, elle est d'ailleurs bénigne et cède toujours à une seconde injection. Le traitement par 10 milligrammes apporte seulement un léger retard dans l'apparition des spirilles; la maladie évolue ensuite comme chez les témoins.

Nous avons obtenu de meilleurs résultats en pratiquant deux injections successives de bismuthotartrate, six heures et

POULES	TÉMOINS					TRAITÉES APRÈS 16[h]		
Numéro. . . .	1	2	3	4	5	1	2	2.?
Poids en gr. .	2.060	1.960	2.650	2.885	2.440	1.990	2.390	+ 0,5
1er jour . .						Tous les animaux sont [traités]		
2e jour. . .	+	+	++	+	++	—		bismuth 0,015
3e jour. . .	++	++	+++	++	+++	0,015	0,015 +	+
						Morte.		
4e jour. . .	++++	++++	++++	+++	++++			
5e jour. . .	++++++	++++++	++++++	+++++	+++++			
6e jour. . .	+++++ Morte.	—	—	+++++++	++++++ Morte			
7e jour. . .	. . . . . .	—	—	. . . . . .	. . . . . .			
8e jour. . .	. . . . . .	—	—	. . . . . .	. . . . . .			
9e jour. . .	. . . . . .	—	—	. . . . . .	. . . . . .			
10e jour. . .	. . . . . .	—	—	. . . . . .	. . . . . .			

trente heures après l'inoculation des spirilles. Ceux-ci n'ont
jamais apparu dans le sang des animaux traités par deux doses
de 15 milligrammes. Nous avons obtenu des résultats également
positifs dans une proportion de quatre cas sur cinq par les
deux injections de 10 milligrammes ou par celles, successives,
de 10 et 5 milligrammes. Il est à noter que ces deux dernières
doses ont une action plus efficace qu'une dose unique et équivalente de 15 milligrammes, parce qu'elles renouvellent le
bismuth circulant dans l'organisme, où il a tendance à se
fixer.

L'injection intramusculaire de 60 à 70 milligrammes de
bismuth par kilogramme quatre heures après l'infection retarde

INJECTION INTRAVEINEUSE DE BISMUTH

	TRAITEMENT APRÈS 24 HEURES							TRAITEMENT APRÈS 48 HEURES			TRAITEMENT APRÈS 3 JOURS	
	5	6	7	8	9	10	11	12	13	14	15	16
	2.130	2.400	2.160	2.880	2.520	2.200	2.550	2.450	1.780	1.710	2.000	1.910
0,5 c.c. de sang.												
	+	+	++	++	+	++	++	+	+	+	+	+
…muth (gr. par kilogramme) :	0,015	0,015	0,015	0,015	0,015	0,012	0,012					
	−	+ Morte.	++	++	+	++	++	+	++	++	++	++
	+	.....	++ Morte.	−	−	++	+++	Doses de Bi (gr. par kil.) : 0,015 ++	0,015 ++	0,015 ++	++++	++++
	−	.....	.....	−	−	−	+++++	−	Morte.	Morte.	Doses de Bi (gr. par kil.) : 0,015 −	0,010 −
	−	.....	.....	−	−	−	−	−	.....	.....	−	−
	−	.....	.....	−	−	−	−	−	.....	.....	Morte.	−
	−	.....	.....	−	−	−	−	−	.....	.....	.....	−
	−	.....	.....	−	−	−	−	−	.....	.....	.....	−

et atténue considérablement la maladie. Les spirilles n'apparaissent dans le sang des animaux ainsi traités qu'en très petit nombre et pendant un temps très court.

Essais de traitement curatif. — Lorsque, après l'apparition des premiers spirilles, on traite l'animal infecté par une injection intraveineuse de 12 ou 15 milligrammes de bismuth par kilogramme, la spirillose prend plus souvent une forme atténuée et les poules traitées ne présentent généralement plus de germes dans le sang, au moment où l'infection est maxima chez les témoins. En intervenant plus tardivement, 48 ou 72 heures après l'infection, on constate encore une action nettement curative du bismuth et la maladie ne revêt jamais la

POULES	TÉMOINS					1	2
Numéro . . .	1	2	3	4	5	1	2
Poids en gr.	2.120	1.680	1.780	1.950	2.450	3.500	1.970
1er jour . .	Tous les animaux sont infectés						
2e jour. . .	+	+-	++	+	+	++	++
3e jour. . .	++	++	+++	++	+++	0,010 ++	0,01. +++
4e jour. . .	+++++	++++	++++	+++++	++++	0,005 —	0,00. +
5e jour. . .	+++++	+++++++	+++++++	+++++++	+++++++	—	—
6e jour. . .	+++++++ Morte.	—	Morte.	—	—	—	—
7e jour. . .	....	—	....	—	—	—	—
8e jour. . .	....	—	....	—	—	—	—
9e jour. . .	....	—	....	—	—	—	—
10e jour. , .	....	—	....	—	—	—	—

forme aiguë, qui, dans nos expériences, a provoqué la mort
des animaux non traités dans une proportion de 33 p. 100.

Toutefois, les résultats les plus nets sont obtenus en traitant
les animaux infectés par deux injections intraveineuses successives de 10 milligrammes par kilogramme, trente et quarante-huit heures après l'inoculation des spirilles. Les germes
ne se développent plus dans le sang ou insensiblement après
la première injection; ils ont toujours diparu vingt-quatre
heures après la seconde. Les animaux traités conservent un
très bon aspect et n'accusent pas, comme les témoins, une
diminution considérable de poids.

DEUX INJECTIONS INTRAVEINEUSES DE BISMUTH

3	4	5	6	7	8	9	10	11	12
2.030	1 570	2.380	2.500	2.420	1.440	1.600	2.760	2.550	1.950

par 0,5 c.c. de sang.

3	4	5	6	7	8	9	10	11	12
++	+	+	+	+	+	+	+	+	+

Première injection : Doses de bismuth (grammes par kilogramme) :

3	4	5	6	7	8	9	10	11	12
0,010	0,010	0,010	0,010	0,010	0,010	0,010	0,010	0,010	0,010
++	++	++	+	+++	+++	+	++	++	++

Seconde injection : Doses de bismuth (grammes par kilogramme) :

3	4	5	6	7	8	9	10	11	12
0,005	0,010	0,010	0,010	0,010	0,010	0,010	0,010	0,010	0,010
—	—	—	—	—	—	—	—	—	++
—	—	—	—	—	—	—	—	—	++++
—	—	—	—	—	—	—	—	—	Morte.
—	—	—	—	—	—	—	—	—	
—	—	—	—	—	—	—	—	—	
—	—	—							

CONCLUSIONS.

De ces premières expériences, il résulte que le bismutho-tartrate de sodium, contrairement à ce qu'on observe *in vitro*, exerce une action bactéricide sur le *Spirochæta gallinarum* dans l'organisme animal. Son influence, très nette, puisque nous avons pu prévenir et guérir l'infection dans un nombre de cas proportionnellement élevé, ne s'est pourtant pas manifestée dans nos essais avec toute la régularité désirable. Ceci tient probablement à la nature de la combinaison bismuthique utilisée qui, d'après nos constatations, peut perdre son activité par suite de sa fixation ou de son insolubilisation. Il est à présumer, et nos expériences, brusquement interrompues à la fin de juillet 1914 par la guerre, confirmaient déjà cette hypothèse, qu'on obtiendrait de meilleurs résultats par l'emploi de composés bismuthiques susceptibles de mieux circuler à l'état soluble dans l'organisme. Nous espérons poursuivre un jour nos recherches inachevées, sur cette voie-là, mais nous pouvons dire déjà que nous avons observé l'efficacité constante du bismuth quelle que soit la nature de la combinaison chimique dont il fait partie.

L'étude de la spirillose des poules ne présentant d'ailleurs qu'un intérêt théorique, nous espérons pouvoir une fois exposer les résultats de nos expériences interrompues concernant l'action du bismuth sur la fièvre récurrente et sur la syphilis.

Nos premiers essais de traitement préventif et curatif des affections à trypanosomes nous ont donné, chez le cobaye, des actions positives comparables par l'emploi des composés suivants : phosphate soluble, hyposulfite double de potassium et de bismuth, bismuthotartrate de sodium, citrate ammoniacal.

La connaissance des éléments chimiques actifs contre ces diverses infections tire une partie de son intérêt de l'accoutumance souvent constatée des germes, qui les provoquent, aux différents remèdes. La multiplicité des moyens de traitement paraît être une condition favorable de la lutte contre ces maladies. A ce titre, nous espérons que nos premiers résultats, pour incomplets qu'ils soient, ne seront pas dépourvus de tout intérêt.

LES FERMENTS LACTIQUES ET LA CONSERVATION EN SILOS DES FOURRAGES DESTINÉS A LA NOURRITURE DES ANIMAUX

par J. CROLBOIS.

Dans toutes les régions qui cultivent la betterave pour la fabrication de l'alcool ou du sucre, on a l'habitude de compter sur les pulpes de betteraves pour l'alimentation du bétail pendant la mauvaise saison; aussi cette conservation des pulpes, dont le poids correspond aux deux tiers environ de celui des betteraves mises en œuvre et qui se chiffre par millions de tonnes pour la production annuelle des usines françaises, présente-t-elle une très grande importance.

Ces pulpes ensilées, abandonnées à elles-mêmes, subissent les fermentations les plus diverses, ce qui ne permet pas une conservation régulière, produit de mauvaises odeurs et provoque dans certains cas la formation de principes nocifs qui occasionnent des désordres dans la santé des animaux qui en sont nourris (entérite, diarrhée, maladie de la pulpe). Mais dans ces fermentations diverses, à côté des microbes nuisibles, nous en trouvons d'autres utiles, comme les ferments lactiques.

Il était donc intéressant, en se basant sur les travaux de M. Metchnikoff sur le rôle précieux des ferments lactiques pour empêcher les putréfactions intestinales, de rechercher un ferment lactique se développant rapidement dans les cossettes épuisées et permettant de les conserver plus facilement Après de nombreux isolements de ces microbes provenant de pulpes, de choucroute, etc., j'ai cultivé un ferment lactique se développant parfaitement dans les pulpes de distillerie. C'est avec ce ferment que les premiers essais ont été faits en grand dans une distillerie agricole de l'Oise où l'on ensemençait en silos, par jour, environ 40.000 kilogrammes de pulpes provenant du traitement de 70.000 kilogrammes de betteraves, soit près de 3 millions de kilogrammes pour la campagne; les résultats publiés dans les *Comptes rendus de l'Académie des Sciences* (t. 149, p. 411, 1909), ont été les suivants :

Avec l'ensemencement, l'odeur souvent repoussante que l'on constate auprès des fosses à pulpes a disparu pour faire place à une odeur franche, comme celle des pulpes sortant des diffuseurs. L'engraissement des animaux (bœufs) nourris avec ces pulpes a été hâté de près de trois semaines; il n'y a jamais eu un bœuf constipé ou ayant de la diarrhée. D'autre part, les agriculteurs ont constaté souvent une mortalité considérable chez les jeunes agneaux nourris de pulpes de distillerie; or, avec cette pulpe, 350 agneaux ont été élevés sans aucun accident et les excréments de ces animaux étaient de la même couleur que lorsqu'ils sont au pâturage.

C'est alors que M. Malpeaux, directeur de l'Ecole d'Agriculture de Berthonval (Pas-de-Calais), qui, en collaboration avec M. le professeur Lefort, avait publié de nombreux travaux sur l'ensilage des pulpes, voulut bien à son école poursuivre de nouvelles expériences sur l'alimentation et comparer la valeur nutritive des pulpes ordinaires et des pulpes ensemencées avec ce ferment lactique; leurs conclusions confirment pleinement les premières expériences :

Les pulpes ainsi traitées se conservent beaucoup mieux que celles mises en silos dans les conditions habituelles.

La pulpe ensemencée a une odeur fraîche; les cossettes conservent exactement la forme qu'elles avaient en sortant des presses, tandis que les cossettes des pulpes non ensemencées sont molles, présentent un aspect gras et forment, prises en masse, une bouillie épaisse.

Les animaux acceptent plus facilement la pulpe ensemencée que la pulpe ordinaire; ils semblent la manger avec plus d'appétit et même avec avidité.

Mettant en comparaison, dans des expériences poursuivies sur les moutons, la pulpe ordinaire et la pulpe ensemencée, en employant dans la ration des poids égaux de chacune d'elles, les résultats obtenus ont été les suivants :

A l'ouverture des silos, les pulpes présentaient la composition suivante :

	ENSEMENCÉE	NON ENSEMENCÉE
Eau	89,2	91,10
Matières azotées	1,06	0,85
Matières grasses	0,18	0,13
Hydrates de carbone	2,85	2,30
Autres extractifs non azotés	3,65	2,96
Cellulose	1,98	1,00
Matières minérales	1,09	1,09
Azote alimentaire	0,150	0,123
Acidité	0,82	0,86
Matières sèches	10,8	8,9

Deux lots de six moutons ont reçu alternativement pendant deux périodes consécutives de trente jours :

Ration avec la pulpe ensemencée.

		MATIÈRES sèches	MATIÈRES azotées	MATIÈRES grasses	HYDRATES de carbone
Pulpe ensemencée	20.000 gr.	2.160 gr.	188 gr.	36 gr.	570 gr.
Tourteau de lin	1.500	1.315	395	153	476
Féverolles	1.300	1 114	220	14	500
Menues pailles	1.500	1.260	21	20	342
Paille	4.000	3.428	32	16	1.424
Total :		9.277 gr.	856 gr.	239 gr.	3.512 gr.

Ration avec la pulpe ordinaire.

		MATIÈRES sèches	MATIÈRES azotées	MATIÈRES grasses	HYDRATES de carbone
Pulpe ordinaire	20.000 gr.	1.780 gr.	154 gr.	26 gr.	460 gr.
Tourteau de lin	1.500	1.315	395	153	476
Féveroles	1.300	1.114	220	14	500
Menues pailles	1.500	1.260	21	20	342
Paille	4.000	3.428	32	16	1.424
Total :		8.897 gr.	822 gr.	229 gr.	3.202 gr.

La pulpe ensemencée a été consommée plus facilement que la pulpe ordinaire ; à chaque repas la ration était intégralement utilisée.

Les excréments des animaux présentaient un aspect verdâtre au lieu d'avoir cette couleur noirâtre qui caractérise les déjections des bêtes nourries avec la pulpe ordinaire.

Les deux lots de moutons ont été pesés à jeun à différentes reprises, les résultats sont les suivants :

	POIDS		AUGMENTATION	
	initial	final	totale	par tête et par jour
1re *période* (30 jours) :				
Lot n° 1, pulpe ordinaire . .	170 kil.	204 kil.	34 kil.	0,189
Lot n° 2, pulpe ensemencée.	170 kil.	208 kil.	38 kil.	0,271
2e *période* (30 jours) :				
Lot n° 1, pulpe ordinaire. .	208 kil.	241 kil.	33 kil.	0,183
Lot n° 2, pulpe ensemencée.	204 kil.	244 kil.	40 kil.	0,223

Les augmentations constatées sont donc :

Avec la pulpe ensemencée	1re période :	38 kilogr.
	2e — :	40 kilogr.
	Total.	78 kilogr.
Avec la pulpe ordinaire	1re période :	34 kilogr.
	2e — :	33 kilogr.
	Total.	67 kilogr.

Soit une différence de 11 kilogrammes en faveur des moutons nourris avec la pulpe ensemencée.

Nous voyons que l'ensemencement des pulpes avec les ferments lactiques permet non seulement d'obtenir une meilleure conservation et de réduire les pertes de matières nutritives, mais il présente l'avantage de donner des produits plus nutritifs, mieux consommés par le bétail et supprime les maladies auxquelles se trouvaient exposés les animaux nourris avec des pulpes non ensemencées.

NOUVELLE CONTRIBUTION
A L'ANALYSE EXPÉRIMENTALE DE LA FÉCONDATION
PAR LA PARTHÉNOGÉNÈSE

par M. E. BATAILLON.

L'analyse de la Fécondation chez les Amphibiens nous a révélé trois temps séparables : *l'activation, une régulation indépendante de l'amphimixie, et enfin l'amphimixie.*

1° *L'activation provoque* tout à la fois la deuxième émission polaire, l'élimination de fluides qui rend l'œuf inaccessible aux spermatozoïdes, et une série plus ou moins étendue de phénomènes cinétiques tardifs, irréguliers, abortifs. Elle est *isolée* par le simple contact d'un spermatozoïde étranger, par un traumatisme, par les chocs induits, par l'action des carbures, etc.

2° *La régulation accélère* la première cinèse et *provoque* une extension du système hyaloplasmique centré compatible avec un clivage régulier : je l'ai attribuée à des principes nucléaires actifs (*caryocatalyse*). *On l'isole,* soit par inoculation de cellules libres quelconques, soit par fécondation au moyen du sperme de l'espèce irradiée (Hertwig). Dans tous ces cas, l'évolution est dirigée par le seul pronucléus femelle.

3° *L'Amphimixie* est un processus surajouté, non indispensable à la construction de la forme spécifique; il ne concerne essentiellement que le mélange des caractéristiques individuelles.

· La *Parthénogénèse traumatique* ne comprend que les deux premiers temps : ils suffisent à déclencher l'embryogénèse. La marche des cinèses, rectifiée par inoculation à l'œuf d'un noyau étranger, incapable d'Amphimixie, nous met en présence d'un rôle banal des substances nucléaires. C'est la caractéristique la plus frappante de la Parthénogénèse traumatique. Je puis faire hommage de quelques données sur ce sujet à l'éminent biologiste dont l'une des gloires, et non la moindre, est d'avoir été l'initiateur de nos connaissances générales sur les cellules libres de l'organisme.

I. — LA RÉGULATION PAR INOCULATION D'UN ÉLÉMENT ÉTRANGER.

Le sang, la lymphe et les pulpes tissulaires diverses empruntés aux *Vertébrés* fournissaient bien, dans mes expériences antérieures, le complément indispensable à l'activation. Je n'avais rien tiré des cellules libres d'*Invertébrés*.

Opérant cette année avec les œufs de *Rana fusca*, dépouillés de leur gangue par le cyanure, j'ai obtenu l'*embryogénèse complète* en usant du contenu des vésicules séminales du *Lombric*, de la glande hermaphrodite de l'*Helix*. Les résultats ont été nuls avec plusieurs *Chitinophores* (Écrevisse, Dytique, Ascaris). En tout cas, *il n'est pas indispensable de recourir aux Vertébrés : des cellules libres empruntées à certains Vers et Mollusques se sont montrées efficaces et ont permis d'obtenir des têtards.*

Un deuxième point à rapprocher de cette absence de spécificité, c'est que *la régulation paraît avoir des degrés.* Dans mon expérience de l'an dernier avec le sang défibriné de *Cheval*, j'ai signalé les résultats merveilleux fournis par la couche leucocytaire (jusqu'à 80 p. 100 de *segmentations régulières*). Mais je dois ajouter que, si la plupart de ces ébauches *gastrulaient, elles ne dépassaient pas la gastrula.* Par contre, les lymphocytes de la rate du *Cobaye* conduisent facilement l'œuf à l'éclosion. Usant cette année de la pulpe testiculaire de l'*Anodonte*, je constatai fréquemment des clivages un peu tardifs, mais d'une grande précision et atteignant le pôle vitellin. Une certaine régulation est indiscutable, et pourtant *la gastrulation fait défaut.* Quels sont les troubles qui conditionnent l'arrêt aux divers stades? C'est une difficulté cytologique de plus à ajouter à toutes celles que soulève l'expérimentation.

II. — L'ACTIVATION.

a) *Un réactif de l'activation sur les œufs dépouillés de leur gangue par le cyanure.*

Au cours d'essais infructueux pour inoculer du *sang d'Ecrevisse* à des œufs de *Rana fusca*, il m'arriva de voir ces *œufs vierges nus* se gonfler et se détruire *tous* en moins de deux minutes. Je m'assurai que ce sang était souillé de *suc hépato-pancréatique*. Il va être établi que *ce suc permet de trier à coup sûr les matériaux fécondés ou activés.*

Fécondez un stock de *Rana fusca* avec du sperme très dilué. Traitez au bout d'un quart d'heure par le cyanure à 8 p. 1.000. Après 2 h. 1/2 ou 3 heures, les gangues sont dissoutes : les œufs sont lavés rapidement à l'eau. Ils ne sont pas encore divisés. Exposez-les par lots d'une douzaine au suc hépato-pancréatique. Dans chaque lot, un certain nombre (3 ou 4 dans mon expérience) se gonflent, s'aplatissent; bientôt leur membrane distendue éclate et finit par se dissoudre. Les autres restent turgides avec leur membrane intacte, et *tous* se diviseront. On constate que les témoins conservés se divisent dans la proportion des deux tiers. *Ce sont les œufs fécondés qui résistent au suc, et on peut ainsi en faire le triage avant la segmentation.*

Mais cette résistance relève de l'*activation seule* et n'implique nullement l'appoint nucléaire du sperme ou d'une cellule étrangère.

La même expérience a été répétée maintes fois avec des œufs vierges traités simplement par les chocs induits. Dégagés ensuite par le cyanure, *ils résistent tous, comme les fécondés.*

Ces matériaux réfractaires sont restés plus de quinze heures turgides et intacts dans le suc qui détruit les œufs vierges en deux minutes.

J'employais d'abord l'extrait brut de deux hépato-pancréas dans 20 cent. cubes de NaCl à 7 p. 100, ou dans 20 cent. cubes d'eau distillée : cet extrait était simplement centrifugé. Mais j'usai ensuite avec le même succès du *précipité a'coolique repris par l'eau.* L'extrait de deux glandes dans 20 cent. cubes d'eau distillée était additionné de 10 vol. d'alcool absolu. Le précipité desséché était redissous dans 20 cent. cubes de NaCl à 7 p. 1.000. Le liquide en question, même dilué au 1/10, détruisait les œufs vierges comme le produit brut.

Je le soumis à l'épreuve de la chaleur : s'il supporte impunément 57° pendant un quart d'heure, 10 minutes à 65° le rendent absolument inactif.

Je ne pouvais m'arrêter à l'analyse d'un système diastasique complexe. C'est un réactif appliqué à un cas tout spécial, et il est possible que les glandes des Vertébrés fournissent son analogue.

Mais l'action destructive qu'il provoque rappelant dans une certaine mesure le gonflement cytolytique décrit par Loeb chez les Échinodermes, j'essayai de produire l'activation par le contact très rapide de solutions très étendues : jusqu'ici mes tentatives sont restées sans succès.

b) *Analyse de l'activation par le suc hépato-pancréatique.*

Dès 1906, j'avais signalé un autre réactif de l'activation sur les œufs fécondés ou actionnés par le simple contact d'un spermatozoïde étranger. Les fixateurs faibles (comme la liqueur de King) respectent la forme des œufs vierges, mais gonflent extraordinairement les œufs activés de *Pelodyte* ou de *Calamite*. Par ce moyen, j'ai montré depuis que le changement d'état, bien que rapide, n'est pas instantané, qu'il n'implique pas l'afflux de l'eau extérieure, comme la *cytolyse* selon Loeb.

Il y avait intérêt à user du suc hépato-pancréatique pour préciser, sur *les œufs au cyanure de Rana* et de *Bufo*, le moment de la réaction. Ici, les œufs nus *sont activés par les chocs induits ou la piqûre à la sortie du cyanure.*

Le tableau suivant donne une idée du temps au bout duquel la résistance est manifeste :

Action du suc hépato-pancréatique sur les œufs activés de *Rana fusca*.

TEMPS APRÈS ÉLECTRISATION OU PIQÛRES	POURCENTAGE DES ŒUFS ÉLECTRISÉS qui résistent	POURCENTAGE DES ŒUFS PIQUÉS qui résistent	
5 minutes	0	0	
10 minutes	0	0	
20 minutes	50 p. 100	0	Les hernies débutent à la piqûre.
40 minutes	90 p. 100	0	
75 minutes	100 p. 100	0	
90 minutes	100 p. 100	100 p. 100	

Il est visible que la résistance n'est pas acquise instantanément, que le traumatisme laisse d'abord les œufs plus vulnérables (ici la résistance se dessine plus tardivement et plus
brusquement).

J'ai donc préféré l'usage des chocs induits. Il y a des variantes suivant l'état des œufs. Voici le délai minimum relevé
pour trois types :

Avec des stocks de *R. fusca* lavés très rapidement à la sortie
du cyanure et immédiatement activés, *tous les œufs résistaient
au bout de* 30 minutes. Dans les mêmes conditions, ce délai
minimum était 20 *minutes* pour les œufs de *B. vulgaris*; il
tombait à 10 minutes pour ceux de *B. calamita. La réaction
qui modifie le plasma et qui consolide la membrane sous l'afflux
de l'eau paraît fonction de la taille des éléments* (1).

En tout cas, *l'œuf activé se comporte vis-à-vis de notre réactif
comme l'œuf fécondé.* Et, sans attribuer un sens excessif à sa
résistance, il serait difficile d'en tirer argument en faveur d'un
accroissement de perméabilité. J'ai toujours considéré plutôt
que la réaction consécutive à l'activation (*à l'épuration*) restaure
la structure plasmatique alvéolaire avec la semi-perméabilité
relative, structure qui fixera chez nos œufs des caractères spécifiques comme les localisations germinales (Brachet et Herlant). L'état de turgescence de l'élément devenu semi-per-
méable explique sa déformation sous les fixateurs faibles. Cet
état s'oppose à la flaccidité de l'œuf vierge qui, vis-à-vis des
mêmes réactifs, paraît se comporter osmotiquement comme
un crible.

Mais il y a une lacune entre l'instant de l'activation et celui

---

(1) Il reste, dans cette voie, bien des faits à préciser. Si les œufs activés
sont reportés dans le sel à 7 p. 1.000 au lieu d'être mis à l'eau ordinaire, ils
restent vulnérables au suc hépato-pancréatique et se détruisent (même après
18 heures, *même divisés*). La destruction des œufs divisés prouve que la
modification subie par la membrane est indépendante du changement plasmatique qui la précède et qui conditionne le déclenchement de l'activité
interne.

L'action inhibitrice de la solution saline n'est pas une simple question de
pression osmotique : dans la solution de saccharose isotonique, l'œuf acquiert
la résistance comme dans l'eau.

Les œufs qui ont acquis la résistance dans l'eau la conservent dans NaCl.
Toutes ces expériences seront développées ailleurs. Notre réactif, défini
comme nous l'avons vu, s'applique aux œufs libérés de leur gangue par le
cyanure et traités comme il a été dit.

où la réaction se manifeste, une lacune qui varie de 10 à 30 minutes dans mes essais, suivant le type auquel on s'adresse. Il me paraissait difficile que les conditions de perméabilité fussent invariables pendant cette période.

III. — La conductibilité des œufs vierges, activés ou fécondés.

Comme Mc Clendon chez les œufs d'Oursins, j'ai fait ici des mesures de conductibilité ou plutôt de résistance.

Des œufs utérins de *Rana fusca* et de *Bufo calamita* remplissent une boîte rectangulaire à fond de paraffine. Deux parois opposées verticales sont des lames de verre; les deux autres sont des électrodes, de 1,5ᵉᵐᵐ de section et distantes de 1 centimètre. Les fils qui en partent sont raccordés avec le pont de Wheatstone. Après mesure de la résistance, on les relie à la bobine qui sert aux expériences d'activation. L'activation demande quinze secondes. Immédiatement après, les fils sont de nouveau raccordés au pont, et les mesures se succèdent à différents intervalles.

Voici les résultats des deux opérations :

Mesures de résistance.

ŒUFS DE *Rana fusca.*		ŒUFS DE *Bufo calamita.*	
État	Résistance en Ohms	État	Résistance en Ohms
Vierges	245 ω	Vierges	278 ω
Électrisés depuis :		Électrisés depuis :	
4 minutes.	219	3 minutes.	235
10 minutes.	219	24 minutes.	222
20 minutes.	222	40 minutes.	237
32 minutes.	234	90 minutes.	237
65 minutes	234		
90 minutes.	238		

Il y a dans les deux cas *un accroissement indéniable de conductibilité après l'application des chocs induits. Mais bientôt cette conductibilité diminue, sans toutefois revenir à ce qu'elle était chez les œufs vierges.*

Il convient de remarquer : 1° que les mesures sont faites sur des œufs *non immergés après l'activation*; 2° que l'expérience porte sur un temps limité.

Les *œufs de Grenouille* de la première opération, reportés à l'eau au bout de 1 heure et demie, étaient en parfait état; ils se sont *tous orientés et incisés irrégulièrement* dans la suite.

Ceux de la deuxième (*Bufo calamita*), abandonnés dans leur cuve, ne donnaient plus, après quatre heures, qu'une résistance de 219 ohms (ces œufs plus fragiles étaient *visiblement altérés*).

La première expérience, indiscutablement la meilleure de par l'état et le sort ultérieur des matériaux, nous révèle donc, *à partir de trente minutes environ, un relèvement significatif de la résistance*. Il y a une *concordance frappante entre ce relèvement et le moment où l'œuf activé devient réfractaire à l'hépato-pancréas*.

Mais nos œufs de *Bufo calamita* montrent la même oscillation. J'en dirai autant des essais que j'ai pu faire en opérant de la même façon sur *des œufs vierges au cyanure*. Il semblerait qu'ici l'absence de gangue donne plus de garanties d'exactitude. Malheureusement la fragilité de ces matériaux entassés est très grande, et j'ai pu simplement, par des expériences multiples, m'assurer du parallélisme des résultats.

Lillie attribue aux deux traitements de Loeb dans le cas de l'Oursin deux effets de même ordre, mais antagonistes. L'activation accroît la perméabilité, mais le traitement hypertonique consécutif l'abaisse (1).

Si, comme on vient de le voir, il y a un abaissement spontané de *la conductibilité, consécutif à la hausse d'activation (qui est indéniable)*, on pourrait penser au moins que le deuxième traitement parthénogénésique accentue notre deuxième oscillation et réalise un *optimum de résistance*.

J'ai donc voulu comparer *les changements de résistance déterminés par la fécondation*.

Pour les œufs de *Rana fusca*, certaines modifications avaient été apportées à mon dispositif.

En vue d'une comparaison, il vaut mieux revenir à l'appareil décrit

---

(1) Lillie admet bien la réversibilité complète de cette perméabilisation chez l'œuf d'Astérie où *le seul traitement formateur de la membrane provoque le développement complet*. Mais tel n'est pas le cas des Amphibiens.

ci-dessus et qui a été repris tel quel pour des essais sur *Rana esculenta*. Voici les données d'une expérience parfaitement réussie, où *tous les œufs étaient bien fécondés et ont évolué normalement après les mesures*. Mis au contact du sperme pendant cinq minutes seulement, *le matériel utérin*, soigneusement égoutté, était porté immédiatement dans la cuve à expériences, de façon que l'imbibition fût réduite au minimum et que les mesures pussent commencer avant que la traversée des spermatozoïdes fût achevée.

Les chiffres sont ici plus élevés ; mais je noterai que la cuve n'était pas pleine, et que la section aux électrodes était peut-être réduite de moitié. La fécondation étant faite à 6 h. 12, les mesures commençaient à 6 h. 21, soit neuf minutes après l'imprégnation ; elles finissaient à 7 heures.

Mesures de résistance.
(Œufs de *Rana esculenta* fécondés.)

TEMPS après l'imprégnation	RÉSISTANCE
9 minutes	811 ohms.
12 minutes	707 —
15 minutes	753 —
16 minutes 1/2	776 —
19 minutes	776 —
24 minutes	776 —
30 minutes	788 —
38 minutes	788 —
45 minutes	788 —
48 minutes	788 —

Si nous adoptons le nombre 811 pour la résistance des œufs encore vierges (non touchés par le sperme), de façon à apprécier la chute et le relèvement de fécondation avec les nombres 707 et 788, il est visible que *ces oscillations sont, aussi rigoureusement que possible, proportionnelles à celles que nous avons notées chez les œufs activés de Rana fusca*.

Loeb et Wasteneys se sont assurés récemment que le traitement correcteur hypertonique n'introduit aucun changement appréciable dans les oxydations de l'œuf d'Oursin activé ; que l'hypertonie n'accélère pas davantage ces oxydations sur l'œuf fécondé.

On voit que, chez nos œufs d'Amphibiens, *les variations de conductibilité paraissent identiques pour l'activation simple et la fécondation*.

IV. — CONCLUSIONS SUR LES FACTEURS PARTHÉNOGÉNÉSIQUES.

S'il y a bien, au départ d'une évolution parthénogénésique, *deux temps* distincts, isolables expérimentalement, *rien actuellement, en dehors des mouvements internes, ne nous permet de définir le second; ni les oxydations, ni la conductibilité ou la perméabilité, ni la résistance à des agents destructeurs (tel le suc hépato-pancréatique de Crustacés appliqué à l'œuf de Batraciens), ni l'action osmotique des fixateurs faibles.*

a) *La seule activation provoque, après une chute rapide, un relèvement de la courbe de résistance.* Ce relèvement *correspond* au mouvement des fluides qui rend l'œuf réfractaire à certains principes cytolysants; il *traduit* la restauration dans l'œuf de la structure alvéolaire d'activité (1).

De l'activation simple relève également l'apparition des localisations germinales, marquée chez nos œufs de Batraciens par le croissant gris (Brachet et Herlant).

Il y a, dans le premier acte de la parthénogénèse, autre chose qu'un changement *direct.* Pour ce changement direct, on peut parler de *perméabilisation, de cytolyse. Le changement d'état qui aboutit aux localisations ne saurait rentrer dans le même cadre;* c'est plutôt la réaction automatique de l'œuf contre la cytolyse, contre la perméabilisation.

Dans l'activation, il faut distinguer le problème général du problème spécial à l'œuf, à la parthénogénèse et à la fécondation. L'effet immédiat paraît intéresser l'œuf comme le muscle ou un élément vivant quelconque; et les hypothèses qu'on émettra sur ce point donneront l'illusion facile d'une « analyse fouillée » (Delage). Personne ne saurait contester l'intérêt de ces hypothèses. Mais l'analyse concrète de l'activation dans un

(1) Au moins chez les Batraciens, je ne crois pas qu'il s'agisse d'un retour vers l'état initial de l'œuf vierge. En tablant sur les oscillations de conductibilité, on attribuerait trop facilement à l'œuf vierge une perméabilité moindre qu'à la structure alvéolaire des matériaux activés. Or je ne puis comprendre l'action si étonnamment différente des fixateurs faibles que par une plus grande perméabilité de l'œuf vierge. J'interpréterais plutôt par des dissociations l'accroissement initial de conductibilité, l'apparition de l'état spumeux nous ramenant à une structure qui, à la maturité, était déjà profondément troublée.

cas comme celui de l'œuf dépasse le changement direct, dépasse l'action immédiate du facteur externe ; il y a, ici comme ailleurs, la forme de la réaction qui dépend de l'équilibre antérieur.

b) On introduirait volontiers la même confusion en ce qui touche le *deuxième facteur*. L'expérimentateur précipite et régularise une série de processus irréductibles actuellement *à l'action directe*. Tablant, pour mon compte, sur la parthénogénèse traumatique, j'ai mis en cause le déficit nucléaire. Un noyau étranger, indépendamment de toute Amphimixie, accélère et équilibre la cinèse du pronucléus femelle par extension du système hyaloplasmique centré. J'ai suggéré, pour le cas de l'Oursin, un accroissement des substances nucléaires au stade monaster, stade prolongé par le deuxième traitement. Loeb luimême remarque aujourd'hui comme moi que ses traitements sont « de nature à retarder la cinèse ». J'imagine qu'ici l'évolution spéciale du pronucleus femelle substituerait au contingent additionnel d'un noyau étranger (xénocatalyse) une autocatalyse expérimentale.

J'ai attribué l'extension du système hyaloplasmique centré à des principes nucléaires actifs. Et Godlewski regrette que mon hypothèse ne précise pas s'il s'agit de phénomènes d'enzymes en rapport avec les oxydations, ou d'autres processus. Ma réponse sera simple ; ces principes sont vraisemblablement les mêmes qui président au changement hyaloplasmique au début de toute cinèse. *Je cherche à dégager ce qu'il y a de spécial à l'œuf*, les ressorts multiples qui définissent provisoirement le déclenchement d'une ontogénèse ; *et on me demande de solutionner un problème général*.

Le mécanisme général de l'activation, le mécanisme général de la réversibilité des états colloïdes dans le cycle des cinèses, avec les processus d'assimilation qui le conditionnent : je me demande si ce n'est pas *toute la Biologie cellulaire*.

Dijon, le 5 juin 1914.

SOME OBSERVATIONS ON THE VIRUS OF VACCINIA

by EDNA S. HARDE

(Bureau of Laboratories, Health Department, New York City.)

The work to be recorded on the virus of vaccinia falls under the following three heads :
1. Methods of obtaining a pure virus;
2. Combination of the virus of vaccinia with living tissue cells *in vitro* (Harrison's method);
3. The result of incubating the virus in various media.

METHODS OF OBTAINING A PURE VIRUS.

Although in the commercially prepared vaccine the contaminating organisms are comparatively negligible; a completely purified virus is desirable for experimental work.

With Doctor M. Grund, the chloroform method of Green [1] and the ether method of Fornet [2] were tested on a number of viruses obtained from the calf and the rabbit. To examine the purity of the virus, inoculations were made on ordinary media, incubated aerobically and anaerobically, while its activity was tested by inoculations on the shaven skin of the rabbit according to the method of Calmette and Guerin [3]. We found that the chloroform method, when used for a sufficient length of time to purify, frequently greatly weakened the strength of the virus.

With ether, our results were not as good. We were unable to obtain a pure virus that was not almost completely inactivated.

We have devised the following means for purifying the virus without greatly weakening its activity.

The glycerinated, carbolized calf virus, as prepared by the

Board of Health of New York City (1), is put in sterile collodion sacs and dialyzed (method of Poor and Steinhardt) [4]. The dialysis can be carried out in either distilled water or physiological salt solution. If the virus has been subjected for some weeks to the action of the glycerin and carbolic acid at ice-box temperature, most of the contaminating organisms have been killed. Our method for cultural experiments has then been, to put several cubic centimeters of the dialyzed virus on poured agar plates and incubate 1 to 2 days, then from between the bacterial colonies the uncontaminated virus is cut out, and these pieces are used for inoculating other media.

We have found that if fresh pulp is prepared in the usual way, and left in the ice-box a week or two, dialyzed and to this dialyzed virus, glycerin and carbolic acid (2) are again added, placed in the ice-box again for a short time, and re-dialyzed, a pure active virus is usually obtained, but it is considerably diluted (about 1 to 40). It, however, gives a confluent eruption when inoculated on the back of a rabbit. The exact number of days of contact with the disinfectants necessary to purify the virus differs with the nature of the contaminating organisms and must be determined in each instance. From a few preliminary experiments, it seems that the glycerin is not essential. In which case, by only using the carbolic acid, a pure, less dilute virus could be obtained. This method of repeated partial disinfection might be applied for the purification of other contaminated viruses.

We have also obtained a pure active and multiplying virus from incubated tissue preparations. The plasma in which these preparations are put up is usually so lytic to ordinary contaminating organisms, that it is only when these are present in great numbers that contaminated preparations are the result. The lytic action of the plasma makes this tissue method of value not alone for vaccinia, but also for the purification of other viruses and tissues.

(1) The method used is one part of calf pulp emulsified very finely with four parts of a solution of glycerin 50 p. 100; carbolic acid, 1 p. 100, and distilled water, 49 p. 100. The emulsion is then passed through a very fine sieve several times.

(2) It is usually better to add carbolic acid only in the proportion of 1/2 p. 100 in this second sterilization.

COMBINATION OF VIRUS OF VACCINIA WITH LIVING TISSUE CELLS *in vitro* (HARRISON'S METHOD).

Several years ago, Doctor Poor, Doctor Lambert and I applied Harrison's method of growing tissue in vitro to the study of the viruses of certain infections in which the specific living agents have not yet been identified or are cultivated with difficulty. The three viruses studied thus far with this method have been those of rabies [5], vaccinia and syphilis [6]. In the study of rabies we found that when fragments of brain tissue were incubated in blood plasma, inclusions were produced in the ganglion cells from normal or rabid brains. These inclusions resembled certain small forms of Negri bodies. There was, however, no evidence of a multiplication of the virus, and in only a single instance was the virus virulent after 8 days incubation at 37°5. Later, Levaditi [7] by employing this method found a virus virulent after 30 days incubation.

After the results with rabies, in conjunction with Doctors Israeli and Lambert [8 and 9], Harrison's method was applied to the virus of vaccinia, again with two objects in view : — the possible cultivation of the virus outside of the body, and the possible production of vaccine bodies in vitro.

Technic : — Small pieces of rabbit or guinea-pig tissue were placed for a few minutes in a weak emulsion of virus. The pieces were then transferred with a small quantity of the virus to cover-glasses to which drops of rabbit or guinea-pig blood plasma were added. The cover-slips were immediately inverted and sealed over hollow ground slides, which were incubated at 37°C. The virus was taken from the stock of glycerinated, carbolized, calf virus as distributed by the Board of Health of New York City. It was dialyzed through collodion sacs in salt solution, and placed in the ice-box to allow coarse particles to sediment. Only the supernatent fluid was used, and diluted with Ringer's or salt solution, thus a fairly uniform emulsion was obtained.

To demonstrate the activity of the virus, we adopted the method of Calmette and Guerin [3].

They have shown that the virus rubbed on the freshly shaven skin of a rabbit produces a typical vaccinia eruption. Furthermore, they have shown, by increasing dilutions, that the number of vesicles in the eruption indicates fairly accurately the quantity of virus present. This method is largely used in

commercial laboratories for standardizing the strength of the
virus.

In our experiments the skin of a rabbit was inoculated with
a small number of freshly put up, unincubated preparations.
Similar inoculations were made later with incubated preparations; the pustules counted in each instance and the two reactions compared.

*When cornea was the tissue used, we found a definite increase
of the virus after incubation of 7 to 18 days.*

*The unincubated preparations produced eruptions varying
from 10 to 50 pustules, while the " takes " from the incubated
preparations were confluent, estimated at 200 to 250 pustules.*

As in the confluent eruptions the number of pustules could
not be counted, only estimated, to determine more closely the
extent of multiplication, higher dilutions of the virus were
used in the original preparations.

*Here the unincubated preparations gave 6 to 10 flat pustules;
the preparations incubated 11 days gave 55 to 65 elevated pustules.*

We find, therefore, that while there is a definite increase
in the virus in plasma preparations containing living cornea,
this multiplication is not comparable to that observed in cultures of rapidly growing bacteria. Many viruses have been
tested in the preparations and almost all have shown multiplication, rarely, however, one is found which does not grow.

From the active preparations, subcultures have been made
and successful skin inoculations have been obtained from the
third transfer.

The virus has remained active after 34 days incubation, and
this does not represent the limit of activity under such cultural conditions.

The method of tissue cultivation is adaptable for the demonstration of immunity reactions *in vitro*. A rabbit was immu-
nized by a cutaneous inoculation of virus, resulting in an
extensive eruption. Two weeks later the plasma and cornea
were used in the following experiment. Two series of preparations were made, one with plasma and cornea from the immune
rabbit; the other, with plasma and cornea from a normal rabbit
(controls). *Inoculation of incubated immune preparations gave*

a completely negative result, while similar normal or control preparations gave a confluent eruption.

A second series of experiments was carried out, in which virus tissue preparations were put up consisting of immune plasma and immune cornea, immune plasma and normal cornea, normal plasma and immune cornea, and controls of normal plasma and normal cornea. The result indicated that the greatest lytic action occurred in preparations containing immune plasma and immune corne, next immune plasma and normal cornea. The immune cornea with the normal plasma exerted a slight lytic action. The experiment of testing the immunity of the cornea after inoculation of the cornea with the virus *in vivo*, has not been done as yet.

Whole incubated preparations, containing tissue and plasma were inoculated on the rabbit, also vaccinations were made of the tissue and of the plasma, and it was found that almost all of the virus was located in the tissue, very little growing or surviving in the plasma, indicating the close association of the virus with tissue cells.

In some experiments pieces of paraffin were substituted for the cornea and after incubation, inoculation on a rabbit, showed the virus to have nearly died out. Similar results were obtained when pieces of heart, liver or kidney were used. There was no evidence of growth, but a gradual weakening and death of the virus.

The testis was used, and with this tissue the virus usually grows as well as with the cornea. The virus was inoculated in the testis of a guinea-pig. Five days later the animal was killed and the emulsified testis inoculated on the shaven skin of a rabbit, but with negative result, the virus having been killed *in vivo* (1).

The following experiments proved that living tissue was necessary to the growth of the virus in these preparations. In preparations in which killed cornea was used in place of the living tissue no growth of the virus occurred ; the living tissue control preparations showed active multiplication. The cor-

(1) See addendum.

neal tissue was killed by freezing or by a weak hypotonic salt solution, as these two methods cause very slight chemical changes. The results obtained are in harmony with the general conception of the close association of the virus with living body cells.

Microscopic Studies. — Many preparations were studied histologically using several methods of fixation and staining. Examinations were also made on fresh unstained preparations with light and dark field illumination. The results of these studies may be given in a few words. The corneal epithelium shows an active lateral spreading through the clot, forming sheets or groups of cells in the plasma. The cells early show an accumulation of fat in their cytoplasm, but may retain their form for several weeks even when not transferred to fresh plasma. Careful studies have failed to reveal any specific vaccine bodies in the preparations : only the smaller, undifferentiated forms have been seen and these have been found in both the controls without the virus and the virus preparations after incubation. Although we have observed numerous granules in the incubated preparations, these have not been sufficiently definite in character with the methods employed thus far to permit us, as yet, to make any statement in regard to them.

In the preparations containing pieces of testis the growth consisted largely of spindle-shaped connective tissue cells, with an occasional wandering out of round cells. The picture in the incubated preparations is so complicated, that although vaccine-like bodies were occasionally observed, they could not be differentiated from other non-specific degenerations.

The Result of Incubating the Virus in Various Media. — This work has been carried on with Doctor Grund for the last nine months. It may be stated at once that in no instance have we obtained any vesicles following inoculations on the shaven skin of a rabbit after the third transfer from the original virus, and in the third transfer only in a very few times. The eruption was such as to indicate a gradual weakening and dilution of the original virus rather than an actual growth.

With virus purified by our methods, we have attempted to

repeat Fornet's experiments. We have used various viruses and made many attempts but always with negative results.

We find occasionally an uncontaminated virus, when streaked on agar plates and kept anaerobically, will remain active for 8 weeks at 33°C. although gradually dying out during that time. Neither the original plate nor transfers to other media or to fresh plates gave any indication of growth of the virus.

Summary. — A pure active virus of vaccinia can be obtained by repeated partial disinfection with carbolic acid and glycerin.

The virus of vaccinia incubated in tissue cultures composed of plasma and cornea or testis from normal rabbits or guinea-pigs shows a definite increase, but the degree of multiplication is not comparable to that observed in cultures of rapidly growing bacteria. The increase of the virus occurs mainly in the tissue, but very little in the surrounding plasma.

The multiplication of the virus occurs without a corresponding development of vaccine bodies in the preparations.

There is no growth of the virus in preparations containing cornea killed by freezing or by hypotonic salt solution

There is no evidence of the growth of the virus in preparations in which pieces of paraffin, heart, liver or kidney have been substituted for the cornea or testis.

The virus is soon rendered inactive in preparations containing plasma and cornea obtained from an immune rabbit The greatest lytic action is exerted by the plasma.

Attempts at confirming Fornet's cultural experiments have been unsuccessful.

Cultural experiments with other media and methods have also given negative results, although the virus has not been killed by incubation for 8 weeks at 33°C.

Addendum. — This paper was sent to the Pasteur Institute in April 1914. In June 1915, Noguchi [10] published successful intra-testicular inoculations of vaccinia in rabbits and bulls. I then again tried inoculations in the testes of guinea pigs, obtaining a positive result in but one out of five experiments. Using rabbits, however, I got results similar to those of Noguchi, thus confirming *in vivo* my cultures *in vitro* [11].

                                    EDNA S. HARDE

BIBLIOGRAPHY

1. GREEN. — *Proc. Roy. Soc.*, 1903, 72, p. 1.
2. FORNET. — *Berl. Kl. Wchnshrft*, 1913, 50, p. 1864.
3. CALMETTE and GUERIN. — *Ann. Inst. Past.*, 1905, 19, p. 317.
4. POOR and STEINHARDT. — *Jour. Infect. Dis.*, 1913, 12, p. 202.
5. STEINHARDT, POOR and LAMBERT. — *Jour. Infect. Dis.*, 1912, 11, p. 459.
6. STEINHARDT. — *Journ. Am. Med. Assoc.*, 1913, 61, p. 1810.
7. LEVADITI. — *C. R. Soc. de Biol.*, 1913, 75, p. 505.
8. STEINHARDT, ISRAELI and LAMBERT. — *Jour. Infect. Dis.*, 1913, 13, p. 294.
9. STEINHARDT and LAMBERT. — *Jour. Infect. Dis.*, 1914, 14, p. 87.
10. NOGUCHI. — *Jour. Exp. Med.*, 1915, 21, p. 539.
11. HARDE. — *C. R. Soc. de Biol.*, 1915, 78, p. 543.

CONTRIBUTION
A L'ÉTUDE DU GENRE *PROTEUS VULGARIS*

par AIMÉE HOROWITZ,
Docteur en médecine de l'Université de Paris
et de l'Académie de Petrograd.

. (Laboratoire municipal de Petrograd.)

Au mois d'août 1913, la Commission sanitaire de la ville de Petrograd, alarmée par une épidémie de gastro-entérite aiguë qu'on supposait être de nature dysentérique, nous chargea d'étudier cette épidémie au point de vue bactériologique. Au point de vue clinique, l'affection, dans la grande majorité des cas, était caractérisée par des selles sanguinolentes très fréquentes, quelquefois des vomissements; le plus souvent, l'évolution en était assez bénigne. Dans d'autres cas, on avait affaire aux entérites aiguës aux allures cholériformes — vomissements, selles riziformes, crampes, cyanose et mort rapide. Vers la fin du mois de septembre l'épidémie prit fin, de sorte que le nombre de cas étudiés fut forcément très restreint (63 en tout); néanmoins, les données acquises nous semblent présenter un certain intérêt pour la bactériologie et l'épidémiologie des entérites infectieuses aiguës.

Disons, tout d'abord, que dans aucun des cas nous n'avons pu démontrer la présence, dans les selles des malades des bacilles dysentériques, soit typiques, soit pseudo-dysentériques. D'autre part, le sérum des malades, examiné à cet égard pendant la maladie ou même quatre à six semaines après, n'agglutinait pas, même au 1/25, le bacille de *Shiga-Kruse*, le bacille de *Flexner* et le b. Y. Force nous est donc de reconnaître que lesdites entérites n'avaient rien de commun avec la dysenterie vraie.

Par contre, dès le début de nos recherches, nous pûmes établir qu'il s'agissait d'un groupe assez disparate au point de vue bactériologique. Pour nous orienter dans la flore microbienne des déjections, nous pratiquions, d'une part, les ensemencements dans les conditions d'anaérobiose, d'autre part, les ensemencements d'un volume donné de déjections sur les plaques de gélatine, placées à l'air, ce qui nous donnait une idée assez précise du nombre de genres bactériens et de leurs rapports numériques. Pour mieux nous rendre compte de la nature des colonies, nous avons préparé un milieu de gélatine avec 1 p. 100 de lactose, colorée par la teinture de tournesol. Sur ce milieu, non seulement le groupe du *B. coli* et du *B. lactis aerogenes* était suffisamment caractérisé par la couleur rouge des colonies, mais encore divers autres genres formaient des colonies plus ou moins caractéristiques, ce qui constitue un certain avantage par rapport aux milieux électifs à agar, tels que celui de Drigalski, de Endo, etc. Enfin, dans un but d'enrichissement, nous pratiquions des ensemencements dans le bouillon (ou l'eau peptonée) et la bile, avec réensemencements sur les milieux solides au bout de vingt-quatre heures. Pour ne point laisser échapper les genres tels que le *Proteus*, nous faisions également des ensemencements en piqûre sur gélatine, suivant le mode recommandé par Metchnikoff.

Les ensemencements visant les genres sporogènes anaérobies restant stériles, nous concentrâmes notre attention sur les genres aérobies.

Dès lors, nous avons pu constater, dans un grand nombre de cas, le développement très intense sur les plaques de gélatine, à côté du *B. coli*, des colonies protéiformes. Ces colonies se chiffraient par millions pour 1 cent. cube de déjections et, dans un tiers des cas, s'y trouvaient à l'exclusion de tout autre genre, sauf le *B. coli*. Sur 63 cas, nous pûmes constater leur présence dans 24, soit 38 p. 100. Dans 4 cas, ce genre coexistait avec le *B. fæcalis alcaligenes*; dans 2 cas, avec *B. cloacæ*; dans 2 autres, avec le *Streptococcus coli*. Dans le présent article, toutefois, nous laisserons de côté ces divers genres qui semblent, eux aussi, jouer un certain rôle dans la pathogénie des entérites aiguës et ne parlerons que du *B. proteus vulgaris*.

Les 24 cas dont il fut question se répartissent comme suit :

11 cas se rapportaient à l'affection qui simulait en tous points la dysenterie, 4 fois le *Proteus* fut trouvé dans le contenu intestinal des personnes ayant péri d'une affection cholériforme, 1 fois il fut isolé des selles riziformes d'un malade, 4 fois des selles liquides des malades avec une affection indéterminée, 4 fois des déjections des enfants atteints d'entérite suraiguë (1 enfant de vingt-cinq jours, 1 de quarante jours, 1 de trois ans, 1 de sept ans).

Il convient de signaler que, dans une autre série de recherches que nous avons eu l'occasion de pratiquer sur les déjections de 40 enfants de la Maternité en 1910, nous n'avons pu trouver ce genre une seule fois : le plus souvent même les déjections ensemencées dans la gélatine n'accusaient point de genres liquéfiants.

Les 24 races isolées furent soumises à une étude détaillée, tant au point de vue des propriétés morphologiques et biochimiques, que par rapport aux sérums des animaux immunisés.

Au point de vue morphologique, toutes ces races se présentent sous l'aspect assez uniforme de petits bâtonnets, doués d'une grande motilité. Les résultats donnés par la coloration de Gram variaient quelquefois pour une seule et même race et n'étaient pas, en somme, très nets ; la plupart des races pourtant ne prenaient pas le Gram.

Les résultats des ensemencements sur les plaques de gélatine n'étaient pas toujours faciles à interpréter. Sur le milieu à 5 p. 100 de gélatine, la plupart des races formaient des colonies caractéristiques avec des prolongements articulés et tortueux, ayant une tendance à se séparer de la colonie-mère ; d'autres, au contraire, affectaient de préférence la forme simplement arrondie. Les différences étaient encore plus marquées sur le milieu contenant 10 p. 100 de gélatine, où l'on voyait la même race donner tantôt les colonies caractéristiques décrites par Hauser, tantôt les colonies arrondies à structure polycyclique, tantôt les colonies à dessin radiaire, entourées de prolongements blanchâtres sans structure apparente. (L'identité de ces colonies diverses, quant à leur nature, était maintes fois vérifiée par les subcultures sur divers milieux et les nouveaux ensemencements d'une colonie sur une nouvelle plaque de géla-

tine). Ce polymorphisme des colonies nous semble tenir, avant
tout, au degré de viscosité du milieu : moins la consistance
du milieu est grande, plus les bacilles doués d'une aussi
grande motilité émigrent facilement et forment des colonies
erratiques. Or, si les plaques de 10 p. 100 gélatine sont abandonnées après l'ensemencement à une température chaude,
qui ralentit la solidification, on voit se former les colonies à
prolongements; si, au contraire, elles sont soumises à une solidification rapide, dans une glacière, on assiste à la formation
des colonies rondes, nullement caractéristiques.

Ensemencées sur *gélatine en piqûre*, toutes les races produi-
saient une liquéfaction rapide en cupule ou en entonnoir. Il est
à noter que certaines races formaient une espèce de *calamus
scriptorius*, grâce aux stries latérales perpendiculaires à la tige,
correspondant à la piqûre, mais cet aspect n'était nullement
constant pour une seule et même race.

Le développement sur *agar* était très caractéristique et identique pour toutes les races. Après l'ensemencement dans l'eau
de condensation ou même sur la surface (humide!) du milieu
on voyait se former une couche transparente, diffuse, recouvrant toute la surface libre d'agar. Le plus souvent, cette
couche offrait un dessin très élégant, rappelant les traces des
vagues sur la plage. Les cultures exhalaient une odeur légèrement putride.

Le *lait* était régulièrement coagulé au bout de deux jours
(sans formation d'acide) et subissait ensuite une peptonisation
prononcée.

Quant à l'action de nos races sur *les sucres et les alcools*,
nous avons étudié celle sur le glucose, le lactose, le maltose,
le saccharose et la mannite.

Le *glucose* était fermenté par toutes les races avec formation
d'acide et de gaz; la quantité de gaz est toujours considérablement moindre que pour le *B. coli*.

La *mannite* subit les mêmes modifications (1 seule race des
déjections faisait exception).

Le *lactose* n'est point attaqué par le *Proteus vulgaris* : la production de gaz n'a jamais lieu, et la réaction reste constamment
alcaline.

L'action sur le *maltose* n'est point la même pour toutes les races : une de nos races se refusait à faire fermenter ce sucre, tandis que 23 le décomposaient avec formation d'acide et de gaz. D'autre part, dans 5 cas, en réensemençant les déjections après un à trois mois de séjour dans le laboratoire, nous avons pu en isoler le *B. proteus* qui différait de la race isolée pendant le premier examen par l'incapacité de faire fermenter le maltose. Pour exclure l'hypothèse que dans ces cas il s'agissait d'un type différent, coexistant avec le premier ou bien représentant une souillure ultérieure, il suffit d'ajouter que dans deux de ces cas, nous avons pu constater directement la disparition de la propriété de faire fermenter le maltose chez les races conservées dans le bouillon pendant un mois.

L'action sur le *saccharose* est encore moins constante. De nos 24 races 7 seulement faisaient fermenter ce sucre avec la formation d'acide et de gaz; les 17 ne l'attaquaient point. Dans 2 cas nous avons pu isoler des déjections, 2 et 3 mois après le premier examen, des races qui ne faisaient point fermenter le saccharose, contrairement à celles qui avaient été obtenues au premier examen.

Quant à la dulcite, aucune de 6 races examinées à cet égard ne faisait fermenter cet alcool.

La *propriété indologène* était loin d'être pareille pour toutes les races. 7 races donnaient une réaction positive intense déjà au bout de vingt-quatre heures (notons en passant que 6 dans ce nombre faisaient également fermenter le saccharose), les 17 autres ne donnaient point de réaction d'indol même après six à sept jours.

L'*hydrogène sulfuré* était élaboré par toutes les races avec une énergie qui dépasse de beaucoup celle du groupe *B. coli* à cet égard : l'agar avec 0,1 p. 100 d'acétate de plomb devenait au bout de vingt-quatre heures tout noir, surtout si l'ensemencement était fait non pas en piqûre, mais contre la paroi de l'éprouvette.

Toutes les races transforment énergiquement l'urée en ammoniaque : dès le lendemain on pouvait constater un dégagement intense d'ammoniaque de l'urine ensemencée, tandis que le papier tournesol rouge, approché à l'orifice de l'éprouvette contenant l'urine stérile ou bien ensemencée avec des bactéries du groupe du *B. coli* n'accusait aucun changement. Le *rouge neutre* est énergiquement réduit par toutes les races du *B. proteus vulgaris* et devient d'un beau jaune ; ailleurs nous avons déjà émis l'idée que ce caractère, considéré d'abord par Oldecop, Bulir et d'autres auteurs comme distinctif pour le groupe du *B. coli*, est surtout lié à la production d'ammoniaque et, partant, s'observe pour un grand nombre de genres bactériens (les bacilles du groupe *Subtilis*, les bactéries de putréfaction, etc.).

Toutes les races, cultivées dans du bouillon avec 0,1 p. 100 de nitrate de potassium, réduisaient les nitrates : l'addition d'une solution d'indol et de quelques gouttes d'acide sulfurique concentré colorait le liquide au bout de vingt-quatre heures en rouge intense, réaction qui révèle la présence des nitrites. Cette réaction pourtant ne s'obtient pas dans un milieu pauvre en nitrates, tel que le bouillon ordinaire (contrairement à ce qui a lieu, par exemple, pour le *B. fæcalis alcaligenes* ou le vibrion cholérique). Cette différence nous semble due à la propriété du *Proteus vulgaris* de réduire les nitrites jusqu'à l'ammoniaque. En effet, en cultivant ce genre dans du bouillon additionné de 0,001 p. 100 de nitrite de potassium, nous pouvions constater la disparition des nitrites dès le lendemain. Ce n'est que quand la quantité des nitrites (préexistant dans le milieu ou formés aux dépens des nitrates) est relativement grande qu'on peut constater leur présence dans les cultures du *Proteus*, qui n'arrive pas dans ce cas à opérer leur transformation totale en ammoniaque.

Les milieux à esculine permettent de constater que le *Proteus vulgaris* ne décompose point ce glucoside. La formation du précipité noir (dû sans doute à l'action de l'hydrogène sulfuré formé sur les sels de fer, contenus dans le milieu) est totalement différente de la coloration noire intense, uniforme, due à la décomposition de l'esculine et à l'action de l'esculétine formée sur le fer. Il est à noter que le genre voisin du *B. proteus vulgaris*, *B. cloacæ Jordani* donne constamment cette dernière réaction. Enfin, quant à la propriété de se multiplier à 46° et faire fermenter les sucres à cette température, toutes les races ont donné les résultats positifs. Il s'ensuit de ces faits que le genre *Proteus* appartient au nombre relativement restreint des genres bactériens qui pourraient induire en erreur dans l'examen de l'eau par la méthode de Bulir visant le

B. coli, puisque tous les caractères de la réaction (fermentation de la mannite à 46° avec formation de gaz et d'acide, réduction intense du rouge neutre) se trouvent être les mêmes pour les deux genres. Il va de soi que l'examen plus approfondi (ensemencements sur les milieux solides, caractères des cultures) ne laisse subsister aucune trace de doute.

En étudiant nos races au point de vue sérologique nous pûmes voir, dès le début, qu'à cet égard elles n'étaient point identiques entre elles, mais devaient être rangées dans plusieurs groupes.

Nos résultats toutefois ont été beaucoup plus encourageants que ceux de Sidney Wolff, Cantu, Tsiklinsky et autres auteurs qui ne pouvaient obtenir que l'agglutination avec un sérum donné d'une seule race, à savoir celle qui a été utilisée pour l'immunisation.

Le sérum que nous appellerons A, obtenu à l'aide d'une race 10 isolée des déjections sanguinolentes d'un malade, agglutinait à la limite du titre 1/5000 7 autres races de diverses provenances : 32, isolée des déjections sanguinolentes d'un malade indologène et faisant fermenter le saccharose ; 93, des selles d'un enfant de sept ans, ayant péri d'une entérite aiguë (et la race 97 de la même origine) ; 145, des selles en purée de pois ; 213 et 214, obtenues des déjections des malades dont l'affection ressemblait à la fièvre typhoïde ; 168, provenant d'un cas dysentériforme ; 294, isolée des selles d'un enfant malade de vingt-cinq jours. Notons que dans les cas où plusieurs races de la même origine étaient soumises à l'étude (dans certains cas nous en avons examiné jusqu'à 12), elles se trouvaient être du même type sérologique.

Il importe de signaler qu'au cours même de nos recherches sur les entérites nous avons pu, à trois reprises, isoler de l'eau de la Néva (ensemencement de 400 cent. cubes dans l'eau peptonée à 37°, réensemencement d'une anse de liquide au bout de vingt-quatre heures sur l'agar) trois races du *Proteus vulgaris* qui étaient agglutinées par notre sérum et jusqu'à la limite du titre ; elles différaient pourtant de ce groupe par l'absence de la propriété de faire fermenter la mannite et le maltose.

Le sérum B, préparé à l'aide d'une race 125 (prise entre les

16 que le sérum A n'agglutinait point) isolée du contenu intestinal d'une personne morte d'une affection cholériforme, agglutinait à son tour au titre à 1/5000, outre la race homologue (et la race 131, provenant du même malade) 5 autres races : 31, isolée des selles riziformes ; 57, des selles d'un enfant de trois ans atteint de gastro-entérite suraiguë ; 82, des selles dysentériformes ; 171, des selles moulées d'un malade guéri d'une attaque dysentériforme ; 178, des selles sanguinolentes d'un malade. Ici encore il importe de signaler qu'au cours même de nos recherches nous avons pu isoler d'une gelée de charcuterie, ayant provoqué quelques cas de maladie chez les consommateurs, une race de *Proteus vulgaris*, 159, qui était agglutinée à 1/5000 par le sérum B.

Une race, appartenant au même groupe, 3.198, fut encore isolée de l'eau de la Néva ; cette race différait des précédentes par la fonction indologène et la propriété de faire fermenter le saccharose. Le premier de ces caractères, nous le retrouvons encore chez la race 82 du même groupe ; le second, chez la race anindologène 57.

Les races du groupe A n'étaient point influencées par le sérum B, même à la dilution 1/100 ; quant aux caractères morphologiques et biochimiques ils étaient, sauf quelques détails, identiques pour la grande majorité des races appartenant aux deux groupes.

Le sérum C fut préparé au moyen d'une des 10 races qui ne rentraient point dans les deux groupes précédents. Cette race 138 avait été isolée des selles liquides d'une malade et différait des types précédents par une intense fonction indologène et la propriété de faire fermenter le saccharose. Ce sérum C agglutinait au 1/5000, outre la race homologue, 4 autres races : 3, 29, 123, 183, obtenues des selles sanguinolentes des malades avec le tableau clinique de la dysenterie, et 1 race, 203, isolée des selles d'un nourrisson de six semaines, présentant les symptômes d'une entérite aiguë. Deux d'entre ces races étaient en tous points identiques à la race 138 ; les deux autres, en fait de caractères biochimiques, rentraient plutôt dans les groupes précédents (point de production d'indol, pas de fermentation du saccharose).

Signalons encore que nous avons eu l'occasion d'isoler d'un

produit de charcuterie (langue fumée) ayant provoqué les cas d'empoisonnement alimentaire une race du *B. proteus vulgaris*, identique en tous points (agglutinabilité, caractères biochimiques) à la race 138. Malheureusement, dans ce cas, il nous a été impossible de nous procurer les déjections des malades pour en pratiquer l'examen bactériologique.

Sur les races du groupe A et B, le sérum C restait sans action aucune. Restaient encore 5 races qui ne rentraient dans aucun de ces 3 groupes sérologiques. Une d'entre elles, 175, était à son tour employée pour la préparation du sérum que nous désignerons par la lettre D. Cette race était isolée des selles riziformes d'un malade qui souffrait d'une affection cholériforme; quant aux caractères biochimiques elle était en tous points identique aux races des groupes A et B. Ce sérum n'agglutinait point les 4 races inagglutinables par les sérums A, B et C, mais, par contre, fait inattendu, il agglutina à la limite du titre (1/2.000) 2 races du groupe B, 171 et 178 (plus 131 de la même origine que 125) et 1 race 203 du groupe C. Ce fait nous parut digne d'attention. Pour le tirer au clair, nous avons préparé encore un sérum E au moyen de la race 171, qui semblait constituer un trait d'union entre le groupe B et D. Le sérum E, en effet, semblait contenir des agglutinines multipartielles, puisqu'il agglutinait presque à la limite du titre, soit 1/1.000 (titre 1/2.000) les races du groupe B, 125 (et 131), 171, 178 et la race 203 du groupe C, ainsi que l'unique race du groupe D, 175.

Pour nous assurer que la race 171 ne constituait point un mélange fortuit des types (voire même des genres), nous décomposions à plusieurs reprises une colonie en colonies-filles, en faisant subir encore à celles-ci le même traitement, mais toutes les colonies se trouvaient être agglutinables également par les deux sérums B et D. Enfin, bien que l'hypothèse du mélange dans chaque colonie de 2 et même 3 types différents, soit quelque peu artificielle, pour lever tous les doutes, nous avons étudié des individus isolés, par le procédé de Burri, *Einzellenkolonie*, le résultat ne changea point. Force nous fut ainsi d'admettre que la race 171 est bel et bien une race de transition entre les groupes B et D, autrement dit, contient des récepteurs partiels communs aux deux groupes.

Il en est de même pour la race 203 qui constitue un trait d'union entre les groupes C et D. Enfin la race 177, qui était agglutinée par le sérum D seulement au 1/200 et en même temps se laissait agglutiner par le sérum A au 1/500 (deux mois plus tard, même au 1/2.000) semble se rapprocher des groupes A et D.

Ces faits nous semblent de nature à appuyer les conclusions que nous avons déjà énoncées au sujet des vibrions cholériques :

1° Le défaut d'agglutinabilité d'une race par un sérum spécifique d'un genre bactérien n'exclut pas pour cette race la possibilité d'appartenir à ce genre ;

2° Tous les sérums, préparés au moyen de diverses races d'un seul et même genre, n'influencent pas indifféremment toutes les races de ce genre ;

3° Les races formant un groupe homogène par le fait de leur agglutinabilité spécifique ne sont pas toujours en tous points identiques entre elles.

Nous résumons les données ci-dessus dans le tableau ci-contre :

Il va de soi que la parenté de ces divers groupes, sérologiquement différents, constitue un fait important non seulement pour le diagnostic bactériologique, mais aussi bien pour la solution des problèmes d'épidémiologie. Citons un exemple : les races 29 et 171 ont été trouvées chez deux personnes qui habitaient ensemble et sont tombées malades l'une après l'autre. Il y avait donc lieu de supposer la contagion, mais la différence sérologique de deux races rendait l'interprétation difficile. Le trait d'union établi entre les deux groupes par la race 203 permet de supposer la mutation de la race 29. Ajoutons que cette race, conservée dans le laboratoire, a perdu, après deux mois, son agglutinabilité par le sérum C et que, d'autre part, trois mois après le premier examen, nous n'avons pu isoler des mêmes déjections que les races du *Proteus vulgaris* du type D.

Pour terminer, signalons les faits plaidant en faveur du rôle étiologique du *Proteus vulgaris* dans les entérites aiguës qui ont été objet de nos recherches.

Les preuves directes de ce rôle, il est vrai, nous manquent,

Spanning column heads: **GROUPE A (race 10)** | **GROUPE B (race 125)** | **GROUPE D (race 175)** | **GROUPE E (race 171)** | **GROUPE C (race 138)**

For groups A, B, D and E: FONCTION INDOLOGÈNE —; FERMENTATION DU SACCHAROSE —
For group C: INDOL +; FERM. DU SACC. +

GROUPE A (race 10)

Nᵒˢ des races	Provenance	Ferm. du maltose	Ferm. du saccharose	Indol
10	Déjections des malades.	—	—	—
32		+	+	+
93		+	—	—
97		+	—	—
145		+	—	—
168		+	—	—
213		+	—	—
214		+	—	—
294	Eau de Néva.	+	—	—
2932		—	—	—
3125		—	—	—
3150		—	—	—

GROUPE B (race 125)

Nᵒˢ des races	Provenance	Maltose	Saccharose	Indol
31	Déjections des malades.	+	—	—
57		+	+	—
82		+	—	+
125		+	—	—
131		+	—	—
171		+	—	—
178		+	—	—
159	Gelée de charcuterie.	+	—	—
3198	Eau de Néva.	+	+	—

GROUPE D (race 175)

Nᵒˢ des races	Provenance	Maltose	Saccharose	Indol
131	Déjections des malades.	+	—	—
171		+	—	—
175		+	—	—
178		+	—	—
203		+	—	—

GROUPE E (race 171)

Nᵒˢ des races	Provenance	Maltose	Saccharose	Indol
125	Déjections des malades.	+	—	—
131		+	—	—
171		+	—	—
175		+	—	—
178		+	—	—
203		+	—	—

GROUPE C (race 138)

Nᵒˢ des races	Provenance	Maltose	Saccharose	Indol
29	Déjections des malades.	+	+	+
123		+	—	—
138		+	+	+
183		+	+	+
203		+	—	—
300	Langue de bœuf fumée.	+	+	+

(*) Les races dont les numéros sont imprimés en gros caractères sont des races de transition entre les différents groupes.

puisque, dans aucun des cas où nous avons pu nous procurer
le sérum des malades ou des convalescents, nous n'avons pu
constater l'agglutination de la race homologue même à 1/25 par
ledit sérum, bien que la fonction agglutinogène de ces races
fût attestée par l'effet rapide de l'immunisation des lapins.
Mais il est permis de croire que la localisation du *Proteus* dans
l'intestin et la brièveté de la maladie constituaient dans ces
cas des conditions défavorables pour l'élaboration des anticorps
antiinfectieux.

On sait, d'autre part, que certains auteurs ont pu constater
chez les malades, dont les excrétions contenaient le *B. proteus
vulgaris*, un pouvoir agglutinogène du sang assez élevé
(Klieneberger, Grossberger, Pfaundler, Lannelongue et Achard,
Landsteiner, Levy et Bruns, etc.). Dans certains cas d' « empoisonnement alimentaire » on a pu trouver ce genre aussi bien
dans la viande incriminée que dans le tractus gastro-intestinal
des malades (Glucksmann, Wesenberg). Les recherches de
Metchnikoff et de ses élèves l'ont conduit à attribuer à ce genre
les entérites cholériformes des petits enfants. L'énumération
d'autres affections où il y avait lieu de considérer le *Proteus
vulgaris* comme agent pathogène constituerait une longue
liste.

Dans nos cas, la fréquence du *B. proteus vulgaris* dans les
selles des malades, ainsi que leur présence en très grand
nombre, concurremment avec l'absence des autres microbes
capables d'expliquer l'origine de la maladie, plaident en faveur
de leur rôle étiologique. Enfin, dans les expériences sur les
animaux, les races étudiées révélaient une assez grande virulence; 1 anse de culture sur agar, introduite dans la cavité
péritonéale, tuait les cobayes de 150 à 200 grammes en vingt-
quatre heures (l'introduction des cultures *per os* restait sans
effet).

Les faits exposés nous semblent autoriser à admettre que le
B. proteus vulgaris, pénétrant dans le tractus gastro-intestinal
de l'homme, soit avec les produits alimentaires, soit avec l'eau
souillée, est susceptible de provoquer des gastro-entérites
aiguës pouvant simuler le paratyphus, la dysenterie et même
le choléra.

SUR LA DIGESTION INTRACELLULAIRE
CHEZ LES PROTOZOAIRES
(LA CIRCULATION DES VACUOLES DIGESTIVES)

par S. METALNIKOV

(Laboratoire Biologique de Petrograd.)

(Avec les Planches I et II.)

I

Au cours de la digestion intracellulaire, comme on le sait, la cellule vivante englobe différentes matières nutritives et les digère à l'intérieur des cavités microscopiques, que l'on désigne sous le nom de vacuoles digestives. Ces vacuoles se forment à l'extrémité du pharynx de l'infusoire et circulent ensuite plus ou moins longtemps dans le protoplasme.

Ainsi que je l'ai montré dans un travail précédent (1), cette circulation des vacuoles dépend en grande partie du contenu des vacuoles. Les vacuoles renfermant des matières nutritives, des bactéries et des granules de blanc ou de jaune d'œuf, circulent 2 à 4 fois plus longtemps que les vacuoles renfermant des matières n'ayant pas de valeur nutritive (carmin, sépia, alumine, etc.).

Le tableau ci-dessous présente les résultats comparatifs des expériences au cours desquelles les infusoires ont été nourris de matières nutritives et de matières n'ayant pas de valeur nutritive. La durée de la circulation des vacuoles a été déterminée de la manière suivante : les infusoires sont placés dans un verre de montre contenant l'émulsion de la matière à étudier ; après un séjour de 3 à 5 minutes dans l'émulsion, lorsqu'il s'est formé une ou deux vacuoles, on place un certain

---

(1) S. Metalnikov, Contribution à l'étude de la digestion intracellulaire chez les Protozoaires. *Arch. de Zool. expér.*, 5e série, t. IX, 1911-12.

nombre d'infusoires dans une goutte pendante d'une infusion de foin fraîche; dans ces conditions, la formation de vacuoles s'arrête et on peut observer la circulation des vacuoles du commencement jusqu'à la fin, c'est-à-dire jusqu'au moment où elles sont rejetées du corps de l'infusoire. On peut, dans ce cas, non seulement suivre facilement la voie parcourue par les vacuoles, mais déterminer aussi le temps qu'il faut à la vacuole pour parcourir ce trajet.

Durée de la circulation de diverses matières dans le corps de l'Infusoire.

	CULTURE A.	CULTURE B.
Jaune d'œuf	2 h. 11 m.	2 h. 20 m.
	2 h. 23 m.	3 h.
Blanc d'œuf.	2 h. 50 m.	3 h. 5 m.
	2 h. 45 m.	3 h. 20 m.
Lait.	1 h. 38 m.	2 h. 58 m.
	1 h. 47 m.	3 h. 10 m.
Bactéries (B. coli)	3 h.	4 h. 2 m.
	2 h. 36 m.	4 h.
Alumine.	45 m.	27 m.
	38 m.	18 m.
Carmin	57 m.	46 m.
	56 m.	50 m.
Soufre	16 m.	22 m.
	23 m.	13 m.
Sépia.	1 h. 10 m.	1 h. 20 m.
	1 h. 58 m.	1 h. 8 m

Ces expériences, reproduites plusieurs fois par moi et par M. M. Galadjier, ont donné toujours les mêmes résultats. Elles montrent ainsi, d'une manière indubitable, que la circulation des vacuoles est réglée par la cellule comme si cette cellule avait en vue des fins utiles.

Les matières utiles qui sont bien digérées, comme l'albumine et les bactéries, restent dans le corps de l'infusoire durant plusieurs heures, jusqu'à leur digestion complète, tandis que les matières qui ne sont pas utiles restent dans le corps de l'infusoire 50, 40 minutes et même moins. Il est intéressant d'indiquer que les matières colorantes (carmin, sépia), qui contiennent probablement des matières albuminoïdes, restent dans le corps de l'infusoire 60 minutes et plus, tandis que les matières complètement indigestes, comme l'alumine, le soufre, le verre, ne restent que 30, 20 et même 15 minutes.

On peut comparer ce phénomène à la diarrhée chez les animaux supérieurs, chez lesquels, comme on le sait, l'introduction dans l'intestin des matières qui ne sont pas digérées, ou de matières nuisibles, provoque un mouvement péristaltique accentué de l'intestin et une élimination plus rapide, hors de l'intestin, des matières nuisibles et même indifférentes. Le même but est atteint chez les unicellulaires par le mouvement des vacuoles digestives et leur expulsion plus rapide hors du protoplasme.

Si la circulation des vacuoles digestives dans la cellule est provoquée par le mouvement du protoplasme, on peut se demander par quel mécanisme est réglée leur circulation. Pourquoi se meuvent-elles dans un cas plus vite et dans d'autres cas plus lentement? Pourquoi certaines vacuoles parcourent-elles le trajet, du pharynx jusqu'à l'ouverture par laquelle elles sont rejetées, en plusieurs heures, tandis que d'autres font le même trajet en 15 à 20 minutes?

Pour élucider ces questions, j'ai fait une série d'expériences.

II

Il fallait tout d'abord reconnaître comment se meuvent les vacuoles. Il fallait voir si les vacuoles se meuvent dans le protoplasme toujours suivant la même voie, ou si la voie dépend de la matière remplissant les vacuoles. La voie parcourue par les vacuoles digestives dans le corps des *Paramæcium* a été décrite d'une manière détaillée par Nirenstein (1) et ensuite par moi.

La figure 1, ci-dessous, représente cette voie. La vacuole digestive se sépare du pharynx, descend d'abord, puis remonte. Avant d'atteindre le noyau, qui se trouve, comme on le sait, au milieu du corps chez les *Paramæcium*, la vacuole descend de nouveau. La vacuole parcourt ainsi un petit cercle dans la partie du corps qui se trouve sous le noyau. Il faut noter que cette voie ne présente pas toujours un cercle régulier, comme nous

(1) E. Nirenstein, Beiträge zur Ernährungs-Physiologie der Protisten. *Z. f. allg. Physiol.*, Bd V.

le voyons sur la figure. Dans beaucoup de cas, la vacuole se meut en ligne directe du haut en bas et du bas en haut. Le mouvement n'est pas régulier : tantôt la vacuole se meut rapidement, tantôt lentement. Parfois elle s'arrête tout à fait. Après avoir séjourné quelque temps dans la partie qui se trouve sous le noyau, la vacuole commence à monter, s'élève au-dessus du noyau et atteint la partie extrême antérieure de l'infusoire, puis elle descend de nouveau, passe de l'autre côté du noyau, s'approche et est rejetée par l'infusoire.

Tel est le trajet parcouru par la vacuole lorsqu'elle renferme une matière nutritive : granules de jaune ou de blanc d'œuf ou bien bactéries. Il faut encore indiquer que la même vacuole tourne autour du noyau non seulement une fois, mais deux, trois et quatre fois.

Il est intéressant de noter que le mouvement des vacuoles dans le corps de l'infusoire, leurs arrêts à des endroits déterminés et la durée de leur séjour dans le corps de l'infusoire, du commencement de leur formation jusqu'à leur expulsion, sont très variables ; les choses se passent comme si chaque vacuole avait son individualité. Certaines vacuoles circulent plus vite, d'autres plus lentement et quelquefois s'arrêtent en divers endroits, pour un temps plus ou moins long ; certaines vacuoles parcourent tout le trajet en 20 à 30 minutes, tandis que d'autres séjournent dans le corps de l'infusoire de 3 à 4 heures.

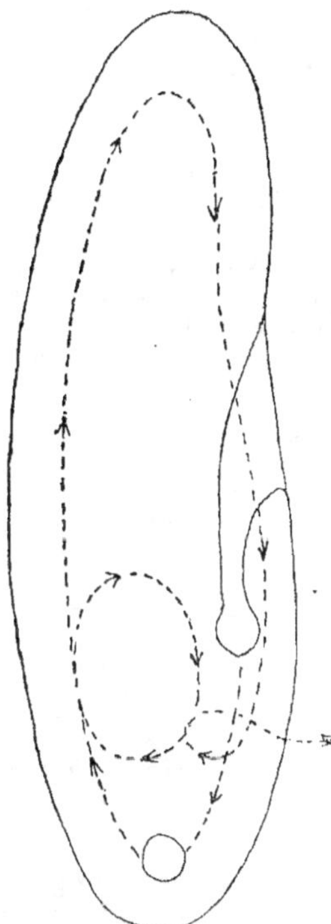

Fig. 1. — Trajet parcouru par les vacuoles digestives, chez des paramécies.

Circulation des vacuoles renfermant des matières nutritives.

Expérience I. — A 10 h. 30 minutes, on a donné au *Paramæcium* du *jaune d'œuf*; 5 minutes après, lorsqu'il s'est formé 3 vacuoles, les infusoires ont été transportés dans une infusion de foin fraîche. La circulation des vacuoles a été observée sous le microscope; elle est présentée planche I, figure 1.

    11 h. 30 m.,   commencement de l'expérience.
    11 h. 35 m.,   formation de 3 vacuoles.
    2 h. 28 m.,   1 vacuole a été rejetée.
    2 h.,   2 vacuoles ont été rejetées.
    2 h. 40 m.,   3 vacuoles ont été rejetées.

On a fait des expériences analogues en se servant d'autres matières nutritives.

Expérience II. — Les infusoires ont reçu comme nourriture des *bactéries Sarcina*; 5 minutes après, lorsqu'il s'est formé plusieurs vacuoles, les infusoires ont été transportés dans une infusion de foin fraîche.

    4 h.,   commencement de l'expérience.
    4 h. 5 m.,   formation de 2 vacuoles.
    6 h. 50 m.,   1 vacuole est rejetée.
    7 h. 5 m.,   2 vacuoles sont rejetées.

Les vacuoles ont ainsi circulé pendant 3 heures. Le trajet qu'elles ont fait est à peu près le même que dans les expériences avec le jaune d'œuf.

Expérience III. — Dans cette série, des *bactéries* différentes ont servi de nourriture.

    12 h. 56 m., commencement de l'expérience.
    1 h.,   formation de 2 vacuoles.
    3 h. 2 m.,   1 vacuole est rejetée.
    3 h. 30 m.,   2 vacuoles sont rejetées.

Une vacuole a ainsi circulé pendant 2 h. 6 minutes et l'autre durant 2 h. 32 minutes.

Le trajet que ces vacuoles ont fait a été à peu près le même que dans les expériences avec le jaune d'œuf (un petit cercle dans la partie du corps de l'infusoire située sous le noyau et un grand cercle).

Circulation des vacuoles renfermant des matières n'ayant pas de valeur nutritive.

Expérience IV. — Dans cette série les infusoires ont été nourris de *bleu de Prusse*.

5 minutes après le commencement de l'expérience, lorsqu'il s'est formé plusieurs vacuoles, les infusoires ont été transportés dans une infusion de

132 S. METALNIKOV

foin fraiche. Il faut noter que, lorsque les infusoires sont nourris de couleurs
d'aquarelle, il se forme de grandes vacuoles dont les dimensions sont plusieurs fois celles des vacuoles normales. Mais les grandes parties de ces
vacuoles ne montent pas ordinairement au-dessus du noyau, elles restent
toujours en bas et sont rejetées peu de temps après leur formation. Parfois cette expulsion se fait par parties. Une moitié de la vacuole est rejetée
d'abord, ensuite la deuxième moitié (planche I, fig. 2). J'ai fait des expériences analogues avec d'autres couleurs d'aquarelle. Certaines couleurs, par
exemple, la couleur verte, sont très toxiques. Les infusoires les englobent,
forment des vacuoles et périssent ensuite assez rapidement. D'autres matières
colorantes (sépia, encre de Chine, etc.), au contraire, ne sont pas toxiques
et circulent bien dans le corps de l'infusoire ; mais, de même que le bleu
de Prusse, elles restent peu de temps dans le corps de l'infusoire.

Expérience V. — Les infusoires ont été gardés pendant 3 minutes dans une
émulsion de *sépia* d'aquarelle et transportés ensuite, après la formation de
1 vacuole, dans une infusion de foin fraiche (planche I, fig. 3).

    11 h. 50 m.,   commencement de l'expérience.
    11 h. 53 m.,   formation d'une vacuole.
    12 h. 7 m.,   1 vacuole est rejetée (17 minutes après le commencement
                de l'expérience).

Comme le montre la figure 4, la vacuole digestive n'a pas pénétré dans la
partie antérieure de la cellule, elle est rejetée au bout de peu de temps.

En se basant sur ces observations, on pourrait conclure que
les vacuoles renfermant des matières colorantes ne montent
pas dans la partie de la cellule qui se trouve au-dessus du
noyau, ce qui a comme suite le fait que les vacuoles sont si tôt
rejetées du corps de l'infusoire. Mais cette conclusion n'est pas
conforme à la réalité.

Dans les cas où les infusoires sont nourris d'autres matières
colorantes et de matières qui n'ont pas de valeur nutritive, les
vacuoles circulent très bien autour du noyau et montent dans
la partie qui se trouve au-dessus du noyau, comme cela a été
constaté dans les expériences où les infusoires ont été nourris
de jaune d'œuf et de bactéries.

Expérience VI. — Les infusoires ont été placés dans une émulsion d'alumine ; après la formation de 2 à 3 vacuoles ils ont été transportés dans une
infusion de foin fraiche (planche II, fig. 4).

    12 h. 25 m.,   commencement de l'expérience.
    12 h. 30 m.,   4 vacuoles se sont formées.
    12 h. 50 m.,   1 vacuole a été rejetée (25 minutes après la formation).
    1 h.,   2 vacuoles ont été rejetées (38 minutes après la formation).
    1 h. 3 m.,   3 vacuoles ont été rejetées (38 minutes après la formation).
    1 h. 7 m.,   4 vacuoles ont été rejetées (42 minutes après la formation).

Il suit de ces expériences que les vacuoles d'alumine

circulent dans le corps de l'infusoire de la même manière que les vacuoles renfermant des matières nutritives, c'est-à-dire qu'elles parcourent la même longue voie autour du noyau.

Dans d'autres expériences que je ne cite pas ici, les vacuoles d'alumine ont circulé encore plus vite, leur expulsion du corps de l'infusoire avait lieu 15, 20, 25 minutes après leur formation. Il était de même lorsque les infusoires furent nourris de carmin, d'encre de Chine, de charbon et d'autres matières n'ayant pas de valeur nutritive.

Les vacuoles renfermant du carmin ou de l'encre de Chine circulaient dans le corps de l'infusoire plus longtemps que les vacuoles d'alumine, mais elles ne restèrent pas dans le corps de l'infusoire aussi longtemps que les vacuoles renfermant du jaune d'œuf ou des bactéries.

A ce point de vue, les expériences dans lesquelles les infusoires furent nourris d'amidon et d'amidon iodé, présentent un intérêt particulier.

Les infusoires englobent volontiers de l'amidon et les vacuoles renfermant de l'amidon circulent dans le corps des infusoires durant 2 heures, tandis que l'amidon iodé est rejeté 15 à 25 minutes après son englobement.

Il suit de ces expériences d'une manière indubitable que dans les cas où une matière quelconque est englobée et se trouve dans une vacuole les infusoires peuvent distinguer une matière utile d'une matière indifférente ou nuisible.

Tandis que les matières utiles restent dans le corps de l'infusoire et y circulent durant des heures, les matières indifférentes ou nuisibles sont rejetées très vite du corps de l'infusoire. Si les vacuoles circulent longtemps, elles font, comme nous l'avons vu plus haut, la longue voie autour du noyau une ou plusieurs fois. Il faut encore ajouter que ces vacuoles s'arrêtent à divers endroits du corps de l'infusoire.

Les vacuoles renfermant des matières colorantes ou des matières, n'ayant pas de valeur nutritive, ne circulent que rarement autour du noyau ; elles sont pour la plupart rejetées aussitôt après leur formation.

Les vacuoles de cette catégorie qui circulent autour du noyau (vacuoles d'alumine, de carmin, etc.) se meuvent avec beaucoup plus de rapidité que les vacuoles renfermant des matières nutritives. Si nous avons ici affaire à un phénomène qui se répète régulièrement, il montre que la vitesse du mouvement des vacuoles dépend dans une certaine mesure du contenu de la vacuole. Les vacuoles renfermant des matières ayant une valeur nutritive se déplacent plus lentement que les vacuoles renfermant des matières n'ayant pas de valeur nutritive.

A ce point de vue un intérêt particulier s'attache aux expériences dans lesquelles les infusoires ont été nourris de différentes matières, où il se formait simultanément des vacuoles renfermant des matières nutritives et des vacuoles renfermant des matières n'ayant pas de valeur nutritive.

CIRCULATION DES VACUOLES RENFERMANT DES MATIÈRES DIFFÉRENTES.

EXPÉRIENCE VII. — A 3 h. 5 minutes des infusoires sont placés dans une émulsion de blanc d'œuf coloré de rouge du Congo; 5 minutes après, lorsqu'il s'est formé 2 vacuoles (planche IX, fig. 5), les infusoires sont transportés d'abord dans une infusion fraîche de foin et puis dans une émulsion d'alumine. A 3 h. 15 minutes, lorsque deux vacuoles d'alumine se sont formées, les infusoires sont de nouveau transportés dans une goutte d'infusion de foin fraîche. La circulation des vacuoles a été ensuite observée sous le microscope, leur position a été notée toutes les cinq minutes. Les vacuoles d'alumine sont marquées par des points bleus, les vacuoles de blanc d'œuf par des points rouges.

La figure 5 (pl. 1) présente le déplacement des vacuoles d'alumine et de blanc d'œuf.

A 3 h. 15 minutes toutes les vacuoles se trouvent dans la partie inférieure de l'infusoire, on voit que les vacuoles de blanc d'œuf qui se sont formées plus tôt se trouvent en avant. A 3 h. 20 minutes toutes les vacuoles se sont déplacées vers le milieu de l'infusoire, elles se trouvent au niveau du noyau, et les vacuoles d'alumine commencent à devancer peu à peu les vacuoles de blanc d'œuf. A 3 h. 25 minutes les deux vacuoles d'alumine ont déjà devancé une vacuole renfermant du blanc d'œuf. Observant sous le microscope cette course de vacuoles, j'ai vu comment la vacuole d'alumine s'approche de la vacuole renfermant du blanc d'œuf de telle manière que les deux vacuoles se touchent l'une l'autre. Un moment après la vacuole d'alumine s'avance rapidement et devance la vacuole renfermant du blanc d'œuf. A 3 h. 32 minutes, c'est-à-dire 42 minutes après l'introduction des infusoires dans l'émulsion d'alumine, la première vacuole d'alumine a été rejetée. A 4 heures, c'est-à-dire 50 minutes après, les deux vacuoles d'alumine ont été rejetées.

Les vacuoles renfermant du blanc d'œuf ont séjourné plus longtemps dans le corps de l'infusoire. La première vacuole a été rejetée à 5 h. 25 minutes, c'est-à-dire 2 h. 30 minutes après le placement des infusoires dans l'émulsion de blanc d'œuf; la deuxième vacuole n'a été rejetée que 3 heures après.

Des expériences analogues, dans lesquelles on s'est servi de différentes matières, ont été répétées plusieurs fois par moi et par M. M. Galadjier.

Expérience VIII. — A 4 h. 10 minutes, les infusoires ont reçu une émulsion de sarcines mélangée de rouge du Congo. Lorsque 2 vacuoles se furent formées, les infusoires ont été transportés dans une infusion de foin fraîche. A 7 h. 40 minutes, on a donné aux infusoires de l'alumine.

A 4 h. 10 minutes les infusoires ont reçu des bactéries. A 4 h. 20 minutes, ils ont été placés dans une émulsion d'alumine.

6 h., 1 vacuole d'alumine est rejetée (en 1 h. 20 m.).
6 h. 10 m., 2 vacuoles d'alumine sont rejetées (en 1 h. 30 m.).
6 h. 22 m., 3 vacuoles d'alumine sont rejetées (en 1 h. 42 m.).
6 h. 54 m., 1 vacuole renfermant des bactéries est rejetée (en 2 h. 44 m.).
7 h. 35 m., 2 vacuoles renfermant des bactéries sont rejetées (en 3 h. 25 m.).

Expérience IX. — A 10 h. 30 minutes, on a donné aux infusoires des levures; 5 minutes après 3 vacuoles se sont formées.

A 11 h., on a donné du bleu de Prusse, 4 vacuoles se sont formées.

La première vacuole de bleu de Prusse a été rejetée à 11 h. 23 minutes (en 23 minutes), la deuxième à 11 h. 24 minutes (en 24 minutes), la troisième à 11 h. 28 minutes (en 28 minutes), la quatrième à 11 h. 33 minutes (en 33 minutes).

La première vacuole renfermant des levures a été rejetée à 12 h. 13 minutes (en 1 h. 23 minutes), la deuxième à 12 h. 17 minutes (en 1 h. 27 minutes) et la dernière à 12 h. 24 minutes (en 1 h. 34 minutes).

De quatre vacuoles de bleu de Prusse, trois n'ont pas circulé autour du noyau et sont restées tout le temps dans la partie inférieure de la cellule, tandis que la quatrième a suivi dans son mouvement les vacuoles renfermant des levures et les a devancées de la même manière que les vacuoles d'alumine.

Toutes ces expériences montrent que les mouvements ainsi que le parcours des vacuoles ·dépendent du contenu de la cellule.

III

Ces expériences soulèvent de grandes difficultés en ce qui concerne l'intelligence du mécanisme de la circulation des vacuoles digestives.

Suivant la doctrine courante la circulation des vacuoles s'explique par le fait que les vacuoles sont entraînées par le mouvement du protoplasme.

Mais comment peut-on expliquer dans ce cas le fait que les

vacuoles se meuvent avec des vitesses différentes, qu'elles devancent les unes les autres, qu'elles s'arrêtent tandis que les vacuoles voisines continuent à circuler, qu'elles parcourent une ou plusieurs fois le même trajet. Comment concilier la vieille explication avec tous ces faits qui ne présentent pas de phénomènes accidentels et qui montrent qu'il existe un lien régulier entre la circulation des vacuoles et la nature de la matière renfermée dans la vacuole ?

On pourrait supposer qu'il existe des courants différents du protoplasme se mouvant avec les vitesses différentes et que tout dépend de la position accidentelle de la vacuole : si cette dernière est entraînée par un courant ayant une vitesse plus grande, elle parcourt un trajet déterminé pendant un intervalle plus court.

Pour élucider toutes ces questions, il fallait tout d'abord déterminer comment se meut le protoplasme dans le corps de l'infusoire et s'il existe des courants différents se mouvant avec des vitesses différentes.

Vu le fait que les infusoires changent souvent de position et tournent autour de l'axe de leur corps, l'étude du mouvement du protoplasme présente de grandes difficultés.

On facilite l'observation en ajoutant au liquide dans lequel on étudie les infusoires des fibres de coton, ce qui gêne les infusoires dans leurs mouvements.

Le mouvement du protoplasme chez les Paramécies ne se fait pas d'une manière régulière. Parfois on ne constate aucun mouvement durant plusieurs minutes. Ensuite le protoplasme commence à se mouvoir. Je pensais d'abord qu'il existe un lien étroit entre le mouvement du protoplasme et la formation de nouvelles vacuoles à l'extrémité du pharynx ; on pouvait supposer que, s'il y a bien une formation des vacuoles, le protoplasme se meut et que, s'il n'y a pas de formation des vacuoles, le protoplasme ne se meut pas.

Il y a des cas où j'ai pu constater ce lien. Mais j'ai vu ensuite qu'il n'existe pas ici de lien obligatoire. J'ai observé souvent le mouvement du protoplasme dans des cas où il n'y avait pas de formation de vacuoles.

Le trajet parcouru par le courant du protoplasme est toujours le même. Si le corps de l'infusoire est placé de telle manière que son orifice buccal se trouve à droite, le protoplasme se meut dans le sens du mouvement des aiguilles d'une montre (fig. 2). Si l'infusoire se retourne et que son orifice buccal se trouve à gauche, le mouvement du protoplasme *a lieu* en sens inverse (fig. 3). L'espace où ce mouvement a lieu est très limité.

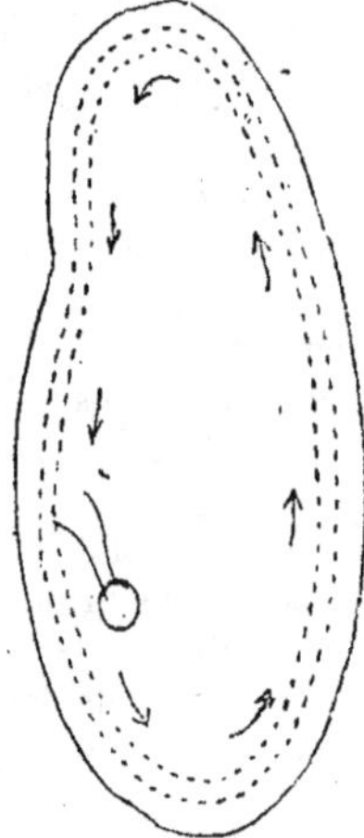 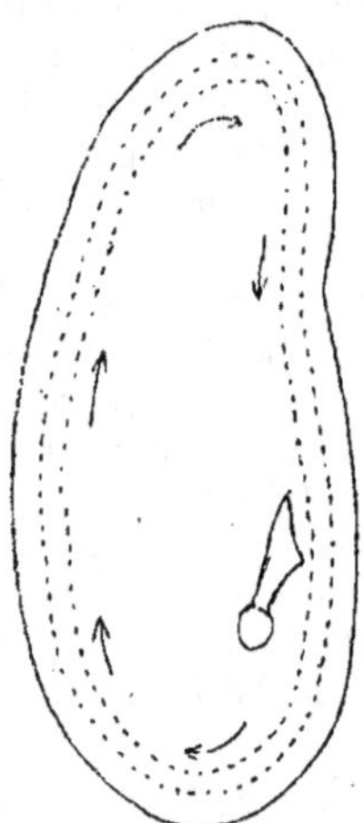

Fɪɢ. 2. — La circulation du protoplasme dans le corps de l'infusoire, lorsque l'orifice buccal se trouve à droite.

Fɪɢ. 3. — La circulation du protoplasme dans le corps de l'infusoire, lorsque l'orifice buccal se trouve à gauche.

Seule, une bande étroite du protoplasme qui longe la paroi de la cellule est emportée par le courant protoplasmique. Les parties internes de la cellule ne prennent pas part à ce mouvement. Ici se trouvent des structures immobiles ou les organes constants de la cellule qui sont fixés dans des parties déterminées de la cellule. Au nombre de ces organes constants figurent le macro- et le micronucleus et aussi les vacuoles contractiles avec leurs canaux.

Tous ces organes, malgré qu'ils se trouvent dans un protoplasme demi-liquide, ont une position constante dans la cellule. Nous arrivons ainsi à la supposition *a priori* de l'existence d'un squelette interne, grâce auquel ces organes gardent une position fixe.

Si cette supposition est conforme à la réalité, l'espace dans lequel se meut le protoplasme demi-liquide doit être limité. En effet, ainsi que nous l'avons vu plus haut, le protoplasme se meut seulement dans la partie de la cellule qui touche la paroi de celle-ci, tandis que les parties intérieures de la cellule ne prennent pas part à ce mouvement. Je n'ai pas pu constater de courants divers se mouvant avec des vitesses différentes. Il fallait encore élucider le problème de savoir si les vacuoles digestives sont seulement entraînées par le protoplasme ou si elles circulent indépendamment du mouvement du protoplasme.

L'observation directe montre que les vacuoles se déplacent avec le protoplasme comme si elles étaient entraînées par ce dernier, mais à côté de ce phénomène il existe indubitablement un autre mécanisme qui joue un rôle dans la circulation des vacuoles. Il arrive souvent que la vacuole qui se déplace avec le protoplasme est rejetée en dehors du courant protoplasmique et reste immobile tandis que le courant du protoplasme continue à circuler. Peu de temps après, la vacuole est de nouveau déplacée, emportée par le courant protoplasmique et transportée à une certaine distance. Ce sont ces arrêts tem poraires qui font qu'une vacuole se déplace plus rapidement qu'une autre, qu'une vacuole devance l'autre, comme je l'ai indiqué plus haut.

Ce qu'il y a de plus frappant dans tout cela est le fait que ces déplacements des vacuoles, leurs arrêts temporaires, puis leurs nouveaux déplacements ne présentent pas de phénomènes accidentels, mais sont réglés par la cellule en vue de fins utiles.

Nous avons vu que les vacuoles renfermant des matières indifférentes et nuisibles se déplacent plus rapidement et sont rejetées plus vite, tandis que les matières utiles restent et circulent dans la cellule durant des heures.

Comment tout cela est-il réglé? Par quel mécanisme la cellule repousse et attire-t-elle les vacuoles digestives dans le courant du protoplasme, comment dirige-t-elle les mouvements de ces vacuoles? Nous ne pouvons pas malheureusement répondre à toutes ces questions. Il nous est impossible d'élucider ces problèmes, surtout parce que nous ne connaissons pas la structure interne de la cellule vivante, parce que nous ne connaissons pas les organes fixes et les mécanismes qui dirigent les mouvements des vacuoles contractées et la circulation du protoplasme lui-même.

INFLUENCE DES CONDITIONS EXTÉRIEURES SUR LE MOUVEMENT DES VACUOLES DIGESTIVES.

En étudiant le mouvement des vacuoles digestives chez divers infusoires, nous avons été frappé par la différence de la durée de la circulation des vacuoles chez des Paramæcies provenant de cultures différentes. Tandis que, chez la culture A les vacuoles de carmin circulent 50 à 60 minutes, chez la culture B les mêmes vacuoles de carmin circulent en moyenne beaucoup plus longtemps.

Ces observations montrent que les mouvements des vacuoles dans le corps de l'infusoire dépendent, à ce qu'il paraît, non seulement du contenu de la vacuole, mais encore d'autres conditions. Nos expériences ont en effet montré que la température, la composition chimique du milieu, etc. ont une influence sur la circulation des vacuoles.

Les premières expériences dans cette direction ont été faites par M. M. Galadjier (1), puis j'ai fait moi-même des expériences analogues.

Comme il fallait s'y attendre, la température a une grande influence sur la circulation des vacuoles. Aux températures basses (au-dessous de 12°) de nouvelles vacuoles ne se forment et ne circulent qu'avec une extrême lenteur dans le corps de l'infusoire.

A la température ordinaire (18 à 19° C.), la formation des vacuoles marche plus vite, elles se meuvent aussi plus rapidement. A 30° la vitesse augmente encore. Le tableau ci-dessous résume les données concernant les vitesses de circulation des vacuoles digestives chez les Paramécies à des températures différentes.

Nous ne citons que les chiffres moyens résultant de nom-

(1) M. GALADJIER, Sur la nutrition des infusoires. *Bulletin du Laboratoire biologique de Petrograd*, vol. XII, 1912.

breuses expériences. Ces chiffres montrent que la vitesse de la circulation des vacuoles à 30° n'augmente considérablement que dans le cas où les vacuoles renferment des matières n'ayant pas de valeur nutritive, comme le carmin ou le soudan.

	CULTURE A.		CULTURE B.		CULTURE C.	
	30° C.	18° C.	30° C.	18° C.	30° C.	18° C.
Carmin.	38 m.	54 m.	1 h. 5 m.	1 h. 20 m.	40 m.	1 h. 10 m.
Soudan.	20 m.	26 m.	26 m.	38 m.	18 m.	26 m.
Jaune d'œuf.	4 h. 42 m.	4 h. 20 m.	2 h. 5 m.	2 h. 15 m.	2 h. 34 m.	3 h. 6 m.
Bactéries.	1 h. 59 m.	2 h. 2 m.	2 h. 18 m.	2 h. 29 m.	2 h. 2 m.	2 h.

— Dans le cas où les infusoires sont nourris de jaune d'œuf ou de bactéries, les vacuoles digestives circulent avec la même vitesse à 18° et à 30°. L'augmentation de la température n'influence pas évidemment la vitesse de la digestion du jaune d'œuf ou des bactéries.

Il est intéressant d'indiquer que les vacuoles renfermant la même matière se meuvent avec des vitesses différentes chez les cultures différentes. Tandis que, chez les infusoires provenant de la culture A, les vacuoles de carmin circulent à 18° durant 54 minutes, chez les infusoires de la culture B, elles circulent durant 1 h. 20 m., et chez les infusoires de la culture C durant 1 h. 18 m.

Ces observations montrent que la vitesse de la circulation des vacuoles dépend non seulement du contenu des vacuoles et de la température, mais encore d'autres conditions.

L'ensemble de ces autres conditions ne peut être présenté que par le milieu liquide dans lequel vivent les infusoires. Mes expériences antérieures ont déjà montré que la composition chimique du milieu dans lequel se trouvent les infusoires exerce une influence très forte sur l'englobement de différentes matières et la formation des vacuoles digestives.

Les acides et d'autres matières additionnés en doses minimes au milieu stimulent la formation des vacuoles.

Au contraire, les alcalis non seulement n'ont pas augmenté le nombre des vacuoles formées, mais ont gêné la formation des vacuoles.

M. M. Galadjier (1) a fait dans cette direction des expériences afin d'étudier l'influence de différentes matières sur la durée de la circulation des vacuoles.

L'expérience se faisait sur deux portions de la même culture de l'infusoire. Une portion était lavée et les infusoires étaient placés dans un milieu liquide additionné d'une quantité déterminée de la matière à étudier; l'autre portion, placée dans le même milieu non additionné d'autres matières, servait de témoin. On a déterminé soigneusement la durée de la circulation des vacuoles dans les cas où les infusoires étaient nourris de carmin, de sépia, de jaune d'œuf ou de bactéries. Ces expériences ont montré que l'addition de doses minimes des différents acides (acides acétique, chlorhydrique, azotique entre 1/80.000 à 1/160.000), accélère considérablement la circulation des vacuoles digestives.

Des doses plus fortes d'acide gênent, au contraire, la circulation des vacuoles. L'action des alcalis est moins prononcée, c'est pourquoi on s'est servi dans ces expériences de solutions plus fortes (1/8.000 et au-dessous). Contrairement aux acides les alcalis pris à des doses minimes ne stimulent pas la circulation des vacuoles. Des doses plus fortes ont une action un peu gênante.

INFLUENCE DES FACTEURS INTERNES SUR LA CIRCULATION DES VACUOLES.

Les expériences décrites plus haut montrent que la circulation des vacuoles et la durée de la circulation dépendent d'abord du contenu des vacuoles et ensuite des conditions extérieures, c'est-à-dire de la température, du milieu, etc.

Si les facteurs extérieurs déterminaient à eux seuls la durée et la vitesse de la circulation des vacuoles, on aurait dû obtenir les mêmes résultats dans tous les cas où les infusoires sont nourris de la même matière et où toutes les autres conditions extérieures restent les mêmes; dans tous ces cas les vacuoles devraient parcourir le même trajet, et la durée de la circulation devrait rester la même.

Mais on n'obtient jamais de pareils résultats identiques. Les infusoires provenant de cultures A et B, placés dans le même

(1) Les chiffres cités ici sont extraits du travail intéressant de M. M. Galadjier.

milieu et nourris de la même émulsion de carmin et de sépia présentent des différences au point de vue de la circulation du protoplasme (Cf. le tableau de la page 128).

Ces expériences montrent déjà que la circulation des vacuoles dépend, à ce qu'il semble, non seulement du contenu des vacuoles, mais aussi des facteurs internes, propres aux infusoires de chaque culture.

Les expériences suivantes plaident aussi en faveur du rôle de ce facteur interne.

Le 10 janvier, j'ai versé, dans un vase renfermant des infusoires de la culture A, une émulsion de carmin.

J'ai déterminé en même temps la vitesse de la circulation des vacuoles de carmin.

J'ai obtenu les résultats suivants :

1ᵉʳ infusoire	1 h. 10 m.
2ᵉ infusoire	1 h. 20 m.
3ᵉ infusoire	1 h. 32 m.
4ᵉ infusoire	1 h. 5 m.
5ᵉ infusoire	1 h. 23 m.

Le 15 janvier, j'ai pris, à l'aide d'une pipette capillaire, plusieurs infusoires du vase renfermant du carmin, où les infusoires ont séjourné cinq jours. Les infusoires repêchés ont été transportés dans une infusion de foin fraîche. Une heure après, lorsque toutes ces vacuoles de carmin ont été rejetées, j'ai ajouté du carmin frais. Trois à quatre minutes plus tard, après formation de deux à trois nouvelles vacuoles renfermant du carmin, j'ai transporté de nouveau les infusoires dans une infusion fraîche de foin pour observer les vacuoles sous le microscope. Cette fois, j'ai obtenu les résultats suivants :

1ᵉʳ infusoire	25 minutes.
2ᵉ infusoire	28 minutes.
3ᵉ infusoire	23 minutes.
4ᵉ infusoire	35 minutes.
5ᵉ infusoire	30 minutes.

J'ai fait des expériences analogues en me servant de sépia. Le 15 janvier, j'ai obtenu les résultats suivants :

1ᵉʳ infusoire	1 h. 15 m.
2ᵉ infusoire	1 h. 18 m.
3ᵉ infusoire	1 h. 30 m.
4ᵉ infusoire	1 h. 10 m.
5ᵉ infusoire	1 h. 22 m.

Les infusoires ont été gardés ensuite sous une émulsion de sépia, durant une semaine. Le 22 janvier, j'ai, de nouveau, déterminé la vitesse de circulation des vacuoles. J'ai obtenu les résultats suivants :

1er infusoire	35 minutes.
2e infusoire.	21 minutes.
3e infusoire.	25 minutes.
4e infusoire.	39 minutes.
5e infusoire.	23 minutes.

On voit ainsi que, tandis qu'au commencement des expériences les vacuoles circulaient durant plus d'une heure, après un séjour de cinq journées dans l'émulsion, la durée de la circulation a diminué presque de deux fois.

Toutes les conditions de l'expérience ont été identiques dans les deux cas. L'émulsion de carmin et de sépia était la même. Il en était de même en ce qui concerne la température et le milieu liquide, mais les résultats ont changé, parce que les infusoires se comportent autrement par rapport au carmin et à la sépia, parce que le facteur interne duquel dépend la circulation des vacuoles digestives a changé.

J'ai fait des expériences dans cette direction il y a déjà quelques années. J'ai étudié au cours de ces expériences l'influence des matières nutritives sur la formation des vacuoles digestives chez les infusoires.

J'ai constaté que l'englobement de la nourriture et la formation des vacuoles dépendent des trois facteurs suivants : de la nature de la matière nutritive, des conditions extérieures et du facteur interne (manière dont l'infusoire se comporte par rapport à la matière donnée).

Si les infusoires sont nourris durant un temps assez long de la même matière, par exemple, de carmin, d'alumine, de sépia, la manière dont ils se comportent par rapport à la matière donnée change, même dans le cas où toutes les autres conditions restent les mêmes. Au début de l'expérience, il se forme chez l'infusoire, durant un intervalle de 30 minutes, 15 vacuoles et plus. Mais ensuite le nombre de vacuoles diminue, et enfin, quelques jours plus tard, les infusoires n'englobent plus la matière donnée.

Ces expériences montrent ainsi, d'une manière indubitable, que la formation des vacuoles digestives dépend non seulement de la composition de la nourriture, non seulement des conditions extérieures, mais aussi de l'état intérieur de l'infusoire, ou, autrement dit, d'un certain facteur interne.

CONCLUSION

Toutes les expériences citées sur la circulation des vacuoles dans le corps de l'infusoire et sur l'englobement de la nourriture et la formation de nouvelles vacuoles montrent que la formation et la circulation des vacuoles dépendent de trois facteurs :

1° De la composition chimique de la matière englobée, c'est-à-dire des excitants spécifiques qui agissent sur le protoplasme de l'infusoire;

2° Du milieu extérieur dans lequel se trouve l'infusoire, c'est-à-dire de l'ensemble des excitants extérieurs qui agissent au moment donné sur le corps de l'infusoire;

3° De l'état intérieur de l'infusoire lui-même ou d'un certain facteur interne.

Mais quelle est la nature de ce facteur interne?

Il faut dire tout d'abord que ce facteur intérieur change constamment. En effet, l'expérience nous montre que toutes les conditions de l'expérience restant les mêmes, les résultats présentent des différences. Dans un cas, par exemple, lorsque les infusoires nourris de carmin ou de sépia forment en trente minutes 10 vacuoles, tandis que, dans un autre cas, il se forme 8 ou 9 vacuoles. Il est de même en ce qui concerne la circulation des vacuoles. J'ai déjà indiqué plus haut que chaque vacuole qui circule dans le corps de l'infusoire se comporte comme si elle avait son individualité.

La grandeur de la vacuole, le trajet qu'elle parcourt, ses arrêts dans le corps de l'infusoire et enfin le temps durant lequel elle circule peuvent varier. Il est vrai que les limites de ces variations sont déterminées par le milieu extérieur d'un côté et l'excitant spécifique de l'autre. Ainsi, lorsque les infusoires sont nourris de matières nutritives (jaune d'œuf, bactéries), la durée de la circulation varie de deux à quatre heures; lorsqu'ils sont nourris de matières colorantes, la durée de la circulation varie de 20 à 60 minutes et plus. Enfin, chez le même infusoire, toutes les conditions restant les mêmes, une vacuole circule 20 minutes, une seconde 25, une troisième 18, quatrième 23, etc.

On peut ainsi conclure que l'état intérieur de l'infusoire ou le facteur intérieur qui gouverne et règle toutes les manifestations vitales présente une grandeur qui change constamment, qui varie constamment. Sous ce rapport, le facteur intérieur peut être considéré comme l'ensemble de propriétés intérieures qui déterminent toute individualité vivante, qu'elle soit une cellule vivante, une plante ou un animal supérieur.

Quelles que soient nos opinions théoriques, que nous soyons des mécanistes ou des vitalistes, nous devons également reconnaître que toute individualité vivante présente quelque chose qui change constamment. Chaque manifestation de l'organisme vivant, chaque moment de la vie, chaque mouvement, si minimes qu'ils soient, déterminent des changements dans toute la structure intérieure de la matière vivante et laissent une trace qui influence l'expérience intérieure ou le facteur intérieur qui détermine l'activité ultérieure de l'organisme vivant. Sous ce rapport, toute l'individualité vivante ne reste pas toujours la même malgré la constance apparente de la forme extérieure et de la structure intérieure.

L'organisme vivant change toutes les minutes, toutes les secondes.

Suivant M. Bergson, l'organisme vivant est un courant indivisible de changements dans lequel le passé se conserve et agit sur l'avenir. Dans un système pareil il n'y a pas de répétitions, chaque pas qu'il fait est un changement créateur, une invention. Un système pareil n'est pas un mécanisme composé de parties isolées qui ont existé auparavant indépendamment l'une de l'autre. Dans un système pareil, les parties sont conditionnées par le tout, mais la réciproque n'est pas vraie.

         S. METALNIKOV

LÉGENDES DES PLANCHES

PLANCHE I

Fig. 1. — Circulation des vacuoles digestives chez des paramécies qui ont été nourries d'une émulsion de jaune d'œuf additionné de rouge du Congo. Les vacuoles sont colorées en rouge. L'expérience a commencé à 11 h. 30 minutes. La position des vacuoles à des moments différents est représentée sur la figure. La première vacuole a été rejetée à 2 h. 22 minutes, la dernière à 2 h. 40 minutes.

Fig. 2. — Circulation des vacuoles digestives chez des paramécies qui ont été nourries de bleu de Prusse. Au commencement, à 11 h. 30 minutes, il s'est formé deux grandes vacuoles bleues. A 11 h. 56 minutes (1) la dernière vacuole a été rejetée.

Fig. 3. — Les points rouges figurent le trajet parcouru par la vacuole remplie de bleu de Prusse.

PLANCHE II

Fig. 4. — Position des vacuoles digestives chez des paramécies qui ont été nourries d'une émulsion d'alumine. Au commencement de l'expérience, à 12 h. 30 minutes, il s'est formé quatre vacuoles. La dernière vacuole a été rejetée à 1 h. 7 minutes, c'est-à-dire 27 minutes après le commencement de l'expérience.

Fig. 5. — Circulation et position des vacuoles digestives chez des infusoires qui ont été nourris d'abord de blanc d'œuf, coloré en rouge avec du rouge du Congo, et ensuite d'alumine. L'expérience a commencé à 3 h. 10 minutes. Après formation de deux vacuoles de blanc d'œuf, les infusoires ont été transportés dans une émulsion d'alumine, où il s'est formé deux vacuoles d'alumine. Les vacuoles d'alumine ont été rejetées à 4 heures et 4 h. 3 minutes, c'est-à-dire 50 et 53 minutes après leur formation. La vacuole de blanc d'œuf a été rejetée à 5 h. 25 minutes, c'est-à-dire 2 h. 30 minutes après le commencement de l'expérience.

(1) Sur la figure, au lieu de 10 h. 40...10 h. 56, lire 11 h. 40...11 h. 56.

QUELQUES NOTES
SUR LA DISTRIBUTION GÉOGRAPHIQUE
DES ANOPHÉLINES ET DU PALUDISME, A SUMATRA

par le Dr N. H. SWELLENGREBEL (d'Amsterdam).

Après la découverte de Ross, que le parasite du paludisme est transmis par les moustiques du genre *Anopheles*, on crut d'abord que tous les représentants de ce genre sont capables de transmettre le paludisme. L'attention des médecins et des entomologistes étant attirée sur ce groupe d'insectes, on s'aperçut bientôt qu'il était beaucoup plus étendu qu'on ne le croyait et qu'il constituait non pas un simple genre, mais toute une famille contenant un grand nombre de genres.

Il fallait maintenant considérer la question suivante : Est-ce que tous les moustiques appartenant à la famille des Anophélines sont en état de transmettre le paludisme ou non? Cette question n'est pas seulement d'importance académique, elle est aussi d'une valeur pratique : Supposons que, dans une région où sévit le paludisme, on trouve çà et là des gîtes à Anophélines; par ici on trouve telle espèce, par là telle autre; où faut-il commencer la lutte contre les moustiques? Sont-elles toutes de la même importance, ou bien n'y a-il-pas que quelques espèces qui transmettent le virus palustre? Pour résoudre cette question, il faut d'abord considérer si les Anophélines qu'on étudie permettent le développement du parasite, puis il faut voir s'ils peuvent transmettre ce parasite. Mais cela ne suffit pas : on a démontré que l'Anophéline *peut* transmettre le paludisme et non qu'il est le vecteur le plus commun dans la région où on fait ses études. Pour prouver cela, il faut des données d'ordre biologique et épidémiologique.

Citons quelques exemples :

A Panama, Darling (1909) trouva sept espèces d'Anophélines, trois seulement sont capables de transmettre la fièvre paludéenne.

A Formose, Kinoshita (1906) nous donne la liste de sept espèces d'Anophélines. Quatre d'entre elles sont trop rares pour pouvoir jouer un rôle important dans la transmission du paludisme. Une autre qui peut transmettre la fièvre maligne ne se montre qu'en hiver quand les conditions pour la transmission sont peu favorables. Il n'en reste donc que deux qui sont d'importance pratique et qu'il faut détruire par tous les moyens possibles.

A l'île Maurice, Ross (1909) a trouvé trois espèces d'Anophélines. Une d'elles seulement a de l'importance; des deux autres, l'une est trop rare pour en tenir compte et l'autre ne transmet pas le paludisme.

A Calcutta, Adie et Alcock (1905) ont trouvé que le moustique le plus commun est *Nyssomyzomyia rossii*, mais cette espèce ne transmet pas le paludisme (du moins pas à Calcutta). C'est un moustique beaucoup moins commun (*M. listoni*) qui est le vecteur du parasite. Cette observation montre qu'il est souvent difficile de trouver le vrai vecteur du virus palustre; en se bornant à chercher et à détruire les Anophélines en général, sans tenir compte de l'espèce, on risquerait de perdre son temps et son argent dans une lutte infructueuse contre un moustique inoffensif, mais commun, sans atteindre le moustique rare, mais dangereux.

Ce n'est donc pas à juste titre que Eysell (1910) recommande aux médecins de diriger la lutte contre tous les Anophélines sans tenir compte de l'espèce. C'est vrai qu'il est souvent difficile de déterminer l'espèce quand on n'est pas spécialiste, mais cette difficulté ne doit pas être insurmontable.

Dans la présente Note, nous voulons exposer quelques faits et considérations relatifs à l'épidémiologie du paludisme à l'île de Sumatra (Indes Néerlandaises) qui montrent, une fois de plus, l'utilité d'une connaissance approfondie des espèces qui constituent la faune anophélienne du district qu'on veut étudier.

*
* *

L'île de Sumatra s'étend dans une direction de Nord-Ouest à Sud-Est, entre le 5ᵉ degré de latitude septentrional et le

5e degré méridional. Elle est séparée de la presqu'île de Malacca par le détroit de ce nom. Le climat est très humide (60-80 p. 100), la température varie de 27; à 32°.

On sait par les recherches de Watson (1910) qu'à Malacca, où règnent les mêmes conditions climatériques qu'à Sumatra, le paludisme est une des maladies les plus graves; il est donc bien étonnant qu'à Déli, province située à la côte orientale de Sumatra, juste en face de la ville de Klang, de l'autre côté du détroit de Malacca (où Watson a fait ses études), le paludisme soit de peu d'importance dans les grandes plantations de tabac, où travaillent plusieurs milliers de laboureurs indigènes.

La population anophélienne de Malacca est bien connue. Voici de quoi elle se compose d'après la dernière communication de Strickland (1913 *a*) :

Myzomyia albiros'ris.	*Patagiamyia umbrosus.*
Nyssomyzomyia punctulata.	*P. albotæniatus.*
N. rossii.	*Nyssorhynchus maculatus.*
N. ludlowi.	*N. karwari.*
Neomyzomyia elegans.	*N. fuliginosus.*
Cristophersia halli.	*Neosthetophele aitkenii,*
Myzorhynchus sinensis.	
M. barbirostris.	et trois espèces incertaines.

M. Schüffner et nous, avons étudié la faune anophélienne de la plaine de Déli. Nous avons trouvé :

Nyssomyzomyia rossii.	*Myzorhynchus sinensis.*
N. ludlowi.	*M. barbirostris.*
N. punctulata.	*Patagiamyia albotæniatus.*
Myzomyia albirostris.	*P. umbrosus.*
Neomyzomyia elegans (leucosphyrus).	*Cristophersia halli.*

On voit que cette liste ressemble à celle qu'a donnée Strickland, mais que *Patagiamyia umbrosus* est rare et que les représentants du genre *Nyssorhynchus* font défaut à Déli (1). D'après les recherches de Watson (1910), ce sont précisément ces espèces qui sont les vecteurs les plus importants du virus palustre à Malacca, *P. umbrosus* transmet la fièvre dans les plaines, les *Nyssorhynchus* — surtout *N. maculatus (wilmori)* — le font dans les montagnes.

(1) Plus tard, M. Schüffner a rencontré *N. maculatus* sur le plateau Batak (Sumatra central).

Est-ce à cause de ce manque de vecteur convenable que le paludisme a si peu d'importance à Déli? Nous ne saurions l'affirmer, mais la supposition nous semble plausible.

On trouve cependant à Déli des patients souffrant du paludisme, surtout sur le littoral. C'est là qu'on trouve *N. rossii* et *N. ludlowi*; Schüffner (1902) et Banks (1907) ont démontré que cette dernière espèce peut transmettre les parasites du paludisme. Il semble cependant que ce moustique est beaucoup moins dangereux que *P. umbrosus*.

Dans l'intérieur du district de Déli, aux alentours de la ville de Médan, on trouve *M. sinensis* en abondance. D'après Kinoshita (1906), cette espèce transmet la fièvre tierce; mais, malgré la présence de cette espèce, les fièvres palustres manquent à Médan parmi les Européens, quoique leurs maisons soient à peu de distance des gîtes à Anophélines et que les porteurs de gamètes ne manquent pas parmi les indigènes. Est-ce que leur nombre est trop petit pour alimenter les sources d'infection, ou bien est-ce qu'à Déli *M. sinensis* ne transmet aucune forme de fièvre palustre? Nous ne savons là-dessus rien de précis; cependant, cette dernière supposition nous semble la plus probable.

M. Schüffner nous a fait remarquer qu'à Déli on trouve çà et là une augmentation notable des cas de fièvre palustre. Sur une des plantations notamment, ce fait est bien évident. Nous y avons trouvé *N. leucosphyrus* en abondance. D'après les renseignements de M. Schüffner qui, depuis plusieurs années, a fait une étude approfondie des moustiques de Déli, cette espèce doit être récemment importée parce que, jadis, elle faisait complètement défaut. *N. leucosphyrus* est la seule espèce anophélienne qu'on trouve dans cette plantation; il est donc probable (quoique pas prouvé) que c'est elle qu'il faut incriminer dans la transmission de la fièvre palustre. Si cela est vrai, ce fait offre un exemple frappant des changements nosographiques d'une région quelconque par l'introduction d'une espèce anophélienne nouvelle.

La côte occidentale de Sumatra ne se trouve pas dans les conditions favorables de la côte orientale. A Sibolga, M. de Vogel et nous avons étudié le paludisme qui sévit là d'une manière extrêmement grave. C'est une petite ville située aux bords de la mer, à côté d'un grand marécage marin à rhizophores. On a essayé de combler ce marécage, mais on n'a réussi qu'à en faire une collection de gîtes à Anophélines : dans le marécage primitif, l'eau de mer pénétrait à chaque marée et, avec elle, des poissons et d'autres ennemis des larves. Dans le marécage comblé, l'eau de mer ne peut plus pénétrer et c'est pour cela que les larves des moustiques y pullulent. Un peu plus loin, près du quartier des Européens, on trouve des rizières où il y a aussi des gîtes à Anophélines, mais ici l'eau est douce. Plus haut, dans la vallée qui s'étend dans les montagnes, on trouve de petits villages entourés de rizières qui sont toutes des gîtes à Anophélines.

Auprès du marécage, l'index de la rate est de 98 p. 100. En s'éloignant du marécage, l'index tombe à 89 p. 100 au quartier des Européens, et, en remontant la vallée, ce pourcentage s'abaisse graduellement de 60 à 15 p. 100. Donc, partout des gîtes à Anophélines et cependant l'index de la rate va en diminuant. En ne s'occupant que des Anophélines en général, il faudrait détruire les gîtes dans les rizières aussi bien que dans le marécage, et on serait tenté de commencer par les premiers, ceux-ci étant les plus faciles à supprimer. Et cependant, cela serait une mesure inutile, car les Anophélines des rizières sont d'espèce inoffensive : ce sont des *M. sinensis*, qui ne transmettent que la tierce bénigne, tandis qu'à Sibolga on trouve presque exclusivement la tierce maligne. Au contraire, dans le marécage comblé, on ne trouve qu'une seule espèce : *N. ludlowi*, qui transmet les fièvres palustres, comme l'a démontré Banks.

On a noté une exacerbation des fièvres après qu'on avait comblé une partie du marécage. La pullulation extraordinaire des *N. ludlowi* qui en fut la suite, causa une augmentation considérable de vecteurs du virus palustre et ceci fut sans doute la cause de cette exacerbation.

Depuis que nous avons fait nos études à Sibolga, on a détruit les gîtes à *N. ludlowi*. Le quartier de la ville situé près de ces gîtes (où vivaient la plupart des porteurs de gamètes) ayant été détruit accidentellement par le feu, on a profité de ce malheur en reconstruisant ce quartier loin du marécage dangereux. On vient de nous informer que, depuis ce temps, le nombre des moustiques et des cas de fièvre a diminué considérablement.

Nos observations faites à Sibolga mon'rent une fois de plus comme il est dangereux de combler un marécage d'une manière imparfaite, en conservant de petites mares où les poissons ne peuvent vivre et où, par conséquent, les larves des Anophélines pullulent sans être dérangées. C'est là une expérience bien connue et ancienne : Laveran (1908) nous apprend qu'au milieu du xviiiᵉ siècle, les États généraux des Provinces-Unies avaient inondé la contrée autour de la ville de Bréda pour protéger le pays contre l'invasion des Français ; après la guerre, on laissa couler l'eau et le pays devint sec, mais marécageux, et bientôt le paludisme s'annonça d'une manière tellement grave, qu'on dut inonder de nouveau le pays pour mettre fin à l'épidémie. A Semarang (Java), de Vogel (1907) trouva les étangs à poissons, le long de la côte, sans larves ; dans les vieux étangs à demi desséchés et sans poissons, il trouva des larves en abondance. Ces étangs-là étaient les gîtes des Anophélines vecteurs du virus palustre.

En comparant la faune anophélienne de la côte orientale (Déli) et occidentale (Sibolga), nous observons qu'elle se compose des mêmes éléments : *N. rossii, N. ludlowi, M. sinensis.* Cependant à Déli, *N. rossii* prédomine, *N. ludlowi* est plus rare. A Sibolga, c'est justement le contraire et c'est *N. ludlowi* qui est le plus commun. Ceci est d'accord avec l'affirmation que c'est le *N. ludlowi* et non *N. rossii* qui transmet les fièvres palustres.

Il faut bien se garder de généraliser les faits acquis en différents pays tropicaux. *N. maculatus*, si redoutable à Malacca, est tout à fait inoffensif sur le plateau Batak à 1.400 mètres ; un peu plus loin, aux bords du lac Toba, à 900 mètres, ce même moustique transmet le paludisme (communication inédite de M. Schüffner). Cela montre combien est juste la remarque de Walker et Barber (1914) qu'il faut renouveler les recherches sur la transmission du paludisme, chaque fois qu'il s'agit d'un nouveau terrain d'exploration.

En résumant ces faits, nous observons qu'ils tendent tous à démontrer la nécessité, pour les médecins coloniaux pratiques, d'une étude approfondie de la faune anophélienne dans les régions tropicales. C'est elle qui nous explique souvent les différences de l'index endémique de régions voisines où règnent les mêmes conditions physiques, c'est elle aussi qui nous in-

dique dans quelle voie il faut diriger la lutte contre les moustiques.
Mais, pour que cette étude soit fructueuse, il faut faciliter la
détermination des Anophélines. La découverte, la description
des *espèces nouvelles* appartiennent aux spécialistes, mais tout
médecin pratique doit être en état de reconnaître les *espèces
déjà connues*. Pour parvenir à cet idéal, il faut simplifier la
nomenclature et bien relever les caractères saillants des espèces.
Les États fédérés de Malaisie nous ont donné l'exemple
(Strickland 1913 *b*) : il faut le suivre.

BIBLIOGRAPHIE

ADIE et ALCOCK (1905). — On the occurence of *Myzomyia listoni* in Calcutta.
Proc. Roy. Soc., t. LXVI, B, n° 510, p. 319.
BANKS (1907). — Experiments in malarial transmission, etc. *Philipp. Journ. of
Science*, t. II, p. 513.
DARLING (1909). — Transmission of malarial fever in the canal zone. *Journ.
Americ. Med. Ass.* t. LIII, p. 2051.
EYSELL (1910). — *Anopheles rossii*, ein gefährlicher Malariaüberträger. *Arch.
f. Sch. u. Tropenhyg.*, t. XIV, p. 416.
KINOSHITA (1906). — Ueber die Verbreitung der Anophelen auf Formosa, etc.
Eod. loc., p. 621, 676, 708, 741.
LAVERAN (1908). — *Traité du paludisme*. Paris (Masson, éd.).
ROSS (1909). — *Report on the prevention of malaria in Mauritius*. Londres
(Churchill, édit.).
SCHÜFFNER (1902). — Die Beziehung der Malariaparasiten zu Mensch und
Müche. *Zeitschr. f. Hygiene*, t. XLI, p. 89.
STRICKLAND (1913 *a*). — A revised list of Malayan Anophelines. *Indian Journ.
of Med. Research*, t. I, p. 203.
STRICKLAND (1913 *b*). — Short Key to the identification of anopheline mos-
quitoes of Malaya. *Kuala Lumpur (Government printing office ed.)*.
DE VOGEL (1907). — Anophélines dans l'eau de mer. *Atti della Soc. per gli
Studi della Malaria*, t. VIII, p. 1.
WALKER et BARBER (1914). — Malaria in the Philippine Islands. *Philipp. Journ.
of science*, Sect. B, t. IX, p. 381.
WATSON (1910). — The prevention of malaria in the Federated Malay States. Extr.
de : *Prevention of malaria*, par R. Ross. Londres (Murray, éd.), p. 554.

CONTRIBUTION TO THE STUDY
OF DELAYED OR " LATENT " TUBERCULOUS INFECTION

by S. DELÉPINE,

Director of the Public Health Laboratory, University of Manchester.

In the course of an investigation which brought the writer face to face with certain aspects of latent infection, he observed some facts upon which the classical observations of Metchnikoff on Tuberculosis in the Meriones throws much light. Although the following speculative contribution is unworthy of the great master, its subject is not altogether inappropriate to the occasion which has caused it to be written.

The demonstration of the inoculability of Tuberculosis by Villemin, and the discovery of Koch's Bacillus, are the bases upon which our present knowledge of the etiology of Tuberculosis has been firmly established. It must, however, be acknowledged that these fundamental facts are not sufficient to explain fully the distribution of the disease. Our knowledge of the factors which, under ordinary circumstances, determine the incidence of the disease, is still very incomplete. The fact that under experimental conditions it is possible to produce tuberculosis in a normal animal by inoculation, inhalation or ingestion of pure cultures of tubercle bacilli, may for a short time have led some inexperienced observers to believe that the penetration of Koch's Bacillus into human tissues was sufficient in itself to produce Tuberculosis. If this were true, there would be very few persons free from the disease, for its bacillus is so widely distributed that the members of a civilised community who have not at one time or another inhaled or swallowed tubercle bacilli must be very few indeed.

The ubiquity of the tubercle bacillus has led certain statisticians to emit the view that, as regards the occurrence of tuberculosis, the state of the possible victim is of primary importance, and that Koch's Bacillus must under normal circumstances be considered as a factor of secondary importance. That there is some element of truth in this paradoxical view cannot be entirely denied, but that it is fallacious is quite certain, for it is easy to prove that Tuberculosis cannot be produced without tubercle bacilli, and that all individuals are not equally exposed and liable to infection.

A belief in the fixity of the characters and properties of all the bacilli originally covered by the name of *Bacillus tuberculosis*, has led certain observers to assume the existence of a number of species or races of that organism. The quantitative pathogenicity of these kinds of bacilli constitutes for these observers the chief specific difference between these types. To speak only of Tuberculosis as it occurs in three vertebrata, there would be a human, a bovine and an avian kind of tubercle bacilli with fixed characters. The direct passage of Tuberculosis from birds to mammals and *vice versa* is certainly attended with difficulties, and the same may be said to a lesser degree of the passage of human bacilli to canine or bovine animals. But these difficulties, though usual, are not constant and the writer has observed instances of the direct intercommunicability of tuberculosis between mammals, and between birds and mammals. As to the intercommunicability of tuberculosis among mammals, the author's experience leaves him no room for doubt. In this respect he agrees with several eminent observers and does not think it necessary to do more than state his own views before dealing with the special object of this communication.

What renders the elucidation of the causes of an infectious disease so difficult is that it is necessary to take account of the various ways in which the predisposing and determining factors have combined in their action. These factors may be grouped under at least 6 heads :

Distribution and habits of the pathogenic organism;

Conditions influencing its number;

Conditions influencing its virulence (pathogenicity, toxicity);

Opportunities of access to channels of infection;

Conditions influencing the resistance of the possible host;

Frequency and completeness of recoveries from infection (occult or manifest).

Of the factors which determine the occurrence of infection and the course taken by the disease, there are two which are of special importance, viz., the resistance of the possible host to the infecting parasite, and the pathogenic power of the parasite itself. In the case of the tubercle bacillus, it has been demonstrated clearly, as has been previously noticed, that tubercle bacilli obtained from various kinds of animals are not usually equally pathogenic to certain experimental animals. As to the resistance of the host, apart from the different degrees of resistance which each kind of animal offers to bacilli coming from various other kinds of animals, there are various conditions which influence the resistance of individuals of the same species to any one type of bacillus.

The way in which the parasite and the host react upon each other can be studied most successfully when the infective power of the bacillus and the resistance of the host are almost equally balanced, as has been done by Metchnikoff in his classical study on experimental tuberculosis in the Meriones. His description of the struggle between the tubercle bacillus and the giant cell of the Meriones is very suggestive of what must happen if, for some reason or other, the physiological activity of either the cell or the bacillus is reduced or enhanced. The secretion by the bacillus of concentric layers of a protecting material, and the precipitation of calcareous salt in the parts of the giant cell which are, in all probability, affected by the bacillary toxines, indicate at least part of the mechanism of attack and defence.

In the course of experiments made with the view of ascertaining the effect which the action of various agents had upon the virulence (1) of tuberculous products of human and bovine sources, one is sometimes able to observe evidence of a reduction in the pathogenic power of bacilli, and this reduction may be sufficient to render the cobaye capable of resisting bacillary

(1) The word virulence is here used in its most general sense, including all that renders the organism capable of producing irritative and toxic lesions and of multiplying and spreading in its host.

invasion much in the same way as the Meriones resists the action of bacilli of normal pathogenic power.

For the purpose of estimating the effect which various agents have upon the virulence of a given strain of tubercle bacilli, the cobaye is eminently suitable, because this animal reacts readily and in a very uniform manner to tubercle bacilli obtainable from human, canine, bovine, equine, porcine and other mammalian tuberculous lesions, and in a certain proportion of cases, can also be infected with avian tuberculous products.

Subcutaneous inoculation on the inner aspect of the hind leg at the level of the femoro-tibial articulation with a pure culture or matter containing an extremely small number of bacilli produces in the cobaye typical lesions, the extent and distribution of which are of great value in determining the number and virulence of the bacilli. Subcutaneous inoculations in other parts of the body, or intraperitoneal injections yield much less comparable results.

As lesions appear in new organs, the older lesions increase in extent, passing through stages of necrosis, caseation, fibrosis, etc. At first the organs affected increase considerably in size, but after a time they show a tendency to contraction owing to the production of fibrous tissue and absorption of degenerated products.

The extent and distribution of the tuberculous lesions in an inoculated animal are determined by six factors at least :

1. The number of bacilli,
2. The virulence of the bacilli,
3. The time which has elapsed since infection,
4. The resistance of the animal to infection,
5. The seat of inoculation, and
6. The amount of damage done to the tissues at the time of inoculation.

For purposes of comparison some of these factors may be more or less successfully reduced to constants by suitable precautions.

The differences produced by time can be eliminated by examining the animals after a constant interval of time. The resistance of the animal can be made as constant as possible, by using animals of the same race, age and weight, and keeping them previous to, and after, inoculation under identical conditions. It is obvious that in practice one is obliged to be satisfied with conditions which are only approximately similar. The seat of inoculation and the amount of damage done to the tissues can be made practically constant by due attention to details.

The only two factors which are necessarily variable are the number of bacilli and their virulence.

With the object of simplifying records one may sub-divide the development of experimental tuberculous lesions in the cobaye into four stages which are determined by the number and situation of tuberculous lesions *visible to the naked eye*. These stages are indicated by the lesions produced in a certain length of time by subcutaneous injection of 1/20th of a milligramme of a pure culture of tubercle bacilli of moderate virulence into the inner aspect of *one hind leg* at the level of the femoro-tibial articulation.

STAGE or DEGREE	TIME after inoculation IN LEFT HIND LEG.	ORGANS AFFECTED WITH LESIONS visible in an ordinary DISSECTION
1.	Within 10 days. . .	Subcutaneous tissue at seat of inoculation, adjacent popliteal gland in left leg.
2.	10 to 20 days. . . .	A.' Left superficial and deep inguinal glands. Sacro-lumbar glands. B. Retrohepatic gland and spleen in addition to above.
3.	20 to 35 days. . . .	Liver, lungs, bronchial glands, suprascapular glands, cervical glands on both sides of the body.
4.	35 days and after.	More complete invasion of the lymphatic glands in front of the diaphragm on both sides of the body. *Right* superficial and deep inguinal glands and other glands behind the diaphragm on the right side of the body.

It is obvious that the number of stages could be considerably increased, and that this would allow of the time periods being made more definite; four stages seem, however, sufficient for general purposes of comparison. It might, however, be advantageous to divide the second stage into two sub-stages indicated by the letters A and B in the above table in which reference is made only to lesions visible to the naked eye after the organs have been exposed by dissection. It is however easy to prove, as the writer has done, that the lymphatic ganglia and other organs are affected several days before lesions are visible to the eye. To do this it is sufficient to test these organs by inoculating cobayes with them at various intervals after the original animal had been inoculated.

The results of some of these tests when a small number of bacilli is used may be summed up as follows :

The popliteal gland on the side inoculated is usually infective 48 hours after inoculation;

The superficial inguinal glands are usually infective from 72 to 96 hours after inoculation;

The spleen is usually infective from 96 to 120 hours after inoculation.

The extent of the lesions is influenced both by the duration of life after inoculation and by the number of bacilli in the material tested. To ascertain the influence of the number of bacilli, four cobayes were inoculated with the sediment of equal quantities of various dilutions of a sample of milk obtained from a cow with advanced tuberculosis of the udder. At the end of 15 days these four cobayes were killed and tuberculous lesions were found in each. There was a distinct relation between the amount of the tuberculous milk (and, therefore, of tubercle bacilli) and the extent of the lesions as is shown by the following table.

DILUTION	QUANTITY OF ORIGINAL MILK contained in the MATERIAL INOCULATED	APPROXIMATE NUMBER of TUBERCLE BACILLI	DEGREE OF TUBERCULOSIS observed AT THE END OF 15 DAYS (*)
1/100.000	0 c.c. 0002	At least 30	2nd A. Lesions small.
1/10.000	0 c.c. 002	At least 300	2nd A. to B. ditto.
1/1.000	0 c.c. 02	At least 3.000	2nd B.
1/100	0 c.c. 2	At least 30.000	3rd Lesions larger.

(*) As indicated by lesions visible to the naked eye.

It would appear that the number of bacilli has a greater influence on the size of the lesions than on the spread of infection. Time has greater influence on the spread.

By the method previously described, it is possible to show that under the influence of certain agents the normal virulence of tubercle bacilli may be considerably reduced. It is also possible to demonstrate that the virulence of bacilli obtained at different times from sources of a similar kind is capable of a considerable variation.

Thus a certain strain of tubercle bacilli, obtained from a human lesion and exhibiting normal virulence so long it was cultivated on blood serum at the optimum temperature, produced only slight and slow spreading lesions after being kept absolutely dry in the dark for 2 months. After dessiccation for a period of over 4 months, the same bacillus was incapable of producing any infective lesion. Other cultures were affected in the same way, but some were able to resist dessiccation for longer periods. Pathological products such as tuberculous sputa, pus, milk are affected in a similar way by drying.

The action of radiant sunlight is so rapidly lethal that it is not easy to regulate the exposure so as to determine accurately the reduction in the virulence of the bacilli.

A reduction of virulence was also observed in the case of tuberculous milk kept at a low temperature (below 6°C.) in the dark for a considerable time. This milk, which had been collected with aseptic precautions and direct from a tuberculous udder in a sterilized vessel, contained a large number of virulent tubercle bacilli and a few other bacteria. When fresh it produced extensive uncomplicated tuberculosis in cobayes inoculated subcutaneously with it. The lesions were as usual extensive in all the lymphatic ganglia connected with the seat of inoculation 3 weeks after the inoculation. After this milk had been kept for 490 days (1), as stated above, it was still

---

(1) The same milk was tested again after being kept 4 1/2 years, when it was found that the bacilli were all dead or at any rate incapable of producing tuberculosis. Cobayes inoculated with large quantities of this milk, remained well for over 1 year after inoculation and all their organs were found healthy *post mortem*.

capable of producing tuberculosis, but the mode of spread of the infection was anormal. In the subcutaneous tissue and subjacent muscles in the neighbourhood of the seat of inoculation on the inner aspect of the leg, a large number of small isolated or confluent tubercles formed during the first month, and it was only towards the end of the first month that the inguinal glands began to enlarge. When the cobayes were killed, 3 months after inoculation, it was found that the tissues on the inner aspect of the thigh and the abdominal walls, including the peritoneum, in the corresponding inguinal region were the seat of a very large number of small fibrocaseous tubercles, almost confluent; the lymphatic glands behind the diaphragm were not more affected than is generally found to be the case 3 or 4 weeks after inoculation, but the liver, spleen, the lungs and most of the lymphatics in front of the diaphragm were the seat of extensive tuberculous lesions.

There appeared, therefore, to have been during the first month a tendency to a localisation of the infective process, but afterwards the infective organisme which had been able to pass beyond the locality first affected, must have regained their virulence and power to multiply, for the organs situated at a distance from the seat of inoculation showed lesions resembling closely those observed in the course of normal infection.

Similar effects were observed in the case of tuberculous cultures and tuberculous milk which had been heated for a definite length of time up to temperatures approaching lethal temperatures.

While conducting in 1899 a series of experiments on the sterilization of milk artificially infected with tubercle bacilli of human and of bovine origin, the writer observed that cobayes inoculed with milk which had been submitted to certain temperatures for a certain length of time remained apparently free from infection for several weeks, but that ultimately they became tuberculous. This delayed infection was observed when the milk had been heated to :

65° C. for 180 minutes (3 hours).
70° C. — 45 —
74° C. — 30 —
76° C. — 10 —
85° C. — 15 — (In this case there was a delay of 2 months).

These experiments were conducted with very great care as if the object had been to ascertain the coagulation temperature of a proteid. (This fact is of some importance in view of the statements which have been made as to the lethal effect of a temperature of 85°C.)

These experiments were repeated in 1911 with naturally infected milk obtained from the tuberculous udder of a cow. This milk was highly pathogenic when fresh, 0,2 gramme of it being capable of producing in 15 days a tuberculous ulcer at the seat of inoculation, well marked tuberculosis of the popliteal, superficial and deep inguinal, sublumbar and renal lymphatic ganglia corresponding to the leg inoculated and distinct tuberculous lesions of the retrohepatic, bronchial, suprascapular ganglia and of the spleen, liver and lungs.

Some of that milk was divided into 2 parts, one of which was kept for control experiments and the other heated in a steam jacketted copper pan, provited with a stirrer by means of which the milk was kept in constant motion, the temperature of the fluid was recorded by means of a well tested and controlled recording thermometer during the experiment. In the course of 8 minutes the temperature rose from 58°C. to 78°C., and was for 4 minutes above 68°C. A sample of that milk was collected as soon as the temperature had reached 78°C. The same milk was heated for 10 minutes more, the temperature rising gradually to 92°C. when a second sample was taken.

3 sets of cobayes were inoculated subcutaneously with the original milk and with the same milk after it had been heated to 78°C. and 92°C. respectively. The quantity of untreated milk inoculated was 1 cc. ; the quantity of treated milk was very much larger, the sediment of 40 ccs. obtained by centrifugalisation being used. The animals inoculated with these samples were examined frequently during life and the lesions recognisable by inspection and palpation noted. After the death of the animals they were dissected carefully and the various organs examined for tubercle bacilli.

The following summary gives the results of the observations made.

	GROUP I — CONTROL UNHEATED	GROUP II — MILK HEATED TO 78°	GROUP III — MILK HEATED TO 92°
End of 1st week.	No distinct lesions except slight swelling at seat of inoculation.	No distinct lesions except slight swelling at seat of inoculation.	No distinct lesions except slight swelling at seat of inoculation.
End of 2nd week.	Well marked subcutaneous nodule beginning to ulcerate at seat of inoculation. Distinct swelling and induration of inguinal ganglia.	*Ditto.*	*Ditto.*
End of 3rd week.	Large subcutaneous indurated nodule and distinct ulcer at seat of inoculation. Superficial inguinal very large and indurated.	No trace of local lesion recognisable by palpation. Doubtful enlargement of superficial inguinal ganglia.	No trace of local lesion recognisable by palpation. Doubtful enlargement of superficial inguinal gland.
End of 4th week.	Ulceration spreading. Superficial inguinal ganglia very large and indurated.	*Ditto.*	*Ditto.*
End of 5th week	*Ditto.*	*Ditto.*	*Ditto.*
End of 6th week.	Animal dead. All lymphatic ganglia with well marked tuberculous lesions. Also tuberculosis of spleen, liver and lungs.	*Ditto.*	*Ditto.*
End of 7th week.	... .	*Ditto.*	*Ditto.*
End of 8th week.	... .	*Ditto.*	*Ditto.* + doubtful subcutaneous induration.
End of 9th week.	....	*Ditto.*	*Ditto.*
End of 10th week.	....	No trace of local lesion recognisable by palpation. Doubtful enlargement of super inguinal ganglia.	No trace of local lesion recognisable by palpation. Doubtful enlargement of super inguinal gland.

	GROUP I — CONTROL UNHEATED	GROUP II — MILK HEATED TO 78°	GROUP III — MILK HEATED TO 92°
End of 11th week.	....	Animal killed. No local lesion. Slight enlargement of popliteal. Slight tuberculous lesions of inguinal sublumbar lymphatics and spleen. Tubercle bacilli found in all these lesions.	Animal killed. Slight local lesion, no ulceration. Inguinal and sublumbar glands very slightly enlarged, a few tubercle bacilli in above lesions. Other lymphatic ganglia, spleen, liver, lungs were the seat of extensiv tuberculous lesion containing many tubercle bacilli.

Another group of experiments was conducted in which thin layers of milk were heated and evaporated at the same time. The temperature of the milk was raised from about 12°C. to 98°C. in less than 3 minutes, the material not being kept at the higher temperature for more than 3 seconds.

* *

The results of inoculation were practically the same as in the previous experiments. A cobaye, killed 5 weeks after inoculation, *i. e.* at a time when some indication of inguinal swelling had begun to be noticeable, was found to have very slightly enlarged popliteal inguinal and sublumbar lymphatic ganglia, tubercle bacilli being demonstrable in each. There was no sign of any lesion at the seat of inoculation. The lesions were similar to those observable from 8 to 10 days after inoculation with unheated milk.

The two last sets of experiments may be summed up as follows :

1. . Cobayes inoculated with untreated tuberculous products rich in bacilli, developed at the seat of inoculation extensive tuberculous lesions in 2 weeks

2. Cobayes of the same size and kept under identical conditions as the last, after being inoculated with a much greater quantity of the same tuberculous products previously heated as stated above, developed very slight lesions at the seat of inoculation in the course of 11 weeks.

3. The viscera and the majority of the lymphatic ganglia of the cobayes inoculated with the untreated tuberculous products, were the seat of extensive tuberculous lesions 6 weeks after inoculation.

4. In the cobayes inoculated with the heated tuberculous products, the viscera and lymphatic ganglia were affected nearly to the same extent as those of the cobayes inoculated with the untreated material, but this result was obtained after 11 weeks only.

5. From these results it would appear that the heated bacilli were at first barely capable of overcoming the resistance offered to them by the phagocytes in the region first infected, but that some bacilli had escaped and had been carried away probably by some of the migratory cells. These bacilli had been able to multiply and to regain their pathogenic power.

6. The facts observed seem also to indicate that the recuperation of this pathogenic power became more marked as the distance from the seat of inoculation increased, for, while the local lesions remained insignificant, those of distant organs were practically as extensive as those found in the animals inoculated with untreated milk.

7. The relation between the extent of the tuberculous lesions and the distance from the seat of inoculation, indicates that the bacilli which had successfully overcome the various obstacles offered to their progress, had gradually become not only more numerous but also more virulent. This suggests strongly a process of *reinforcement of virulence by relays*, similar to that observed in the production of a "Virus fixe" by passage through a series of animals according to Pasteur's method.

8. In the experiments referred to in this paper, the period of latency did not exceed 3 or 4 weeks, but it was sufficiently long to reveal an aspect of infection processes which must be

of great importance, more specially in relation to latent infections.

9. The fact that tubercle bacilli were still living and capable
of a modified pathogenic action after being kept for nearly
500 days in a natural tuberculous product (milk), supports
the view that under certain circumstances tubercle bacilli are
still infective after remaining dormant for a considerable
period of time.

LA FERMENTATION LACTIQUE ET LES SELS
DE THALLIUM
ÉTUDE SUR L'HÉRÉDITÉ

par CHARLES RICHET.

Il semble que, de toutes les études sur l'hérédité, la plus facile et la plus fructueuse soit la prolongée observation des fonctions d'un microbe. Or le ferment lactique se prête admirablement à cette analyse. L'intensité de sa fonction est en effet traduite exactement par l'acidité des liqueurs lactées dans lesquelles on l'a fait vivre.

En vingt-quatre heures, il s'est succédé déjà plusieurs centaines de générations, de sorte qu'on peut, au point de vue de l'hérédité, comparer la durée de vingt-quatre heures pour le ferment lactique, à celle de vingt-quatre siècles pour la race humaine.

Je peux prouver que ce ferment lactique s'habitue (par l'hérédité) aux poisons dans lesquels on le fait vivre.

J'ai choisi entre autres les sels de thallium (nitrate), d'abord parce que ce métal est rare, et que par conséquent le ferment ne peut y être déjà habitué; ensuite parce que les sels de thallium, quoique assez toxiques, ne coagulent pas les matières protéiques.

Il fallait d'abord déterminer la dose toxique de ce sel pour le ferment lactique normal (1).

L'accoutumance se fait d'autant mieux que le ferment a été mis en cultures successives dans une solution plus concentrée. Mais, même à des doses faibles, l'accoutumance s'observe encore. Un ferment ayant poussé sur du lait avec 0 gr. 12 par

(1) Le liquide de culture était du lait de vache, dilué de son volume d'eau. Chaque dosage représente deux chiffres, l'un après seize heures, l'autre après vingt-quatre heures de fermentation. La quantité de liquide fermentant était de 10 cent. cubes.

litre est déjà très accoutumé. J'ai pu arriver à faire pousser le ferment dans des solutions à 2 gr. 20 par litre. A cette très forte dose il pousse encore assez bien; mais sa croissance est irrégulière.

Supposons que l'acidité du ferment cultivé sur une liqueur lactée non toxique soit égale à 100. Voici la moyenne de douze jours pour l'acidité des liqueurs toxiques (24 dosages : douze jours consécutifs) :

QUANTITÉ de NITRATE DE THALLIUM par litre.	ACIDITÉ
0 gr. 0.	100
0 gr. 0001	102
0 gr. 001.	99
0 gr. 0125	88
0 gr. 125.	51
0 gr. 75	25
1 gr. 5.	0

Ainsi des quantités de nitrate de thallium inférieures ou égales à 0 gr. 001 par litre n'exercent pas d'influence. Mais, à la dose de 0 gr. 0125, le ralentissement de la fermentation est notable, de 10 p. 100 : enfin, à 0 gr. 125, la fermentation a diminué de moitié (1).

Mais si l'on fait dans les mêmes conditions pousser du ferment habitué au thallium (à une solution de 0 gr. 75), on a de tout autres chiffres. Soit 100 la quantité d'acide fournie par ce ferment, en lait normal, on a :

QUANTITÉ de NITRATE DE THALLIUM par litre.	ACIDITÉ	
	FERMENT HABITUÉ	FERMENT NORMAL
0 gr. 0	100	100
0 gr. 0001	92	102
0 gr. 001	102	99
0 gr. 01	102	88
0 gr. 125	112	51
0 gr. 75	77	25
1 gr. 5	43	0

(1) Les chiffres sont cohérents. Soit la fermentation en lait normal égale à 100, la fermentation sur du lait contenant 0 gr. 1 par litre de nitrate de thallium, a été 66, 59, 35, 73, 77, 52, 29, 30, 56, 32, 49, 35.

Ces chiffres sont extrêmement remarquables ; ils nous montrent ceci :

Avec 0 gr. 125 de nitrate de thallium par litre, la fermentation lactique, pour le ferment normal, a diminué de moitié : pour le ferment habitué, elle est plus forte (112 au lieu de 100).

Avec 1 gr. 5 le ferment habitué pousse assez bien, 43 p. 100 ; le ferment non habitué ne pousse pas du tout.

L'étude des chiffres successifs montre encore un phénomène intéressant, c'est que l'accoutumance ne s'établit pas tout de suite, et qu'il y a une période d'hésitation, pour ainsi dire, jusqu'au moment où le ferment se décide à l'accoutumance.

Voici dans cette série de douze jours la succession des acidités dans du lait contenant 1 gr. 5, et ensemencé avec un ferment progressivement habitué. (Le lait ensemencé avec le même ferment donne 100.) (Voir fig. 1) :

6   65   33   8   31   8   27   17

Pendant les huit premiers jours, encore que le ferment pousse un peu, il pousse mal. Soudain, au 9e jour, il se décide à s'accoutumer, et alors il donne successivement :

44   87   90   102

Ainsi, au 12e jour, on voit ce phénomène paradoxal, extraordinaire, que, dans une liqueur contenant 1 gr. 5 de nitrate de thallium, le ferment habitué pousse mieux que dans du lait normal. Remarquons que le ferment normal ne pousse pas du tout dans cette solution de thallium.

Il y a une limite à l'accoutumance qu'il est impossible de dépasser. Je suis arrivé à faire vivre un ferment lactique dans des solutions contenant 2 gr. 75 de sel de thallium : mais alors sa vie est assez fragile.

Au contraire, il pousse bien, après accoutumance, dans du lait contenant 2 gr. 20. En onze jours il a donné 46 p. 100 de la fermentation sur lait normal (fig. 3).

L'accoutumance met longtemps à s'établir ; elle procède presque toujours par le système des *mutations brusques*, ainsi que cela semble avoir été établi pour les végétaux supérieurs.

En voici un exemple très net, poursuivi pendant sept jours.

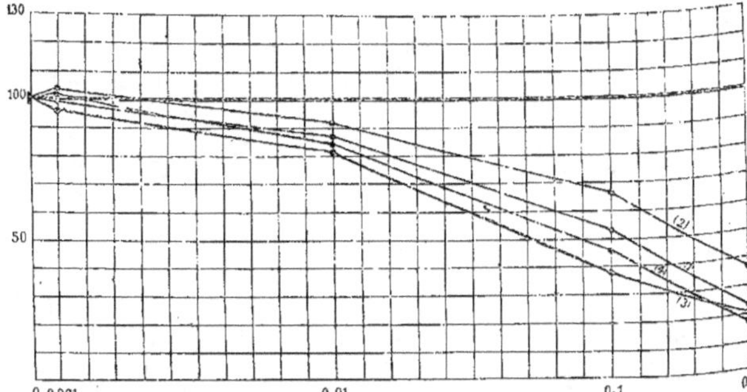

Fig. 1.

La ligne en trait gros indique la fermentation normale (ferment normal sur lait normal). En bas les doses de nitrate de thallium.

Les lignes en trait fin indiquent l'acidité du lait additionné de nitrate de thallium (aux doses qui sont marquées en bas) (1), pendant les trois premiers jours; (2), du 4ᵉ au 6ᵉ jour; (3), du 7ᵉ au 9ᵉ jour; (4), du 10ᵉ au 12ᵉ jour. Chaque jour est la moyenne de dix dosages. On voit qu'à très peu de chose près, pendant ces douze jours, le ferment normal a poussé de la même manière sur des laits additionnés de nitrate de thallium.

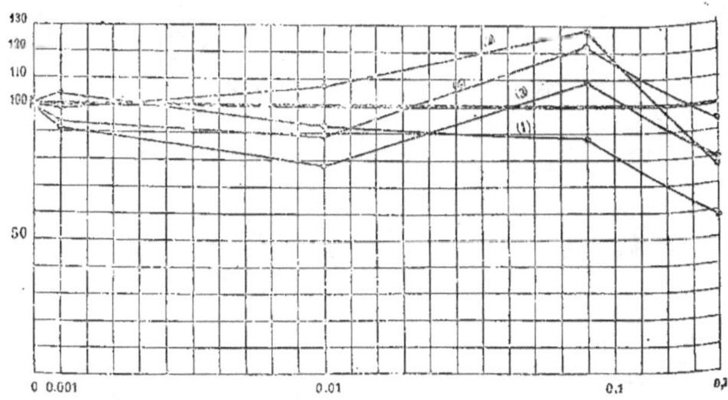

Fig. 2.

Mêmes indications que pour la figure 1, à laquelle il faut la comparer. Seulement, au lieu d'être du ferment normal, c'est du ferment habitué. Le trait gros indique la fermentation sur lait normal de ce ferment habitué = 100. Les lignes en trait fin indiquent sa fermentation sur des laits additionnés de nitrate de thallium. On voit que progressivement (2), (3) et (4) comparés à (1) le ferment s'est habitué en thallium, de sorte qu'il pousse de mieux en mieux sur du lait riche en thallium (0,1) que sur du lait normal.

Mais, pour le bien démontrer, nous prendrons une autre méthode de mensuration, c'est-à-dire que nous supposerons = 100 la fermentation du ferment normal que nous comparerons à celle du ferment habitué, dans le même milieu.

LÉGENDE DE LA FIGURE 3.

Le trait gros indique le croît du ferment normal pris comme unité = 100 et on le compare avec le croît du ferment habitué. Bien entendu, il s'agit du croît du ferment normal sur des laits additionnés de nitrate de thallium, aux quantités marquées à la ligne inférieure en décigrammes par litre. Les traits fins indiquent le croît du ferment habitué à ces mêmes doses, par rapport au croît du ferment normal sur lait de même teneur en thallium.

On voit : 1° qu'à des doses faibles, le ferment habitué croît moins bien que le ferment normal ; 2° qu'à des doses fortes le ferment habitué croît mieux que le ferment normal ; 3° que pour les deux premiers jours (1), l'accoutumance est moindre que pour les trois jours suivants (2) et moindre encore que pour les 6e et 7e jours (3).

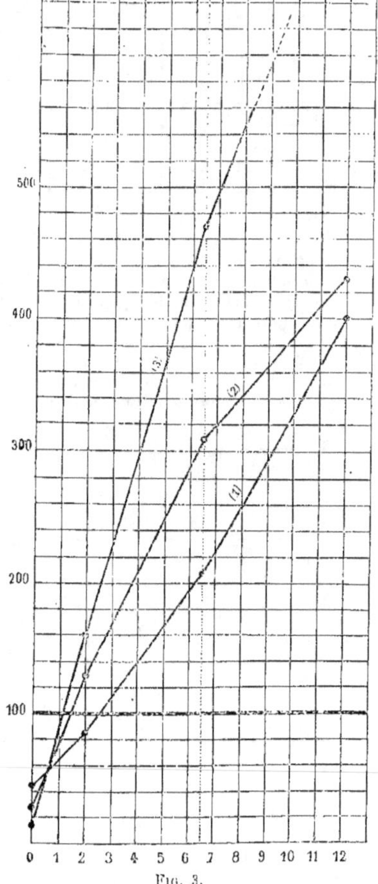

Fig. 3.

(Le ferment habitué était cultivé sur une solution à 1 gr. 24 de AzO³Tl.)

Les quantités de nitrate de thallium étaient 0,00 (témoin);
0 gr. 24; 0 gr. 82; 1 gr. 24. C'est entre le quatrième et le cinquième jour que le ferment s'est décidé à l'accoutumance; le
cinquième jour il donnait 23 — 250 — 440 — 800, et les sixième
et septième jours les proportions sont restées les mêmes.

	0 gr. 0	0 gr. 24	0 gr. 82	1 gr. 24
Quatre premiers jours (moyenne) . . .	34	77	224	330
Trois jours suivants (moyenne)	18	192	460	1.000

Il est utile d'analyser ces chiffres : car ils vont nous montrer
— outre cette mutation brusque au cinquième jour — que l'accoutumance a deux faces pour ainsi dire. Le ferment habitué
au thallium pousse de mieux en mieux sur le thallium; mais en
même temps il pousse de moins en moins sur le lait normal,
puisque, les 5e, 6e, 7e jour, il n'a donné que 18, alors que sur lait
normal le ferment normal donnait 100. Ainsi, d'une part, il
donne 1.000 sur lait chargé de thallium quand le ferment
normal sur ce même liquide donne 100, et d'autre part, il donne
18 sur lait normal, quand le ferment normal sur lait normal
donne 100.

Pour montrer cette mutation brusque, nous prendrons une
autre expérience poursuivie pendant vingt jours, et faite avec
un ferment vivant sur une solution à 1 gramme par litre. La
mutation s'est faite au douzième jour (fig. 4).

	0 gr. 00	0 gr. 25	0 gr. 5	1 gr. 0
Dix premiers jours (moyenne)	98	121	129	187
Onzième jour	94	126	148	124
Douzième jour	67	133	370	1.000
Huit jours suivants (moyenne)	67	140	181	480

Ainsi les chiffres du douzième jour ressemblent beaucoup
aux chiffres des dix jours précédents. Mais soudain, du onzième
au douzième jour, tout change, et l'accoutumance très forte se
déclare, et cela de deux manières, aussi bien par la végétation

plus faible dans du lait normal, que par la végétation plus active dans du lait toxique.

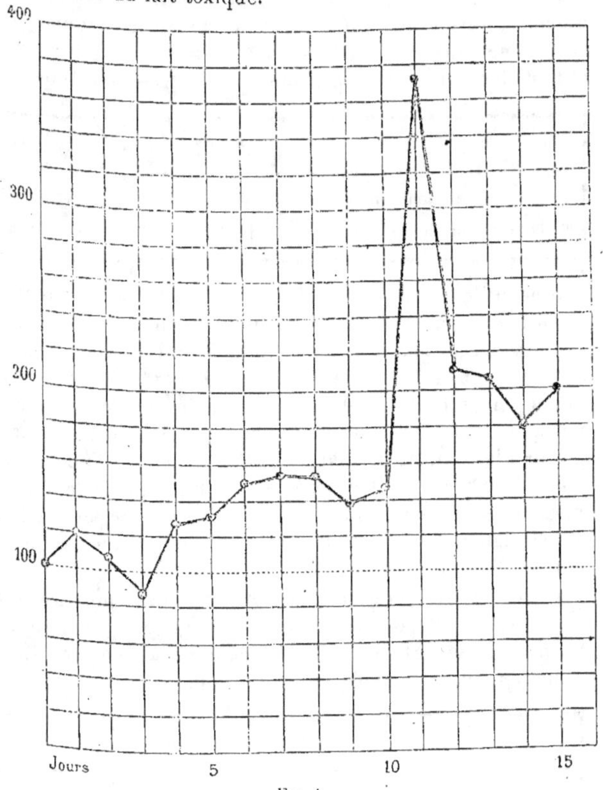

Fig. 4.

Phénomène des mutations brusques. En bas les jours. Toutes les fermentations ont été sur lait additionné de 0 gr. 5 par litre de nitrate de thallium. Le trait pointillé est le croît = 100 du ferment normal sur ce même milieu. Le trait plein est la courbe du ferment habitué. On voit qu'il s'habitue de plus en plus, et que du 10e au 11e jour, il y a une mutation brusque.

C'est, je crois, uniquement par l'hypothèse de brusques mutations que peut s'expliquer un phénomène singulier qui, dans l'histoire de la fermentation lactique, m'a embarrassé pendant longtemps.

Soit une solution d'azotate de thallium, ou de sulfate de cuivre, ou surtout d'arséniate de potasse, assez toxique pour que le ferment ne végète qu'imparfaitement, 40 p. 100 par exemple de l'activité du témoin. Si l'on a ensemencé avec le même ferment non habitué un grand nombre de tubes, il s'en trouvera dans le nombre un ou deux qui auront végété avec une très grande intensité, de manière à atteindre une acidité de 200 et même 300.

Autrement dit il y a dans les solutions toxiques un écart beaucoup plus grand, trois ou quatre fois plus grand que dans les solutions non toxiques.

Cela signifie que le ferment, sous des influences que nous ignorons, s'est tout d'un coup habitué, dans tels ou tels tubes de fermentation, et a subi là une mutation brusque.

Je pourrais multiplier les exemples, car les mensurations prises sont extrêmement nombreuses. J'en ai près de 2.500 rien que pour le thallium. Ce n'est pas un des moindres avantages de cette méthode que de permettre une expérimentation multiple. La préparation des solutions est facile ; le dosage, très facile aussi ; le matériel, très simple. De sorte qu'on peut sans peine faire une centaine de dosages par jour : en un mois on a réuni un assez grand nombre de chiffres pour autoriser une conclusion.

Et cette conclusion, très importante au point de vue de la biologie générale, c'est que le ferment lactique, comme probablement toute cellule vivante, est plastique, malléable, docile. On l'accoutume aux poisons, on change ses réactions, et sa descendance modifiée devient différente de la race primitive.

Mais cette modification paraît être brusque, rapide, succédant à de plus ou moins longues périodes d'uniformité, et cela confirme l'opinion des botanistes et des biologistes que les mutations héréditaires ne sont pas progressives, mais soudaines.

La révolution ou, si l'on veut, l'évolution s'opère brutalement : *Natura facit saltus.*

SPOROZOAIRES DE *GLOSSOBALANUS MINUTUS* KOW.

EIMERIA EPIDERMICA N. SP.; *EIMERIA BEAUCHAMPI* N. SP.

SELENIDIUM METCHNIKOVI N. SP.

par L. LÉGER et O. DUBOSCQ.

(Avec les planches III-V.)

Dans sa monographie de la faune de Naples, Spengel (1893) a signalé plusieurs Protozoaires parasites des Entéropneustes. D'abord deux Grégarines monocystidées, l'une chez *Glossobalanus clavigerus* DELLE CHIAJE, l'autre chez *Balanoglossus Kuppferi* V. WILL. SURM. Il les rapporte au genre *Monocystis* sans avoir pu les caractériser spécifiquement. Il a vu, en outre, des corps oviformes uninucléés (1), d'une part, dans le sillon cilié de *Glossobalanus sarniensis* KŒHLER, d'autre part, dans l'œsophage de *Glandiceps Hacksi* MARION. Il les attribue avec raison à des Sporozoaires sans se prononcer sur leur nature coccidienne ou grégarinienne.

Chez *Glossobalanus minutus* Kow., Spengel (1884-1893) n'a observé — et seulement dans la cavité générale — qu'un parasite particulier, classé provisoirement dans les Haplosporidies par Caullery et Mesnil (1900-1904-1905) qui l'ont retrouvé. A. Sun (1910) l'a appelé *Protoentospora ptychoderæ* et lui attribue l'évolution suivante : Dans la cavité générale de l'hôte, le parasite uninucléé se reproduit par division simple. Puis il forme des spores. Alors, « fait très intéressant », dit l'auteur, « avant la formation des spores le parasite, dans la plupart des cas, sort de la cavité générale et pénètre aussi bien dans l'épithélium intestinal que dans l'épithélium de la trompe et du

---

(1) SPENGEL pense avoir vu aussi des stades plurinucléés du Sporozoaire de *Glandiceps Hacksi*, mais la figure qu'il en donne n'est pas démonstrative et représente peut-être une Coccidie uninucléée avec gros corps chromatoïdes.

collier ». De grains chromidiaux émis par le noyau primaire naîtraient de nombreux noyaux, qui fournissent les spores ovalaires groupés régulièrement à la surface du parasite.

Le travail de Mˡˡᵉ Sun nous rend perplexes. Comme il a été fait sous la direction de notre collègue Awerinzew, il nous est difficile de croire à une méprise. Cependant nous avouerons que nous nous sommes demandé ceci : Mˡˡᵉ Sun n'aurait-elle pas mis bout à bout, pour en faire un cycle, des stades uninucléés du parasite cœlomique de Spengel et la schizogonie incomplète de la Coccidie que nous décrirons tout à l'heure sous le nom d'*Eimeria epidermica*? Certes, il faudrait admettre que l'auteur a pris des noyaux pour des spores. Mais justement les noyaux d'*Eimeria epidermica*, surmontés de leur centrosome, ont à un certain stade, avec leur membrane bien définie, la forme des spores de *Protoentospora*. Nous n'osons insister. Mais, si l'erreur était admise, nous nous expliquerions très bien les images données par Mˡˡᵉ Sun, tant elles coïncident avec celles que nous donnons plus loin en les interprétant tout autrement.

Nous avons revu, très abondants, les stades cœlomiques de *Protoentospora*. Ils sont tous uninucléés, ou binucléés à la suite d'une division promitotique. Sur ce point, nous sommes d'accord avec A. Sun. Par contre, nous n'avons jamais observé le passage de ces parasites dans l'épithélium intestinal ou dans l'épiderme. Ce que nous avons vu dans ces épithéliums, et communément, c'est un parasite bien distinct du premier, une Coccidie que nous appelons *Eimeria epidermica* n. sp. Nous avons trouvé, d'ailleurs, encore deux Sporozoaires chez les *Glossobalanus minutus* : une autre Coccidie *Eimeria Beauchampi* n. sp. et une Schizogrégarine, *Selenidium Metchnikovi* n. sp. Nous les décrirons ici brièvement.

Eimeria (?) epidermica *n. sp.* (pl. III).

En étudiant l'épiderme de la trompe d'un *Glossobalanus minutus*, provenant de Cavalière, nous avons eu la surprise de le trouver farci des stades schizogoniques de la Coccidie que nous proposons d'appeler *Eimeria* (?) *epidermica* n. sp. Cette Coccidie est certainement une bonne espèce. Quelques-uns de ses caractères semblent même indiquer qu'elle appartient à un genre nouveau, mais ne voulant pas le créer sans la connaissance de la sporogonie, nous rapporterons notre Coccidie au grand genre *Eimeria* qui n'aura ici d'autre sens que celui de Coccidie *incerti generis*.

Deux mots d'abord de l'épiderme lui-même.

A la base de la trompe, il est très épais, ainsi que la basale nerveuse qui lui correspond (A, pl. III). Avec Spengel, nous reconnaissons, en dehors des nombreuses cellules dites indifférentes, et dont beaucoup sont sans doute sensorielles, plusieurs sortes de cellules glandulaires. Les unes, cellules muqueuses (*m*, A, pl. III), ont leur contenu homogène, les autres, cellules granuleuses (*g*, A, pl. III), ont une sécrétion plus ou moins sidérophile, qui, dans certains cas, pourrait être prise, à un examen superficiel, pour des éléments parasitaires. Signalons, en particulier, des cellules à gros cristalloïdes en rhabdites que Spengel (1893) a d'ailleurs décrites chez *Glandiceps Hacksi* et qui existent çà et là dans l'épiderme des *Glossobalanus*.

Il serait important de bien connaître l'évolution des diverses cellules. Pour nous, la situation du corps renflé de la cellule, c'est-à-dire de son noyau, indique généralement son âge. Les cellules jeunes ont leur noyau au voisinage de la basale. En vieillissant, le corps cellulaire s'élève vers l'extérieur et cette ascension des cellules doit repousser progressivement, devant leurs corps renflés, les parasites intracellulaires dont la cellule hôte, dégénérée, a perdu tout contact avec la basale. Cette évolution cellulaire est démontrée par la répartition des stades du parasite. Les jeunes stades (1, 4, A, pl. III) se rencontrent toujours dans les régions voisines de la basale. Tous les stades terminaux de la schizogonie (9, 12, A, pl. III) sont au voisinage du plateau cilié. Les schizozoïtes ont donc chance d'être rejetés à l'extérieur. Quoi qu'il en soit, beaucoup d'entre eux regagnent la profondeur de l'épiderme après dissociation du barillet et, ainsi, l'infestation se propage avec intensité.

La migration des éléments, telle que nous venons de la décrire, laisse penser que l'évolution schizogonique n'est pas rapide. L'étude des divers stades nous conduira à la même conclusion.

Nous observons comme stades successifs :

1° Des stades à cytoplasme uniformément granuleux, éosinophile. Les plus jeunes, mesurant 5 μ, sont réniformes et leur noyau, sans membrane différenciée, montre un seul nucléole (karyosome) massif, sidérophile, et de petits grains de chromatine peu colorable (1, pl. III). En s'accroissant le parasite devient ovoïde (2, B, pl. I).

2° Des stades fusiformes dont le noyau est pourvu d'un nucléole principal vésiculaire et au moins d'un nucléole ou karyosome accessoire. Il y a deux sortes de nucléoles accessoires. L'un, assez constant dans les grands stades, a la forme d'une calotte chromatique et reste situé contre le nucléole principal, tandis que l'autre, sphérique, en est éloigné (3, 4, 5, 6, pl. III). Nous (1903) avions déjà signalé la calotte chromatique dans le noyau de l'*Adelina dimidiata* A. Schneid.. Moroff (1906) et Schellack (1913) ont longuement discuté cette formation en même temps que la valeur respective des nucléoles. La calotte chromatique est pour Moroff un nucléolo-centrosome, pour Schellack un amas inconstant de grains chromatiques. A notre avis, calotte chromatique et nucléole accessoire sphérique proviennent du nucléole principal et représentent une expulsion de substance chromatique dont une partie (calotte chromatique ?) est une réserve nucléaire et dont l'autre passe dans le cytoplasme (épuration nucléaire) et concourt à la formation des réserves. Mais la discussion de ces vues nous entraînerait trop loin. Signalons seulement que les deux inclusions caractéristiques du cytoplasme, grains chromatoïdes et sphérules de paramylon, ne commencent à apparaître qu'après l'émission des nucléoles secondaires par le nucléole principal (4, 5, 6, pl. III).

Le paramylon se montre sous la forme où nous (1908) l'avons décrit chez les *Aggregata* et chez les Grégarines, c'està-dire en sphérules dont le centre apparaît comme un grain brillant. La signification de cet éclat central reste en question. Bütschli (1906) chez les Euglènes n'y voit qu'une cavité. Kuschakewitsch (1907) chez les Grégarines confond ces grains centraux avec les grains d'excrétion. Sans mettre en doute l'interprétation de Bütschli relative aux Euglènes, nous croyons de plus en plus, pour le paramylon des Sporozoaires, à la réalité de ce grain en tant que corpuscule solide, particulièrement réfringent — tels les pyrénoïdes. Nous avons maintenant observé cette structure chez beaucoup de Coccidies et, fait à noter ici, chez *Protoentospora ptychoderæ* dont tout le cytoplasme est bourré de paramylon à gros grains centraux réfringents (1). A. Sun paraît avoir vu ces grains qu'elle interprète comme produits du métabolisme cellulaire (Stoffwechselprodukte).

3° Des stades de multiplication nucléaire. Nous avons rencontré deux fois un stade à deux noyaux (7, pl. III), preuve que la division est binaire. Aujourd'hui, la division multiple, telle que l'ont décrite les anciens auteurs, n'est plus acceptée que sous réserves [Cf. Debaisieux (1911) Schellack et Reichenow (1913)]. Pour notre part nous l'avons déjà observée sous la forme d'amitose multiple [(Léger et Duboscq (1910)].

La multiplication nucléaire se poursuit selon le mode promitotique et, après les divisions, les stades de repos sont d'abord représentés par un gros karyosome au centre d'une area claire (8, pl. III)(2). Finalement se reconstituent des noyaux vésiculeux avec nombreux grains chromatiques et très petit nucléole (9, pl. III). Puis ces noyaux deviennent ovales ou même piriformes (10, pl. III). C'est qu'alors est apparu, au sommet du noyau, un granule simple ou double, qui est certainement le centrosome. En correspondance avec les noyaux, des élevures cytoplasmiques mamelonnent le cytoplasme pendant que les noyaux s'allongent encore (11, pl. III) et ont de plus en plus une membrane nette. Une telle évolution doit durer longtemps, à l'opposé de ce qui se passe chez les autres Coccidies.

Dans ces stades successifs de la multiplication nucléaire, les grains chromatoïdes se rassemblent au centre du parasite en quelques grosses sphérules sidérophiles. Bientôt on n'en voit plus que deux (10, pl. III) et finalement qu'une seule (11, pl. III).

4° Le stade terminal est le barillet classique (12, pl. III). Les schizozoïtes, au nombre d'une vingtaine, mesurent 10 μ environ. A la base du bouquet s'observe toujours la grosse sphérule chromatique, reliquat des grains chromatoïdes.

(1) La présence du paramylon ne permet pas de douter de la nature parasitaire de *Protoentospora*, qui, malgré sa division binaire, pourrait bien être un Sporozoaire au sens strict du mot.

(2) Cette figure 8 pourrait bien se rapporter à un microgamétocyte. Si nous avons hésité à adopter cette interprétation, c'est que nous n'avons vu aucun autre stade gamogonique.

Eimeria epidermica, déjà bien caractérisée par ses noyaux et sa substance chromatoïde, l'est surtout par sa distribution. Nous avons dit que nous ne l'avions trouvée que dans un exemplaire de *Glossobalanus minutus* provenant de Cavalière. Le matériel de A. Sun provenait de Naples et peut-être aussi de Villefranche. *Eimeria epidermica* ne paraît donc exister que dans la Méditerranée (1). Le fait caractéristique, c'est sa situation dans l'hôte. Elle est particulièrement abondante dans l'épiderme du gland (A, pl. III), encore fréquente dans l'épiderme du collier, puis disparaît dans l'épiderme du reste du corps. Mais on en retrouve quelques stades absolument caractéristiques (stades à un ou plusieurs noyaux et barillets) dans la partie antérieure du sillon cilié. Cette distribution d'*Eimeria epidermica* coïncide donc complètement avec les soi-disant stades épithéliaux de *Protoentospora* [Cf. A. Sun (1910)]. Ne pouvant accepter l'interprétation de Mlle Sun, nous concluons que nous avons affaire à une Coccidie d'abord intestinale et se propageant ensuite au tégument externe, sans doute par les fentes branchiales. Les schizozoïtes sont-ils entraînés par le courant d'eau loin de leur point d'origine, ou bien faut-il admettre une propagation toujours intraépithéliale, selon les vues de Schellack et Reichenow (1913)? Rien ne nous permet d'en décider.

Comme on le sait, les Sporozoaires (*sensu stricto*) de l'épiderme sont une rareté. La seule Coccidie bien définie qui puisse passer dans le tégument externe est l'*Adelea Mesnili* que Pérez (1903) nous a fait connaître. Darboux (1899) a signalé dans l'épiderme de *Leanira Giardi* et de *Lepidonotus clava* des inclusions qui semblent bien être des Sporozoaires. Mac Intosh (1885) en avait vu sans doute aussi avant lui. Malheureusement ces parasites restent indéterminables. Nous (1914) avons fait connaître récemment un Sporozoaire très particulier, *Spirocystis nidula* Léger et Duboscq, dont certains stades sont épidermiques : mais nous le rattachons aux Schizogrégarines.

---

(1) Il n'en est pas de même de *Protoentospora ptychoderæ*, qui nous est apparu comme parasite constant des *Gl. minutus* de l'Océan et de la Méditerranée. Caullery et Mesnil (1904) notent son absence dans les *Glossobalanus* de Toulon et de Saint-Jean-de-Luz, mais leur matériel était insuffisant pour la recherche des *Protoentospora*. De Toulon, ils n'ont eu qu'un court fragment fortement contracté et les exemplaires de Saint-Jean-de-Luz, fournis par de St-Joseph, étaient mal conservés.

Ces quelques Sporozoaires n'ont pas une grande action sur l'épithélium externe. Ils causent tout au plus l'altération de la cellule hôte ou des cellules voisines (*Spirocystis*) sans déterminer de prolifération cellulaire. Il en est de même d'*Eimeria epidermica*. Son action est surtout mécanique. Malgré son abondance, elle altère si peu l'épiderme du gland que nous n'avons pas toujours su reconnaître les cellules parasitées. Il pourrait même se faire que dans certains cas la Coccidie fût intercellulaire.

Cette rareté des Sporozoaires épidermiques et leur innocuité doivent être soulignées, puisque certains travailleurs s'obstinent à attribuer à des parasites coccidiens ou grégariniens la cause des cancers épithéliaux.

Eimeria (?) Beauchampi *n. sp.* (pl. IV).

Nous devons à M. de Beauchamp une bonne partie des *Glossobalanus minutus* que nous avons pu examiner. Il a récolté ces Balanoglosses à Roscoff et à Saint-Jean-de-Luz. Ceux de Roscoff, à un examen d'ailleurs superficiel, ne nous ont pas paru parasités. Dans ceux de Saint-Jean-de-Luz, indépendamment de *Protoentospora ptychoderæ*, toujours uninucléé et cœlomique, nous avons trouvé une Coccidie et une Schizogrégarine. Ces deux Sporozoaires sont très reconnaissables et méritent d'être étiquetés puisqu'ils sont nouveaux. Nous appellerons la Coccidie *Eimeria* (?) *Beauchampi* n. sp., la dédiant au zoologiste qui nous a fourni si obligeamment un matériel rare.

De l'*Eimeria Beauchampi* nous connaissons la schizogonie et les gamontes. Comme nous n'avons pu trouver ni les gamètes, ni les spores, l'attribution générique reste incertaine.

Nous ne trouvons *Eimeria Beauchampi* que dans les cæcums hépatiques. Elle en farcit l'épithélium, dont elle modifie la structure. Au lieu de cellules étroites avec noyaux à diverses hauteurs, l'épithélium infesté a ses cellules uniformément hypertrophiées avec noyau régulièrement basal (1, 2, pl. IV). Dans une région il est rempli de schizontes (1, pl. IV). Dans un autre point, on ne voit que des gamontes (2, pl. IV).

La schizogonie a ceci de particulier qu'elle est représentée par des éléments excessivement petits. Le *Cryptosporidium parvum* de Tyzzer (1912) est la seule Coccidie que nous connaissions avec des schizontes de cette taille.

Les schizozoïtes sont de petits vermicules de 3 μ (*a*, 1, pl. IV). Une de leurs extrémités est effilée, l'autre obtuse, et le noyau, à chromatine en plaques périphériques, occupe le milieu du corps. Les divers schizozoïtes, issus d'un bouquet, paraissent bien se développer sur place ou gagner tout au plus une cellule voisine. Jamais nous n'avons observé de mérozoïtes dans la lumière intestinale, malgré l'intensité de l'infestation. Ces faits sont favorables aux vues de Schellack et Reichenow (1913) sur la propagation purement épithéliale.

Les cellules parasitées contiennent chacune un nombre assez grand, souvent une dizaine, de schizontes en développement. Le mérozoïte se transforme en boule de bonne heure et l'on a ainsi de petits schizontes sphériques de moins de 2 μ (*c*, 1, pl. IV). Souvent aussi, au début de la croissance, le jeune schizonte est incomplètement arrondi et garde encore distincte l'extrémité pointue du mérozoïte (*b*, 1, pl. IV). Dans les jeunes stades sphériques le noyau s'accroît vite et occupe la plus grande partie du parasite. La chromatine se présente encore en plaques périphériques, mais le nucléole (karyosome) apparaît comme un petit grain qui sort de la chromatine et devient central. Il grossit ensuite aux dépens de la chromatine, laquelle devient indistincte à la fin de la croissance (*d*, 1, pl. IV).

Dès que le schizonte uninucléé mesure 4 μ, son noyau peut entrer en division. On a bientôt des stades plurinucléés (4 à 6 noyaux) de même taille que le schizonte uninucléé (*e*, pl. IV). Le Sporozoaire croît encore au moment des dernières divisions et les stades pourvus d'une douzaine de noyaux (*f*, pl. IV) mesurent 5 μ ou un peu plus. Ce sont les stades terminaux qui donneront le bouquet de mérozoïtes (*g*, pl. IV). La croissance pendant la multiplication nucléaire n'est pas ici aussi nette que chez beaucoup de Coccidies. Elle n'en est pas moins indéniable. A propos du *Selenococcidium*, nous (1910) avions insisté sur ce fait contraire aux idées classiques. Jollos (1909) l'avait d'ailleurs bien noté chez *Adelea ovata* et Schellack (1913) l'a confirmé pour *Adelina dimidiata* et *Barrouxia Schneideri*.

Tout près de la région où se multiplient les schizontes, on trouve dans le même épithélium des amas de gamontes. Ceux-ci contrastent par leur grande taille avec la petitesse des schizontes.

Les microgamétocytes sont très généralement ellipsoïdaux (*m*, 2, pl. IV), mais le voisinage des macrogamètes qui les compriment peut leur faire prendre des aspects amiboïdes (*n.*, pl. IV). Les plus grands que nous ayons vus mesuraient 17 μ de long sur 6 μ de large. Par leur forme allongée, par leur cytoplasme dense, à grains chromatoïdes petits et nombreux, ils se distinguent facilement des macrogamètes. Ceux-ci sont toujours trapus. Au début de la croissance ils ont souvent un aspect réniforme particulier avec un hile en angle dièdre (N, pl. IV) et le noyau dans une des moitiés du parasite. Puis ils deviennent oviformes atteignant 24 μ de long dans leur plus grand diamètre (M, pl. IV). Leurs grains chromatoïdes sont alors de taille différente. Les plus gros, se colorant en rouge par l'hémalun, doivent être de la volutine (1). Les sphérules de paramylon étant énormes sont peu nombreuses. Fait remarquable, leur nombre paraît le même chez les jeunes stades (N, pl. IV) où leur taille est très petite, de sorte que l'accroissement de volume des sphérules de paramylon serait le principal facteur de l'accroissement de volume du macrogamète, le cytoplasme granuleux étant très réduit. Notons cependant la croissance concomitante du noyau avec la multiplication des grains de chromatine.

Les schizontes, qui sont très petits, déterminent l'hypertrophie de la cellule-hôte sans causer sa mort. L'infestation s'étendant à toutes les cellules d'une région donne à l'epithélium le caractère que nous avons signalé. Nous retrouvons dans les régions à gamontes la même transformation de l'épithélium, mais ici certaines cellules dégénèrent et l'on observe çà et là leurs noyaux atrophiés appliqués sur certains macrogamètes (M, fig. 2, pl. IV).

(1) Nous n'avons pas fait d'étude minutieuse des inclusions chromatiques des Coccidies et nous continuons d'appeler en bloc grains chromatoïdes les granulations sidérophiles du cytoplasme. On sait que Debaisieux (1911) distingue deux sortes d'inclusions chromatiques, les granulations éosinophiles et les grains de volutine. Mais Schellack (1913) pense que les granulations éosinophiles de Debaisieux sont justement la volutine.

Selenidium Metchnikovi *n. sp.* (pl. V).

En même temps que l'*Eimeria Beauchampi* nous trouvons dans les *Glossobalanus minutus* de Saint-Jean-de-Luz un autre Sporozoaire qui, en partie du moins, pourrait être pris pour une Coccidie et qui, à notre avis, est une Schizogrégarine du genre *Selenidium*. Nous l'appellerons *Selenidium Metchnikovi* n. sp. Nous retrouvons ici tous les stades que Brasil (1907) a fait connaître chez *Selenidium Caulleryi* BRASIL, c'est-à-dire, d'une part, une série de stades intracellulaires coccidiformes représentant la schizogonie (fig. 1, 2, pl. V) et d'autre part des gamontes qui, dans notre espèce, paraissent devoir être extracellulaires depuis les plus jeunes stades jusqu'à la fin du développement (fig. 2, pl. V).

Nous n'avons rencontré le *Selenidium Metchnikovi* que dans la région moyenne de l'intestin (région génitale et hépatique). On sait que le sillon cilié de l'intestin de *Glossobalanus minutus* est impair et gauche. Il est avant tout caractérisé par son épithélium, dont les cils puissants ont des racines intracellulaires très développées qu'on ne trouve pas ailleurs. Cet épithélium particulier est séparé du bourrelet droit qui le domine par une incisure où les cellules sont basses. C'est toujours dans cette incisure droite du sillon cilié ou dans les cellules voisines que se rencontrent les stades de la schizogonie. Les gamontes sont ordinairement piqués sur les cellules du voisinage de l'incisure, mais on les trouve aussi sur les cellules plus éloignées.

Stades intracellulaires (Schizogonie). — Les plus jeunes stades intracellulaires que nous ayons observés étaient fusiformes (*a*, fig. 2, pl. V) et mesuraient 7 μ. En s'accroissant ils deviennent piriformes (*b*, fig. 1, pl. V), c'est-à-dire qu'un des pôles s'arrondit tandis que l'autre s'effile, tendant à devenir extracellulaire.

Il semble que la jeune Grégarine s'allonge comme pour puiser les sucs directement dans la lumière intestinale. Son prolongement a la structure même du corps et renferme tous les grains de l'endoplasme. Le jeune *Selenidium* est donc comparable au stade du jeune *Stylorynchus* avant la migration nucléaire et son orientation est bien grégarinienne. Toutefois, si l'on compare nos observations à celles de Brasil (1907), ces jeunes *Selenidium Metchnikovi* pourraient paraître homologues aux jeunes gamontes de *Selenidium Caulleryi*. Nous ne croyons pas à cette homologie. Nous avons bien l'impression que, dans notre espèce, les gamontes doivent être extracellulaires pendant tout leur développement.

À l'appui de cette interprétation, soulignons qu'on trouve facilement des stades intermédiaires (*c*, fig. 1, pl. V) entre les stades à prolongement extracellulaire et les stades intracellulaires ovoïdes manifestement schizogoniques (*d*, fig. 2, pl. V). Ces stades uninucléés, qui mesurent 10 à 11 μ, entrent en multiplication, sans doute par division nucléaire binaire. Les premiers noyaux (*c*, fig. 1, pl. V) sont d'abord centraux, leur membrane est nette et leur chromatine périphérique comme dans les stades plus avancés où ils gagnent la surface (*f*, fig. 2, pl. V). La multiplication nucléaire cesse bientôt et, autour d'un reliquat relativement gros, se forment des schizozoïtes en nombre égal aux noyaux (12 à 16). Les schizozoïtes arqués, avec noyau postérieur, mesurent 7 μ de long et sont très élancés, caractère grégarinien.

Sous l'action du schizonte, la cellule-hôte s'altère. Son noyau hyperchromatique et atrophié s'applique sur le parasite. Il devient ainsi d'abord latéral (*e*, pl. V), puis passe progressivement (*f*, *g*, pl. V) sur la partie distale ou supérieure de la cellule parasitée, qui a perdu son orientation et sa relation avec la basale. La membrane de la cellule-hôte s'altère finalement et les schizozoïtes gagnent la lumière intestinale.

Stades extracellulaires (Gamontes). — Nous n'avons pas observé le début de la fixation des schizozoïtes. Mais nous trouvons, fixés sur le plateau des cellules du sillon cilié ou de son voisinage, de petits stades piriformes rappelant tout à fait des Flagellés qui auraient perdu leur flagelle (*h*, pl. V). Ils mesurent 5 μ de longueur. Leur noyau central a des caractères de noyau jeune avec grains de chromatine périphérique et nucléole très petit ou indistinct. Ces jeunes stades ressemblent vraiment aux jeunes gamontes du *Selenidium Caulleryi* et nous croyons qu'on trouvera justifiée notre interprétation (1). Malheureusement, nous n'avons pu trouver les intermédiaires entre ces jeunes stades et les grands gamontes de 30 à 34 μ qu'on observe encore fixés sur l'épithélium. Ces grandes formes (*i*, fig. 2, pl. V), légèrement arquées après fixation, ont sur chaque face 5 stries longitudinales. Leur noyau à grand axe transversal contient un seul nucléole vésiculeux vers lequel convergent les travées de linine, chargées de grumeaux de chromatine.

Nous n'avons pas d'autres documents sur cette intéressante Grégarine. Ce que nous en connaissons nous permet de la classer dans les *Selenidium* du type *S. Caulleryi*. Et ainsi, semble indiquée la parenté des Grégarines d'Entéropneustes et des Grégarines de Polychètes.

Comme l'espèce est nouvelle, nous la dédions à M. Metchnikoff en souvenir de ses belles études sur les Balanoglosses. C'est à lui qu'on doit la découverte de l'évolution de la *Tornaria*. Il sut voir les rapports imprévus qu'ont entre eux les Entéropneustes et les Echinodermes. Sa démonstration des affinités de ces deux groupes fut si puissante que ses vues ont été des idées directrices pour la plupart des zoologistes qui ont repris l'étude de ces animaux.

AUTEURS CITÉS

BRASIL (L.), 1907. — Recherches sur le cycle évolutif des Selenidiidæ... I. La schizogonie et la croissance des gamétocytes chez *Selenidium Caulleryi* n. sp. *Arch. f. Prot.*, VIII.

BÜTSCHLI (O.), 1906. — Beiträge zur Kenntniss des Paramylons. *Arch. f. Prot.*, VII.

CAULLERY (M.) et MESNIL (F.). 1900. — Sur une nouvelle espèce de *Balanoglossus* (*B. Kœhleri*) habitant les côtes de la Manche. *C. R. S. B.*, LII.

—, 1904. — Contribution à l'étude des Entéropneustes. *Protobalanus* (n. g.) *Kœhleri* CAULL. et MESN. *Zool. Jahrb., Abth. f. Anat.*, XX.

—, 1905. — Recherches sur les Haplosporidies. *Arch Zool. Exp.* (4), IV.

DARBOUX (J.-G.), 1899. — Recherches sur les Aphroditiens. *Bull. Scient. et Trav. Stat. Cette Mém.*, n° 6.

DEBAISIEUX (P.), 1911. — Recherches sur les Coccidies. I. *Klossia helicina* SCHNEIDER. *Cellule*, XXVII.

---

(1) Rappelons cependant, à ce propos, que SPENGEL (1913) chez *Harrimania Kuppferi*, et CAULLERY et MESNIL (1904) chez *Protobalanus Kœhleri* ont vu, fixés sur l'épithélium des branchies, de leurs orifices et du tégument externe, des parasites qui paraissent être des Flagellés.

Jollos (V.), 1909. — Multiple Teilung und Reduktion bei *Adelea ovata* Schneider, *Arch. f. Prot.*, XV.

Kuschakewitch, 1907. — Beobachtungen über vegetative, degenerative und germinative Vorgänge bei den Gregarinen des Mehlwurmdarms. *Arch. f. Prot.*, Supp. 1.

Léger (L.) et Dubosco (O.), 1903. — Recherches sur les Myriapodes de Corse et leurs parasites. *Arch. Zool. Exp.*, (4), 1.

—, 1908. — L'évolution schizogonique de l'*Aggregata* (*Eucoccidium*) *Eberthi* Labbé. *Arch. f. Prot.*, XII.

—, 1910. — *Selenococcidium intermedium* Lég. et Dub. et la Systématique des Sporozoaires. *Arch. Zool. Exp.* (5), V.

—, 1914. — Sur une nouvelle Grégarine à stades épidermiques et à spores monozoïques. *C. R. S. B.*, 27 février.

Moroff (Th.), 1906. — Untersuchungen über Coccidien. I. *Adelea zonula* n. sp. *Arch. f. Prot.*, VIII.

Pérez (Ch.), 1903. — Le cycle évolutif de l'*Adelea mesnili. Arch. f. Prot.*, II.

Schellack (C.), 1913. — Coccidien-Untersuchnugen. II. Die Entwicklung von *Adelina dimidiata* A. Schn, einem Coccidium aus *Scolopendra cingulata* Latr. *Arb. d. Kais. Gesundh.*, XLV.

Schellack (C.) et Reichenow (E.), 1913. — Coccidien-Untersuchungen. I. *Barrouxia Schneideri. Arb. d. Kais. Gesundh.*, XLIV.

Spengel (J.), 1893. — Die Enteropneusten des Golfes von Neapel. *Fauna und Flora Neapel* (18. Monogr.).

Sun (A.), 1910. — Ueber einen Parasiten aus der Körperhöhle von *Ptychodera minuta. Arch. f. Prot.*, XX.

Tyzzer (E.), 1912. — *Cryptosporidium parvum* (sp. nov.), a Coccidium found in the small intestine of the Common Mouse. *Arch. f. Prot.*, XXVI.

EXPLICATION DES PLANCHES

Planche I. — *Eimeria epidermica* n. sp.

A. Épiderme de la base de la trompe de *Glossobalanus minutus*, farci d'*Eimeria epidermica*; *g*, cellule glandulaire à granulations sidérophiles; *m*, cellule muqueuse; 1, 4, 6, 7, 9, 11, stades schizogoniques d'*Eimeria epidermica* × 1.350.

B. 1, 2, 3, 4, 5, 6, 8, 9, 10, 12, Stades schizogoniques d'*Eimeria epidermica* × 2.000.

Planche II. — *Eimeria Beauchampi* n. sp.

Fig. 1. — Epithélium d'un cæcum hépatique de *Gl. minutus* avec les divers stades *a, b, c, d, e, f* de la schizogonie d'*Eimeria Beauchampi* × 1.250.

Fig. 2. — Épithélium d'un cæcum hépatique de *Gl. minutus* avec microgamétocytes *m* et macrogamètes *M* d'*Eimeria Beauchampi* × 1.250.

Planche III. — *Selenidium Metchnikovi* n. sp.

Fig. 1. — Incisure droite du sillon cilié de *Glossobalanus minutus* avec stades intracellulaires (schizogonie) *b. c, e, g* de *Selenidium Metchnikovi*.

Fig. 2. — Incisure droite du sillon cilié de *Gl. minutus* avec stades intracellulaires (schizogonie) *a, d, f, g* et stades extracellulaires (gamontes) *h, i* de *Selenidium Metchnikovi*.

SUR LA DIVISION NUCLÉAIRE DES LEVURES

par **A. GUILLIERMOND**.

(Avec la planche VI.)

La structure intime des levures a été pendant longtemps
très obscure : la petitesse des cellules, l'abondance de grains
de sécrétion de natures variées, fixant les colorants nucléaires,
compliquaient la question et rendaient difficile la différenciation du noyau; aussi s'explique-t-on que beaucoup d'auteurs
aient pu admettre que les levures possédaient une structure
spéciale, différente de celle des autres Champignons et caractérisée par l'existence d'un noyau rudimentaire, mal délimité
du cytoplasme ou même d'un noyau diffus. Nos recherches d'il
y a une dizaine d'années (1) ont définitivement résolu la question en mettant en évidence, d'une manière incontestable, un
noyau typique analogue à celui des autres Champignons et en
différenciant cet organe des grains de sécrétion de la cellule.

Cependant une question est restée jusqu'ici mal connue :
c'est celle de la division nucléaire. Nous avons montré dans
nos recherches que cette division s'accomplit toujours, pendant
le bourgeonnement, par une amitose (2) caractérisée par un
allongement du noyau qui prend l'aspect d'un haltère, dont
les deux têtes ne tardent pas à se séparer par résorption de la
partie effilée qui les unit. Au contraire, il nous a été impossible d'observer avec précision les divisions nucléaires qui
s'effectuent dans l'asque avant la sporulation. Le cytoplasme

(1) Recherches cytologiques sur les Levures. *Thèse de doctorat ès sciences
de Paris*, 1901, et *Revue générale de Botanique* 1902.

(2) Toutefois nous avons décrit dans la germination des ascospores de
Willia Saturnus des stades de divisions nucléaires qui paraissaient se rapporter à des mitoses, mais ces figures n'étaient pas absolument démonstratives (Recherches cytologiques sur la germination des spores et sur la conju-
gaison des levures, *Revue générale de Botanique*, 1905).

renferme à ce stade une si grande abondance de produits de sécrétion qui masquent souvent le noyau, qu'il devient très difficile d'observer les phénomènes nucléaires. Les divisions ne se manifestent que par l'existence de petits noyaux disposés par paires et très rapprochés les uns des autres qui marquent les stades de la fin du phénomène. Cependant, étant donné qu'en aucune circonstance, on n'observe de noyaux en forme d'haltères comme dans le bourgeonnement et en nous appuyant sur certains aspects pris par le noyau au début de la division, nous avons cru pouvoir émettre l'opinion que ces divisions s'effectueraient par des mitoses analogues à celles des Ascomycètes; ces mitoses se passeraient presque tout entières dans l'intérieur de la membrane nucléaire, qui ne se résorberait qu'à la fin de l'anaphase, ce qui expliquerait l'impossibilité d'observer des stades de ce phénomène.

Depuis nos premières recherches, la division nucléaire des levures a été l'objet d'un certain nombre de travaux. Swellengrebel (1) et Fuhrmann (2), chacun de leur côté, ont décrit dans les divisions nucléaires du bourgeonnement des stades de mitoses et ont cru pouvoir même compter le nombre des chromosomes qui, dans les espèces étudiées (*S. cerevisiæ* et *ellipsoideus*), serait de 4. Mais les figures, représentées par ces deux auteurs, sont loin d'être démonstratives et, en reprenant les observations de Swellengrebel et Führmann, nous avons pu démontrer (3) que les prétendues figures de mitose décrites par ces auteurs résultaient d'interprétations erronées et d'apparences déterminées par la vacuole et les grains de sécrétion contenus dans cette dernière ou dans le cytoplasme. D'autre part les observations de Kohl (4), Wager et Peniston (5), Pénau (6) ont confirmé nos résultats de telle sorte qu'il semble actuellement démontré que la division nucléaire s'effectue, pendant le bourgeonnement, par amitose.

(1) Swellengrebel, Sur la division nucléaire de la levure pressée, les *Annales*, t. XIX, p. 503, 1905.

(2) Franz Fuhrmann, *Centralbl. für Bakter.*, II, 1906.

(3) Guilliermond, Remarques critiques sur différentes publications parues récemment sur la cytologie des levures, *Centralbl. für Bakter.*, II, t. XXVI, p. 577, 1910.

(4) Kohl, *Die Hefepilze*. Leipzig, 1908.

(5) Wager et Peniston, *Annals of Botany*, 1909.

(6) Pénau, *Revue générale de Botanique*, 1913.

     A. GUILLIERMOND

Pour ce qui concerne les divisions nucléaires de la sporulation, nous ne possédons encore aucune donnée précise. Wager et Peniston décrivent des phénomènes de mitose rudimentaire qui tiennent aussi, comme nous l'avons démontré, à une erreur d'interprétation. Au contraire, pour Kohl, ces divisions s'effectuent par une amitose analogue à celle du bourgeonnement, mais les figures que décrit cet auteur résultent, à notre avis, de préparations fixées d'une manière défectueuse.

Il existe cependant une levure qui laisse observer beaucoup plus facilement les phénomènes de sporulation, c'est le *Schizosaccharomyces octosporus*. Cette levure ne renferme en effet, dans ses asques, que très peu de produits de sécrétion, ce qui permet de mettre plus facilement en évidence le noyau et de suivre avec plus de précision ses divisions pendant la sporulation. C'est donc à cette levure que nous nous sommes adressé pour essayer de résoudre cette question délicate. Pour cela, nous avons employé la méthode que nous avions indiquée antérieurement comme la méthode de choix pour l'étude cytologique de cette levure. Cette méthode consiste à fixer un fragment de carotte contenant une culture commençant à sporuler et à le fixer tout entier, pendant 12 heures, dans le liquide picroformolé de Bouin. On évite ainsi la contraction des cellules qui se produit toujours par la méthode des frottis. La fixation effectuée, et après lavage du fragment, on dispose la levure en frottis sur des lames que l'on colore par l'hématoxyline ferrique.

L'examen minutieux de préparations très soigneusement différenciées, à un très fort grossissement, nous a permis de suivre avec beaucoup de précision tous les stades des divisions nucléaires, qui s'effectuent, comme nous l'avions prévu, par des mitoses analogues à celles qu'on observe dans l'asque des Ascomycètes supérieurs.

On sait, d'après nos recherches, que les asques du *Schizosaccharomyces octosporus* résultent de la copulation de deux cellules identiques. Cette fusion s'effectue entre deux cellules réunies au moyen de petits becs émis par chacune d'elles; ces becs se soudent en un canal de copulation, la paroi qui sépare les deux gamètes au milieu de ce canal se résorbe, et les deux cellules se fusionnent cytoplasme à cytoplasme, noyau à noyau. Cette fusion opérée, l'œuf grossit et se transforme en asque. En général, la fusion est complète et l'asque qui en résulte prend la forme d'une grosse cellule ovale. Assez souvent cependant, l'asque conserve des traces de l'individualité des deux gamètes qui l'ont formé, accusées par un léger rétré-cissement médian. Enfin, il arrive parfois que, la fusion étant incomplète, l'asque conserve la forme d'un haltère. Les ascospores sont tantôt au nombre de 4, tantôt au nombre de 8.

C'est donc dans d'assez grosses cellules présentant une forme ovale ou ayant l'aspect de haltères qui résultent de la copulation que nous venons de décrire, que se produisent les divisions nucléaires successives nécessaires à la sporulation. Ces divisions sont tantôt au nombre de 2, tantôt au nombre de 3, selon que l'asque doit renfermer 4 ou 8 ascospores.

Après la fusion nucléaire et lorsque l'œuf a acquis son volume définitif, le noyau se présente comme une grosse vési-cule située vers le milieu de la cellule. Sa structure est très nettement distincte : un nucléoplasme incolore limité par une membrane colorée, à l'intérieur duquel on aperçoit un gros nucléole et deux ou trois grains de chromatine. Selon le degré de différenciation, les grains de chromatine apparaissent isolés au milieu du nucléoplasme ou bien insérés sur un réticulum moins coloré (Pl. VI, fig. 1 à 4).

C'est à ce moment que commence la première division. Elle s'effectue presque toujours dans le sens du grand axe de la cellule et se manifeste par la présence, dans l'intérieur du noyau dont la membrane ne semble pas se résorber, d'un fuseau achromatique offrant en son milieu une agglomération de grains très petits et plus ou moins distincts qui représentent les chromosomes assemblés en plaque équatoriale. Lorsque la cellule n'a pas été trop différenciée, on aperçoit à chacun des pôles du fuseau un petit grain très colorable qui correspond certainement au centrosome (fig. 5 et 6).

A ce stade, qui est celui de la plaque équatoriale, succèdent d'autres figures nucléaires qui correspondent à l'anaphase. Ces figures sont caractérisées par un allongement du fuseau, qui arrive à dépasser sensiblement la longueur du noyau, encore représenté à ce stade par un nucléoplasme incolore qui appa-raît toujours vers le milieu du fuseau avec le nucléole. A ce stade, la membrane nucléaire semble s'être résorbée. Les chromosomes, jusqu'alors assemblés en plaque équatoriale, apparaissent maintenant disséminés sur toute la longueur du fuseau (fig. 7 à 10) ou déjà répartis entre les deux pôles (fig. 11).

Le noyau entre ensuite en télophase : le nucléoplasme disparaît complètement et le fuseau, devenu extrêmement mince et très allongé, traverse la cellule de part en part suivant sa longueur. Les deux pôles du fuseau sont occupés par une petite masse sphérique d'aspect granuleux, résultant de l'agglomération des chromosomes répartis entre les deux pôles pendant l'anaphase. Le nucléole persiste encore sur un côté du fuseau (fig. 12 à 14). Bientôt le fuseau devient moins distinct, se résorbe dans sa partie médiane (fig. 15), puis cesse d'être visible (fig. 16) et les deux noyaux-fils se constituent aux dépens des deux masses granuleuses qui occupaient les deux pôles du fuseau (fig. 17). Par suite de l'allongement du fuseau achromatique, ces deux noyaux sont donc situés aux deux extrémités de la cellule. Le nucléole du noyau-père persiste quelque temps dans le cytoplasme vers le milieu de la cellule, puis disparaît à son tour (fig. 18-19).

Les secondes divisions s'accomplissent en général simultanément par un processus tout à fait analogue, soit dans le sens de la largeur de la cellule, soit dans le sens de sa longueur (fig. 20 et 26). Les deux paires de noyaux-fils qui en résultent se trouvent disséminés dans des régions variables de la cellule : le nucléole des noyaux-pères dont ils résultent persiste pendant quelque temps dans l'espace cytoplasmique qui les sépare (27 à 29).

Les troisièmes divisions, quand elles ont lieu, s'accomplissent aussi simultanément et ne diffèrent pas non plus des précédentes : elles s'opèrent le plus souvent dans le sens du grand axe de la cellule (fig. 32 et 33).

Il arrive parfois que les deux premières divisions s'effectuent dans une direction un peu différente de celle que nous avons indiquée. La première peut produire un fuseau achromatique restant court et donner deux noyaux-fils assez rapprochés l'un de l'autre (fig. 19) qui, à la seconde mitose, se divisent simultanément et côte à côte suivant le grand axe de la cellule (fig. 25).

Nous n'avons pas cherché, bien entendu, à compter le nombre des chromosomes; les figures de division sont tellement petites qu'il serait téméraire d'entreprendre une pareille numération.

On voit donc que les divisions nucléaires de l'asque s'effectuent dans le *Schizosaccharomyces octosporus* par des processus tout à fait analogues à ceux qui ont été décrits dans l'asque des Ascomycètes supérieurs, notamment à ceux que nous avons figurés dans *Pustularia vesiculosa*.

Ces mitoses, qui s'accomplissent pendant toute la durée de la prophase et une partie de l'anaphase, à l'intérieur de la membrane nucléaire, sont très difficiles à mettre en évidence, par suite de la petitesse du noyau. Il est parfois très délicat, par exemple, si la préparation n'est pas très bien différenciée, de distinguer un noyau au stade de la plaque équatoriale d'un noyau au repos et l'on s'explique que jusqu'ici il ait été impossible d'observer ces mitoses. Il est infiniment probable que les divisions nucléaires s'accomplissent de la même manière dans les asques des autres levures, mais l'abondance extrême des produits de sécrétion, colorables comme le noyau et qui s'accumulent à ce stade dans les asques, laisse peu d'espoir qu'on puisse arriver à le mettre en évidence.

Nos observations démontrent donc que les divisions nucléaires de l'asque s'effectuent dans le *Schizosaccharomyces octosporus* par une mitose. C'est la première fois qu'on décrit, d'une manière précise, l'existence d'une mitose chez les levures. L'existence de cette mitose nous a paru mériter d'être signalée ici. Elle confirme les relations que nous avons souvent établies dans nos recherches antérieures entre les phénomènes cytologiques qui s'accomplissent dans l'asque des levures et ceux qui ont été décrits dans celui des Ascomycètes supérieurs. Enfin, elle apporte un argument décisif contre l'opinion soutenue encore en 1910 par Wager et Peniston (1), opinion qui consiste à admettre que le noyau que nous avons décrit dans les levures n'est pas un véritable noyau, mais le nucléole d'un noyau très primitif, constitué par des grains de chromatine disséminés dans le cytoplasme et dans la vacuole.

15 juillet 1914.

LÉGENDE DE LA PLANCHE VI

Mitoses dans l'asque de *Schizosaccharomyces octosporus*.

(Toutes les figures ont été dessinées à la chambre claire avec l'objectif apochromatique à immersion homogène 1,5 mm. et l'oculaire compensateur [7] de Zeiss).

Figures 1 à 4. — Noyau au repos, après la copulation.
Figures 5 à 6. — Première mitose : plaque équatoriale.
Figures 7 à 10. — *Id.* : Début de l'anaphase.
Figure 11. — *Id.* : Fin de l'anaphase.
Figures 12 à 16. — *Id.* : Télophases.
Figures 17 à 19. — Les deux noyaux-fils sont constitués.
Figures 20 et 21. — Secondes mitoses : Plaques équatoriales.
Figures 22. — *Id.* : Anaphases.
Figures 23 à 26. — *Id.* : Télophases.
Figures 27 à 31. — Les quatre noyaux-fils sont constitués.
Figure 32. — Troisièmes mitoses : Plaques équatoriales.
Figure 33. — *Id.* : Télophases.

(1) Wager et Peniston, *loc. cit.*

LES PROPRIÉTÉS PHYSICOCHIMIQUES
DES PRODUITS DU GROUPE DES ARSÉNOBENZÈNES
LEURS TRANSFORMATIONS DANS L'ORGANISME

(PREMIER MÉMOIRE)

par J. DANYSZ.

Le dioxydiaminoarsénobenzène est un composé insoluble dans l'eau, et comme tel, d'une utilisation difficile sinon impossible en médecine, ainsi que l'ont montré les premiers essais d'Ehrlich, qui en conseillait l'emploi en injections intra-musculaires sous forme de dissolution dans l'alcool méthylique ou en émulsion huileuse.

Il est soluble sous forme de dichlorhydrate en milieu légèrement acide ou sous forme de composé disodique légèrement alcalin.

Sous l'une ou l'autre de ces formes, l'arsénobenzène est un composé éminemment instable, parce que, grâce à son arsenic trivalent, ses amines et ses oxhydriles, ses affinités chimiques ne sont pas complètement satisfaites, et aussi parce que, grâce à sa constitution physique, la structure de sa molécule, il peut fixer par adsorption des quantités plus ou moins grandes de toutes sortes de substances avec lesquelles il vient en contact.

Il peut former des composés chimiquement définis avec les sels de tous les métaux, avec les composés bismuthiques et séléniés, et tous ces composés peuvent former des complexes à structure chimique encore mal définie avec le phosphore et l'antimoine. Ces complexes peuvent encore être combinés avec toute la série des cétones, des amines aromatiques, des couleurs d'aniline, etc...

On peut affirmer que la faculté du dioxydiaminoarsénobenzène de former des combinaisons nouvelles ou de fixer les
substances avec lesquelles il est en contact peut aller à l'infini,
et dans la plupart des cas, les éléments ou les composés ainsi
englobés s'y trouvent à l'état dissimulé. Ce corps peut donc
servir, dans beaucoup de cas, de véhicule très commode pour
un grand nombre de produits actifs.

Cette sensibilité extrême à toutes sortes de réactifs, la faculté
que possèdent ces produits de former avec un grand nombre de
sels des composés plus ou moins stables et plus ou moins
solubles, qui compliquent tellement leur étude chimique et
leur préparation, peuvent nous expliquer aussi le mécanisme
de l'action de ces produits sur l'organisme traité et sur les
parasites.

Il est évident, en effet, que les affinités des produits du
groupe de l'arsénobenzène que nous constatons *in vitro*, s'exer-
ceront d'une façon analogue sinon identique sur les gaz, les
sels et autres substances contenues dans le sang et dans les
cellules à l'état libre ou à l'état combiné, et que leur action
thérapeutique ou toxique, s'exerçant directement ou par une
voie détournée, ne peut être que le résultat de ces combinaisons.

L'expérience nous montre aussi qu'à de rares exceptions
près, les résultats de certaines de ces combinaisons sont beaucoup plus pathogènes pour certains parasites à organisation
plus élevée : spirilles, tréponèmes, trypanosomes, que pour les
microbes proprement dits et pour les tissus de l'organisme
infecté, ce qui peut être expliqué par le fait que le corps de
ces parasites est plus riche en substances qui attirent et fixent
ces médicaments, et forment avec elles des composés plus
stables, ou bien que ces substances neutralisées par le médicament sont plus nécessaires à la vie de ces parasites qu'à celle
des cellules de l'organisme.

Il n'est pas nécessaire, en effet, qu'un produit soit plus
parasitotrope qu'organotrope, suivant l'expression d'Ehrlich,
pour exercer une action stérilisante sur les parasites d'un organisme infecté, parce que nous savons que la même combinaison peut être indifférente, nutritive ou excitante pour
certaines cellules et toxique pour d'autres, suivant la quantité

et le rôle que la substance fixée joue dans la vie de ces différentes cellules. Les sérums bactéricides, certains antiseptiques
très dilués, détruisent certains microbes et sont indifférents
pour les tissus et en stimulent la croissance.

Il est très possible aussi que la disparition des tréponèmes
ou des trypanosomes, après l'injection d'un arsénobenzène, ne
résulte pas du tout de l'action directe de ce produit sur le
parasite et que la mort de ce dernier ne soit pas le résultat
d'une combinaison dans le corps du parasite, entre le produit
injecté et une substance indispensable à sa vie. Les expériences de Hafkine (1) sur l'action du changement de milieu
sur les infusoires et les microbes, ainsi que les travaux de
Loeb (2) sur la toxicité des sels (NaCl pur), donnent à penser
qu'un produit qui provoquerait un changement d'équilibre
appréciable dans la constitution physico-chimique du sang,
pourrait parfaitement causer la mort du parasite par simple
hétérotonie entre ce dernier et son milieu.

Nous verrons plus loin que les produits du groupe de l'arsénobenzène se trouvent précisément dans ce cas.

L'étude de ces combinaisons, de leur importance pour la
vie des cellules, peut seule nous amener à trouver la clef du
mécanisme de l'action thérapeutique et toxique d'un certain
nombre de ces produits dont l'activité curative a été constatée
par l'expérience, et, s'il nous est impossible aujourd'hui de
résoudre ce problème d'une façon complètement satisfaisante,
nous chercherons dans les chapitres suivants à en poser
quelques éléments.

RÉACTIONS in vitro AVEC LES GAZ ET LES SELS
CONTENUS DANS LE SANG.

Les quatre produits à base d'arsénobenzène employés actuellement en thérapeutique, le dioxydiaminoarsénobenzène (arsénobenzène de Billon), le dioxydiaminoarsénobenzène stibio-
bromo-argentique (luargol), le tétraoxydiphosphaminodiarsé-
nobenzène (galyl) et le composé de formaldéhyde sulfoxylate

(1) Hafkine, ces Annales, t. IV, p. 148, 1891.
(2) J. Loeb, Toxicité du NaCl pur. The American Journal of Physiology, t. III.

de sodium et d'arsénobenzène (novoarsénobenzène) ne réagissent pas de la même façon avec les gaz et les sels contenus dans le sang, chacun de ces produits doit donc faire l'objet d'une étude spéciale.

L'*acide carbonique* et le *bicarbonate de soude* transforment les composés disodiques d'arsénobenzène et de luargol en bases insolubles, ils n'exercent aucune action immédiate appréciable sur le galyl et le novoarsénobenzène.

Sous l'action de l'*oxygène*, tous ces produits s'oxydent plus ou moins rapidement et cette oxydation est favorisée par la présence de chlorure de sodium.

Tous ces produits précipitent de leurs solutions alcalines ou neutres par le biphosphate de chaux, en formant avec ce sel des composés insolubles dans l'eau. Ces combinaisons se font très rapidement pour l'arsénobenzène et le luargol, plus lentement pour le galyl et encore plus lentement pour le novoarsénobenzène. Il faut aussi relativement plus de biphosphate de soude pour précipiter le novoarsénobenzène que pour précipiter les trois autres produits.

Les composés de biphosphate de chaux avec l'arsénobenzène et le luargol sont facilement solubles dans une solution de soude caustique; le même composé avec le galyl est moins soluble, avec le novoarsénobenzène encore moins. Dans ces deux derniers cas, la dissolution n'est pas parfaite, ces solutions restent toujours un peu troubles, même avec un assez grand excès de soude.

La stabilité moléculaire de ces produits est très différente pour chacun d'eux. Ainsi, conservé dans des ampoules exactement remplies et scellées à vide :

Le *galyl* se trouble et donne un précipité abondant en moins de deux heures;

L'*arsénobenzène* se transforme en 15 jours en un produit rouge très toxique;

Le *novoarsénobenzène* reste inaltéré pendant 20 jours;

Le *luargol* reste limpide le plus longtemps. La préparation exactement disodique en solution dans l'eau distillée a pu être conservée pendant plusieurs mois, sans avoir subi aucune modification appréciable, tant au point de vue de son aspect qu'à celui de son action toxique ou thérapeutique.

Les propriétés de solubilisation ne sont pas non plus les mêmes.

Le *luargol* disodique, en solution étendue dans l'eau salée (NaCl) à 8 pour mille, abandonné dans un tube ouvert, se dépose lentement (en 48 heures) sans se troubler. La couche colorée finit par former un culot transparent au fond du tube, tandis que l'arsénobenzène et le galyl forment des précipités opaques.

L'arsénobenzène, le luargol et le galyl peuvent être précipités de leurs solutions par les sels, et notamment par le chlorure de sodium. Le novoarsénobenzène reste en solution limpide même dans une solution saturée de sel marin.

De toutes ces propriétés physico-chimiques, nous devons déduire que l'*arsénobenzène*, le *luargol* et le *galyl* possèdent les propriétés caractéristiques des colloïdes, et de ces trois produits le *luargol* est le plus colloïdal, le *galyl* le moins; le *novoarsénobenzène* aurait plutôt les propriétés d'un sel.

Il était important d'établir ces distinctions, parce qu'elles nous permettent de mieux connaître les transformations que chacun de ces produits subira dans le sang et l'influence que ces transformations peuvent avoir dans leur action sur l'organisme malade et sur les parasites.

Peu de temps après l'injection dans la veine d'une solution disodique d'arsénobenzène ou de luargol, ces produits commencent à abandonner la soude qui se combine avec l'acide carbonique libre et combiné sous forme de bicarbonate de soude et se transforment peu à peu en bases insolubles. En même temps, une partie de ces produits, celle qui reste encore en solution à l'état monosodique ou disodique, se combine avec le biphosphate de chaux et donne aussi un composé insoluble. La présence dans le sang de l'oxygène libre et du chlorure de sodium hâte ces transformations, le milieu albumineux tend à les ralentir, et les bases organiques contenues dans le plasma forment de nouveau, avec ces produits, des composés solubles.

Il faut noter pourtant un point très important pour l'action parasiticide de ces deux produits, à savoir que ces transformations sont beaucoup plus lentes pour le *luargol* que pour l'*arsénobenzène*; ce dernier forme, en quelques heures, des composés entièrement et définitivement solubles, probablement comparables au novoarsénobenzène, et passe assez rapidement dans l'urine, de sorte qu'on n'en trouve plus après 48 heures, tandis que l'on trouve dans l'urine des quantités appréciables de luargol (recherche de l'arsenic) encore 14 ou 24 jours (1) après l'injection d'une forte dose à des lapins. On observe le même phénomène *in vitro*. Il faut, par exemple, quelques minutes pour combiner la base de l'arsénobenzène avec le formaldéhyde sulfoxylate de sodium, et quelques heures pour obtenir une combinaisan analogue avec le luargol, et même, dans ce dernier cas, la dissolution n'est jamais complète.

Le *novoarsénobenzène* qui, ainsi que nous l'avons vu plus haut, n'est pas influencé par l'acide carbonique, le bicarbonate de soude, le chlorure de sodium, et qui ne forme des composés insolubles avec le biphosphate de chaux que très lentement et en présence de quantités assez notables de ce sel, ne précipitera dans le courant sanguin que dans des conditions exceptionnelles, quand la quantité des phosphates contenus dans le sang sera supérieure à la normale, tandis que dans les cas normaux il sera éliminé dans les urines avant d'avoir eu le temps de devenir insoluble.

Nous n'avons pas étudié les transformations du galyl dans l'organisme. A en juger par les symptômes observés à la suite des injections de ce produit, il se comporterait dans le sang comme une solution d'arsénobenzène intermédiaire entre le composé monosodique et disodique.

L'étude de la formule sanguine montre que les leucocytes jouent anssi dans ces réactions un rôle important. Yakimoff (2) a constaté pour l'arsénobenzène, Hudelo et Montlaur (3) pour le luargol, qu'après un fléchissement de peu de durée aussitôt après l'injection, le nombre de leucocytes augmente considérablement et que cette augmentation se maintient pendant plusieurs jours. Il est très probable que les leucocytes qui ont englobé les granules du précipité les transportent dans les

---

(1) Dosages faits par Mlle Michel par la méthode de Bongrand.

(2) W. L. Yakimoff, De l'influence de l'arsénobenzènol « 606 » sur la formule leucocytaire du sang. Ces *Annales*, 1911, t. XXV, p. 415.

(3) Hudelo et Montlaur, Le 102. Étude clinique et expérimentale, etc., *Bulletins et Mémoires de la Soc. méd. des Hôpitaux*, séance du 21 juillet 1916, p. 1186.

organes hémopoïétiques et que c'est là principalement que s'opère la transformation des composés insolubles en composés solubles.

Il est assez difficile de se rendre compte des transformations que ces produits subissent dans le sang, quand on injecte aux animaux ou à l'homme le *luargol* ou *l'arsénobenzène* en solution exactement disodiques ou un peu hyperalcalines, ou le *novoarsénobenzène* parfaitement bien préparé, parce qu'alors les troubles produits par les injections dans la circulation du sang sont très légers, et les accidents graves tellement rares qu'ils échappent à l'expérimentation.

La formation des précipités est, en effet, dans ces conditions, très lente. Elle demande quelques heures pour le luargol et l'arsénobenzène, de sorte que les quelques centigrammes ou décigrammes du produit injecté, qui ne peut pas être éliminé sous cette forme par les reins parce qu'il précipite dans l'urine, ont eu le temps d'être dilués dans le volume total du sang et forment alors un précipité tellement fin qu'il ne peut pas en résulter une gêne sensible dans les capillaires.

La leucocytose entre alors, elle aussi, en jeu ; la grande majorité des granules, sinon tous, sont englobés par les polynucléaires à mesure qu'ils se forment.

Pour bien étudier ces phénomènes, il était nécessaire de faire apparaître ces troubles avec plus de netteté. Ainsi que nous le verrons dans le chapitre suivant, il est facile d'obtenir ce résultat, d'augmenter ou de diminuer à volonté la gravité des manifestations pathologiques en augmentant ou en diminuant la rapidité de la formation des précipités, par une préparation convenable des solutions à injecter.

En résumé, l'arsénobenzène, le luargol et probablement aussi le galyl introduits dans l'organisme, ne peuvent pas être éliminés tels quels par les reins, parce qu'ils forment dans l'urine des précipités insolubles. Le novoarsénobenzène peut être éliminé par cette voie, excepté dans les cas où le plasma et l'urine contiendraient une trop forte proportion de phosphates de chaux.

Les trois premiers produits commencent toujours par être transformés dans le sang en composés insolubles, le novoarsénobenzène seulement dans les cas de diabète phosphatique. Les précipités ainsi formés sont redissous par certaines bases organiques, qui donnent avec ces produits des composés nouveaux plus stables, solubles dans des milieux neutres et ne précipitant pas par les sels contenus dans le plasma. C'est sous cette forme qu'ils peuvent être éliminés dans l'urine.

Les leucocytes jouent probablement un rôle important dans la redissolution des précipités.

TOXICITÉ.

L'arsénobenzène et le luargol sont solubles dans l'eau à l'état mono- et disodique et, bien entendu, on peut obtenir des solutions contenant des quantités de soude intermédiaires entre ces deux limites et aussi des solutions contenant un petit excès de soude. Un grand excès de soude aurait pour résultat d'amener une décomposition plus ou moins rapide de ces produits.

Les solutions monosodiques sont plus colloïdales, moins fluides que les solutions disodiques; aussi quand on soumet une série de ces solutions aux réactions que nous avons indiquées plus haut, on constate que la rapidité avec laquelle se forment les précipités est inversement proportionnelle à la quantité de soude contenue dans les composés.

Dans les expériences qui suivent, nous n'indiquerons que les résultats des réactions du *luargol*. Elles ne présentent d'ailleurs que des différences de détail avec celles de l'arsénobenzène.

EXPÉRIENCE I. — On prépare 4 solutions de luargol : n° 1, monosodique; n° 2, contenant 1 et 1/2 molécule de soude; n° 3, disodique; n° 4, contenant un demi-molécule de soude en excès. Avec ces 4 solutions, on fait des dilutions à 1 pour 5.000 dans de l'eau distillée, à laquelle on a ajouté 8 pour 1.000 de chlorure de sodium pur et 1 pour 10.000 de biphosphate de chaux. On laisse ouverts les tubes contenant ces dilutions.

On constate alors que, dans la solution monosodique, le trouble apparaît en quelques minutes; la solution n° 2 ne se trouble qu'après 20 à 30 minutes; la solution n° 3 ne se trouble qu'après 5 ou 6 heures; la solution n° 4 après plus de 12 heures.

Quand on injecte aux lapins ces différentes solutions de même concentration et en ayant soin que la durée des injections soit la même : (1 minute), on constate que la solution monosodique est déjà pathogène à la dose de 0,01 à 0,02 centigrammes par kilogramme. Le lapin, injecté dans la veine de l'oreille, commence, aussitôt après l'injection, à manifester une forte dyspnée, ensuite, il peut avoir quelques mouvements convulsifs, a de la difficulté à se tenir sur ses pattes et tombe sur le flanc. Un peu plus tard, il y a émission d'urine et diarrhée. Cette crise peut durer quelques minutes et le lapin succombe ou revient à la santé.

Les mêmes doses de 0,01 à 0,02 centigrammes par kilogramme des solutions nᵒˢ 2, 3 et 4 sont supportées, dans les mêmes conditions, sans aucune manifestation pathologique.

La dose de 0,05 centigrammes par kilogramme de la solution monosodique est toujours mortelle pour le lapin. La crise apparaît plus rapidement et se termine par un choc apoplectique.

La solution nᵒ 2 peut donner à la même dose un peu de dyspnée, les deux dernières sont bien supportées.

A la dose de 0,10 centigrammes la solution nᵒ 2 apparaît aussi toxique que la solution nᵒ 1 ; à la dose de 0,05 centigrammes, les solutions nᵒ 3 et 4 sont encore bien supportées. Il faut environ 0,12 centigrammes. par kilogramme, pour provoquer une crise appréciable par la solution disodique et 0,15 centigrammes par la solution hyperalcaline. Les doses mortelles de ces deux solutions peuvent varier entre 0,15 et 0,20 centigrammes par kilogramme.

L'injection de la solution hyperalcaline est douloureuse, les veines injectées se bouchent quelque temps après et s'atrophient le plus souvent. Les solutions mono- et disodiques ne provoquent jamais ni indurations ni phlébites, les accidents constatés avec les solutions hyperalcalines sont donc dus uniquement à l'excès de soude libre.

Il résulte donc tout d'abord de ces expériences que le même produit peut apparaître comme plus ou moins toxique suivant qu'il précipite plus ou moins rapidement de ses solutions, et que cette rapidité de la formation des précipités dépend de la quantité de soude combinée. Nous ne pouvons pas encore en conclure que les causes des crises observées et de la mort rapide de l'animal sont dues uniquement à l'action purement mécanique des précipités sur la circulation capillaire.

Cette preuve, nous la trouvons en modifiant simplement la technique des injections, en faisant durer l'injection plus ou moins longtemps, ainsi que le conseille Fleig (1), ou bien, suivant l'heureuse inspiration de M. Milian, en injectant en même temps un peu d'adrénaline, c'est-à-dire un vaso-constricteur énergique.

Ainsi une dose du composé monosodique sûrement mortelle quand elle sera injectée en une minute, sera bien tolérée, sans

____

(1) *La Toxicité du salvarsan.* A. Maloine, édit., 1914.

aucun trouble apparent, quand on aura fait durer l'injection pendant 15 minutes.

On obtient encore le même résultat quand on injecte le même produit sous la peau au lieu de le faire dans la veine. Dans ce dernier cas, nous avons prolongé le temps de la formation du précipité et diminué d'autant la grosseur des granules et leur accumulation dans les capillaires. Il y a là quelque chose de tout à fait analogue à ce qui arriverait si, au lieu d'asséner sur le bulbe du lapin un seul coup assez fort pour le tuer, on le frappait 20 fois avec une force 20 fois moindre.

En tout cas, dans les causes des troubles plus ou moins graves des crises dites « nitritoïdes » de M. Milian et de la mort de l'animal quand elle survient aussitôt après l'injection, il n'y a rien de comparable à un empoisonnement proprement dit, par exemple à l'action toxique d'un alcaloïde ou d'un glucoside.

L'autopsie des animaux morts en quelques minutes à la suite d'une injection d'une forte dose en solution concentrée, ne laisse plus aucun doute sur la nature de l'action de ces produits. On trouve dans le cœur droit, ainsi que cela a déjà été constaté par Ch. Fleig, de petits grumeaux analogues à ceux qui se forment au fond des tubes dans les expériences *in vitro* et qui se redissolvent également dans un petit excès de soude.

Le poumon, fortement congestionné, est parsemé de points hémorragiques et on trouve de ces infarctus dans le système nerveux central ainsi que dans tous les organes, ce qui indique qu'il y avait là partout des embolies causées par le précipité.

Il est bien plus difficile de constater la présence d'un précipité dans les cas de crises passagères, dont la durée est de quelques minutes et dépasse rarement une heure. On trouve dans ces cas des inclusions hyalines, sans forme précise à l'intérieur des leucocytes, mais il nous a été impossible de déterminer la nature de ces inclusions, qui finissent par disparaître si on peut conserver les leucocytes assez longtemps en vie sur le porte-objet du microscope. Toutefois, le peu de durée de ces crises nous autorise à admettre que les précipités formés dans ces conditions doivent être redissous assez rapidement dans le sang ou à l'intérieur des leucocytes.

On peut donc affirmer que les manifestations pathologiques,

plus ou moins graves et plus ou moins localisées, qui apparaissent quelques minutes ou quelques heures après l'injection, parfois même avant que l'injection ne soit terminée, et que nous proposons d'appeler *crises du premier degré*, n'ont rien de commun avec la toxicité proprement dite du produit. Quand une telle crise se produit chez un individu à composition de sang normale, c'est-à-dire ne contenant pas au moment de l'injection une quantité de sels (chlorures, carbonates, phosphates de soude, de chaux, de magnésie, de fer, etc.) supérieure à la normale, on peut être certain qu'elle a eu pour cause une préparation défectueuse de la solution injectée, soit que la soude était trop carbonatée ou que l'eau qui a servi à la dissolution contenait trop d'impuretés. Les expériences qui suivent nous le prouvent d'une façon incontestable.

EXPÉRIENCE II. — On injecte à deux lapins 0,05 centigrammes d'une solution *monosodique*. Les deux animaux présentent quelques minutes après de fortes crises avec dyspnée et convulsions.

Un de ces lapins reçoit quelques heures après, quand il nous semble complètement rétabli, 0,25 centigrammes du même produit *disodique*, l'autre est traité le lendemain de la même façon.

Dans les deux cas les doses quatre fois plus fortes ont été supportées sans aucun trouble (1).

EXPÉRIENCE III. — On injecte à un lapin de 2 kil. 450 gr., 0,25 centigrammes d'une solution disodique, et à un autre d'un poids de 2 kil. 610 gr., 0,20 centigrammes de la même solution, et immédiatement après 0,60 centigrammes de biphosphate de chaux.

Le premier lapin a supporté son injection sans aucun trouble, le second a eu une forte crise.

On peut se faire une idée assez exacte de la dose réellement toxique de ces produits en les injectant sous la peau.

Dans ce cas, il n'y a jamais de troubles du premier degré et la dose toxique est la même pour tous les animaux d'expérience, lapins, cobayes, souris, quelle que soit la préparation (acide mono- ou disodique) et la concentration de la solution.

----

(1) Nous avons reconnu plus tard qu'une petite dose injectée quelques minutes, quelques heures ou même quelques jours avant une dose mortelle pour les témoins est *vaccinante* pour les doses suivantes.

Les animaux injectés sous la peau ne meurent jamais d'une crise rapide, mais 1, 2 ou 3 jours après l'injection. La dose toxique est, dans ce cas, à peu près la même pour tous les animaux, soit de 0,15 à 0,20 centigrammes par kilogramme.

A ces hautes doses, les arsénobenzènes doivent produire un trouble profond dans l'état d'équilibre du plasma sanguin, en se combinant avec les sels et surtout les phosphates de chaux, et ce trouble ne peut pas être indifférent pour les organes et les tissus.

Le sang d'un animal mort d'une forte dose d'arsénobenzène ou de luargol reste incoagulable pendant plus de 24 heures.

Les médecins qui ont eu à appliquer ces produits n'ont pas manqué de remarquer les corrélations entre le rôle de la soude et des impuretés de l'eau, et les accidents du premier degré qu'ils ont eu l'occasion d'observer après les injections de 606.

C'est ainsi que M. Queyrat (1), ayant constaté que les différents échantillons de 606 pouvaient être plus ou moins acides et les solutions de soude plus ou moins carbonatées, ajoute d'abord à la solution acide de 606 autant de soude qu'il est nécessaire pour obtenir une solution limpide et ensuite un tiers de soude en plus. Il obtient de cette façon une solution hyperalcaline qui lui permet d'éviter les crises nitritoïdes.

M. Milian (2) a constaté que l'arsénobenzène exactement alcalinisé donne des crises nitritoïdes bien plus souvent que le même produit un peu hyperalcalinisé. Dans ce dernier cas, il attribuait les crises à une hypoalcalinité du sang.

M. Milian a réussi à atténuer ou à prévenir les crises nitritoïdes par des injections d'adrénaline, ce qui ne peut que confirmer l'hypothèse d'une cause toute mécanique de ces crises.

Dans une série de notes et de mémoires sur les accidents imputés au 606, sur les causes de ces accidents, la responsabilité des impuretés de l'eau et du sel dont on a pu se servir

---

(1) Queyrat, Salvarsan et néo-salvarsan, *Bulletins et Mémoires de la Soc. méd. des Hôp.*, 31 juillet 1914.

(2) Milian, Les intolérants du 606. *Soc. de Dermat.*, 5 déc. 1912.—L'adrénaline antagoniste du salvarsan. *Soc. de Dermat.*, 5 déc. 1913.—Crise nitritoïde et apoplexie séreuse empêchées et guéries par l'adrénaline. *Soc. de Dermat.*, 5 février 1914.

par mégarde pour préparer les solutions. M. Emery (1) insiste sur les dangers des solutions hypo- et hyperalcalines. Aux premières il attribue les phénomènes congestifs, aux secondes les thromboses des veines injectées. M. Emery attribue, avec beaucoup de raison, bien des cas d'intolérance à l'usage du sel marin plus ou moins pur pour préparer les solutions isotoniques du 606, et conseille de remplacer ces solutions par de l'eau distillée bien pure, ou, d'accord en cela avec Ch. Fleig (2), par une solution isotonique de sucre. Il montre avec preuves à l'appui que l'eau distillée préparée dans des récipients impropres ainsi que le sel imparfaitement pur, peuvent contenir des traces de sels de soude, chaux, magnésie, plomb, cuivre, zinc, et être la cause de bien des accidents.

M. Paul Ravaut (3) a reconnu, lui aussi, le rôle du sel marin dans la formation du précipité, et conseille de ne faire les solutions que dans l'eau distillée et aussi concentrées que possible. Les accidents d'intolérance qui, malgré toutes les précautions prises, peuvent se produire à la suite d'injections de l'ancien 606, beaucoup plus rarement avec le novoarsénobenzène, doivent être attribués, de l'avis de M. Ravaut, « à un humorisme spécial, une décomposition du médicament ou des modifications humorales encore mal connues que nous n'aurions pas hésité, il y a quelques années, à ranger dans le cadre des idiosyncrasies ». Nous avons vu plus haut comment on peut

(1) EMERY, les injections intraveineuses de 606 (*Monde médical*, mai-juin 1911). — E. et LACAPÈRE, Des accidents imputés au salvarsan et les moyens de les éviter (*La Clinique*, 5 janvier 1912). — Sur les causes probables des accidents... (*Bull. de la Soc. de l'Internat*, février 1912). — Quelques appréciations sur le néosalvarsan (*La Clinique*, 2 août 1912). — Comment doit être préparée l'injection du salvarsan (*La Clinique*, 3 novembre 1911). — De l'eau distillée pure et sans sel dans la préparation du salvarsan (*Soc. de Dermat.*, 2 mai 1912). — Nouvelles preuves de la responsabilité des impuretés de l'eau distillée dans la production des accidents de la Salvarsan-thérapie (*Soc. de Dermat.*, 9 janvier 1914). — Du rôle pathogène des impuretés minérales de l'eau distillée (*Soc. de Dermat.*, 6 juin 1912). — *Traitement abortif de la syphilis* (Vigot, 1914). — Nouvelle contribution à l'étude des accidents du salvarsan (*La Clinique*, 24 avril 1914).

(2) CH. FLEIG, *La toxicité du salvarsan* (Maloine, édit., 1914).

(3) P. RAVAUT, Accidents consécutifs aux injections de salvarsan ancien (*Gaz. des Hôp.*, 14 février 1911 et *Bulletin et Mémoires de la Soc. méd. des Hôp.*, 17 novembre 1911). — Leur comparaison avec la crise anaphylactique : humorisme spécial (*Soc. méd. des Hôp.*, 17 novembre 1911). — Récidives et réinfections (*Presse Médicale*, 13 septembre 1913). — Préparation des injections de néosalvarsan (*Soc. de Dermatologie*, 6 février 1913).

expliquer ces accidents que rien ne permettait de prévoir jusqu'à présent. Voici un de ces accidents cités par M. Paul Ravaut :

« Nous venions d'injecter 0,45 centigrammes d'arsénobenzène par voie intraveineuse à un jeune homme robuste de dix-sept ans, lorsqu'il présenta une série de symptômes assez alarmants que nous n'avions encore jamais observés. L'aiguille est à peine retirée de la veine que le malade est pris brusquement d'oppression, se plaint de bouffées de chaleur, de fourmillements, qui, débutant au niveau des extrémités, envahissent rapidement les membres et le tronc. Il accuse une angoisse très vive, présente quelques suffocations et puis s'affaisse sur une chaise. En même temps apparaissent sur le corps des taches rouges disséminées en placards, les yeux s'injectent de sang et le malade émet involontairement quelques gouttes de salive spumeuse... Tous ces phénomènes, au bout de quelques minutes, diminuent d'intensité, nous sommes tout à fait rassurés sur son état... Une heure après apparaissent les douleurs intestinales et des vomisssements ; ces accidents durent quatre heures et la température s'élève à 38°5. Le lendemain matin, le malade est complètement remis. »

Nous avons tenu à reproduire textuellement cette observation de M. Paul Ravaut, non seulement parce qu'elle donne un tableau aussi exact et aussi complet que possible de l'ensemble des symptômes pathologiques du premier degré que l'on peut observer après l'injection des arsénobenzènes, mais aussi parce que l'auteur fait suivre cette observation d'une réflexion d'un très grand intérêt. M. Ravaut dit, en effet, à la fin de son article : « On ne peut s'empêcher de rapprocher ces accidents de ceux que l'on considère comme caractéristiques de l'anaphylaxie aiguë, du choc anaphylactique, suivant l'expression de Besredka. Comme eux, ils ont un début brusque, apparaissant au cours ou quelques instants après l'injection intraveineuse ; même terminaison brusque après s'être présentés sous un tableau clinique des plus impressionnants. Nous y retrouvons également les symptômes cardinaux de l'état du choc anaphylactique : l'asthénie subite, la dyspnée, les vomissements, les phénomènes circulatoires périphériques, la diminution de conscience. » M. Ravaut dit encore plus loin qu'au point de vue pathogénique, une différence capitale doit séparer les phénomènes qu'il vient de décrire et les accidents anaphylactiques : « Alors, dit-il, que les substances susceptibles de produire l'anaphylaxie sont des matières albuminoïdes : actinocongestine de Richet, sérum de cheval, etc., c'est au contraire à la suite d'un composé non albumineux que nous voyons apparaître des accidents rappelant si bien le choc anaphylactique. »

Nous nous bornerons, pour le moment, à faire remarquer, à propos de cette dernière réflexion de M. Rayaut, que les arsénobenzènes, tout en n'étant pas des albumines, en possèdent les principales propriétés physico-chimiques, et notamment celle de *précipiter en présence de sels et de combiner ou de fixer avec une grande énergie la plupart des substances avec lesquelles ils viennent en contact. Ils forment des complexes très compliqués dans lesquels on trouvera très certainement à l'état de traces, en dehors des produits indiqués dans les formules, toutes les substances et impuretés contenues dans l'eau et les produits avec lesquels ils sont venus en contact pendant les innombrables manipulations nécessaires à leur fabrication. L'ensemble de ces substances, de ces impuretés, doit jouer un rôle très considérable dans l'action thérapeutique de ces produits.*

Nous traiterons cette question plus en détail dans un mémoire spécial.

Les notions les plus précises sur le rôle des précipités comme cause de la mort rapide des animaux d'expérience ont été données par Ch. Fleig dans son remarquable travail expérimental déjà cité sur *La toxicité du salvarsan.*

Fleig a pu suivre *in vivo* la formation du précipité dans le sang, et l'attribue avec raison à la transformation du produit alcalin en base insoluble sous l'influence de l'acide carbonique en présence de chlorure de sodium. Il a parfaitement reconnu que ce qu'on appelait alors la *toxicité de l'arsénobenzène* acide ou alcalin, et que nous appelons *accidents du premier degré,* dépend uniquement de la technique des injections plus ou moins lentes ou plus ou moins concentrées et que, toutes choses d'ailleurs égales, on peut atténuer considérablement ces accidents par l'addition de sucre (glucose ou lactose) à la solution, parce que, en présence de sucre, la formation du précipité est retardée et les grumeaux plus fins.

Il est certain que si Ch. Fleig n'avait pas été enlevé brusquement à ses travaux et avait pu continuer ses intéressantes expériences, il aurait reconnu la complexité de constitution physico-chimique des arsénobenzènes et l'importance du rôle des composés du sang autres que l'acide carbonique et le chlorure de sodium. Il 'aurait reconnu l'importance des phosphates et, plus particulièrement, des phosphates de chaux qui forment avec les arsénobenzènes des composés difficilement solubles.

Son attention aurait été attirée aussi sur ce fait d'une importance capitale que, si la formation d'un précipité dans le sang, par suite de l'action de l'acide carbonique et du sel marin, explique bien la plupart des accidents du premier degré quand on injecte les arsénobenzènes insuffisamment alcalinisés et à forte dose, ce phénomène à lui seul ne *nous explique pas du tout les accidents tardifs que l'on peut appeler du deuxième degré et provoqués par des doses relativement très faibles*, par des doses qui, chez les lapins, ne provoquent jamais aucun accident d'aucune sorte, quelle que soit la technique de l'injection et la préparation de la solution.

La posologie pour l'homme est, en effet, de 5 à 15 milligrammes par kilogramme pour le novoarsénobenzène, de 2 à 10 milligrammes pour l'arsénobenzène et pour le galyl, de 0,5 à 5 milligrammes par kilogramme pour le luargol. Il faudrait probablement injecter des milliers de lapins pour en trouver un qui réagirait, par hasard, aux plus fortes de ces doses. Pourtant, chez l'homme, ces réactions, relativement peu fréquentes avec les produits neutres (novo ou néo) sont, au contraire, la règle avec l'arsénobenzène et le galyl, très rares avec le luargol. Il ne s'agit là, bien entendu, que de ces réactions peu graves : nausées, vomissements, diarrhées, céphalées et fièvres légères, et non pas de ces crises nitritoïdes décrites par M. Milian et qui deviennent relativement de plus en plus rares.

Ces troubles légers, produits par de très petites doses, ne peuvent pas être expliqués par la simple transformation des composés alcalins en bases insolubles quand il s'agit d'arsénobenzène ou de luargol, et encore moins quand ils se produisent après l'injection de novoarsénobenzène, qui n'est pas influencé par l'acide carbonique, les bicarbonates et le chlorure de sodium. Les causes de ces troubles doivent être cherchées plutôt dans la formation des composés insolubles et plus stables que tous ces produits forment avec les sels de chaux, dans la décalcification plus ou moins prenoncée du plasma, et peut-être aussi de certaines cellules de l'organisme.

Nous ne pouvons actuellement qu'indiquer cette nouvelle direction dans la recherche du mécanisme de l'action thérapeutique et toxique de ces produits. Les observations et les expériences faites jusqu'à présent n'ont jamais envisagé la question à ce point de vue et ne peuvent nous fournir aucun élément d'appréciation. Toutes ces recherches avaient été dominées jusqu'à présent par l'idée d'Ehrlich d'un parasito-tropisme spécial, pour ainsi dire exclusif, mais s'il y a peut-être quelque chose de vrai dans cette idée, il n'en est pas moins certain qu'il serait difficile de trouver un produit plus orga-notrope que l'arsénobenzène et que, par conséquent, le méca-nisme de l'action parasiticide peut être tout autre que ne l'admettait Ehrlich.

On arrivera probablement à résoudre ce problème, en analy-sant avec soin les éléments des accidents qui surviennent dans e traitement des malades ou que l'on peut provoquer chez les animaux d'expériences, en recherchant, par l'examen anatomo-pathologique des lésions et par l'analyse du sang et des urines, les causes et la nature des transformations du produit injecté et des liquides de l'organisme.

Résumé. — Il résulte de ce qui précède que les produits du groupe de l'arsénobenzène agissent sur l'organisme, *en premier lieu* par les combinaisons insolubles qu'ils contractent avec les gaz et les sels contenus dans le plasma et, en particulier, avec les sels de chaux.

Ils peuvent donc agir, d'une part, *mécaniquement* en pro-duisant des embolies dans les capillaires, d'autre part, *physi-quement et chimiquement* en troublant plus ou moins profon-dément l'équilibre chimique et osmotique du sang, et par contre-coup les échanges entre le plasma et les cellules des tissus et des organes.

Les troubles du premier degré sont causés uniquement par l'action mécanique du précipité.

Le degré de gravité de ces troubles peut dépendre de la préparation de la solution injectée, ou bien d'une prédispo-sition spéciale du malade.

Les symptômes observés dans ces deux cas étant identiques, on peut en conclure que la cause des troubles est la même, c'est-à-dire, dans le cas d'une hypersensibilité du malade, une richesse plus grande du plasma en sels, par exemple un diabète phosphatique passager ou durable.

Les troubles du premier degré ne donnent aucune indication sur la toxicité vraie d'un de ces produits. Ils indiquent simplement une préparation défectueuse de la solution ou bien une hypersensibilité du malade.

Les expériences sur les animaux permettent d'affirmer que les doses thérapeutiques employées chez l'homme (1 milligramme à 1 centigramme par kilogramme) ne peuvent pas apporter un trouble appréciable dans l'équilibre chimique et osmotique du sang à constitution normale.

La dose réellement toxique serait donc la quantité du produit qui troublerait cet équilibre d'une façon profonde et assez durable pour amener la mort en 1, 2 ou 3 jours, sans avoir été précédée de manifestations du premier degré.

Les limites de tolérance de tous les animaux de laboratoire aux composés du groupe de l'arsénobenzène actuellement en usage, oscillent entre 0,15 et 0,20 centigrammes par kilogramme. Les animaux injectés avec des quantités supérieures à ces limites, et qui en ont supporté l'injection sans avoir manifesté aucun trouble appréciable aussitôt ou peu de temps après, succombent généralement 1 à 8 jours plus tard. *Ce seraient donc là les doses vraiment toxiques.*

Intolérances.

A en juger par les observations recueillies et publiées jusqu'à présent, on doit diviser l'intolérance aux composés de l'arsénobenzène en deux catégories nettement distinctes : *l'intolérance préexistante* et *l'intolérance acquise.*

Dans le chapitre précédent, nous avons cherché à déterminer les causes d'une de ces catégories d'intolérance, et notamment les causes des troubles du *premier degré* qui se manifestent immédiatement ou peu de temps après la première injection. Nous avons vu que ces troubles et le degré de leur gravité doivent être attribués à la richesse plus ou moins grande du plasma en sels et plus particulièrement en phosphates ou carbonates de chaux, qui forment avec les arsénobenzènes des composés insolubles et peuvent déterminer ainsi des embolies dans les capillaires.

Ce qu'il importe surtout de faire remarquer et ressortir ici, c'est que les troubles les plus légers (simple céphalée, un frisson ou une élévation de température de un degré pendant 1 ou 2 heures) et les plus graves crises nitritoïdes sont produits par les mêmes causes, que les différences sont purement quantitatives et aussi que cette intolérance passagère *s'atténue à chaque injection*, même si les doses successives sont chaque fois plus élevées. Ainsi, par exemple, si, à la suite de la première injection de 0,10 centigrammes, on note une fièvre de 38°5, la deuxième injection de 0,15 centigrammes, faite 3 ou 4 jours après, ne sera suivie que d'une élévation de température de 38°; à la troisième injection de 0,20 centigrammes il n'y aura que 37°5, aux injections suivantes de 0,25 et 0,30 centigrammes, il n'y aura que des élévations de température à peine appréciables ou pas du tout. Très souvent, il n'y a de réaction qu'après la première injection.

L'expérience sur les lapins donne, à ce sujet, des résultats d'un très grand intérêt théorique et pratique :

Expérience IV. — On injecte à un lapin 0,20 centigrammes de 606 *monosodique*. Il succombe en quelques secondes après quelques soubresauts convulsifs.

Un deuxième lapin reçoit une première injection de 0,03 centigrammes de la même solution, qu'il supporte sans aucun trouble; il supporte aussi sans trouble appréciable, quelques heures après, une deuxième injection de 0,25 centigrammes de la même solution *monosodique*.

Expérience V. — Une série de lapins reçoivent dans les veines 0,20 à 0,25 centigrammes de luargol *disodique* qu'ils supportent sans aucune réaction apparente, 5 à 30 jours après, ces lapins supportent aussi sans réaction une dose de 0,20 centigrammes de 606 *monosodique* qui tue les témoins en quelques instants.

Chez l'homme, on peut, bien entendu, trouver des exceptions à cette règle, mais ces exceptions peuvent être facilement expliquées par des écarts de régime ou une excitation quelconque.

Les observations et les expériences précitées nous permettent donc de conclure que, si aucune cause étrangère ne vient troubler la marche régulière de ces réactions, *les choses se passent comme si la quantité des produits, causes de l'intolérance, qui sont contenus dans le plasma du malade traité, diminuait à chaque injection, ou bien que les bases organiques qui solubilisent les précipités s'accumulent dans le sang ou y apparaissent plus rapidement et en quantité plus grande après chaque injection.*

Chacune de ces deux réactions peut à elle seule aboutir au même résultat et leur coexistence est aussi possible ; toutefois la longue durée de l'immunité acquise après une première injection nous fait penser que cette immunité est due principalement à l'accumulation ou plutôt à la formation constante dans le sang des produits solubilisants et, dans ce cas, une première injection serait *vaccinante* pour les injections suivantes dans le sens propre de ce mot, c'est-à-dire que cette première injection aurait pour résultat de *stimuler l'organisme à produire des substances capables de le protéger contre les dangers des injections suivantes.*

Les accidents du premier degré ne sont jamais suivis d'une issue fatale, on peut les prévenir ou les atténuer par l'adrénaline suivant le conseil de M. Milian, et les médecins habitués à l'emploi des arsénobenzènes n'y attachent pas une importance exagérée.

« Il en est tout autrement — nous disait souvent M. L. Fournier, qui nous a permis, avec beaucoup de bonne grâce, de suivre dans son service, à l'hôpital Cochin, le traitement par le luargol de plus de 3.000 malades — de ces accidents tardifs, que nous n'avons heureusement jamais eu l'occasion d'observer chez nous, dont les premiers symptômes apparaissent 2 à 8 jours après la deuxième ou une quelconque des injections suivantes et qui sont quelquefois mortels. Ce sont ces accidents qui, bien que très rares (on en compte un pour des milliers de cas traités) nous font hésiter à employer des doses convenables pour obtenir une guérison radicale de nos malades, parce que rien, jusqu'à présent, ne nous a permis de prévoir lequel de nos malades sera un intolérant et à quel moment du traitement il peut le devenir. Ce qu'il faudrait donc trouver pour obtenir des guérisons plus fréquentes, comme on guérit certaines trypanosomiases des animaux d'expérience (1), ce sont les causes de ces accidents tardifs, toujours très dangereux, et les moyens de les éviter ou tout au moins de les prévoir. »

Je n'ai jamais eu l'occasion d'observer chez l'homme un de ces cas d'intoxication grave ou mortelle que je rangerai dans la *deuxième catégorie d'intolérances.*

Pour fixer les idées, nous citerons un de ces cas décrits par M. Paul Ravaut dans le *Journal médical français* du 15 octobre 1911 :

Jeune femme de dix-huit ans, robuste, sans tare, atteinte de syphilis secondaire, enceinte de trois mois. Première injection intraveineuse de 0,40 centigrammes bien supportée. Deuxième injection intraveineuse de 0,50 centigrammes cinq jours après. Le lendemain, agitation, congestion de la face.

Trois jours après la seconde injection, brusquement, élévation rapide de la température à 40°, crises épileptiformes, coma, stertor, mort quatorze heures après. Pendant cette période de coma, la malade est sondée et les urines paraissent normales, sans albumine.

Autopsie. — Congestion de tous les viscères. Le foie et les reins sont peu altérés histologiquement. *Congestion et hémorragie microscopiques des poumons et du tube digestif.*

M. Paul Ravaut cite encore six autres observations analogues, dans lesquelles c'est toujours la deuxième injection qui a provoqué la crise fatale.

Il est à remarquer que dans ces sept cas les doses employées étaient relativement fortes : 0,40 à 0,60 centigrammes pour la première et la deuxième injection; que la deuxième injection avait été faite à 3 à 40 jours après la première, que les premiers symptômes alarmants n'apparaissent que 1 à 3 jours et le coma à 3 à 5 jours après l'injection.

M. Paul Ravaut (2) fait suivre ces observations des réflexions suivantes : « Il suffit de jeter un coup d'œil sur ces sept observations pour voir qu'elles sont toutes superposables. Il s'agit

(1) J. DANYSZ. Traitement des trypanosomiases, etc. *Comptes rendus de l'Académie des Sciences*, t. CLIX. p. 452, 24 août 1914.

(2) P. RAVAUT, Sur un type spécial d'accidents nerveux et cutanés, etc, *Bulletins et Mémoires de la Soc. méd. des Hôpitaux*, séance du 17 novembre 1911. P 367.

chaque fois de sujets jeunes, robustes, sans tares viscérales, qui, pour une syphilis récente, reçoivent une première injection de 606 ; elle est bien supportée et quelques jours après on pratique une seconde injection. Cette dernière est moins bien tolérée : on note des vomissements, de la congestion de la face, de l'agitation, de l'élévation de température, puis entre le 3ᵉ et le 5ᵉ jour, apparaissent des convulsions épileptiformes, le malade tombe dans le coma et meurt avec une respiration stertoreuse 12 à 24 heures après le début des accidents.

« A l'autopsie on retrouve dans tous les cas *une congestion intense de tous les viscères, des hémorragies interstitielles* et *des altérations viscérales variées.* »

Cette intolérance tardive, qui s'est manifestée dans les cas cités par M. Ravaut à la suite d'une deuxième injection d'une dose relativement élevée, supérieure, pour la 1ʳᵉ et la 2ᵉ injection, à 0,40 centigrammes, peut se manifester après la 3ᵉ, 4ᵉ ou 6ᵉ injection d'une série de doses plus faibles, de 0,20 à 0,40 centigrammes.

En compulsant un certain nombre de ces observations et des procès-verbaux d'autopsies publiés jusqu'à présent, et après avoir éliminé les cas douteux dans lesquels la mort du malade a pu être causée par un défaut de fonctionnement du foie ou du rein, on peut résumer l'évolution de ces accidents tardifs de la façon suivante :

1° L'intolérance ne diminue pas dans le cours du traitement ; au contraire, la durée et la gravité des troubles augmentent à la deuxième injection ou aux injections qui suivent.

2° Les troubles, qui débutent par des nausées ou des vomissements, continuent à se manifester par des céphalées, courbatures, urticaires ou éruptions scarlatiniformes, et par des températures voisines de 40°, qui peuvent persister pendant 2 à 5 jours et se terminer quelquefois par des convulsions et le coma.

3° A l'autopsie on trouve une congestion de tous les viscères, des hémorragies dans le poumon, le foie, le rein, le tube digestif, le système nerveux central.

Les manifestations pathologiques et leurs causes sont donc les mêmes dans les crises du premier degré et dans les accidents tardifs ; *ce qui diffère, c'est la durée de la crise* qui n'est que de quelques minutes ou quelques heures dans le premier cas, de quelques jours dans le second et c'est *la durée de la crise qui est la cause de la gravité et de la généralisation des lésions.*

Nous sommes donc obligés d'admettre qu'il se passe ici un phénomène exactement contraire à ce que nous avons constaté pour l'intolérance de la première catégorie : *le précipité ne se redissout pas, parce que la quantité des produits précipitants contenus dans le sang augmente, ou parce que les produits dissolvants ne se forment pas en quantité suffisante.*

On peut reproduire ces crises chez les animaux d'expérience par l'injection de doses encore bien tolérées, mais relativement beaucoup plus fortes (0,05 à 0,10 centigrammes par kilogramme chez le lapin au lieu de 0,005 milligrammes à 0,01 centigramme par kilogramme chez l'homme), en faisant suivre les injections d'arsénobenzène par des injections de 0,40 à 0,60 centigrammes de biphosphate ou de glycérophosphate de calcium, qui, seuls, sont aussi très bien tolérés, ainsi que nous l'avons vu dans l'expérience III.

On voit alors des crises caractérisées par tout l'ensemble des symptômes que nous connaissons apparaître 4 à 6 heures après l'injection des phosphates. Chez un certain nombre d'animaux ces crises sont rapidement fatales; chez d'autres, elles peuvent durer plusieurs heures et les animaux peuvent revenir à l'état normal.

Il n'est guère possible d'obtenir par l'expérience une diminution des produits solvants, mais il est bien probable que l'hypersensibilité est provoquée plutôt par le manque des produits solvants que par une surproduction des précipitants.

Quelles peuvent être les causes de ces différences dans les réactions de l'organisme? Pourquoi l'organisme acquiert-il une certaine immunité dans l'immense majorité de cas et devient-il, au contraire, plus sensible ou anaphylactisé dans certains autres?

Des analyses plus précises des réactions biologiques et chimiques des liquides et des organes nous l'apprendront sans doute et nous espérons pouvoir reprendre cette étude prochainement.

Résumé. — Quelles que soient les considérations théoriques que les observations et expériences qui précèdent peuvent suggérer, nous n'avons pour le moment d'autre but que de dégager de cette étude les faits suivants :

1° Les arsénobenzènes ne peuvent être éliminés de l'organisme qu'après avoir été transformés en composés solubles dans les milieux neutres et non précipitables par les sels, c'est-à-dire après avoir passé de l'état colloïdal à l'état de sels qui n'ont plus aucune affinité pour les substances de l'organisme.

2° Cette transformation consiste en deux réactions successives : formation d'un précipité et redissolution de ce précipité.

3° La formation du précipité peut causer des troubles plus ou moins légers ou graves suivant la quantité des substances précipitées et le temps pendant lequel elles restent sous cette forme.

4° La solubilisation du précipité résulte très probablement de la combinaison des arsénobenzènes avec certaines bases organiques et de leur sulfonation qui a pour résultat de former ainsi des composés très stables, solubles dans des milieux neutres et qui ne précipitent pas par les sels.

5° Une première injection immunise l'organisme, dans la grande majorité de cas, contre la réaction précipitante des injections suivantes, ce qui indique que la première injection provoque dans l'organisme une formation continue des produits solubilisables.

6° Dans certains cas, très rares, il y a, au contraire, inhibition de la fonction de sécrétion des produits solubilisants et l'organisme devient plus sensible à la deuxième injection qu'il ne l'était à la première.

De l'ensemble de ces faits, on peut dégager les conseils suivants pour l'emploi des arsénobenzènes dans la pratique médicale :

1° Commencer le traitement par l'injection d'une très faible dose (0,01 à 0,03 centigrammes) qui vaccinera l'organisme et lui permettra de supporter sans réaction les injections suivantes.

2° Observer soigneusement les réactions qui peuvent se produire après l'injection suivante qui doit être faite aussi à petite dose et que l'on peut faire 1 à 4 jours après la première.

Si cette deuxième injection est aussi bien ou mieux supportée que la première, on peut continuer le traitement et augmenter progressivement les doses sans crainte de complications. Dans le cas contraire, il serait préférable d'interrompre le traitement pendant 8 à 15 jours ou d'injecter une ou plusieurs doses vaccinantes de 5 à 10 milligrammes. Nous croyons pouvoir ajouter que les crises tardives, généralement très graves, qui se prolongent pendant plusieurs jours, pourraient très probablement être combattues avec succès par l'injection d'une ou plusieurs doses vaccinantes, dès l'apparition des premiers symptômes alarmants.

UNE PROPRIÉTÉ INTÉRESSANTE
DES SOLUTIONS VIEILLIES DE FIBRINOGÈNE

par P. NOLF.

Si l'on conserve, à 0°, une solution concentrée de fibrinogène préparée suivant la méthode de Hammarsten, on constate qu'elle conserve pendant un temps variable la propriété de se coaguler après adjonction de sérum en donnant des caillots gélatineux d'aspect tout à fait normal. Pour certaines solutions, la durée de la conservation ne dépasse pas quelques jours. Le plus souvent, elle atteint 3 à 4 semaines. Il semble que plus une solution est concentrée, plus elle a chance de durer longtemps. J'ai constaté, d'autre part, que des solutions dans lesquelles la dissolution du fibrinogène avait été obtenue par addition de 2 à 3 gouttes d'une solution de carbonate sodique pour 100 cent. cubes de solution, pouvaient perdre en quelques jours, à 0°, la propriété d'être coagulées, si l'on omettait de neutraliser l'excès d'alcali aussitôt que la dissolution de fibrinogène s'était opérée.

D'habitude, la perte de la coagulabilité ne survient pas brusquement. Dans les jours qui précèdent, on constate que les caillots se produisent plus péniblement, qu'ils ont une consistance moins ferme, plus visqueuse. Quand elle est devenue complète, la solution reste complètement fluide, si on lui ajoute un sérum frais ou une solution de thrombine.

On peut donner deux explications de ces faits : ou bien le fibrinogène perd progressivement, en vieillissant, son affinité pour la thrombine, ou bien il la conserve, mais sa solution se stabilise (comme celle de beaucoup de colloïdes), de telle sorte que les produits de son union à la thrombine sont des complexes de plus en plus solubles, qui finissent par rester complètement en solution dans l'eau salée isotonique (fibrine soluble).

J'avais, il y a quelques années déjà (1), préféré la seconde explication, qui rend mieux compte de l'observation suivante : quand on réduit en poudre fine, dans un mortier d'agate, soit de la fibrine desséchée, soit le précipité desséché, obtenu en coagulant un sérum par un excès d'alcool, et qu'on met ces poudres en suspension en eau salée isotonique, on obtient un liquide dans lequel la thrombine est en partie dissoute et en partie adhérente aux particules de fibrine. Mélangée à du fibrinogène récent, cette émulsion produit une double coagulation : 1° coagulation du fibrinogène à la surface des particules, ce qui entraîne l'agglutination de celles-ci ; 2° coagulation du fibrinogène par la thrombine dissoute, ce qui produit le caillot gélatineux habituel. Si, au lieu de fibrinogène récent, on emploie le fibrinogène vieilli, on constate que le caillot gélatineux ne se produit pas, tandis que s'opère l'agglutination des particules de fibrine.

Mais, si le fibrinogène vieilli a gardé le pouvoir de s'unir à la thrombine qui adhère aux particules de fibrine, de façon à produire l'agglutination de celle-ci, on doit supposer qu'il n'a pas perdu toute affinité pour la thrombine dissoute. La non-apparition du caillot gélatineux ne prouve pas que thrombine dissoute et fibrinogène vieilli ne se sont pas réellement unis.

Pour s'assurer de l'existence de cette union, il existait un moyen : si l'union est réelle, elle doit s'accompagner d'une consommation de thrombine : on doit donc s'attendre à voir le fibrinogène vieilli exercer une action anticoagulante sur un milieu coagulable auquel on le mélange.

---

(1) P. Nolf, Contribution à l'étude de la coagulation du sang. *Arch. internat. de Physiologie*, 1908, VI, p. 15.

L'expérience réalisée a donné un résultat tout à fait positif. En voici un exemple :

SOLUTION concentrée de FIBRINOGÈNE ayant séjourné 6 semaines à 0°.	SOLUTION isotonique de CHLORURE SODIQUE	SOLUTION de CHLORURE CALCIQUE à 1,1 p. 100.	PLASMA OXALATÉ de chien	RÉSULTATS
	1,6 c. c.	0,05 c. c.	0,4 c. c.	Caillot après 37 minutes.
	1,8 c. c.	0,05 c. c.	0,2 c. c.	Caillot après 22 minutes.
	1,9 c. c.	0,05 c. c.	0,1 c. c.	Caillot après 22 minutes.
1,6 c. c.		0,05 c. c.	0,4 c. c.	Caillot après 2 heures.
1,8 c. c.		0,05 c. c.	0,2 c. c.	Fluide le lendemain et le surlendemain.
1,9 c. c.		0,03 c. c.	0,1 c. c.	Fluide le lendemain et le surlendemain.

Le pouvoir anticoagulant des solutions est relativement faible. Pour le mettre en évidence, il faut, comme dans l'expérience précédente, employer une solution concentrée de fibrinogène et ne lui ajouter que de faibles quantités du liquide coagulable. C'est dans ces conditions seulement que le pouvoir anticoagulant se marque nettement. Si la proportion du liquide coagulable ajouté à la solution de fibrinogène est progressivement augmentée ou si la concentration du fibrinogène est diminuée, le retard de coagulation s'atténue rapidement ; aux concentrations intermédiaires, le caillot apparaît dans la solution de fibrinogène vieilli avec peu de retard sur le caillot témoin en eau salée isotonique, mais il est moins consistant que lui.

Le pouvoir anticoagulant de ces solutions vieillies de fibrinogène ne peut être attribué ni à une salinité trop forte, ni à une alcalinité exagérée, comme le prouvent et l'examen direct et le fait que ces solutions se coagulaient elles-mêmes quelques jours avant de devenir anticoagulantes. Ce n'est pas non plus la putréfaction qui a engendré des substances anticoagulantes. A la température de 0°, les solutions de fibrinogène sont imputrescibles. Il m'est arrivé d'en conserver pendant trois mois en vase ouvert, dans la glace fondante, sans que le moindre trouble, la moindre odeur indiquât l'existence d'une pullulation microbienne. Ce fait est d'autant plus remarquable, que l'on sait que les extraits d'organes subissent assez rapidement la putréfaction dans les mêmes conditions de conservation.

L'observation suivante apporte, d'ailleurs, la preuve que le pouvoir anticoagulant appartient bien au fibrinogène altéré lui-même. Si l'on chauffe ces solutions à 56°, température de coagulation du fibrinogène, elles se troublent comme des solutions de fibrinogène récemment préparé et perdent en même temps leur pouvoir anticoagulant.

En voici un exemple :

SOLUTION de FIBRINOGÈNE conservée à 0° depuis 3 semaines	MÊME SOLUTION chauffée 1/2 heure à 56°	SOLUTION isotonique de CHLORURE SODIQUE	SOLUTION de CHLORURE CALCIQUE à 1,1 p. 100	PLASMA OXALATÉ de chien	RÉSULTATS
1,6 c. c.			0,06 c. c.	0,4 c. c.	Caillot après 8 heures
1,8 c. c.			0,06 c. c.	0,2 c. c.	Fluide le lendemain et le surlendemain.
	1,6 c. c.		0,06 c. c.	0,4 c. c.	Caillot après 25 minutes.
	1,8 c. c.		0,06 c. c.	0,2 c. c.	Caillot après 35 minutes.
		1,6 c. c.	0,06 c. c.	0,4 c. c.	Caillot après 35 minutes.
		1,8 c. c.	0,06 c. c.	0,2 c. c.	Caillot après 45 minutes.

On peut donc considérer comme établi que les solutions de fibrinogène se stabilisent en vieillissant, comme beaucoup de colloïdes, et perdent la propriété de donner avec la thrombine un complexe insoluble, la fibrine. Mais ce fibrinogène stabilisé n'a pas perdu son affinité pour la thrombine. Il se combine à elle et s'oppose, quand il est en concentration suffisante, à ce qu'elle s'unisse à du fibrinogène normal présent.

On savait qu'un plasma conservé aseptiquement *in vitro* à la température du corps devient rapidement anticoagulant; on savait aussi que les liquides de transsudat (hydrocèle humain) se modifient lentement dans les cavités où ils se trouvent.

Immédiatement après leur formation, les liquides d'hydrocèle contiennent un excédent de facteurs de coagulation et ils sont à ce moment spontanément coagulables *in vitro* ; en devenant anciens, ils se font de plus en plus stables, ce qui est dû à leur enrichissement progressif en substances anticoagulantes. Il est possible que, dans ces liquides aussi, ce soit le fibrinogène vieilli et stabilisé qui constitue en tout ou en partie l'agent anticoagulant. Et cette opinion est corroborée par le fait, facile à démontrer au moins pour le plasma stérile *in vitro*, que le fibrinogène qu'il contient perd sa coagulabilité en même temps que la stabilité du liquide s'accroît.

La notion d'un fibrinogène stabilisé et devenu anticoagulant est intéressante à un autre point de vue. En établissant la transformation d'un facteur de coagulation en un facteur antagoniste, elle permet de comprendre le mécanisme suivant lequel s'exerce la propriété anticoagulante. Or il existe des propriétés anticoagulantes naturelles. Le plasma contient notamment une substance protéique, très abondante dans le plasma de peptone, qui s'oppose énergiquement à la coagulation du plasma. Il est possible que cette substance exerce son action anticoagulante à la façon du fibrinogène vieilli. Et nous voyons ainsi apparaître un air de parenté entre deux substances dont les rôles dans les phénomènes de coagulation sont antagonistes. Cet aspect nouveau des rapports du fibrinogène et de la substance que l'on appelle antithrombine ou antithrombosine hépatique est d'autant plus intéressant que l'une et l'autre sont produites par le foie.

Je m'empresse d'ajouter que l'antithrombosine hépatique est autre chose que le fibrinogène vieilli. Son pouvoir anticoagulant est beaucoup plus intense et n'est pas supprimé par un chauffage à 56°.

Mais on peut supposer que le foie sécrète, non pas une seule substance ayant de l'affinité pour la thrombine, ni même deux, comme le fibrinogène et l'antithrombosine, mais toute une série. Ces substances ont en commun leur affinité pour la thrombine, mais elles diffèrent l'une de l'autre par leur solubilité, leur point de coagulation et probablement par la grosseur de leur molécule. De la molécule la plus grosse, celle du fibrinogène, à la molécule la plus petite, qui est probablement celle de l'antithrombosine, existent peut-être de nombreux intermédiaires. Je serais tenté de ranger dans ce groupe, entre le fibrinogène et l'antithrombosine, la substance qui s'oppose à la fibrinolyse, que j'ai appelée antithrombolysine, et celle qui est l'élément caractéristique du chaînon terminal de l'alexine (*Endstück*).

(Avril 1914).

FÉCONDATION ET PHAGOCYTOSE [1]

par JACQUES LOEB

(Rockefeller Institute for Medical Research, New-York.)

I

Le thème de ce travail a été choisi en rapport avec les travaux du grand savant que nous voulons honorer par la présente publication jubilaire. L'idée que la pénétration du spermatozoïde dans l'œuf peut être considérée comme une sorte de phagocytose devrait n'être pas neuve. Mais, dans les sciences de la nature, il est toujours imprudent de se laisser guider par des analogies, au lieu de faits. L'auteur va communiquer, dans ce qui suit, des observations qui gagnent en clarté, si l'on interprète l'absorption du spermatozoïde par l'œuf comme une sorte de phagocytose.

On sait que, d'une manière générale, ce sont seulement les spermatozoïdes de la même espèce qui peuvent pénétrer dans un œuf et non ceux provenant d'espèces différentes. Ainsi l'œuf de l'Oursin peut aisément être fécondé par des spermatozoïdes d'Oursins de la même espèce ou d'espèces voisines, mais non pas — ou seulement d'une façon exceptionnelle — par le sperme de beaucoup d'autres Echinodermes, tels que, par exemple, les Étoiles de mer. Il y a onze ans, l'auteur a trouvé une méthode par laquelle il réussit, à coup sûr, à féconder les œufs de l'Oursin, *Strongylocentrotus purpuratus*, par le sperme de l'Étoile de mer, *Asterias ochracea*, de la côte de Californie. Pour obtenir ce résultat, il faut simplement augmenter l'alca-

---

(1) Traduction française de M. Caullery.

linité de l'eau de mer. Quand, à 50 cent. cubes d'eau de mer, on ajoute 0 c.c.5 de NaOH à $\frac{n}{10}$, il arrive généralement que tous les œufs d'Oursins, ou presque tous, sont fécondés dans ce liquide, au bout d'une demi-heure, par le sperme de l'Astérie.

Si l'on transporte ensuite ces œufs dans l'eau de mer normale, on constate qu'une partie seulement se développe en larves. Les autres œufs forment la membrane de fécondation; une division nucléaire a lieu, mais ensuite les œufs périssent rapidement. Ces œufs se comportent comme ceux chez lesquels la formation de la membrane de fécondation est provoquée à l'aide du traitement expérimental par un acide gras (ou un autre agent de cytolyse).

Se basant sur ses expériences de parthénogénèse artificielle, l'auteur explique ce fait ainsi : un spermatozoïde a pénétré dans les œufs d'Oursins qui se développent à la suite de la fécondation par le sperme d'Étoile de mer, tandis que ceux de ces œufs, qui forment seulement la membrane de fécondation, puis dégénèrent, sont entrés en contact intime avec le spermatozoïde, sans qu'il y ait eu pénétration complète de celui-ci dans l'œuf. Dans ce cas, les spermatozoïdes fournissent à l'œuf seulement la substance (*lysine*) qui détermine la formation de la membrane, et le développement marche comme s'il y avait eu production artificielle de cette membrane. Mais les spermatozoïdes, dans ces cas, ne pénétrant pas dans l'œuf, n'y abandonnent pas la seconde substance *correctrice*, qui est nécessaire au développement ultérieur, ou plutôt qui empêche la désintégration.

La vérification de cette hypothèse, qui a une grande importance pour la théorie de l'activation, a été entreprise à nouveau l'hiver dernier (1913-1914), par l'auteur, en collaboration avec le Dr Gelarie. On a trouvé qu'en effet le pourcentage des œufs d'Oursins qui, après fécondation par le sperme d'Astérie, se développent en larves, est, dans toutes les expériences, le même que celui des œufs dans lesquels on trouve un noyau spermatique 10 à 20 minutes après la formation de la membrane; tandis que le pourcentage des œufs qui forment seulement la membrane, mais ne se développent pas, est égal à celui des œufs où on ne trouve aucun noyau spermatique.

11

Ces expériences et d'autres qui ne peuvent être rapportées ici, suggèrent l'idée que l'augmentation de l'alcalinité de l'eau de mer, d'une part rend possible un contact intime du spermatozoïde d'Étoile de mer avec l'œuf d'Oursin, mais qu'elle produit en même temps un obstacle qui, dans un certain pourcentage des cas, s'oppose à la pénétration complète du spermatozoïde. La phagocytose permet d'obtenir peut-être la meilleure représentation de ce phénomène. Admettons que l'absorption du spermatozoïde dans l'œuf soit, de la part de celui-ci, une sorte de phagocytose; il est clair que l'œuf d'Oursin ne pourra absorber le spermatozoïde d'Astérie qu'en milieu alcalin; ou bien, si on se représente la phagocytose d'après les théories de la tension superficielle, il n'y a étalement, et écoulement du protoplasme ovulaire, autour du spermatozoïde, que si l'alcalinité de l'eau de mer dépasse un peu la normale. Le protoplasma d'œuf non fécondé est entouré d'une gaine gélatineuse, le chorion, que doit traverser le spermatozoïde pour arriver au contact du protoplasma ovulaire. L'auteur a observé que, dans l'eau de mer hyperalcaline, les spermatozoïdes d'Astéries sont agglutinés par cette gaine gélatineuse (et par beaucoup d'autres substances albuminoïdes). Et il est porté à se représenter que, dans une semblable eau de mer hyperalcaline, un certain pourcentage des spermatozoïdes, arrivant jusqu'au protoplasma ovulaire, adhèrent au chorion si fortement, que le protoplasma de l'œuf ne peut pas s'étaler autour de la surface complète du spermatozoïde, mais seulement autour d'une partie de celle-ci. Ces spermatozoïdes sont agglutinés, d'un côté au chorion, de l'autre au cytoplasme ovulaire. Ce dernier s'écoule autour du spermatozoïde autant que possible, mais, comme il ne peut s'étaler entre le chorion et le spermatozoïde (parce que là, ce dernier adhère), il ne se produit pas une pénétration complète du spermatozoïde dans l'œuf. Mais, comme le spermatozoïde est enfoncé en partie dans la couche corticale de l'œuf, ou dans le cône d'attraction, la substance membranogène du spermatozoïde se dissout dans la couche corticale de l'œuf, et la membrane se produit. Cette membrane rend impossible la pénétration de tout autre spermatozoïde dans l'œuf.

L'auteur a récemment trouvé un fait qui concorde avec cette interprétation : le pourcentage des œufs d'oursin qui, après formation de la membrane, par suite du contact du sperme d'Astérie, se développent en larves, est d'autant plus faible que l'on ajoute plus de NaOH. En élevant la teneur de l'eau de mer en NaOH, on augmente aussi l'adhérence des spermatozoïdes au chorion.

III

Si ces idées sont correctes, on doit s'attendre à ce que les œufs d'Oursins, dont le chorion est artificiellement éloigné, ne montrent plus ce phénomène singulier. De tels œufs devraient se développer *tous* en larves, après fécondation par le sperme d'Astérie; car c'était seulement l'agglutination du spermatozoïde au chorion qui empêchait la pénétration du premier dans l'œuf. Herbst a trouvé qu'une faible addition d'acide à l'eau de mer dissout le chorion. Si on place les œufs d'Oursin ($S.$ *purpuratus*), 1 minute 1/2 à 3 minutes dans 50 cent. cubes d'eau de mer $+$ 3 cent. cubes HCl à $\frac{n}{10}$, le chorion se trouve détruit. Mais, alors qu'il est facile de féconder ces œufs avec du sperme d'Oursin, on ne réussit généralement pas à le faire avec du sperme d'Astérie, même si l'on rend l'eau de mer fortement alcaline.

Cela conduisit l'auteur à chercher des méthodes, par lesquelles il serait possible de féconder avec le sperme d'Astérie, les œufs d'Oursins, même après que le chorion a été détruit par HCl, ou au moins fortement modifié. Dans ce but, l'auteur rechercha si d'autres substances que NaOH ne seraient pas propices à la fécondation et il trouva qu'à cet égard le calcium a une importance vraiment spécifique. Alors que, dans une solution tout à fait dépourvue de calcium, l'œuf d'Oursin ne peut pas être fécondé par le sperme d'Astérie, l'élévation de la teneur en calcium facilite l'hybridation hétérogène jusqu'au double ou au quadruple. L'élévation du taux de calcium rend possible la fécondation dans des solutions où la teneur en NaOH est très basse. Remarquons, entre parenthèses, que, même pour la fécondation de l'ovule d'Oursin par le sperme d'Oursin, le calcium est pratiquement indispensable (il ne peut être remplacé que par le strontium).

Si maintenant on met des œufs d'Oursins normaux dans l'eau de mer hyperalcaline, à laquelle on ajoute en outre du calcium, et si on la féconde par des spermatozoïdes d'Astérie, tous forment la membrane de fécondation, mais le pourcentage des œufs qui donnent des larves est encore plus faible que sans addition de calcium. Dans l'esprit de notre hypothèse, le calcium augmente la tendance du spermatozoïde à rester collé au chorion, ce qui empêche le cône d'attraction d'entourer complètement le spermatozoïde. Mais, si l'on traite les œufs d'Oursins par HCl, de façon à dissoudre ou à modifier profondément le chorion, il est possible de les féconder par le sperme d'Astérie, dans l'eau de mer hyperalcaline, dont on a élevé la teneur au calcium. On a réussi, dans beaucoup d'expériences, à féconder, par le sperme d'Astérie, 50 à 80 p. 100 de ces œufs, dans ces solutions à teneur augmentée en calcium et hypercalinisées. *Pratiquement les œufs se développent tous en larves*, ce qui prouve qu'effectivement c'était le chorion qui empêchait la pénétration des spermatozoïdes dans l'œuf.

Ces observations montrent que le concept de la phagocytose peut faciliter l'interprétation des phénomènes qui conditionnent la pénétration du spermatozoïde dans l'œuf. Il est possible, mais il n'est pas encore prouvé, que l'entrée du spermatozoïde dans l'œuf repose sur des processus de phagocytose (ou de tension superficielle).

BACTÉRIES DES POUSSIÈRES

par ET. BURNET,

Assistant à l'Institut Pasteur.

L'homme vit dans une atmosphère de poussières, surtout à la ville, mais aussi à la campagne. Elles flottent dans l'air, s'attachent aux mains et aux aliments ; on les respire et on les avale. Aussi est-il toujours intéressant de savoir quels microbes elles renferment. La plupart de ces études sont incomplètes, parce que la flore anaérobie y est négligée, ou tout à fait oubliée : par exemple, on ne peut que regretter cette lacune dans l'excellent travail de SARTORY et LANGLAIS (1), sur les poussières et microbes de l'air.

Au cours d'une enquête sur la présence du bacille tuberculeux dans le milieu extérieur, j'ai examiné une quarantaine d'échantillons de poussières et, tout en les éprouvant au point de vue du bacille de Koch, j'ai essayé d'en déterminer la physionomie bactériologique.

Sur 36 échantillons, il y en avait 18 de poussières fraîches, prélevées en des endroits que l'on balaye et nettoie chaque jour, où l'homme passe sans cesse, venant de la rue et y retournant : omnibus, tramways, wagons de chemins de fer, métropolitain et autres, encoignures de trottoirs à la porte d'entrée des maisons ; et 18 échantillons de poussières sèches, provenant du nettoyage, par le vide (*Vacuum cleaner*), d'endroits fréquentés aussi par la foule : théâtres et cinématographes populaires, tapis de salons d'essayage des grands magasins, tapis d'appartements de diverses classes. Les premières poussières participent surtout de la terre et des détritus des rues ; les secondes représentent mieux les poussières atmosphériques qui

____

(1) *Poussières et microbes de l'air*. Paris, 1912.

se sont déposées, se sont desséchées et ont dormi, des mois entiers, dans les tentures et les tapis.

La plupart des inoculations ont été faites avec une grosse quantité de poussières lavées à l'antiformine (à 10-12 p. 100, 20-40 minutes), puis lavées deux fois à l'eau stérile.

Le bacille tuberculeux n'a été révélé par les inoculations au cobaye dans aucun échantillon de poussières de nettoyage par le vide. Il a été trouvé dans 3 des 18 échantillons de poussières fraîches. Il s'agit, dans un cas, de poussière prélevée sur les barreaux supérieurs d'une fenêtre d'un laboratoire de bactériologie, à 3 mètres au moins au-dessus du sol; et, dans les deux autres cas positifs, de poussières prélevées sur des planchers d'autobus. Les bacilles provenaient évidemment de ces crachats que nos compatriotes s'entêtent à jeter partout, à tel point qu'un hygiéniste de notre connaissance, qui fait quotidiennement le même trajet dans un tramway à long parcours, n'est jamais parvenu à voir exempt de crachats le plancher du compartiment de première classe.

La proportion de 2 cas positifs sur 8 prélèvements d'omnibus, est assez forte pour rendre obligatoire la plus élémentaire propreté.

Les 3 bacilles isolés des poussières, essayés en cultures pures sur des séries de cobayes, se sont montrés très virulents; très virulents aussi pour les singes, à la dose de 1/10.000 de milligramme.

D'aucun de ces 36 échantillons, je ne suis parvenu à isoler le *Proteus*, qui est si répandu dans la nature, comme l'a montré Cantu (1). On comprend qu'il ne soit plus vivant dans les poussières vieilles et sèches. Il est plus étonnant qu'on ne l'ait pas trouvé plus souvent dans les poussières fraîches qui participent de la poussière des rues; il est vrai que le nombre des échantillons examinés n'est pas très considérable. Comme on va le voir, ces poussières renferment les principales bactéries putréfiantes. On peut en conclure que la vitalité du *Proteus* est faible dans les poussières exposées à l'air et à la lumière, et qu'il est facile d'en préserver les enfants, pour lesquels surtout il est dangereux. Metchnikoff a mis en évidence le rôle du *Proteus* dans le

(1) *Annales de l'Institut Pasteur*, t. XXV, p. 852, 1914.

choléra infantile, et indiqué de très simples mesures préservatrices : propreté des rues, où ne doit pas séjourner le crottin de cheval ; propreté des aliments, surtout des gâteaux et sucreries, si recherchés des enfants, et que les mouches ensemencent avec les *Proteus* dont leurs pattes se sont souillées dans les détritus des rues et des fumiers; propreté des mains et du mamelon chez les mères et les nourrices. Si le public daigne en tirer parti, ces recherches marqueront un grand progrès de l'hygiène infantile.

Ce qui suit concerne spécialement les poussières sèches du nettoyage par le vide.

Ce sont des poussières très ténues. Comme si elles contenaient des particules grasses, elles ne se mouillent pas facilement; et, pour les bien mettre en suspension, il faut les humecter goutte à goutte, en les triturant avec la baguette de verre, comme on fait pour les bacilles tuberculeux; elles se mouillent mieux avec l'eau salée qu'avec l'eau naturelle. Inoculées au cobaye, sous la peau de la cuisse ou la peau du ventre, ou dans les muscles de la cuisse, à forte dose, elles le tuent souvent avec ces grands œdèmes gélatineux et gazeux que donne une inoculation de terre de jardin, mais il y a des exceptions, et bon nombre de ces inoculations ne tuent pas.

Certains cobayes meurent au bout de 2-3 semaines, très amaigris, avec un abcès au point d'inoculation; l'injection les affaiblit et les expose aux méfaits du diplocoque de la pneumonie des rongeurs. Certains, qui ont survécu plusieurs semaines, et même plusieurs mois, ne sont pas restés absolument indemnes. On trouve souvent, à l'autopsie, des adhérences pleurales sèches, reliquat de lésions bénignes qui ont guéri. Il est difficile d'affirmer que le diplocoque qui sévit en hiver sur les cages n'y est pour rien : cependant les lésions sont plus fréquentes chez les cobayes qui ont reçu des poussières.

Les poussières ne sont pas toujours très pathogènes, parce que les bactéries y sont très rares. A l'examen direct, sous le microscope, on n'en voit aucune. Des ensemencements même abondants, sur milieux solides, soit sur gélose inclinée, soit en tubes de Veillon, donnent de très rares colonies ; à peu près la moitié des tubes restent stériles. Les quelques colonies que l'on obtient consistent en staphylocoques et streptocoques banaux, en *Subtilis* et *Mesentericus*. Mais l'ensemencement en bouillon permet un « enrichissement » des germes; les anaérobies se développent même en tube ouvert, sous le voile de *Subtilis*, qui ne fait jamais défaut, et parmi les microbes facultatifs. On les obtient facilement par un ensemencement en tubes scellés sur le vide, contenant du lait, du bouillon additionné d'un fragment de blanc d'œuf cuit, de l'empois d'amidon, etc.

Les cultures mettent en évidence les fonctions principales d'une flore bactérienne, et en premier lieu la putréfaction. Le blanc d'œuf est rapidement disloqué et même dissous ; le lait est coagulé; le caillot est dilacéré et digéré; la cellulose (papier des tubes d'Omelianski) est désagrégée et même dissoute; les sucres et l'amidon sont attaqués. Sous l'apparente pauvreté de ces poussières, il y a donc une flore peu abondante, mais variée et très active.

Je n'insiste pas sur les bactéries aérobies : Streptocoques, Staphylocoques, *Megatherium*, *Mycoides*, etc. On en trouve une ample analyse dans le livre de SARTORY et LANGLAIS. Le *Subtilis* et les *Mesentericus*, qui dominent, sont plus intéressants, à cause de leur activité protéolytique. On trouve, dans un certain nombre d'ensemencements, le *B. coli* : dans 2 cas a été isolé le *B. fæcalis alcaligenes*. Ce qui est propre à ces poussières, c'est leur flore anaérobie, et, comme on devait s'y attendre de particules qui se sont lentement desséchées, cette flore consiste exclusivement en anaérobies sporulants.

En l'absence du *Proteus*, et à part des *Mesentericus*, les bactéries que l'on isole (en passant des tubes de bouillon à blanc d'œuf aux tubes de Veillon), sont les grands putréfiants, B. de WELCH (*Perfringens* de Veillon), *Sporogenes*, B. tétanique, et derrière eux, les bacilles du groupe III, de Rodella.

Ce sont les *Sporogenes* et les Rodella qui dominent, sans doute parce que leurs spores sont les plus résistantes. Les poussières traitées 1 heure par l'antiformine à 20 p. 100, donnent encore des cultures de *Sporogenes*. Je suis parvenu une fois seulement à isoler le *Putrificus* du type décrit par BIENSTOCK. Tous les bacilles du type *Sporogenes* attaquaient l'amidon et les sucres. De sorte que cette flore de putréfaction paraît manquer de deux de ses agents de première ligne : l'un aérobie, le *Proteus*; l'autre anaérobie, le *Putrificus* de Bienstock.

On pourrait distinguer de nombreuses variétés de *Sporogenes*. Au point de vue extérieur, on voit surtout deux aspects de colonies : les unes grosses, compactes, feutrées, se dissociant difficilement; les autres plus petites, en flocons rayonnants, plus légères. On trouve aussi des colonies très irrégulières, allongées et comme échevelées, en petites flammèches. Si, dans les réensemencements on passe souvent d'une de ces formes à l'autre, c'est sans doute qu'il est difficile d'isoler rigoureusement les bacilles des divers types. Le type *bifermentans*, tel que l'a décrit Tissier, a été trouvé plusieurs fois, avec les dépôts glaireux qui caractérisent ses cultures en bouillon.

Le bacille tétanique a été isolé dans un tiers des cas et, en le cherchant spécialement, on le trouverait encore plus souvent. Aucun des bacilles tétaniques que j'ai isolés de ces poussières ne s'est présenté sous forme de colonies classiques, floconneuses, rayonnant autour d'un centre opaque, plus ou moins pareilles à celles du vibrion septique; mais tous en colonies nuageuses, d'opacité extrêmement légère, dépourvues de centre, à peine visibles si on ne les regarde pas au-dessus d'un fond sombre, grandissant rapidement et remplissant toute la largeur du tube.

L'inoculation des poussières n'est pas toujours suffisante pour affirmer la présence ou l'absence du bacille tétanique, sans doute à cause de sa rareté. J'ai obtenu le bacille tétanique dans des ensemencements d'une poussière qui, dans deux inoculations, n'a pas tétanisé les cobayes. J'ai obtenu une fois des colonies tout à fait pareilles à celles que je viens de décrire, et qui n'ont pas donné le tétanos. S'agissait-il d'un vrai *Putrificus*? Je n'ai pu, malheureusement, en faire l'étude biochimique; en tout cas, c'est le seul échantillon qui m'aurait donné le bacille de Bienstock. A noter que les inoculations, assez massives, mais lavées avec l'antiformine, faites pour déceler le bacille tuberculeux, n'ont jamais tétanisé les cobayes.

Bien que le vibrion septique soit un microbe habituel de la terre, je dois dire que je n'ai pu isoler une bactérie de ce type qui, à l'état de culture pure, tuât le cobaye, même lorsque je faisais des ensemencements à partir de l'abcès local, du liquide d'œdème sous-cutané et du sang du cœur de cobayes tués par inoculation globale de poussières : la mort dans ces cas doit être l'effet d'associations microbiennes. Ou il n'y avait pas de vibrion septique, ou il n'existait pas avec ses caractères classiques.

Labit et Lafforgue (1), qui ont étudié les microbes de la terre prélevée superficiellement sur le sol aux endroits les plus contaminés par une foire de quartier, à Paris, aussitôt après le départ des forains, n'ont trouvé ni le vibrion septique ni le tétanos. Comme eux je n'ai pas trouvé de vibrion septique pathogène, mais on voit que le bacille du tétanos a été trouvé aisément.

J'ai observé de l'œdème, suivi de nécrose et d'escarre de la peau, après inoculation de bacilles du type *Sporogenes* et du type du bacille de Welch ; ensuite, les cobayes ont guéri. On a probablement affaire à des races affaiblies, parmi lesquelles peuvent se trouver des bacilles plus ou moins parents du vibrion septique.

Je n'ai vu qu'une fois le bacille butyrique; je n'ai pas trouvé d'acidophiles (type Moro et *exilis* de Tissier = type Merechowsky).

Aucun échantillon des bacilles sporulés du groupe III de Rodella n'a attaqué le papier dans les tubes d'Omeliansky.

Cette attaque de la cellulose s'obtient avec presque tous les ensemencements abondants de poussières, mais plus énergique avec les poussières fraîches ou demi-fraîches, qu'avec les vieilles poussières sèches. Elle se produit aussi bien en tubes ouverts (capuchonnés ou non), qu'en tubes scellés sur le vide. L'attaque n'est guère visible qu'au bout de trois semaines ; dans certains ensemencements, elle est restée faible comme si quelque cause l'avait arrêtée en route. Il y a, dans les tubes scellés, une très forte tension de gaz. Voici trois bacilles qui, à partir des ensemencements directs en tubes d'Omeliansky, ont été isolés dans des tubes de Veillon :

1. Colonies fines, arrondies. Bacille Gram +, long, mince, effilé aux extrémités, ayant un peu l'aspect des fusiformes. Sur les préparations, disposition irrégulière, désordonnée, en paquets de jonchets. Une partie seulement sporulent tardivement. Un peu de gaz en gélose glucosée. Lait non coagulé,

_____

(1) *Revue d'hygiène et de police sanitaire*, 20 nov. 1911.

légèrement éclairci à la surface. Blanc d'œuf cuit, non attaqué ; amidon attaqué et vite éclairci.

2. Colonies fines, sans caractère spécial ; un peu de gaz en gélose glucosée. Anaérobies stricts, s'arrêtant loin de la surface ; sur préparation, filament extrêmement fin, interminable, entortillé en paquet de cheveux, Gram + ; réensemencement : on trouve, mêlé au filament, des articles de même calibre, sporulés, plus ténus que les plus fins Rodella. Peut-être deux microbes ? La culture a été perdue et n'a pu être étudiée plus complètement.

3. Anaérobie. Colonies se développant lentement, atteignant, au bout d'une dizaine de jours, 3-4 millimètres de diamètre ; grasses ou muqueuses, tout à fait difficiles à dissocier, à tel point qu'en aspirant avec une pipette, on entraîne plus facilement la colonie tout entière qu'un petit lambeau. Un peu de gaz. Au bout d'une dizaine de jours, une partie des bacilles (Gram +) portent des spores terminales rondes. Les bacilles sont plus gros que les Rodella III, incurvés, à bouts arrondis. Attaque fortement l'amidon. On retrouve de l'acide et pas de sucre. Ne coagule pas le lait.

Le premier et le troisième de ces bacilles, ensemencés en tubes d'Omeliansky après plusieurs repiquages, ont attaqué et désagrégé complètement le papier. Le fait serait très intéressant, si cette attaque était l'ouvrage d'un bacille rigoureusement pur. Mais, bien que l'ensemencement n'ait été fait qu'après une série de repiquages purificateurs, ceux qui ont quelque pratique des anaérobies admettront que je n'aie pas encore la certitude absolue d'avoir ensemencé des microbes purs.

En résumé, dans ces poussières où l'on peut voir comme une quintessence de poussières atmosphériques vieillies, les bactéries sont très peu nombreuses, mais il est facile de les mettre à même de se multiplier, et, grâce aux milieux électifs, de les voir développer plusieurs fonctions importantes, entre autres celles de la putréfaction. L'étude bactériologique des poussières est donc tout à fait incomplète, tant qu'on n'y a pas appliqué les meilleurs procédés de recherche des anaérobies, et qu'on n'a pas montré, à côté du *Subtilis* et des représentants variés du groupe du *Mesentericus*, les putréfiants tels que le bacille de Welch, les *Sporogenes*, le tétanique et le bacille de Rodella.

Au point de vue de l'hygiène, il y a toujours avantage à préserver nos aliments et nos muqueuses respiratoires des spores du bacille de Welch, des *Sporogenes* et du tétanique. La fréquence du B. tétanique mérite de retenir l'attention. Les poussières, inhalées ou ingérées, peuvent passer dans la circulation lymphatique et sanguine, et s'arrêter dans les tissus. D'après Mc. Crac, qui a soigneusement étudié les poussières siliceuses incrustées dans les poumons des mineurs (mines de Witwatersraud, colonie du Cap), 70 p. 100 de ces particules sont de dimensions inférieures à 1μ, les autres ont de 1 à 9 μ. Sans parler du danger des poussières qui peuvent souiller une plaie contuse, ne peut-il arriver que des spores tétaniques pénètrent dans l'organisme avec des poussières très fines, et soient la cause de certains cas de tétanos, pour lesquels on ne trouve pas de porte d'entrée ? Les traces de lésions déterminées à distance, chez les cobayes, par des inoculations de poussières, prouvent que ces poussières, sans être immédiatement pathogènes, ne sont pas indifférentes.

Les anaérobies des poussières procèdent de la terre, du fumier, et des matières fécales. Ils sont des éléments ordinaires de la flore intestinale de l'homme et des mammifères qui l'entourent. Ils représentent cette flore en circulation dans l'atmosphère et en instance de rentrer dans un intestin. L'analyse des poussières nous fait connaître une partie du cycle de ces microbes, en particulier des bactéries de la putréfaction, dans la nature. Elle nous montre combien est vaste l'horizon de ces études sur la flore intestinale, qui doivent tant aux recherches initiatrices de Metchnikoff.

RECHERCHES SUR LA FLORE INTESTINALE
CONTRIBUTION A L'ÉTUDE
DES MICROBES PRODUCTEURS DE PHÉNOL
PRINCIPAUX CARACTÈRES DU *BACILLUS PHENOLOGENES*

par ALBERT BERTHELOT.

Si nombreuses que soient les preuves cliniques et expérimentales du rôle néfaste de l'auto-intoxication intestinale, bien des cliniciens le mettent encore en doute. Les poisons sans cesse élaborés par les microbes de notre tube digestif leur semblent incapables d'une action nuisible parce que, même chez les sujets qui accusent des phénomènes de putréfaction intestinale très intenses, ils ne sont produits qu'en très faible quantité.

Le phénol et le p-crésol, en particulier, leur paraissent sans aucun intérêt à cause de la faiblesse relative de leur toxicité immédiate et surtout du peu d'énergie avec laquelle se manifeste le pouvoir phénologène des hôtes habituels de notre intestin.

M. Metchnikoff a pourtant montré que, même à très petites doses, le p-crésol sclérose les artères, les reins et le foie pourvu que son action soit prolongée très longtemps. Ce sont précisément de telles conditions de quantité et de durée que réalise l'auto-intoxication intestinale ; aussi conçoit-on difficilement qu'on puisse ne pas croire à ses méfaits. On objecte, notamment, que les puissants moyens de défense dont dispose notre organisme luttent sans cesse contre ce léger empoisonnement permanent. Mais leur activité incessante n'est pas sans les altérer à la longue ; peu à peu, plus ou moins vite, leur capacité de neutralisation, de destruction ou d'élimination diminue et l'auto-intoxication intestinale, sans qu'elle s'aggrave quantitativement, augmente de plus en plus d'importance au point de vue de son rôle pathogène. A mesure que s'usent nos organes, la portée du facteur continuité d'action s'affirme davantage et il arrive un moment où l'influence nuisible des très petites quantités de poisons produites par la flore de notre tube digestif cesse d'être insignifiante.

Ces quantités sont-elles toujours aussi minimes que l'admettent la plupart des auteurs? Jusqu'à ce jour, les faits nous le laissaient croire, car les microbes connus comme producteurs de phénol n'en donnent que des traces, dans les conditions les plus favorables. Dobrowolsky (1), qui a repris assez récemment l'étude de cette question, conclut de ses recherches que « la propriété des microbes de fabriquer du phénol est très peu marquée dans les cultures pures » ; bien qu'il ait examiné un assez grand nombre d'espèces, il n'a trouvé comme forts producteurs que les « bacilles *paracoli*, de II. Tissier (n°ˢ 91 et 94) », qui ne lui ont fourni, du reste, que 23 et 18 milligrammes de phénol par litre de milieu après dix jours de culture à 37°. Parmi les autres représentants de la flore intestinale, il n'y eut que quelques autres *B. paracoli*, quelques *B. coli*, *B. proteus* et *B. putrificus coli*, qui produisirent du phénol ; encore ne lui en donnèrent ils, *au maximum*, que 3 milligrammes par litre de milieu.

Les auteurs qui ne croient pas à l'importance pathogène des hôtes habituels de l'intestin trouvaient donc, dans les travaux mêmes des bactériologistes, des arguments en faveur de leur critiques ; à l'avenir, ces arguments leur manqueront, car les faits que je vais exposer ont ébranlé la base sur laquelle ils reposaient.

Il y a quelques années, j'ai montré qu'en se guidant sur les données chimiques que nous possédons sur l'origine des principaux poisons formés dans le tube digestif, il est possible d'isoler de la flore intestinale des espèces montrant une affinité particulière pour les produits ultimes de la digestion des protéiques, espèces parmi lesquelles se trouvent naturellement les plus grands producteurs de produits toxiques. A condition d'opérer sur un assez grand nombre d'échantillons, il suffit,

(1) Dobrowolsky, Des microbes producteurs du phénol. *Annales de l'Institut Pasteur*, juillet 1910, t. XXIV, p. 595.

en effet, d'ensemencer, avec une trace des matières fécales, un volume suffisant d'un milieu ne contenant comme aliment organique qu'une petite quantité d'un acide aminé, pour obtenir, rapidement, en quelques passages, une culture pure d'un microbe attaquant l'aminoïque employé et souvent d'une manière spécifique (1).

Le phénol et le *p*-crésol, qui apparaissent dans les putréfactions, se formant aux dépens de la tyrosine, constituant important de la plupart des molécules albuminoïdes, il paraissait évident, *a priori*, que ce serait parmi les microbes pour lesquels cet acide aminé est un aliment d'élection qu'on trouverait les plus forts producteurs du phénol. Dès mes premières recherches, j'ai constaté qu'il en était bien ainsi et deux des premières bactéries acidaminolytiques que j'ai isolées donnaient en quinze jours, dans une solution nutritive à base de tyrosine, assez de phénol pour que j'aie pu, avant toute recherche chimique, reconnaître la présence de ce corps à l'odeur caractéristique que répandaient les cultures.

Ces deux microbes étaient extrêmement voisins, mais je n'ai pu étudier complètement que l'un d'eux, ayant perdu l'autre accidentellement après quelques repiquages. Le milieu que j'avais employé pour l'isolement présentait la composition suivante :

Eau	1.000
SO⁴K²	0,20
SO⁴Mg	0,20
PO⁴K²H	0,50
AzO³K	0,25
CaCl²	0,02
Tyrosine	2,00

La tyrosine était l'acide aminé naturel, lévogyre, résultant de la purification du produit obtenu dans la digestion pancréatique de la viande ; par suite de sa très faible solubilité dans l'eau froide, elle restait en grande partie non dissoute dans la liqueur.

(1) Albert Berthelot, Recherches sur la flore intestinale. Isolement des microbes qui attaquent spécialement les produits ultimes de la digestion des protéiques. *Comptes rendus de l'Acad. des Sciences*, 24 juillet 1911. t. CLVI. Consulter également : *Presse médicale*, 19 avril et 6 août 1917 (Technique de la vaccinothérapie de certaines entérites chroniques).

Dans cette solution nutritive, en quinze jours, à 37°, la production de phénol atteignit 797 milligrammes par litre. L'intensité du pouvoir phénologène n'étant peut-être que la conséquence d'une adaption au milieu intestinal et me paraissant susceptible de diminuer au cours des passages en milieux usuels, je ne pris note, à ce moment, que des principaux caractères du microbe que je venais d'isoler et je remis à plus tard son examen détaillé. Les auteurs qui ont étudié les bactéries productrices de phénol ont surtout observé des espèces accoutumées depuis longtemps aux milieux artificiels et dont les propriétés pouvaient, par conséquent, se trouver assez différentes de ce qu'elles étaient à l'origine ; en ne me plaçant pas dans des conditions analogues, je me serais exposé à décrire les caractères encore mal fixés d'un microbe déjà connu.

J'ai donc réensemencé tous les trois mois, par piqûre en gélose et en gélatine, le microbe phénologène que j'avais isolé en juin 1911, et ce n'est qu'en janvier 1914 que j'ai repris l'étude de ses caractères dont voici l'exposé :

ORIGINE. — Matières fécales d'un sujet, âgé de trente ans, présentant depuis dix ans des signes d'appendicite chronique avec colite muqueuse.

MODE D'ISOLEMENT. — Trois repiquages dans un milieu électif où la tyrosine représentait le seul élément organique. Séparation des colonies sur le même milieu gélosé.

FORME ET DISPOSITION DES ÉLÉMENTS (Fig. I, 1). — Petit bacille large et court, presque ovoïde (cocco-bacille). Dans les jeunes cultures sur gélose inclinée, assez forte proportion d'éléments deux fois plus longs que larges avec une ébauche d'étranglement au milieu ; très rarement éléments encore un peu plus longs.

En bouillon les petites formes dominent ; un très grand nombre sont agglutinées en amas se dissociant difficilement.

MOTILITÉ. — Mobilité extrêmement faible, presque insensible même à l'ultramicroscope.

CILS (Fig. I, 2). — La petite forme normale, cocco-bacillaire, présente à une de ses extrémités un cil long et très fin ; certains éléments en ont deux, un à chaque pôle. Les formes longues en présentent quatre à six, un à chaque extrémité, deux de chaque côté.

CAPSULE. — Jamais de capsule, même dans les exsudats des animaux inoculés.

SPORES. — Pas de sporulation, même dans les vieilles cultures sur gélose pauvre en substances nutritives.

CARACTÈRES DE COLORATION. — Ne prend pas le Gram et se colore très facilement par les couleurs d'aniline.

DIMENSIONS DES ÉLÉMENTS. — Les formes normales mesurent de 0μ3 à 0μ5 de largeur sur 0μ4 à 0μ8 de longueur.

Action de l'oxygène. — Anaérobie facultatif.

Température optima. — 37°.

Température mortelle. — Les cultures en bouillon, en ampoules de 1 cent. cube, sont stérilisées par un chauffage de quinze minutes à 55°.

Caractères des cultures :

Bouillon ordinaire. — Trouble du milieu, flocons facilement dissociables. Dépôt abondant. Collerette peu apparente.

Bouillon Martin. — Milieu à peine trouble, abondant dépôt floconneux.

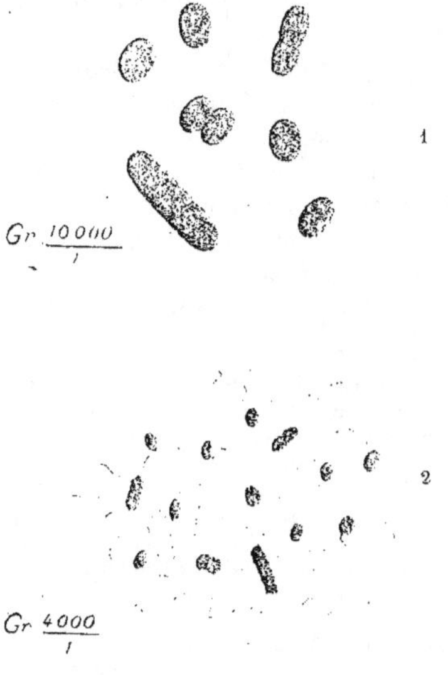

Fig. 1. — *Bacillus phenologenes.*
1, Forme et disposition des éléments. — 2, Disposition des cils.

Bouillon glucosé. — Mêmes caractères qu'en bouillon Martin.

Bouillon de légumes (Carotte, Navet, Pomme de terre). — Trouble très marqué avec dépôt lourd et abondant.

Bouillon ascite. — Après vingt-quatre heures à 37°, trouble à la partie supérieure ; après trois jours, léger voile et collerette, trouble floconneux dans la moitié supérieure, au fond des tubes dépôt adhérent abondant.

Bouillon sérum. — Trouble du milieu, dépôt floconneux bien aggloméré.

Bouillon lactique à 2 p. 1.000. — Au troisième jour milieu clair, mais abondant dépôt formé de grumeaux se dissociant mal.

Lait tournesolé. — La coagulation avec très légère acidification se produit seulement le troisième jour à 37°.

Gélose (Fig. II, 1, 2, 3). — En strie sur gélose inclinée, la culture a 37° présente l'aspect d'un enduit transparent, peu épais, blanchâtre par réflexion,

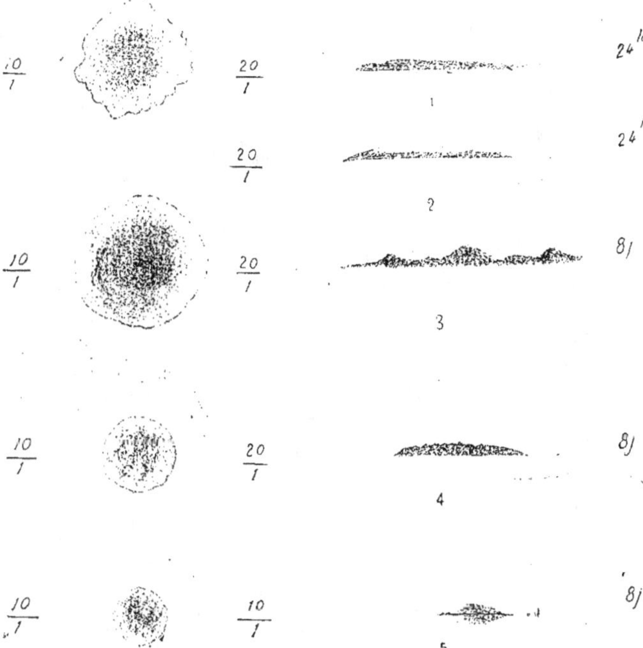

Fɪɢ. II. — *Aspect des colonies.*

Milieu de culture : 1, Gélose sèche. — 2, Gélose humide. — 3, Gélose sèche. — 4 et 5, Gélatine.

A gauche, vue en place.

A droite, 1, 2, 3, 4, coupes; 5, vue d'une colonie incluse dans la gélatine à 15 millimètres au-dessus de la surface.

légèrement teinté de brun par transparence. La surface est sèche, rugueuse; les bords festonnés sont amincis, mais à pente raide.

En piqûre, culture en clou comme pour la gélatine.

Sur plaques ou sur gélose inclinée, à 37°, les colonies atteignent en vingt-quatre heures un diamètre variant entre $0^{mm}75$ à $2^{mm}5$. Leur forme n'est pas très régulière; certaines, les jeunes surtout, sont presque circulaires, mais la plupart sont à bords festonnés, irrégulièrement découpés. Elles sont presque transparentes, très légèrement teintées de brun, surtout vers le centre qui est un peu plus épais que les bords; par réflexion elles sont blanc grisâtre, leur surface semble sèche et un peu rugueuse.

Gélatine (Fig. II, 4, 5). — Sur plaques, à 22°, les colonies de la surface atteignent en huit jours un diamètre moyen de 1 millimètre. Elles sont assez régulièrement circulaires, d'un blanc grisâtre, leur épaisseur s'accroît légèrement de la périphérie vers le centre et leur surface est d'apparence rugueuse. Dans l'épaisseur de la gélatine elles restent toujours plus petites, sont faiblement teintées de brun et de forme lenticulaire.

En piqûre le développement se fait en clou; la culture est d'un blanc grisâtre et envahit à la longue toute la surface libre du milieu. En aucun cas, il n'y a liquéfaction de la gélatine.

Gélose ascite inclinée. — En vingt-quatre heures, à 37°, colonies opalescentes très transparentes de forme identique à celles sur gélose ordinaire.

Gélose au sang inclinée. — En strie le développement s'effectue sous forme d'un enduit abondant à surface rugueuse et d'un blanc jaunâtre sale.

Sérum coagulé. — En quarante-huit heures, à 37°, culture grisâtre peu abondante limitée à la strie d'ensemencement.

Pomme de terre. — Léger enduit blanchâtre s'étendant très peu autour du point d'ensemencement.

Bouillon de haricots (Mazé). — En vingt-quatre heures, à 37°, trouble floconneux, collerette, dépôt abondant.

Urine humaine. — En vingt-quatre heures développement abondant avec collerette.

Gélose de Conradi-Drigalski. — Colonies rondes, blanc grisâtre rosé, d'aspect sec et à surface légèrement rugueuse. Elles présentent sensiblement la forme d'une calotte sphérique très aplatie avec une dépression centrale montrant elle-même une légère surélévation à son centre. Auréole rouge peu intense.

Eau peptonée (Peptone pancréatique Defresne). — En vingt-quatre heures, voile avec collerette peu apparente, trouble abondant à la partie supérieure avec flocon tombant au fond.

Eau peptonée glucosée à 10 p. 1.000; réaction limite. — Après 15 jours, à 37°, réaction acide correspondant à 1 gr. 225 de SO^4H^2 par litre.

Lactosérum (présure). — Trouble léger en vingt-quatre heures, à 37°.

Milieu de Gessard au succinate d'ammoniaque. — Après vingt-quatre heures, à 37°, trouble à peine sensible; au troisième jour, dépôt floconneux avec collerette et voile peu accusés.

Liquide de Uschinsky. — En vingt-quatre heures, à 37°, flocons abondants et collerette.

CARACTÈRES BIOCHIMIQUES :

Aucune action protéolytique sur la gélatine, le blanc d'œuf coagulé, le sérum coagulé ou la caséine.

Développement abondant, même au quatrième passage, sur milieux pour l'isolement des acidaminolytiques à base de *l*-tyrosine, de tyrosine racémique, d'histidine, de proline, d'arginine, de lysine, d'alanine ou de leucine. Pas de culture apparente avec le glycocolle, le tryptophane, la phénylalanine, l'acide glutamique ou l'acide aspartique.

Formation de phénol en présence de tyrosine l *et* dl, *de glycyltyrosine, ou de peptone pancréatique de viande. Coloration rose des milieux tyrosinés primitive-*

ment incolores. — Aucune production d'indol ou d'acide indol-3-acétique dans les milieux riches en tryptophane (peptone pancréatique de caséine, solutions minérales additionnées de tryptophane). Formation rapide d'hydrogène sulfuré dans les cultures en solution de peptone pancréatique Defresne; la gélose à l'acétate de plomb brunit en quatre jours à 22° et en vingt-quatre heures à 37°.

L'ensemencement dans une solution de peptone de soie (Hoffmann La Roche), à 1 p. 100, provoque en vingt-quatre heures, à 37°, l'apparition d'un léger trouble avec dépôt glaireux; dans une solution à 1 p. 100 des produits abiurétiques résultant de l'hydrolyse diastasique prolongée de la viande, le trouble est plus marqué avec formation de flocons et d'un dépôt grumeleux.

A 37°, en vingt-quatre heures, trouble très léger après ensemencement de solutions nutritives dans lesquelles l'azote est fourni par 2 p. 1.000 d'urée, d'allantoïne, de caféine ou de créatine.

Formation de nitrites dans les cultures en eau peptonée ou en solution minérale nitratées. .

Réduction partielle du rouge neutre, avec fluorescence, dans les cultures de vingt-quatre heures en eau peptonée; en quatre jours réduction totale.

Les cultures de quatre jours, à 37°, en eau peptonée additionnée de glucose, de lévulose, de galactose, de saccharose, de lactose, de maltose, de glycérine, de mannite, d'arabinose, de xylose, de mannose, de raffinose, de rhamnose, de glucosamine, d'esculine ou de méthylglucosides α et β présentent une réaction acide au tournesol. Avec la dulcite, l'érythrite, la dextrine, l'amidon, l'inuline, le glycogène, la sorbite, l'inosite, la salicine l'amygdaline ou l'arbutine, les cultures restent neutres.

Avec l'esculine l'acidification est à peine sensible, mais il y a un abondant dépôt d'esculétine. L'amygdaline et les deux méthylglucosides provoquent la formation d'un voile épais.

Pouvoir pathogène. — Le pouvoir pathogène des cultures totales de vingt-quatre heures, en bouillon, est pratiquement sans importance. En effet, la souris résiste à l'inoculation sous-cutanée de 3 cent. cubes et le cobaye à l'inoculation intrapéritonéale de 2 cent. cubes; le lapin supporte facilement 10 cent. cubes sous la peau, 5 cent. cubes dans le péritoine ou 3 cent. cubes dans les veines. La production de toxine semble nulle, car le cobaye ne présente aucun signe d'intoxication après l'injection intrapéritonéale de 12 cent. cubes ou l'injection intraveineuse de 5 cent. cubes d'une culture en bouillon Martin de dix jours, filtrée sur bougie.

Comme les auteurs qui ne croient pas encore au rôle néfaste de l'auto-intoxication intestinale n'auraient pas manqué de m'objecter que la présence des multiples produits de la digestion devait empêcher la formation de phénol, j'ai cultivé le *B. phenologenes* dans un milieu contenant non seulement toutes les substances qui résultent de l'hydrolyse tryptique et éreptique des protéiques de la viande et de la muqueuse intestinale, mais aussi les diastases pancréatiques et intestinales, ainsi que des albumines coagulables par la chaleur. Dans ces conditions, j'ai constaté que, toutes choses égales d'ailleurs, la quantité de phénol formée était encore les 40 centièmes de celle que le *B. phenologenes* produit dans un milieu ne contenant que de la tyrosine comme aliment organique. D'autre part, j'ai observé que si l'on ensemence ce milieu peptoné spécial avec du *B. phenologenes* et l'un des microbes suivants : *B. coli*, *B. lactis aerogenes* et *Proteus vulgaris*, la production du phénol n'est nullement influencée.

La plupart des bactériologistes ne recherchant pas la production de phénol et n'étudiant l'action sur les hydrates de carbone qu'avec un petit nombre de corps, ce microbe a peut-être été décrit sommairement comme un « coliforme » ou un « paracoli ». Comme je n'ai trouvé aucune description détaillée qui paraisse le concerner et qu'il est le seul grand producteur de phénol actuellement connu parmi les microbes de l'intestin, je propose de le nommer *Bacillus phenologenes*.

Depuis mes premiers essais, je l'ai recherché, avec la collaboration de mon regretté collègue Dominique Bertrand (1), dans deux cents échantillons de matières fécales provenant de malades atteints de troubles intestinaux chroniques ; nous ne l'avons trouvé que sept fois. D'autre part, nous ne l'avons jamais rencontré dans les matières de 20 sujets paraissant en bonne santé, doués d'un tube digestif fonctionnant normalement et indemnes de symptômes d'auto-intoxication. Les sept malades présentaient des signes de colite muqueuse, avec selles molles, mais sans véritable diarrhée ; ils accusaient, au contraire, du spasme du gros intestin, avec rétention plus ou moins marquée. L'un d'eux était manifestement un auto-intoxiqué.

Ce microbe semble donc appartenir à la flore intestinale pathologique, mais il serait imprudent de se faire une opinion définitive sur ce point avant d'avoir examiné les matières fécales d'un très grand nombre de personnes bien portantes.

Quoi qu'il en soit, il est maintenant hors de doute que, parmi les espèces microbiennes constituant notre flore intesti-

(1) Le Dᵣ Dominique Bertrand, préparateur à l'Institut Pasteur, est mort au champ d'honneur, à Etrépilly (Bataille de la Marne), le 7 septembre 1914. Il devait publier, à l'occasion du Jubilé de E. Metchnikoff, une étude sur des microbes grands producteurs d'indol, isolés avec la même technique que le *B. phenologenes*, mais, bien entendu, à l'aide de milieux électifs au tryptophane.

nale, il y en a parfois qui sont capables de produire, aux dépens de la tyrosine, une quantité de phénol beaucoup plus grande qu'on ne le croyait généralement.

Ce n'est d'ailleurs pas seulement au point de vue quantitatif que j'ai étudié l'action du *B. phenologenes* sur la tyrosine et je me suis efforcé d'établir la nature du phénol formé. *A priori*, je croyais trouver dans mes cultures plutôt du paracrésol que du phénol, particulièrement dans les cultures semi-anaérobies, mais quelles qu'aient été les conditions de mes expériences, je n'ai jamais pu constater la présence du *p*-crésol, au moins en quantités décelables par les moyens que j'ai employés.

J'ai d'abord examiné 10 litres d'une culture obtenue avec le milieu d'isolement dont j'ai donné plus haut la composition. Ce milieu était réparti par portion de 750 cent. cubes dans 12 fioles à fond plat de 1 litre ; après ensemencement, le séjour à l'étuve à 37° a été prolongé 2 semaines.

J'ai distillé les 10 litres de culture dans un appareil établi de manière à entraîner le phénol par un courant de vapeur d'eau surchauffée. J'ai conduit l'opération le plus rapidement possible et j'ai arrêté la distillation lorsque le liquide qui s'écoulait du récipient ne m'a plus donné aucune coloration avec le réactif de Millon. Après avoir *très légèrement alcalinisé* ce liquide par $NaOH$ je l'ai distillé pour chasser l'ammoniaque, puis sursaturé par CO^2 après refroidissement. Je l'ai alors épuisé par petites portions, dans une boule à décantation de 2 litres, avec de l'éther convenablement purifié (1). J'ai alors agité la solution éthérée avec 100 cent. cubes d'une solution aqueuse de soude à 5 p. 100, rejeté l'éther après séparation des deux couches, acidifié par SO^4H^2 la solution alcaline de phénol et épuisé celle-ci par 200 cent. cubes d'éther purifié employé par portions de 40 cent. cubes.

J'ai distillé cette solution éthérée sous pression réduite et à la plus basse température possible ; c'est avec le résidu de cette distillation, tel quel ou séché dans le vide, que j'ai effectué les réactions différentielles du phénol et du paracrésol.

Avec le perchlorure de fer, en l'absence d'alcool et d'acides, j'ai obtenu une coloration violette; avec le ferricyanure de

(1) Par lavage avec le tiers de son volume d'une solution de soude à 5 p. 100, puis à plusieurs reprises avec de l'eau distillée.

potassium et l'ammoniaque, une coloration rougeâtre fonçant rapidement. L'acide molybdique, en présence d'un grand excès d'acide sulfurique (réactif de Fröhde), m'a fourni une coloration vert foncé. Avec l'aldéhyde formique et l'acide sulfurique, en présence d'alcool, j'ai obtenu un précipité rouge violacé. L'aniline, avec l'hypochlorite de sodium et la soude caustique, m'a donné une fort belle coloration bleue ; enfin le chloroforme et la potasse ont déterminé, à chaud, l'apparition d'une coloration rouge violacé.

Pour toutes ces réactions, au lieu d'utiliser comme témoin du phénol tel quel, j'ai préféré répéter, sur une solution aqueuse de phénol pur à 5 p. 1.000, toutes les opérations d'extraction que j'avais effectuées avec les cultures, et c'est également sur le résidu de la dernière distillation de la solution éthérée que j'ai fait agir les réactifs. Tous m'ont donné des colorations identiques, à l'intensité près, à celles que je viens de décrire.

Toutefois, je ne me suis pas contenté de comparer, avec le phénol, le produit provenant de mes cultures et, toujours dans les mêmes conditions, j'ai préparé un témoin avec du para-crésol pur. Ce témoin m'a donné, avec le perchlorure de fer, une coloration bleue ; avec le ferricyanure un précipité blanc ; avec l'acide molybdique, une coloration bleu foncé, légèrement teintée de violet ; avec le formol, un précipité gris verdâtre et, à chaud, une coloration verte très nette ; avec l'aniline, aucune réaction colorée, de même qu'avec le chloroforme et la potasse.

En présence de ces résultats, j'ai examiné des cultures de *B. phenologenes* obtenues avec le même milieu, non plus à l'air libre, dans des fioles simplement bouchées au coton, mais dans des ballons à fond rond scellés, après y avoir fait le vide avec la trompe à eau. En effectuant l'analyse exactement comme je l'ai exposé plus haut, j'ai fait identiquement les mêmes constatations ; pour aucune réaction je n'ai pu observer la moindre différence entre les observations fournies par les deux séries d'essais et le témoin préparé avec du phénol pur.

Je puis donc affirmer que, même en milieu peu aéré, le *B. phe-nologenes* donne du phénol, en attaquant la tyrosine, et que, s'il produit du para-crésol, ce ne peut être qu'en très petite quantité, trop faible pour être décelée dans les conditions où j'ai opéré. Pour élucider ce point, il sera nécessaire d'expérimenter avec de grands volumes de cultures en milieu tyrosiné, et d'essayer de caractériser le para-crésol à l'état de paracrésol sulfonate de baryum (1).

En dehors de la présence du phénol, les cultures du *B. phenologenes* possèdent un caractère sur lequel il est utile d'insister, non seulement à cause de son intérêt biochimique, mais aussi en raison de son importance pour la différenciation des espèces. Il consiste dans l'apparition plus ou moins rapide d'une coloration rose, fonçant peu à peu vers le rouge groseille, analogue à celle que présente le phénol pur exposé depuis assez longtemps à l'air. *Ce phénomène est particulièrement net et précoce, avec les cultures en surface obtenues sur le milieu préparé en solidifiant, par la gélose, le liquide nutritif employé pour l'isolement (2); par contre, il ne se produit pas dans les cultures anaérobies.* Je n'ai pas encore pu isoler la substance colorante en quantité assez grande pour l'analyser, mais il est vraisemblable qu'elle n'est autre que la phénoquinone, car elle possède le même spectre d'absorption que les solutions diluées de ce composé ou de vieux échantillons de phénol pur teintés de rose.

Au début de mes recherches, je pensais que cette coloration rouge était peut-être due à l'action d'une tyrosinase sur la tyrosine, aussi ai-je essayé d'extraire cette oxydase des cultures ou des corps microbiens. J'ai obtenu des extraits glycérinés et aqueux riches en diastases diverses, mais aucun d'eux ne possédait d'action sur les solutions de tyrosine. Comme à ce moment je ne disposais que d'une très petite quantité de cet

(1) Depuis que ce mémoire a été rédigé j'ai constaté que les sulfochloramines aromatiques, si employées maintenant comme antiseptiques, donnent avec les phénols, certains corps à fonctions phénoliques et de nombreux composés cycliques ou hétérocycliques, des réactions très caractéristiques. C'est ainsi que, notamment, la *p*-toluènesodiumsulfochloramine produit, en solution aqueuse, une coloration verte intense avec le phénol et les crésols ortho et méta, tandis qu'avec le paracrésol elle ne fait apparaître qu'une légère teinte jaune madère clair (topaze). Elle fait preuve également d'une grande sensibilité pour la recherche et la distinction des polyphénols; son mode d'action sur certains aldéhydes présente aussi quelque intérêt au point de vue analytique. Je compte d'ailleurs préciser dans une autre publication le mode d'emploi et les applications de ce réactif, ainsi que de quelques autres du même groupe.

(2) La coloration rose envahit peu à peu l'épaisseur de la gélose tyrosinée.

acide aminé, j'ai interrompu ces essais; il me semble maintenant qu'il n'y aurait pas grand intérêt à les reprendre, puisque la matière colorante présente les caractères spectroscopiques de la phénoquinone, produit d'oxydation du phénol.

D'ailleurs, ce ne sont point les particularités de cet ordre qui doivent retenir l'attention dans l'étude du *B. phenologenes*; il faut surtout examiner tout ce qui se rapporte à sa propriété de produire du phénol en quantités relativement grandes, afin de se faire une idée de l'importance réelle du rôle qu'elle joue dans l'auto-intoxication intestinale et d'être en mesure de répondre aux objections des auteurs qui ne croient point à l'influence néfaste des microbes de notre tube digestif.

J'ai tout d'abord recherché si l'intensité du pouvoir phénogène ne diminuait pas à mesure que se multipliaient les passages sur gélose ordinaire. J'ai constaté que, reporté sur milieu ne renfermant que de la tyrosine comme aliment organique, le *B. phenologenes* produisait encore du phénol deux ans après son isolement; la quantité de ce corps formé par litre de milieu était un peu plus faible que dans les cultures obtenues au début, mais jamais elle ne s'est abaissée au-dessous de 500 milligrammes. Quelques passages en milieu d'isolement ramenaient d'ailleurs, très vite, le pouvoir phénologène à ce qu'il avait été, mais, même après vingt réensemencements dans ce liquide nutritif, je n'ai jamais observé une proportion de phénol supérieure à 821 milligrammes par litre, chiffre un peu plus élevé, cependant, que celui de ma première détermination. A 37°, la teneur en phénol des cultures en milieu tyrosiné atteignait son maximum vers le douzième jour; après le quinzième, on pouvait observer, dans les cultures bien aérées, une très légère diminution du phénol, en même temps qu'une intensification assez nette de la coloration rouge. Toute concentration des milieux ayant été évitée, il est bien probable que le phénol disparu avait été transformé en phénoquinone par oxydation.

La persistance du pouvoir phénologène étant établie, j'ai étudié les variations que font subir à celui-ci les changements apportés à la composition du milieu. Pour ces expériences, afin de me rapprocher autant que possible des conditions qui se trouvent réalisées dans l'intestin, je n'ai pas employé une peptone quelconque, mais bien le produit de la digestion d'un mélange, à parties égales, de pancréas de porc, de viande maigre de bœuf et de muqueuse intestinale de porc. La peptonisation de ces tissus frais, finement hachés, a été conduite rapidement et poussée seulement jusqu'à dissolution des éléments peptonisables; la liqueur, filtrée simplement sur une toile fine, a été évaporée jusqu'à siccité, dans le vide, à 45°. Grâce à M. P. Macquaire, qui très aimablement a bien voulu, sur mes indications, réaliser cette préparation, j'ai disposé d'une peptone dont les solutions étaient protéolytiques, précipitaient par la chaleur, et contenaient une forte proportion de tyrosine, décelable par la tyrosinase. Les solutions dont je me suis servi contenaient 25 grammes de cette peptone par litre; elles étaient alcalinisées très faiblement, et stérilisées par filtration sur bougie de porcelaine.

Pour déterminer l'influence du milieu sur la fonction phénologène, en même temps et avec la même culture de *B. phenologenes*, j'ai ensemencé le même volume de chacun des milieux suivants :

1° Milieu d'isolement (tyrosine + sels) ;

2° Eau peptonée;

3° Eau peptonée + 2 p. 1.000 de tyrosine ;

4° Eau peptonée + 2 p. 1.000 de tyrosine + 10 p. 1.000 de glucose ;

5° Eau peptonée + 2 p. 1.000 de tyrosine + 10 p. 1.000 de glucose + CO^3Ca en excès.

Après une semaine de séjour dans l'étuve à 37°, j'ai dosé le phénol dans les cinq cultures, en opérant exactement dans les mêmes conditions et sur le même volume. Si, pour simplifier, j'exprime par 1 la quantité de phénol trouvée dans la culture sur milieu d'isolement, les résultats obtenus peuvent se résumer comme suit :

	PHÉNOL
I. — Milieu d'isolement	1
II. — Eau peptonée	0,35
III. — Eau peptonée + tyrosine libre en excès . . .	0,40
IV. — Eau peptonée + tyrosine + glucose	0,00
V. — Eau peptonée + tyrosine + glucose + CO^3Ca.	0,003

De ces chiffres il résulte que si le *B. phenologenes* produit la plus grande quantité de phénol lorsqu'il ne dispose que de tyrosine comme source de carbone et d'azote, il n'en est pas moins vrai qu'il manifeste encore très activement son pouvoir phénologène, en présence des produits de la digestion pancréatique de la viande et de quelques substances existant dans le contenu intestinal (1). Bien que la différence entre les essais II et III soit très faible, il est vraisemblable qu'il préfère la tyrosine libre à celle qui lui est fournie par la peptone, où elle se trouve partiellement sous forme de peptides. Par contre, il est incontestable qu'en présence de glucose, il suit la règle commune aux microbes producteurs de phénol ; en effet, il ne donne pas trace de ce composé, à moins qu'un grand excès de carbonate de calcium ne vienne combattre l'influence nuisible de la légère acidité développée par l'attaque du sucre. L'influence de ce neutralisant est d'ailleurs médiocre, puisque la teneur en phénol de la culture V est seulement les 3/1.000 de celle de la culture I.

L'addition de 1 p. 100 de bile au milieu peptoné III est sans influence sur la production de phénol ; de même, celle-ci n'est pas modifiée, quand on ensemence le milieu avec du *B. coli*, du *B. aminophilas* ou du *Proteus vulgaris*, douze ou quinze heures après l'ensemencement par le *B. phenologenes*.

En somme, même dans de médiocres conditions de milieu, le *B. phenologenes* produit des quantités de phénol infiniment supérieures à celles que donnent les microbes étudiés jusqu'ici. Les bactériologistes allemands se sont donc trompés en affirmant, à maintes reprises, que la production de phénol dans les cultures pures serait toujours très faible. Les biochimistes

(1) Cette peptone est particulièrement recommandable pour l'isolement et l'étude des espèces de la flore intestinale. En ajoutant aseptiquement à de la gélose à 30 p. 1.000 (préparée à l'eau) des solutions concentrées de peptone convenablement alcalinisées, stérilisées par filtration et additionnées ou non de sucres et de AzO³K, il est facile de préparer tous les milieux solides nécessaires. Dans des applications diverses, ils m'ont donné des résultats très intéressants ; j'aurai l'occasion d'y revenir, en insistant également sur l'influence de cette peptone protéolytique sur la production de toxines et d'enzymes par certains microbes. Des peptones analogues, préparées à basse température, avec des organes ou des substances choisis d'après les affinités d'un microbe pathogène donné, permettent d'obtenir des milieux dont l'essai est tout indiqué pour l'isolement de ce germe, l'étude de sa virulence ou de ses toxines. (Consulter à ce sujet : A. BERTHELOT, Application d'une peptone protéolytique de viande et de muqueuse intestinale à la préparation des milieux de culture. *C. R. Soc. de Biol.*, 17 mars 1917.)

d'Allemagne, et non les moindres, ont commis une aussi lourde erreur en niant la possibilité de bien étudier la destruction microbienne des acides aminés autrement qu'avec des cultures mixtes. Dans les études de ce genre, fort belles d'ailleurs par leurs résultats purement chimiques, ils sont restés fidèles au fragment de pancréas ou de thymus pourri qui semblait être pour eux la seule source possible de microbes acidamino-lytiques. Ils n'ont abandonné ce mode d'ensemencement que le jour où j'ai publié mon premier travail sur l'isolement, à l'aide de milieux électifs, des microbes qui attaquent spécialement les aminoïques. A partir de ce moment, sans jamais me citer dans leurs travaux, ils ont adopté les cultures pures et il est à croire qu'elles leur ont donné des résultats supérieurs au morceau de pancréas putréfié, car ils les ont introduites dans la préparation industrielle de certaines amines utilisées en thérapeutique.

J'aurai, d'ailleurs, l'occasion de revenir sur ces faits : je ne les ai signalés ici que pour mieux souligner l'intérêt qu'il y a, lorsqu'on veut étudier la production d'une substance toxique par les bactéries de l'intestin, à essayer, avec la méthode que j'ai indiquée, d'isoler des espèces possédant, au maximum, la propriété biochimique envisagée. Dans le cas particulier des microbes producteurs de phénol, on voit que les nombreux auteurs qui les ont étudiés depuis vingt-cinq ans n'ont pu découvrir d'espèce vraiment active, tandis que très vite, avec les milieux électifs, j'en ai isolé une qui, même en eau pepto-née, donne plus de 250 milligrammes de phénol par litre. Bien entendu, à l'aide des méthodes d'étude ordinaires, on peut trouver, dans la flore intestinale, des bactéries douées d'une puissante action acidaminolytique, mais ce n'est que par hasard, alors que l'on a presque la certitude d'arriver au résultat cher-ché, quand on travaille avec une technique mettant à profit nos connaissances actuelles sur la dislocation microbienne des molécules aminoïques.

La notion de l'existence d'espèces microbiennes fortement phénologènes étant bien établie, je vais maintenant exposer, quelques expériences que les remarquables propriétés du *B. phenologenes* m'ont donné l'idée d'entreprendre.

Depuis longtemps, Péré et Vincent ont montré que le *B. coli,* faible producteur de phénol, est très résistant à l'action de ce composé ; de par ses propriétés mêmes, le *B. phenologenes* devait présenter cette particularité, sans doute à un bien plus haut degré. J'ai donc déterminé la dose de phénol pur qui est nécessaire pour empêcher le développement de ce microbe dans 1 litre de bouillon Martin et j'ai trouvé qu'elle était, en effet, de 6,81. J'ai observé, en outre, que du bouillon contenant 6,5 p. 1.000 de phénol, permettait encore d'obtenir de maigres cultures. Cette forte résistance à l'acide phénique n'est guère surprenante chez un microbe qui continue à manifester ses propriétés phénologènes après deux semaines de séjour dans des milieux pauvres contenant déjà plus de 500 milligrammes de cette substance par litre ; il me semble même probable qu'on pourrait l'augmenter encore, dans une certaine mesure, en accoutumant progressivement le microbe à des teneurs en phénol de plus en plus grandes. Quoi qu'il en soit, ce caractère du *B. phenologenes* possède un certain intérêt pratique, car il montre que, dans l'analyse bactériologique des eaux par le procédé de Péré ou ses dérivés, on peut éventuellement isoler, à côté du *B. coli*, certains microbes qui sont d'énergiques producteurs de phénol ; la dose habituelle de 0 gr. 85 d'acide phénique pour 1.000, même à 41°, ne gêne en rien le *B. phenologenes*. Il n'y a d'ailleurs pas grand inconvénient à ce qu'il soit confondu avec le *B. coli* lorsqu'on examine une eau au point de vue microbiologique, car il a, comme celui-ci, la même origine intestinale. Toutefois, il est bon de remarquer que, ce germe étant infiniment moins répandu que le *B. coli*, sa présence dans une eau témoignerait encore plus nettement d'une souillure fécale. Sa caractérisation ne présente aucune difficulté puisqu'il suffit de 2 ou 3 passages en milieu d'isolement tyrosiné et d'une séparation des colonies sur ce même milieu gélosé pour l'obtenir en culture pure. *La seule précaution à prendre consiste à n'ensemencer qu'avec la plus petite quantité possible les tubes de milieu électif et à n'employer qu'une tyrosine parfaitement pure* (1).

(1) J'ai eu entre les mains des échantillons de tyrosine commerciale qui contenaient : les uns, de la peptone ; les autres, de la leucine et de la cystine ; ils étaient, par conséquent, inutilisables pour la préparation des milieux que je préconise. J'ai dû également rejeter une tyrosine exempte d'impuretés organiques, mais contenant des traces de baryum qui empêchaient totalement le développement du *B. phenologenes*.

Lorsqu'on n'est pas pressé, la détermination chimique du phénol peut, à la rigueur, être évitée; en effet, les cultures en surface sur gélose d'isolement prennent une teinte rose très nette en quelques jours et l'on perçoit assez bien l'odeur d'eau phéniquée en sentant, au moment où on les sort de l'étuve à 37°, les cultures de dix jours obtenues avec la solution de tyrosine (1). La constatation de ces deux caractères organoleptiques, s'ajoutant à celle de la résistance au phénol établie par le mode même d'isolement, suffirait amplement à caractériser le *B. phenologenes* dans la pratique courante des laboratoires d'hygiène ; cependant, il vaudrait toujours mieux distiller les cultures et doser le phénol, ne serait-ce que colorimétriquement avec le réactif de Millon, pour essayer de trouver des microbes encore plus actifs au point de vue de la production du phénol. Du reste, il me semble peu probable qu'on en découvre donnant un rendement meilleur que le *B. phenologenes*. Le poids moléculaire de la tyrosine étant 181, celui du phénol 94, les cultures réalisées en présence de 2 p. 1.000 d'aminoïque fournissent donc environ 80 p. 100 de la quantité de phénol qui pourrait théoriquement résulter de la dislocation de la tyrosine. A cause de la très faible solubilité de celle-ci, et sans doute aussi d'une légère action retardatrice du phénol formé, ce rendement ne s'améliore pas quand on augmente dans les cultures la proportion de tyrosine non dissoute ; en outre, j'ai remarqué qu'il ne s'élève pas non plus dans les cultures en milieux renfermant moins de 1 p. 1.000 de tyrosine totale, probablement parce que leur teneur en aliment organique est insuffisante.

* * *

Telle que je viens de l'exposer, l'étude du *B. phenologenes* est certainement bien incomplète et de nombreux points très intéressants restent à élucider ; malheureusement, il me sera

(1) Pour bien percevoir l'odeur de phénol, il faut verser 30 à 50 cent. cubes de culture encore chaude dans un vase largement ouvert et ne pas se contenter de sentir une culture contenue dans un tube à essai muni de son bouchon d'ouate.

impossible d'entreprendre les recherches nécessaires tant que
je n'aurai pas isolé à nouveau ce microbe. La culture type et
les 7 échantillons que j'avais identifiés avec mon regretté collaborateur et ami, Dominique Bertrand, ont été perdus faute
d'avoir été réensemencés depuis que la mobilisation m'a éloigné de mon laboratoire. Dès que j'aurai la chance de retrouver
un *B. phenologenes* possédant une activité biochimique aussi
grande que celle de la première race, je compléterai l'étude de
cette intéressante espèce en m'efforçant tout d'abord de déterminer la nature des substances formées, en même temps que le
phénol, dans les cultures où la tyrosine est la seule substance
organique, puis celle des composés qui prennent naissance dans
les solutions nutritives glucosées.

Que ce soit avec le *B. phenologenes* ou avec une espèce analogue isolée par la même méthode, des problèmes fort importants pourront être abordés, qu'on était forcé, jusqu'ici, de
laisser de côté parce que l'on ne connaissait point de microbe
capable de produire autant de phénol aux dépens de la tyrosine.
Il sera possible, notamment, d'établir l'influence de la surin-
fection du tube digestif par une bactérie très phénologène,
voire même d'étudier, par des expériences de très longue durée,
l'action nocive d'une production exagérée de phénol dans l'intestin.

On pourra également essayer d'augmenter par l'accoutumance la résistance au phénol du *B. phenologenes*, d'obtenir
une race attaquant encore plus énergiquement la tyrosine, de
préparer un peu de phénol entièrement par voie microbienne
en soumettant une albumine très riche en tyrosine à l'action
successive d'une bactérie protéolytique et du *B. phenologenes*.

Il sera aussi très intéressant d'examiner la résistance des
microbes phénologènes aux antiseptiques dérivés du phénol ou
de constitution analogue, de même que leur action sur des composés voisins de la tyrosine ou d'autres acides aminés, surtout
cycliques et hétérocycliques. Dans un autre ordre d'idées, il
sera non moins important d'étudier l'action sur la tyrosine de
grandes masses des corps microbiens du *B. phenologenes*, obtenues par le procédé de M. Nicolle, et, mieux encore, celle
d'extraits diastasiques du même bacille, préparés soit par auto-

lyse aseptique, soit à l'aide du saccharose, de la glycérine ou du phosphate disodique (1).

Mais, quel que puisse être l'intérêt de telles études, les faits que je viens de relater suffisent amplement, et j'en suis heureux, pour montrer combien M. Metchnikoff avait raison de prévoir que l'on trouverait dans notre tube digestif de nouveaux microbes producteurs de phénol (2). Il se trouve même que le premier de ceux-ci possède un pouvoir phénologène dix fois plus grand (3) que celui des plus puissants générateurs de phénol connus et que, par conséquent, sa découverte constitue un nouvel argument à opposer aux auteurs qui nient l'importance de l'auto-intoxication intestinale (4).

(1) En 1913, alors que j'étudiais encore le *Proteus*, j'ai observé qu'on peut obtenir des extraits très actifs en traitant les corps microbiens (proc. M. Nicolle) par le sucre finement pulvérisé (1 partie microbes + 2 parties sucre) ou en reprenant par l'eau la poudre obtenue dans la déshydratation des microbes par PO^4Na^2H. Je publierai, d'autre part, les détails de la technique qui m'a donné, pour certaines diastases et certaines endotoxines, des résultats bien supérieurs à ceux que fournissent les procédés usuels. Avec mon regretté collègue D. Bertrand, j'ai même constaté que, d'une manière générale, ces extraits, surtout ceux résultant du traitement par PO^4Na^2H, constituent d'excellents vaccins préventifs ou curatifs. Les extraits obtenus avec le sucre sont particulièrement commodes pour les essais d'immunisation par voie digestive.

(2) Elie Metchnikoff, Poisons intestinaux et scléroses. *Annales de l'Institut Pasteur*, t. XXIV, octobre 1910, p. 757.

(3) Je ne tiens compte ici que des quantités dosées dans les milieux peptonés usuels, car les auteurs qui m'ont précédé ne semblent pas avoir fait de cultures en solution de tyrosine. Avec le rendement donné par celle-ci, le pouvoir phénologène du *B. phenologenes* serait quarante fois plus grand que celui des espèces déjà connues.

(4) Une analyse sommaire de ma note préliminaire sur le *B. phenologenes* (*Comptes rendus de l'Acad. des Sciences*, t. 164, 22 janvier, p. 196) me fait dire que l'isolement d'un microbe grand producteur de *phénol* « est une preuve en faveur de la théorie de Metchnikoff sur l'action sclérosante des petites quantités de phénol et de *p.* crésol engendrés par la putréfaction intestinale ». (*Bull. de l'Inst. Pasteur*, t. XV, 1917, p. 261). Cette action sclérosante a été établie par les travaux mêmes de M. Metchnikoff et, comme aujourd'hui, j'avais simplement écrit que l'isolement du *B. phenologenes* était une nouvelle preuve de la justesse des prévisions de M. Metchnikoff qui, dès 1910, pensait qu'on trouverait de puissants producteurs de poisons parmi les microbes de notre tube digestif.

L'IMMUNITÉ DANS LA SYMBIOSE

par J. MAGROU.

(Avec la planche VII.)

Dans l'étude de la vie en commun des êtres supérieurs avec les micro-organismes capables de les envahir, il est classique de distinguer deux cas, selon que la présence du microbe est nuisible à l'hôte qui l'héberge, ou qu'elle lui est avantageuse. On s'accorde à appeler « maladies parasitaires » les associations qui répondent au premier type, et à leur opposer les secondes, sous le nom de « symbioses ».

En fait, une telle distinction a été souvent faite *a priori*, et elle répond moins à la nature des choses qu'à la diversité des tendances qui ont guidé les recherches dans ces domaines. Les pathologistes qui ont étudié le parasitisme ont eu pour préoccupation essentielle de préciser les moyens d'attaque et de défense mis en œuvre par des organismes antagonistes. Au contraire, la question de la symbiose a été communément abordée avec le souci de déterminer l'utilité des micro-organismes pour les hôtes auxquels ils s'associent. On conçoit par là que le problème de l'immunité, qui a dominé de bonne heure l'étude des maladies infectieuses, ne se soit pas de longtemps posé à propos de la symbiose.

Le sujet a été envisagé, du point de vue le plus large, par Noël Bernard, qui a compris que la maladie et la symbiose n'étaient que deux aspects différents d'un même phénomène, et que l'une et l'autre étaient soumises aux lois générales communes de la pathologie. L'auteur de l'*Évolution dans la symbiose* a montré clairement que, dans les cas même où l'association entre deux organismes commensaux offre l'apparence de la plus parfaite harmonie, les actions réciproques des deux hôtes en présence ne diffèrent par rien d'essentiel de celles qui s'exercent entre un animal supérieur et une bactérie pathogène qui tente de l'envahir. A la lumière de ces découvertes, la symbiose n'apparaît plus que comme un mode particulier de maladie infectieuse, et son étude devient un terrain de choix pour la compréhension des lois de l'immunité.

Les recherches expérimentales de Noël Bernard ont porté sur les Orchidées, plantes qui hébergent normalement, dans leurs racines, des champignons endophytes. L'expérience montre que la symbiose s'établit nécessairement, chez ces plantes, dès le début de la vie, la germination de leurs graines ne pouvant se faire que si les embryons sont, au préalable, envahis par les champignons [1]. Si l'on expose des graines d'Orchidées à l'action des endophytes, la plupart d'entre elles sont rapidement pénétrées par le mycélium. Mais, après ce stade uniforme de pénétration, on observe des phénomènes variés, suivant les conditions de l'expérience [2, 3]. Tantôt, les embryons se laissent envahir en totalité et détruire par les champignons, auxquels ils n'opposent aucune réaction défensive. Tantôt, au contraire, ils détruisent leurs envahisseurs, grâce à un mécanisme de digestion intracellulaire, exactement comparable à la phagocytose. Tantôt enfin, ils tolèrent la présence de leurs hôtes, et contractent la symbiose avec eux ; dans ce dernier cas, la phagocytose s'exerce encore, mais de façon partielle et tardive ; elle ne suffit plus à enrayer la marche des champignons, et la protection des tissus essentiels de la plante est assurée par l'intervention de « propriétés humorales », semblables à celles qui s'exercent chez les animaux, dans l'immunité acquise.

L'examen critique de nombreux documents se rapportant à la symbiose chez les plantes supérieures a permis à Noël Bernard de généraliser les lois qu'il avait découvertes chez les Orchidées. Il existe, en effet, un nombre immense de plantes qui vivent en symbiose avec des champignons localisés dans leurs racines. L'étude de ces « plantes à mycorhizes » a fait l'objet d'importantes recherches histologiques. Mais ces recherches ont généralement porté sur des individus parvenus à l'état adulte, et si elles sont suggestives par le grand nombre et la diversité des espèces chez lesquelles elles ont été poursuivies, elles offrent, en revanche, peu de ressources pour comprendre les origines de la symbiose, son évolution et son retentissement sur le développement des êtres qui s'y trouvent soumis.

J'ai tenté, dans un cas de symbiose observé chez la Pomme de terre, d'analyser le mécanisme de l'immunité, en appliquant la méthode évolutionniste qui avait guidé Noël Bernard dans ses recherches.

* *

On sait qu'en règle générale les plantes à tubercules ou à rhizome hébergent des champignons de mycorhizes. La Pomme de terre cultivée (*Solanum tuberosum*) paraît faire exception à cette loi; ses racines sont, en effet, régulièrement indemnes d'infestation. Mais tout porte à croire qu'il s'agit là d'une exception accidentelle, liée aux conditions particulières de vie que la mise en culture a imposées, dans ce cas, à la plante. La présence de mycorhizes chez les espèces vivaces sauvages du genre *Solanum* paraît être un fait très général : Janse [9] les a observées chez le *Solanum verbascifolium* des forêts vierges de Java. Noël Bernard [6] les a décrites chez nos Douces-Amères indigènes (*Solanum Dulcamara*). Avec Mme Noël Bernard [7], nous les avons retrouvées chez le *Solanum Maglia* du Chili, plante sauvage à tubercules, très voisine du *Solanum tuberosum* cultivé. Ce dernier fait confirme une hypothèse formulée par Noël Bernard [4], d'après laquelle la Pomme de terre descendrait d'ancêtres sauvages régulièrement infestés, qui se seraient affranchis de la symbiose à la suite de leur domestication.

Il est facile, d'ailleurs, « d'inoculer » à la Pomme de terre le champignon qui vivait en symbiose avec ses ancêtres sauvages. Il suffit, pour cela, de semer des graines de *Solanum tuberosum* dans un sol où ont végété des Douces-Amères infestées [10, 11]. Dans ces conditions, les racines des jeunes Pommes de terre sont rapidement pénétrées par les champignons; mais, par la suite, le sort de l'association ainsi ébauchée diffère suivant le cas.

Certaines plantes détruisent leurs envahisseurs par une réaction précoce et énergique, et restent ensuite indemnes d'infestation. Les autres, au contraire, tolèrent leurs hôtes, et contractent avec eux une symbiose durable. Grâce à cette circonstance, la culture ainsi conduite prend la valeur d'une expérience comparative, où les plantes douées d'une immunité précoce représentent des « témoins » soustraits à l'action des parasites. Il suffit de comparer ces témoins indemnes aux pieds infestés pour apprécier l'influence de la symbiose sur le développement; une telle comparaison conduit à constater que les plantes qui détruisent les champignons dès leur pénétration sont, par la suite, régulièrement dépourvues de tubercules: leurs rameaux secondaires évoluent en tiges aériennes feuillées ou en longs stolons souterrains, non tubérisés. Au contraire, les plantes qui réalisent la symbiose produisent toujours des tubercules, développés à l'extrémité des courts stolons souterrains qui représentent les ramifications de la tige principale. On sait de même que, chez les Orchidées, la symbiose a pour conséquence la formation de tubercules [2]; mais, comme elle s'établit ici très précocement, les tubercules apparaissent dès la germination. Les graines de Pommes de terre, au contraire des graines d'Orchidées, peuvent germer sans le concours de champignons, dans des conditions d'asepsie rigoureuse; la symbiose s'établit, dans ce cas, à un stade plus tardif de l'évolution, et l'on conçoit que la tubérisation qui en est la conséquence, soit de même plus tardive que chez les Orchidées.

Il existe donc un étroit parallélisme entre le cas de la Pomme de terre et celui des Orchidées. L'étude de l'évolution intracellulaire de l'endophyte des *Solanum* le fera paraître plus clairement encore.

* *

L'infestation des Pommes de terre par leurs champignons endophytes s'effectue dans les stades qui suivent la germination, au moment où les plantules déploient leurs cotylédons, et accroissent et ramifient leurs racines. La résistance des parois cellulaires oppose à la pénétration du mycélium un premier obstacle, qui réalise une immunité en quelque sorte mécanique. Cette protection mécanique suffit à mettre les racines à l'abri de l'invasion de la plupart des micro-organismes qui pullulent dans le sol, mais elle est sans effet durable contre les attaques de l'endophyte spécifique.

Le champignon aborde les jeunes racines dans leurs portions déjà accrues et différenciées, au niveau de la zone des poils absorbants. La paroi cellulosique mince de l'assise pilifère est traversée sans difficulté, mais l'assise subéreuse sous-jacente oppose une résistance plus sérieuse, que le champignon arrive à vaincre par le même processus très singulier que Noël Bernard avait déjà décrit chez la Douce-Amère.

Parvenu dans l'assise pilifère, le mycélium y forme, en effet, des dilatations vésiculeuses à parois épaisses, dont la face profonde se découpe par des incisures en digitations, qui viennent au contact de l'assise subéreuse et s'appliquent contre sa paroi, en formant des disques adhésifs (planche VII, fig. 1, d_1). Le centre du disque adhésif émet ensuite un bourgeon en forme de coin, qui invagine la paroi subérifiée, la digère, et finalement la perfore d'un orifice par où le mycélium peut s'engager dans l'assise subéreuse (fig. 1, d_2, d_3, d_4).

Arrivés là, les filaments mycéliens reprennent leur calibre normal et traversent les cellules en droite ligne, sans s'y attarder; ils atteignent ainsi l'assise corticale sous-jacente, dont ils envahissent les cellules. A partir de ce stade, la marche des phénomènes diffère selon que la symbiose s'établit, ou que l'endophyte succombe précocement à l'action nocive que la plante exerce sur lui. J'examinerai d'abord le sort du champignon dans la première de ces deux alternatives.

Parvenu dans les cellules sous-jacentes à l'assise subéreuse, le champignon adopte un mode de végétation très particulier, que l'on retrouve, à quelques variantes près, chez la plupart des plantes à mycorhizes. Chez la Pomme de terre, la première étape de cette évolution est marquée par le pelotonnement du mycélium. Les filaments, au lieu de croître comme précédemment en droite ligne, se pelotonnent d'une manière plus ou moins compliquée dans les cellules qu'ils envahissent (planche I, fig. 2). Les champignons progressent sous cette forme, et arrivent à former des plages infestées, vastes et nombreuses, qui occupent l'assise moyenne de l'écorce. Mais, dans tous les cas, ils demeurent strictement localisés dans cette assise; les zones plus profondes de l'écorce, et à plus forte raison le cylindre central, restent constamment indemnes d'infestation. Les noyaux des cellules infestées sont hypertrophiés et plus ou moins déformés; ils prennent parfois un aspect amœboïde (fig. 2, n).

Le mycélium qui forme les pelotons n'est pas cloisonné, ou du moins, s'il présente çà et là quelques cloisons, elles sont rares et disposées sans ordre. Les filaments sont volumineux, de calibre irrégulier; ils renferment un protoplasma réticulé et sont pourvus de nombreux noyaux (fig. 2, n'). Ils ne tardent pas à émettre des ramifications qui se divisent, suivant le mode dichotomique, en branches de plus en plus grêles, pour se résoudre, en définitive, en ramuscules d'une extrême ténuité. Ces fins rameaux dichotomes s'enchevêtrent d'une manière extraordinairement complexe, formant des buissons touffus qui remplissent la cavité des cellules (fig. 3). De telles formations sont caractéristiques dés champignons de mycorhizes; on leur donne le nom d'arbuscules.

C'est après la différenciation des arbuscules que les champignons accusent les premiers symptômes de dégénérescence. Les extrémités des fins rameaux dichotomes se rétractent et s'agglutinent, de manière à former des masses multilobées, réfringentes et surcolorables, appendues aux ramifications du mycélium (fig. 4 s, s'). JANSE [9], qui a décrit ces formations chez un grand nombre de plantes à mycorhizes, les a désignées sous le nom de sporangioles. GALLAUD [8] a montré qu'elles devaient être considérées comme des résidus de la digestion des arbuscules par les cellules où ils se sont formés; un tel processus de digestion intracellulaire, s'exerçant vis-à-vis d'un parasite, est à rapprocher de la phagocytose, qui, chez les animaux, détruit par le même mécanisme les germes qui tentent de pulluler dans l'organisme (1).

Grâce au progrès de la réaction phagocytaire, les sporangioles augmentent de volume, deviennent confluents, et finissent par former d'énormes masses de dégénérescence mamelonnées, qui prennent la place des arbuscules (fig. 5, c). Mais, dans les cas même où la digestion intracellulaire atteint cette phase ultime, les gros filaments mycéliens ne sont pas détruits ; ils restent bien vivants, et l'on distingue, aussi nettement qu'aux premiers

---

(1) On ne doit pas évidemment s'attendre à retrouver chez les cellules végétales, enfermées dans des parois rigides, la propriété de poursuivre et d'englober les micro-organismes ; mais il suffit que ces cellules soient capables de digérer les parasites qui les envahissent, pour que l'on puisse parler de phagocytose, sans s'écarter du sens étymologique de ce terme.

stades de l'infestation, leur protoplasma réticulé et même leurs noyaux (fig. 5, n'). Comme la progression du champignon s'effectue, non par les arbuscules, mais par les gros troncs mycéliens, on conçoit qu'en dépit de la phagocytose, elle ne soit pas enrayée ; à partir d'une cellule où les arbuscules sont totalement détruits, les filaments principaux restés intacts sont capables de propager l'infestation dans les cellules voisines (fig. 5).

Il n'en est pas de même lorsque la Pomme de terre, au lieu de tolérer la symbiose, détruit précocement ses envahisseurs. Dans ce cas encore, les champignons parviennent bien à produire des pelotons dans les cellules de l'assise moyenne de l'écorce, mais ces pelotons, à peine constitués, subissent une digestion intracellulaire totale ; les gros troncs mycéliens qui les forment apparaissent rétractés, surcolorables, vidés de leur contenu protoplasmique (fig. 6) ; les sporangioles manquent ou sont de petite taille, ce qui indique que les arbuscules ne se sont pas différenciés, ou du moins n'ont pas eu le temps d'atteindre leur complet développement. Après cette phagocytose énergique, la progression du champignon est définitivement enrayée, aussi les cellules envahies restent-elles peu nombreuses ; elles forment de rares plages de dimensions restreintes, que l'on ne peut déceler que par un examen minutieux de coupes en série, pratiquées dans la totalité des racines de la plante. Noël Bernard a observé de pareils cas d'immunité rapidement acquise chez des embryons d'Orchidées ; il les a mis en parallèle avec les cas d'immunité naturelle observés chez les animaux qui guérissent de maladies accidentelles bénignes, après destruction des microbes par les phagocytes [3].

Il résulte de ces observations que la phagocytose, lorsqu'elle s'exerce de façon précoce et rapide, suffit à préserver la plante de l'invasion de l'endophyte. Mais, le plus souvent, l'action digestive des cellules, s'exerçant de façon tardive et partielle, respecte, comme on l'a vu, les organes qui servent à la progression du champignon ; elle est, dès lors, impuissante à enrayer sa marche, et la symbiose peut s'établir. Pourtant, dans ce cas même, l'infestation reste étroitement localisée dans des tissus bien déterminés de la plante; les tubercules, les tiges aériennes et souterraines, le cylindre central et les couches corticales profondes de la racine, les méristèmes, ne sont jamais atteints par l'endophyte. Chez les plantes qui tolèrent leurs hôtes et se laissent largement envahir, il persiste donc bien une certaine immunité, qui a pour effet d'imposer, en définitive, des limites à la marche du champignon. La phagocytose n'étant plus en pareil cas un moyen efficace, il faut chercher une autre cause à cette immunité.

Noël Bernard l'attribue aux modes de végétation très particuliers que les champignons de mycorhizes adoptent communément dans leur vie intracellulaire, et qui ont pour effet de ralentir leur progression. Le pelotonnement empêche le mycélium de progresser suivant le plus court chemin, et le contraint de rester localisé, un temps plus ou moins long, dans chacune des cellules qu'il envahit. La formation des arbuscules retarde plus sûrement encore la marche du champignon, puisque les filaments grêles qui les constituent ne pénètrent jamais dans les cellules voisines de celles qu'ils habitent. Ralentis grâce à ce proccssus, les progrès de l'infestation se règlent, en quelque sorte, sur le développement de la plante, et ne peuvent s'étendre au-delà de certaines limites; la protection de la majeure partie des tissus de l'hôte se trouve, de la sorte, assurée.

Or les pelotons et les arbuscules, formations constantes chez les endophytes intracellulaires, se rencontrent, au contraire, exceptionnellement chez les champignons qui mènent une existence autonome. Il est vraisemblable qu'il s'agit là de modes de végétation anormaux, résultant d'une adaptation à la vie parasitaire, liés par conséquent à la nature physico-chimique de la sève intracellulaire des plantes, autrement dit à une propriété humorale. L'immunité dans la symbiose serait dès lors comparable à l'immunité acquise des animaux vaccinés; on sait, en effet, que, dans le mécanisme de cette immunité, les propriétés défensives des humeurs entrent en ligne de compte et acquièrent une importance prépondérante. En fait, les microbes, dans les humeurs des animaux vaccinés contre eux, adoptent des modes de végétation anormaux qui ont pour effet d'entraver leur développement. Telle est, par exemple, l'agglutination des bactéries, qui se présente dans l'immunité acquise comme un épisode à peu près constant, et que l'on peut rapprocher du pelotonnement intracellulaire des champignons symbiotiques.

D'ailleurs, dans quelques cas, la réalité de l'immunité humorale a pu être mise directement en évidence : Noël Bernard [5] a montré, en effet, que le suc des tubercules d'Orchidées était capable de détruire les endophytes de ces plantes ; or la substance fungicide ainsi produite par les tubercules a une action rigoureusement spécifique ; d'autre part, elle est détruite par le chauffage à 55° ; elle a donc les caractères essentiels des anticorps qui se développent dans les humeurs des animaux immunisés. Chez la Pomme de terre, la même expérience n'a pas été tentée, mais si l'on observe que là, comme chez les Orchidées, la tubérisation est le résultat de la symbiose, on est conduit à supposer que dans un cas comme dans l'autre, les tubercules représentent des organes de défense, capables d'assurer la protection des plantes contre leurs envahisseurs.

*
* *

Les recherches de Noël Bernard sur les Orchidées et leurs Champignons commensaux ont montré qu'il n'y a pas un abîme infranchissable entre les moyens de protection des plantes et ceux des animaux contre les parasites. L'existence de processus défensifs à peu près identiques chez deux groupes d'Angiospermes aussi distants que les Orchidées et les Solanées suggère que les lois de l'immunité ont, chez les plantes comme chez les animaux, un caractère général. Quelles que soient les lacunes de nos connaissances dans ces sujets complexes, il est permis, sans dépasser la portée des faits acquis, de pressentir qu'il sera un jour possible de grouper, dans le cadre d'une théorie largement compréhensive, les phénomènes d'adaptation des micro-organismes aux hôtes capables de les héberger.

INDEX BIBLIOGRAPHIQUE

[1] Bernard (Noël). — Recherches expérimentales sur les Orchidées. *Revue gén. de Bot.*, XVI, 1904.

[2] Id. — L'Évolution dans la symbiose. *Ann. Sc. nat. Bot.*, 9e série. IX, 1909.

[3] Id. — Remarques sur l'immunité chez les plantes. *Bull. Institut Pasteur*, VII, 1909.

[4] Id. — L'origine de la Pomme de terre. *Bull. Soc. acad. d'Agriculture de Poitiers*, 1909.

[5] Id. — Sur la fonction fungicide des bulbes d'Ophrydées. *Ann. Sc. nat. Bot.*, 9e série, 1911, p. 223.

[6] Id. — Les mycorhizes des *Solanum. Ibid.*, p. 235.

[7] Mme Noël Bernard et J. Magrou. — Sur les mycorhizes des Pommes de terre sauvages. *Ibid.*, p. 252.

[8] Gallaud. — Études sur les mycorhizes endotrophes. *evue gén. de Bot.*, XVII, 1905.

[9] Janse. — Les endophytes radicants de quelques plantes javanaises. *Ann. Jard. Bot. de Buitenzorg*, XIV, 1897.

[10] Magrou (J.). — Symbiose et tubérisation chez la Pomme de terre. *C. R. Acad. des Sc.*, CLVIII, 1914.

[11] Id. — Les champignons endophytes des *Solanum. Bull. Soc. de Pathologie comparée*, janvier 1914.

LÉGENDE DE LA PLANCHE VII

Fig. 1. — Coupe longitudinale d'une racine chez une jeune plantule de Pomme de terre, montrant la pénétration du champignon. ap, assise pilifère; p, poils absorbants; as, assise subéreuse. On voit dans l'assise pilifère un filament mycélien vésiculeux, avec disques adhésifs d_1, d_2, d_3, d_4, aux stades successifs de leur pénétration; m, peloton mycélien dans l'assise moyenne de l'écorce; n, noyau cellulaire.

Fig. 2. — Coupe longitudinale dans une racine de Pomme de terre, montrant un stade précoce de l'infestation. m, mycélium pelotonné; n, noyaux cellulaires; n', noyaux du champignon.

Fig. 3. — Un arbuscule dans une cellule corticale d'une racine de Pomme de terre, coupée longitudinalement.

Fig. 4. — Coupe longitudinale dans une racine de Pomme de terre, montrant le début de la dégénérescence du champignon. *s*, sporangioles se formant aux dépens des rameaux d'un arbuscule; *s'*, sporangioles plus développés.

Fig. 5. — Deux cellules infestées dans une racine de Pomme de terre. On voit en *c*, dans la cellule inférieure, des corps de dégénérescence volumineux, résultant de la destruction d'un arbuscule par phagocytose. Mais les gros troncs mycéliens restés indemnes ont envahi la cellule supérieure, où ils ont produit un arbuscule *a*. *n*, noyau cellulaire; *n'*, noyaux du champignon.

Fig. 6. — Deux pelotons mycéliens phagocytés en totalité, chez une Pomme de terre douée d'immunité précoce. Remarquer l'absence de sporangioles.

La Pomme de terre dont une racine est figurée en 6 a évolué sans produire de tubercules: les racines figurées en 2, 3, 4 et 5 appartiennent à des plantes précocement et abondamment tubérisées. Il s'agit dans tous les cas de plantes issues de graines.

(Gr. = 640 pour toutes les figures.)

A NOTE ON THE "GRANULE-CLUMPS" FOUND IN ORNITHODORUS MOUBATA AND THEIR RELATION TO THE SPIROCHAETES OF AFRICAN RELAPSING FEVER (TICK FEVER)

by Colonel Sir WILLIAM B. LEISHMAN

C. B., M. B., F. R. C. P., F. R. S., LL. D., K. H. P., A. M. S.

In 1908 I obtained a number of *Ornithodorus moubata* from Nyasaland and from Uganda, with a view to studying the course of events in Tick Fever in experimental animals. After several failures I eventually secured a batch of ticks which proved to be infective and by their bites produced in a monkey a typical attack of Relapsing Fever, associated with the occurrence of large numbers of *Spirochaeta duttoni* in the blood. I was then able to infect a number of ticks by allowing them to gorge themselves on this infected monkey and have, since then, been able to maintain the strain of spirochaetes, either by passage from mouse to mouse or through the bites of infected ticks. I was thus in a position to study the fate of spirochaetes ingested by the ticks, as well as such questions as the nature of the hereditary transmission of the infection in the tick, the mechanism of infection by the bite of the tick, and other points. The results of some of this work were published in 1909 and 1910 [1].

The purpose of the present note is to record some further observations which appear to throw fresh light upon the nature of the granule-clumps, described in the above mentioned papers, which, I suggested, were probably derived from spirochaetes and were capable, under certain conditions, of once again developing into spirochaete form. To recall a few of these earlier observations; it was noted that these granules were almost constantly found in various tissues of *Ornithodorus* and that the inoculation of tissues containing such granules, but, as far as could be determined, no spirochaetes, frequently resulted in the production of spirochaetosis in mice. The occurence of similar granules in the eggs of the fecundated female tick and my almost invariable failure to find spirochaetes in such eggs, even when the mother tick had been heavily infected shortly before, further suggested to me that it might be in this form that the virus passed to the next generation of ticks.

Some of my experiments have since been repeated by other workers, either with *Spirochaeta duttoni* and *Ornithodorus moubata* or with *Spirochaeta gallinarum* and *Argas persicus*, with somewhat contradictory results. Thus, Hindle [2] and Fantham [3] confirmed many of my observations and agreed with most of my conclusions, while strong confirmatory evidence was also obtained from Balfour's work on the Spirochaetosis of Sudanese fowls [4]. On the other hand, the more recent work of Marchoux et Couvy [5], of Kleine et Eckard [6], of Wittrock [7] and of Todd [8] has led these investigators to conclusions differing from mine. They have not been able to find any evidence of a connection between the granule-clumps and the spirochaetes and they are satisfied that the facts of transmission, whether direct or hereditary, are to be accounted for more simply by the persistence of the spirochaetes, as such, in the ticks and by their transmission in this form through the egg to the young tick.

I hope before long to have an opportunity of putting on record fuller details of my recent work than are possible in this note and of discussing some of the apparent discrepancies between the results of my confrères and those of myself. I shall here only mention briefly some recent observations which have strengthened my personal conviction that some, at all events, of these disputed granule-clumps are derived from spirochaetes and are able subsequently to develope again into spirochaete form.

In my earlier work the method employed was to infect simultaneously a number of ticks of the same age by permitting them to feed on a heavily infected mouse. The ticks were then divided into two or three batches, which were kept under different conditions of temperature and moisture. Every day, or every 2 or 3 days subsequently, one of each batch of ticks was carefully dissected and a close examination was made of the different organs, tissues and fluids for the presence of spirochaetes and of granules; careful records were kept of the results and sketches made of anything of interest. The microscopical examination was in part carried out on the fresh fluids or on pieces of tissue teased out in saline solution, but chiefly by observation of dried film preparations, fixed and stained by my own modification of Romanowsky's method. In the latter case the chromatin staining was carried to a high degree of intensity, the films being finally treated with 60 p. 100 Alcohol to dissolve off all traces of deposit of the stain. I note that MM. Marchoux et Couvy are of opinion that the Chromatin method of staining may fail to colour thin or delicate spirochaetes and they recommend as a better method the use of Gentian Violet. I find however that my method demonstrates *Treponema pallidum* readily in films in which these delicate organisms are quite untouched by Gentian Violet and, further, it permits of the ready recognition of *Spirochaeta duttoni* in tissues such as muscle fibres when Gentian Violet fails to disclose them.

Subsequently to the series of observations to which my previous papers referred, the dark-ground method of illumination came into more general use and I have since repeated some of my earlier experiments, utilising this method of examination as a control and supplement to the staining method mentioned above, and I have found it of great service, particularly in the determination of motility in the spirochaetes. The appearance of spirochaetes illuminated in this manner is naturally familiar to all workers on the subject and I shall only refer to one or two points in connection with it. In the first place, one is struck by the contrast between the high refractility and homogeneous appearance of young and vigorously motile spirochaetes and the low refractility of many of those which are motionless, distorted in shape and presumably dead. Another point which was studied with interest was the so-called « granule-shedding » phenomenon, described in connection with *Treponema pallidum* and other Spirochaetes by Balfour and O'Farrel 9 . In the case of *Spirochæta duttoni* in freshly shed blood from an infected mouse, kept under continuous observation in a thermostat, it was sometimes easy to detect highly refractile granules, apparently in the substance of the spirochaete, coursing rapidly from end to end of the rapidly rotating organism, and even to observe the sudden extrusion of one of these granules from such a spirochaete. So far, my observations were in accord with those of Balfour and O'Farrel, but I was surprised to find that, if one continued to keep the particular spirochaete and the particular granule which it had extruded under observation, as was sometimes possible, the granule apparently re-entered the body of the spirochaete and, once more, was seen to travel up and down it from end to end. I have observed this sequence of extrusion and intrusion, in the case of one spirochaete and one granule, no less than seven times in succession within 3/4 of an hour and I am inclined to think that the « granule-shedding » in this instance was an optical phenomenon and could be explained on the assumption that a grain of blood-dust or haemoconia had become involved in the vortex currents produced by the rapidly rotating spirochaete and that it was, in this manner, made to travel up and down the body of the spirochaete, accordingly as the latter rotated first in one direction and then in the opposite, as is their habit. It is of course quite possible that the granules I observed were not of the same nature as those described by Balfour and O'Farrell, but my impression is that they were the same and that the phenomenon may have a physical rather than a vital explanation.

Special attention was paid to the appearance of the granule-clumps under dark-ground illumination. These were most readily observed in crushed portions of a Malpighian tubule or of an ovary suspended in a drop of saline solution. At first it was by no means easy to be certain of the identity of any particular group of granules seen against the dark background, but it soon became possible to recognise them by attention to certain points. In the first place, the size, number and form of the granules composing a clump were more or less uniform ; secondly, the brightness and yellowish-white colour of the light refracted by the granules was more or less characteristic and, thirdly, the granules were seen to be embedded in a well defined but faintly refractile matrix, an appearance only occasionally noted in stained specimens. This last point appears to me of some significance as suggesting that there is some vital connection between the different portions of the clump, in opposition to the view that the granules are merely held in apposition by physical attraction. The appearance of the clumps is illustrated in fig. 1, nos 1-6.

In this connection I may mention a point of some technical utility which I have noted in the course of these observations, and which is apparently unknown to other workers. It is usually assumed that the use of the dark-ground method of illumination is limited to moist or fluid preparations. I find, however, that it is quite possible to examine a dried and stained film, for example, a film prepared from some organ or tissue of a tick and stained by Romanowsky, to note from this all that can be learned as to the detailed structure of some cell or parasite and then, leaving the specimen in position on the stage of the microscope, to change the illuminating system for the dark-ground method. It will be found that the resulting picture differs very slightly from that which would have been given by the same structure if it had been examined, unstained in a fluid medium. The refractility of the different elements appears little altered and the colours produced by the staining have only a slight modifying influence on the white reflex of light refracted from the object. By this proceedure it was possible to determine the staining reaction of a particular granule or granule-clump and then to investigate its refracting power by dark-ground illumination. This method I have found of service in the present investigation and it ought also to be useful in other directions.

In general, this later series of experiments has been confirmatory of my earlier ones but, in several instances, I have found it necessary to revise my former conclusions in the light of further experience. It would not, however, be possible, within the necessary limits of this communication, to deal satisfactorily with the whole of the work; so I shall confine myself to a few points, reserving the fuller account for another occasion.

I find that the spirochaetes, after ingestion by the tick, retain their motility for several days, the period depending chiefly on the temperature at which the ticks have been kept. Subsequently, they lose their motility and tend to agglomerate into great tangles or masses which, when stained, are seen to consist of spirochaetes whose chromatin is fragmented into deeply staining segments or granules. Such spirochaetes

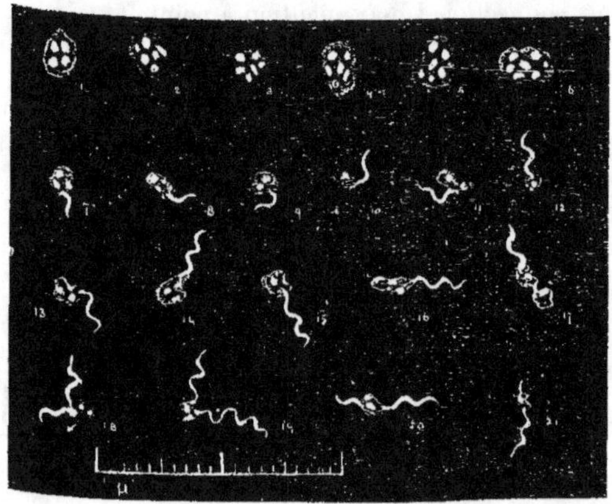

FIGURE 1.

Nos 1-6. — « Granule-clumps » from the tissues of *Ornithodorus moubata*.
Nos 7-10. — Early stage in the extrusion of Spirochaetes from granule-clumps.
Nos 11-21. — More advanced stages of extrusion of Spirochaetes from granule-clumps.

I believe to be dead and I think it probable that the segmented chromatin may persist in the form of rods or grains and may reach the Malpighian tubules and other tissues of the tick, accounting in this way for some, perhaps for the majority of the chromatin granules found in such tissues.

Other spirochaetes, however, appear to behave in a different manner and show the curious appearance of a lateral or, more rarely, a terminal protrusion or "bud". This lateral bud was described by me in my earlier papers and has also been observed by many others, both in connection with *Spirochaeta duttoni* and other spirochaetes. I am now inclined to attribute to it an important rôle in the life of the organism, as I believe it to be the origin of the granule clump which may subsequently develope into another spirochaete. I have, for instance, observed a spirochaete which had one of these large lateral buds attached to it, in active rotatory movement for a period of half an hour; the bud contained 3 or 4 highly refractile granules and there could be no possible doubt that the structure was attached to and part of the living organism. At the end of the half hour separation occurred between the bud and the spirochaete, the latter continuing to rotate and bend for another ten minutes, but the separated bud was motionless and corresponded in every particular to the isolated granule clumps to which I have so frequently alluded.

Still later, as one continues to follow the course of events in the batch of ticks, there occurs a period of a few days during which either no spirochaetes at all can be detected or only very rare ones which are seldom motile. Next, and most prominently in the case of ticks which have been kept at comparatively high temperatures' (I have experimented with batches kept at 22°, 24°, 27°, 30°, 32°, 34°, and 37° C.) there appears a sudden re-invasion of the tissues with numerous and vigorously motile spirochaetes. In some instances I have been able to observe that a large proportion of the spirochaetes which re-appear in this sudden and wholesale fashion are very different in size and general appearance from those which were originally ingested by the tick and which retained their morphological characteristics unimpaired as long as they retained their motility. These " young forms", as I may call them, are very much shorter than the others, the smallest being from 3 to 4 μ in length and showing only 2 or 3 curves. They are homogeneous and highly refractile and are usually very motile; when stained they take the colour evenly and deeply. Examples of these forms are drawn in figure 11, nos 8-14.

The following day, or, days, typical large forms are seen in abundance, as well as young forms and others intermediate between the two.

In the course of several such experiments I have seen this second crop of spirochaetes disappear more or less completely and, six or seven days later, there followed a repetition of the events I have briefly described above. In other words, regular relapses appear to take place in the body of the tick, as

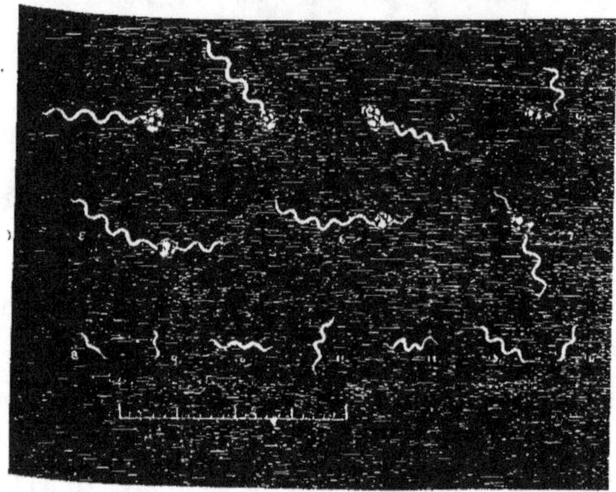

Figure 11.

Nᵒˢ 1-7. — Longer forms of Spirochaetes, in association with granule-clumps.
Nᵒˢ 8-14. — Young Spirochaetes.

regards the appearance and disappearance of the spirochaetes, just as in the case of the warm-blooded host.

In stained specimens of these young forms of spirochaetes, both in the earlier and in the recent series of experiments, some have been seen which were in apparent connection with a chromatin granule or clump of granules, suggesting to my mind a possible development of such a spirochaete from the granule. In the recent work with dark-ground illumination a careful watch has naturally been kept for the occurrence of such forms and in four ticks, two of them members of the same batch and the other members of different batches and different experiments, I have observed the forms drawn in fig. I, n°s 7-21 and in fig. II, n°s 1-7.

It will be seen from these sketches that many forms have been observed, from the apparent extrusion of a short, highly-refractile tail from the granule clump (fig. I, n°s 7-10) up to typical spirochaete forms showing numerous and regular curves. The forms figured were, with hardly an exception, in active movement at the time of their observation, the longer ones showing the characteristic rotatory and bending movement of the ordinary blood-forms. The observations were made on the fluids of the tick or on freshly crushed tissues suspended in a drop of normal salt solution, the slides being immediatly ringed with vaseline and placed on the stage of the microscope in a specially constructed thermostat. In most cases the granule clump was situated at one end of the spirochaete, but in some (fig. I, n°s 18-21, and fig. II, n°s 5-7) it was placed either centrally or sub-terminally.

In these four ticks, besides the forms connected with the granules, there were also present other spirochaetes of all sizes, from the shortest young forms to large forms indistinguishable from those seen in the blood of a mouse or a monkey. They were all highly refractile and quite homogeneous in appearance. The granule clumps associated with the spirochaetes showed no obvious difference from those commonly found, with the exception that they were somewhat smaller and the number of granules fewer; they gave the impression that a portion of the granular substance was used up in the formation of the new spirochaete.

Although individual specimens were watched continuously for several hours I was not successful in observing any evidence of progressive growth or development in these motile forms nor their final separation from the granule clump as free spirochaetes. I was inclined to attribute this to the fact that the conditions of the experiment did not sufficiently closely reproduce those of the body of the tick; this is the more probable since even the fully formed long spirochaetes lost their motility in a few hours. Most likely the principal inhibiting agency was the strong light to which they were exposed during the hours of continuous examination.

These forms cannot, I think, be explained on the alternative assumption that they represent a retrograde or degenerative change in pre-formed, adult spirochaetes. Such a view would seem to be negatived by the facts that, for some days before they appeared, spirochaetes had been either absent or extremely rare in the other ticks of the same batch and that, in the days following the one on which such forms were seen, the tissues of the other ticks of the batch were, once again, seen to be swarming with actively motile spirochaetes. No trace of dead or degenerate spirochaetes was found at the time these forms were observed.

Although the complete observation of the development of young motile spirochaetes from the granule clumps has not yet been made, I think that the forms I have here described and figured constitute a strong support of the view put forward in my earlier contributions, namely, that some of these clumps represent a stage in a cycle of development of *Spirochaeta duttoni* in the tick.

Postscript : I cannot conclude this Note without saying with what sincere pleasure it has been contributed to the Volume, as a small token of the deep respect and admiration which I entertain for M. Metchnikoff and his work.

Royal Army Medical College. London, May 1914.

REFERENCES

[1] W. B. LEISHMAN. Preliminary Note on experiments in connection with the Transmission of Tick Fever. *Journal of the Royal Army Medical Corps.* Vol. XII, p. 123, 1909.

— The mechanism of infection in Tick Fever and the Hereditary Transmission of *Spirochaeta duttoni* in the Tick. *Transactions Society of Tropical Medicine and Hygiene.* Vol. III, p. 77, 1910.

[2] E. HINDLE. The transmission of *Spirochaeta duttoni. Parasitology.* Vol. IV, p. 133, 1912.

[3] H. B. FANTHAM. Some researches on the life-cycle of Spirochaetes. *Annals of Tropical Medicine and Parasitology.* Vol. V, p. 479, 1911.

[4] A. BALFOUR. Spirochaetosis of Sudanese fowls. *4th Report of the Welcome Tropical Research Laboratories.* Khartoum. Vol. A, p. 76, 1911.

[5] E. MARCHOUX et L. COUVY. Argas et spirochètes. *Annales de l'Institut Pasteur.* Vol. XXVI, p. 450, 1913.

[6] F. K. Kleine et B. Eckard. Ueber die Lokalisation der Spirochäten in der Rückfallfieberzecke. *Zeitschrift für Hygiene.* Vol. LXXIV, p. 389, 1913.

[7] O. Wittrock. Beitrag zur Biologie der Spirochaeta des Rückfallfiebers. *Zeitschrift für Hygiene.* Vol. LXXIV, p. 55, 1913.

[8] J. L. Todd. A Note on the Transmission of Spirochaetosis. *Proceedings Society of Experimental Biology.* Vol. X, p. 134. 1913.

[9] A. Balfour. Resistant forms of *Treponema pallidum*. Granule-shedding. *Journal of the Royal Army Medical Corps.* Vol. XVI, p, 695, 1911.

— W. R. O'Farrel et A. Balfour. Granule-shedding in *Treponema pallidum* and associated Spirochaetae. *Journal of the Royal Army Medical Corps.* Vol. XVII, p. 225, 1911.

LES COMPLEXES VÉGÉTAUX ET LEURS DISJONCTIONS PAR LA VIEILLESSE

par L. BLARINGHEM.

Dans ses *Études sur la nature humaine* (1903), et mieux encore peut-être dans une « Revue » publiée dans l'*Année biologique* (1897), M. Élie Metchnikoff a montré, d'une manière saisissante, les désharmonies de certains organismes, jeunes, adultes et surtout âgés, désharmonies qui causent une grande partie des accidents, des maladies et souvent la mort. Des *Recherches sur les organismes inférieurs* de M. Jean Massart (1905) ont précisé les liaisons qui existent, dans l'évolution d'une même cellule, entre les modes d'alimentation, la sexualité et la mortalité. Vers la même époque, Noël Bernard (1902-1910), puis M. Is. Gallaud (1904) nous faisaient connaître des associations complexes de végétaux offrant tous les termes entre une symbiose avantageuse à deux êtres (plante supérieure et champignon) liés d'une manière indissoluble et le déséquilibre accidentel ou fatal entraînant la mort de l'une des deux parties, dont l'autre était devenue parasite. Je voudrais ajouter, à ces preuves de la généralité des désharmonies dans la nature, quelques faits rencontrés au cours de mes études de ces dernières années, qui montrent comment naissent, croissent et meurent certaines associations végétales fort remarquables, qu'on sait réaliser expérimentalement.

Le Cytise d'Adam est une plante chimère très commune à laquelle on a donné un nom spécifique *Cytisus Adami*, bien qu'on n'en ait jamais possédé qu'un seul individu. Depuis un siècle on le multiplie par bourgeons greffés sur le Cytise ordinaire à fleurs jaunes (*Cytisus Laburnum*). Les jeunes arbustes, provenant de greffes récentes, n'offrent rien de remarquable, ils donnent en quantité des rameaux, des feuilles et des grappes de fleurs mauves, toutes stériles. Je n'ai récolté des fruits de cet individu qu'en 1911, année très chaude, fruits vides d'ailleurs où l'on pouvait remarquer les traces de la piqûre d'un insecte; ils s'étaient développés comme une galle.

Les Cytises d'Adam provenant de greffes âgées de quinze ans, présentent presque tous le phénomène de disjonction. D'une branche grêle et sèche, couverte de ramilles fleuries en mauve, partent comme des jets (ou gourmands) une ou quelques branches beaucoup plus vigoureuses, plus vertes, à feuilles plus larges, qui fleurissent l'année suivante en belles grappes jaunes, caractéristiques du *Cytisus Laburnum*; avec l'âge, ces branches l'emportent sur celles du Cytise d'Adam, et, à trente ans, un tiers ou un quart de l'arbuste a fait retour au *Cytisus Laburnum* dont toutes les grappes sont fertiles.

Vers le même âge, mais beaucoup plus rarement, apparaissent sur d'autres branches du Cytise d'Adam des ramilles disposées en touffes analogues à certaines associations parasitaires (Balais de sorcière ou Gui), où l'on reconnaît sans peine le Genêt nain à petites feuilles (*Cytisus purpureus*) dont les fleurs violettes sont dispersées et isolées, au lieu d'être groupées en grappes.

J'ai observé ces deux modes de disjonction, depuis 1910, sur un Cytise d'Adam du Laboratoire de chimie végétale de Meudon dont la plantation remonte à plus de trente ans; j'ai planté dans le même jardin une douzaine de Cytises d'Adam greffés sur des tiges vigoureuses de *Cytisus Laburnum* depuis cinq ans (1909). Sur le premier arbuste, la disjonction a lieu chaque année sans exception depuis 1910; sur les autres, elle ne s'est pas encore produite bien que toutes les greffes du Cytise d'Adam soient des fragments d'un seul individu.

La vieillesse, ou mieux, l'âge avancé de la greffe seul entraîne la dégénérescence, qui se traduit ici par la disjonction végétative du Cytise d'Adam en ses parents présumés, le *Cytisus Laburnum* et le *C. purpureus*, deux *espèces très différentes* qui sont classées dans deux sections du genre polymorphe *Cytisus*. Les essais d'hybridation tentés depuis un siècle n'ont jamais donné de résultat positif, et on ne sait même pas si *Cytisus*

Adami est réellement un hybride sexuel des deux espèces citées; la stérilité et les disjonctions qui viennent d'être rappelées ont fait accréditer cette opinion.

D'ailleurs le Cytise d'Adam joue; il donne des variations nouvelles de bourgeons autres que des retours aux parents présumés. On a signalé sa tendance à la production de fleurs doubles; après un traumatisme important fait en 1908, le *Cytisus Adami* âgé de trente ans, de la Station de chimie végétale de Meudon, donne chaque année des pousses d'une nouvelle forme, le *Cytisus Adami f. bracteata*, à grappes épaissies, à fleurs munies de bractées allongées, qu'on devine à peine sur le type *C. Adami*. J'ai décrit (1911) et figuré cette forme dans un mémoire détaillé (fig. 1).

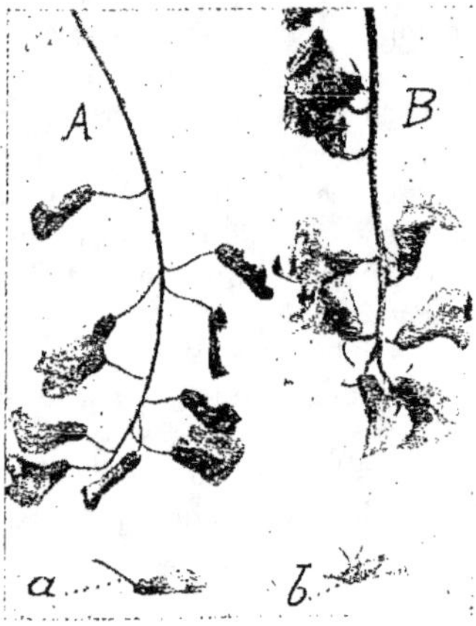

*
*   *

Par des hybridations entre espèces de céréales très divergentes, entre des Orges à épis à deux rangs et des Orges à épis à six rangs par exemple, j'ai obtenu des individus peu fertiles et, en semant leurs graines, des lignées offrant aussi la

Fig. 1. — En A, grappe de fleurs du *Cytisus Adami* ordinaire de Meudon; en B, grappe à axe épaissi et à pédoncules courts de la variation de bourgeon développée après un traumatisme sur le même arbre. En *a* et en *b*, j'ai représenté deux fleurs mettant en évidence les bractées calycinales du type *b* qui ont fait donner le nom *bracteata* à cette forme.

dissociation végétative des caractères des parents. Mais ce qui est plus intéressant, c'est que les termes de cette dissociation n'apparaissent pas au hasard des circonstances. Dans l'exemple cité, les bases des épis sont toujours du type des Orges à six rangs (*Hordeum tetrastichum* L.) tandis que les pointes des épis sont du type de l'Orge à deux rangs (*H. distichum* L.). Beaucoup d'épillets sont avortés, surtout dans les portions d'épis qui présentent la mosaïque des deux caractères (fig. 2).

L'hétérogénéité des métis est moins sensible. Ainsi, pour les caractères ornementaux (caractères dits de variétés) des grains d'Orges, indépendants de l'ensemble des caractères d'organisation (caractères dits spécifiques) on constate d'ordinaire la dominance dans la première génération hybride, puis la ségrégation sur des individus différents à la seconde génération et aux générations suivantes (Lois de Mendel). J'ai montré (1909) que la disjonction végétative (sur un même individu) était caractéristique d'hybrides entre espèces offrant des organisations divergentes et que l'on sait même distinguer des spéciéités de degrés plus ou moins élevés, en notant l'absence ou la fréquence de ces disjonctions végétatives (1911), indice qui complète ceux que Naudin (1858) a tirés de la stérilité plus ou moins grande des produits hybrides.

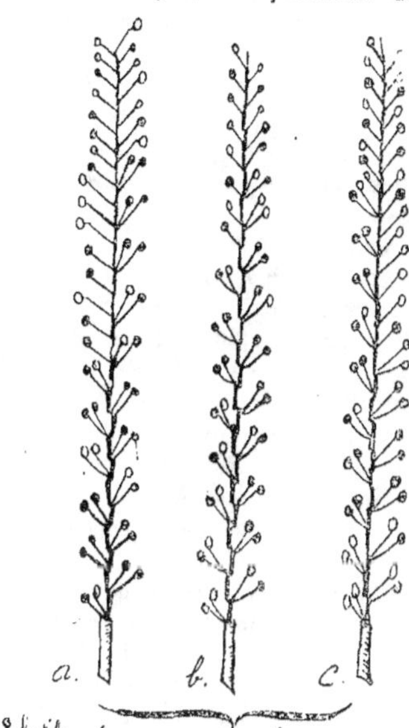

Fig. 2. — Schéma des épis de l'hybride : Orge à six rangs croisé avec l'Orge à deux rangs (*Hordeum tetrastichum* 0.1231 × *H. distichum nutans* 0.202), où l'on a mis en évidence la stérilité des épillets et leur distribution au bas des épis selon le mode *tetrastichum*, à la pointe des épis selon le mode *distichum*.

Dans des recherches connexes, j'ai pu constater que des hybrides fixés d'Orges et de Blés homogènes et bien définis en certaines localités, sous un climat et sur un sol déterminés, présentaient cette disjonction végétative lorsqu'on s'efforçait de les acclimater dans des régions très différentes. L'hybride Orge *Svanhals* (de l'espèce *H. distichum erectum*), stable à Svalöf (Suède) et contrôlé depuis vingt ans, reste stable dans le Nord de l'Allemagne; mais il se disjoint sous la forme végétative lorsqu'on l'acclimate dans le Nord de la France. La disjonction est accélérée dans les terrains calcaires des environs de Péronne et elle est encore plus accusée au sud de Paris, dans la Sarthe, au point de rendre nécessaire le renouvellement chaque année des semences dégénérées. Des accidents du même ordre, aussi intenses mais plus difficiles à analyser, se produisent dans l'acclimatation des variétés de Pommes de terre à fécule d'Allemagne dans l'Ile-de-France. Ces variétés sont ici des bourgeons multipliés par une fragmentation répétée d'un même individu hybride dont les ascendants sont mal connus (1).

La dégénérescence végétative de l'hybride présumé *Cytisus Adami*, celle des hybrides vrais réalisés expérimentalement d'Orges et de Blés, celle des individus hybrides de Pommes de terre, qui nous apparaissent comme la conséquence des changements de climat et de sol se produisent toujours, mais plus ou moins rapidement, lorsque les plantes vieillissent. Le sélectionneur éprouve de grandes difficultés à conserver indéfiniment par tubercules ou par greffes les meilleures variétés bien acclimatées de Pommes de terre, de Poiriers, de Vignes, d'Abricotiers, etc., bien que ces variétés ne soient pas des variétés au sens propre du mot. La disjonction affecte les fragments d'individus dont la naissance remonte à quelques dizaines d'années (Pommes de terre), à quelques vingtaines d'années (Poiriers et Vignes), à un siècle ou deux (Abricotiers). Après une longue période de prospérité et de succès, lorsque la dégénérescence de quelques fragments commence et se poursuit, il faut s'attendre à la disparition prochaine de tous les fragments, à la disparition de l'individu qui approche du terme de sa vie.

Il importe de savoir que les effets du climat, du terrain, de la sécheresse ou de l'humidité, et surtout les alternances brusques de ces divers facteurs, s'ajoutent à la progression

(1) Ce que j'ai observé sur le *Cytisus Adami* de Bellevue ne me permet pas de croire que les retours sont toujours du type des ascendants.

normale de la désorganisation interne et en accélèrent les conséquences. Et si ces effets s'ajoutent, ils doivent pouvoir se retrancher. Par des soins culturaux convenables, par une alimentation choisie, par un renouvellement fréquent de greffes jeunes (cas du Cytise d'Adam), on peut retarder indéfiniment, comme Calkins l'a fait pour les Infusoires, la déchéance caractéristique de la vieillesse.

*
* *

Charles Naudin (1859), qui a découvert l'*hybridité disjointe*, en donne l'explication suivante, admise sans réserves par tous les biologistes modernes :

« Une plante hybride est un individu où se trouvent réunies deux essences différentes, ayant chacune leur mode de végétation et leur finalité particulière, qui se contrarient mutuellement et sont sans cesse en lutte pour se dégager l'une de de l'autre. L'hybride, dans cette hypothèse, serait une mosaïque vivante dont l'œil ne discerne pas les éléments discordants tant qu'ils restent entremêlés ; mais si, par suite de leurs affinités, les éléments de même espèce se rapprochent, s'agglomèrent en masses un peu considérables, il pourra en résulter des parties discernables à l'œil quelquefois des organes entiers, ainsi que nous le voyons dans le *Cytisus Adami...* »

L'analyse anatomique des tissus de plantes hybrides confirme l'hypothèse de Naudin. E. Baur, Brandza, Buder et surtout Mac Farlane (1895) en ont donné des preuves ; j'en ai réuni de deux sortes tirées d'un matériel hybride réalisé par moi-même.

Dans le Blé hybride stérile, que j'ai obtenu le premier entre l'Engrain (*Triticum monococcum*) et le Blé dur (*Tr. durum*), j'ai retrouvé entre les faisceaux vasculaires du *monococcum* des piliers de sclérenchyme à cellules épaissies de *Tr. durum* (fig. 3) et, en plus, un tissu collenchymateux qui n'existe que chez le *monococcum* jeune ; cet hybride stérile est une mosaïque de tissus âgés et jeunes des parents et la présence des jeunes tissus explique peut-être la stérilité (Blaringhem, 1914).

De même, les hybrides de *Cavia Aperea* × *Cav. Cobaya* obtenus dans les élevages de M. Prévot, à Garches (Seine-et-Oise), offrent une mosaïque, très nette sur les dissections des membres, des muscles et du tissu adipeux des parents. M. Chatanay et moi-même avons fait sur ces animaux des observations, relatives à la juxtaposition de ces tissus et à leur groupement chez les animaux jeunes et adultes, qui seront prochainement publiées. Elles confirment tout ce qui est vérifié depuis cinquante années concernant l'indépendance des tissus des parents chez les *hybrides d'espèces* de végétaux.

Mais c'est surtout chez les végétaux cultivés qu'on reconnaît le mieux les lois générales de cette disjonction et le mécanisme de la séparation des essences spécifiques différentes. En voici un exemple choisi parmi beaucoup d'autres.

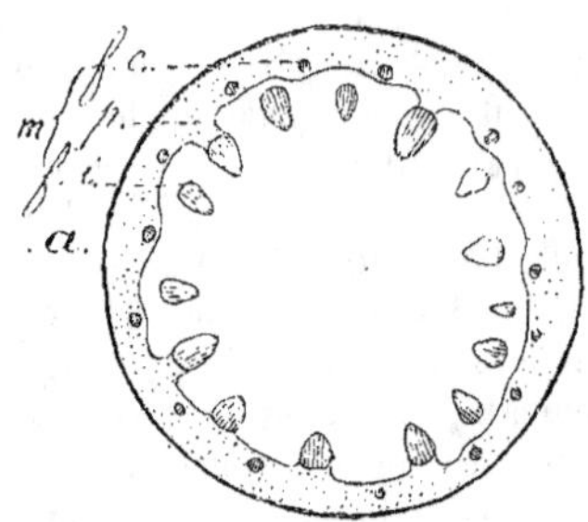

Fig. 3. — Coupe schématique de la base d'un chaume de l'hybride stérile *Triticum monococcum* × *Tr. durum*, où l'on voit les faisceaux libéroligneux *f. c.* et *f. i.*, caractéristiques de l'Engrain (*Tr. monococcum*) englobant un faisceau épais soutenu par un pilier de sclérenchyme *p.*, caractéristique du *Triticum durum*.

Les Blés du Sud de la Russie, dits de Taganrog, très recherchés par les minoteries et les semouleries, font prime sur le marché de Marseille ; on s'est donc efforcé de les multiplier et cela sous deux climats très différents, en Algérie et dans le Centre de la France. La lenteur relative de la croissance de ces Blés et la nécessité d'en obtenir un rendement élevé les a fait cultiver dans les deux régions comme des Blés d'automne. En Algérie, dans ces conditions, le Blé de Taganrog devient en quelques années un véritable blé dur (*Triticum durum* Desf.) qu'on ne saurait plus distinguer des Blés cultivés depuis cinquante années dans la vallée du Chélif sous le nom de Blé

Macaroni. Les mêmes Blés, cultivés après la récolte des Betteraves dans les environs de Clermont-Ferrand par les sélec-
tionneurs très avisés qui exploitent les domaines des Sucreries
de Bourdon, deviennent, en deux ou trois générations, des Blés
Poulards (*Trit. turgidum* L.), appelés encore Blés anglais, qui
n'ont plus aucun caractère de Blés durs.

La disjonction se produit sous l'influence immédiate de
l'hiver, du froid, de l'humidité et surtout de l'évaporation plus
ou moins rapide de l'eau absorbée par les plantes. Beaucoup de
travaux ont mis en évidence la réaction immédiate et totale
des tissus végétatifs à ces agents externes et on conçoit fort bien
comment le climat sec de l'Algérie détermine, dans la plante
hybride dépaysée, la formation de larges faisceaux libéroligneux
à grands vaisseaux entourés rapidement d'anneaux épais de
sclérenchyme, alors que les faisceaux libéroligneux plus petits,
mais plus nombreux, du *Triticum turgidum* se trouvent favo-
risés par les semis d'automne, par un séjour plus ou moins
prolongé sous la neige et surtout par la riche fumure qui
retient l'eau dans les chaumes et ralentit leur maturation, conditions spéciales de croissance rencontrées dans les fertiles
plaines de la Limagne.

*
* *

Les chimères végétales réalisées récemment par Winkler
(1909) à Tubingen, qui sont des complexes de tissus végétaux
associés par la greffe (1) et se comportent comme les hybrides
offrant la mosaïque, permettent d'étendre à d'autres phénomènes les règles de la disjonction végétative à la suite du
vieillissement, dont les effets peuvent être accélérés ou retardés
par les facteurs externes. Rapprochées de mes observations
et expériences sur les hybrides, elles m'ont permis d'interpréter d'une manière nouvelle les rapports de certains parasites
très spécialisés avec leurs hôtes.

(1) M. Winkler a fabriqué, par la greffe, des bourgeons de Tomate à char-
pente de Tomate recouverte de deux couches de cellules de Morelle noire =
Solanum Koelreuterianum, des bourgeons de Morelle noire à charpente de
Morelle noire recouverte par l'épiderme de la Tomate = *Solanum Tubingense*.
Ces bourgeons chimères sont propagés par centaines comme le *Cytisus
Adami*, sans disjonction, si l'on empêche la floraison et le vieillissement.

Les Rouilles des Céréales (Puccinies), très polymorphes, sont spécialisées au point que certaine forme qui attaque le Blé se propage mal ou pas sur l'Avoine et réciproquement, même après une série de passages sur des hôtes différents. Elles doivent présenter, en plus de la contamination précédant immédiatement les crises de Rouille, des moyens de propagation que le botaniste suédois Eriksson (1901-1912) croit avoir décelé dans les semences. La théorie d'un *mycoplasma* intimement fusionné au plasma des cellules hôtes est sans doute encore mal étayée ; mais il est certain que les tissus de l'hôte et ceux du parasite peuvent croître végétativement et longtemps entremêlés sans dommage apparent pour les deux individus. C'est du moins ce qui se passe régulièrement pour certains charbons, pour la Carie, pour le Champignon de l'Ivraie (*Lolium temulentum*, etc., (Blaringhem, 1912). Or, pour les Charbons, pour le Champignon de l'Ivraie, pour les Rouilles aussi, il y a des périodes d'explosions qui sont intimement liées à la maturation sexuelle des plantes hôtes (1). De même, il arrive que des crises de Rouille ou de Charbon très intenses déterminent la sporulation des Champignons dès la première jeunesse de la plante hôte, qui meurt prématurément.

En un mot, les complexes (Plante hôte + Charbon) (Plante hôte + Puccinie) se dissocient dans certaines conditions anormales de croissance et lorsque l'un ou l'autre des membres du complexe approche de la maturation sexuelle (vieillesse).

C. Klebs (1898) a montré qu'une alimentation abondante, très aqueuse, empêchait les Champignons (non parasites) de fructifier. La règle est sans doute valable pour les Champignons parasites

On sait, d'autre part, que la composition chimique des végétaux (Céréales) en croissance végétative (formation de feuilles et de jeunes chaumes) est pauvre en cendres mais riche en nitrates, que celle des végétaux sur le point de fleurir est riche en sucres et en phosphates. On conçoit ainsi comment se maintient l'équilibre chimique riche en eau et pauvre en sucre caractéristique de la jeunesse du complexe (Céréale + Charbon) et comment se disjoint le complexe

---

(1) Les phénomènes de *castration parasitaire*, étudiés par A. Giard chez les animaux, rentrent dans la même série de phénomènes.

(Céréale + Charbon) à la période de maturité sexuelle préparée par un milieu interne pauvre en eau (physiologique d'après Scimper) et riche en sucre. L'état de vieillesse facilite la maturation du Champignon (sporulation des Charbons), ou élimine le Champignon et provoque la maturation hâtive des graines de la Céréale (cas probable du Maïs au nord de Paris).

Des expériences réalisées avec la Guimauve, dont les graines stérilisées extérieurement ont été ensemencées dans un milieu stérile, ont permis de reconnaître la présence de la Rouille (*Puccinia Malvacearum*) sur des plantules dont les cotylédons n'étaient pas tombés (Blaringhem, 1913). Les pustules de Rouille apparaissent dans les tubes renfermant, en plus de la solution Knop nutritive normale, une proportion de 5 p. 100 de saccharose ou de glucose. La tension osmotique des tissus, desséchés par cette addition, provoque l'état de vieillesse dans les tissus jeunes et détermine la séparation prématurée des éléments du complexe (Guimauve + Puccinie), séparation qu'on ne constate en général qu'assez tard dans la vie de la Guimauve.

Mais les Rouilles et les Charbons, présents dans les tissus jeunes, ne nuisent en rien à la croissance végétative des hôtes et il suffira de trouver les conditions qui empêchent la fructification des parasites pour atténuer, dans une très large mesure, les dommages que ces parasites causent à l'agriculture. L'abondance, dans les solutions du sol, de sels de chaux qui abaissent la tension osmotique paraît limiter les dommages de la Rouille ; elle semble diminuer aussi le rendement en grains des céréales et ces deux résultats sont probablement la conséquence d'une même cause physico-chimique.

INDEX BIBLIOGRAPHIQUE

1902. BERNARD (NOEL). — Études sur la tubérisation. *Revue génér. de Bot.*, t. XIV, 1902 et *Thèse Fac. Sciences Paris*, 1902.

1904. BERNARD (NOEL). — Recherches expérimentales sur les Orchidées. *Revue gén. Bot.*, t. XVI, 1904.

1910 BERNARD (NOEL). — L'évolution dans la symbiose ; les Orchidées et leurs Champignons commensaux. *Ann. Sc. nat. Bot.*, 9e sér. t. IX, 1910, 196 p. et 4 planches.

1909. Blaringhem (L.). — Sur les hybrides d'Orges et la loi de Mendel. *Comptes rendus de l'Acad. des Sciences*, t. 148, p. 834.

1911. Blaringhem (L.). — La notion d'espèce et la disjonction des hybrides, d'après Ch. Naudin. *Progressus rei botanicæ*, t. IV, p. 27-108.

1911. Blaringhem (L.). — Sur l'hérédité en mosaïque. *IVe Conférence intern. de Génétique*, octobre 1911, Paris, *Rapports*, p. 101-131.

1912. Blaringhem (L.). — L'hérédité des maladies des plantes et le mendélisme. *Rapp. du Ier Congrès de Pathologie comparée*, I, p. 250-312.

1913. Blaringhem (L.). — Sur la transmission héréditaire de la Rouille de la Rose Trémière. *Comptes rendus de l'Acad. des Sciences*, t. 157, p. 1536.

1914. Blaringhem (L.). — Valeur spécifique des groupements de Blés. *Mémoires Lab. Biologie agricole de l'Institut Pasteur*, I, 1914, 100 p.

1901. Eriksson (J.). — Sur l'origine de la propagation de la Rouille des Céréales par la semence. *Ann. Soc. nat., Bot.*, 1901-1902, t. XIV et XV, 284 p. et 7 pl.

1904. Gallaud (I.). — Études sur les mycorhizes endotrophes. *Revue générale de botanique*, t. XVII, 1905 et *Thèse Fac. Sciences Paris*, 1904.

1898. Klebs (G.). — Zur Physiologie der Fortpflanzung einiger Pilze. *Pringsheim's Jahrbücher*, 1898.

1905. Massart (El.). — Recherches sur les Organismes inférieurs. VI. Considérations théoriques sur l'origine polyphylétique des modes d'alimentation de la sexualité et de la mortalité chez les Organismes inférieurs. *Bulletin du Jardin botanique de l'État, à Bruxelles*, vol. I, fascicule 6.

1897. Metchnikoff (El.). — Revue de quelques travaux sur la dégénérescence sénile. *Année biologique*, p. 249-266.

1903. Metchnikoff (El.). — Études sur la nature humaine. Essai de philosophie optimiste, 1 vol., Paris, 399 pages.

1858. Naudin (Ch.). — Considérations générales sur l'Espèce et la Variété. *Comptes rendus de l'Acad. des Sciences*, t. 46.

1859. Naudin (Ch.). — Observation d'un cas remarquable d'hybridité disjointe. *Comptes rendus de l'Acad. des Sciences*, t. 49.

1863. Naudin (Ch.). — Nouvelles recherches sur l'hybridité des végétaux. *Ann. Soc. nat., Bot.*, 4e sér. t. XIX, p. 180-203.

1909. Winkler (II.). — Weitere Mittheilungen über Propfbastarde. *Zeits. für Botanik*, t. 1, p. 315-345.

NOUVEL APPAREIL

POUR LA DESSICCATION OU LA CONCENTRATION

DES LIQUIDES A BASSE TEMPÉRATURE

par LOUIS MARMIER,

Sous-directeur de l'Institut Pasteur de Lille.

Beaucoup de liquides, parmi lesquels des produits d'origine animale ou végétale, tels que albumines, sérums, moûts, etc., ne peuvent être portés à l'ébullition, à la pression atmosphérique, et même souvent ne peuvent être chauffés à des températures de 60° environ, sans subir des altérations plus ou moins profondes. Pour certains sérums et produits organiques, on est même obligé de ne pas dépasser une température comprise, suivant les cas, entre 37 et 50°, sous peine de leur faire perdre leurs propriétés. D'autre part, à leur état normal, ces produits s'altèrent facilement et il est important, soit pour leur étude, soit pour leur conservation avec toutes leurs propriétés, de pouvoir les dessécher ou les concentrer rapidement. C'est pour permettre de faire cette dessiccation ou cette concentration à basse température que nous avons établi, avec le concours de M. Canonne, constructeur à Lille, l'appareil suivant :

Le dessiccateur se compose d'un espace clos A, entouré à une petite distance d'une enveloppe b. Dans l'intervalle, entre les parois a de A et b, circule de l'eau chaude (ou un autre fluide convenable) maintenue à une température telle que la limite dangereuse pour les propriétés du produit traité ne soit pas franchie.

La paroi supérieure c de l'espace clos A porte en son centre un tube d'évacuation en relation avec un condenseur p. Celui-ci sera, par exemple, un condenseur tubulaire dont les tubes seront refroidis intérieurement par circulation d'eau. Les vapeurs dégagées dans le récipient *A* se condensent à l'extérieur des tubes, et le liquide ainsi obtenu s'écoule dans un réservoir *q*. Une pompe à vide fait un vide convenable dans tout l'appareil.

Un arbre creux *f* pénètre dans l'espace clos *A* à travers un presse-étoupe étanche *g* et repose, à la partie inférieure de *A*, sur un pivot *k*. Extérieurement à *A*, l'arbre porte une poulie *h* ou un pignon denté qui lui communiquera un mouvement de rotation pendant la marche de l'appareil, puis se termine par un réservoir *i* dans lequel on verse le liquide à traiter. Ce réservoir est en communication avec l'intérieur de l'arbre, un robinet *j* permet d'interrompre cette communication.

Un ou plusieurs petits tubes *l*, fixés sur l'arbre et communiquant avec sa partie creuse, sont terminés chacun par un pulvérisateur *m* projetant le liquide et le répartissant en pluie de très fines gouttelettes sur la paroi du récipient *A* qui se trouve en regard. Une raclette *n* est montée sur l'arbre et sera entraînée par lui dans son mouvement de rotation. Elle touche la paroi cylindrique, suivant une génératrice précédant la surface couverte par le jet des pulvérisateurs. A la partie inférieure, se trouve une autre raclette *o*, ayant une inclinaison convenable pour ramener le produit desséché dans un récipient *w*, d'où on l'évacue à la fin de l'opération par le tampon inférieur *x*.

L'appareil fonctionne de la façon suivante :

Le bain-marie étant à une température convenable, on ferme le robinet *j*, et on fait le vide dans l'appareil. On remplit le réservoir *i* du produit à dessécher ou à concentrer et on met l'arbre en rotation. Quand on ouvre *j*, la pression atmosphérique chasse le liquide dans l'arbre creux et dans les pulvérisateurs, qui le projettent en pluie fine sur la paroi chauffée. Là, le liquide est étalé en une couche mince qui s'évapore rapidement. Les pulvérisateurs étant entraînés par le mouvement de rotation de l'arbre, le jet en pluie couvre toute la paroi cylindrique sur une hauteur *st*. Le débit des pulvérisateurs et la vitesse de rotation sont réglés de telle sorte que le produit déposé sur la paroi est parvenu au degré de siccité ou de concentration désiré avant un nouveau passage des pulvérisateurs.

De cette façon, la raclette *n* ne détache de la paroi qu'un produit
à l'état convenable. Ce produit tombe sur le fond du récipient,
d'où la raclette *o* le conduit à l'intérieur du magasin *w*.

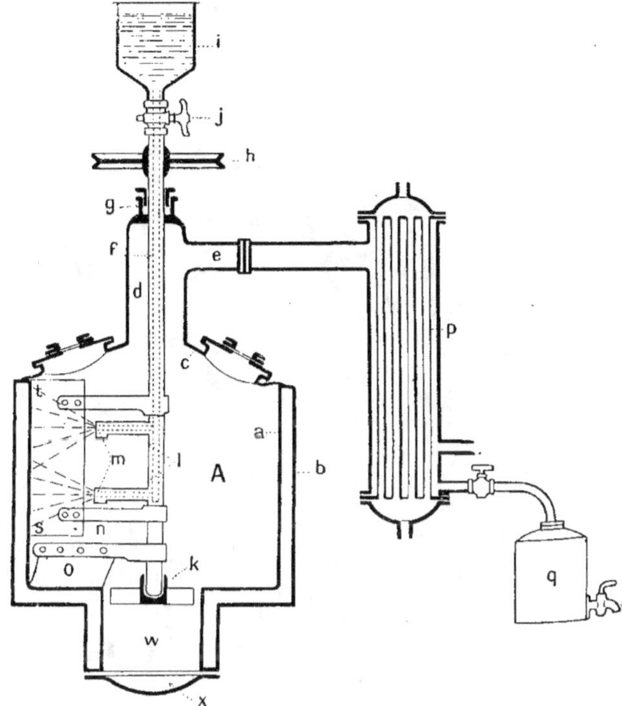

Coupe de l'appareil
pour la dessiccation des liquides à basse température.

Pour de très faibles débits, on est amené à employer des pulvérisateurs ayant un orifice infime, par conséquent susceptible
d'être obturé par des petites particules solides pouvant rester
en suspension dans le liquide. Cet inconvénient est évité en
donnant au pulvérisateur un orifice suffisant pour qu'il n'y ait
plus de risque d'obturation. Il s'ensuit une augmentation de

débit, et par suite le produit ne pourrait être amené à l'état
désiré pendant une révolution de l'arbre. Pour obtenir quand
même, dans ces conditions, le produit à l'état voulu, on dispose

Vue de l'ensemble du dessiccateur à basse température
(sauf la pompe à vide).

sur l'appareil un mécanisme tel qu'après une révolution l'arbre
s'arrête, et le jet de liquide à travers les pulvérisateurs cesse
un peu avant l'arrêt de l'arbre. Après un certain temps, suffisant pour que le produit déposé sur les parois ait été évaporé
au degré cherché, le mécanisme remet l'arbre en mouvement

pour une nouvelle révolution et ouvre le conduit des pulvérisateurs.

Que l'appareil soit à mouvement continu ou à mouvement discontinu, en partant d'un liquide donné, on a toujours un produit final identique à lui-même, pour une même température et un même degré de vide du dessiccateur.

Dans un appareil ainsi construit, nous avons concentré de grandes quantités de moûts de raisins frais. Une fois convenablement concentrés, les moûts, sans aucune stérilisation préalable, se conservent inaltérés pendant plusieurs années.

Cet appareil nous a permis également de concentrer des sérums glycérinés et de dessécher des quantités de lait, de sérum, de sang, etc.

Ces concentrations ou dessiccations ont été faites à des températures de 36 à 45° pour le bain-marie, suivant les produits. Il importe de remarquer que, par suite de l'évaporation intense du liquide, le produit traité est à une température beaucoup plus basse, environ 20 à 26°, pendant son séjour sur la paroi.

DES VIRUS SENSIBILISÉS
VACCINATION ANTIPARATYPHIQUE B

par A. BESREDKA et Mlle S. BASSECHES.

Les vaccins sensibilisés, nés en 1902, ont acquis leurs droits de cité en bactériologie. A l'heure actuelle il reste peu de microbes pathogènes qui aient échappé aux tentatives de sensibilisation (1). Beaucoup de ces vaccins sont déjà consacrés par l'usage courant (2).

Tous ceux qui ont eu à contrôler leurs effets, tant au laboratoire que dans la pratique, s'accordent à leur reconnaître une supériorité sur les vaccins ordinaires, supériorité qui se traduit d'abord par leur innocuité, puis par leur action qui est à la fois rapide, sûre et durable. Mais, comme il arrive fréquemment en pareil cas, au fur et à mesure que le champ de leur application s'était élargi, le principe qui a présidé à leur préparation s'estompant dans le temps, il fut commis des fautes de technique, susceptibles de compromettre leur réputation.

Ayant constaté jusque dans notre propre entourage de ces fautes, nous avons cru utile d'entreprendre de nouvelles expériences, pour mieux faire ressortir l'idée devant dominer leur préparation. Nous nous sommes adressés au bacille paratyphique B : parmi les microbes pathogènes, c'est un des rares qui n'aient pas encore été étudiés. Nous n'avons pas eu à nous repentir du choix, cette étude nous ayant permis de constater, chemin faisant, des faits d'intérêt général.

Rappelons que dans notre première note (3) nous avons montré que, si les vaccins sensibilisés sont supérieurs aux

(1) *Bullet. de l'Institut Pasteur*, t. VIII, 30 mars 1910; t. X. 30 juin 1912.
(2) *Biologica*, 15 mai 1914; *Berlin. klin. Woch.*, n° 3, 1914.
(3) *Comptes rendus de l'Acad. des Sciences*, 2 juin 1902

vaccins ordinaires par leur innocuité et la rapidité d'action, ils ont surtout ce grand avantage sur la séro-vaccination qu'ils créent une véritable immunité active et non pas une immunité passive de courte durée, comme c'est le cas dans la vaccination par mélange de sérum et de microbes: C'est précisément pour ne pas tomber dans l'immunité passive que nous avons tant insisté sur la nécessité de débarrasser le vaccin sensibilisé des moindres traces de sérum libre, à l'aide de lavages répétés.

Aujourd'hui on est unanime à trouver peu rationnelle la séro-vaccination, c'est-à-dire la vaccination par des microbes en présence du sérum spécifique; mais ce dont on ne paraît pas se douter, c'est à quel point les traces de sérum libre, si faibles soient-elles, compromettent l'immunité active, tant au point de vue de sa durée qu'au point de vue de sa solidité.

* *

Pour nous rendre compte des avantages et des inconvénients de différents modes de vaccination, nous avons essayé, chez des souris, à titre de vaccins, les préparations suivantes :

1° Des *bacilles paratyphiques vivants, non sensibilisés*;

2° Des *bacilles paratyphiques morts, non sensibilisés*;

3° Des *bacilles paratyphiques vivants, en présence de quantités variables de sérum antiparatyphique*;

4° Des *bacilles paratyphiques morts, en présence de quantités variables de sérum antiparatyphique*;

5° Des *bacilles paratyphiques vivants sensibilisés*.

Toutes ces préparations étaient introduites sous la peau.

6° Dans une dernière série d'expériences, nous avons essayé de vacciner les souris *par la voie buccale*, tantôt avec des bacilles paratyphiques vivants ou morts, tantôt avec des bacilles paratyphiques vivants sensibilisés.

Pour ne pas alourdir l'exposé, nous choisirons dans chacun des six groupes de vaccins une seule expérience plus ou moins typique que nous rapporterons avec quelques détails.

Au cours de ces recherches qui étaient échelonnées sur une étendue de plus d'une année, nous avons vu le bacille paratyphique B varier quelquefois de virulence. La dose mortelle qui était, en général, en injection sous-cutanée, égale, pour les souris de 15 à 18 grammes, à 1/100 de culture sur gélose de 24 heures, atteignait quelquefois 1/2.000 et même 1/8.000 de culture.

Le sérum qui a servi, au cours de toutes ces expériences, soit à sensibiliser les microbes, soit à être injecté tel quel, en même temps que les microbes ou séparément d'eux, provenait des lapins qui ont reçu, en l'espace de 3 semaines, 4 injections dans les veines (0 c.c. 25 et 0 c.c. 5 d'émulsion de bacilles chauffés, puis 0 c.c. 5 et 1 cent. cube d'émulsion de bacilles vivants, une culture sur gélose étant diluée dans 10 cent. cubes d'eau physiologique).

Le sérum des lapins ainsi préparés s'est montré particulièrement actif. A la dose de 1/50 de cent. cube injecté sous la peau des souris, ce sérum antiparatyphique protégeait sûrement contre une et même plusieurs doses mortelles de bacilles paratyphiques vivants injectés 24 heures après. Les doses plus faibles de sérum (1/100-1/200 de cent. cube) ne donnaient qu'une survie de 5 à 6 jours.

Ce sérum possédait, en plus, grâce à l'immunisation par la voie veineuse, un pouvoir antiendotoxique (1) très marqué. La dose mortelle de bacilles paratyphiques chauffés (60° — 30'), étant, en injection sous-cutanée, de 1/10 de culture sur gélose, ce sérum protégeait la souris, à la dose de 1/10 de cent. cube, contre 1/5 de culture chauffée (2 doses mortelles). Des souris recevant sous la peau 1 cent. cube de sérum résistaient, sans le moindre trouble, à l'injection sous-cutanée d'une culture entière (10 doses mortelles) de bacilles paratyphiques chauffés.

*
* *

1° Bacilles paratyphiques vivants non sensibilisés.

21 *mars.* — A quatre souris il est inoculé sous la peau 1/2.000 de culture paratyphique vivante de 24 heures, ce qui est la dose mortelle limite.

23 *mars.* — Sur ces quatre souris, deux meurent après 24 et 48 heures. Les deux autres survivent et vont très bien.

25 *mars.* — A ces deux souris qui ont survécu, ainsi qu'à une souris neuve, témoin, il est inoculé 1/100 de culture paratyphique vivante de 24 heures sous la peau.

(1) *Annales de l'Institut Pasteur*, t. XX, février 1906, p. 119.

Le témoin meurt le lendemain (26 mars). Les deux souris ayant reçu, à titre de vaccin, des bacilles paratyphiques vivants 4 jours auparavant, survivent d'abord, puis finissent par succomber à l'infection paratyphique, une après une survie de 2 jours sur le témoin, l'autre après une survie de 5 jours.

Il résulte de cette expérience que, en cas de vaccination avec du virus paratyphique vivant, l'immunité n'est pas acquise après 4 jours. Il y a, en plus, à tenir compte du risque qu'un pareil vaccin fait courir en raison de sa virulence propre.

*
* *

2° *Bacilles paratyphiques morts non sensibilisés.*

19 *mars.* — A quatre souris il est injecté sous la peau des doses variables de culture paratyphique chauffée à 60° pendant 30 minutes : 1/100, 1/50, 1/10, 1/5 de culture de 24 heures sur gélose.

21 *mars.* — Seules survivent les souris ayant reçu 1/100 et 1/10 de culture, les autres ayant succombé à l'intoxication en 24 et 48 heures.

25 *mars.* — Aux deux souris survivantes, ainsi qu'à une troisième souris témoin, il est inoculé 1/100 de culture paratyphique vivante de 24 heures.

La souris témoin est morte le lendemain; les deux autres ont survécu d'une façon définitive.

Donc, le vaccin constitué par des bacilles paratyphiques chauffés est doué d'une toxicité assez élevée, en injection sous-cutanée; il confère une immunité solide pouvant être constatée après 6 jours.

*
* *

3° *Bacilles paratyphiques vivants en présence de sérum antiparatyphique.*

5 *mars.* — A trois souris il est injecté sous la peau du dos 1/10 de cent. cube de sérum antiparatyphique.

6 *mars.* — On inocule à ces trois souris des doses variables de culture paratyphique vivante :

    1° 1/100 de culture (rouge).
    2° 1/25 de culture (bleue),
    3° 1/10 de culture (blanche).

Trois souris témoins sont inoculées avec 1/100, 1/200, 1/500 de cette même culture en vue du dosage de la virulence. Sur ces trois témoins, deux meurent le lendemain; la troisième souris qui a reçu 1/500 de culture est bien malade le lendemain; elle est trouvée morte le surlendemain matin. La dose mortelle de la culture employée est donc de 1/500 de culture. Or, parmi les souris ayant été préparées la veille (5 mars) avec 1/10 de cent. cube de sérum antiparatyphique, aucune n'a été malade, bien qu'elles aient reçu 5 (rouge), 20 (bleue) et 50 (blanche) doses mortelles.

14 *mars*. — A ces trois souris ayant survécu, à la faveur du sérum, il a été inoculé 1/100 de culture. Le lendemain et le surlendemain sont mortes les deux souris qui ont reçu 5 (rouge) et 20 (bleue) doses mortelles; celle qui a reçu 50 doses mortelles (blanche) a été malade pendant deux jours, puis elle a fini par se remettre.

Il ressort de cette expérience qu'une souris a beau avoir résisté, à la faveur du sérum, jusqu'à 50 doses mortelles de virus paratyphique vivant; il suffit qu'elle ait reçu du sérum, fût-ce même la veille de l'inoculation des microbes, pour que le caractère de son immunité se trouve transformé : au bout de huit jours celle-ci, devenue passive, est réduite à zéro.

Autre expérience :

16 *mars*. — Deux souris reçoivent sous la peau du dos 1/50 de cent. cube (bleue) et 1/10 de cent. cube (blanche) de sérum antiparatyphique.

17 *mars*. — A ces deux souris, ainsi qu'à une souris témoin, il est inoculé 1/100 de culture paratyphique vivante. La souris témoin meurt le lendemain, les deux autres survivent sans présenter aucun trouble.

25 *mars*. — Aux deux souris survivantes ayant résisté, à la faveur du sérum, à 1/100 de culture, 8 jours auparavant, on inocule de nouveau 1/100 de culture paratyphique. Un témoin en reçoit autant.

26 *mars*. — La souris (blanche) qui avait reçu le 16 mars la plus forte dose de sérum (1/10 de cent. cube) meurt en même temps que le témoin, 24 heures après l'inoculation. La souris (bleue) qui avait reçu le 16 mars moins de sérum (1/50) n'est morte que 48 heures après.

Il s'ensuit donc que la souris, qui a subi une fois victorieusement une infection paratyphique mortelle grâce à la petite quantité de sérum reçue la veille, se comporte, déjà 8 jours après, comme une souris neuve, en présence de la même dose de virus. L'expérience montre, de plus, que la souris résiste d'autant moins à la seconde épreuve que la dose de sérum reçue avait été plus forte.

4° *Bacilles paratyphiques morts en présence*
de sérum antiparatyphique.

21 *mars*. — Quatre souris reçoivent :

1° 1/10 de culture paratyphique chauffée (rouge queue);
2° 1/50 de culture paratyphique chauffée (rouge tête);

3° Un mélange { 1/5 de culture paratyphique chauffée (bleue),
             { 1/10 de cent. cube de sérum antiparatyphique,

4° Un mélange { 1 culture entière paratyphique chauffée (jaune),
             { 1 cent. cube de sérum antiparatyphique.

23 mars. Seule est trouvée morte la souris qui a reçu 1/10 de culture chauffée (rouge queue); les autres vont bien.

31 mars. — Les trois souris survivantes sont éprouvées avec 1/100 de culture paratyphique vivante, en injection sous-cutanée.

La souris qui a reçu le 21 mars 1/50 de culture chauffée (rouge tête) a eu survie définitive.

La souris qui a reçu le 21 mars 1/5 de culture chauffée (bleue) en même temps que 1/10 de sérum est morte le 4 avril.

La souris qui a reçu le 21 mars 1 culture entière chauffée (jaune) en même temps que 1 cent. cube de sérum est morte le 2 avril, presque en même temps que le témoin.

Donc, alors que 1/50 de culture chauffée, injectée seule, vaccine la souris solidement contre le virus paratyphique, des doses 10 et même 50 fois plus forte de vaccin ne confèrent aucune immunité pour peu qu'elles renferment un peu de sérum. De plus, l'immunité est d'autant plus fragile que la dose de sérum ajoutée au vaccin avait été plus forte.

*
* *

5° *Bacilles paratyphiques vivants sensibilisés.*

Une culture paratyphique sur gélose inclinée, dont 1/500 tue la souris en moins de 24 heures, est diluée dans 1 cent. cube d'eau physiologique. Cette émulsion, très chargée de bacilles, est additionnée de 1 cent. cube de sérum antiparatyphique de lapin (voir plus haut). Le tout est laissé au contact, à la température du laboratoire, pendant une nuit. Le lendemain, le sérum est décanté; le dépôt microbien est lavé deux fois à l'eau physiologique (30 cent. cubes), de façon à en chasser la moindre trace de sérum libre.

En éprouvant la virulence de la culture ainsi traitée, on constate que les souris supportent jusqu'à 1/4 de culture entière, en injection sous-cutanée.

26 février. — Il est injecté à 20 souris, sous la peau, des bacilles paratyphiques vivants sensibilisés, à des doses variant de 1/10 à 1/4 de culture.

27 février. — A partir de ce jour et les jours suivants, on inocule à 2 souris préparées et à 1 souris neuve 1/100 de culture paratyphique vivante.

Sans entrer dans les détails, disons qu'à l'exception d'une souris qui est morte au 5ᵉ jour de l'infection, toutes les autres ont survécu. Par contre, toutes les souris témoins sont mortes en moins de 24 heures.

5 souris vaccinées ont résisté à des doses de virus allant jusqu'à 1/10 de culture vivante, et cela 1 mois et demi après avoir été vaccinées.

Il résulte de l'ensemble de ces expériences que :

a) Le virus paratyphique B subit, par suite de la sensibilisation, une atténuation de virulence, qui est de plus de 100 fois par rapport au virus non sensibilisé;

b) Les bacilles paratyphiques vivants sensibilisés protègent contre plusieurs — jusqu'à 50 — doses mortelles de virus paratyphique virulent ordinaire;

c) L'immunité conférée par les bacilles paratyphiques sensibilisés est une immunité active. Elle s'établit dès le lendemain de l'injection vaccinale.

*6° Bacilles paratyphiques, vivants ou morts,
donnés par ingestion.*

Pour compléter cette étude, nous avons voulu nous rendre compte de la valeur de ces différents vaccins, lorsque la souris est infectée, non pas par injection, mais par ingestion.

Disons de suite que nous avons dû y renoncer. Nous avons cherché vainement à établir la dose buccale mortelle : bien que notre paratyphique fût isolé de l'épidémie si meurtrière de Wrexham, toutes nos tentatives pour infecter les souris par la bouche ont échoué. Nous avons administré aux souris par la bouche jusqu'à II et III grosses gouttes d'une culture sur gélose diluée dans 1 cent. cube d'eau physiologique, sans provoquer chez elles le moindre trouble, même passager. Le résultat fut le même, qu'il s'agît des bacilles paratyphiques vivants, des bacilles morts ou des bacilles sensibilisés vivants.

Un jour, manquant de souris neuves pour une expérience de contrôle, nous eûmes l'idée d'utiliser une souris qui avait reçu, un mois auparavant, des bacilles paratyphiques par la bouche. Quelle ne fut donc pas notre surprise lorsque, le lendemain, nous constatâmes que cette souris, à laquelle nous avions injecté la veille 1/100 de culture paratyphique virulente, donc une dose sûrement mortelle, grignotait gaiement ses grains, comme si elle n'avait rien reçu. Croyant qu'il y avait eu erreur, nous éprouvâmes d'autres souris du même lot : même survie. En présence de ce résultat inattendu, nous reprîmes l'expérience sur des centaines de souris, en faisant varier les virus (bacilles morts, vivants, sensibilisés vivants et sensibilisés chauffés) et les intervalles entre l'ingestion et l'injection d'épreuve.

Voici ce que cette expérience a montré :

Pendant les 10 premiers jours qui suivent l'ingestion du virus, que celui-ci ait été chauffé, vivant ou sensibilisé, les souris succombent à l'injection d'épreuve, tout comme les témoins.

A partir du 10e jour et pendant 1 mois et demi environ qui suivent le repas paratyphique B, quel qu'il soit, à la condition que celui-ci ait été copieux, les souris sont immunisées contre une et même plusieurs doses mortelles de virus paratyphique injecté sous la peau.

Notons cependant que les souris vaccinées par la voie buccale sont d'autant plus solidement immunisées que les bacilles ingérés avaient été plus virulents. Ainsi les souris les mieux vaccinées sont celles qui avaient reçu par la bouche des bacilles paratyphiques vivants et virulents; celles-là sont capables de résister à plusieurs doses mortelles de virus paratyphique sous la peau. Suivent dans l'ordre d'immunité décroissante les souris qui avaient reçu par la bouche des bacilles vivants sensibilisés. Enfin, les souris auxquelles on avait fait ingérer des bacilles paratyphiques tués par la chaleur possèdent une immunité la moins solide : elles peuvent résister tout au plus, pas toujours, à une dose de virus simplement mortelle.

En résumé :

1° Le vaccin constitué par des bacilles paratyphiques vivants ne confère l'immunité qu'à la longue; il est d'un maniement délicat en raison de sa virulence, susceptible de s'exalter sans raison précise.

2° Le vaccin constitué par des bacilles paratyphiques tués confère une immunité solide, ne s'établissant guère avant 4 à 5 jours; ce vaccin est doué d'un pouvoir toxique considérable.

3° Le vaccin constitué par des bacilles paratyphiques vivants sensibilisés confère l'immunité dès le lendemain; ce vaccin n'est ni virulent, ni toxique.

4° A l'encontre de ces préparations qui créent une immunité active, solide et durant des mois, celles auxquelles on

associé du sérum antiparatyphique confèrent une immunité
éphémère, qui l'est d'autant plus que la préparation renferme
plus de sérum. Un vaccin peut renfermer une quantité énorme
de corps de microbes; pour peu qu'il contienne des traces de
sérum, l'immunité qui en résulte n'est plus active : elle est
passive.

5° L'immunité, à la suite de l'ingestion par la voie buccale,
s'établit tardivement. Très solide en cas d'ingestion de microbes
vivants, elle est fragile et, d'ailleurs, aléatoire en cas d'administration de microbes morts.

Paris, 16 mai 1914.

INFECTIONS MICROBIENNES
CONSÉCUTIVES A LA PÉNÉTRATION CUTANÉE
DES LARVES DE L'ANKYLOSTOME

par E. MALVOZ et J. LAMBINET.

(Institut bactériologique, Liége.)

(Avec les planches VIII-X.)

Une des notions que le maître Metchnikoff a le plus contribué à répandre est le grand rôle joué par les parasites intestinaux comme inoculateurs de virus : faut-il rappeler l'insistance qu'il a mise à vouloir convaincre les médecins que la lutte organisée systématiquement contre les Entozoaires pourrait réduire considérablement le nombre des cas d'appendicite? Et, dans sa belle étude de la *Revue générale des Sciences*, sur l' « Hygiène des intestins » (1), Metchnikoff rappelle toute une série de circonstances dans lesquelles les piqûres des vers intestinaux occasionnent autant de mal que les piqûres des insectes porteurs de microbes pathogènes.

Notre attention a été spécialement attirée sur le rôle des nématodes comme inoculateurs de microbes, depuis que nous étudions spécialement la biologie de l'ankylostome, études facilitées ici, grâce au matériel considérable dont nous disposons dans notre région de charbonnages et de mines, autrefois gravement infestés par le parasite de l'anémie des mineurs.

Peu après la découverte par Looss du passage de l'ankylostome par la peau, l'un de nous (2) confirmait les consta-

---

(1) T. XVII, p. 899-906, 30 octobre 1906.
(2) J. LAMBINET, Recherches sur le mode d'infection de l'organisme animal par les larves d'ankylostome. *Bull. Acad. de Méd. de Belgique*, 28 janvier 1905.
Ibid., Recherches sur le trajet des larves d'ankylostome à travers les organes, après infection cutanée. *Ibid.*, 30 décembre 1905.

lations de l'éminent parasitologue du Caire, et aujourd'hui, à la suites des recherches de Looss, de Schaudinn, de Herman, de Tenholt, de Boycott, de Bruns et Müller, de Calmette et Breton, des nôtres, l'infection cutanée est considérée comme d'importance prépondérante dans l'ankylostomiase.

La pénétration des larves d'ankylostome par la peau explique divers phénomènes pathologiques notés depuis longtemps chez des individus exposés à la contamination : éruptions tégumentaires prurigineuses, papuleuses, pustuleuses, dermatites, etc. Sans aucun doute, certaines de ces lésions sont dues à des microbes introduits en même temps que les larves. Mais nous nous sommes demandé si les larves ne jouaient pas un autre rôle, si au cours de leur passage à travers l'organisme pour gagner le tube digestif, ces petits organismes ne pouvaient pas, dans certains cas, se comporter comme de véritables convoyeurs de germes pathogènes. Avant d'exposer les résultats intéressants autant que curieux que nous avons obtenus, nous décrirons certaines particularités peu connues de la pénétration des larves d'ankylostome par la peau, particularités qu'il est indispensable de noter si l'on veut pouvoir se rendre compte du mécanisme des infections consécutives à cette pénétration.

On n'admet plus seulement la pénétration des larves par les follicules pileux; la migration larvaire peut s'effectuer à travers les fissures cutanées, et Schüffner va même jusqu'à nier l'introduction de ces petits organismes vivants par les follicules pileux. Qui a raison de ces observateurs ?

Voici quelques expériences absolument démonstratives, et que notre collaborateur, le Dr Albert Dubois, a bien voulu rendre plus saisissantes par la reproduction microphotographique des préparations.

Déposons sur la peau du ventre d'un chien ou d'un cobaye immobilisés une gouttelette de liquide larvifère (on peut prendre indifféremment les larves de l'ankylostome humain ou de l'ankylostome du chien; les larves parvenues dans l'intestin n'arrivent à maturité que chez l'hôte spécifique ; mais, qu'elles appartiennent à l'une ou l'autre espèce, elles possèdent la faculté de traverser indifféremment la peau de l'animal (chien ou cobaye). Laissons le liquide larvifère au contact de la peau pendant une heure et prenons la précaution de l'étaler, après section préalable des poils au ras de la peau, sur une surface d'un bon centimètre carré, recouverte d'une mince lamelle couvre-objet afin que le liquide mouille bien la peau et que toute dessiccation soit empêchée. Après une heure, le morceau de peau est sectionné, puis fixé et débité en coupes colorées, suivant la technique habituelle. Les microphotographies de trois de ces coupes, choisies parmi les plus démonstratives, montrent des détails fort intéressants.

On peut suivre facilement sur ces coupes les divers stades de l'envahissement de la peau par les larves.

La microphotographie (pl. VIII) montre en 1 la partie restée saine du revêtement cutané ; la couche cornée adhère intimement au corps muqueux de Malpighi.

A côté, en 2, on voit une larve (la coupe ne peut en montrer qu'un fragment) à l'entrée d'un follicule pileux, sous la couche cornée. En 3, plusieurs larves décollent la couche cornée et la séparent du corps muqueux. En 4, la lésion épidermique est plus accentuée encore : il s'est formé une véritable bulle remplie de sérosité sanguinolente, de leucocytes et de larves. Sous le corps muqueux de Malpighi, dans toute la région où l'on a déposé le liquide larvifère, le derme est le siège d'une infiltration manifeste.

Pour parvenir entre le corps muqueux et la couche cornée, les larves doivent s'insinuer dans les crevasses superficielles de cette dernière et déterminer des clivages successifs des lamelles épidermiques. Le corps muqueux leur oppose une certaine résistance, son effraction n'est réalisée que difficilement et plus tardivement. Le plus souvent, les larves contournent cet obstacle en s'engageant dans les orifices des follicules pileux : on les voit s'insinuer entre le poil et sa gaine et, enserrées entre le poil rigide et sa gaine plus dépressible, elles réussissent à franchir cette dernière en l'un ou l'autre point de la hauteur du follicule ; et elles atteignent ainsi le derme et même le tissu sous-cutané. C'est ainsi que doit s'expliquer la présence de la plupart des larves dans les gaines épithéliales des poils, dans les glandes sébacées, dans le derme et le tissu sous-cutané, alors qu'on n'en trouve qu'un très petit nombre passant directement.

Chez le cobaye, dont la peau est plus mince que chez le chien, on trouve plus souvent des larves ayant franchi directement l'épiderme et le derme lui-même, sans avoir suivi la voie des follicules pileux.

Les microphotographies (pl. IX et X) montrent nettement ces diverses particularités.

D'après ces constatations, il faut se rallier plutôt à l'opinion de Looss qu'à celle de Schüffner. Ce dernier observateur, n'ayant pas trouvé de larves dans les follicules pileux, en avait conclu qu'elles se créaient un chemin direct à travers la peau ; Looss affirmait, au contraire, que l'introduction de ces petits organismes ne pouvait se faire que par la voie des follicules. En thèse générale, c'est cette voie qui peut être considérée comme le mode de pénétration habituel. Nous rappellerons, à ce propos, que l'un de nous a signalé cette tendance des larves à s'engager dans les orifices qui s'ouvrent devant elles, en décrivant la pénétration de quelques-unes d'entre elles dans le conduit excréteur des glandes de la muqueuse bronchique (trachée), au moment de leur passage dans le poumon, après infection cutanée.

Quel que soit le mode de pénétration des larves de nématodes dans la peau, il n'est pas douteux que les lésions cutanées si variées, et que l'on a décrites sous les noms les plus divers chez les personnes exposées à la contamination par les larves d'ankylostome, ne soient dues, en partie, à des infections microbiennes associées : il suffit de jeter un coup d'œil sur nos coupes pour se rendre compte de l'importance des effractions que ces parasites sont capables de produire dans le revêtement cutané.

Mais, à côté de ce rôle des ankylostomes comme inoculateurs de virus, n'en existe-il pas un autre, d'importance plus générale, qui consisterait dans le transport par les larves, dans leur migration à travers l'organisme, de la peau à l'intestin, de certains microbes pathogènes pouvant se rencontrer dans les milieux contaminés par les déjections et les excreta où se développe l'œuf du nématode; en d'autres termes, les larves de l'ankylostome ne pourraient-elles se comporter comme de véritables « convoyeurs » de germes infectieux?

Nous avons entrepris toute une série d'investigations pour

répondre à cette question. La recherche consiste, en général, à étaler sur la peau du ventre de l'animal du liquide larvifère additionné de microbes tels que le bacille du charbon, le bacille de la tuberculose, le staphylocoque, le streptocoque, etc., puis à tenir l'animal en observation en même temps qu'un témoin traité de la même façon, mais sans ajouter des larves aux microbes déposés sur la peau.

Le résultat d'une de ces expériences est tellement démonstratif qu'aucun doute ne peut subsister sur l'extrême rapidité de la généralisation du processus tuberculeux quand on dépose à la fois, sur la peau du cobaye, des larves et des bacilles de Koch. Voici cette expérience :

Deux cobayes sont immobilisés, fixés sur le dos à la table d'expérimentation afin qu'ils ne puissent ni se retourner ni se lécher. On coupe les poils de la peau du ventre sur une surface de 2 centimètres carrés; on étale à cet endroit un peu de crachat très riche en bacilles de Koch ; puis, chez l'un des animaux, on laisse tomber à cet endroit une goutte de liquide larvifère (larves d'*Ankylostomum caninum*) renfermant de nombreuses larves enkystées, très actives, cultivées à 28°. Un couvre-objet empêche la dessiccation de la peau de part et d'autre.

Puis on désinfecte soigneusement la partie de la peau, où ont été déposés les produits infectants, au moyen d'une forte solution de lysol. Les animaux sont placés dans des cages séparées.

Après un mois, le cobaye témoin paraît absolument sain, alors que son congénère est trouvé mort dans sa cage. L'autopsie de celui-ci révèle une tuberculose généralisée, avec nombreux tubercules dans les poumons, le foie, la rate, lésions très riches en bacilles de Koch. Le cobaye témoin, tué après un mois et demi, ne montre aucune lésion tuberculeuse.

Cette généralisation presque immédiate de la tuberculose chez ce cobaye, sur la peau duquel on avait semé des larves et des bacilles de la tuberculose, ne peut s'expliquer que par une dissémination rapide des bacilles convoyés par les larves à travers la peau et amenés avec elles dans le torrent circulatoire : le résultat a été le même que si on avait poussé directement une injection de bacilles dans une veine.

Dans des expériences conduites de la même façon avec les bacilles du charbon mélangés aux larves d'ankylostome, nous avons obtenu plus régulièrement l'infection charbonneuse d'origine cutanée là où la pénétration des bacilles était facilitée par l'introduction des larves.

Ces recherches expérimentales, qui ne sont que le début d'un travail plus considérable, sont de nature à expliquer bien des complications de l'ankylostomiase : leur résultat prouve, en tout cas, que l'infection cutanée dans l'ankylostomiase n'est pas seulement dangereuse par elle-même, mais encore par la porte qu'elle ouvre à d'autres infections microbiennes.

SUR L'ORIGINE DES MYOPHAGES

par le professeur TH. TCHISTOVITCH (Kasan).

Trente ans se sont écoulés à peu près depuis que M. É. Metchnikoff avait conçu l'idée du rôle de la phagocytose dans la biologie. Une vive lutte a eu lieu durant cette longue série d'années pour assurer à cette découverte géniale la place si importante qu'elle occupe dans la science en ce moment. Pendant 30 années, la découverte de M. Metchnikoff renversait dans sa marche triomphale les nombreux obstacles et toutes les objections que les adversaires de cette théorie audacieuse amassaient de tous côtés sur son chemin.

La théorie même de la phagocytose est à présent admise partout. Mais, jusqu'à nos jours, ne se sont pas encore apaisées les discussions concernant quelques détails : c'est, d'un côté, la portée de la phagocytose dans certains phénomènes d'immunité et dans le mécanisme de la disparition des cellules dans les organes en voie d'atrophie; d'un autre côté, c'est la question de l'origine des cellules phagocytaires. Laissant de côté la première question, arrêtons-nous sur la dernière.

M. Metchnikoff a établi, dans ses premiers travaux sur la phagocytose, deux espèces de phagocytes : les microphages et les macrophages. Les premiers ne sont autre chose que les leucocytes polynucléaires du sang, doués de la faculté d'émigrer à travers les parois des vaisseaux sanguins, comme l'avait démontré Cohnheim, et de s'amasser dans les foyers d'inflammation, en se déplaçant à force de mouvements amiboïdes. L'aspect des microphages est si caractéristique, que leur identité avec les polynucléaires du sang n'était jamais mise en doute.

Les macrophages — phagocytes mononucléés — se présentent aussi comme éléments mobiles; mais, ne possédant aucun signalement précis; ils ressemblent par conséquent aussi bien aux jeunes cellules de beaucoup de tissus, tant que celles-ci ne se sont pas encore différenciées et n'ont pas encore perdu leur caractère embryonnaire; c'est pour cette raison qu'on admet que les phagocytes qui apparaissent dans les foyers inflammatoires peuvent, dans différentes circonstances, avoir une origine diverse.

Metchnikoff lui-même, dans un de ses premiers articles sur la phagocytose (1), se prononça en faveur d'une origine multiple des macrophages. Suivant les circonstances, ce sont une fois des cellules conjonctives (endothéliales, cellules migratrices du mésoderme) et les leucocytes mononucléés ou les lymphocytes du sang (comme, par exemple, dans la phagocytose des globules rouges du sang, du tissu nerveux, des cellules animales en général, des pigments, etc., Metchnikoff, J. Bordet, Savtchenko, Cantacuzène et autres); une autre fois ce sont les cellules du sarcoplasma, les cellules musculaires (Waldeyer, Weber, Metchnikoff, Soudakéwitch, Saltykow et beaucoup d'autres); dans d'autres cas encore, ce sont les cellules névrogliques du tissu nerveux (Metchnikoff et surtout Alzheimer et ses élèves). Or, plus tard, la question de l'origine des macrophages devint plusieurs fois le point de discussions et de controverses. C'est surtout après les travaux bien connus du professeur A. Maximow sur l'inflammation, qui avait attribué aux lymphocytes une capacité si grande de se transformer en cellules des foyers inflammatoires, qu'on eut la tendance d'envisager la plupart des macrophages comme éléments issus des lymphocytes émigrés des vaisseaux sanguins, ou préexistant sur place, même dans les voies lymphatiques; ces lymphocytes, en augmentant de volume, acquerraient une mobilité amiboïde prononcée, de même qu'un grand pouvoir phagocytaire. Parmi les auteurs qui rapprochaient les macrophages surtout des lymphocytes, je citerai, par exemple, Borrel (dans la tuberculose) et Cantacuzène (dans la phagocytose des cellules hépatiques).

La participation d'autres cellules, provenant d'autres tissus que le sang (par exemple : cellules musculaires, névro-

____

(1) *Biol. Centralbl.*, 1883, p. 560, et *Année biologique*, 1897, p. 253.

gliques, etc.), à la phagocytose des résidus d'organes lésés devrait, à ce point de vue, être très restreinte, sinon nulle.

Cette divergence des opinions fut le point de départ de nombreuses études expérimentales, dont les résultats, ordinairement contradictoires, n'avancèrent guère la solution de la question : c'est qu'on ne possédait pas encore une méthode permettant de déterminer sous le microscope l'origine des jeunes cellules appartenant à différents tissus, par exemple, de distinguer les jeunes cellules musculaires des fibroblastes, etc.; pour cette raison, tous les expérimentateurs étaient forcés de baser leurs conclusions seulement sur leurs impressions personnelles.

Le professeur Ehrlich, pour différencier les cellules de nature diverse, chercha des colorants, qui les distingueraient infailliblement les unes des autres.

Les travaux d'Ehrlich dans cette direction ont permis de déterminer, par des colorations spéciales, la provenance de certaines cellules. Nous entendons la méthode de coloration *in vivo* par les solutions de pyrrholblau ou trypanblau, méthode proposée par Ehrlich et étudiée par Goldmann. Ces deux colorants, relativement inoffensifs pour l'organisme, injectés aux animaux sous la peau, dans le péritoine ou dans le sang même, ne colorent que certaines cellules, en se déposant dans leur protoplasma en forme de gouttelettes ou de grains bleu foncé. C'est le cas des cellules épithéliales des tubes contournés du rein et des clasmatocytes du tissu conjonctif, les fibroblastes ne se colorant que d'une façon très faible et toute différente (leurs chondriocontes délicats prennent une faible teinte bleu clair). En se servant d'une technique appropriée, on peut ainsi préparer des animaux dont toutes les cellules conjonctives appartenant au type des clasmatocytes apparaissent bleues, tandis que les éléments du sang et tous les autres tissus restent incolores. Si l'on produit chez de tels animaux préparés des foyers d'inflammation, on voit s'y amasser des phagocytes, les uns émigrés des vaisseaux sanguins, les autres provenant des fibroblastes et des clasmatocytes locaux. Ces derniers gardent leur couleur bleu foncé, même dans les foyers inflammatoires. On arrive de cette façon à bien distinguer les phagocytes de provenance hématogène ou lymphogène de la vraie

descendance des clasmatocytes conjonctifs, puisque non seulement les lymphocytes mêmes, mais aussi les « plasmazellen »
(cellules plasmatiques de Unna), qui se forment à leurs dépens,
restent incolores ; il en est de même des grandes cellules
mononucléaires : malgré leur identité morphologique avec
les macrophages histiogènes, elles restent néanmoins incolores (1).

Cette observation intéressante de Goldmann, confirmée depuis
par Tchachine et Schulemann, a été utilisée dans mon laboratoire par le Dʳ Taratynov (2) pour résoudre le problème de
l'origine des phagocytes qui détruisent les fibres musculaires,
lésées ou nécrosées.

Ayant préparé par des injections successives (sous la peau et
dans le péritoine) de pyrrholblau et de trypanblau des animaux de laboratoire jusqu'à ce que leur peau et les muqueuses
aient acquis une teinte bleue prononcée, Taratynov a provoqué
chez eux, par des moyens différents, des lésions de muscles
striés et a examiné ces foyers à divers intervalles. Il en résulta
que les noyaux musculaires (corpuscules de Max Schultze) ne
prenaient jamais la couleur bleue, de même que les sarco- ou
myoblastes qui proviennent des bouts des fibres musculaires
survivants. Il a pu de la sorte être établi définitivement que
les cellules et les noyaux musculaires ne prennent aucunement
part à la destruction (résorption) des muscles lésés ; ces cellules
contribuent exclusivement à la régénération et à la croissance
des bourgeons des fibres musculaires mêmes. Il résulte d'un
autre côté que les éléments mononucléés qui digèrent la substance musculaire proviennent, pour la plus grande majorité, sinon exclusivement, des cellules conjonctives du périmysium, notamment *des clasmatocytes* de Ranvier. Au bout
de 24-48 heures après la lésion (pendant ce temps s'amas-
sent autour des muscles lésés des leucocytes polynucléaires,
microphages), tous les espaces entre les fibres musculaires
de cette région, et même les sarcolemmes, se remplissent de

____

(1) Il arrive pourtant que des grains bleus y apparaissent, par suite d'une
phagocytose de quelques macrophages bleus dégénérés.

(2) Sur la destruction des muscles lésés et sur l'origine des myophages,
Thèse de Kasan, 1914 (en russe), et *Comptes rendus de la Soc. de Biologie
de Paris*, 1914.

macrophages bleus : ce sont ces agglomérations de cellules mononucléaires à l'intérieur des sarcolemmes des muscles lésés qu'avait autrefois observées Metchnikoff, et que Waldeyer avait décrites en détail ; on leur donna depuis le nom de « muskelzellenschläuche » (tubes à cellules musculaires de Waldeyer). Pendant très longtemps on en débattit le rôle : les uns les tenaient pour des noyaux musculaires multipliés (Metchnikoff, Soudakéwitch, Volkmann, Saltykow et beaucoup d'autres observateurs), les autres insistaient sur leur nature leucocytaire (Maslovsky, Erbkam, Rochmaninow, Schminke, etc.), et ce ne furent que quelques expérimentateurs qui firent l'observation que ces cellules périssent finalement et ne se transforment jamais en fibres musculaires nouvelles (Waldeyer, Bouchard, Neumann, Barfurth, Askanazy, Volkmann et autres). La récente méthode d'Ehrlich-Goldmann, qui a permis d'élucider d'une façon sûre l'origine des myophages et d'établir leur parenté avec les clasmatocytes du périmysium, a démontré en même temps que les « muskelzellenschläuche » de Waldeyer ne contiennent autre chose que des myophages et pas de myoblastes. Tous ces amas de cellules bleues disparaissent au moment où commence à se produire la régénération des fibres musculaires, qui s'opère ou bien par un accroissement de bourgeons protoplasmiques (musculaires), issus des bouts des fibres striées lésées, ou bien par la multiplication des cellules musculaires (noyaux) des sarcolemmes, qui se transforment respectivement en sarcoblastes ou en myoblastes. Nous ne sommes pas encore en état d'affirmer que la résorption physiologique des muscles pendant la transformation des animaux (des têtards, des larves, etc.) s'opère de la même façon (1) ; mais, si l'on prend en considération les observations des zoologistes recueillies par nous dans la littérature, il devient probable que le myophagisme physiologique n'en diffère en rien et que les myophages dans la métamorphose sont de même des cellules conjonctives (du mésenchyme). Par conséquent, on peut considérer comme prouvé, du moins en ce qui concerne la phagocytose des muscles, que ce sont les cellules conjonctives spé-

(1) L'étude de cette question se poursuit dans mon laboratoire par M. Taratynov.

ciales du périmysium qui jouent le rôle de myophages, mais qu'ensuite celles-ci ne prennent aucune part à la régénération ultérieure. Les éléments sanguins contribuent peu au myophagisme : ce fait a déjà été noté autrefois par Metchnikoff, qui affirmait que les phagocytes des muscles proviennent du tissu musculaire même, et non pas du sang. Cette opinion ne doit être modifiée à présent qu'en ce qui concerne le détail suivant : ce ne sont pas les cellules musculaires, mais les clasmatocytes du périmysium qui jouent le rôle de myophages tandis que la participation au myophagisme des éléments sanguins se borne à l'émigration de microphages durant les premières 36-48 heures après la lésion ; et si même on admettait que les lymphocytes ou quelques autres éléments provenant de ces derniers contribuent à la résorption des muscles, leur rôle devrait être considéré comme minime et sans aucune valeur.

BACTERIUM PROTEUS ANINDOLOGENES

par J. J. van LOCHEM,
Directeur du Département d'Hygiène tropicale de l'Institut colonial
à Amsterdam.

En étudiant les urines d'un malade pneumaturique, j'isolai — il y a neuf ans — un bacille qui montre une forte ressemblance avec le bacille d'Hauser : un bâtonnet mobile, liquéfiant rapidement la gélatine, faisant fermenter des sucres, etc., et donnant une coloration rouge-vineux dans les cultures peptonisées, auxquelles on a ajouté de l'acide sulfurique pur et du nitrite de potassium (réaction de l'indol de Salkowski).

Mon collègue, le Dr Steensma, démontra que cette matière colorée n'était nullement identique avec le nitrosindol ; alors qu'on peut distiller l'indol, la substance-mère de la matière rouge de notre bacille ne quitte pas le milieu peptonisé, soumis à la distillation.

Cette différence entre le *Bacterium proteus vulgare* et notre bacille s'est montrée d'une constance absolue. Les cultures de ce dernier en solution de peptone donnent, jusqu'aujourd'hui, une réaction de Salkowski très prononcée, tandis que les autres réactions de l'indol restent négatives. Notre nouveau bacille *Proteus* est toujours incapable de produire de l'indol, de sorte que j'ai proposé de le considérer comme une espèce nouvelle, sous le nom de *Bacterium proteus anindologenes*.

Depuis, on a rencontré plusieurs représentants de notre nouvelle espèce.

J'ai pu isoler une deuxième culture du *Bacterium proteus anindologenes* du pus d'un abcès de la paroi abdominale d'un malade, soigné dans la clinique du professeur Ruitinga ; probablement, cet abcès provenait de l'intestin. Aucune différence n'a pu être constatée entre le bacille du pus et celui de l'urine du malade pneumaturique ; ses cultures en milieu peptonisé donnaient la même *pseudo-réaction* de Salkowski et, ce qui était important, un sérum de lapin immunisé contre le bacille de l'urine agglutinait aussi le bacille du pus.

Pendant notre séjour à Sumatra, ma femme et moi avons fait des recherches spéciales sur la fréquence du bacille *Proteus* anindologène. Sur 30 bacilles *Proteus*, isolés du contenu de l'intestin humain, 27 donnaient les réactions de l'indol, et 3 la *pseudo-réaction* de Salkowski.

Ces trois derniers, nous les avons examinés aussi au point de vue sérologique et comparés avec le bacille n° 1, provenant du malade pneumaturique. Nous avons immunisé des lapins contre nos bacilles anindologènes, et d'autres lapins contre les vrais *Proteus* Hauseri, et nous avons examiné le pouvoir agglutinant des sérums de tous ces lapins vis-à-vis des différents bacilles.

Les résultats de ces expériences n'étaient pas douteux; les sérums anindologènes agglutinaient tous les quatre représentants de notre nouvelle espèce, sans aucune influence spécifique sur des bacilles indologènes (V. le tableau), tandis que toute action spécifique des sérums « indologènes », vis-à-vis des bacilles anindologènes, était absente.

Tout récemment, M. Baudet a publié un mémoire intéressant sur les réactions de l'indol, dans lequel il annonce avoir isolé trois bacilles *Proteus*, donnant la *pseudo-réaction* de Salkowski. Une des cultures provenait du pus d'un empyème, les deux autres furent isolées des urines. Nous n'avons pas encore fini l'étude de ces cultures, que M. Baudet a bien voulu mettre à notre disposition.

En résumant, nous pouvons conclure que, parmi les différentes espèces du groupe des bacilles *Proteus*, il y en a une espèce qui se distingue des autres par l'impuissance de produire de l'indol. Dans le milieu peptonisé, on constate la présence d'une matière qui donne une coloration rouge-vineux (un peu plus rouge que le nitrosoindol) avec l'acide sulfurique et la nitrite de potassium.

Je propose d'appeler ce bacille (qui est peut-être identique avec l'*Urobacillus liquefaciens septicus Krogius*) : *Bacterium proteus anindologenes*.

CULTURES	CONTROLE	DILUTION DU SÉRUM ANINDOLOGÈNE				
		50	100	250	500	1.000
B. prot. anindologenes. V.C. 16 .	—	Clar.	Clar.	Clar.	Clar.	Clar
B. — — V.C. 8 .	—	+++	+++	+++	+++	++
B. — — L.P. 2 .	—	(Clar)	(Clar)	(Clar)	(Clar)	+++
B. — — Pneum. 1905 .	—	Clar.	Clar.	Clar.	Clar.	+++
B. prot. indologenes. V.C. 3 . .	—	—	—	—	—	—
B. — — V.C. 4 . .	—	+	+	—	—	—
B. — — V.C. 6 . .	—	—	—	—	—	—
B. — — V.C. 12 . .	—	—	—	—	—	—
B. — — V.C. 13 . .	—	—	—	—	—	—
B. — — V.C. 14 . .	—	—	—	—	—	—
B. — — V.C. 22 . .	—	—	—	—	—	—
B. — — Pol.	—	—	—	—	—	—

—— réaction d'agglutination négative.

+ réaction faible.

+++, ++, réaction plus ou moins forte, sans clarification complète.

Clar., (Clar), clarification complète, ou presque complète.

La signification pathologique des microbes de la putréfaction est une des questions nombreuses, étudiées et éclairées par le génie de Metchnikoff. C'est pour moi une joie spéciale que ma modeste contribution à l'étude de ces microbes puisse trouver une place dans le livre jubilaire de notre Maître vénéré.

Avril 1914.

Annotation, mai 1918. — Des recherches poursuivies depuis la rédaction de ce mémoire, surtout chez des nourrissons, ont affirmé la nature spécifique du *Bacterium anindologenes.* Je renvoie le lecteur spécialement au travail du Dr K. P. Groot, dont le rapport a été offert à la rédaction des *Annales de l'Institut Pasteur.*

v. L.

BIBLIOGRAPHIE

J. J. van Loghem. — *Centralbl. f. Bakteriologie*. Abt. I. Orig. Bd 38, 1905,
    p. 425.
F. A. Steensma. — *Centralbl. f. Bakteriologie*. Bd 41, 1906, p. 295.
J. J. van Loghem und J. C. W. van Loghem-Pouw. — *Ibid.*, Bd 66, 1912, p. 19.
E. A. R. F. Baudet. — *Folia Mikrobiologica*, Bd II, p. 261.

RECHERCHES SUR LA GENÈSE

DES CORPUSCULES DU *MOLLUSCUM CONTAGIOSUM*

par le prof. Dr FRANCESCO SANFELICE,
Directeur de l'Institut d'Hygiène de l'Université royale de Modena.

(Avec la planche XI.)

Le *Molluscum contagiosum* est une maladie cutanée qui se manifeste sous forme de nodules de différentes dimensions, parfois peu nombreux, parfois étendus sur toute la surface du corps, comme cela a été décrit par Kaposi, Lindström et par d'autres auteurs. Kaposi nous a donné ensuite la description des nodules géants de *Molluscum*.

Bien avant qu'on eût connu le résultat des expériences, on a constaté la nature contagieuse de la maladie : on a vu qu'un enfant, atteint de nodules de *Molluscum*, avait transmis en peu de temps la même symptomatologie à d'autres enfants de la même école.

La reproduction expérimentale de la maladie a réussi pour la première fois à Retzius en 1871. En 1888, Haab s'est transmis avec succès à lui-même la maladie par inoculation.

On peut observer les nodules du *Molluscum contagiosum* aux points les plus divers, au coude, sur le dessus du pied, sur le cuir chevelu. La peau du visage, du cou, des organes génitaux sont les sièges préférés de la maladie. Il est difficile de déterminer la période d'incubation dans les cas de maladie déclarée spontanément. Vidal a noté, dans ses recherches expérimentales, une période d'incubation de trois à six mois, Haab celle de six mois, tandis que Pick a constaté une incubation de dix semaines et Nobl de sept semaines.

Le *Molluscum contagiosum* des amphibies, l'épithélioma contagieux des pigeons, ainsi que le *Molluscum contagiosum* de l'homme, représentent une affection limitée à la couche de Malpighi. Neisser, contrairement à l'opinion de Kaposi, croyait que le *Molluscum* était consécutif à une prolifération des glandes sébacées, et que les corpuscules caractéristiques du *Molluscum* constituaient un produit de transformation du protoplasma non caractéristique de l'affection. Dans le derme, le virus du *Molluscum contagiosum* ne donne origine à aucune altération, parce que la couche des cellules basilaires constitue une barrière protégeant l'organisme contre le virus.

Le virus du *Molluscum* contagieux est uniquement épidermique; en pénétrant dans la peau il y produit une prolifération du réseau de Malpighi. Par contre, le virus de l'épithélioma contagieux des pigeons est de ceux auxquels on a donné le nom de « dermotrope », parce qu'ils se fixent même par les voies de la circulation sanguine.

Les cellules du réseau malpighien ne meurent pas; elles conservent même, jusqu'à un certain point, leur intégrité, bien que le virus y ait pénétré.

Dans les nodules, au début de leur développement, que l'on peut voir à l'aide du microscope seul, on n'observe, d'après Neisser, aucune participation des follicules, mais seulement des altérations épithéliales. Le nodule, qui représente la lésion, est constitué par des lobules, ou zones épithéliales, en prolifération, qui s'étendent dans le tissu connectif, d'abord dans le sens latéral, ensuite en profondeur. En général, les cellules basilaires et celles qui leur succèdent immédiatement dans une ou deux couches ne présentent pas d'altérations. Dans les cellules de Malpighi, qui suivent immédiatement, on constate une granulation trouble du protoplasma, particulièrement au voisinage du noyau. Les corps protoplasmiques de ces cellules sont grossis, le noyau, habituellement aplati, est poussé vers la périphérie de la cellule.

La substance qui se développe dans le protoplasma et donne origine aux corpuscules typiques du *Molluscum* se présente, dans la description de Neisser, comme une masse de fines granulations, composée de corpuscules clairs et minces.

Les corpuscules du *Molluscum* contagieux qui, à l'état frais, sont réfringents et habituellement homogènes, donnent, d'après Blaschko, la réaction de la substance hyaline; ils se gonflent dans une solution de potasse à 30 p. 100; ils se colorent en jaune-brun par la teinture d'iode; ils ne subissent aucune altération par l'addition d'acide sulfurique; traités par l'acide nitrique ils prennent une couleur jaune-vert; avec de l'acide osmique ils donnent la réaction des graisses. Il s'agit donc des mêmes réactions qu'on peut constater dans les corpuscules de l'épithélioma contagieux des pigeons et dans ceux du *Molluscum* contagieux des amphibies.

Un fait important pour l'étiologie du *Molluscum contagiosum* de l'homme, qui souligne encore davantage les liens existant entre cette affection d'une part et l'épithélioma contagieux des pigeons et le *Molluscum contagiosum* des amphibies d'autre part, a été mis en relief en 1905 par Juliusberg; nous voulons parler du passage du virus du *Molluscum* à travers le filtre en porcelaine. L'inoculation à l'homme du liquide filtré donne naissance au *Molluscum*, après une période d'incubation de 50 jours. Il résulte des expériences de Juliusberg que sur trois personnes une seule fut atteinte de la maladie. Ce fait indiquerait que la diminution considérable de la quantité du virus, constatée dans les produits de filtration de l'épithélioma contagieux des oiseaux, existe aussi dans les produits de filtration du *Molluscum contagiosum* de l'homme, diminution due au filtre de porcelaine qui en retient une grande partie.

Les investigations les plus récentes sur l'étiologie du *Molluscum contagiosum* sont celles de Lipschütz, qui, par analogie avec ce qui a été constaté pour l'épithélioma contagieux des oiseaux, croit que l'agent pathogène est représenté par des corpuscules très petits, ronds, peu réfringents, que l'on peut voir à l'ultramicroscope. Ces corpuscules sont immobiles; ils n'ont pas de cils et ne présentent pas de membranes. Sur les préparations en séries, fixées à l'alcool absolu, à l'alcool-éther, à l'acide osmique, puis colorées par la méthode de Löffler (coloration des cils) ou par la méthode de Giemsa, ou bien par la fuchsine phénique, on reconnaît facilement les corpuscules. La multiplication du virus se fait par division et par étranglement; on peut voir, en effet, à côté de diploformes, d'autres formes dans lesquelles les deux corpuscules sont encore unis par une bandelette très mince et peu colorée.

Les essais de cultiver le virus n'ont donné jusqu'à présent aucun résultat positif.

Sur les coupes des nodules de *Molluscum*, traitées par la méthode de Giemsa, le protoplasma des cellules malpighiennes malades est rempli de corpuscules élémentaires. De couleur rouge foncé, ils sont situés dans une substance fondamentale peu colorée, sous forme d'amas compacts, séparés les uns des autres par des espaces clairs. Par la méthode de la coloration de Pappenheim, les altérations du cytoplasma peuvent être démontrées dans les cellules malpighiennes profondes. A côté du noyau on voit une masse bleue qui remplit toute la cellule dans les couches superposées. Dans les coupes colorées par la méthode de Giemsa on voit, au lieu d'une masse homogène bleue, un grand nombre de corpuscules élémentaires. De cette façon, les deux méthodes de coloration se complètent.

Un intéressant détail histologique, qu'on peut démontrer généralement, soit par la méthode de Pappenheim, soit par celle de Giemsa, dans les cellules malpighiennes atteintes de l'infection, consiste dans la présence des corps de dimensions variables et de forme irrégulière, ronds ou allongés, dispersés dans le cytoplasma. Lipschütz ne saurait affirmer si, dans ce cas, il s'agit d'une substance nucléaire ayant fait irruption dans le cytoplasma. Nous savons que Kuznitzky et Mac Callum ont parlé de profondes altérations nucléaires dans le *Molluscum contagiosum*. Le premier de ces auteurs prétend que c'est le noyau qui présente les premières altérations. Cependant, d'après Lipschütz, ces formations pourraient même prendre origine de substances plastiniques qui se trouvent normalement dans le cytoplasma.

Les corpuscules du *Molluscum contagiosum* seraient donc, ainsi que ceux de l'épithélioma contagienx des oiseaux, de Negri et de Guarnieri, des produits caractéristiques de réaction dus à un virus spécifique. D'après Lipschütz, les agents du *Molluscum contagiosum*, représentés par les corpuscules très minces, appartiennent au groupe des strongyloplasmes.

Il résulte des recherches que j'ai publiées dernièrement sur le *Molluscum contagiosum* des amphibies que les corpuscules décrits par Mingazzini comme parasites sont des formations

d'origine nucléaire. L'altération limitée au réseau de Malpighi
a commencé par un grossissement des noyaux et du plasma
cellulaire. En même temps que cette altération on observe que
les masses nucléolaires, qui prennent une couleur rouge
lorsqu'on les traite par la méthode. de Mann, grossissent considérablement. Quand ces corps nucléolaires ont atteint une
dimension considérable, la membrane nucléaire se rompt et
met en liberté les corpuscules caractéristiques du *Molluscum*.
De plus, ces recherches ont montré que les corpuscules caractéristiques du *Molluscum*, qui prennent naissance dans le
noyau, présentent dans l'intérieur, quand ils ont atteint une
certaine dimension, une structure pareille aux corpuscules, qui
ont été décrits par Negri dans le système nerveux des animaux morts de rage et aux corpuscules décrits par Lentz
et Sinigaglia dans le système nerveux des chiens atteints de
gourme.

Il est sans doute intéressant de savoir que dans le *Molluscum
contagiosum* des amphibies, il s'agit d'un virus filtrable.

Les recherches, qui ont été publiées plus tard sur l'épithélioma contagieux des pigeons, ont montré que les corpuscules
ou les inclusions cellulaires, caractéristiques de cette affection,
limitée au réseau de Malpighi, ainsi que le *Molluscum contagiosum* des amphibies et le *Molluscum contagiosum* de l'homme,
sont d'origine nucléaire. L'altération commence par un grossissement des noyaux et des plasmas cellulaires. Cette première période de la maladie est suivie de l'expulsion des
noyaux de masses nucléolaires colorées en rouge par l'éosine
(méthode de Mann). Ces masses arrivées ainsi dans le plasma
cellulaire deviennent, en augmentant de volume, des corpuscules typiques ou inclusions cellulaires. On a constaté ensuite
que l'application de la méthode d'extraction des nucléoprotéides sur la peau malade permet de transmettre avec eux
constamment la maladie aux animaux sains. Le traitement de
la peau malade par une solution de potasse à 1 p. 100, pendant
10, 20, 24, 34 et 44 heures et plus, est incompatible avec la
vie des parasites présumés de la maladie; on sait que même
les spores du charbon, qui sont considérées comme les germes
les plus résistants aux agents chimiques, ne résistent pas plus
de 10 heures à cette solution de potasse. Il faut prendre en

considération aussi que le virus de l'épithélioma contagieux
se comporte comme un acide. En effet, si longtemps que la
peau malade se trouve en contact avec la solution de potasse
sous forme d'une masse pultacée très fine, le virus n'est pas
à même d'exercer son action; les expériences d'inoculation
dans la peau des pigeons sains donnent constamment lieu à
un résultat négatif. Cependant, quand on filtre sur un morceau de toile la masse pultacée, maintenue en contact avec la
solution de potasse pendant quelques heures, et quand on
ajoute ensuite au produit filtré une solution d'acide acétique
à 1 p. 100 jusqu'à la production d'une réaction acide, le précipité qui se produit ainsi et qui est un nucléoprotéide donne,
une fois lavé avec de l'eau distillée et inoculé dans la peau de
pigeons sains, constamment la maladie cutanée. Le traitement
par l'acide acétique a mis en liberté le virus, qui était comme
un acide combiné avec la base.

S'il s'agissait d'agents parasitaires, si les corpuscules très
minces décrits par Lipschütz et d'autres auteurs étaient vraiment les facteurs de la maladie, on ne saurait pas s'expliquer
l'absence d'une action pathogène en présence de la solution de
potasse à 1 p. 100 et de la rentrée de l'action pathogène après
un traitement par une solution d'acide acétique à 1 p. 100. Il
s'agit par conséquent d'une maladie des cellules de Malpighi
qui donne origine à une substance toxique, qu'on peut extraire
en se servant de la méthode d'extraction des nucléoprotéides.
Cette substance, après avoir été inoculée dans la peau des
pigeons normaux, donne lieu à la même altération avec production de la même substance toxique de la part des cellules.
Sur la nature, l'origine de cette maladie des cellules malpighiennes, nous ne possédons jusqu'à présent aucune donnée
scientifique. Il existe peut-être un rapport entre elle et l'échange
des matières modifié ou avec quelque substance produite dans
un premier temps par un parasite. Il faut certainement d'autres
recherches pour pouvoir affirmer ce côté de la question.

Quant au *Molluscum* contagieux de l'homme, je n'ai pas
réussi à avoir à ma disposition un de ces cas avec nodules
diffus sur toute la surface du corps. Je n'avais donc pas un
matériel suffisant pour l'extraction des nucléoprotéides. J'ai pu
faire de la sorte seulement des recherches histologiques en

appliquant aux coupes la méthode de Mann, dans le but d'établir l'origine des corpuscules caractéristiques

La fixation des nodules a été obtenue par le bichlorure de mercure acétique, le liquide de Zenker ou de Flemming, en remplaçant l'acide osmique par la formaline selon la formule suivante : Acide chromique à 1 p. 100 : 160 parties ; formaline commerciale : 80 parties ; acide acétique : 10 parties. Après avoir laissé les pièces dans la solution fixatrice pendant 24 heures, elles ont été lavées à l'eau distillée pendant 48 heures.

Les meilleurs résultats ont été obtenus par cette dernière méthode de fixation. Les cellules malpighiennes dans lesquelles la lésion commence (Pl. XI, fig. 3, 4, 5, etc.) se distinguent des cellules normales (fig. 1, 2) par un grossissement considérable des noyaux et des plasmas cellulaires. Ainsi, nous constatons que, par analogie avec ce que nous avons vu dans le *Molluscum contagiosum* des amphibies et dans l'épithélioma contagieux des pigeons, le commencement de la maladie est caractérisé, dans le *Molluscum* contagieux de l'homme, par le grossissement des cellules de Malpighi.

Au fur et à mesure que le noyau et le cytoplasma de la cellule augmentent de dimensions, on observe que le nucléole prend la couleur rouge et devient plus grand que le nucléole ou les nucléoles des cellules normales. Près du nucléole coloré en rouge on voit parfois deux petits corpuscules colorés en bleu (fig. 3). Les masses nucléolaires colorées en rouge peuvent être uniques ou doubles à l'intérieur des noyaux (fig. 4, 5, 7, 10, 12). Dans un deuxième temps, la masse nucléolaire colorée en rouge par l'éosine est chassée du noyau. On observe souvent des cellules dans lesquelles la masse nucléolaire est à moitié contenue dans le noyau et à moitié dans le cytoplasma (fig. 6). Quand la masse nucléolaire est entourée dans le plasma cellulaire, elle peut être ou ne pas être entourée d'une aréole claire (fig. 7, 8). En dehors de la masse nucléolaire expulsée, on peut rencontrer souvent dans le plasma cellulaire de petits granules teints en rouge, disséminés autour du noyau. Il s'agit de granules observés pour la première fois par Benda et appelés par Apolant granules de Benda (fig. 4, 5). La masse nucléolaire qu'on trouve dans le cytoplasma conserve par-

fois une couleur rouge; d'autres fois elle se teint en bleu
(fig. 11, 12). Cette différence de coloration de la masse nucléolaire, qu'on peut constater dans le cytoplasma, devient constante quand la masse nucléolaire augmente de volume (fig. 13,
14, 15). La masse nucléolaire grossie est entourée tout d'abord
d'une aréole claire (fig. 13, 14), elle se fusionne ensuite peu à
peu avec le cytoplasma (fig. 15, 16), de façon qu'on ne réussit
plus à distinguer nettement les contours (fig. 16). Enfin, quand
elle est devenue plus grande, elle reprend des contours nets
et se distingue du protoplasma cellulaire restant (fig. 17).
Quand la masse nucléolaire n'est pas fortement grossie, elle a
ordinairement une apparence homogène; au contraire, quand
elle occupe une grande partie du cytoplasma, elle se présente
sous un aspect granuleux et permet quelquefois de distinguer
des vacuoles (fig. 17). En grossissant davantage, l'inclusion
prend la forme typique d'un corpuscule de *Molluscum* (fig. 18),
et alors la masse du corpuscule a un aspect finement granuleux sur fond légèrement rougeâtre. Dans plusieurs corpuscules
mûrs est prédominante la couleur rouge, au lieu qu'on ne constate aucune coloration bleue.

Si l'expulsion des masses nucléolaires est récente, les noyaux
ne présentent pas d'autres masses nucléolaires teintes en
rouge (fig. 6, 8, 9); au contraire, quand l'expulsion des masses
nucléolaires est un fait accompli depuis quelque temps, on
observe dans le noyau une nouvelle formation de masses
nucléolaires capables de prendre la couleur rouge par la
méthode de Mann. On peut donc conclure que les corpuscules
du *Molluscum contagiosum* de l'homme présentent la même
genèse que les corpuscules ou les inclusions de l'épithélioma
contagieux des pigeons et les corpuscules du *Molluscum contagiosum* des amphibies, avec la seule différence que dans le
Molluscum contagiosum de l'homme et dans l'épithélioma contagieux des pigeons la formation des corpuscules se fait par
expulsion des noyaux et sans destruction de ces derniers, tandis
que dans le *Molluscum contagiosum* des amphibies après la
transformation des masses nucléolaires en corpuscules caractéristiques, ceux-ci sont mis en liberté par la destruction de
la membrane nucléaire et non par expulsion. On a donc ainsi
dans le *Molluscum contagiosum* des amphibies la destruction

des noyaux, tandis que ces noyaux restent intègres dans le *Molluscum* contagieux de l'homme et dans l'épithélioma contagieux des pigeons.

Enfin, on peut constater qu'aux analogies de la genèse des corpuscules des trois affections, correspond la filtrabilité des virus dans les trois manifestations pathologiques.

LITTÉRATURE

JULIUSBERG. — Zur Kenntnis des Virus des *Molluscum contagiosum* des Menschen. *Deutsche med. Wochsch.*, 1905.

KAPOSI. — *Molluscum contagiosum giganteum. Arch. f. Dermat* , 1897.

KUZNITZKY. — Beitrag zur Kontroverse über die Natur der Zellveränderungen bei *Molluscum contagiosum. Arch. f. Dermat.*, 1895.

LIPSCHUTZ. — *Molluscum contagiosum. Wien. klin. Wochsch.*, 1910.

— Untersuchungen über *Molluscum contagiosum. Dermatol. Zeitschrift*, 1907.

— Zur Kenntnis des *Molluscum contagiosum. Wien. klin. Wochsch.*; 1907.

— Weitere Beiträge zur Kenntnis des *Molluscum contagiosum. Archiv f. Dermatol.*, 1911.

SANFELICE. — *Epithelioma contagiosum* der Tauben. *Zeitsch. f. Hygiene*, Bd 66, 1913.

— Ueber einige nach der Mannschen Methode färbbare und Parasiten vortäuschende Gebilde kernigen Ursprungs bei einer Hautkrankheit des *Discoglossus pictus. Centralbl. f. Bakteriol.*, Bd 70, 1913.

LÉGENDE DE LA PLANCHE XI

Toutes les figures représentent les coupes de nodules du *Molluscum contagiosum* de l'homme faites à l'aide de l'Oc. 3. Ob. 1/2 Zeiss. La coloration des coupes a été faite suivant la méthode de Mann.

FIG. 1. — Cellule normale du réseau de Malpighi au voisinage d'un nodule de *Molluscum contagiosum*.

FIG. 2. — *Idem.*

FIG. 3. — Nodule de *Molluscum contagiosum*. La cellule fait voir un grossissement considérable du noyau et du protoplasma cellulaire. Dans l'intérieur du noyau on observe une masse nucléolaire plus grande, colorée en rouge par l'éosine, et 2 masses nucléolaires bien plus petites, colorées en bleu.

FIG. 4. — Nodule de *Molluscum contagiosum*. La cellule est considérablement grossie. Dans le noyau on observe 1 masse nucléolaire colorée en rouge par l'éosine. Dans le protoplasma cellulaire on distingue plusieurs granules colorés en rouge par l'éosine.

FIG. 5. — Cellule d'un nodule de *Molluscum contagiosum* qui présente dans le noyau 2 masses nucléolaires colorées en rouge par l'éosine et dans le protoplasma cellulaire 1 masse nucléolaire complètement expulsée et accompagnée de 2 granules très minces colorés également en rouge par l'éosine.

FIG. 6. — Cellule d'un nodule de *Molluscum contagiosum* montrant l'expulsion d'une masse nucléolaire.

FIG. 7. — Cellule d'un nodule de *Molluscum contagiosum* montrant 2 masses nucléolaires contenues dans le noyau et 1 masse nucléolaire expulsée dans le plasma cellulaire, entourée d'une aréole claire.

FIG. 8. — Cellule d'un nodule de *Molluscum contagiosum* ne montrant aucune masse nucléolaire dans le noyau. 1 masse nucléolaire a été déjà expulsée et se trouve dans le plasma cellulaire.

FIG. 9. — Cellule d'un nodule de *Molluscum contagiosum* dans laquelle la masse nucléolaire a été déjà expulsée et se trouve légèrement grossie dans le plasma cellulaire.

FIG. 10. — Cellule d'un nodule de *Molluscum contagiosum* dans laquelle on observe 2 masses nucléolaires dans le noyau et une autre un peu plus grande déjà expulsée et entourée d'une masse bleuâtre.

FIG. 11. — Cellule d'un nodule de *Molluscum contagiosum* dans laquelle on voit 1 masse nucléolaire rouge plus grande et 2 masses nucléolaires plus petites bleues. Dans le corps cellulaire on observe 1 masse nucléolaire bleue entourée d'une aréole claire.

FIG. 12. — Cellule d'un nodule de *Molluscum contagiosum* montrant 2 masses nucléolaires contenues dans le noyau en couleur rouge, et 1 masse nucléolaire d'une couleur bleue dans le plasma cellulaire.

FIG. 13. — Cellule d'un nodule de *Molluscum contagiosum* qui présente 1 masse nucléolaire rouge plus grande et 1 masse nucléolaire bleue plus petite dans le noyau. Dans le plasma cellulaire se trouve 1 masse nucléolaire légèrement grossie entourée d'une aréole claire.

FIG. 14. — Cellule d'un nodule de *Molluscum contagiosum* montrant dans le plasma cellulaire 1 masse nucléolaire bleue, plus grande que celle que l'on voit dans la figure précédente, entourée elle aussi d'une aréole claire.

FIG. 15. — La masse nucléolaire existant dans le plasma cellulaire est un peu plus grande que celle qu'on peut voir sur la figure précédente, et ne présente pas de contours nets.

FIG. 16. — Dans le plasma cellulaire on observe 1 masse bleue plus grande que celle que nous présente la figure précédente avec des contours peu nets.

FIG. 17. — La masse existant dans le plasma cellulaire est devenue plus grande ; elle est vacuolisée en quelques points et s'approche de la forme définitive du corpuscule du *Molluscum contagiosum*.

FIG. 18. — Cellule d'un nodule de *Molluscum contagiosum* avec un corpuscule de *Molluscum* complètement évolué.

SUR LES CORPS EN MASSUES
DANS DES CAVERNES TUBERCULEUSES

par VILHELM JENSEN,
Docteur en médecine,
Chef du laboratoire bactériologique de l'Institut de pathologie générale
de l'Université de Copenhague.

(Avec les planches XII-XIV.)

Metchnikoff, en 1888, découvrit, dans de vieilles cultures de bacilles tuberculeux, des formes en massue singulières; plus tard, des formes pareilles ont été observées par Babes, Dixon, Craig et d'autres. Une forme spéciale en massue dont le rapport avec les bacilles tuberculeux était douteux fut décrite, en 1895, par Coppen-Jones.

Comme ces éléments offrent, à mon avis, beaucoup d'intérêt et d'importance pour bien comprendre la place que les bacilles tuberculeux occupent d'un côté, parmi les bactéries ordinaires, et de l'autre, parmi les streptothricacées, je me permets de présenter ici le résultat de quelques examens microscopiques portant sur les massues décrites par Coppen-Jones. Ils contribueront, peut-être, à faire mieux comprendre leur genèse et à prévenir des erreurs dues à la grande ressemblance de ces massues avec celles qu'on voit souvent dans les cas d'actinomycose.

Je fus incité à publier ces recherches par le passage suivant de Cornet et Kossel dans le *Traité des micro-organismes pathogènes*, de Kolle et Wassermann, à la page 406 : « Die Beobachtung von Coppen-Jones darf daher nicht als Beweis für das Vorkommen actynomycesähnlicher kolbiger Wuchsformen der Tuberkelbacillus im Sputum betrachtet werden. »

Coppen-Jones les décrit comme des massues tout à fait pareilles à celles propres à l'actinomycose et il les regarde comme « des dépôts colloïdes sur des filaments élastiques et d'autres restes organiques en masses tuberculeuses croissantes ».

Elles entourent les filaments élastiques qui restent lisses. Leur base est creuse, en forme d'entonnoir; elles sont souvent stratifiées et peuvent présenter des ramifications; bref, la structure des massues est, pour l'actinomycose et la tuberculose, jusqu'au moindre détail, tout à fait la même. Seulement, dans le dernier cas, il n'y a naturellement pas de filaments.

Non colorées, les massues se montrent, selon Coppen-Jones, fortement réfringentes, un peu jaunâtres et, le plus souvent, légèrement arrondies aux bouts; la stratification est peu distincte, mais, quand elle apparaît, les couches intérieures sont d'une réfraction plus faible que les couches extérieures.

Il les a trouvées, dans 30-50 p. 100 des cas, dans des crachats renfermant des filaments élastiques: « Dans les tissus nécrotisés des cavernes, selon mes expériences, elles ne font jamais défaut ». Il dessine l'image d'une série de massues des cavernes d'un homme de soixante ans; sur la paroi de celles-ci se trouvaient des incrustations blanches crayonneuses sous la forme de parties anguleuses jusqu'à 5 millimètres de diamètre, pareilles à des morceaux éclatés d'une muraille blanchie. Ces fragments se composaient surtout de bacilles tuberculeux et, d'ailleurs, de filaments élastiques avec des massues.

A en juger par le résumé en question, les produits n'ont été examinés qu'à l'état incolore; aucune mention n'est faite des massues colorées. C'est surtout ce point qui offre peut-être quelque intérêt.

J'ai pu dans 10 cas étudier de pareilles croûtes des parois de cavernes et, comme Coppen-Jones, toujours j'ai pu y trouver des massues.

Par contre, malgré bien des recherches, je n'ai jamais réussi à en trouver dans d'autres tissus tuberculeux, pas plus que dans des parois de cavernes où l'examen macroscopique ne révélait pas de croûtes. Comme elles sont peu solides, il n'est pas surprenant que l'on en trouve souvent dans les crachats où, comme on sait, il y a parfois de gros conglomérats de bacilles tuberculeux.

Dans mes expériences, les croûtes, qui étaient peu solides et assez fragiles, étaient détachées avec précaution, de manière à les conserver aussi cohérentes que possible. Je les fixais en alcool. Au début, je les faisais inclure en celloïdine; mais, comme ceci empêchait l'emploi de différentes méthodes de coloration, j'ai essayé de les faire inclure dans de la paraffine. Les coupes étaient collées sur des lames enduites d'une couche mince d'eau albumineuse. Les plus petits fragments étaient de la sorte bien fixés et pouvaient résister à toutes les manipulations ultérieures.

Voici la méthode la plus simple pour colorier les massues; elle permet de constater, d'une façon évidente, s'il y a des massues ou non :

Coloration pendant 5 minutes par la fuchsine acide à 2 p. 100, lavage à l'eau, décoloration par solution concentrée aqueuse d'acide picrique, qu'on change 2 ou 3 fois; puis déshydratation avec de l'alcool absolu, clarification avec du xylol et inclusion dans du baume.

Sur les préparations (Voy. les figures des planches XIII et XIV), on voit des conglomérats plus ou moins grands, plus ou moins réguliers, tout pareils à ceux qu'on voit dans différentes formes d'actinomycose, surtout dans celle de la langue de bœuf.

Cette ressemblance était surtout frappante, quand les coupes avaient été faites de façon à montrer les massues arrangées en rosettes (Pl. XIII, fig. 7 et 8). Dans d'autres endroits, elles étaient groupées en deux rangs avec un point au milieu faiblement teint. Souvent les dimensions des massues n'étaient pas les mêmes aux deux extrémités (Pl. XIII et XIV, fig. 13 et 21).

Une autre méthode de coloration, donnant des images fort belles et instructives, est la coloration prolongée au bleu de méthyl-éosine, indiquée par Mann. Ici les massues sont d'un rouge éclatant, tandis que le reste se teint d'une nuance bleuâtre.

Pour se faire une idée plus nette du rapport entre les massues et les filaments élastiques, on peut teindre les coupes avec de la solution résorcine-fuchsine de Weigert (fuchseline), puis, de la fuchsine acide et d'acide picrique, comme plus haut.

On peut s'assurer sur ces coupes que les massues sont groupées en tubes ou en rosettes autour des filaments élastiques. La coloration de ceux-ci était, sur les parties entourées des massues, moins forte et moins distincte que sur les parties libres, et, dans beaucoup d'endroits, on pouvait suivre les filaments des parties fortement teintes aux parties moins fortement colorées entre les massues (Pl. XIII, fig. 11).

Parfois on voyait dans des endroits où les filaments élastiques étaient plus denses que les massues se trouvaient au niveau des extrémités effilées des filaments libres.

On voit nettement les relations entre les filaments élastiques, sur les microphotographies (fig. 1-4 de la planche XII). La première montre la répartition des groupes de massues sur coupe, un peu grossis; la figure 2 présente un réseau des filaments élastiques, avec des massues groupées à leurs extrémités libres; sur les figures 3 et 4, des filaments élastiques plus longs, entourés de tubes formés de massues. Dans un seul point, à peu près au milieu de la figure 4, on voit un filament central libre comme le trait d'union entre deux parties des groupes de massues.

Sur les coupes colorées à l'hématoxyline-éosine on voit également les massues et les filaments élastiques, moins nettement pourtant qu'avec des procédés de coloration indiqués plus haut. Les massues paraissent rougeâtres et les filaments élastiques bleuâtres. Lors de la coloration à l'hématoxyline par le procédé de Van Gieson, les massues sont brunes-jaunes, mais peu nettes.

Si l'on colore par le triacide d'Ehrlich ou par le mélange de Biondi-Haidenhain, les massues prennent une teinte rouge-cuivre.

La coloration par le Ziehl-Neelsen *ne les rend pas rouges*. Elles ne sont donc pas acidorésistantes comme les bacilles tuberculeux et prennent la couleur complémentaire (bleu de méthylène ou vert malachite). Elles se distinguent par là, par exemple, des massues décrites par Metchnikoff et ressemblent plutôt à celles trouvées par Babès et par d'autres.

Afin d'être renseigné sur la constitution chimique des massues et sur leurs rapports avec le tissu élastique, je me suis servi des méthodes de coloration proposées par Unna pour l'élacine et le tissu élastique.

Avec ces procédés, le bleu de méthylène-fuchsine acide donnait aux massues la couleur violacée; la safranine bleu d'eau les rendait rouges, la fuchsine acide-orange les rendait orangées, et l'orcéine-bleu de méthylène-orange les rendait bleues. Toutes ces réactions indiquent, selon Unna, qu'il s'agit d'élacine.

Je ne crois pourtant pas qu'on puisse tirer des conclusions sûres de ces réactions. Je me suis procuré des préparations de peau où, selon Unna, il devait y avoir de l'élacine; j'y ai démontré, par les colorations mentionnées, des parties de tissus qui, par leur forme, leur disposition et la ressemblance de leur coloration, devaient renfermer de l'élacine; mais cette élacine ne se colorait pas, comme les massues, par la fuchsine acide-acide picrique, ni par le procédé de Mann.

Il est donc peu probable que les massues se composent de cette matière et qu'elles soient des produits de transformation ou de rebut de tissu élastique. Elles ne se colorent pas non plus par la fuchseline de Weigert.

Il s'agit plutôt de précipitation de matières autres que les filaments élastiques; on le voit, par exemple, dans les endroits où les massues sont censées être au début de leur développement. Elles se présentent sous forme de petits corps ronds, épars, en forme de boutons autour des filaments (Pl. XIV, fig. 14 et 15). Si ceux-ci sont isolés, ils se présentent en même temps dans toute la longueur des filaments; si, au contraire, ils sont placés, par exemple, au bord d'un tube vasculaire obstrué et nécrotisé, on voit distinctement comment les massues se forment d'abord sur le côté extérieur libre des filaments extrêmes (Pl. XIV, fig. 16).

Si l'on considère les massues comme des précipités se formant autour de la pointe du filament élastique, on comprend pourquoi, comme nous l'avons déjà mentionné, les massues diminuent en volume le long du filament particulier en question (Pl. XII et XIII, fig. 6 et 21).

En faveur de précipités parle également la stratification que l'on peut souvent observer, et qui a été décrite déjà par Coppen-Jones. On voit surtout la stratification sur la coupe transversale de massues particulières; on y voit également qu'à l'intérieur il semble y avoir un espace creux.

Or, s'il s'agit des précipités et non pas de produits provenant des filaments élastiques, quelle en est donc l'origine?

Il est probable que ces précipités proviennent de bacilles tuberculeux, notamment de leurs substances ciro-adipeuses.

En faveur de cette hypothèse parle d'abord le fait que les croûtes lenticulaires riches en massues se composent essentiellement de bacilles tuberculeux, et le plus souvent en telle quantité que les coupes colorées par le Ziehl-Neelsen apparaissent rouges déjà à l'œil nu; grâce à un fort grossissement, on se rend compte aisément que l'on est en présence d'une culture pure de bacilles tuberculeux sur le côté intérieur de la caverne.

C'est dans ces groupes de bacilles tuberculeux que l'on trouve des massues. Si l'on regarde de plus près, on voit que celles-ci sont plus grandes et en plus grand nombre sur le côté de préparation qui correspond à la lumière de la caverne.

A ce niveau, la coloration des bacilles tuberculeux est souvent moins forte; parfois on voit des masses qui, d'après leur apparence, ne peuvent être que des bacilles tuberculeux, quoique ne présentant pas la couleur caractéristique. Il paraît que ce sont des bacilles tuberculeux en destruction. Par contre, les bacilles sont bien développés et fortement colorés au niveau de la paroi de la caverne; la différence s'explique naturellement par ce fait que les matières dont les bacilles tuberculeux tirent leur nourriture proviennent des tissus sous-jacents.

On voit surtout le rapport entre les bactéries et les massues sur les préparations où les bacilles tuberculeux sont colorés en violet de gentiane phéniqué au lieu de Ziehl, mais d'ailleurs de la même manière, et où les massues ont été teintes plus tard de fuchsine acide-acide picrique.

En faveur de la provenance des massues des produits de destruction des bacilles tuberculeux parlent non seulement leur développement spécial dans les endroits où les bacilles sont en destruction, mais encore ce fait qu'elles ne paraissent pas sur les coupes des parois de cavernes où il n'y a pas de croûtes lenticulaires et les bactéries innombrables qui s'y trouvent.

Dans un cas spécial, j'ai eu la chance de pouvoir examiner des coupes d'une paroi de caverne avec des croûtes *in situ*; le résultat correspondait parfaitement à ce que je viens d'énoncer:

là où il y avait des masses rougeâtres de bacilles tuberculeux
visibles à l'œil nu, on voyait des massues groupées comme il
vient d'être indiqué; là où les bacilles tuberculeux étaient peu
nombreux ou faisaient défaut tout à fait, il n'y eut point de
massues.

Enfin, je trouve que les expériences d'Engel prouvent bien
que les massues proviennent de matières adipeuses des bacilles
tuberculeux. Cet auteur a étudié dans les crachats, au microscope, la manière dont les massues se comportent vis-à-vis de
réactifs chimiques.

D'après ces expériences, les massues restent indifférentes à
l'action d'eau, de carbonate de soude, d'ammoniaque, de ben-
zine, de térébenthine, de glycérine, d'iode et d'acide sulfurique
iodé. Au contraire, elles sont solubles dans l'éther bouillant
et dans du chloroforme.

Les massues se décomposent partiellement dans 1 p. 100 de
potasse à la chaux et d'hydrate de soude carbonatée et se dissolvent dans les solutions concentrées de ces produits. Elles
se noircissent faiblement par l'acide osmique et ne se colorent
pas par le sudan.

Engel croit pouvoir en conclure qu'il faut exclure de leur
constitution la mucine, l'amyloïde, le glycogène, la lécithine
et la cholestérine. Tout porte à croire qu'elles renferment des
matières adipeuses solides, probablement de la graisse neutre.
Mais, à mon étonnement, il ne croit pas qu'elles puissent pro-
venir de bacilles tuberculeux.

Je ne crois pourtant pas, ainsi que je l'ai déjà dit, que cette
opinion soit juste. Les données histologiques s'y opposent. D'ailleurs, il faut se rappeler que d'après bien des expériences —
celles de Bulloch et Macleod, par exemple — les bacilles tuberculeux sont très graisseux. Presque 30 p. 100 de leur poids sec
sont constitués par des substances adipeuses, le plus souvent
des substances adipeuses neutres cérifères dont, en tout cas,
quelques-unes sont acidorésistantes. La plupart d'entre eux ne
sont pas acidorésistants, et il est très probable que ce soient
ceux-ci qui, par la dégénérescence des bacilles tuberculeux,
sont mis en liberté, se dissolvent peut-être en partie et se
précipitent de nouveau, ou plutôt se cristallisent en massues
autour des filaments élastiques, de même que des cristaux se

précipitent autour de corps étrangers, par exemple filaments (sucre candi). Si c'est justement dans les cavernes qu'ils se cristallisent autour des filaments élastiques, c'est que ceux-ci résistent le plus longtemps à la nécrose causée par les bacilles tuberculeux.

LÉGENDES DES PLANCHES

PLANCHE XII

Fig. 1. Coupe d'une croûte de caverne, filaments élastiques avec garniture de massues. Grossissement faible.

Fig. 2. Coupe d'une croûte de caverne; formation de massues sur les bouts libres de filaments élastiques. Grossissement moyen.

Fig. 3. La même coupe de croûte de caverne; grossissement plus fort.

Fig. 4. La même coupe de croûte de caverne; grossissement encore plus fort.

Fig. 5. Formations de massues pareilles à l'actinomycose.

Fig. 6. Les mêmes; sur l'une d'entre elles, pyriforme, on voit la grandeur décroissante des massues, à partir du bout en montant le filament.

PLANCHE XIII

Fig. 7. Conglomérat piriforme de massues; on voit à droite le filament élastique. 1200/1, fuchseline Weigert — fuchsine acide — acide picrique.

Fig. 8. Massues autour d'un filament élastique.

Fig. 9. Rosette de massues au bout d'un filament.

Fig. 10. Conglomérats divers de massues autour de filaments élastiques; particulièrement bien développées en bas vers le côté libre.

Fig. 11. Conglomérat tubiforme autour d'un filament qu'on entrevoit à peine; orcéine — fuchsine acide — acide picrique.

Fig. 12 et 13. Conglomérats pareils à l'actinomycose. 950/1, Biondi-Haidenhain.

PLANCHE XIV

Fig. 14 et 15. Précipitation commençante autour de filaments élastiques, 1200/1 Unna I : bleu de méthylène, fuchsine acide.

Fig. 16. Stratification commençante autour d'un filament élastique, surtout sur le côté intérieur.

Fig. 17. Formation de massues déjà visible; 1200/1 Unna II : safranine-bleu d'eau.

Fig. 18, 19 et 20. Formation de massues plus avancée. Unna I.

Fig. 21 et 22. Formation de massues autour de filaments élastiques, toutes développppées; hématoxyline-éosine.

SUR LE PALUDISME DES OISEAUX

DU AU *PLASMODIUM RELICTUM (vel PROTEOSOMA)*

par EDMOND SERGENT et ÉTIENNE SERGENT

(Institut Pasteur d'Algérie.)

— Étude de 560 cas expérimentaux. Immunité relative. Divers modes
d'infection de l'Oiseau.
— Infection des Moustiques. Différents genres et espèces de Moustiques
susceptibles d'être infectés.
— Trypanosomes du Canari et du Moineau, rencontrés au cours de ces
recherches.

Nous poursuivons, depuis 12 ans (1), à Alger, l'étude du paludisme des Oiseaux à *Plasmodium relictum*, si instructif par ses
analogies avec le paludisme humain, comme la découverte de
Ronald Ross l'a brillamment démontré.

Nous rapprochons ci-dessous des faits déjà publiés (2) des
séries d'observations et expériences nouvelles.

A. — INFECTION DES CANARIS

1. — INCUBATION ET PÉRIODE D'ÉTAT. — Tous les Canaris (au
nombre de 560), mis en expérience à Alger depuis 12 ans (1), ont
contracté l'infection à *Plasmodium*, à la suite de piqûres de
Culex infectés ou d'une inoculation intrapéritonéale de sang d'un
oiseau infecté.

L'infection est sensiblement la même lorsqu'elle est obtenue

(1) Cette étude a été écrite en mars 1914.
(2) *Annales de l'Institut Pasteur*, avril 1907 [1].
Comptes rendus de l'Acad. des Sciences, 24 août 1908 [2].
Comptes rendus de l'Acad. des Sciences, 1er août 1910 [3].
Comptes rendus de la Soc. de Biologie, 6 juillet 1912 [4].

par piqûre d'Insecte ou par inoculation de sang dans le péritoine.

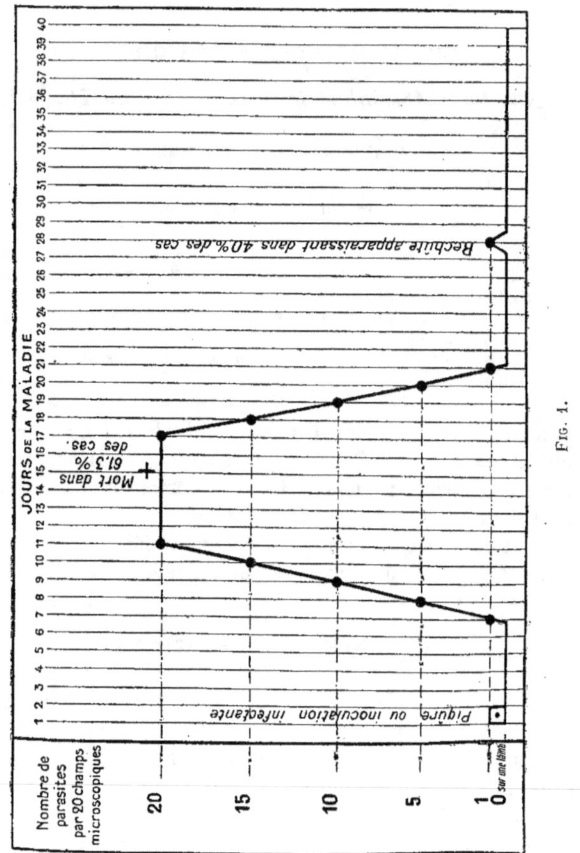

Fig. 1.

La période d'incubation varie de 3 à 10 jours. Dans un seul cas, sur plusieurs centaines, cette période a duré plus d'un mois, l'infection consécutive a été normale (fig. 1).

La période d'infection aiguë continue, pendant laquelle on constate quotidiennement la présence de parasites dans le sang, dure en moyenne 9 jours sans rémittences (minimum : 3, maximum : 29). Tous les Oiseaux ont, durant cette période aiguë, présenté au moins un parasite par champ du microscope (objectif 1/15) pendant une moyenne de 6 jours consécutifs (minimum : 1 jour, maximum : 27). Chez quelques-uns, 80 hématies sur 100 sont parasitées, et quelques hématies renferment jusqu'à 4 parasites à la fois.

La mortalité est de 61,3 p. 100 pendant cette période aiguë.

A l'autopsie, la rate est énorme, de couleur noire. Les dimensions de la rate qui sont, chez le Canari normal, de 3 à 4 millimètres $\times$ 2 millimètres en moyenne, atteignent un maximum de 15 millimètres $\times$ 5 millimètres chez les morts d'accès pernicieux.

Après cette période aiguë, les parasites disparaissent en quelques jours (de 3 à 6 jours) du sang périphérique.

La période consécutive est marquée par une absence complète de parasites dans le sang périphérique dans certains cas ; dans d'autres cas, quelques parasites rares apparaissent à intervalles irréguliers.

II. — Immunité relative des anciens infectés. — Durant cette période, qui peut durer plus de 15 mois, l'inoculation d'un virus sûrement infectant (d'après les témoins) ne fait pas apparaître de parasites dans le sang périphérique. Quelquefois seulement survient une rechute brève et bénigne, avec une période d'incubation très courte (1, 2 ou 3 jours). C'est « l'acclimatement » des vieux colons en pays fiévreux. Cette immunité est acquise dès le 6e jour après le début de l'infection sanguine. Les Oiseaux restent infectants (pour les Canaris qui reçoivent leur sang, et pour les *Culex* qui les piquent) durant cette période. Celle-ci peut être beaucoup plus brève : au bout de 4 mois, les Canaris peuvent ne plus être infectants, et paraissent complètement guéris ; sacrifiés, ils montrent une rate sans pigment et dont les dimensions sont redevenues normales. Dans d'autres cas, ces Canaris « anciens infectés » peuvent mourir plus facilement que les Canaris neufs, à l'occasion d'accidents intercurrents, tels qu'un refroidissement ou un coup de chaleur. Ils sont alors trouvés porteurs d'une grosse rate noire. Il s'agit donc d'une *immunité relative*.

Nous avions déjà montré que l'on peut donner d'emblée cette immunité relative à des Oiseaux, par inoculation de sporozoïtes vieillis *in vitro* [3].

III. — Modes d'infection de l'Oiseau : 1° *Par inoculation intrapéritonéale.* — L'inoculation intrapéritonéale de quelques gouttes de sang d'Oiseau infecté confère sûrement l'infection au Canari, elle est bien supérieure à l'inoculation sous-cutanée ou intramusculaire. Notre virus, provenant d'un Moineau de la Mitidja, était conservé primitivement par passage Canari-Moustique, mais cette méthode est remplacée depuis 4 ans par l'inoculation intrapéritonéale, plus sûre et bien plus commode.

La durée d'incubation est en moyenne de 7 à 8 jours, les premiers *Plasmodium* peuvent apparaître au bout de 3 jours. La durée la plus longue observée a été de 10 jours.

2° *Par frottis de* Culex *sur la peau du Canari.* — Nous avons déjà montré [4] que des Canaris sur la peau desquels on écrase et on frotte des Moustiques infectés prennent le paludisme des Oiseaux dans la proportion de 4 sur 10.

3° *Par injection intrarectale.* — Après injection intrarectale de sang infecté, 1 Canari sur 6 contracte l'infection à *Plasmodium*. Les 5 autres restés indemnes n'acquièrent aucune immunité.

B. — INFECTION DES MOUSTIQUES

I. — Genres et espèces de Moustiques susceptibles d'être infectés par *Pl. relictum.* — Nous avions montré [1] que l'évolution sexuée de *Plasmodium relictum* peut se poursuivre et se terminer dans l'organisme de *Stegomyia fasciata*, fait confirmé par les recherches ultérieures de R. O. Neumann.

Nous apportons les faits nouveaux suivants :

L'évolution complète de *Pl. relictum* peut se dérouler également chez :

Culex sergenti Theobald,

Theobaldia spathipalpis Rondani,

Acartomyia mariæ Sergent et Theobald, Moustiques dont les

larves ne vivent que dans l'eau salée (de 30 à 60 grammes de sel marin par litre), dans des excavations sur les falaises de la côte méditerranéenne.

L'infection transmise au Canari par piqûre de l'*Acartomyia* est forte mais retardée. La période d'incubation est de 11 jours au lieu de 3 à 10 jours.

II. — Plasmodium dans la trompe du moustique. — A l'encontre de ce qu'on a constaté dans la filariose, dans le sang à *Plasmodium* qu'aspire la trompe d'un Moustique, on trouve sensiblement le même nombre de parasites que dans le sang périphérique circulant.

III. — A basse température, durée de l'évolution, jusqu'a la maturation, des zygotes dans l'estomac. — A la température de 11°5-24°, les zygotes mettent plus de 2 mois à mûrir ; l'émission des sporozoïtes n'a lieu qu'entre la 8° et la 9° semaine.

IV. — Durée de l'infection des glandes salivaires. — Nous avons vu qu'en été (18°-30°) des *Culex pipiens* ayant infecté un Canari peuvent, sans se recharger, infecter un deuxième Canari dans l'espace d'un mois, mais non pas un troisième (5 séries d'essais [1].

Des *Culex pipiens* infectés peuvent conserver leurs sporozoïtes vivants pendant 5 mois, à la température de 8°-25° ; au bout de ce temps la taille des sporozoïtes contenus dans leurs glandes salivaires peut devenir moindre que celle des sporozoïtes jeunes, normaux (de 8 à 10 μ au lieu de 11 à 14 μ). Un Canari, piqué par 2 Moustiques de ce même lot (6 examinés avaient tous montré des sporozoïtes) ne présente pas d'infection consécutive. Pourtant l'examen des glandes salivaires d'un Culex du même lot montre, 9 jours après, de nombreux sporozoïtes d'aspect normal.

V. — Le passage du *Plasmodium* dans les œufs n'est pas constaté. — Des *Culex*, nés de Moustiques infectés, ne se sont pas montrés infectants [1].

VI. — Pas d'immunité acquise chez les Moustiques. — Des *Culex* ayant cessé d'être infectants se réinfectent après avoir sucé du sang à *Plasmodium* [1].

C. — **TRYPANOSOME DU SANG DU CANARI**

(*SERINUS CANARIUS* **KOCH**)

Un Canari né en cage, et ayant vécu 4 mois au laboratoire dans une cage recouverte de grillage à fines mailles, n'a jamais présenté d'éléments anormaux dans son sang à l'examen microscopique. Il se montre infecté le 18 juin 1912 de *Plasmodium relictum*, 8 jours après la piqûre d'un seul *Culex pipiens*

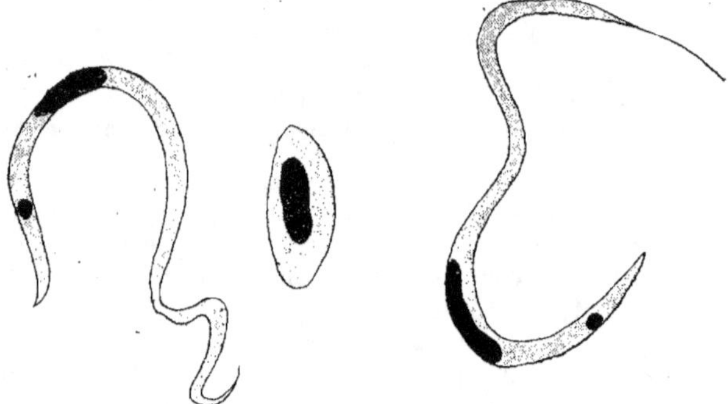

Fig. 2. — Trypanosome du sang du Canari.

infecté lui-même sur un Canari (race de *Plasmodium* conservée au laboratoire depuis 4 ans, par passages alternatifs *Canari-Culex*). Le 18 juin, quelques gouttes de son sang, ensemencées sur milieu NNN, donnèrent une abondante culture de Trypanosomes (fig. 2).

Les mouvements du Trypanosome en culture sont très vifs. Il traverse assez rapidement le champ du microscope (obj. à immersion 1/15). Le corps, fusiforme, présente deux extrémités effilées. Le cytoplasme se colore assez difficilement au Giemsa, à cause du milieu NNN. La membrane ondulante est très étroite. Le centrosome punctiforme $(0\,\mu\,7)$ est situé à peu près à égale distance de l'extrémité postérieure et du noyau. Celui-ci est allongé, mesure environ $2\,\mu\,5$ de longueur sur $1\,\mu$ de largeur. La partie libre du flagelle est très longue.

Dimensions en µ :

De l'extrémité postérieure au centrosome	3,6
Du centrosome au bord postérieur du noyau	3,6
Diamètre du centrosome	0,7
Du bord postérieur au bord antérieur du noyau . . .	2,5
Du bord antérieur du noyau à l'extrémité antérieure .	14,5
Flagelle libre	10,0
Longueur totale du trypanosome	24,9
Largeur maxima du corps	1,6

Les Trypanosomes ont apparu dès le lendemain de l'ensemencement ; ils ont disparu au bout de 8 jours. Un premier repiquage sur NNN donna lieu à une culture peu abondante qui ne se reproduisit plus à la suite d'un deuxième repiquage.

L'inoculation intrapéritonéale de la culture à 3 souris ne donna aucun résultat.

L'inoculation intrapéritonéale de la culture à un Canari ne fut pas suivie d'infection sanguine. L'ensemencement sur NNN du sang de ce Canari inoculé ne donna pas de résultat.

D. — TRYPANOSOME DU SANG DU MOINEAU ALGÉRIEN

(*PASSER DOMESTICUS* LINNÉ)

Ce Trypanosome a été vu chez deux Moineaux algériens, sur plusieurs centaines examinés (*Passer domesticus* L.). Rare dans le sang périphérique, il est plus fréquent dans le sang du cœur. (Un Trypanosome a déjà été signalé chez *Passer domesticus* par Novy et Mac Neal, Bettencourt et França.)

Gros Trypanosome à mouvements assez vifs. Le corps élargi présente deux extrémités effilées. Le centrosome, très petit et punctiforme (0µ7) est situé très près de l'extrémité postérieure. Le noyau, volumineux, occupe la partie moyenne du corps. La partie libre du flagelle paraît extrêmement courte.

Dimensions en µ :

De l'extrémité postérieure au centrosome	0,5
Du centrosome au bord postérieur du noyau	4,5
Diamètre du centrosome	0,7
Du bord postérieur au bord antérieur du noyau . . .	5,5
Du bord antérieur du noyau à l'extrémité antérieure .	7,5
Flagelle libre	2,5
Longueur totale du trypanosome	21,2
Largeur maxima du corps	3,5

SUR LA PART QUE PREND

LA CHAUX DE LA COQUILLE DE L'ŒUF DE POULE

A LA FORMATION

DU SQUELETTE DU POUSSIN PENDANT L'INCUBATION

par C. DELEZENNE et E. FOURNEAU.

A la suite de recherches sur le rôle du calcium dans le dédoublement de la lécithine par le venin de cobra, nous avons été amenés à effectuer des dosages de ce métal dans l'œuf de poule frais. Nous avons pu confirmer les résultats déjà obtenus par divers auteurs, à savoir : que la quantité de chaux contenue dans l'œuf est très faible et ne dépasse pas sensiblement (en CaO) 35 milligrammes, pour un œuf de 60 grammes environ. Cette constatation fournissait un argument de plus en faveur du rôle de la chaux dans le mode de dédoublement de la lécithine par le venin de cobra, et expliquait dans une certaine mesure pourquoi, dans le milieu œuf, l'hydrolyse s'arrête au terme lysocithine (1) ; mais elle suggère aussi des réflexions d'un autre ordre. En premier lieu, il paraît surprenant que le poussin, déjà si développé et si vigoureux quand il sort de sa coquille, puisse former son squelette avec une quantité aussi minime de chaux. En second lieu, si le poussin contient réellement plus de chaux que n'en renferme l'intérieur de l'œuf avant le développement, l'origine de cette chaux supplémentaire ne peut être douteuse, et la coquille concourt à la for-

(1) Voir : Delezenne et Fourneau, *Bull. Soc. Ch. France*, 4ᵉ série, t. 15, p. 421, 1914.

mation du squelette. Reste alors le problème le plus important : *celui du mécanisme de la mobilisation du calcium chez
le poussin, mécanisme qui se répète, sans doute, d'une façon
générale, dans l'utilisation des réserves calciques, chez tous les
vertébrés.*

En parcourant la littérature relative au dosage du calcium
dans l'œuf et dans le poussin, nous n'avons pas été médio-
crement étonnés en constatant que les savants qui se sont
occupés de cette question avant nous sont à peu près d'accord
sur la quantité de calcium existant dans l'œuf frais, mais qu'ils
diffèrent notablement d'avis, quand il s'agit du poussin. Pour
les uns, le poussin contient plus de chaux que l'œuf frais; pour
d'autres, il n'en contient pas davantage ; pour d'autres enfin,
il en renferme plutôt moins.

Le premier qui a eu la curiosité de suivre les dosages de
chaux dans l'œuf de poule, au cours de l'incubation, est le
médecin anglais Prout.

Dans un travail vraiment remarquable, pour l'époque (1822)
où il a été publié, Prout (1) a déterminé la quantité de quelques
éléments des œufs frais et des œufs fécondés, arrivés au terme
de leur développement, et noté leurs variations. Nous ne nous
occuperons que des chiffres relatifs à la chaux et au phosphore
qui, seuls, nous intéressent, mais il n'est pas inutile, auparavant, d'indiquer en quelques mots le procédé d'analyse du calcium employé par Prout.

Le blanc est calciné avec précaution et le charbon lessivé
souvent pour faciliter la combustion; le résidu est dissous dans
l'eau et neutralisé par l'ammoniaque. Le mélange, abandonné
24 heures au repos, laisse déposer le phosphate de chaux et le
phosphate ammoniaco-magnésien ; on lave à l'eau et on filtre, on
pèse; du précipité, on déduit le poids de calcium, en négligeant
le magnésium. Le jaune, plus difficile à brûler, est calciné avec
du bicarbonate de soude et, dans le résidu, on précipite la
chaux à l'état de phosphate par l'ammoniaque.

(1) Prout, Some experimental on the change which takes place in the fixed
principles of the egg during incubation, juin 1822. *Philos. trans. of the Royal
Soc.*

Ce procédé de dosage est certes défectueux et donne lieu à des erreurs. On comprend, dans une certaine mesure, les critiques dont le travail de Prout a été l'objet. Mais, comme le fait remarquer Prout lui-même, il s'agit seulement d'étudier des proportions, et la quantité de magnésium est si faible, qu'elle n'entre pas en ligne de compte.

Rapportés à 100 grammes d'œuf total (coquille comprise), les chiffres trouvés par Prout, pour l'œuf frais, sont les suivants :

1er œuf :	Albumine . . .	Phosphore.	0,045	(Ca, Mg, Carb.) . .	0,030
	Jaune	Idem . .	0,356	Idem	0,068
			0,401		0,098
2e œuf :	Albumnie . . .	Phosphore.	0,046	(Ca, Mg, Carb.) . .	0,025
	Jaune	Idem . .	0,35	Idem	0,061
			0,396		0,086
3e œuf :	Albumine . . .	Phosphore.	0,048	(Ca, Mg, Carb.) . .	0,030
	Jaune	Idem . .	0,4	Idem	0,069
			0,448		0,099

Le 8e jour, les proportions de chaux et de phosphore ne sont pas sensiblement modifiées : 0,468 et 0,443 pour le phosphore ; 0,098 et 0,091 pour la chaux.

A partir du 10e jour, des modifications apparaissent. La chaux augmente constamment; le phosphore ne change pas d'une manière sensible.

Le 10e jour, on trouve : 0,414 de phosphore et 0,105 de chaux.

Le 15e jour, on trouve : chaux, 0,114 et 0,115; phosphore, 0,400 et 0,393.

Le 17e jour, on trouve : chaux, 0,185; phosphore, 0,420.

Le 21e jour, on trouve : chaux, 0,396 et 382 ; phosphorè, 0,420 et 0,407.

La chaux est donc passée de 0,098 à 0,390. Le phosphore, lui, n'a pas varié.

Comme on le verra, nos propres recherches confirment les chiffres de Prout. Mais il faut bien dire qu'au moment où parut son travail, et même plus tard, les résultats en furent accueillis avec scepticisme, sans doute à cause des considérations singulières et hasardeuses qui les accompagnaient et semblaient faire du savant anglais un représentant attardé de l'alchimie.

« Pendant la dernière semaine, dit-il, le jaune perd la plus grande partie de son phosphore, qui se trouve converti en acide phosphorique et, en union avec la chaux, constitue le squelette. Cette chaux ne préexiste pas dans l'œuf, certainement non ; en tout cas, pas sous une forme connue. Les seules sources d'où elle puisse dériver restent, par conséquent, la coquille ou quelque autre élément de l'œuf capable de former la chaux par transmutation. Si elle dérive de la coquille, cela ne peut être déterminé par la chimie. Les coquilles des œufs diffèrent tellement que l'emploi des moyennes est impossible, et nous ne pouvons, d'autre part, affirmer la quantité exacte de calcium que la coquille contient originellement.

« Il y a toutefois de fortes présomptions pour croire que la matière terreuse ne diffuse pas de la coquille. En effet, la membrane coquillière ne devient jamais vasculaire et semble analogue à l'épiderme, aussi la chaux extérieure à cette membrane est généralement considérée par les physiologistes comme extravasculaire. Il est, par suite, difficile de concevoir comment la chaux en question peut être introduite dans l'économie du poulet par cette voie, en particulier pendant la dernière période de l'incubation, alors qu'une large portion de la membrane est séparée de la coquille.

« En aucune façon, toutefois, je ne veux affirmer que la chaux ne vient pas de la coquille ; car, dans ce cas, la seule alternative qui m'est laissée est d'affirmer que cette terre est due à la transmutation de la matière, assertion qui, je le confesse, n'est pas suffisamment soutenue par les faits pour être introduite à l'heure actuelle dans le domaine de nos connaissances. Toutefois, j'incline fortement à croire que, dans certaines limites, ce pouvoir de transmutation peut être rangé parmi les possibilités de l'énergie vitale. »

Gobley (1) qui, dans son célèbre travail sur le jaune d'œuf, avait trouvé dans l'œuf près de 0,50 de chaux et de magnésie (beaucoup plus par conséquent qu'il n'y en a en réalité), n'admit naturellement pas les résultats de Prout : « La proportion de matière saline qui existe dans l'œuf frais doit être la même,

____

(1) GOBLEY, Acad. royale des Sciences, 1846.

dit-il, que celle qui se trouve dans les œufs couvés. L'état de combinaison de ces sels peut changer sous l'influence de l'incubation, mais je ne pense pas que la quantité puisse varier. »

Prévôt et Morin (1) ne trouvent aucune différence dans le poids de la coquille de l'œuf frais et de l'œuf couvé, et Gorupt Besanez (2), après avoir critiqué les travaux de Prout, avec des arguments un peu spécieux et en quelque manière indirects (3), estime qu'il est désirable, devant l'importance de la question, qu'elle soit reprise d'après un plan bien défini. C'est ce que Karl Voit a entrepris; nous allons voir de quelle manière (4).

Il dose d'abord la chaux dans la coquille, et il trouve qu'il n'y a aucune perte de chaux pendant l'incubation (52,46 p. 100 dans l'œuf non couvé; 52,46 p. 100 dans l'œuf couvé). Il détermine ensuite avec soin tous les éléments de l'intérieur de l'œuf frais dans lequel il trouve :

Fer	0,003207
Chaux	0,0347
Magnésie	0,008518
Acide phosphorique	0,2107

Enfin, il dose les éléments dans l'œuf couvé, en se contentant d'une seule analyse, et il trouve :

Fer	0,00241
Magnésie	0,01112
Acide phosphorique	0,02375

Quant au dosage de la chaux, le seul vraiment important, « il est malheureusement manqué, dit Voit. Pour combler cette lacune, ajoute-t-il, la chaux d'un embryon de poulet que je

____

(1) Prévôt et Morin, *Ann. des Sc. naturelles*, 4, p. 47.
(2) Gorupt Besanez, *Lehrbuch der Phys. Chem.*, p. 684, 1867.
(3) D'après les chiffres de Prout, le poussin contient moins de chlore et moins d'alcali que l'intérieur de l'œuf frais. Comme cela paraît tout à fait invraisemblable à Gorup Besanez qu'il y ait élimination de chlore et d'alcali pendant l'incubation, il en conclut que les autres dosages faits par Prout sont inexacts.
(4) Karl Voit, *Sitzber. der math.-phys. Cl. der K. B. Ak. der Wissenschaften*, 1871, t. I, p. 78.

dois à l'obligeance de M. Bischoff a été dosée et a donné 0,0234 de chaux. »

On admettra que ce seul dosage était insuffisant (fût-il exact?) pour trancher la question. Il suffit cependant à Voit, dont l'opinion était faite à l'avance. Évidemment, il est surpris « à un haut degré » que 0,035 de chaux suffisent pour constituer le squelette du poussin; « mais, quand on y réfléchit, dit-il, il ne peut en être autrement, car beaucoup d'œufs, en particulier ceux des amphibies et des poissons, ont la même composition que ceux des poules et ne comportent pas de coquilles ».

Vaughan et Hariett Bills (1) entreprirent de nouvelles recherches et leurs analyses portèrent sur 12 œufs non couvés et 12 poussins à terme. La chaux fut évaluée à l'état de sulfate après destruction de la matière organique par la calcination, reprise par l'acide sulfurique et l'alcool, pesée à l'état de sulfate.

La moyenne pour 12 œufs non couvés est de 0,0695 de sulfate de chaux pour l'intérieur de l'œuf, correspondant à 0,0278 CaO, et 5,685 pour la coquille, correspondant à 2,274 de chaux.

La moyenne pour les 12 poussins à terme est de 0,3826 de sulfate pour le poussin (0,1530 de CaO) et 5,361 de sulfate pour la coquille (2,144 de CaO), ce qui correspond à un gain de 0,1252 pour l'intérieur de l'œuf et une perte de 0,127 pour la coquille.

Les faits paraissaient donc de nouveau en faveur de la participation de la coquille au développement de l'embryon et les recherches de Vaughan et Bills, bien que n'ayant porté que sur un assez petit nombre d'œufs, ne semblaient pas pouvoir donner lieu à des critiques sérieuses. Cependant, le célèbre biologiste Preyer (2) remit tout en question. Preyer reproche à Vaughan et Bills d'avoir employé une méthode défectueuse pour le dosage du calcium (3). Il trouve en particulier que le chiffre 0,029 donné par les auteurs américains pour l'œuf frais est si faible

---

(1) *Foster's Journal of Physiology*, vol. 1, 1878, p. 434.
(2) *Physiologie spéciale de l'Embryon*. Éd. française, 1897, p. 241.
(3) Cependant cette méthode de dosage à l'état de sulfate, en présence d'alcool, a été depuis très employée en Allemagne sous le nom de méthode d'Aron, et a été reconnue comme très bonne en l'absence de quantités trop fortes de sels alcalins, ce qui est le cas pour l'œuf.

qu'il ne peut pas être exact. Pour ces raisons, Preyer conclut que les évaluations faites jusque-là ne peuvent résoudre la question et il les reprend lui-même en faisant porter ses dosages sur 34 œufs, soit sur le contenu et la coque d'œufs prélevés après 1 à 2 semaines d'incubation sur le contenu et la coque de 10 œufs à terme, sur 9 œufs couvés et non développés et sur 5 œufs non couvés. Des nombres obtenus, on peut conclure avec certitude (dit Preyer) « que le poulet ne contient ni plus ni moins de chaux que le contenu de l'œuf avant son développement. La coque de l'œuf de l'oiseau ne perd aucune parcelle de chaux pendant l'incubation. »

Ces conclusions sont précédées de longues considérations qui n'ont aucune espèce d'intérêt, les chiffres de calcium trouvés par Preyer dans ses 34 œufs, et sur lesquels il s'appuie, étant si fantaisistes que la balance paraît y avoir moins de part que l'imagination.

La grande autorité qui s'attachait aux noms de Preyer et de Voit semble avoir tranché la question en leur faveur, car dans les ouvrages classiques c'est leur opinion qui est admise, quand toutefois le sujet est effleuré (ce qui est l'exception). Il faut arriver à un travail de Tangl (1) pour noter de nouvelles recherches sur la part prise par la coquille aux échanges de l'intérieur de l'œuf pendant l'incubation. Tangl, après avoir montré les points faibles de tous les travaux de ses devanciers, a voulu se placer dans des conditions expérimentales défiant les critiques. C'est ainsi qu'il n'a pris les œufs que d'une seule poule, fécondée par un seul et même coq, placée dans des conditions d'alimentation toujours les mêmes, etc. ; mais, chose singulière, pour des raisons qui nous échappent, il a abordé le problème par son côté le plus difficile et le plus discutable, et il n'a fait porter ses investigations que sur la coquille, laissant l'intérieur de l'œuf de côté. Il trouve ainsi que la coquille, dont le poids moyen est de 5 gr. 76 avant le développement, ne pèse plus que 5 gr. 32 à la fin de l'incubation. Corrélativement, la quantité moyenne de chaux, qui est primitivement de 2,13 à la fin de l'incubation tombe à 1,97. Dans une autre série d'expériences, la chaux passe de 2,14 à 1,99,

(1) *Pflüger's Arch.*, 121 ; 1908.

accusant ainsi une perte de 0,14 pour les deux séries d'expériences. Comme on le verra plus loin, il se trouve que ces chiffres correspondent à l'augmentation de poids de chaux dans l'intérieur de l'œuf quand le développement du poussin est complet, mais il nous semble que, sans la contre-partie de l'analyse du contenu de l'œuf pendant le développement, les dosages de Tangl perdent une grande partie de leur valeur. Il faut être bien sûr de ses analyses, en effet, pour affirmer qu'il y a une perte de calcium quand les différences de dosage sont en moyenne de 0,14 sur 2,13 de chaux totale ; surtout quand les analyses ont porté sur 0,30 de coquille correspondant à un écart de 0,007 entre la chaux des coquilles avant et après le développement.

Si nous résumons maintenant les diverses opinions qui ont été émises sur la participation de la coquille de l'œuf au développement du squelette du poussin, nous voyons, d'un côté, Gobley, Voit, Preyer qui se refusent à l'admettre ; de l'autre, Prout, Vaughan et Bills, enfin Tangl, qui, au contraire, la considèrent comme démontrée par leurs expériences.

Ces divergences de vues, encore accentuées par la notoriété de Gobley, de Voit et de Preyer, nous ont engagés à reprendre à notre tour l'étude de la question, en tâchant d'éviter les erreurs qui avaient pu être commises par nos devanciers et en nous plaçant dans des conditions telles qu'il ne puisse exister aucun doute sur les résultats obtenus.

Nous avons opéré sur un grand nombre d'œufs (65 environ) provenant pour la plupart de poules appartenant à la même race (Faverolle) et soumises aux mêmes conditions d'alimentation : leur poids moyen était de 60 grammes environ. Quelques-uns, d'origine différente (œufs n°s 53, 54 et 55) et de poids sensiblement plus faible (45 à 47 grammes), ont été joints aux précédents et maintenus en incubation jusqu'à l'éclosion sans que, dans leur ensemble, les résultats des expériences en fussent modifiés. Comme on le verra en se reportant aux chiffres des tableaux ci-après, il n'est pas indispensable, si l'on veut se borner à comparer la teneur en chaux de l'œuf frais à celle du poussin en voie d'éclosion, de choisir des œufs rigoureusement comparables. Les différences observées sont telles, en effet,

qu'elles sont à peine influencées par les variations de diverses
natures que présentent les œufs à l'origine, et aucune erreur
d'interprétation n'est possible. Il n'en est pas de même évidemment lorsqu'on se propose de suivre les variations de la chaux
pendant toute la durée du développement; durant une assez
longue période, les accroissements sont encore trop peu marqués pour être dégagés parfaitement des variations individuelles et il est indispensable de limiter le plus possible ces
dernières et d'avoir recours aux moyennes pour obtenir des
résultats tout à fait démonstratifs.

Pour les raisons exposées plus haut, nous n'avons fait porter
aucun de nos dosages sur la coquille, tous se rapportent exclusivement au contenu de l'œuf.

Les œufs, réunis aussitôt après la ponte par séries de 20 environ, étaient pesés et portés le jour même ou le lendemain au
plus tard à la couveuse artificielle. Dans chaque série, quelques-
uns étaient réservés pour servir de témoins au départ et leur
contenu mis aussitôt à dessécher en vue de l'analyse. Quant aux
autres ils étaient prélevés successivement, d'abord le 10e et le
12e jour de l'incubation, c'est-à-dire au moment où débute
l'ossification du squelette, puis régulièrement chaque jour à
partir du 14e jusqu'au 21e jour, moment de l'éclosion.

La plupart des œufs se sont développés normalement et ceux
qui ont été maintenus dans la couveuse jusqu'au 21e jour nous
ont toujours donné des poussins très vigoureux.

A titre de contrôle nous avons également dosé la chaux dans
des œufs non fécondés qui avaient été maintenus à la couveuse
avec les précédents pendant 14 et 21 jours et aussi dans
quelques autres qui avaient été simplement conservés après
la ponte pendant une assez longue période à la température
ordinaire.

D'autre part, comme il n'était pas sans intérêt de vérifier les
résultats obtenus avec les œufs de poule, en s'adressant aux
œufs d'autres oiseaux, nous avons étendu nos recherches aux
œufs de cane et aux œufs de paon, en nous bornant toutefois,
pour ces derniers, à doser comparativement la chaux dans l'œuf
frais et dans l'embryon à la fin de l'incubation.

Comme on le verra en détail plus loin, les résultats de ces
recherches sont des plus nets : au moment de sortir de

la coquille le poussin contient 5 à 6 fois plus de chaux que n'en
contenait l'intérieur de l'œuf frais. Dans l'œuf de poule, l'augmentation de la chaux commence à apparaître vers le 10e jour,
c'est-à-dire sensiblement à l'époque où débute l'ossification du
squelette; elle s'accuse fortement du 16e au 17e jour et se poursuit alors régulièrement jusqu'à l'éclosion. Dans le poussin à
terme, le squelette, complètement débarrassé des muscles,
contient déjà à lui seul au moins 3 fois plus de chaux que n'en
renfermait primitivement l'œuf frais tout entier.

Le procédé que nous avons employé pour le dosage du
calcium n'a rien de spécial, mais il y a quelques précautions
à prendre pour la destruction des matières organiques comme
pour la précipitation de l'oxalate de calcium, et nous ne croyons
pas inutile de décrire avec soin la méthode que nous avons suivie.

Si on désire seulement doser le calcium, on peut calciner
l'intérieur de l'œuf dans une capsule en platine. La calcination
de l'œuf frais et celle de l'œuf ayant atteint son plein développement indiquent déjà la différence considérable qui existe dans
la nature des cendres et aurait dû frapper, semble-t-il, tous
ceux qui se sont occupés de la question. Tandis que la calcination de l'œuf frais est très difficile à conduire jusqu'à la destruction totale des matières organiques et laisse un verre transparent, fusible, *très acide* et presque entièrement soluble dans
l'eau, la calcination du poussin est relativement aisée et, quand
elle est terminée, on se trouve en présence d'un squelette parfaitement formé et complet, montrant dans toute sa délicatesse et
ses moindres détails la charpente osseuse du poussin.

Les cendres sont reprises par de l'eau acidulée de quelques
gouttes d'acide chlorhydrique et la solution est versée dans un
vase à précipité de 250 cent. cubes. La capsule est lavée plusieurs fois avec de l'eau distillée. La solution, qui doit occuper
le volume de 100 cent. cubes environ, est rendue légèrement
alcaline par de l'ammoniaque en présence de nitrophénol ou de
pérézol, puis acidifiée par 3 gouttes d'acide acétique. S'il y a un
précipité (phosphate de fer), on le filtre, puis on ajoute 10 cent.
cubes d'une solution saturée d'oxalate d'ammoniaque; on agite
et on attend 24 heures sans chauffer; on termine le dosage
comme d'habitude en pesant d'abord à l'état de chaux, puis en

transformant la chaux en sulfate en présence de quelques cristaux de nitrate d'ammoniaque (1).

La destruction de la matière organique par la calcination occasionne une perte notable de phosphore ; aussi, comme dans beaucoup de cas nous désirions doser également ce métalloïde, nous avons détruit l'œuf par le mélange sulfonitrique, d'après la méthode de Neumann.

Le contenu de l'œuf, séché à 100°, est pulvérisé et la poudre est de nouveau séchée à 100°. On en prend 1 à 2 grammes qu'on introduit dans un ballon de Kjeldahl avec 30 cent. cubes d'acide nitrique. On chauffe pour chasser la majeure partie de l'acide nitrique ; puis on ajoute après refroidissement 10 cent. cubes d'acide sulfurique. On chauffe de nouveau, puis on ajoute 10 cent. cubes d'acide nitrique, et on chauffe jusqu'à l'obtention d'une liqueur claire. On reprend par 100 cent. cubes d'eau et 30 cent. cubes de nitrate d'ammoniaque à 80 p. 100 ; on porte à l'ébullition et on ajoute à chaud 80 à 100 cent. cubes de solution de molybdate d'ammoniaque à 3 p. 100 dans un mélange à parties égales d'eau et d'acide nitrique à 1,2. L'ébullition étant maintenue pendant quelques minutes, le précipité se dépose intégralement ; on décante sur un filtre et on lave le précipité avec de l'acide nitrique étendu, puis avec de l'alcool. Le filtre est jeté dans un ballon de Kjeldahl de 500 cent. cubes ; le molybdate est dissous dans de la soude demi-normale, la solution est portée à l'ébullition jusqu'à ce que l'ammoniaque ait été chassée. On titre enfin la soude en excès par de l'acide sulfurique demi-normal.

La formule $\dfrac{1,268 \times D \times 10}{S}$ donne le poids de P^2O^5 ; $D =$ la différence entre la soude ajoutée et la soude retrouvée ; $S =$ la substance.

Si au lieu de doser le phosphore par titrage acidimétrique, on veut le doser par pesée, on filtre le phosphomolybdate dans un creuset de Gooch ; on lave à l'acide nitrique et on sèche à 160° exactement. Le précipité contient alors $PO^4 (NH^4)^3$, $12 MoO^3$ ($3,782$ p. 100 P^2O^5).

(1) On peut ajouter 0 gr. 50 d'acide citrique et précipiter l'oxalate à chaud en liqueur légèrement ammoniacale.

Les résultats des analyses sont donnés dans les tableau x suivants, qui indiquent :

1° Le poids de l'œuf frais ;

2° La chaux du contenu de l'œuf au jour du prélèvement ;

3° La chaux rapportée à 100 gr. d'œuf entier pesé au moment de la ponte ;

4° Le phosphore total p. 100 pour l'œuf entier.

Œufs de poule à divers stades d'incubation.

NUMÉRO de L'ŒUF	JOUR du PRÉLÈVEMENT	POIDS DE L'ŒUF après LA PONTE	CaO par ŒUF	CaO pour 100 gr. D'ŒUF pesé après LA PONTE	PHOSPHORE p. 100 P^2O^5
1	1er jour.	64,45	0,0310	0,0540	
2	—	62,30	0,0369	0,0582	
3	—	62,10	0,0384	0,0607	
4	—	61,25	0,0381	0,0605	
5	—	58,35	0,0378	0,0722	
6	—	56,85	0,0371	0,0650	0,491
7	—	56,84	0,0365	0,0642	
8	—	53,04	0,0348	0,0650	0,469
	Moyenne :	**59,39**	**0,0366**	**0,0624**	
11	10e jour.	60,65	0,0375	0,068	
12	—	59,47	0,0407	0,0618	0,485
13	—	59,08	0,0395	0,0657	
14	—	58,39	0,0377	0,0643	
15	—	57,88	0,0408	0,0704	
16	—	50,35	0,0379	0,0743	
	Moyenne :	**57,62**	**0,0390**	**0,0664**	
21	12e jour.	59,13	0,0468	0,0791	
22	—	53,84	0,0413	0,0767	
23	—	57,75	0,0439	0,0760	
24	—	59,61	0,0389	0,0653	
	Moyenne :	**57,60**	**0,0427**	**0,0742**	
25	14e jour.	56,61	0,0480	0,0849	
26	—	53,16	0,0575	0,1080	
27	—	58,98	0,0500	0,0848	
28	—	59,37	0,0592	0,0997	
	Moyenne :	**57,03**	**0,0536**	**0,0943**	

Œufs de poule à divers stades d'incubation (*suite*).

NUMÉRO de L'OEUF	JOUR du PRÉLÈVEMENT	POIDS DE L'OEUF après LA PONTE	CaO par OEUF	CaO pour 100 gr. D'OEUF posé après LA PONTE	PHOSPHORE p. 100 P^2O^5
30	15e jour.	63,68	0,0630	0,1030	0,431
31	—	63,72	0,0658	0,1013	
	Moyenne :	**63,70**	**0,0654**	**0,1021**	
32	16e jour.	58,72	0,0675	0,1149	0,460
33	—	60,77	0,0741	0,1220	0,467
34	—	56,95	0,0672	0,1180	
35	—	57,81	0,0620	0,1072	
	Moyenne :	**58,56**	**0,0677**	**0,1155**	
36	17e jour.	60,16	0,1126	0,1873	0,521
37	—	52,09	0,1060	0,1930	
	Moyenne :	**57,12**	**0,1093**	**0,1901**	
38	18e jour.	61,33	0,1552	0,2530	0,485
39	—	62,10	0,1354	0,2180	
40	—	56,68	0,1040	0,1833	
41	—	58,60	0,1243	0,2190	
	Moyenne :	**59,70**	**0,1297**	**0,2183**	
42	19e jour.	63,16	0,1630	0,2580	0,482
43	—	64,84	0,1800	0,2776	
44	—	62,10	0,1713	0,2760	
	Moyenne :	**63,30**	**0,1717**	**0,2705**	
45	20e jour.	58,06	0,2062	0,3550	0,400
46	—	52,93	0,1612	0,3050	
47	—	67,90	0,2006	0,2954	
48	—	60,27	0,1774	0,2943	
49	—	55,48	0,1550	0,2800	
	Moyenne :	**58,90**	**0,1862**	**0,3053**	
50	21e jour.	56,24			0,397
51	—	64,32	0,2374	0,3690	
52	—	54,60	0,2050	0,3755	
53	—	47,55	0,1510	0,3180	
54	—	46,30	0,1482	0,3200	
55	—	45,53	0,1403	0,3082	
	Moyenne :	**52,42**	**0,1760**	**0,3400**	

NUMÉRO de L'ŒUF	JOUR du PRÉLÈVEMENT	POIDS DE L'ŒUF après LA PONTE	CaO par ŒUF	CaO pour 100 gr. D'ŒUF pesé après LA PONTE	PHOSPHORE p. 100 P^2O^3
Œufs de poule non fécondés maintenus à la couveuse.					
18	14ᵉ jour.	57,64	0,0318	0,0552	
19	21ᵉ jour.	56,60	0,0335	0,0598	
Œufs de poule abandonnés 34 jours à la température ordinaire.					
17	»	59,74	0,0416	0,0694	
20	»	60,62	0,0362	0,0601	

NUMÉRO de L'ŒUF	JOUR du PRÉLÈVEMENT	POIDS DE L'ŒUF après LA PONTE	CaO par ŒUF	CaO pour 100 gr. D'ŒUF pesé après LA PONTE	PHOSPHORE p. 100 P^2O^1
Œufs de paon.					
56	1ᵉʳ jour.	108,84	0,1060	0,0974	
57	—	112,90	0,1075	0,0954	0,478
	Moyenne :	**110,87**	**0,1065**	**0,0964**	
58	28ᵉ jour.	107,16	0,5095	0,4689	
59	—	108,40	0,4778	0,4405	0,418
	Moyenne :	**110,8**	**0,4935**	**0,4547**	
Œufs de cane.					
60	1ᵉʳ jour.	96,21	0,0820	0.0852	
61	—	94,00	0,0813	0,0867	
62	—	82,40	0,0829	0,1007	
	Moyenne :	**90,87**	**0,0818**	**0,0908**	
63	28ᵉ jour.	91,90	0,2890	0,3143	
64	—	82,19	0,3392	0,4130	
65	—	97,40	0,3070	0,3150	
	Moyenne :	**90,50**	**0,3117**	**0,3473**	

Moyennes des teneurs en chaux

pour toute la durée du développement de l'œuf de poule.

JOURS	POIDS DES ŒUFS	CHAUX PAR ŒUF	CHAUX POUR CENT
1	59,39	0,0334	0,0624
10	57,62	0,0390	0,0674
12	57,6	0,0427	0,0742
14	57	0,0536	0,0943
15	63,7	0,0654	0,1021
16	58,56	0,0677	0,1155
17	57,12	0,1093	0,1901
18	59,7	0,1297	0,2183
19	63,3	0,1717	0,2705
20	58,90	0,1802	0,3053
21	52,42	0,1760	0,3400

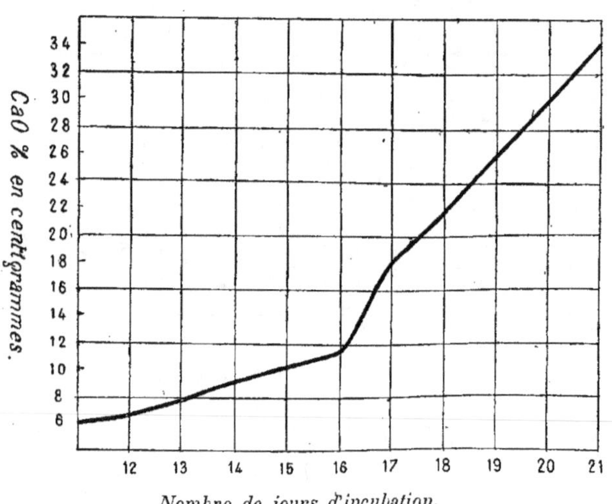

Graphique représentant l'augmentation progressive de la chaux dans l'œuf
de poule au cours de l'incubation.

En *résumé*, si nous nous en tenons pour le moment aux seuls éléments qui nous intéressent, nous pouvons mettre en évidence les constatations suivantes :

1° Le poids moyen de la chaux (CaO) contenue dans l'œuf de poule frais (de 60 grammes environ) est de 0,0354; il est déjà de 0,067 au 16ᵉ jour de l'incubation, de 0,129 au 18ᵉ, de 0,180 au 20ᵉ et atteint ou dépasse même 0,200 au 21ᵉ jour, c'est-à-dire au moment de l'éclosion (œufs nᵒˢ 51 et 52). Des œufs ne pesant à l'origine que 45 à 47 grammes (nᵒˢ 53, 54 et 55) renferment eux-mêmes; à la fin de l'incubation, au moins 4 fois plus de chaux que des témoins non incubés dont le poids est voisin de 60 grammes.

2° Le poids moyen p. 100 de la chaux, qui est de 0,0624 pour l'œuf frais, est de 0,340 pour le poussin au moment de l'éclosion, le pourcentage étant calculé sur l'œuf entier pesé au moment où il est mis à couver.

L'augmentation de la teneur en chaux du contenu de l'œuf, pour toute la durée de l'incubation, est donc d'environ 500 p. 100.

Cette augmentation, qui commence à se traduire, dans les dosages, du 10ᵉ au 12ᵉ jour d'incubation, reste relativement peu marquée jusqu'au 16ᵉ jour, à partir duquel (voir la courbe ci-jointe) les accroissements s'accentuent fortement pour se poursuivre d'une façon très régulière jusqu'à l'éclosion.

3° Dans l'œuf de poule non fécondé et mis à couver, le poids de chaux p. 100 après 21 jours est exactement le même que dans l'œuf frais. Aucune trace de chaux n'est passée de la coquille dans l'intérieur de l'œuf.

4° Dans les œufs de paon, dont l'incubation dure 25 jours, le poids de chaux passe de 0,1065 à 0,4936; le poids de chaux p. 100 passe de 0,0964 à 0,4547.

5° Dans les œufs de cane dont l'incubation dure 28 jours, le poids de chaux s'élève de 0,0818 à 0,311 et le poids de chaux p. 100 de 0,0908 à 0,347. L'augmentation n'est pas tout à fait de 400 pour 100.

L'œuf de cane contient donc plus de chaux que l'œuf de poule pour 100, mais le caneton ne contient pas plus de chaux que le poussin, malgré que le développement ait duré 7 jours de plus.

6° Le phosphore n'augmente pas au cours de l'incubation (1).

Il est donc bien démontré par nos expériences que le poussin emprunte à la coquille la plus grande partie de la chaux nécessaire à son développement et à la formation de son squelette.

Envisagée au point de vue de son rôle physiologique, la coquille de l'œuf des oiseaux constitue donc, pour l'embryon, une véritable *réserve calcique* que celui-ci utilise, au cours de l'incubation, en mettant en jeu des mécanismes qu'il reste encore à déterminer.

Quelle que soit la complexité de ces mécanismes, on peut d'ores et déjà affirmer que les modifications profondes subies par le vitellus et l'albumine pendant le développement se font suivant un rythme régulier au cours duquel une substance est libérée en quantité déterminée et définie, substance qui a la propriété de dissoudre une quantité également déterminée de la chaux de la coquille.

Cette substance est-elle l'acide carbonique? est-ce un autre acide organique ou minéral? est-ce un sucre? est-ce l'allantoïne? Nous n'en savons rien.

Il semble toutefois que la réponse doive être cherchée dans une analyse minutieuse du liquide amniotique qui, au moment où la dissolution de la chaux paraît prendre une ampleur particulière (vers le 17e jour), vient presque seul au contact de la coquille à travers la membrane coquillière.

Nous nous proposons de poursuivre ces recherches et de pénétrer plus profondément dans l'étude de ce problème très important de la chimie de l'embryon (2).

---

(1) En se référant aux chiffres des tableaux, on serait même tenté de conclure que le phosphore diminue dans l'œuf, à la fin de l'incubation. Nos analyses sont trop nombreuses pour affirmer qu'il en est bien ainsi; de nouvelles recherches systématiques sont nécessaires pour trancher définitivement cette question.

(2) Au cours de longs et minutieux dosages que nous avons eu à effectuer, nous avons été habilement secondés par Mme Ramart-Lucas. Nous lui exprimons nos plus sincères remerciements.

L'ANTIGENO

PER

LA PROVA DELLA FISSAZIONE DEL COMPLEMENTO

NELL' INFEZIONE VACCINICA VAIOLOSA

per il Dott. O. CASAGRANDI,

Prof. ord. di Igiene e direttore dell' Istituto d'Igiene
della R. Università di Cagliari (1).

Un certo numero di autori, dopo gli importanti studi del
Bordet e Gengou sulla fissazione del complemento, hanno cer-
cato nel siero di animali e di uomini inoculati con vaccino
bovino e rispettivamente di malati di vaiolo e di animali
inoculati con virus vaioloso umano, la presenza di sensi-
bilizzatrici specifiche ora con esito positivo, ora con esito
negativo.

Essendo uno dei primi ad occuparmi di tale questione nell'
infezione vaccinica (*Boll. Soc. Cultori Sc. med. e nat.* Cagliari,
4 e 25 Maggio 1907), non essendovi prima delle mie, altre
ricerche che quell dell'Jobling (*Journ. of. Exp. med.*, nov. 1906)
ed il primo ad occuparmene nell' infezione vaiolosa umana
(*Policlinico*, Roma, 29 Marzo 1908) studiandone, sotto questo
riguardo, i rapporti coll' infezione vaccinica, ho avuto campo di
persuadermi che la condizione essenziale perché sulla prova
del Bordet e Gengou si possa contare nelle due su citate infe-
zioni, consiste nella buona preparazione dell' antigeno.

Nel presente lavoro intendo quindi trattare della metodica
della fissazione del complemento nel vaccino e nel vaiolo con-
siderando solo la questione della preparazione dell' antigeno.

(1) Attualmente nella R. Università de Padova : la presenta memoria
rimonta all' aprile 1914.

Alle mie prime ricerche sul vaccino che rimontano al Maggio del 1907, eseguite con vaccino filtrato, seguirono quelle dello Zedda (*Rif. med. Napoli*, num. 51, 1907), altre mie (*Annali Igiene Roma*, pag. 557, 1907); dell' Heller e Tomarkin (*Deut. med. Woch.*, 1907, pag. 795), le mie nuove sul vaiolo umano (*loc. cit.*), del Beinkter (*Centr. f. Bakt. I Abt. Orig.*, Bd. 48, 17 Dic. 1908), altre mie ancora (*Annali Igiene Roma*, pag. 305, 1909), del Bernbach (*Centr. f. Bkt. I Abt. Orig.*, Bd 49, 25 Marzo 1909), del Sugaï (*Id., ib.*, pag. 650), del Dahm (*Id., ib.*, Bd 51 pag. 136, 1909), del Xilander (*Id., ib.*, pag. 290), del Kriloff (*Id., ib.*, Bd 60, 1 Nov. 1911), del Paschen e Iocobstal (*Hand. d. Techn. u. Meth. d. Imm.*), del Bizzarri e Palmas (*Pathologica Genova.*, Dic. 1911), del Tessier e Gastinel (*Rev. int. vaccine*, pag. 353, 1903), sino alle ultime del Gastinel (*Réact. d'infect. et d'imm. de la vaccine et la variole*, Paris, G. Steinheil, 1913).

Durante le molteplici osservazioni da me fatte, parte pubblicate, parte inedite, ho intanto potuto assodare fatti che indubbiamente influiscono sulla prova che é riuscita positiva ad un certo numero dei succitati studiosi e negativa ad altri, servendosi tutti, in genere, come antigeno di linfa o di estratto di materiale pustolare in siero fisiologico.

Non v'ha dubbio che il virus vaccinico conservato in glicerina, ove la glicerina non venga separata dal virus rende il liquido antigenico, che si ottiene facendo un estratto in acqua salata, poco adatto alla prova del Bordet e Gengou.

Ancora, per ottenere una buona triturazione del vaccino, ove si ricorra a pestare il materiale pustoloso con quarzo, allorché si raggiunge il massimo di perfezione nella triturazione del materiale, il liquido antigenico assume proprietà di assorbire il complemento in grado elevato; e cio é dovuto alla presenza della silice che resta in sospensione come é già stato dimostrato in altro ordine di ricerche, da altri studiosi (*Hailer Arb. a. d. Kais. Ges.*, t. XXIX, 1909).

Il fenomeno anzi si osserva anche quando la triturazione si faccia in mortaio di porcellana rugosa per la presenza del caolino che si stacca dal mortaio e che si comporta nello stesso modo.

Di qui ne dedussi le necessità : *di privare la polpa vaccinica, da cui si deve estrarre l'antigeno, della glicerina, e l'altra di condurre la triturazione in mortaio d'agata o in mortaio di porcellana a superficie liscia e senza aggiunta di quarzo.*

Ho inoltre notato che per ottenere un estratto del materiale vaccinico in acqua salata, in tali condizioni da aversi un antigeno né troppo diluito, né troppo concentrato, *occorre partire da una determinata quantità pesata di vaccino e fare la diluizione entro limiti che vogliono essere ben precisati.*

A mio modo di vedere, lo scopo si raggiunge seguendo la metodica che comunicai per lettera al Dottor Gastinel (V. *Réactions d'infection e d'immunité, etc.*, Paris, 1913, pag. 63), e che consiste nel diluire il contenuto pesato di un tubo del vaccino del commercio (in acqua salata al 0,85 p. 100) nelle proporzioni di 1 a 50, centrifugarlo tre volte successivamente ricambiando l'acqua salata, triturare il deposito cosi lavato in mortaio, e aggiungere nuova acqua salata fino ad ottenere una diluizione di 1 a 20; centrifugare infine sino ad avere un liquido appena opalescente.

Anche così operando ho pero potuto constatare, servendomi della prove del Calmette e Guérin, che in nessun caso si riesce a trovare un quantitativo identico di virus negli estratti. Mantenendo in ghiacciaia gli antigeni e, dopo eseguita la prova del Calmette e Guerin, diluendo quelli più ricchi di virus fino a portarli ad una diluizione tale che si possa avere ancora una eruzione confluente, interessante tutta la superficie della pelle, e concentrando d'altro canto nel vuoto a bassa temperatura tutti quegli estratti che permettevano, adoperati tal quali, di ottenere delle pustole separate l'una dall' altra; seminando la medesima quantità di estranto, non sono con tutto questo riuscito ad ottenere liquidi antigenici che si comportassero nell' identico modo. Le esperienze mi hanno condotto soltanto ad accertare che *a parità di volume gli antigeni più ricchi di virus sono migliori di quelli meno ricchi di virus.*

Ma non é questo solo fattore quantitativo del virus, quello a cui si deve la costanza del potere antigenico nel materiale che si prepara, poiché quando invece di ricorrere al vaccino del commercio, mi son rivolto al vaccino fresco non conservato con la glicerina, ed ho ripetuto le stesse ricerche, ho dovuto convenire *che gli antigeni i quali si ricavano da questi vaccini freschi, possedevano proprietà antigeniche più fisse*, tanto da poter contare su di essi per le prove del Bordet e del Gengou, quasi senza incertezze.

Il Gastinel che ha già pubblicato il risultato delle sue ricerche eseguite precisamente con antigeno ricavato da polpa vaccinica fresca, ha ritrovato giustamente superiore questo antigeno all' altro ricavato dal vaccino del commercio.

Per cui, oltre che la quantità del virus, ha indubbiamente importanza nella buona preparazione dell' antigeno se non la vitalità e la virulenza del virus, la freschezza della coltura dello stesso.

Questa é stata la osservazione la quale mi ha portato a ricercare un antigeno nel quale il virus si trovasse in condizione di coltura recente.

Fin dal 1907 avevo tentato di coltivare il virus vaccinico facendo punto di partenza di tutte le mie ricerche colturali, materiali contenenti il solo virus. La pratica acquisita nella filtrabilità del virus vaccinico e vaioloso mi permetteva di poter preparare dei filtrati sicuramente privi di altri germi visibili e coltivabili, servendomi di candele Berkefeld W opportunamente scelte e controllate.

Con questi filtrati ho eseguito un gran numero di esperimenti con risultati negativi. Aggiungendo anche ad essi elementi cellulari epitheliali i resultati non migliorarono poichè, se questi elementi si sterilizzavano, non erano più atti alla moltiplicazione del virus, se non si sterilizzavano sopraweniva lo sviluppo dei batteri ; per cui non eravi alcuna ragione di preferire queste colture (che sono del resto scarsissime) anche seguendo i procedimenti moderni delle colture dei tessuti in vitro, come hanno fatto recenti studiosi (Belin, *Revue int. vaccine*, page 128, 1913 ; Steinhardt e Lambert, *Journ. of. inf. dis.*, pag. 294, 1913, e pag. 87, 1914), alla polpa vaccinica fresca.

Anche le cosi dette colture del Fornet (*Revue int. vaccine*, page 93, 1913) (dato che si tratti di colture, cio che io non credo) non foss' altro che per questo motivo, non servono allo scopo, e cosi pure le recenti del Belin non si prestano (*loc. cit.*).

Per mio conto del resto non sono riuscito a ritrovare mai completamente depurato il virus vaccinico con l'essenza di garogani.

Son quindi ritornato alla mie ricerche sulla coltivabilità del virus vaccinico nei leucociti, ricerche che sommariamente esposi fin dal 1910 (*Boll. Soc. Cultori di Sc. med. e nat.* Cagliari, 16 Aprile 1910).

Premetto che l'intervento dei leucociti nella infezione vaccinica é nota da molto tempo e che Prowazech e Iamamoto (*Münch. med. Woch.*, pag. 26, 37, 1909) hanno in seguito all' inoculazione endoperitoneale di alcuronato, nei conigli, assodato che nei leucociti si racchiudeva il virus, ed io l'ho anche trovato nei leucociti del sangue dei polli inoculati con vaccino. (*Revue int. vaccine*, pag. 3, 1910.)

*   *

Il tecnicismo adatto allo scopo va distinto in tre tempi corrispondenti, l'uno alla preparazione del virus, l'altro alla preparazione dei leucociti, il terzo alla preparazione delle colture.

1° *Preparazione del virus.*

a) Si puo partire da vaccino del commercio glicerinato . Il vaccino si introduce in una candela o crogiuolo poroso, vi si versa sopra della miscela citrosodica in quantità rilevante e poi si fa l'aspirazione nel recipiente sottostante : con cio il vaccino viene levato e privato dalla glicérina.

b) Si raccoglie il vaccino lavato, lo si tritura secondo la tecnica più volte da me esposta per rendere filtrabile il virus, ma in presenza di miscela citrosodica sterilizzata e bollita. (Acqua dist. 1000, cloruro di sodio 9, citrado di sodio 15.)

c) Si filtra il materiale ben triturato attraverso Berkefeld W ben scelte e controllate dopo la sterilizzazione e si distribuisce il filtrato preferibilmente in tubi da saggio forniti di una dilatazione laterale a bolla a circa 5 cm. dal fondo, i quali tubi debbono contenere in precedenza una quantità tale d'olio d'anilina da raggiungere l'altezza di 1 cm. il tutto preventivamente sterilizzato in autoclave. Di filtrato se ne introduce quella quantità che è sufficiente a far quasi raggiungere al menisco dell' olio di vasellina il punto cui risponde il bordo inferiore del foro della dilatazione a bolla della provetta.

La distribuzione dei filtrati si puo fare al coperto di ogni inquinamento servendosi di adatto apparecchio di cui ho fornito la descrizione nel 1907 (*Annali di Igiene*, 1907, pag. 570, nota).

2° *Preparazione dei leucociti.*

a) Si prepara del l'alcuronato sterile secondo la tecnica adatta a estrarre la legumina (*Rempicci. R. Soc. Igiene Milano*, 1901) come piogeno ; lo si divide in fiale de 10 cm. l' una, ognuna delle quali si inocula interamente nel cavo peritonale di un coniglio.

b) Si estrae il liquido dopo 4-6 ore dal cavo peritoneale mettendosi nelle volute condizioni per evitare ogni inquinamento dall' esterno e lo si introduce in provette da centrifuga sterilizzate contenenti una certa quantità di miscela citrosodica; si lava, si centrifuga, quindi si decanta rapidamente il liquido e si aspira il deposito con pipette sterilizzate contenenti 1 cm. c. di miscela citrosodica sterile, la quale serve a disgregare il deposito, ed il tutto si fa pervenire nel filtrato contenente il virus.

3° *Preparazione del colture.*

a) Si obliquano i tubi da saggio a bolla in modo che tutto l'olio di vasellina passi nella bolla.

b) Si toglie il tappo d'ovatta e rapidamente si introduce nell' interno di ogni tubo tutta la sospensione dei leucociti raccolta con la pipetta dai tubi da centrifuga; si tappa di nuovo e si radrizzano i tubi.

c) Le provette innestate si pongono in termostato allo scuro entro un recipiente in cui sia stato fatto il vuoto e vi si sia mantenuto.

Procedendo in questo modo nell' interno dei leucociti, al termine di una settimana si troveranno, osservando in campo oscuro, dei granuli fini, mobili i quali per grandezza, forma e mobilità si comportano come i grani vaccinici vaiolosi della cheratite vaccinale vaiolosa, segnalati da me in preparati colorati fin dal 1906 nel vaccino (*Annali di Igiene*, 1906, pag. 128), e dal Volpino in preparati a fresco nel 1907 (*Riv. Igiene San. Pubbl.*, 1907, pag. 734) e cosi caratteristicamente descritti da quest' ultimo da meritare di essere chiamati i corpuscoli del Volpino.

Questo reperto granulare non si nota nei preparati di controllo contenenti i leucociti.

*   *
*   *   *

Ottenute cosi le colture del virus nei leucociti, per la preparazione dell' antigeno, non resta che aspirare da ciascun tubo l'olio di vasellina, mescolarne bene il contenuto, travasarlo in tubi da centrifuga e centrifugarlo fino ad ottenere un deposito.

Cio fatto si decanta il liquido sovrastante e per due volte di seguito si lava questo deposito con cloruro sodico al 0,85 p. 100, quindi lo si raccoglie in mortaio di porcellana non rugosa o addirittura in mortaio d'agata, triturandolo accuratamente, dopo aver eliminata per decantazione o per evaporazione nel vuoto quasi tutto il liquido che può impedire una buona triturazione del materiale corpuscolare. Quando la triturazione é giunta al punto desiderato, si aggiunge goccia a goccia del cloruro sodico al 0,85 p. 100 sino a che si ottiene una diluizione del materiale tritato nei rapporti di 1 a 20.

Si centrifuga ancora una volta sino ad ottenere un liquido appena opalescente *che é l'antigeno da adoperare*.

Le prove eseguite con questo antigeno in confronto con quelle fatte con l'estratto di polpa vaccinica fresca, sono state oltremodo confortanti, giacché fino ad ora non ho incontrato più alcuno di quei risultati o incerti o contraddittori che, anche sperimentando con quest' ultimo, qualche volta continuava ad avere.

** **

Concluendo : nelle prove della fissazione del complemento secondo la tecnica del Bordet e Gengou applicata alla infezione vaccinica e vaiolosa, riuscite or positive ed or negative, in mano a diversi studiosi, ha grande importanza il modo di preparazione dell' antigeno. E' già una buona metodica quella di ricorrere al vaccino fresco privo di glicerina, tritato con esclusione di silice e di caolino e centrifugato in presenza di siero fisiologico fino ad ottenere un liquido appena opalescente. Si può pero ottenere un antigeno che dia risultati più costanti e più probativi partendo da filtrati contenenti il solo virus, con l'aggiunta di leucociti sterili ricavando poi dal deposito leucocitario (quando nei leucociti si rinvenga, in campo oscuro, il reperto di fini granuli mobili), un estratto in siero fisiologico, appena opalescente. Questo antigeno ha i seguenti vantaggi : 1° é costituito dal solo virus indovato in elementi cellulari senza la presenza di esseri viventi che vi si sviluppino più o meno rigogliosamente; 2° contiene il virus vivo e virulento come si dimostra innestandolo sulla cute dei conigli e sulla cornea degli stessi ; 3° permette di poter eseguire dei controlli con antigeni ricavati dallo stesso materiale leucocitario senza la presenza del virus.

A PROPOS DE LA VITALITÉ DU GONOCOQUE

par V. MORAX.

Il m'a paru intéressant d'étudier certaines conditions de vie du gonocoque et en particulier la durée de la cellule microbienne. Nous ne possédons, en effet, que peu de renseignements sur ce sujet. On confond souvent la vitalité d'une culture avec la vitalité du micro-organisme lui-même. Je voudrais montrer la différence considérable qui existe entre ces deux phénomènes.

La reproduction des micro-organismes se fait, on le sait, avec une rapidité remarquable. Gotschlich estime que pour le vibrion cholérique, dans le bouillon peptoné placé à l'étuve à 37°, la division complète de la cellule bactérienne se poursuit en un temps compris entre 19 et 40 minutes. Si les conditions de développement sont modifiées, si, par exemple, le tube de bouillon peptoné est placé à 22° au lieu de 37°, la division du vibrion exige un temps quatre fois plus considérable. On désigne le temps écoulé à partir de la formation de la cellule microbienne jusqu'à la division complète par l'expression de « *durée de génération* ». Cette durée de génération qui correspond à la vie d'une cellule en pleine activité, n'a rien de commun avec la durée de la vie de cette même cellule placée en dehors des conditions de température où sa multiplication est encore possible. C'est ce que je désignerai par les termes de *durée individuelle* de la cellule microbienne pour l'opposer à la « durée de génération ».

Ce n'est en effet qu'en supprimant la possibilité de la division microbienne que nous pouvons apprécier la durée individuelle d'un micro-organisme. Encore faut-il que ce micro-organisme ne produise pas des formes de résistance. Dans le cas de bacilles sporogènes, on peut encore étudier la longévité des spores, mais non celle des bacilles qui les ont formés.

L'étude du gonocoque se prête tout particulièrement à ces études puisqu'il s'agit d'un organisme dépourvu de forme de résistance, dont l'habitat naturel est l'espèce humaine et qui perd ses propriétés de multiplication lorsque la température s'abaisse de plus de 8 à 10° au-dessous de la température du corps.

Au cours de recherches sur ce micro-organisme, ses conditions de culture et de conservation ont retenu tout particulièrement mon attention et j'ai comparé entre eux un très grand nombre de gonocoques d'origine différente.

Je ne m'attarderai pas à discuter la valeur des nombreux milieux de culture proposés. Je dirai seulement qu'en dehors de la gélose-ascite, la gélose à l'œuf de Besredka et Jupille m'a seule donné des récoltes aussi abondantes et que l'on peut mettre les deux milieux au même rang au point de vue du rendement. Tous les observateurs ont remarqué qu'en très peu de jours les colonies de gonocoques développées sur de la gélose-ascite inclinée ne peuvent plus être repiquées sur un autre tube alors même que la culture est maintenue à l'étuve, à une température convenable. Dans le cours de l'Institut Pasteur, j'ai indiqué depuis près de quinze ans que pour conserver longtemps une culture de gonocoque vivante, deux conditions étaient nécessaires : se servir de gélose-ascite en culot et ensemencer le milieu par piqûres; laisser le tube dans l'étuve entre 34 et 37°.

Dans de telles conditions, on voit la colonie de gonocoques s'étaler à la surface du culot de gélose-ascite, mais, en même temps, on remarque que les couches les plus superficielles du milieu se troublent. Le long du trait d'ensemencement l'opacification indiquant le développement des gonocoques ne s'étend guère à plus d'un demi-centimètre de la surface du milieu, ce qui témoigne bien du caractère aérobique du gonocoque. Je n'ai jamais réussi une culture strictement anaérobie et d'ailleurs l'examen de ce qui se passe dans les tubes ou dans les ballons de bouillon ascite est en concordance avec ce que je viens d'exposer.

Les cultures en gélose-ascite en culot, maintenues à l'étuve, peuvent rester vivantes pendant plus d'une année. J'ai eu plusieurs fois l'occasion de faire l'expérience qui consiste à repiquer une culture datant de six mois, d'un an, de dix-huit mois. En voici une à titre d'exemple. Elle a porté sur trois gonocoques d'origine distincte.

	DATE de L'ENSEMENCEMENT	DATE du REPIQUAGE	TEMPS ÉCOULÉ
Gonocoque Nib. . .	1914. 26 janvier.	1914. 8 juillet.	6 mois et demi.
Gonocoque Barb. . .	1913. 15 octobre.	1914. 8 juillet.	8 mois et demi.
Gonocoque Chap . .	1913. 21 mars.	1914. 8 juillet.	14 mois et demi.

Cette expérience prouve donc qu'en gélose-ascite en culot, à la condition que la température de l'étuve se maintienne dans certaines limites (inférieures à 39° et supérieures à 30°), à la condition encore que le milieu de culture ne se dessèche pas (il faut que le tube soit capuchonné), le gonocoque se conservera en vie pendant plus d'un an.

Je suppose aussi que l'ascite qui a servi à faire le milieu nutritif est riche en albumine, qu'elle a été éprouvée et reconnue apte à donner de belles récoltes de gonocoque.

Lorsqu'on cherche à analyser ce qui se passe dans une culture faite comme je l'ai indiqué, on constate tout d'abord qu'abandonnée hors de l'étuve, la culture meurt après quelques jours. En prélevant dans les couches superficielles du culot de gélose ascite un peu du milieu ensemencé et en le transportant sur gélose-ascite inclinée à l'étuve à 37°, on obtient des colonies de repiquage à la condition que la colonie mère n'ait pas séjourné plus de 3 à 9 jours à une température inférieure à la température de prolifération du gonocoque.

C'est entre 3 et 9 jours que l'on peut estimer la durée individuelle de la vie de la colonie, ou si l'on veut des gonocoques qui la composent.

Si l'on compare quelques gonocoques de provenances différentes, on constate que, toutes les autres conditions étant égales, certains d'entre eux auront toujours une durée individuelle de 3 jours, d'autres de 5 jours, d'autres de 9 jours, etc.

Voici, par exemple, le résultat d'une de nos expériences. On voit que le gonocoque Nib. n'a qu'une durée individuelle inférieure à 5 jours alors que le gonocoque Barb. est encore vivant après 8 jours.

	APRÈS 2 JOURS hors de l'étuve	APRÈS 5 JOURS hors do l'étuve	APRÈS 6 JOURS hors de l'étuve	APRÈS 8 JOURS hors de l'étuve
Gonocoque Nib.	+	—	—	—
Gonocoque Ler.	+	—	—	—
Gonocoque Urèt.	+	—	—	—
Gonocoque Bo..	+	+	—	—
Gonocoque Barb..	+	+	+	+

Le signe + indique que le repiquage a été positif et le signe — le contraire.

Je me suis assuré que cette propriété de durée individuelle n'avait rien d'éphémère et qu'on pouvait la mettre en évidence pour le même organisme après un grand nombre de repiquages.

La température de la chambre peut offrir de grandes variations et il fallait se demander si cette durée individuelle du gonocoque était influencée par les différentes températures (inférieures à la température de prolifération du gonocoque).

J'ai choisi pour expérimenter 3 températures que je pouvais avoir d'une manière constante et régulière + 22°, + 10° et + 5°. Ces deux dernières températures étaient réalisées dans des glacières.

Le tube de gélose-ascite en culot dans lequel la culture du gonocoque était bien développée était placé pendant 2 à 8 jours à l'une des températures indiquées et l'on procédait à des repiquages réguliers :

Les résultats ont été identiques que le tube fût placé à 22°, 10°, ou 5°; je me contenterai de citer un exemple.

		A 5°	A 10°	A 22°
Gonocoque Bo... .	Après 5 jours	+	+	+
— Bo... .	Après 8 jours	—	—	—
Gonocoque Barb...	Après 6 jours	+	+	+
— Barb...	Après 8 jours	+	+	+

Des expériences qui précèdent, je crois pouvoir conclure que ce qui assure la vitalité d'une colonie de gonocoque, c'est la possibilité pour le microbe de se multiplier dans des conditions particulières. Dès l'instant que les conditions de prolifération n'existent plus, la vitalité de la colonie équivaut en durée à la durée individuelle du gonocoque et celle-ci est variable (dans de faibles proportions) suivant la race du gonocoque étudié.

Depuis les expériences de Piringer, il est établi que la dessiccation exerce sur le pus gonococcique une action rapidement destructive. Cette action s'exerce de la même manière sur le gonocoque provenant de cultures en milieux artificiels. Les indications précédentes ne s'appliquent évidemment que dans les conditions que j'ai précisées, c'est-à-dire le gonocoque se trouvant dans un milieu nutritif favorable, tel que si la température en était convenable, il pourrait y proliférer pendant des mois.

En résumé, il ressort des expériences relatées :

1° Que la conservation des cultures de gonocoque est facile même sur les milieux nutritifs couramment employés, tels que gélose-ascite par exemple. Dans le tube ensemencé en piqûre et placé à 37°, *la vitalité de la colonie* peut être mise en évidence après plus d'un an.

2° A cette vitalité de la culture placée dans des conditions de température permettant la prolifération du micro-organisme, il faut opposer la *vitalité de l'élément microbien* lorsqu'il ne peut se reproduire par division, c'est-à-dire lorsque la température s'abaisse assez fortement au-dessous de la température du corps humain, habitat naturel du gonocoque.

La vitalité du gonocoque, dans ces conditions, est d'assez courte durée : 3 à 9 jours.

Tel gonocoque dont la durée individuelle est de 7 jours conservera cette propriété même après plusieurs mois de culture en milieux artificiels. Cette propriété n'est pas modifiée par des températures basses (+ 10° ou + 5°).

3° Il semble possible d'attribuer la vitalité des cultures en gélose-ascite au fait que la prolifération du gonocoque se poursuit, d'une manière ralentie il est vrai, dans les couches superficielles du milieu de culture. C'est à cette continuité de division que l'on doit de pouvoir repiquer la culture après un délai aussi considérable que celui que nous avons signalé.

SUR LES CONDITIONS DE LA BACTÉRICIDIE

PROVOQUÉE PAR LES SUBSTANCES LEUCOCYTAIRES

CHEZ L'ANIMAL

par ALFRED PETTERSSON.

(Travail du Laboratoire bactériologique de l'Institut médical de l'État
à Stockholm.)

Dans les recherches sur l'origine de l'alexine dans le sérum
sanguin on eut d'abord recours aux globules blancs. En effet,
ces cellules étaient considérées comme dépositaires de substances bactéricides et comme la source de l'alexine. Quelques auteurs, comme Buchner, par exemple, voyaient dans
l'alexine un produit de sécrétion des leucocytes et dans la
sortie des substances bactéricides de ces cellules un véritable
acte sécrétoire. D'autres, comme M. Metchnikoff, ont supposé
que l'alexine ne quittait les cellules génératrices qu'après leur
mort ou qu'à la suite d'une lésion plus ou moins grave.
Cependant l'étude des substances bactéricides des leucocytes a
montré que ceux-ci possédaient des propriétés tout à fait différentes de celles du sérum sanguin, de sorte qu'aujourd'hui on
peut regarder les substances bactéricides des leucocytes et celles
du sérum sanguin comme définitivement différentes. Toujours
est-il que, à l'heure actuelle, rien ne prouve que l'alexine de
sérum prenne naissance dans les globules blancs.

Bien que l'acte sécrétoire qu'exécutent les leucocytes ne
puisse expliquer l'apparition de l'alexine dans le sang, cette

hypothèse n'est pourtant pas abandonnée. Schneider [1] croit avoir constaté qu'une dilution de sérum dans de l'eau salée à 5 p. 100 est favorable à la sécrétion de substances bactéricides faite par les leucocytes. Il a donné à ce produit de sécrétion le nom de Leukine.

Ce n'est pas mon intention de discuter ici cette hypothèse. Je me bornerai à examiner si les substances bactéricides des leucocytes exercent l'action microbicide au dehors des cellules, sans me préoccuper du problème si ces substances sont sécrétées par des leucocytes vivants ou bien si elles sont mises en liberté après la mort des leucocytes.

Gruber et Futaki [2] ont observé chez la poule la destruction du bacille charbonneux au dehors des leucocytes. Il faut attribuer cette destruction à l'action des substances leucocytaires, vu l'inefficacité des liquides de cet animal à l'égard dudit bacille. Comme je l'ai démontré auparavant [3], on peut préserver le lapin contre l'infection charbonneuse en inoculant chez lui simultanément les bacilles et l'extrait leucocytaire. Il en résulte que chez lui l'extrait détruit les bacilles même à l'intérieur de l'animal, c'est-à-dire que les substances bactéricides leucocytaires agissent sur ces bacilles au dehors des leucocytes. Weil [4] et Suzuki [5] ont prouvé la destruction de certains microcoques saprophytes au dehors des leucocytes au moyen de leurs substances bactéricides. Ils ont donné à ce phénomène le nom d'aphagocidie.

La destruction extracellulaire des microbes provoquée par les substances bactéricides des leucocytes est donc démontrée. Seulement les conditions dans lesquelles elle se réalise sont peu connues; avant tout nous ne savons pas si les bactéries en général sont susceptibles de subir cette forme de bactériolyse. Les recherches suivantes contribueront, je l'espère, à la solution de ce problème.

J'ai montré, il y a quelques années, qu'on peut se rendre compte de l'action bactéricide des leucocytes en les injectant à l'animal, mêlés avec les bactéries sur lesquelles on veut examiner leur effet. Dans le cas où les bactéries sont englobées par les leucocytes, l'expérience ne prouve pourtant pas que les substances bactéricides soient sorties de l'intérieur des leucocytes. En supposant qu'il en soit ainsi, il ne s'ensuit pas qu'elles auraient été capables d'exercer leur action également au dehors des cellules. Pour trancher cette dernière question, il est nécessaire d'éliminer la phagocytose des bactéries, ce qui peut se faire, si l'on exalte la virulence de ces dernières.

* *

Je vais commencer par citer quelques expériences faites avec le bacille du charbon. Celui-ci avait passé récemment par plusieurs lapins, et le virus à injecter provenait de la rate d'un animal venant de mourir. Les bâtonnets étaient tous encapsulés et non susceptibles de se laisser phagocyter par les leucocytes de lapin.

EXPÉRIENCE I

Une goutte de suc exprimé de la rate d'un lapin, mort de charbon, fut mise dans l'eau salée. On en préleva une quantité déterminée qui fut mélangée avec des leucocytes frais de lapin. Le mélange fut ensuite injecté, à un lapin neuf, sous la peau.

Lapin de 1.350 grammes, reçut 1/50 goutte de suc de la rate charbonneuse et 1 gr. 75 de leucocytes frais du lapin. Survit.

Lapin de 1.350 grammes, reçut 1/25 goutte du même suc et 1 gr. 75 de leucocytes de lapin. Survit.

Lapin de 1.400 grammes, reçut 1/50 goutte du même virus charbonneux. Il mourut le 3e jour.

EXPÉRIENCE II

Mêmes dispositions. Le virus charbonneux provenait du dernier lapin de l'expérience précédente.

Lapin de 1.400 grammes, reçut 1/20 goutte de virus charbonneux et 1 gr. 5 de leucocytes de lapin. Survit.

Lapin de 1.400 grammes, reçut 1/10 goutte de virus et 1 gr. 5 de leucocytes frais de lapin. Survit.

Lapin de 1.380 grammes, reçut 1/20 goutte de virus. Il mourut le surlendemain.

EXPÉRIENCE III

Mêmes dispositions. Le virus provenait d'un lapin inoculé avec la rate du dernier lapin de l'expérience II.

Lapin de 1.850 grammes, reçut 1/15 goutte de virus et 1 gr. 3 de leucocytes frais de lapin. Survit.

Lapin de 1.140 grammes, reçut 1/10 goutte du même virus et 1 gr. 3 de leucocytes frais de lapin. Survit.

Lapin de 1.000 grammes, reçut 1/5 goutte du même virus et 1 gr. 3 de leucocytes frais de lapin. Survit.

Lapin de 1.350 grammes reçut 1/15 goutte de virus. Il mourut de charbon le surlendemain.

Il est donc évident que ce sont les leucocytes qui ont détruit les bacilles charbonneux. D'autre part, on peut être sûr que les leucocytes n'ont pas englobé les bacilles, sinon en très petit nombre, l'origine employée (Sobernheim) ayant dès le début une très grande virulence et celle-ci étant encore augmentée par suite de plusieurs passages par le lapin. Par conséquent, on doit conclure que les bacilles ont été tués au dehors des leucocytes. Mais, comme les humeurs de lapin sont *in vivo* sans action sur le bacille charbonneux, la destruction en question a dû se faire à l'aide des substances bactéricides provenant des leucocytes. Cette supposition se trouve d'accord avec le fait que l'extrait des leucocytes exerce une action protectrice contre l'infection charbonneuse.

D'aucuns ont cherché à expliquer l'immunité acquise contre le charbon par la présence de bactériotropines; par conséquent, la sensibilité de l'animal neuf serait causée par le manque de ces substances. En effet, Gruber et Futaki [2] ont supposé que la réceptivité du lapin au charbon est due à ce que des bacilles encapsulés sont réfractaires à l'action phagocytaire. Comme le démontrent les expériences, il n'en est pas ainsi du lapin. Cet animal ne manque pas du tout de moyens de défense contre le charbon, mais ceux-ci ne sont pas mis en œuvre lors de l'infection. Il ne se produit ni hyperleucocytose, ni accumulation de leucocytes au lieu d'infection chez le lapin neuf. Mais si l'on produit une hyperleucocytose artificielle, on rend le lapin résistant tout comme le chien et la poule. On ne peut pourtant pas affirmer que l'action protectrice des leucocytes de lapin soit très considérable, car il en faut une assez grande quantité pour faire ressortir cette action.

J'ai entrepris ensuite des recherches analogues avec le streptocoque. La race employée a d'abord été étudiée par M. Holst.

Pendant plusieurs années, elle a conservé pour le lapin une virulence assez constante et très considérable.

TABLEAU I

Des leucocytes frais de lapin, émulsionnés dans 2 cent. cubes d'eau salée furent mélangés avec 1 cent. cube d'une dilution de culture streptococcique en bouillon. Le mélange fut injecté, sous la peau, à des lapins neufs. La colonne indiquant la quantité injectée de la culture streptococcique contient également le nombre des colonies développées après ensemencement de la culture.

QUANTITÉS DE CULTURE	QUANTITÉS de LEUCOCYTES	ANIMAUX D'EXPÉRIENCE		ANIMAUX DE CONTRÔLE	
		Poids	Résultats	Poids	Résultats
1/1.000.000.000 c.c. = 31 colonies.	1 gr. 2	1.750 gr.	+ après 3 j.	1.650 gr.	+ après 3 j.
1/1.000.000.000 c.c. = 688 colonies.	2 gr. 0	1.510 gr.	+ après 3 j.	1.430 gr.	+ après 2 j.
1/ 50.000.000 c.c. = 806 colonies.	1 gr. 2	1.700 gr.	+ après 1 j.	1.650 gr.	+ après 2 j.
1/ 10.000.000 c.c. = 1.504 colonies.	1 gr. 6	1.800 gr.	Survit.	1.500 gr.	+ après 3 j.

TABLEAU II

Mêmes dispositions qu'au tableau précédent. Injection dans la plèvre.

QUANTITÉS DE CULTURE	QUANTITÉS de LEUCOCYTES	ANIMAUX D'EXPÉRIENCE		ANIMAUX DE CONTRÔLE	
		Poids	Résultats	Poids	Résultats
1/50.000.000 c.c. = 124 colonies.	1 gr. 3	1.430 gr.	+ après 2 j.	1.430 gr.	+ après 3 j.
1/10.000.000 c.c. = 1.440 colonies.	1 gr. 0	1.710 gr.	+ après 2 j.	1.620 gr.	+ après 2 j.

Des prélèvements faits aux lieux d'infection montraient toujours un manque de phagocytose. On voit que l'addition des leucocytes n'a pas eu le moindre effet sur l'infection. Mais on peut se demander si les leucocytes ont mis en liberté des substances bactéricides. Voilà pourquoi j'ai répété les expériences avec de l'extrait leucocytaire.

Dans une autre série, j'ai injecté aussi bien des leucocytes que de l'extrait leucocytaire.

Tableau III

Un extrait fut fait des leucocytes frais de lapin congelés et dégelés plusieurs fois dans 2 cent. cubes d'eau salée. L'extrait, séparé des débris cellulaires par centrifugation, fut mêlé avec 1 cent. cube de bouillon septrococcique dilué et injecté, sous la peau, à des lapins neufs.

QUANTITÉS DE CULTURE	QUANTITÉS de LEUCOCYTES	ANIMAUX D'EXPÉRIENCE		ANIMAUX DE CONTRÔLE	
		Poids	Résultats	Poids	Résultats
1/5.000.000.000 c.c. = 26 colonies.	1 gr. 0	1.500 gr.	+ ap. 1 j. 1/2.	1.450 gr.	+ ap. 1 j. 1/2.
1/1.000.000.000 c.c. = 89 colonies.	1 gr. 0	1.500 gr.	+ après 2 j.	1.450 gr.	+ après 2 j
1/1.000.000.000 c.c. = 152 colonies.	1 gr. 0	1.470 gr.	+ après 1 j.	1.650 gr.	+ après 2 j.

Tableau IV

Mêmes dispositions qu'au tableau III. Injection dans la plèvre.

QUANTITÉS DE CULTURE	QUANTITÉS do LEUCOCYTES	ANIMAUX D'EXPÉRIENCE		ANIMAUX DE CONTRÔLE	
		Poids	Résultats	Poids	Résultats
1/10.000.000.000 c.c. = 13 colonies.	1 gr. 5	2.000 gr.	+ après 1 j.	1.600 gr.	Survit.
1/ 1.000.000.000 c.c. = 17 colonies.	1 gr. 5	1.450 gr.	+ après 1 j.	1.400 gr.	+ après 1 j.
1/ 500.000.000 c.c. = 18 colonies.	1 gr. 5	1.370 gr.	+ après 2 j.	1.370 gr.	Survit.

Tableau V

Mêmes dispositions qu'au tableau IV. Le mélange des leucocytes de l'extrait et du bouillon streptococcique fut injecté, sous la peau, à des lapins neufs.

QUANTITÉS DE CULTURE	QUANTITÉS de LEUCOCYTES et quantités DE L'EXTRAIT	ANIMAUX D'EXPÉRIENCE		ANIMAUX DE CONTRÔLE	
		Poids	Résultats	Poids	Résultats
1/5.000.000.000 c.c. = 10 colonies.	0 gr. 75 de leucocytes + extrait de 0 gr. 5 de leucocytes.	2.000 gr.	Survit.	1.950 gr.	+ ap. 2 j.
1/ 500.000.000 c.c. = 126 colonies.	0 gr. 75 de leucocytes + extrait de 0 gr. 3 de leucocytes.	1.280 gr.	+ ap. 2 j.	1.150 gr.	+ ap. 1 j.
1/ 100.000.000 c.c = 180 colonies.	0 gr. 75 de leucocytes + extrait de 0 gr. 5 de leucocytes.	1.200 gr.	+ ap. 1 j.	1.310 gr.	+ ap. 1 j.
1/ 50.000.000 c.c. = 174 colonies.	1 gr. 0 de leucocytes + extrait de 0 gr. 6 de leucocytes.	1.220 gr.	+ ap. 3 j.	1.220 gr.	+ ap. 2 j.

Un manque de rapport a souvent été constaté entre les quantités de culture et le nombre de germes qu'elles contenaient. Ce fait tient à ce que les cultures n'avaient pas toujours le même âge. Or il ressort des expériences qu'une dizaine environ de streptocoques constituait la dose minima mortelle. J'ai essayé d'éviter de trop dépasser ce nombre. Toutefois, ni les leucocytes, ni l'extrait leucocytaire, ni les deux ensemble n'ont produit d'effet quelconque sur les bactéries. Il s'ensuit que, si des substances bactéricides sont vraiment sorties des leucocytes, leur action bactéricide a probablement été supprimée au dehors des leucocytes, car les quantités injectées de l'extrait devaient suffire pour tuer quelques dizaines de streptocoques.

Il était alors de grand intérêt de savoir si l'extrait leucocytaire renforce l'action protectrice du sérum antistreptococcique. Pour cette recherche, je me suis servi du sérum d'un lapin immunisé avec le streptocoque employé.

TABLEAU VI

5 lapins neufs furent inoculés avec des doses croissantes d'une culture de streptocoque en bouillon. La quantité de culture à inoculer fut mêlée avec 0 c.c. 1 de sérum antistreptococcique et l'extrait de 0 c.c. 5 de leucocytes frais de lapin. Il ne fut injecté aux animaux de contrôle que les quantités correspondantes de culture et 0 c c. 1 de sérum.

	QUANTITÉS de culture STREPTOCOCCIQUE	EXTRAIT DE LEUCOCYTES	RÉSULTATS
Lapin de 630 gr.	0 c. c. 03	0	Survit.
Lapin de 550 gr.	0 c. c. 03	+	Survit.
Lapin de 850 gr.	0 c. c. 1	0	Survit.
Lapin de 740 gr.	0 c. c. 1	+.	Mort après 3 jours.
Lapin de 940 gr.	0 c. c. 3	0	Mort après 3 jours.
Lapin de 960 gr.	0 c. c. 3	+	Mort après 4 jours.
Lapin de 1.000 gr.	1 c. c. 0	0	Mort après 3 jours.
Lapin de 1.000 gr.	1 c. c. 0	+	Mort après 3 jours.

D'autres expériences ont donné un résultat analogue.

L'addition de l'extrait leucocytaire n'a pas amené une augmentation de la force protectrice du sérum. J'ai encore examiné si l'action du sérum est renforcée par les leucocytes intacts. Dans les nombreuses expériences que j'ai entreprises dans ce but, un effet produit par les leucocytes ne fut jamais observé. Ce résultat assez surprenant ressort, selon moi, de l'expérience suivante.

EXPÉRIENCE IV

Un lapin neuf fut inoculé sous la peau avec environ 300.000 streptocoques et 1 c.c. 0 de sérum antistreptococcique. La même dose de streptocoques et de sérum, mais mêlée avec des leucocytes frais de lapin, fut injectée à un autre lapin. De temps à autre on fait des prélèvements au lieu d'inoculation.

Lapin de 1.850 grammes, injecté avec 300.000 streptocoques et 1 c.c. 0 de sérum antistreptococcique.

Lapin de 1.800 grammes, injecté avec 300.000 streptocoques, 1 c. c. 0 de sérum antistreptococcique et 0 gr. 6 de leucocytes. Immédiatement après l'injection, les streptocoques étaient en grande minorité, comparés aux leucocytes.

Après 6 heures : Accroissement apparent des streptocoques, peu de leucocytes, pas de phagocytose.	Après 6 heures : Les streptocoques dont la plupart sont libres et bien colorés, plus nombreux que lors de l'injection. Des cellules isolées seules de la grande quantité de leucocytes ont englobé un couple ou deux de diplocoques.
Après 22 heures : Un extrémement grand nombre de leucocytes, les streptocoques sont à peu près aussi nombreux que 6 heures après l'inoculation, çà et là des leucocytes ayant englobé des diplocoques.	Après 22 heures : A peu près le même aspect que chez l'autre lapin.
Après 30 heures : Les streptocoques sont moins nombreux qu'au moment du prélèvement précédent, la phagocytose plus avancée.	Après 30 heures : Décroissement des streptocoques libres, phagocytose plus fréquente.

En 1897, Bordet [6] a constaté que l'inoculation intrapéritonéale des streptocoques était suivie d'un afflux considérable des leucocytes. Mais la phagocytose faisait complètement défaut pendant les premières heures. Les streptocoques, par contre, se multipliaient considérablement. Ce n'est qu'après ce délai que les leucocytes commençaient à englober les streptocoques, et la cavité péritonéale ne tardait pas à en être débarrassée. Le même phénomène s'observe, comme on le voit, aussi chez le lapin passivement immunisé. Il est facile de comprendre pourquoi les leucocytes introduits lors de l'inoculation n'ont pu changer la marche de l'infection chez le lapin passivement immunisé. La phagocytose des streptocoques inoculés ne s'effectue jamais immédiatement après l'inoculation. Pendant le temps qui s'écoule jusqu'au commencement de ce procédé, les leucocytes de l'animal en expérience se sont amassés en quantité tout à fait suffisante pour englober les streptocoques.

Il résulte aussi de ces expériences que les streptocoques ne sont jamais tués au dehors des leucocytes, qu'il s'agisse d'un lapin neuf, vacciné ou passivement immunisé. Certes, on ne peut pas conclure de ces expériences que des substances agissant sur les streptocoques ne quittent les leucocytes dans le corps animal. Mais si elles le font, leur action doit être paralysée après la sortie des leucocytes. Les leucocytes ont été aussi inefficaces à l'égard des streptocoques que l'extrait dans les expériences précédentes. J'ai déjà montré que l'action des substances bactéricides des leucocytes est supprimée *in vitro* par divers colloïdes, entre autres, par l'albumine du blanc d'œufs ou du sérum [7]. Ce sont probablement des corps analogues qui rendent ces substances inefficaces aussi chez l'animal.

Des recherches, effectuées dans ce laboratoire, encore inédites, de M. Tillgren ont mis en évidence un fait absolument analogue pour le pneumocoque, dont la virulence avait été exaltée par des passages chez le lapin. L'infection pneumococcique du lapin ne saurait être influencée ni par les leucocytes frais, ni par l'extrait leucocytaire.

M. Lindahl [8] a examiné ce qui se passe dans la chambre antérieure de l'œil lorsqu'on y introduit des leucocytes frais. Des streptocoques et des pneumocoques furent étudiés également. Il pouvait constater que l'œil dans lequel avaient été introduit des leucocytes, se débarrassait vite des microbes inoculés, tandis que dans l'autre œil ce phénomène ne se produisait point ou bien seulement après un très long laps de temps. Les leucocytes avaient donc augmenté la résistance à l'infection produite par lesdits microbes. Ce fait ne contredit, bien entendu, nullement les résultats obtenus par les recherches mentionnées ci-dessus. Les microbes employés par M. Lindahl n'ayant, à l'encontre des races employées maintenant, qu'une virulence médiocre, les leucocytes les englobaient énergiquement.

Il est intéressant de rapprocher la marche de la pneumonie aiguë chez l'homme et les faits signalés plus haut. Les pneumocoques, on le sait, se multiplient et les leucocytes s'accumulent dans les alvéoles pulmonaires sans provoquer de phagocytose, sinon à un faible degré. Les pneumocoques sont évidemment trop virulents pour être englobés par les leucocytes. Quoiqu'il se produise une désagrégation assez considérable des leucocytes, suivie de mise en liberté de substances bactéricides, il semble que cette circonstance n'exerce aucune influence sur les pneumocoques, et que l'hépatisation du poumon n'en progresse pas moins. Ce n'est qu'au moment où les bactériotropines sont en quantité suffisante pour provoquer une phagocytose générale des pneumocoques que survient la crise salutaire. Il n'existe donc pas, à mon avis, chez l'homme de pouvoir bactéricide à l'égard des pneumocoques dû aux substances issues des leucocytes. Une mise en liberté des substances analogues existe indubitablement lors de la désagrégation consécutive à la mort des leucocytes, et ces substances agissent *in vitro* sur les pneumocoques. La suppression de leur action chez l'animal doit donc être attribuée à la force paralysante des humeurs.

Conclusions.

Le bacille du charbon est, chez le lapin, sensible à l'action des substances bactéricides des leucocytes, aussi en dehors des cellules. Les bâtonnets encapsulés ne font pas exception à cette règle. La réceptivité du lapin au charbon n'est donc pas due à ce que le bacille du charbon se soustrait à la phagocytose mais au manque d'hyperleucocytose après l'infection et au manque relatif de substances bactéricides des leucocytes.

Chez le lapin, les substances bactéricides des leucocytes sont sans action sur les streptocoques en dehors de leucocytes ; dans le cas seul où les streptocoques ont été englobés, ils sont tués par les leucocytes.

Il en est de même du pneumocoque chez le lapin et chez l'homme.

BIBLIOGRAPHIE

[1] Schneider. — *Archiv für Hygiene*, t. 70.
[2] Gruber et Futaki. — *Münchener med. Wochenschrift*, 1907.
[3] Pettersson. — *Centralblatt f. Bakteriologie*, Abt. 1, t. 52.
[4] Weil. — *Wiener klin. Wochenschrift*, 1911.
[5] Suzuki. — *Archiv für Hygiene*, t. 74.
[6] Bordet. — *Annales de l'Institut Pasteur*, 1887.
[7] Pettersson. — *Centralblatt f. Bakteriologie*, Abt. I, t. 60.
[8] Lindahl. — *Archiv für Augenheilkunde*, t. 67, Ergänzungsheft.

ÉTUDE SUR LE POUVOIR ANTITRYPTIQUE
DU SÉRUM SANGUIN

I. — SES VALEURS LIMITES; LEUR EXPRESSION NUMÉRIQUE
II. — LE MOUVEMENT DE LA PROTÉOLYSE
DANS UN MILIEU « GÉLATINE-TRYPSINE-SÉRUM »

par L. LAUNOY.

(Avec les planches XV-XVIII.

Les procédés les plus couramment employés jusqu'ici pour l'évaluation de l'action antitryptique du sérum sanguin ont été ceux de Marcus et de Gross-Fuld.

Dans la méthode de Marcus comme dans celle de Gross-Fuld, on estime le pouvoir antitryptique — désigné comme « indice antitryptique » — par la concentration de trypsine susceptible d'hydrolyser en présence d'une quantité arbitraire de sérum choisie comme unité, soit un volume donné de solution de caséinate de soude (Gross-Fuld), soit du sérum coagulé (Marcus).

Les critiques principales s'adressant à ces techniques sont les suivantes :

1° On prend comme unité le sérum à examiner, c'est-à-dire, à proprement parler, l'inconnue du problème ;

2° Dans la méthode de Marcus, on se contente de donner le titre de la macération de trypsine employée, sans en déterminer la puissance diastasique ;

3° Dans l'établissement de ce qu'on a appelé l' « *indice antitryptique* », on méconnaît les lois d'action des diastases.

Quand on dit, par exemple, que les indices antitryptiques de deux sérums sont respectivement 1 : 4 et 1 : 8, cela veut dire qu'une goutte du premier sérum inhibe quatre gouttes de la macération de trypsine, une goutte du second sérum inhibe huit gouttes de la même solution. On semble sous-entendre par cette notation que l'action antidiastasique du second sérum est deux fois plus grande que celle du premier, ce qui n'est pas exact. On sait que :

a) L'effet utile produit par la trypsine dans un temps déterminé n'est pas directement proportionnel à la masse du ferment;

b) Il n'y a pas non plus de proportionnalité directe entre l'action antagoniste d'un sérum et la masse de ce sérum (voir les graphiques, planches I à IV);

4° Les données numériques que l'on tire des méthodes de Marcus ou de Gross-Fuld ont une signification conventionnelle, mais elles n'ont aucune signification objective ; ceci est le corollaire des 3 observations précédentes.

En employant l'action présurante de la trypsine, Achalme et Stévenin ont inauguré une méthode qui est à l'abri des objections ci-dessus. Ils prennent la trypsine comme unité ; ils titrent leur solution tryptique ; ils notent leurs résultats d'après la quantité de sérum actif. Ainsi, les auteurs français ont réalisé une méthode raisonnée pour l'évaluation de l'action antidiastasique du sérum sanguin. Il semblerait que la question est close, au moins du point de vue technique. Cela ne me paraît pas.

En effet, tout en reconnaissant que les actions présurante et hydrolytique de la pepsine et de la trypsine sont habituellement parallèles et difficiles à séparer, on ne peut néanmoins considérer l'action anti-lab comme une action hydrolytique, à proprement parler. D'autre part, il est difficile d'admettre le titrage du ferment par rapport à l'antiferment, et non pas par rapport au test.

. A elles seules, ces raisons étaient suffisantes pour m'inciter à rechercher une technique, permettant de reprendre, sur des bases sûres, certains points de l'action antiprotéolytique des sérums sanguins.

I

VALEURS LIMITES DU POUVOIR ANTITRYPTIQUE
LEUR EXPRESSION NUMÉRIQUE

L'application de toute technique comporte : 1° la préparation des réactifs ; 2° l'établissement de la réaction ; 3° l'estimation des phénomènes ; 4° l'expression numérique de ceux-ci.

Dans l'étude des réactions humorales, la technique est de première importance, tout ce qui concerne son application doit donc être minutieusement suivi.

1° PRÉPARATION DES RÉACTIFS

A. — **Test d'épreuve**. J'ai choisi, pour test d'épreuve, la gélatine. La grande sensibilité de cette substance aux actions tryptiques l'a fait rejeter par quelques chercheurs. Je crois, au contraire, cette sensibilité favorable à l'étude des phénomènes antidiastasiques. Un argument plus important contre son emploi consiste dans son impureté. Mais la purification par dialyse rétorque cet argument.

Dialyse. — On part d'une gélatine commerciale aussi pure que possible (marques : médaille d'or; extra). La purification sera faite de la façon suivante :

50 grammes de gélatine en feuilles sont plongés tels quels dans un bocal à large ouverture, rempli d'eau distillée neutralisée à la phénolphtaléine comme indicateur; on met 1 gramme de gélatine pour 70 grammes d'eau.

La dialyse est faite à la glacière (5°-10°). L'eau est renouvelée toutes les 24 heures, pendant 7 jours. On peut diminuer ce temps de 24 ou 48 heures, en changeant l'eau deux fois par jour, pendant les 2 premiers jours, mais la dialyse de 7 jours sera préférée.

On considère comme débarrassée de ses impuretés « dialysables » la gélatine dont l'eau de dialyse n'est plus acide, ne donne plus trace de précipité avec le chlorure de baryum, l'oxalate d'ammonium, le nitrate d'argent, l'acide picrique. On se pro-

nonce après plusieurs heures de contact entre le réactif et l'eau
de dialyse. C'est avec l'acide picrique (solution aqueuse saturée)
que l'eau de dialyse réagit le plus longtemps.

Évidemment, si la purification n'est pas obtenue en 7 jours,
on continue ; plus la dialyse se prolonge, plus on doit veiller à
la température de la glacière.

On sait que la gélatine est très acide ; par dialyse, elle perd
une grande partie de cette acidité, mais elle reste néanmoins
acide.

Voici, pour 50 grammes de gélatine Coignet extra, un
exemple de la perte d'acidité au cours de la dialyse :

Dosée sur 5 grammes, l'acidité avant dialyse était de 8 c. c. 5
de soude normale pour 50 grammes.

Au cours de la dialyse de 50 grammes de cette gélatine :

1er jour,		3 c. c. 6 NaOH/N
2e jour,	l'eau de dialyse	0 c. c. 6 NaOH/N
3e jour,	est ramenée	0 c. c. 45 NaOH/N
4e jour,	à la neutralité	0 c. c. 3 NaOH/N
5e jour,	avec :	0 c. c. 3 NaOH/N
6e jour,		0 NaOH/N

soit un départ d'acidité équivalant à 5 c. c. 25 de solution normale de soude. Dans cet exemple, il a fallu, après dialyse,
3 c. c. 3 de soude normale pour neutraliser l'acidité intrinsèque
de 50 grammes de gélatine.

La gélatine étant dialysée, on la fait fondre au bain-marie,
dans son eau a'imbibition. Au cours de la dialyse prolongée, la
gélatine absorbe d'une façon régulière de 9,5 à 10 fois son poids
d'eau. Voici des exemples :

1o	Avant dialyse	50 gr.	
	Après dialyse de 70 heures.		487 gr.
2o	Avan dialyse	50 gr.	
	Après dialyse de 7 jours		500 gr.
3o	Avant dialyse	50 gr.	
	Après dialyse de 9 jours		517 gr.

Par addition d'eau ou légère évaporation à basse température,
on ramène la solution de gélatine au taux de 10 p. 100.

La solution obtenue d'emblée est très louche, opaque ; on
l'additionne de 15 cent. cubes de teinture de tournesol *dialysée*

sensibilisée, puis là neutralisation est faite de telle façon que la gélatine *reste nettement acide à la phénolphtaléine ; cette acidité à la phénolphtaléine doit être neutralisée par 0 c.c. 15 de solution N/10 de soude pour 5 cent. cubes de solution de gélatine à 10 p. 100.*

L'addition d'alcali à la gélatine fondue a pour effet immédiat d'éclaircir la solution. On filtre sur papier Chardin, à 45°, en évitant l'évaporation.

On répartit ensuite dans des fioles de 60 cent. cubes, bouchées au coton ; le tampon de coton est lui-même recouvert d'un capuchon de plusieurs doubles de papier filtre ordinaire.

On stérilise à 105° pendant 10 minutes ; on conserve à la glacière.

Pour l'usage, on répartit au moment du besoin dans des tubes à essai, 2 cent. cubes de cette gélatine fondue à 45°.

UNITÉ DE TEST. — *Notre test d'épreuve est donc constitué par 2 cent. cubes de gélatine (mesurés à 45°) d'une solution à 10 p. 100 de gélatine dialysée, neutre au tournesol, acide à la phénolphtaléine dans les limites de 0 c.c. 05, 0 c.c. 07 de soude pour 2 cent. cubes. Au sortir de l'étuve (41°) ce test se gélifie en : 1 à 2 minutes à 10°, en 4 à 5 minutes à 20°.*

B. — **Solution tryptique**. Toute trypsine dont une macération à 0 gr. 50 p. 100 dans l'eau distillée ou bien l'eau physiologique pendant 24 heures à la glacière n'est pas très active, doit être rejetée.

Il faut, en effet, éviter l'introduction en grande quantité dans la solution de substances solubles étrangères comme cela arrive avec les trypsines commerciales faiblement actives.

Un essai préliminaire ayant renseigné sur la valeur du ferment, on prépare comme suit la solution tryptique.

On fait macérer 0 gr. 50 de *trypsine* (il ne faut pas employer les pancréatines commerciales) dans 100 cent. cubes d'eau distillée ou d'eau physiologique (selon la trypsine l'un ou l'autre solvant sera employé) pendant 24 heures à la glacière ; on agite la macération de temps à autre pendant cette période.

Après 24 heures, on filtre sur papier, puis sur bougie. La solution-mère (solution M) ainsi obtenue est répartie dans des tubes à raison de 5 à 10 cent. cubes par tube ; les tubes sont fermés à la flamme, on les conserve dans la caisse à glace. Dans ces conditions de préparation et de conservation l'activité d'une bonne trypsine se maintient intacte pendant plusieurs mois.

L'opération la plus importante réside dans le *titrage de la solution de trypsine*.

Pour titrer la solution qui sera l'unité tryptique, on établit avec de l'eau physiologique les dilutions suivantes de la solution-mère :

Dilutions : $\dfrac{M}{2}$, $\dfrac{M}{3}$, $\dfrac{M}{4}$, $\dfrac{M}{5}$, ... $\dfrac{M}{10}$ et les dilutions intermédiaires $\dfrac{M}{2,5}$, etc., s'il y a lieu.

On fait agir 0 c. c. 1 et 0 c. c. 2 de chaque dilution sur l'unité de test additionnée de 0 c. c. 9 et 0 c. c. 8 de solution physiologique ; on porte ces essais qui ont été établis en double à l'étuve à 41° pendant 45 et 60 minutes.

La dilution convenable sera celle qui, en une heure à 41°, liquéfie l'unité de test et ne la liquéfie pas totalement en 45 minutes.

La dilution ainsi arrêtée qualitativement, on fait agir l'unité convenable, 0 c. c. 1 ou 0 c. c. 2 selon le cas, sur le test d'épreuve pendant 18 heures à 41°. Dans ces conditions, l'acidité totale acquise par le milieu en digestion doit être neutralisée par 1 c. c. 2-1 c. c. 3 de solution N/10 de soude.

UNITÉ TRYPTIQUE. — *L'unité tryptique est donc définie par 0 c. c. 1 (ou 0 c. c. 2) d'une solution de trypsine liquéfiant à 41° en 1 heure d'action, l'unité de test. Agissant sur l'unité de test, elle détermine en 18 heures à 41° une acidité totale acquise neutralisée par 1 c. c. 2-1 c. c. 3 de soude N/10.*

2° ÉTABLISSEMENT DE LA RÉACTION

Elle comporte trois réactifs : l'unité de test, l'unité tryptique, le sérum.

Nous connaissons les deux premiers. Le sérum sera, sauf exception (sérum d'anguille), le sérum de caillot exsudé à la température ordinaire (20°). Tout sérum coloré, même peu, par l'hémoglobine, ne sera pas employé. Pour établir la réaction, on opère comme suit :

1° Verser dans des tubes à essai, stérilisés après lavage soigneux, des volumes de sérum compris entre 0 c.c. 0005 jusqu'à 0 c.c. 3 et 0 c.c. 4. Pour les doses entre 0 c.c. 0005 et 0 c. c. 1, on se sert de dilutions à 1/100 et 1/10 ; pour les doses situées entre 0 c.c. 1 et 0 c.c. 2, on combine le sérum pur et la solution au 1/10, de même pour les doses supérieures à 0 c.c. 2 et 0 c.c. 3, etc...

Les dilutions de sérum sont faites avec l'eau physiologique ; pour la répartition on fait usage de longues pipettes divisées en dixièmes de centimètres cubes : on choisit les pipettes donnant III gouttes au dixième.

2° Ajouter sur le sérum, l'unité tryptique, soit : 0 c.c. 1 ou 0 c.c. 2 ;

3° Parfaire dans chaque tube avec de l'eau physiologique le volume de 1 cent. cube ;

4° Laisser en contact 60 minutes, à la température du laboratoire (20°-25°) ;

5° Verser sur le mélange sérum-trypsine 2 cent. cubes de gélatine test mesurés à 45° ;

6° Mélanger soigneusement ;

7° Porter à l'étuve à 41° ; laisser 18 heures.

Toutes ces opérations doivent être faites aseptiquement. Il est donc nécessaire de préparer d'avance un copieux matériel de pipettes de 10 cent. cubes, 2 cent. cubes et 1 cent. cube stérilisées, ainsi que des tubes à essai et de l'eau physiologique stériles.

Tubes témoins. — Chaque expérience doit être accompagnée de tubes témoins. Les tubes témoins comprennent :

1° *Témoin trypsine*, c'est-à-dire : unité tryptique $+$ eau salée $+$ gélatine ;

2° *Témoins sérum.* — Je fais des témoins sérum contenant selon l'expérience, 0 c.c. 05, 0 c.c. 1, 0 c.c. 15, 0 c.c. 2, 0 c.c. 25, 0 c.c. 3 de sérum $+$ eau salée $+$ gélatine.

Les quatre témoins constants et d'importance première sont : Pour le sérum de Mammifères : Le témoin Trypsine et les trois premiers témoins sérum (0 c.c. 05, 0 c.c. 1, 0 c.c. 15). Il n'est pas inutile d'ajouter un *cinquième tube témoin* contenant : gélatine-test $+$ 1 cent. cube eau salée.

Pour le *sérum Humain*, on peut se contenter de deux témoins seulement : 0 c. c. 05 et 0 c. c. 1.

3° ESTIMATION DES RÉSULTATS; LEUR EXPRESSION NUMÉRIQUE

Le premier indice de l'attaque de la gélatine par la trypsine se constate par la disparition de la propriété de gélification à froid de cette substance; nous savons que notre unité tryptique obtient ce résultat en une heure à 41°. On considère en général que la liquéfaction de la gélatine ne s'accompagne pas de phénomènes d'hydrolyse proprement dits. Il y aurait un état physique de la gélatine, intermédiaire entre la gélatine intacte et la gélatine dissociée, pour lequel la propriété de gélification de la gélatine pure n'existe plus. En somme, il y aurait une sorte d'état allotropique de la gélatine pure, non dissociée, pour lequel la propriété importante de gélification n'est pas constatée. *Cohnheim* et *Mann* avec lui acceptent cette explication. Elle ne me paraît pas admissible. Une gélatine encore capable de se gélifier après action de la trypsine est déjà de neutre devenue acide; cette acidification, plus tard, s'accentue; *à partir d'un certain taux d'acidité, variable avec la concentration de la solution, la gélatine ne se gélifie plus par refroidissement. Ce caractère nouvellement acquis : acidité du milieu, acidité faible il est vrai, mais certaine, indique une hydrolyse* (voir le tableau : *Etablissement du graphique pour le sérum de cobaye*).

Tant que les actions hydrolytiques déterminées par la trypsine sont peu marquées, le caractère du « gel » persiste ; il disparaît pour une digestion plus longue ou plus intense.

Le résultat *minimum* de l'action antidiastasique d'un sérum est donc d'apporter un *retard* dans l'action de l'unité tryptique s'exerçant pendant l'unité de temps. Ainsi en présence du sérum et de l'unité tryptique la gélatine doit, après 1 heure à 41°, conserver sa propriété de gélification.

Le résultat *maximum* de l'action antidiastasique sera de conserver cette propriété de gélification pendant une digestion prolongée.

La valeur de l'action antitryptique d'un sérum se définit donc par deux termes au moins. Le premier terme mesure l'action *retardatrice*, le second mesure l'action *inhibitrice* ou apparemment telle ; nous verrons qu'il n'y a pas, sur la gélatine, d'inhibition absolue du ferment tryptique par un sérum sanguin.

Pour évaluer le pouvoir retardateur et inhibiteur du sérum essayé, en faisant intervenir la propriété de gélification à froid de la gélatine, on procède comme suit :

A) Après une heure de séjour à 41°, les essais comportant des quantités de sérum égales ou inférieures à 0 c. c. 01 sont retirés de l'étuve et plongés dans un bain d'eau refroidie à 10°.

Après 15 minutes, on note le premier tube présentant le phénomène de gélification.

Exemple : Si, dans l'ordre des essais, le premier tube se gélifiant est l'essai qui contient 0 c. c. 002 de sérum, ce volume de sérum marquera le premier terme du pouvoir antiferment ; *il représente objectivement la plus petite quantité de sérum capable de retarder l'action de la trypsine, pendant la première heure de digestion, il mesure en un mot le « seuil » de l'action inhibitrice.*

B) Le second terme, c'est-à dire la valeur supérieure limite que nous pouvons appeler l'« *optimum* », sera fourni par la plus petite quantité de sérum capable d'inhiber l'action de la trypsine pendant le temps maximum d'action de celle-ci.

Ce second terme est évalué de la façon suivante : après 18 heures d'étuve, on retire les tubes et on les plonge immédiatement dans un bain d'eau, à 20°. La gélification d'un tube témoin sans trypsine, ni sérum, se fait, dans ces conditions, en 3 à 4 minutes. On note le temps de gélification des tubes si on désire obtenir l'*optimum absolu* ; en pratique, on notera le premier tube qui présente, après 10 minutes, une gélification parfaite, c'est-à-dire un gel solide, stable, ne se détachant pas du tube quand on frappe celui-ci sur le doigt. L'essai qui répond à ces conditions sera noté comme optimum. En réalité, l'optimum ainsi déterminé n'est que l' « *optimum approché* » ; nous verrons plus loin que pour cet optimum, dans la plupart des cas, il s'est produit un commencement de digestion. Cette valeur, encore qu'elle ne soit que relative, est celle qui caractérise le mieux, en donnée numérique, l'action antitryptique d'un sérum. Nous nous en convaincrons mieux quand nous parlerons de l'*optimum réel*.

D'ailleurs, nonobstant ces réserves, le graphique du mouvement de l'action protéolytique de la trypsine sur la gélatine en présence de différents volumes du sérum examiné apporte des documents particulièrement instructifs ; ils permettent de situer (même sans rechercher l'optimum par la gélification) les sérums rigoureusement à leur place dans l'échelle de l'activité antitryptique.

En résumé, nous définissons actuellement l'action antitryptique d'un sérum par deux termes : le « *seuil* » et l' « *optimum approché* ».

Le « SEUIL », c'est la plus petite quantité de sérum capable de retarder l'action liquéfiante de l'unité tryptique, quand celle-ci s'exerce sur l'unité de test dans l'unité de temps.

L' « OPTIMUM APPROCHÉ », c'est la plus petite quantité de sérum qui, en présence de l'unité tryptique et dans des conditions telles que celle-ci épuise normalement son action, conserve à l'unité de test la propriété de se prendre en un gel solide, en 10 minutes, par refroidissement à 20°.

Dans le chapitre suivant, nous apprendrons à faire intervenir, dans notre appréciation sur la valeur antitryptique d'un sérum, un troisième facteur : l'*optimum réel*.

En opérant comme nous l'avons dit ci-dessus, nous avons obtenu, pour les sérums étudiés, les valeurs antitryptiques suivantes :

SÉRUM	SEUIL	OPTIMUM APPROCHÉ
Cobaye.	(0,0005-0,002)	(0,05-0,07)
Homme.	(0,001 -0,002)	(0,04-0,07)
Cheval.	(0,001 -0,002)	(0,05-0,07)
Mouton.	0,002	0,06
Chien.	0,002	(0,07-0,08)
Lapin.	(0,002 -0,003)	(0,1 -0,16)
Anguille	0,002	(> 0,1)
Poule.	0,002	(0,3 -0,4)

Dans les expressions numériques ci-dessus, deux nombres entre parenthèse indiquent les variations individuelles trouvées dans une même espèce.

En se servant des données établies ci-dessus, la valeur antitryptique d'un sérum s'exprime ainsi :

Exemple : Valeur antitryptique sérum de Cobaye=(0 c. c. 002 — 0 c. c. 07) dans laquelle 0 c. c. 002 représente en centimètres cubes de sérum la valeur du *seuil* et 0 c. c. 07 la valeur de l'*optimum approché*.

C'est évidemment cette dernière valeur qui est la plus intéressante. Elle permet de mettre sur le même plan, relativement à leur action antitryptique les sérums de *Cobaye, Homme, Cheval, Mouton* ; elle est pour ces sérums très généralement égale à 0 c. c. 05.

Le Chien s'éloigne fort légèrement avec 0 c. c. 08 comme moyenne.

Le Lapin présente la variation la plus considérable, l'optimum oscillant entre 0 c. c. 1 et 0 c. c. 16 et même 0 c. c. 2. Il est d'une façon générale voisin de 0 c. c. 1.

La Poule s'éloigne considérablement de ce chiffre avec 0 c. c. 3-0 c. c. 4.

Je signale ici seulement le fait, me proposant d'insister plus tard sur la valeur antitryptique du sérum des Oiseaux et des Poissons (1).

II

LE MOUVEMENT
DE LA PROTÉOLYSE DANS UN MILIEU « GÉLATINE-TRYPSINE »
ET DANS UN MILIEU « GÉLATINE-TRYPSINE-SÉRUM SANGUIN »

Les recherches ci-dessus ne nous donnent sur la marche de la protéolyse aucun renseignement. L'étude de celle-ci est pourtant particulièrement intéressante, puisqu'elle permet l'analyse

---

(1) Quelques-uns des chiffres du tableau ci-dessus diffèrent de ceux que j'ai publiés dans ma note du 17 avril 1918, dans les *Comptes rendus de la Soc. de Biologie*. Ceci est vrai, en particulier, pour le lapin et l'anguille. Ces différences résultent de ce que je passais d'abord dans la répartition du sérum de la quantité 0 c. c. 1 à 0 c. c. 2, 0 c. c. 3, etc. J'ai depuis observé la nécessité de faire les essais d'une façon plus serrée : 0 c. c. 1, 0 c. c. 12, 0 c. c. 14, etc.

Je dois ajouter également que *plus le ferment est purifié*, plus les réactions de fixation sont violentes. Avec une trypsine très pure j'ai obtenu nombre de cas de sérums d'homme et de cheval ayant 0,04 *comme optimum approché*.

du phénomène dont, par le caractère tiré du « Gel », nous ne connaissons que la fin.

Nous allons voir comment il est possible d'obtenir, par une méthode simple et précise, des détails sur le mouvement de la protéolyse de la gélatine, hydrolysée par la trypsine, en présence ou non de sérum sanguin.

A. — ACIDIFICATION DU MILIEU GÉLATINE-TRYPSINE AU COURS DE LA DIGESTION

De nombreux auteurs ont étudié, avec la gélatine comme test, les lois d'action des diastases. Leur attention, surtout attirée vers les modifications physiques du milieu, ne s'est pas attachée à la réaction des produits de dissociation. Il est juste de dire aussi qu'en employant le suc pancréatique, très alcalin comme on sait, le changement de réaction du milieu peut être masqué : au contraire, quand on opère en milieu neutre (au tournesol ou à la phénolphtaléine), avec une solution tryptique neutre, les phénomènes chimiques sont nettement visibles. On s'aperçoit alors que la digestion tryptique de la gélatine donne rapidement naissance à des produits acides.

L'action de la trypsine s'exerçant sur une gélatine neutre au tournesol et tournesolée, le virage de la teinte bleue à la teinte rose se constate déjà après une heure d'étuve à 41°, même lorsque la quantité de trypsine employée est faible, comme c'est le cas pour nos expériences.

L'acidité progresse rapidement pendant les 4 premières heures de digestion, plus lentement de la 4ᵉ à la 6ᵉ heure. A ce moment, l'acidité acquise est égale à la moitié de ce qu'elle sera à la 24ᵉ heure. Donc, dès la 6ᵉ heure, la vitesse de réaction est considérablement diminuée. Cette diminution n'est que partiellement due à l'acidité libre acquise ; en effet, la neutralisation des produits acides au fur et à mesure de leur formation ne conduit pas la digestion sensiblement plus loin que le terme atteint par elle sans neutralisation. La cause du ralentissement de la digestion tient donc au moins autant à l'affaiblissement du ferment qu'à l'acidité du milieu.

Les faits précédents s'appliquent aussi bien à la gélatine

neutre au tournesol qu'à la gélatine neutre à la phénolphtaléine; dans ce dernier cas, toutefois, l'acidification est au
début plus rapide qu'avec la gélatine neutralisée au tournesol,
les résultats deviennent identiques dans les deux cas, dès la
8e ou 10e heure.

Nous indiquons dans ce mémoire uniquement les faits principaux qui concernent la digestion de la gélatine par la trypsine.
L'étude des produits d'hydrolyse ne rentre pas dans le cadre
de ce travail; disons toutefois que l'acidité, qui prend naissance dans la digestion de la gélatine par la trypsine, n'est
pas due aux substances étrangères préexistantes. Mes premières
recherches avaient été faites avec de la gélatine non dialysée,
leur contrôle avec de la gélatine dialysée m'a permis d'observer
les mêmes phénomènes. Ainsi, l'acidité acquise, libre, n'est pas
due à des acides, sels acides, etc., ayant échappé à la neutralisation, et qui seraient libérés par la digestion. On conçoit
d'ailleurs peu la possibilité de ce fait.

L'acidité que présente le milieu trypsine-gélatine au cours de
la digestion est donc bien due à l'hydrolyse diastasique de la
gélatine.

Nous trouvons dans les recherches de Siegfried, Krüger,
Müller, etc., l'explication vraisemblable de ce changement de
réaction. Siegfried et ses élèves ont, en effet, isolé de l'hydrolyse de la gélatine, d'une façon générale de l'antigroupe des
albuminoïdes, des antipeptones à caractère d'acides mono-
basiques rougissant fortement le tournesol et déplaçant l'acide
carbonique de ses sels. Il est possible que notre acidité soit due
à des albumoses et peptones à caractère acide (1).

En même temps que la formation de substances acides rougissant le tournesol et donnant directement des combinaisons
sodiques, on constate celle d'amino-acides dont l'acidité sera
libérée seulement après l'action du formol (procédé de Schiff-
Sörensen). Dans un milieu gélatine-trypsine neutre au tournesol,
en l'absence de sérum sanguin et pour un volume de 5 cent.
cubes de gélatine-test, l'acidité libérable par le formol est

(1) Siegfried, *Zeitsch. f. Physiol. Ch.*, vol. XXXVIII, 1903, p. 258.
Müller, *id.*, vol. XXXVIII, 1903, p. 264.
Borkel, *id.*, vol. XXXVIII, 1903, p. 268.
Krüger, *id.*, vol. XXXVIII, 1903, p. 320.

nettement inférieure à celle des substances acides réagissant sur le tournesol ; mais, contrairement à la formation des substances acides, celle des amino-acides se soutient plus longtemps à la vitesse initiale. Ceci ne s'applique qu'aux petites quantités de trypsine, l'acidité en amino-acides pouvant être, pour une forte proportion de trypsine, non seulement égale, mais supérieure à l'acidité libre, dès le début de la digestion.

Il résulte du fait indiqué ci-dessus que : d'abord divergentes, les courbes représentatives des deux acidités deviennent bientôt parallèles, s'approchent, puis se coupent vers la 30ᵉ heure de digestion.

En résumé, nous pouvons suivre par un simple titrage d'acidité, ou mieux par ce titrage combiné avec la méthode de Sörensen, l'hydrolyse de la gélatine par la trypsine.

Les faits consignés dans ce chapitre sous forme de conclusions résultent d'expériences dont nous donnons ci-dessous quelques types.

* *
*

Exp. I. — *De l'action de la réaction de milieu sur la vitesse de digestion. Dans cette expérience on fait agir sur 5 cent. cubes de gélatine-test (non dialysée) 1 cent. cube de solution de trypsine diluée de façon suivante : Trypsine-test, 12 cent. cubes ; Eau physiologique, 15 cent. cubes.*

1° Gélatine neutre au tournesol.

ACIDITÉS CALCULÉES en c. c. NaOH N/10 en présence DE PHÉNOLPHTALÉINE	TEMPS DE DIGESTION EN HEURES, A 41°								
	1/2	1	1 1/2	2	3	4	5	6	7
Acidité directement titrable (corrigée) . .	0,3	0,5	0,7	0,9	1	1,2	1,3	1,4	1,5
Acidité titrable après formol (corrigée) . .	0,1	0,2	0,4	0,45	0,6	0,7	0,9	1	1
Acidité totale acquise.	0,4	0,7	1,1	1,35	1,6	1,9	2,2	2,4	2,5

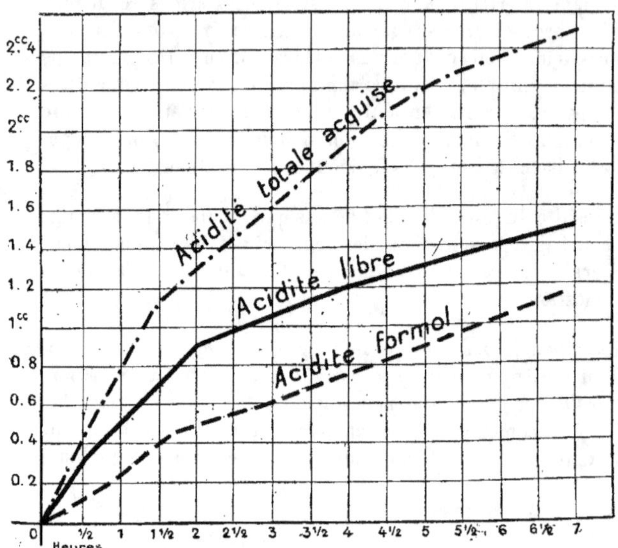

GRAPHIQUE 1. — Correspond au tableau de la page précédente.

2° Gélatine neutre à la phénolphtaléine.

ACIDITÉS CALCULÉES en c.c. NaOH N/10 en présence DE PHÉNOLPHTALÉINE	TEMPS DE DIGESTION EN HEURES, A 41°								
	1/2	1	1 1/2	2	3	4	5	6	7
Acidité directement titrable (corrigée) . .	0,25	0,55	0,85	0,95	1,15	1,35	1,45	1,55	1,65
Acidité titrable après formol (corrigée) . .	0,1	0,2	0,4	0,45	0,6	0,7	0,85	1	1,05
Acidité totale acquise.	0,35	0,75	1,25	1,4	1,75	2,05	2,30	2,55	2,70

Comme il résulte de la lecture de ces tableaux, la réaction
neutre à la phénolphtaléine facilite légèrement, ce qui est

conforme à tout ce que nous savons, la réaction de la trypsine sur la gélatine.

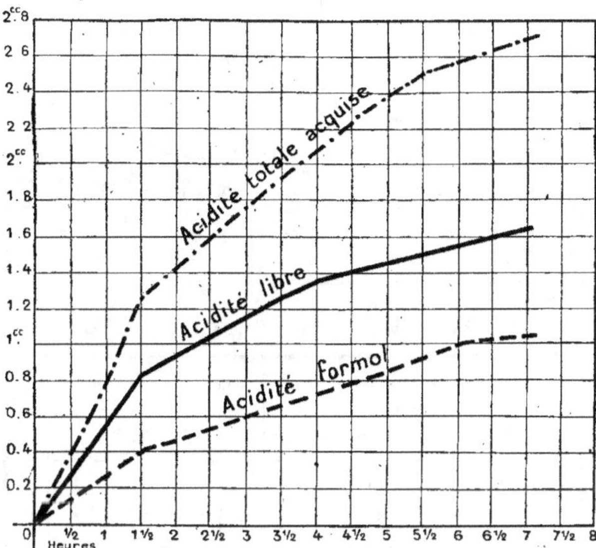

GRAPHIQUE 2. — Correspond au tableau de la page 15.

EXP. II. — a) *Dans cette expérience on fait agir 1 cent. cube de solution de trypsine de la dilution suivante : trypsine-test, 12 cent. cubes; solution physiologique, 20 cent. cubes sur 5 c.c. gélatine-test, non dialysée, neutralisée au tournesol.*

ACIDITÉS CALCULÉES en c. c. NaOH N/10 EN PRÉSENCE DE PHÉNOLPHTALÉINE	TEMPS DE DIGESTION EN HEURES, A 41°						
	3	6	9	15	24	33	38
Acidité directement titrable (corrigée).	1	1,5	1,7	2	2,3	2,6	2,7
Acidité après formol (corrigée). .	0,6	0,9	1,1	1,7	1,9	2,5	2,9
Acidité totale acquise (après correction).	1,6	2,4	2,8	3,7	4,2	5,1	5,6

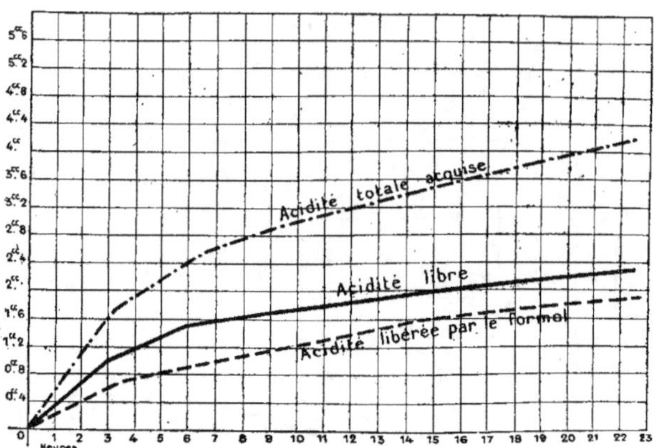

b) *Mêmes dispositions que dans l'expérience précédente.*

ACIDITÉS CALCULÉES en c. c. NaOH N/10 EN PRÉSENCE DE PHÉNOLPHTALÉINE	TEMPS DE DIGESTION EN HEURES, A 41°					
	3	4 1/2	6 1/2	9	24	32
Acidité directement titrable (corrigée) .	1	1,4	1,7	2	2,6	2,9
Acidité titrable après formol (corrigée).	0,6	0,8	0,9	1	2	2,4
Acidité totale acquise (corrigée)	1,6	2,2	2,6	3	4,6	5,3

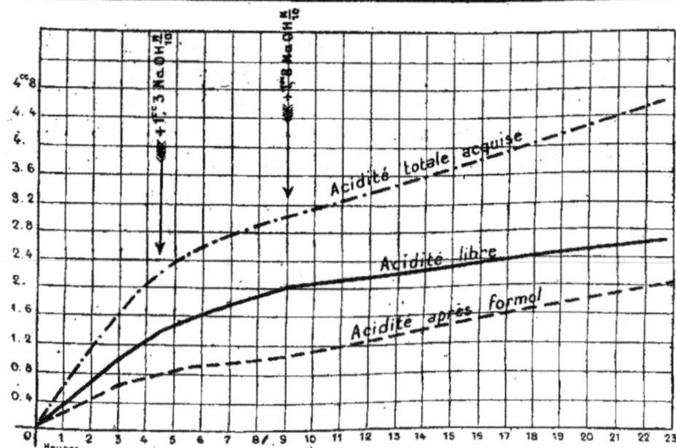

GRAPHIQUES 3 et 4. — Le premier correspond au tableau de la page 16 ; le deuxième au tableau ci-dessus.

Dans cette expérience, on ajoute, après le titrage de 4 h. 1/2, 1 cent. cube de soude N/10 dans chacun des tubes, on obtient ainsi la neutralisation presque totale de l'acidité libre.

Même opération est faite après le titrage de 9 heures, on ajoute 1 c.c. 8 de soude N/10.

La neutralisation ne fait pas reprendre à la diastase sa vitesse primitive d'hydrolyse ; elle favorise néanmoins légèrement la continuation de l'action.

Exp. III. — a) *Sur 5 cent. cubes de gélatine-test dialysée (dialyse de 3 jours), on fait agir 0 c.c. 3 de trypsine-test, additionnée de 0 c.c. 7 de solution physiologique.*

ACIDITÉS CALCULÉES en c. c. NaOH N/10 EN PRÉSENCE DE PHÉNOLPHTALÉINE	TEMPS DE DIGESTION EN HEURES, A 41°						
	2	3	5	15	20	24	40
Acidité directement titrable (corrigée)	0,6	0,8	1,30	1,70	2,1	2,10	2,30
Acidité après formol (corrigée). .	0,45	0,65	0,95	1,55	1,9	1,95	2,65
Acidité totale acquise (après correction).	1,05	1,45	2,23	3,25	4,0	4,05	4,95

b) *A 5 c.c. de gélatine-test dialysée (dialyse de 7 jours), on ajoute et 0 c. c. 3, d'autre les résultats obtenus dans ces deux*

ACIDITÉ CALCULÉES EN c. c. NaOH N/10 EN PRÉSENCE DE PHÉNOLPHTALÉINE	TEMPS DE DIGESTION			
	1/2		1	
	0,3	0,6	0,3	0,6
Acidité directement titrable (corrigée).	0,25	0,45	0,4	0,70
Acidité après formol (corrigée).	0,15	0,3	0,3	0,45
Acidité totale acquise (corrigée)	0,4	0,75	0,7	1,15

Dans le graphique ci-dessous ainsi que dans les graphiques qui précèdent, les chiffres portés en ordonnées mesurent en

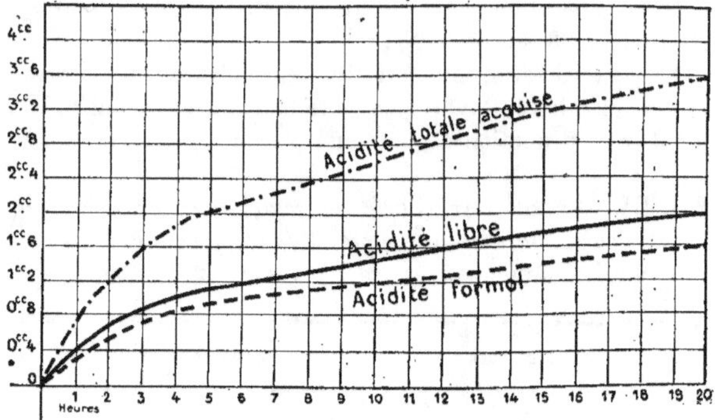

GRAPHIQUE 5. — Correspond à l'action de 0 c.c. 3 de trypsine du tableau ci-dessous pages 18 et 19.

centimètres cubes de solution décinormale de soude, l'acidité apparue au cours de la digestion.

1 c.c. de solution de NaCl physiologique $+$ 0 c.c. 6 d'une part,
part, de trypsine-test,
expériences sont consignées ci-dessous :

| EN HEURES, A 41° | | | | | | | | | | | | | |
| 2 | | 3 | | 4 1/2 | | 14 | | 20 | | 26 | | 42 | |
0,3	0,6	0,3	0,6	0,3	0,6	0,3	0,6	0,3	0,6	0,3	0,6	0,3	0,6
0,55	0,85	0,85	1,25	1,05	1,55	1,75	2,25	2,	2,4	2,05	2,55	»	2,85
0,40	0,70	0,7	1	0,9	1,25	1,4	1,90	1,6	2,2	1,75	2,4	»	2,8
0,95	1,55	1,55	2,25	1,95	2,80	3,15	4,15	3,65	4,6	3,80	4,95	»	5,65

Exp. IV. — *Action de l'unité tryptique sur l'unité de test*
(gélatine dialysée pendant 7 jours).

ACIDITÉS CALCULÉES en c. c. NaOH N/10 EN PRÉSENCE DE PHÉNOLPHTALÉINE	TEMPS DE DIGESTION EN HEURES, A 41°							
	6	8	10	12	15	19	21	23
Acidité libre (corrigée) . . .	0,525	0,625	0,675	0,725	0,725	0,8	0,825	0,825
Acidité formol (corrigée) . .	0,35	0,45	0,55	0,6	0,6	0,65	0,65	0,65
Acidité totale acquise (corrigée)	0,87	1,07	1,22	1,32	1,32	1,45	1,47	1,47

Comme cette expérience le démontre, on peut considérer que l'action de l' « unité tryptique » sur l' « unité de test » est éteinte après 18 heures d'activité.

C'est ce résultat qui nous a fait choisir la durée de 18 heures comme temps normal de nos expériences sur l'action antitryptique du sérum. Nous revenons maintenant à celle-ci. Les expériences que nous venons de rapporter sur la digestion de la gélatine par la trypsine constituent la base de notre procédé pour établir le graphique du mouvement de la protéolyse de la gélatine par la trypsine, en présence de sérum sanguin et déterminer l' « *optimum réel* ».

B. — ACIDIFICATION DU MILIEU GÉLATINE-TRYPSINE EN PRÉSENCE DE VOLUMES VARIABLES DE SÉRUM SANGUIN. L'OPTIMUM RÉEL

En opérant dans les conditions fixées ci-dessus, une digestion de la gélatine par la trypsine, en présence de sérum sanguin, on observe une plus ou moins grande acidification du milieu. Celle-ci est en raison inverse de la quantité de sérum pour un sérum désigné; pour une même quantité de sérums différents, elle est en raison inverse du pouvoir antidiastasique de chacun d'eux.

Théoriquement, pour une quantité suffisante de sérum, on devrait atteindre le zéro d'acidification ; on aurait ainsi l'optimum *absolu*. Or, dans le cas le plus habituel — sauf exception rare — même pour les sérums très antidiastasiques : cheval, cobaye, homme, mouton, il n'y a jamais de zéro d'acidification. L'acidité acquise, la plus basse, est de 0 c.c. 05 à 0 c.c. 1 de soude N/10. Pour faible que soit la digestion représentée par ces chiffres, elle n'en existe pas moins, et ceci nous permet de dire que :

a) *Il n'y a pas, habituellement, d'inhibition absolue du ferment par le sérum*;

b) *Quand une certaine inhibition est réalisée, on ne la dépasse pas, quelle que soit la quantité de sérum en présence.*

Au contraire, on peut voir dans certains cas le graphique de la protéolyse se redresser, après avoir atteint un minimum. On peut constater ce fait avec le sérum de chien. De ces conclusions, il résulte que :

L' « OPTIMUM *réel* », *c'est la plus petite quantité de sérum qui, en présence de l'unité tryptique et dans des conditions telles que celle-ci épuise normalement son action, entraîne l'inhibition absolue ou presque absolue de l'unité tryptique. Cette plus petite quantité de sérum est déterminée par l'essai pour lequel l'acidité totale acquise au cours d'une digestion de 18 heures est la plus faible*; *exceptionnellement, elle peut être égale à zéro.*

Voici comment nous déterminons cette troisième valeur :

C. — CONSTRUCTION DU GRAPHIQUE DE LA PROTÉOLYSE EN PRÉSENCE DE QUANTITÉS VARIABLES DE SÉRUM SANGUIN

Après 18 heures d'étuve, on titre l'*acidité totale acquise*. On peut faire cette opération en deux temps : chercher d'abord le taux de l'acidité libre, puis celui de l'acidité déplacée par le formol. En pratique, il est préférable de faire immédiatement la recherche de l'acidité totale.

On portera alors en ordonnées les quantités de soude N/10 nécessaires à la neutralisation totale de chaque essai, en abscisses on porte la quantité de sérum en action.

Nous faisons seulement le graphique des doses nécessaires à la recherche de l'optimum, le graphique pour le « seuil » paraissant sans intérêt.

Voici comment l'on pratique l'opération en deux temps :

1° *Acidité libre.* — Au bout d'une heure (recherche du seuil), après 18 heures (recherche de l'optimum), on additionne chaque essai de V gouttes de solution alcoolique de phénolphtaléine à 1 p. 100 ; on ajoute par gouttes la solution décinormale de soude, on s'arrête au virage rose ou violet faible.

2° *Acidité libérable par le formol.* — A l'essai qui vient de servir à la recherche de l'acidité libre, on ajoute 10 cent. cubes d'une solution de formol à 40 p. 100 diluée de moitié avec de l'eau distillée et neutralisée, jusqu'au virage rose très pâle, à la phénolphtaléine. On vérifie chaque fois la neutralité de cette solution. Si on dépasse le virage, on revient à la neutralité par l'addition d'une petite quantité de formol non neutralisé.

L'acidité libérée par le formol est titrée comme ci-dessus. L'acidité libre $+$ l'acidité formol donnent l'acidité totale. L'acidité totale *acquise* est faite de l'acidité totale diminuée de l'acidité libre et de l'acidité formol préexistantes *dans le test et le sérum en présence.*

En pratique, il est inutile de calculer les deux acidités, *on cherche directement l'acidité totale.*

Je donne ci-dessous les résultats obtenus dans la recherche des valeurs limites d'un sérum de cobaye.

Recherche du seuil *(après 1 heure, à 41°).*

QUANTITÉ DE SÉRUM	ACIDITÉ LIBRE en c. c. NaOH N/10	ACIDITÉ FORMOL en c. c. NaOH N/10	ACIDITÉ TOTALE acquise en c. c. NaOH N/10	TEMPS de GÉLIFICATION en minutes
0 c. c. 001	0,175	0,775	0,250	∞
0 c. c. 002	0,175	0,75	0,225	13
0 c. c. 003	0,15	0,725	0,175	12
0 c. c. 004	0,15	0,725	0,175	10
0 c. c. 005	0,12	0,7	0,120	8
Témoin trypsine.	0,2	0,775	0,275	∞
Témoin NaCl.	0,075	0,625	—	3
Témoin NaCl.	0,075	0,625	—	3

D'après la définition que nous avons donnée du « seuil », cette valeur est représentée ici par 0 c. c. 002.

Recherche de l'optimum réel (*après 18 heures, à 41°*).

QUANTITÉ DE SÉRUM	ACIDITÉ LIBRE en c. c. NaOH N/10	ACIDITÉ FORMOL en c. c. NaOH N/10	ACIDITÉ TOTALE acquise en c. c. NaOH N/10	TEMPS de GÉLIFICATION en minutes
0 c.c. 01	0,6	1,3	1,275	∞
0 c.c. 02	0,5	1,25	1,125	∞
0 c.c. 03	0,5	1,2	1,075	∞
0 c.c. 04	0,4	1,	0,775	∞
0 c.c. 05	0,2	0,75	0,325	∞
0 c.c. 06	0,1	0,7	0,175	12
0 c.c. 07	0,1	0,675	0,150	8
0 c.c. 08	0,075	0,675	0,125	6
0 c.c. 09	0,075	0,675	0,125	6
0 c.c. 1	0,075	0,650	0	[5
0 c.c. 12	0,075	0,7	0	5
0 c.c. 14	0,075	0,7	0	5
0 c.c. 16	0,075	0,75	0,05	6
Témoin trypsine.	0,6	1,25	1,225	∞
— 0,1 sérum.	0,075	0,63	—	5
— 0,15 sérum.	0,075	0,7	—	6
— NaCl.	0,075	0,55	—	5

Dans cet exemple, l'*optimum réel* est marqué par une acidification nulle; cet optimum est égal à 0 c.c. 1; l'*optimum approché* serait 0 c.c. 07. Le pouvoir antitryptique de ce sérum est donc défini par les 3 valeurs :

Seuil . . . . 0 c.c. 002
Optimum approché. . . . . 0 c.c. 07
Optimum réel . . . . 0 c.c. 1

Il serait sans intérêt de multiplier les tableaux de ce genre. Il faut évidemment toujours établir ceux-ci; on construira le graphique d'après leurs données.

Je présente ci-contre (Pl. XV, XVI, XVII, XVIII) un certain nombre de graphiques concernant les sérums de cheval, d'homme, de cobaye, de mouton, de lapin, de chien, d'anguille et de poule, ces deux derniers seulement à titre d'indication générale.

Le graphique étant tracé, il faut en faire la lecture. Celle-ci permettra de classer deux sérums, d'après l'analyse de leur graphique de protéolyse. Trois points sont importants à considérer :

1° *Le taux de l'acidification en présence de 0 c.c. 01 de sérum* ;

2° *La situation des points critiques, c'est-à-dire le numéro des essais pour lesquels il y a une chute importante de l'acidification comparée à celle de l'essai immédiatement précédent* ;

3° *L'acidité la plus basse obtenue* ; elle donnera l' « *optimum réel* ».

D'une façon générale on note l'allure du graphique, et l'on peut comparer l'acidification d'autres essais homologues. De ces graphiques il résulte un fait important, celui-ci : Pour les sérums de cheval, cobaye, mouton, homme, chien, l'*optimum réel* est compris entre 0 c. c. 07 — 0 c. c. 1.

Le volume de sérum mesurant l' « *optimum réel* » est compatible avec une trace de digestion, elle se traduit par une acidification neutralisée par : 0 c. c. 05 — 0 c. c. 1 de soude N/10.

Dans les graphiques ci-contre nous avons en *ordonnées* l'acidité totale acquise, calculée en cent. cubes de NaOH N/10 et en *abscisses* les volumes de sérum.

III

APPLICATION

DES DONNÉES PRÉCÉDEMMENT ÉTABLIES A L'ÉTUDE COMPARÉE DU POUVOIR ANTITRYPTIQUE DE PLUSIEURS SÉRUMS

Les résultats exposés au cours des deux chapitres précédents montrent que pour caractériser la valeur antitryptique d'un sérum : trois valeurs au moins doivent être déterminées, le seuil et les optima. Pour le sérum normal d'animaux de même espèce ces valeurs sont sensiblement constantes. Nous en avons fixé les variantes possibles pour l'homme, le cobaye, le cheval, le mouton, le chien, le lapin, la poule. Comme nous le savons (voir page 10) la valeur moyenne de l' « optimum approché » est égale pour les quatre premières espèces à 0 c. c. 05 avec une variation en deçà ou au delà égale à 0 c.c. 01.

Cette valeur comme les deux autres (nous parlons de l'optimum approché parce qu'elle est la plus importante) est établie en fonction du volume du sérum.

Dans la recherche des constantes antitryptiques du sérum d'une espèce animale nous ne faisons intervenir la notion de

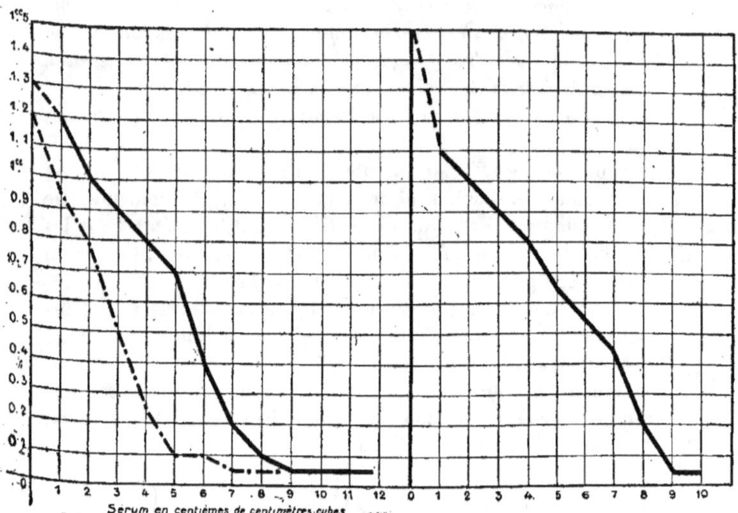

GRAPHIQUE 6-7. — Représentation graphique de l'action antitryptique de trois sérums *humains*, normaux (voir graphiques 16 et 17).

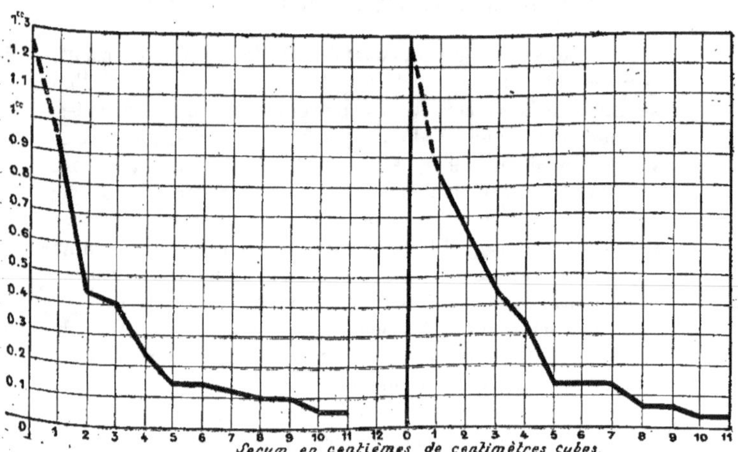

GRAPHIQUE 8. — Allure de l'action antitryptique de deux sérums de *chevaux* normaux.

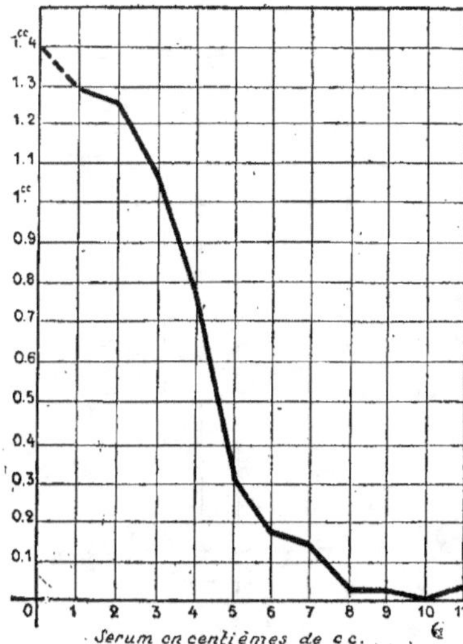

GRAPHIQUE 9. — Graphique de l'action antitryptique d'un sérum de *cobaye*.

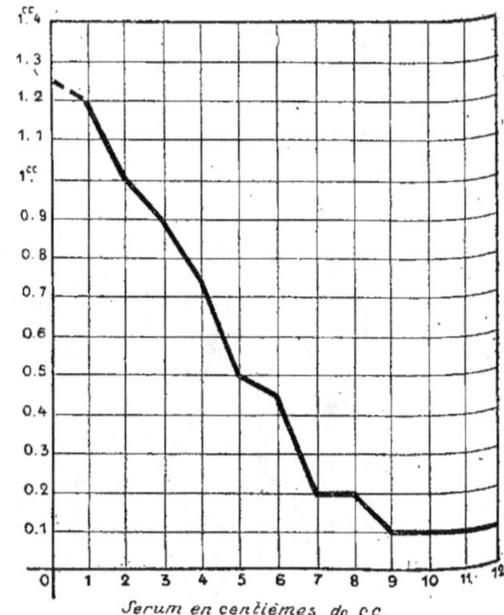

GRAPHIQUE 10. — Action antitryptique d'un sérum de *mouton*.

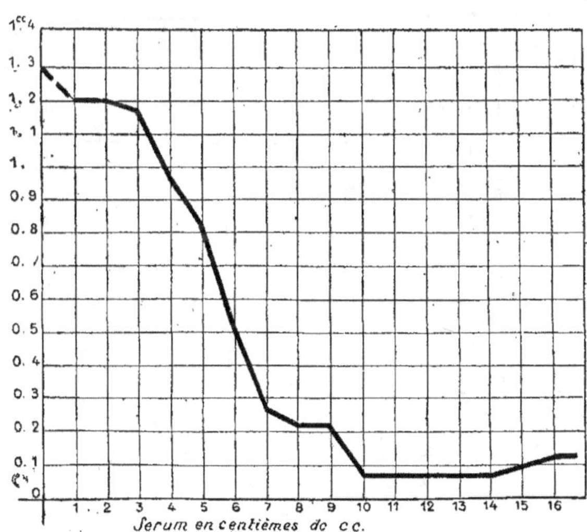

GRAPHIQUE 11. — Action antitryptique d'un sérum de *chien*.

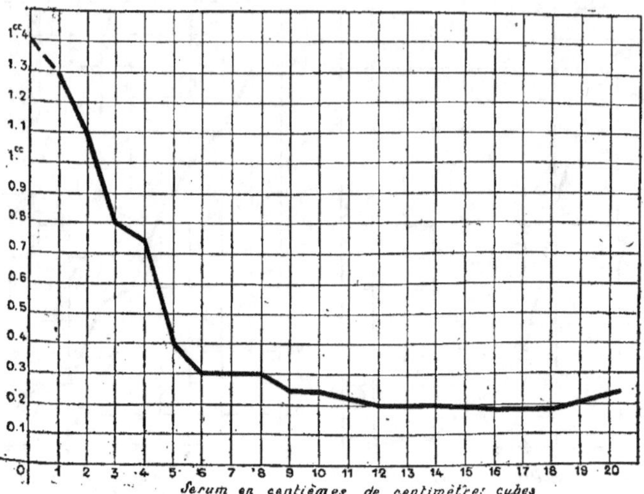

Graphique 12. — Action antitryptique d'un sérum de *lapin*.

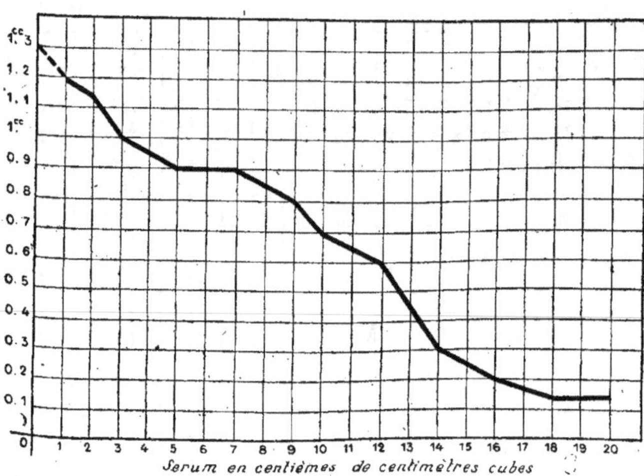

Graphique 13. — Action antitryptique d'un sérum de *lapin*.

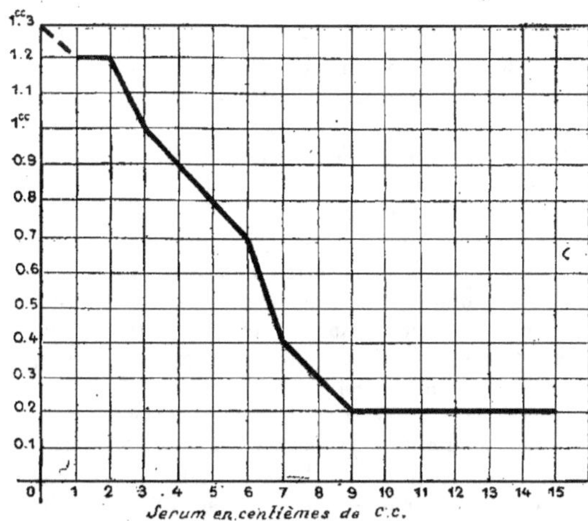

Graphique 14. — Action antitryptique d'un sérum d'*anguille*.

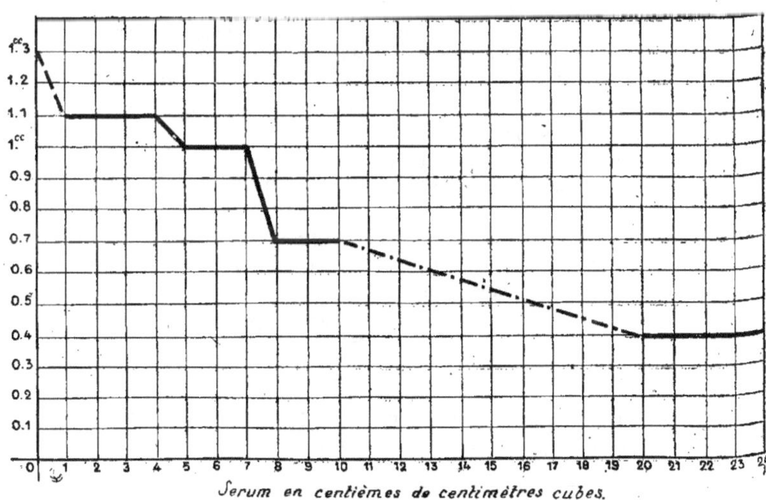

Graphique 15. — Action antitryptique d'un sérum de *poule*.

temps que dans les limites extrêmes de l'action de l'unité tryptique : le début et la fin ; nous négligeons les stades intermédiaires dont l'examen ne répond pas à notre demande : recherche de la valeur inhibitrice.

D'une façon générale l'évaluation numérique des trois valeurs considérées satisfait à ce qu'on attend de la mesure des propriétés antitryptiques d'un sérum. Elle permet de classer le sérum comme normal ou non et, dans cette dernière possibilité, elle indique le sens de la variation et chiffre celle-ci.

Il est néanmoins des exemples, particulièrement lorsqu'il s'agit de comparer l'action de différents sérums d'une même espèce animale, où nous pouvons désirer une analyse plus fine de leur action antiprotéolytique.

Dans ce but *on conçoit que la notion de temps doit intervenir dans la conduite de l'expérience* ; elle est même ici capitale ; aussi, dans l'application à l'étude comparée de l'action antitryptique de plusieurs sérums des données établies précédemment on procédera de la façon suivante :

1° Détermination des constantes d'espèce : seuils et optima ;

2° Détermination pour un ou plusieurs volumes déterminés de chaque sérum du mouvement de la protéolyse. Construction des courbes selon les données recueillies.

Le choix du ou des volumes de sérum à opposer à l'action tryptique est important. Il va de soi que ce volume ne sera pas celui d'une valeur limite, puisque ce que nous cherchons en résumé, c'est la valeur propre des volumes intermédiaires aux volumes limites.

EXEMPLE. — Soit à déterminer la valeur antitryptique de deux sérums humains : Sérum A, Sérum B.

1° Recherche du seuil (voir page 22).

2° Recherche des optima (voir page 23).

La première recherche nous donne 0,002 pour les deux sérums. La seconde donne :

$$
\begin{aligned}
&\textit{Optimum approché} \ldots \left\{ \begin{array}{l} \text{Sérum A} = 0,06 \\ \text{Sérum B} = 0,05 \end{array} \right. \\
&\textit{Optimum réel} \ldots \ldots \left\{ \begin{array}{l} \text{Sérum A} \ldots > 0,08 \\ \text{Sérum B} \ldots > 0,07 \end{array} \right.
\end{aligned}
$$

Dans ce cas nous pouvons dire déjà que le pouvoir antitryptique du sérum B est plus fort que celui du sérum A.

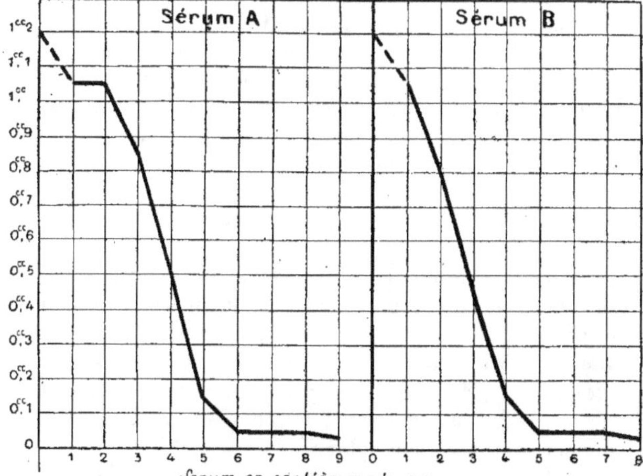

GRAPHIQUE 16. — Établi selon les données du paragraphe B, chapitre II,
le sérum A était un sérum normal,
le sérum B un sérum positif à la réaction de Wassermann.

Les deux graphiques ci-dessus le démontrent d'ailleurs
nettement. L'étude du mouvement de la protéolyse en présence
de 0,01 et 0,03 de chaque sérum rend cette conclusion absolue.
Dans cette dernière recherche on procède comme suit :

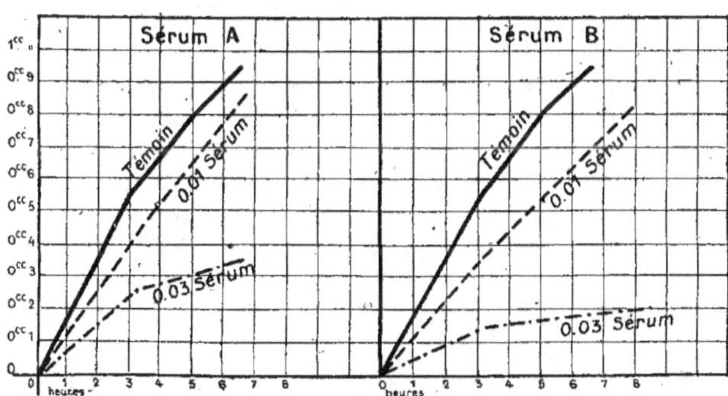

GRAPHIQUE 17. — Courbes établies selon les données du paragraphe A,
chapitre II.

On fait agir de chaque sérum 0,01 et 0,03 sur l'unité tryptique en présence de l'unité de test à 41°. On suit pendant les sept premières heures le mouvement de la protéolyse dans chaque cas ; on construit les courbes. (Courbes 17). L'allure de celles-ci permettra de se prononcer définitivement sur la valeur antitryptique comparée des sérums en étude.

CONCLUSIONS

L'action antitryptique du sérum sanguin n'a pas été généralement étudiée jusqu'ici avec des méthodes suffisamment rigoureuses.

Ce mémoire a pour but de présenter une méthode précise susceptible de donner au pouvoir antitryptique d'un sérum une représentation numérique, objective, réelle, en même temps qu'une représentation graphique.

Les recherches exposées ici ont eu pour objets les sérums normaux de quelques Mammifères : homme, cheval, cobaye, mouton, chien, lapin ; d'un poisson : l'anguille ; d'un oiseau : la poule.

Elles constituent les données fondamentales sur lesquelles notre expérimentation peut désormais s'appuyer.

En dehors de l'exposé proprement dit de la méthode suivie et des résultats de son application sur les sérums normaux, il ressort de ce mémoire quelques faits de portée générale ; ils concernent :

a) La digestion tryptique de la gélatine ;

b) Le rapport très étroit existant entre les sérums de Mammifères relativement à leur pouvoir antitryptique absolu ;

c) La non-intervention des lipoïdes du sérum dans la genèse du pouvoir antitryptique de ce liquide ; les sérums des animaux qui, comme l'anguille et la poule, sont riches en lipoïdes se montrent en effet le plus faiblement antitryptiques (1).

Paris, 1ᵉʳ octobre 1918.

(1) Pour la teneur du sérum sanguin en lipoïdes, consulter : MAYER et SCHAEFFER ; *Jour. de Physiol. et de Pathol. gén.*, 1913, p. 984.

SUR L'EXCRÉTION DES BACILLES TUBERCULEUX
PAR L'INTESTIN
ET PAR LES VOIES BILIAIRES

par A. CALMETTE.

C'est actuellement un fait bien établi que beaucoup de microbes en circulation dans le sang peuvent être éliminés par l'intestin.

Emmerich (1), puis Büchner (2) avaient montré, en 1885, que le vibrion cholérique, injecté dans le sang ou sous la peau, peut se retrouver après quelques heures dans la cavité intestinale. Issaëff et Kolle (3), douze ans plus tard, confirmaient ces résultats en provoquant, par le même procédé, de la diarrhée avec pullulation du vibrion cholérique dans les matières fécales ; mais aucun de ces auteurs n'avait lié le canal biliaire, ce qui enlevait toute valeur démonstrative à leurs expériences, la présence des microbes dans l'intestin pouvant être attribuée au rôle excréteur du foie. Il fallait exclure l'intervention de cet organe. C'est ce que firent Ribadeau-Dumas et Harvier (4) en liant le cholédoque.

Hess (5) prit la même précaution de ligaturer aussi le canal de Wirsung pour empêcher l'élimination pancréatique. Chez trois lapins, le duodénum fut sectionné entre deux ligatures immédiatement au-dessous du cholédoque, et le Wirsung lié. Ainsi se trouvaient évitées à la fois la stase biliaire et toute communication de l'intestin avec les voies respiratoires. Le

---

(1) *Archiv für Hyg.*, 1885, t. III, p. 291.
(2) *Archiv für Hyg.*, 1885, t. III, p. 361,
(3) *Zeitsch. für Hyg.*, 1897, XVIII, p. 17.
(4) *Comptes rendus de la Soc. de Biologie*, 23 juillet 1910.
(5) *Archiv of Internat. Medicine*, 15 novembre 1910, p. 522.

Bacillus prodigiosus, injecté dans les veines, fut retrouvé dans l'intestin grêle de deux des animaux ainsi opérés. Enfin, dans le but de supprimer l'influence possible du shock opératoire, le même expérimentateur créa chez un chien une fistule duodéno-cutanée à double ouverture : celle-ci rejetait par son segment supérieur le contenu de l'estomac, la bile et le suc pancréatique. L'animal fut nourri pendant deux jours par cette fistule, puis, les deux ouvertures étant fermées, Hess injecta du *Bacillus prodigiosus* dans la veine jugulaire. Deux heures plus tard le chien était sacrifié et les ensemencements permettaient de retrouver le micro-organisme dans les parties supérieures et inférieures de l'iléon, jamais dans le cæcum et le gros intestin.

En utilisant une autre technique, j'ai fait, en collaboration avec C. Guérin (1), la preuve que le bacille tuberculeux peut également être éliminé par les voies biliaires. Nous injections dans la veine marginale de l'oreille, à une série de lapins, 1 centigramme de bacilles bovins finement émulsionnés, provenant d'une culture sur pomme de terre glycérinée, âgée de six semaines. Chacun des animaux était sacrifié par *section du cou*, successivement 24 heures, 48 heures, 3, 4, 5, 6 et 7 jours après l'inoculation. Le cadavre était immédiatement ouvert et, en évitant soigneusement de toucher la surface du foie, le contenu de la vésicule biliaire était aspiré dans une pipette et centrifugé. Le culot de centrifugation, dilué dans 2 cent. cubes d'eau physiologique, était inoculé à la dose de 0 c. c. 5 sous la peau de la cuisse de 4 cobayes pour chaque lapin. Or, tous les cobayes qui avaient reçu la bile des lapins injectés depuis 24 et 48 heures, 5 et 6 jours, restèrent indemnes, tandis que la proportion des tuberculeux fut de 2 sur 4 pour ceux qui avaient reçu la bile du lapin du 3e jour, de 1 sur 4 pour ceux qui avaient reçu la bile du lapin du 4e jour, de 3 sur 4 pour ceux qui avaient reçu la bile du lapin tué le 7e jour.

Il est donc évident qu'*une partie des bacilles introduits dans le torrent circulatoire peut être éliminée par la glande hépatique et évacuée avec la bile par l'intestin.*

(1) *Comptes rendus de l'Acad. des Sciences*, 8 mars 1909.

Nous avons fait une autre expérience encore plus démonstrative (1), en créant chez deux génisses une fistule biliaire permanente qui permettait de puiser à volonté dans la vésicule, à l'aide d'une pipette, la quantité de bile nécessaire aux inoculations d'épreuve.

L'une de ces génisses reçut, dans la veine jugulaire, 3 milligrammes de bacilles tuberculeux virulents d'origine bovine. Chaque jour, *avant* et *après* l'expérience, on prélevait dans la vésicule une petite quantité de bile dont on injectait 0 c.c. 5 à 4 cobayes. Quinze de ces animaux sur 109 devinrent tuberculeux et tous ceux qui furent infectés avaient reçu de la bile recueillie au delà du 19ᵉ jour après l'inoculation virulente de la génisse. Celle-ci mourut de granulie aiguë le 28ᵉ jour.

Si l'on considère que la quantité de bile introduite sous la peau de chaque cobaye était minime (0 c.c. 5, le cobaye ne peut en tolérer davantage), et si on la compare au volume énorme (environ 2 litres) de ce liquide qui est excrété par la génisse en 24 heures, on doit en conclure que le nombre de bacilles évacués par les voies biliaires chez cet animal était sûrement considérable.

Parallèlement, nous faisions la preuve de la virulence des déjections d'une autre génisse qui avait reçu dans les veines une émulsion de bacilles humains. Sur 66 cobayes inoculés chacun avec 0 gr. 1 de déjections, trois seulement devinrent tuberculeux; mais il convient ici encore d'observer que la quantité d'excréments reçue par chaque animal était infime si on la rapporte à celle émise par la génisse en 24 heures et qui est d'environ 7 à 8 kilogrammes.

E. Joest et E. Emshoff (2) ont constaté également la fréquence de l'élimination des bacilles par la bile des animaux *naturellement infectés*. Ils ont étudié à ce point de vue, au moyen d'inoculations au cobaye, la bile de bœufs et de porcs tuberculeux.

Les résultats obtenus ont été les suivants : dans 14 cas sur 57 (24,5 p. 100), la bile a infecté les cobayes. Sur ces 14 cas positifs, on a pu 4 fois mettre les bacilles directement en évi-

---

(1) *Annales de l'Institut Pasteur*, février 1912, p. 163.
(2) *Zeitsch. für Infectionskr. und Hygiene der Haustiere*, vol. XII, n° 4 1911.

dence par l'examen microscopique. Il s'agissait presque toujours de tuberculose généralisée du bœuf ou du porc avec lésions hépatiques. Deux fois seulement ces dernières manquaient, mais il existait en revanche des lésions tuberculeuses des ganglions périportaux.

On peut donc admettre, d'après Joest et Emshoff que, chez le bœuf et le porc atteints de tuberculose généralisée, il y a élimination de bacilles virulents par les voies biliaires dans 25 p. 100 des cas. Il est vraisemblable même que le pourcentage est plus élevé encore, et que, dans un certain nombre d'expériences, le résultat n'a été négatif que par suite de la faible quantité de bile injectée pour ne pas déterminer, chez les cobayes, de phénomènes graves de nécrose.

D'autres expériences confirmatives des mêmes faits ont été réalisées sur le cobaye par M. Breton, Mézie et Bruyant, dans mon laboratoire (1).

On avait déjà signalé depuis longtemps la présence des bacilles dans les déjections des phtisiques et dans celles des animaux tuberculeux, mais on tendait à admettre avec Cadéac et Bournay (2), Wood, Lichtheim, Shaw, Anglade, qu'elle résultait de la déglutition des crachats, de l'ingestion de matières virulentes, ou de l'existence de lésions intestinales. Les travaux de Fraenkel et Krause, d'Emerson et surtout ceux de Rosenberger (3) (1907-1909) élargirent tout à coup le problème. Ces auteurs trouvaient des bacilles acido-résistants chez un grand nombre de sujets atteints de granulie ou de tuberculoses fermées.

On pouvait croire qu'il ne s'agissait pas de vrais bacilles tuberculeux. Aussi D. Moore Alexander (4), Philip et Porter (5), Rittel-Wilenko (6), A. T. Laird, G. L. Kite et D. A. Stewart (7) entreprirent-ils l'étude méthodique de la question en ce qui concerne l'homme.

(1) *Comptes rendus de la Soc. de Biologie,* 19 juillet 1912.
(2) *Comptes rendus de la Soc. de Biologie,* 7 décembre 1895.
(3) *Amer. Journ. of Med. Sciences,* 1907, XII et 1909, II.
(4) *Journal of Hygiene,* 1910, p. 37.
(5) *Brit. Med. Journ.,* 1910, II, p. 184.
(6) *Wiener klin. Woch.,* 1911, n° 15.
(7) *Journ. of Med. Research,* octobre 1913, p. 31.

Pour chaque échantillon de fèces qu'il examinait, Alexander en pesait 1 gramme dans un verre de montre, le broyait dans un mortier, le diluait avec quelques cent. cubes d'eau salée physiologique et injectait 1 et 2 cent. cubes de cette dilution au cobaye (soit 0 gr. 01, 0 gr. 02). Sur 24 déjections de tuberculeux pulmonaires, 23 se sont montrées virulentes.

Deux déjections de sujets atteints de lupus et 129 de sujets non tuberculeux ont été examinés sans qu'on pût y rencontrer une seule fois des bacilles acido-résistants à l'examen microscopique. L'auteur en conclut que, toutes les fois qu'on trouve des acido-résistants dans les déjections humaines, c'est qu'il s'agit de véritables bacilles tuberculeux. Il a trouvé ces derniers 52 fois sur 74 sujets atteints de diverses tuberculoses non ouvertes (pleurésie, granulie, formes ganglionnaires caséifiées, méningites, tuberculoses osseuses ou articulaires). Chez les mêmes sujets les bacilles ne se rencontrent que d'une façon intermittente, et leur évacuation est souvent provoquée par une prise de calomel ou d'autres cholagogues.

Philip et Porter ont recherché le bacille dans les déjections de 100 tuberculeux pulmonaires. On trouva des acido-résistants dans 75. Or 42 de ces tuberculeux n'expectoraient aucun bacille et 29 en rendaient avec leurs excréments. En revanche, tous ceux qui crachaient avaient des déjections bacillifères.

Laird, Kite et Stewart trouvent 48 échantillons de déjections virulentes sur 87 dans lesquels l'examen direct par la méthode à l'antiformine avait fait constater la présence d'acido-résistants.

La technique la plus recommandable pour la recherche des bacilles tuberculeux dans les fèces est la suivante, que j'ai employée moi-même avec C. Guérin et que H. Thieringer [1] a également utilisée :

On pèse dans un vase conique d'Erlenmayer 30 grammes de matières que l'on mélange ensuite avec 55 cent. cubes d'eau stérile et 15 cent. cubes d'antiformine. On agite à plusieurs reprises et on laisse en contact pendant 3 à 4 heures, puis on centrifuge, on décante, on recueille le dépôt dans un vase stérile et on le dilue dans 8 à 10 cent. cubes d'eau salée physio-

---

[1] *Arb. a. d. k. k. Gesundheitsamte*, 1912, vol. XLIII, p. 545.

logique. On le filtre à travers 2 ou 3 doubles de gaze stérile et
on l'inocule à la dose de 2 à 3 cent. cubes sous la peau de 3 ou
4 cobayes, au voisinage de la région inguinale.

Plusieurs travaux récents ont mis en relief l'importance de
la contamination tuberculeuse chez les bovidés par les excréments et aussi le rôle des voies biliaires dans l'excrétion des
bacilles.

E. C. Schroeder et W. E. Cotton (1), du « Bureau of Animal
Industry » de Washington, ont publié les résultats de très nombreuses et très suggestives expériences montrant que le meilleur moyen d'infecter sûrement les porcs consiste à leur faire
ingérer, en mélange avec leur nourriture, des matières fécales
de bovidés tuberculeux. Ils ont également prouvé que 40 p. 100
*des vaches qui réagissent à la tuberculine et qui ne présentent
aucune lésion cliniquement décelable, émettent, par intermit-
tences, des bacilles virulents avec leurs déjections.*

Elmer G. Peterson (2), Reynolde et Beebe (3) constatent que,
d'après leurs expériences, les bovidés réagissant à la tuberculine, mais qui ne présentent pas de lésions cliniquement décelables, n'émettent pas de bacilles dans leurs déjections. Par
contre, A. T. Peters et C. Emerson (4), sur 22 animaux non
cliniquement tuberculeux, mais ayant fourni une réaction
tuberculinique positive, découvrent 3 fois, soit chez 7,31 p. 100,
des bacilles dans les fèces par l'inoculation au cobaye de
0 c.c. 5 de celles-ci.

De leur côté, en Allemagne, Joest et Enishoff (5) ont trouvé
des bacilles dans la bile de 26 bœufs et de 31 porcs. A l'abat-
toir de Berlin, C. Titze et E. Jahn ont fait la même constatation. Dans leurs expériences, la bile de 42,3 p. 100 des bœufs
et chèvres tuberculeux se montrait virulente pour le cobaye,
alors même que les lésions macroscopiques étaient peu
étendues, parfois seulement à différents groupes de ganglions.

(1) *Rep. of Bureau of animal industry. U. S. Dep. o. Agriculture*, Washington,
1906 et 1907.
(2) *Report of the New York state Veterinary College*, 1909-10, p. 63.
(3) *Minnesota Experim. Station Bull.*, n° 103.
(4) *22th Rep. of the Agricult. Experim. Station of Nebraska*, 1909, p. 186.
(5) *K. k. Arbeiten*, 54° vol., 1er fasc., p. 35, 1913.

Les mêmes auteurs, en collaboration avec H. Thieringer (1), remarquent que les animaux porteurs de lésions tuberculeuses ouvertes éliminent beaucoup de bacilles ; mais ils n'ont pas pu en découvrir dans les déjections des bovidés réagissant à la tuberculine et qui n'avaient pas de lésions décelables cliniquement. Ils opéraient sur 30 grammes de déjections avec 15 cent. cubes d'antiformine pure et 55 cent. cubes d'eau physiologique stérile, laissaient deux heures en contact et centrifugeaient trois fois avant d'inoculer le dépôt. En examinant ainsi 28 animaux tuberculeux pulmonaires ou seulement ganglionnaires, ils ont décelé les bacilles dans 11 cas ; tandis que sur 68 animaux ayant servi pour la plupart à diverses expériences de vaccination et réagissant tous à la tuberculine, mais cliniquement indemnes, les bacilles n'ont jamais pu être mis en évidence dans les déjections. Ils n'indiquent pas si les recherches ont été répétées sur le même animal.

Enfin Lydia Rabinowitsch (2) rapporte que, sur 17 bovidés tuberculeux à divers degrés, elle a pu isoler 12 fois des bacilles tuberculeux de la vésicule biliaire. Dans 8 de ces cas les animaux avaient des lésions intestinales, et dans un seul il existait des lésions hépatiques.

On doit donc admettre que, fréquemment, les bacilles sont amenés au foie par la circulation sanguine et éliminés ensuite par la bile ; l'existence des germes virulents, souvent en nombre immense, dans les déjections, soit qu'ils aient cette origine, soit qu'ils proviennent de crachats déglutis, est assurément une importante source de dangers et joue un rôle capital dans la dissémination de la tuberculose. Elle explique comment s'effectue la contamination dans les étables ; elle montre comment peut se réaliser l'infection du lait de vache, même celui des vaches saines, par des particules de matières fécales au cours de la traite et, pour ce qui concerne l'espèce humaine, elle appelle toute notre attention sur la nocuité possible des aliments (en particulier des légumes cultivés dans les champs et les jardins où se pratique l'épandage), des linges, des vêtements et des objets de toute sorte souillés par les déjec-

(1) *Deuts. med. Woch.*, 1913, n° 3.
(2) *K. k. Arbeiten*, 54ᵉ vol., 1913, p. 1 (fasc. 1).

tions de tuberculeux ou de porteurs de bacilles, apparemment sains.

C'est incontestablement surtout par ce mécanisme que la tuberculose se propage dans les fermes, dans les habitations rurales, dans les agglomérations denses et souvent malpropres (asiles d'aliénés, prisons, etc.) et aussi parmi les populations indigènes des pays exotiques chez lesquelles le virus est importé par les commerçants et les voyageurs provenant des régions anciennement contaminées.

RECHERCHE D'UNE SOLUTION PUREMENT MINÉRALE

CAPABLE

D'ASSURER L'ÉVOLUTION COMPLÈTE DU MAIS

CULTIVÉ A L'ABRI DES MICROBES

par P. MAZÉ.

Les solutions que j'ai employées jusqu'ici pour la culture du maïs comprenaient 11 corps simples : Az, P, K, S, Ca, Mg, Fe, Si, Zn, Mn; elles renfermaient en outre Na dont l'utilité reste encore à démontrer.

Dans ce milieu préparé sans un souci particulier de la pureté de l'eau et des composés qui y entrent, on peut observer le développement complet du maïs; mais si on choisit avec quelque soin les produits commerciaux dont on fait usage, et si on emploie, en outre, de l'eau distillée d'une pureté convenable, on constate que la plante ne peut pas achever son cycle évolutif dans une solution ainsi épurée (1).

Aux 11 corps simples qui forment les solutions ordinaires, il est donc nécessaire d'adjoindre un ou plusieurs éléments qu'il s'agit de découvrir.

Il est vraisemblable que ces derniers figurent au nombre de ceux dont l'utilité a été déjà admise.

A ce titre, l'*aluminium*, *le bore*, *le fluor*, *l'iode et l'arsenic* se signalent plus particulièrement à l'attention.

Pour aborder cette question très simple, mais matériellement difficile à résoudre, il était indispensable de préparer d'assez grandes quantités de sels d'une pureté aussi parfaite

(1) P. MAZÉ, Influences respectives des éléments de la solution minérale sur le développement du maïs. *Annales de l'Institut Pasteur*, janvier 1914, t, XVIII, p. 100.

que possible. J'ai confié ce soin à la maison Poulenc et C¹ᵉ qui a bien voulu en charger un de ses plus habiles spécialistes. Ce dernier s'est acquitté de sa tâche avec succès ; c'est la plante, réactif vivant plus sensible que les réactifs chimiques, qui l'a clairement démontré comme on va le voir.

Deux moyens se présentent maintenant pour atteindre le but proposé.

L'un consiste à prendre comme point de départ la solution minérale composée des 11 éléments connus, et à l'additionner des corps simples que j'ai énumérés plus haut, en les groupant convenablement. On est conduit ainsi à réaliser un grand nombre d'essais. Il est inutile de songer à entreprendre une tâche aussi lourde. Dans la pratique, la besogne se simplifie : une solution nutritive à laquelle il ne manque que quelques éléments rares permet à la plante d'acquérir un certain développement. L'addition d'un ou de plusieurs de ces éléments produit invariablement des effets utiles. C'est cette amélioration graduelle des résultats qui rend la méthode applicable.

L'autre moyen est plus rationnel et aussi plus direct. Il revient à introduire, dans la solution nutritive constituée par les 11 éléments connus, tous ceux que l'on suppose indispensables à la plante et à préparer d'autres solutions qui ne diffèrent de la précédente que par l'absence d'un des corps additionnels. Si le corps retranché est utile, ou indifférent, ou nuisible, la plante pousse moins bien, ou aussi bien ou mieux que dans la solution complète.

J'ai eu recours aux deux méthodes ; mais j'ai accordé la préférence à la première dans les expériences d'approche.

J'ai suivi, d'autre part, les progrès de la végétation en évaluant à diverses reprises les poids de solutions utilisées par la plante. Les chiffres ainsi obtenus donnent des indications très utiles, car ils mesurent assez exactement l'activité de la plante et permettent d'établir un parallèle entre les diverses solutions nutritives, sans mettre fin aux expériences.

En dehors des résultats visés qui découlent directement des essais que j'ai réalisés suivant le programme que je viens de définir, j'ai eu l'occasion de faire quelques observations qui m'ont conduit à reprendre l'étude de l'influence de l'humus sur le développement du maïs. Cette question fera l'objet du second chapitre de ce travail.

J'ai examiné, enfin, dans un troisième et dernier chapitre, les relations de la solution nutritive avec l'oxygène de l'air.

Dans une solution envahie par un lacis serré de racines et de radicelles qui immobilisent le liquide à la façon d'un coagulum, la pénétration de l'oxygène est difficile; sa consommation y est cependant très rapide. Le milieu est donc vraisemblablement réducteur. Cette circonstance n'est pas sans influence sur la marche de la végétation, en ce sens que les composés ferreux, par exemple, dont la toxicité est connue, conservent indéfiniment leur état chimique, et sont absorbés sous cette forme. Il ne suffit pas d'offrir à la plante tous les corps indispensables à son évolution, il est encore nécessaire de les présenter sous la forme la plus favorable. Comme le degré d'aération du milieu de culture peut modifier l'état de quelques-uns de ses constituants, son étude s'impose tout naturellement, lorsqu'on se propose d'établir la composition d'une solution purement minérale, capable d'assurer le développement d'une plante aussi bien, sinon mieux, que les sols les plus fertiles.

I

PREMIÈRE SÉRIE D'EXPÉRIENCES

Une question préliminaire se pose dès qu'on aborde le côté expérimental du problème : c'est celle qui a trait au degré de concentration auquel il convient d'offrir à la plante les corps complémentaires dont je vais examiner les propriétés nutritives.

J'ai débuté par des concentrations exagérées, car il convient de déterminer avant tout la tolérance du végétal vis-à-vis d'éléments tels que le fluor, l'iode, etc..., qui figurent d'ordinaire parmi les antiseptiques.

Dans une première série de cultures j'ai étudié l'aluminium,

le bore, le fluor et l'iode, employés sous les formes et aux concentrations suivantes.

Sulfate d'aluminium	$\dfrac{1}{50\ 000}$
Borate de sodium	$\dfrac{1}{50\ 000}$
Fluorure de sodium	$\dfrac{1}{50\ 000}$
Iodure de potassium	$\dfrac{1}{50\ 000}$

Cette série de cultures contenait 6 lots de 4 plantes placées
dans des flacons de 4 à 5 litres de capacité.

Le lot I poussait dans la solution composée des 11 éléments
connus, préparée avec de l'eau distillée et des corps chimiquement purs.

Comme aliment azoté, j'ai employé le nitrate de sodium
parce que c'est ce composé que j'ai étudié avec le plus de soin
dans ses rapports avec le développement complet du maïs (1).

La solution du lot I que j'appellerai solution P, pour abréger,
a donc la composition suivante (2) :

Nitrate de sodium	0 gr. 5
Phosphate de potassium (3)	0 gr. 5
Sulfate de magnésium	0 gr. 1
Sulfate ferreux	0 gr. 05
Silicate de potassium	0 gr. 02
Chlorure de zinc	0 gr. 02
Chlorure de manganèse	0 gr. 02
Carbonate de calcium	1 gr. 5
Eau distillée	1 000 gr.

Le lot II a été cultivé dans la solution P, additionnée de
bore B, de fluor F, d'iode I.

Le lot III a végété dans la solution P additionnée de bore,
d'iode, d'aluminium Al et de fluor.

____

(1) P. Mazé, Recherches de physiologie végétale (3e mémoire) : Rôle de
l'eau dans la végétation. *Annales de l'Institut Pasteur*, t. XXVII, p. 1093 ; —
(4e mémoire) : Influences respectives des éléments de la solution minérale
sur le développement du maïs.

(2) Les sels sont pesés dans une capsule de platine et dissous directement
dans un bocal en verre de 30 litres de capacité où l'on prépare les solutions
nutritives.

(3) Le phosphate de potassium est composé par parts égales de phosphate
mono- et bipotassique.

Le lot IV a reçu la même solution que le lot III ; mais la moitié de l'azote a été offerte à l'état de chlorure d'ammonium.

Le lot V constitue un premier lot témoin T_1 ; il a poussé dans une solution préparée avec de l'eau de source et des sels purs *du commerce*, comprenant tous les composés de la solution P.

Le lot VI est un second lot témoin T_2 ; il a reçu la même solution que lot V, et en outre les 4 corps additionnels, B, 1, Al, F ; ce lot doit établir, par comparaison avec le lot V, l'influence de la modification apportée à la composition de la solution ordinaire du lot témoin T_1, sur le développement du maïs.

Ces divers lots n'ont pas été conservés au complet pendant toute la durée de l'expérience. Quand les plantes eurent atteint un certain développement et fait ressortir approximativement la valeur relative des diverses solutions nutritives, on a supprimé 2 ou 3 plantes dans chaque lot pour ne conserver que les mieux venues. C'est la nécessité de multiplier les essais et de varier les conditions de culture avec un outillage restreint et un emplacement limité qui a dicté ces mesures.

La photographie (fig. 1), prise après 41 jours de culture, montre l'état de la végétation d'après un représentant de chacun des 6 lots.

L'expérience a pris fin au moment où les témoins étaient en pleine floraison. Elle a duré 66 jours. Les résultats sont consignés dans le tableau I.

Tableau I (fig. 1).

DÉSIGNATION DES PLANTES	POIDS SEC des PLANTES en grammes	EAU ÉVAPORÉE par la PLANTE ENTIÈRE en grammes	EAU ÉVAPORÉE par kilogr. de MATIÈRE SÈCHE en kilogr.
Lot I	Ne s'est pas développé.		
Lot II (B + 1)	7,29	1 276	175,0
Lot III (B + 1 + Al + Fl) . . .	9,72	1 809	186,1
Lot IV *Id.*	3,24	392	121,0
Lot V, T_1 : { Nº 1.	25,92	3 288	126,8
Nº 2.	27,063	3 6.0	134,8
Lot VI, T_2 : { Nº 1.	14,13	1 957	138,5
Nº 2.	13 95	1 880	134,7

Les conclusions suivantes découlent de ces chiffres :

1° Les plantes du lot I ne se sont pas développées; la mieux venue, représentée dans la figure 1, est restée stationnaire jusqu'à la fin de l'expérience (1).

2° L'addition de bore et d'iode à la solution P a amélioré sensiblement ses qualités nutritives (lot II).

3° L'aluminium et le fluor ajoutés à la solution du lot II favorisent aussi le développement de la plante (lot III).

4° Les résultats fournis par les témoins T_1 et T_2 montrent, en outre, que l'introduction des 4 éléments nouveaux dans la solution P, constituée par de l'eau distillée et des sels ordinaires, gêne fortement le développement du maïs. Ces 4 éléments ont donc été offerts à une concentration trop élevée.

5° Tous les lots à l'exception de I et V ont présenté un accident de végétation imputable à l'iode. Cet accident se manifeste par la formation sur les feuilles de petites taches de couleur jaune qui constituent autant d'ulcères dont le centre ne tarde pas à se dessécher. Il a sévi plus fortement chez la plante du lot IV dont le poids sec est bien inférieur à celui de la plante du lot III. On doit donc admettre que le remplacement de la moitié de l'azote nitrique par une quantité équivalente d'azote ammoniacal, à l'état de chlorure d'ammonium, a modifié la solution nutritive dans un sens défavorable; le résultat, inattendu, est dû vraisemblablement à une sensibilité particulière des plantes alimentées par des solutions rigoureusement minérales. J'aurai l'occasion de constater cet état physiologique à diverses reprises au cours de ces recherches, et c'est pour en découvrir les causes que je serai conduit à reprendre l'étude de l'influence de l'humus, sur l'absorption des substances minérales nécessaires à la plante.

6° Les substances minérales que le verre peut céder à la solution ou même directement à la plante n'ont exercé aucune action sur le développement du maïs, puisque les plantes du lot n° I n'ont pas évolué. Ce fait est intéressant parce qu'il

____

(1) Si on compare ce résultat à celui que donne la solution préparée avec de l'eau distillée et des sels purs du commerce (P. Mazé, *loc. cit.*), on doit admettre que les composés préparés spécialement en vue des recherches actuelles ne laissent rien à désirer quant à leur pureté.

428   P. MAZÉ

montre qu'il [n'y a pas lieu de se préoccuper] des causes

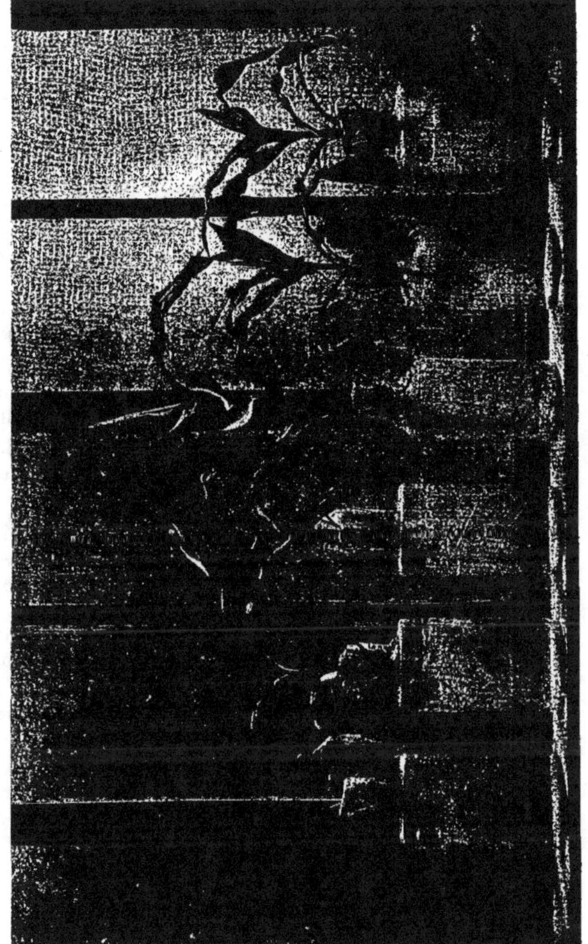

d'erreur imputables aux éléments minéraux du verre.

Parmi ces conclusions, il y en a quelques-unes qui méritent de retenir l'attention.

C'est d'abord la première. On pouvait s'attendre à observer un commencement d'évolution chez les plantes du lot I. Les racines seules ont pris un développement exagéré : les organes aériens sont restés jusqu'à la fin de l'expérience dans l'état où ils se trouvaient au moment où les plantules ont été placées dans les flacons.

Une deuxième expérience réalisée dans la suite a confirmé ces résultats. Une troisième, faite avec des graines provenant d'un autre épi, a permis d'observer une faible évolution des organes aériens avec une tendance marquée à la ramification. Ce dernier caractère a été déjà observé chez des plantes cultivées dans la même solution préparée avec de l'eau distillée et des sels ordinaires, mais privée de zinc (1). Ce milieu ne renfermait évidemment que des traces de bore, d'aluminium, de fluor et d'iode à titre d'impuretés et quelques-uns d'entre eux y faisaient sans doute complètement défaut. Le zinc n'était pas le seul élément absent. L'analogie des résultats concorde avec la similitude des conditions de milieu.

Ces faits tendent à prouver que la graine ne renferme pas nécessairement tous les éléments minéraux que la plante met en œuvre. C'est la conclusion complémentaire qui se dégage des résultats fournis par les plantes du lot I.

La conclusion 3, relative aux plantes du lot III, réclame aussi quelques explications. Le maïs qui représente ce lot a conservé longtemps une avance sensible sur les plantes témoins T_2. On peut constater sur la figure 1 qu'il est, en effet, aussi bien venu que ces dernières, et l'eau évaporée respectivement par les trois plantes au moment où elles ont été photographiées le prouve clairement, comme on peut le vérifier sur les chiffres suivants :

DÉSIGNATION DES PLANTES	EAU ÉVAPORÉE en grammes EN 41 JOURS
Lot III (B + I + Al + F)	1 067
Lot VI { Nᵒ 1	882
Lot VI { Nᵒ 2	747

(1) P. Mazé, *loc. cit.* (4ᵉ mémoire).

A partir de cette époque, l'évolution de la plante s'est ralentie et les feuilles ont été atteintes d'iodisme. Les témoins T_2 ont continué de progresser et ont sensiblement dépassé la plante du lot III à la fin de l'expérience. Leurs feuilles portaient aussi les signes d'une dégénérescence qui consistait en un panachage formé de bandes longitudinales inégalement colorées.

Le fait qu'ils ont mieux supporté que la plante du lot III l'influence nocive des 4 éléments additionnels doit être retenu.

DEUXIÈME SÉRIE D'EXPÉRIENCES

La deuxième série d'expériences a débuté 18 jours après la mise en train de la première. Les résultats de celle-ci n'étaient donc pas encore acquis ; on pouvait constater pourtant que l'aluminium, le bore, le fluor et l'iode avaient été fournis en excès.

J'ai tenu compte de cette indication et j'ai modifié en même temps la liste des éléments à examiner en remplaçant le fluor par l'arsenic.

Les quatre corps en question ont été introduits dans la solution P, sous les formes et aux concentrations suivantes :

Al	Sulfate d'aluminium	$\dfrac{1}{50\ 000}$
B	Borate de sodium	$\dfrac{1}{100\ 000}$
I	Iodure de potassium	$\dfrac{1}{100\ 000}$
As	Arséniate de sodium	$\dfrac{1}{100\ 000}$

Ils ont été groupés de manière à former avec la solution P quatre milieux différents correspondant à quatre lots de chacun trois plantes :

Le lot   I a reçu la solution   P + B + Al.
Le lot II   —   B + As.
Le lot III   —   B + Al + As.
Le lot IV   —   B + Al + As + I.

A ces lots on a adjoint trois lots témoins :

le lot V qui a été cultivé dans la solution P préparée avec de l'eau de source et des sels ordinaires ;

le lot VI qui a végété dans le même milieu que le lot V additionné de B, Al, I et As ;

le lot VII dont la solution nutritive a la même composition que celle du lot VI, avec cette différence qu'elle a été faite avec de l'eau de source et des sels chimiquement purs.

Le lot V comprenait 7 plantes, dont 6 se sont bien développées ; les deux derniers n'en comptaient que 3 chacun.

Toutes les plantes de cette série d'expériences ont été placées dans des flacons de 4 à 5 litres de capacité.

Pour mieux matérialiser les progrès de la végétation, j'ai eu recours à l'image et à l'évaluation des poids de solution utilisés par les plantes.

Quelques jours après le début de l'expérience, les plantes des lots I, II et III dénotaient déjà un retard sensible sur celles des autres lots, et il devenait évident qu'elles n'atteindraient pas un bien grand développement; c'est pour cela que je n'ai conservé encore que le plant le mieux venu dans chacun de ces trois lots.

Au 36° jour d'expérience, les lots témoins avaient déjà formé quelques feuilles ; on a pesé les flacons et on a calculé les poids de solution évaporée (tableau II).

Tableau II.

DÉSIGNATION DES PLANTES	EAU ÉVAPORÉE au 36° jour D'EXPÉRIENCE
Lot IV, plante n° 1.	366 gr.
Lot V, plante n° 1.	613
— n° 2.	355
— n° 3.	684
— n° 4.	520
— n° 5.	650
— n° 6.	532
Lot VI, plante n° 1.	370
— n° 2.	655
— n° 3.	620
Lot VII, plante n° 1.	695
— n° 2.	613
— n° 3.	488

Le départ de la végétation s'est effectué dans les trois lots témoins avec une grande régularité ; mais cette uniformité ne se maintient pas longtemps.

        P. MAZÉ

Au 56ᵉ jour d'expérience, on photographie quelques plantes de chacun des lots, de façon à fixer l'état des cultures.

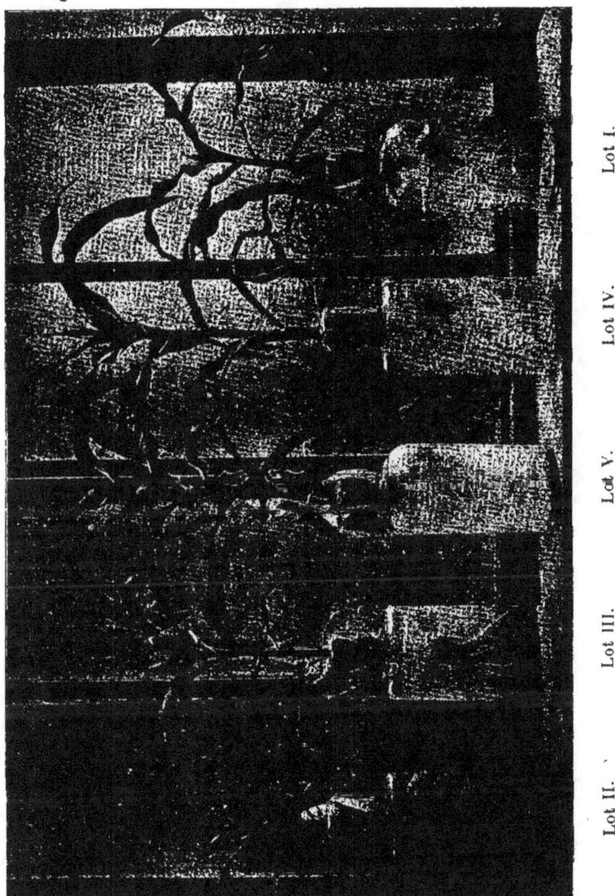

Dans la figure 2, on a groupé 5 plantes représentant les 5 lots I, II, III, IV et V

La figure 3 reproduit les mêmes plantes des lots IV et V,
avec 2 plantes appartenant l'une au lot VI, l'autre au lot VII.

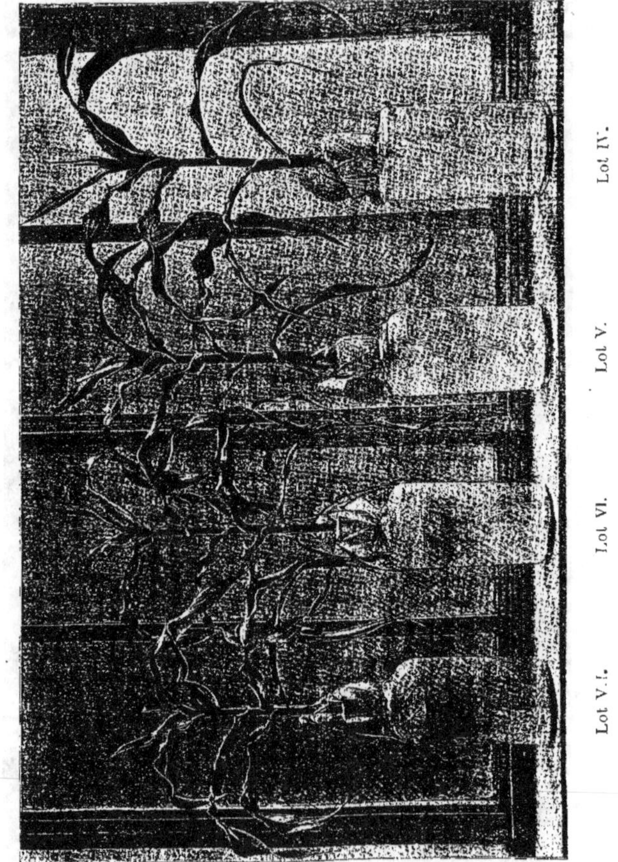

La figure 4 comprend six témoins, empruntés par couple
aux trois lots V, VI et VII.

Les chiffres du tableau III, qui expriment les poids de solu-

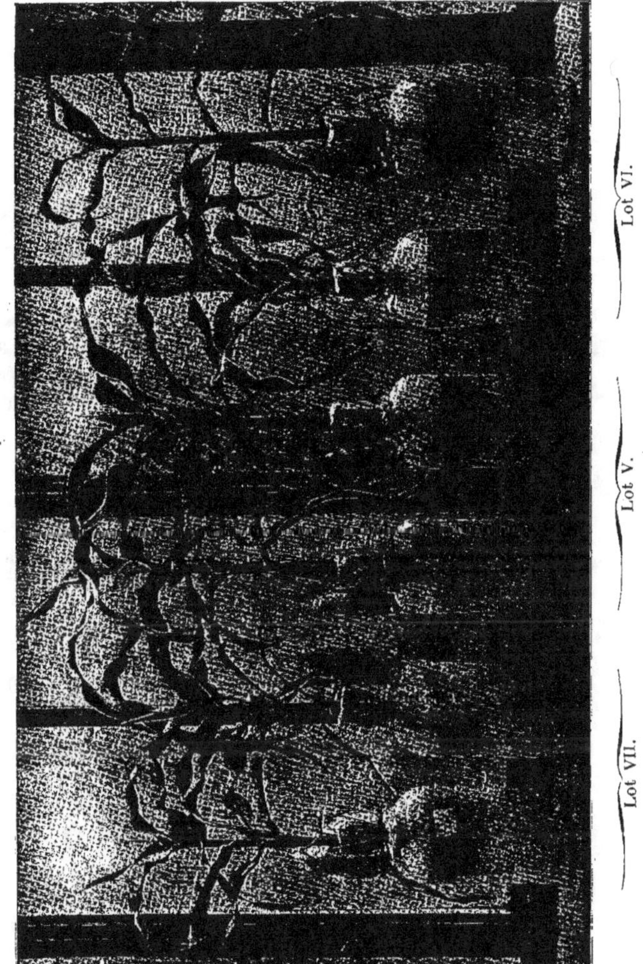

tion utilisés par les plantes photographiées, complètent les

renseignements concernant la valeur comparative des solutions
employées.

Tableau III.

DÉSIGNATION DES PLANTES	EAU ÉVAPORÉE en grammes
Lot I, plante nº 1.	455
Lot II, — nº 1.	460
Lot III, — nº 1.	733
Lot IV, — nº 1. . . . . , ...	1 304
Lot V, — nº 1.	2 154
— nº 2.	1 968
Lot VI, plante nº 2.	1 413
— nº 3.	1 627
Lot VII, plante nº 2. . . . . . ·	1 189
— nº 3.	1 163

Les conclusions qui découlent de l'examen des figures 2, 3
et 4 et des chiffres du tableau III se dessinent déjà avec
netteté ; elles vont pourtant se modifier par la suite ; je
m'abstiendrai donc de les détailler pour le moment.

La photographie (fig. 5), prise le 73ᵉ jour de l'expérience,
montre en effet que l'un des témoins du lot V, le moins beau il
est vrai, qui avait sur la plante du lot IV une avance considérable au 36ᵉ jour de culture (V. tableau II), doit être maintenant en retard sur cette dernière: Cette assertion se justifie
par les chiffres du tableau IV, où j'ai réuni les poids de solution
utilisés par les plantes de la figure 1 et par un représentant de
chacun des lots VI et VII.

Tableau IV.

DÉSIGNATION DES PLANTES	EAU ÉVAPORÉE PAR LES PLANTES en 73 jours
Lot I, plante nº 3	2 769 gr.
Lot II, — nº 1 . . . . ·	1 350
Lot III, — nº 2 . . . . ·.	2 358
Lot IV, — nº 2	4 856
Lot V, — nº 3	4 758
Lot VI, — nº 3 . . . . ·	3 952
Lot VII, — nº 1 . . . . · . . .	3 608

La comparaison de ces chiffres à ceux du tableau III met en
évidence quelques faits intéressants.

Le plus frappant, je le répète, c'est l'avance que la plante du lot IV acquiert sur tous les témoins notés dans ce tableau.

Les plantes des lots VI et VII, dont le développement indique

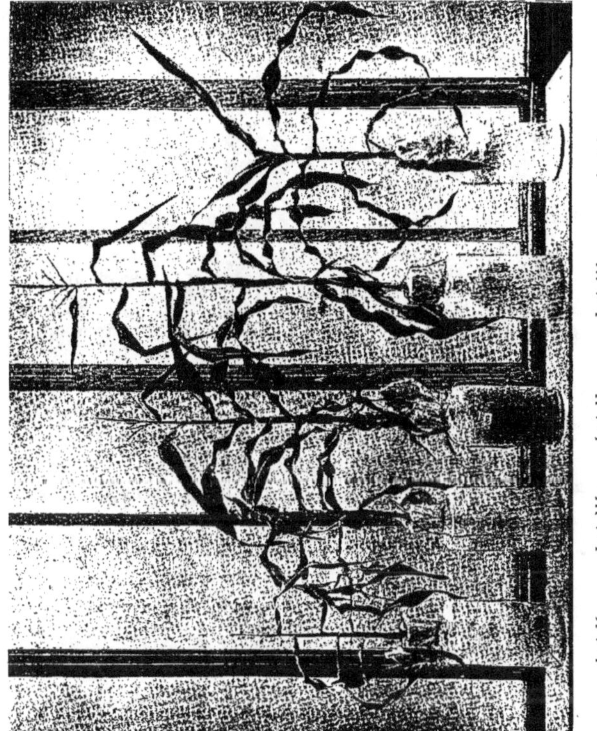

clairement que les 4 éléments nouveaux incorporés au liquide nutritif sont offerts à une concentration trop élevée, ont été arrêtées après 77 jours de culture.

Les plantes des autres lots ont été maintenues en observation jusqu'au 90e jour d'expérience.

J'ai réuni dans le tableau IV les résultats qui se rapportent plus particulièrement à la question à l'étude.

Tableau V.

DURÉE de L'EXPÉRIENCE en jours	DÉSIGNATION des PLANTES	POIDS SEC des PLANTES en grammes	EAU ÉVAPORÉE EN KILOGR.	
			par la PLANTE entière	par kilogr. DE MATIÈRE SÈCHE élaborée
90	Lot I, plante n° 3	23,85	5,093	213,5
90	Lot II, — n° 1	9,98	2,300	230,4
90	Lot III, — n° 2	16,48	3,913	237,4
90	Lot IV, — n° 4	36,62	7,514	205,1
90	Lot V, — n° 4	43,10	9,278	215,1
77	Lot VI, — n° 2	18.16	3,867	209,4
77	Lot VI, — n° 3	18,51	4,296	232,0
77	Lot VII, — n° 1	19,70	3,993	202,6
77	Lot VII, — n° 3	23,75	3,702	155,8

Les conclusions suivantes découlent des chiffres de ce tableau :

1° Le bore, l'aluminium et l'iode exercent une influence favorable sur le développement du maïs.

2° L'arsenic s'est montré nuisible, comme l'indiquent les plantes des lots II et III.

3° Les composés additionnels ont été employés à une concentration trop forte, puisque les plantes des lots VI et VII ont présenté un retard prononcé sur celles du lot V, pendant toute la durée de l'expérience.

4° La solution qui a alimenté la plante du lot IV semble satisfaire aux besoins du maïs.

TROISIÈME SÉRIE D'EXPÉRIENCES

La troisième série d'expériences comporte l'étude des 5 corps additionnels ; les conclusions de la 2ᵉ série, qui n'étaient pas acquises au moment où j'ai mis en train la 3ᵉ série, ne justifient pas l'élimination du fluor ; il est possible, au contraire, que sa présence ait permis à la plante du lot IV (2ᵉ série, tableau IV) d'atteindre le poids du maïs témoin du lot V. J'en ai donc repris l'étude concurremment avec celle des 4 éléments examinés dans la 2ᵉ série.

L'expérience a été réalisée, suivant la deuxième des méthodes indiquées au début de ce mémoire.

On a constitué une solution complète (P+5) qui est toujours composée de la solution P, additionnée de 5 éléments complémentaires.

J'ai adopté pour ces derniers les concentrations ci-dessous, afin de tenir compte des indications fournies par les cultures précédentes.

As Arséniate de sodium . . . . $\dfrac{1}{500\ 000}$

F Fluorure de sodium . . . . $\dfrac{1}{500\ 000}$

Al Sulfate d'aluminium. . . . . $\dfrac{1}{100\ 000}$

B Borate de sodium . . . . $\dfrac{1}{250\ 000}$

I Iodure de potassium . . . . $\dfrac{1}{250\ 000}$

En supprimant dans la solution P+5 un des éléments complémentaires, on a préparé 5 milieux différents qui ont servi à cultiver autant de lots de plantes.

Un 7ᵉ lot a reçu une solution nutritive préparée avec de l'eau de source et des composés purs ordinaires du commerce, à l'exception des éléments complémentaires. Je me suis dispensé de recourir à d'autres lots témoins correspondant aux lots VI et VII de la 2ᵉ série d'expériences, parce que le degré de dilution extrême auquel les éléments complémentaires ont été portés n'exige pas cette précaution.

La 3ᵉ série d'expériences comprenait donc 7 lots de plantes, cultivés respectivement dans les milieux suivants :

Lot   I (P + 5). . . .   Solution P additionnée des 5 éléments complémentaires.
Lot   II (— F). . . . .   Solution (P + 5) privée de fluor.
Lot III (— As). . . .   —   privée d'arsenic.
Lot IV (— B) . . . .   —   privée de bore.
Lot   V (— Al) . . . .   —   privée d'aluminium.
Lot VI (— I). . . . .   —   privée d'iode.
Lot VII (témoin) . . . Solution P ordinaire à l'eau de source.

Les lots I et III comprenaient chacun 5 plantes dont 3 étaient placées dans des flacons de 4 à 5 litres, et 2 dans des flacons de 2 litres.

Le lot II en comptait 7 : 2 dans des flacons de 4 à 5 litres, 5 dans des flacons de 2 litres

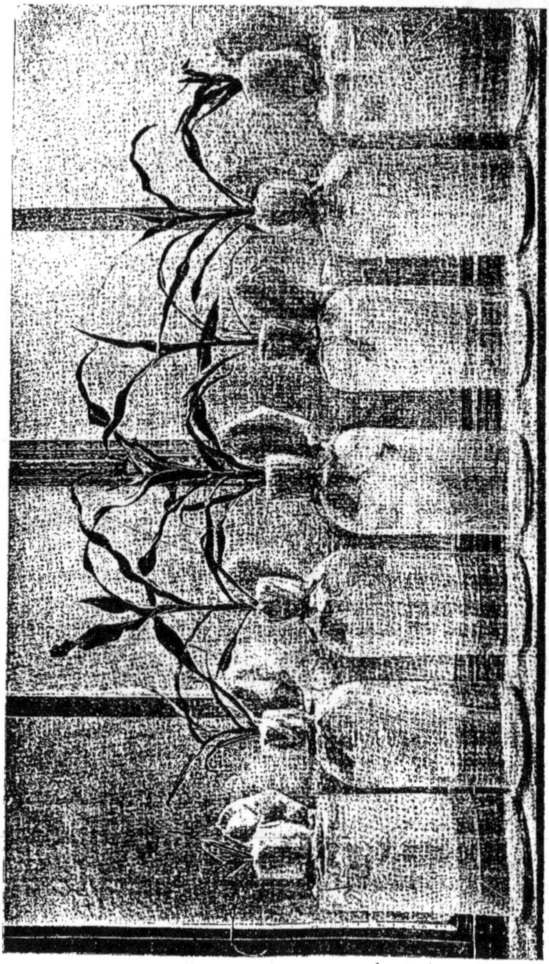

Fig. 6.

Lot II. Lot V. Lot VII. Lot III. Lot VI. Lot IV. Lot I.

Les lots IV et V comptaient chacun 4 plantes réparties par moitié dans les deux sortes de flacons.

Le lot VI était composé de 3 plantes : 1 dans un grand flacon, 2 dans des flacons de 2 litres.

Le lot VII comprenait 4 plantes, toutes placées dans des grands flacons.

Dans chaque lot, les plantes sont numérotées de 1 à 3, 4, 5 ou 7, suivant le nombre de plantes, les chiffres les plus faibles étant attribués aux grands flacons.

Les lots IV, V, VI et VII ont été mis en flacons 3 jours après les 3 premiers.

Les plantes de ces divers lots se sont développées avec une régularité satisfaisante.

Leurs progrès ont été fixés par l'image et déterminés approximativement par l'évaluation des poids de solution utilisés par chaque plante.

La figure 6 compte 7 plantes représentant les 7 lots ; on a photographié les mieux venues parmi celles qui sont placées dans des grands flacons.

Dans la figure 7, on a groupé les plus avancées parmi celles qui végètent dans des flacons de 2 litres ; cette photographie ne comprend que 6 plantes, puisque le lot témoin ne comporte pas de petits flacons.

Les deux photographies ont été prises le 32e jour de l'expérience, en ce qui concerne les 3 premiers lots ; les 4 derniers n'avaient encore que 29 jours de culture ; on remarquera qu'elles n'ont pas été faites à la même échelle.

Les poids du liquide évaporé par chacune des plantes jusqu'au moment où elles ont été photographiées sont les suivants :

Tableau VI.

DÉSIGNATION DES PLANTES	EAU ÉVAPORÉE en grammes
Plantes de la figure 6.	
Lot I (P + 5) . . Plante n° 1	175
Lot II (— Fl). . . Plante n° 1	193
Lot III (— As). . . Plante n° 2	415
Lot IV (— B) . . . Plante n° 2	125
Lot V (— Al). . . Plante n° 2	165
Lot VI (— I) . . . Plante n° 2	198
Lot VII (témoin). . Plante n° 4	204

Fig. 7.

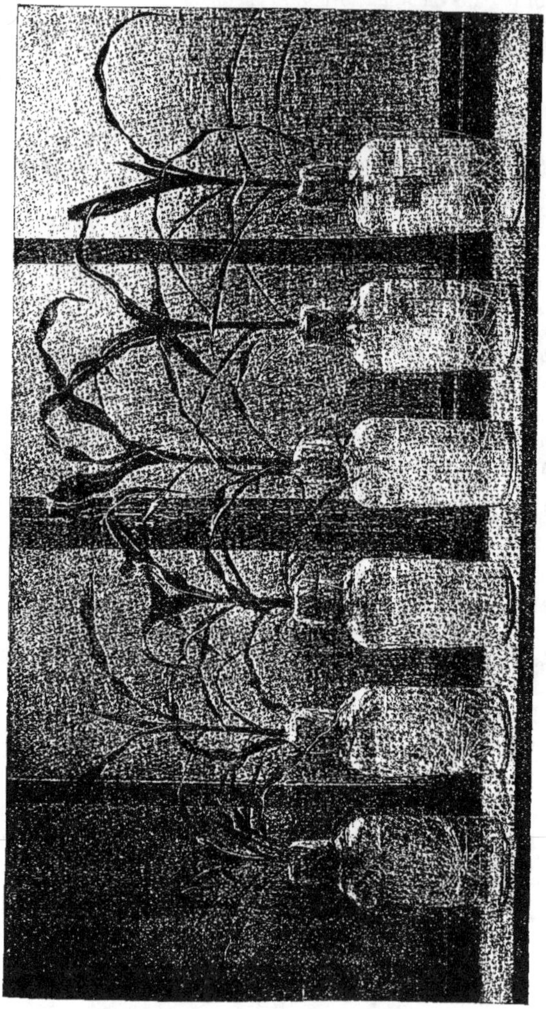

Lot I.

Lot VI.

Lot II.

Lot III.

Lot V.

Lot IV.

Tableau VI *(suite)*.

DÉSIGNATION DES PLANTES	EAU ÉVAPORÉE en grammes
Plantes de la figure 7.	
Lot I (P + S) . . . Plante nᵒ 3	270
Lot II (— Fl) . . . . Plante nᵒ 4	328
Lot III (— As) . . . Plante nᵒ 5	377
Lot IV (— B) . . . . Plante nᵒ 4	137
Lot V (— Al) . . . . Plante nᵒ 4	198
Lot VI (— I) . . . . Plante nᵒ 4	232

Des différences assez accusées s'observent déjà entre les plantes, suivant les milieux qui les alimentent. On remarquera, en outre, que les plantes placées dans les petits flacons se développent plus vite et plus régulièrement que celles qui végètent dans les grands flacons. Dans les premiers récipients, les racines atteignent en effet plus rapidement le dépôt où elles puisent, grâce à l'action dissolvante de leurs excrétions, les éléments insolubles indispensables à la plante.

On évalue de nouveau, à deux reprises différentes, au 37ᵉ et au 40ᵉ jour de l'expérience, les pertes de poids produites par la transpiration. Les différences entre les deux séries de chiffres donnent le poids de l'eau évaporée pendant les 3 jours écoulés entre les deux opérations (tableau VII).

Quelques vides existent dans chaque lot, principalement parmi les plantes des grands flacons.

L'influence de chacun des 5 éléments qui nous intéressent ressort clairement des chiffres du tableau VII.

Le bore, l'aluminium, le fluor et l'iode sont utiles ; leur degré d'utilité apparente les classe dans l'ordre où je les ai énumérés.

L'arsenic est nuisible.

La solution complète cherchée semble donc devoir être constituée par la solution P, additionnée des 4 éléments dont l'utilité s'accuse de plus en plus.

Si on compare les quantités de solution mises en œuvre par les plantes des lots III et VII, on en déduit en effet que les plantes du lot III possèdent sur les témoins une avance marquée.

Tableau VII.

DÉSIGNATION DES PLANTES		EAU ÉVAPORÉE au 37ᵉ jour DE L'EXPÉRIENCE en grammes	EAU ÉVAPORÉE au 40ᵉ JOUR en grammes	EAU ÉVAPORÉE dans l'intervalle des DEUX PESÉES
Lot I (P + 5). .	Nᵒ 1	240	»	»
	Nᵒ 3	672	1 147	475
	Nᵒ 5	469	886	417
Lot II (— F) . . .	Nᵒ 1	340	»	»
	Nᵒ 3	580	825	245
	Nᵒ 4	645	997	352
	Nᵒ 6	427	652	225
	Nᵒ 7	420	643	223
Lot III (— As). .	Nᵒ 1	646	1 188	542
	Nᵒ 2	987	1 798	811
	Nᵒ 3	772	1 180	408
	Nᵒ 5	811	1 267	456
Lot IV (— B) . . .	Nᵒ 2	220	»	»
	Nᵒ 4	275	454	179
Lot V (— Al). . .	Nᵒ 1	242	»	»
	Nᵒ 2	390	»	»
	Nᵒ 3	345	635	290
	Nᵒ 4	426	750	324
Lot VI (— I) . . .	Nᵒ 2	470	»	»
	Nᵒ 3	442	747	305
	Nᵒ 4	540	885	345
Lot VII (témoin). .	Nᵒ 1	590	1 063	473
	Nᵒ 4	519	989	470

Il résulte enfin des chiffres de la dernière colonne du tableau VII, que les progrès des plantes des petits flacons, plus importants au début, sont maintenant moins rapides que ceux des maïs qui végètent dans les grands flacons.

Les solutions nutritives des petits flacons sont fortement. appauvries, et le moment est venu d'arrêter les cultures qu'elles alimentent, afin de mettre en relief les qualités nutritives des milieux examinés par les différences de poids de matière végétale élaborée.

L'expérience a donc pris fin, pour les plantes des petits flacons, au bout de 48 jours.

Les plantes des grands flacons, pourvues de solution d'entretien, continuent à se développer.

Le 49° jour de l'expérience, on photographie une seconde
fois un représentant de chacun des lots II, III, V, VI et VII.

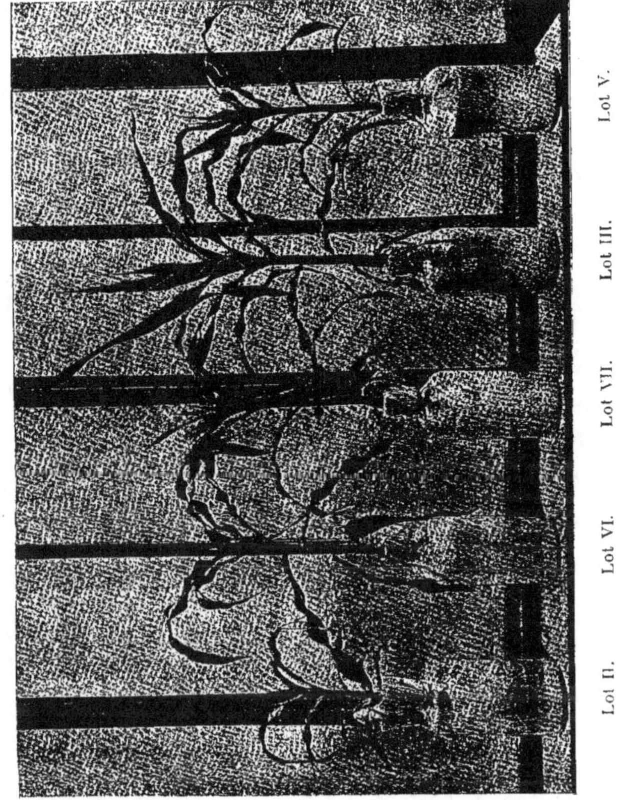

Les plantes des lots I et IV, restées languissantes, ne sont
pas représentées dans la figure 8.

Les poids de solution évaporés par les plantes de la figure 8,
depuis le début de l'expérience jusqu'au moment où on les a
photographiées, sont les suivants :

Tableau VIII.

DÉSIGNATION DES PLANTES		EAU ÉVAPORÉE par CHAQUE PLANTE en grammes
Lot II (— Fl). . .	Plante nº 1	795
Lot III (— As) . .	Plante nº 2	3 022
Lot V (— Al). . .	Plante nº 2	1 620
Lot VI (— I) . . .	Plante nº 2	1 561
Lot VII (témoin). .	Plante nº 3	1 840

Ces 5 plantes sont les mieux venues de celles qui constituent les 5 lots qu'elles représentent.

L'expérience s'est poursuivie encore pendant 26 jours ; elle a donc duré 75 jours. Elle a pris fin peu de temps après la floraison des plantes ; l'évolution des épis femelles a été contrariée par le mauvais temps ; les graines ne se sont pas développées ni chez les plantes du lot III, ni chez les témoins (lot VII).

Toutes celles qui étaient alimentées par des solutions renfermant de l'iodure de potassium ont présenté des accidents d'iodisme bénins et très tardifs. Il sera donc nécessaire d'abaisser la concentration de l'iodure de potassium à 1/500.000.

J'ai réuni, dans le tableau IX, les résultats des cultures en petits flacons. Toutes les plantes ne figurent pas dans ce tableau ; celles qui manquent ont servi à d'autres recherches.

Tableau IX.

Cultures en petits flacons. Durée 48 jours.

DÉSIGNATION DES PLANTES		POIDS SEC des PLANTES en grammes	EAU ÉVAPORÉE par LA PLANTE en grammes	EAU ÉVAPORÉE par kilogr. de MATIÈRE SÈCHE en kilogr.
Lot I (P + S) (1).	Plante nº 3	7,205	1 297	180,0
Lot II (— F). . .	Plante nº 3	3,328	918	172,2
Id.	nº 4	5,977	1 130	189,0
Lot III (— As) . .	Plante nº 5	8,826	1 410	159,7
Lot IV (— B) . .	Plante nº 4	3,290	554	168,3
Lot V (— Al) . .	Plante nº 4	4,748	877	184,7
Lot VI (— I) . . .	Plante nº 4	5,575	985	176,6

(1) J'ai fait figurer dans ce tableau, pour représenter le lot I, un plant de maïs qui a poussé dans la même solution que le lot I, additionnée de traces de citrate de sodium et de lactate de calcium. Ce milieu avait été préparé pour un 8ᵉ lot de plantes, de la 3ᵉ série d'expériences ; ce lot a évolué à côté des précédents, dans les mêmes conditions par conséquent, et pendant le

Les résultats fournis par les cultures des grands flacons sont consignés dans le tableau X.

Tableau X.

Cultures des grands flacons. Durée : 75 jours.

DÉSIGNATION DES PLANTES		POIDS SEC des PLANTES en grammes	EAU ÉVAPORÉE par CHAQUE PLANTE en grammes	EAU ÉVAPORÉE par kilogr. de MATIÈRE VÉGÉTALE SÈCHE par kilogr.
Lot I (P + S) . .	Nº 2.	27,390	4 606	168,1
Lot II (— F) . . .	Nº 1.	17,347	3 211	185,1
Lot III (— As) . .	Nº 1.	31,955	5 943	185,9
Id.	Nº 2.	39,170	6 845	174,7
Lot IV (— B) . . .	Nº 2.	Ne s'est pas développé.		
Lot V (— Al) . .	Nº 1.	18,168	3 120	171,7
Id.	Nº 2.	18,990	3 710	195,3
Lot VI (— I) . . .	Nº 2.	27,864	4 441	160,5
Lot VII témoin . .	Nº 1.	34,146	5 666	165,9
Id.	Nº 4.	37,185	6 136	165,0

Les conclusions qui se dégagent des chiffres de ces deux tableaux sont concordantes et doivent être considérées comme définitives :

1º Le bore, l'aluminium, le fluor et l'iode sont indispensables au développement du maïs au même titre que Az, P, K, Ca, Mg, S, Fe, Cl, Si, Mn, Zn ; cela fait en tout 15 corps simples ; le nombre des corps simples qui entrent dans la composition du maïs s'élève donc à 18, en comptant C, H et O, les plus abondants de tous (1).

même temps. Les plantes qui le composent se sont mieux développées que celles du lot I, et ont mieux réussi dans les grands flacons. Le témoin supplémentaire que j'emprunte à ce lot ne vicie pas les conclusions que je déduis de cette expérience, il ne peut même que les renforcer, puisqu'elles établissent la nocivité de l'arsenic.

(1) Voir : A. GAUTIER, Influence du fluor sur la végétation, *Comptes rendus de l'Acad. des Sciences*, t. 160, p. 194. — A. GAUTIER et P. CLAUSMANN, Le fluor dans le règne végétal, *Comptes rendus de l'Acad. des Sciences*, t. 162, p. 105. — H. AGULHON, Présence et utilité du bore chez les végétaux, *Ces Annales*, t. XXIV, p. 321. — P. MAZÉ, Détermination des éléments minéraux rares nécessaires au développement du maïs, *Comptes rendus de l'Acad. des Sciences*, t. 160, p. 211.

II

INFLUENCE
DES MATIÈRES ORGANIQUES SUR LE DÉVELOPPEMENT DU MAÏS
CULTIVÉ EN MILIEU PUREMENT MINÉRAL

Les recherches que je viens d'exposer ont mis en évidence des faits que j'ai mentionnés en passant. Dans les solutions purement minérales, les débuts de la végétation sont souvent pénibles; cette particularité nuit à l'homogénéité des lots.

Le développement est plus régulier chez les plantes cultivées dans des solutions préparées avec de l'eau de source ou de l'eau distillée et des sels ordinaires.

On relève aussi une sensibilité plus grande aux accidents d'iodisme chez les maïs qui poussent dans les milieux composés de corps chimiquement purs.

Il semble donc que ces derniers ne possèdent pas encore toutes les qualités qu'on doit leur réclamer.

Leurs défauts ne sont pas imputables à l'absence d'un ou de plusieurs éléments indispensables au maïs, puisque les plantes les mieux venues atteignent des poids aussi élevés que les témoins. On peut d'ailleurs les corriger, dans une certaine mesure, soit en introduisant dans la solution nutritive de petites quantités de sels organiques, soit en transformant le sulfate ferreux en sulfate ferrique. Ce sont les résultats de ces interventions que je vais maintenant résumer, en commençant par les améliorations produites par l'addition de sels organiques à la solution purement minérale.

Les sels organiques que j'ai employés sont, d'une part, le citrate de sodium et le lactate de calcium mélangés par poids égaux; de l'autre, les composés complexes dénommés humus, que j'ai extraits d'un terreau déjà ancien, fortement appauvri en carbone par les combustions dues à des actions microbiennes.

Mis en suspension dans l'eau distillée avec de l'ammoniaque en quantité juste suffisante pour atteindre la réaction alcaline, l'humus a donné ainsi un liquide qui renfermait par centimètre cube 13 milligrammes d'extrait sec, dont 3 milligrammes de cendres.

Chaque plante recevait 10 cent. cubes de ce liquide répartis dans un volume de solution de 4 litres 500 environ.

Comme les cendres apportées par la matière organique peuvent faire varier les résultats, indépendamment de cette matière elle-même, on a cultivé un lot de plantes dans la solution minérale additionnée de 30 milligrammes de cendres d'humus par flacon de 4 litres 500.

Le mélange de citrate et de lactate offert à chaque plante pesait 50 milligrammes.

Ce mélange, de même que l'humus et les cendres ont été fournis une fois pour toutes au début de l'expérience. Les solutions d'entretien ne renfermaient que du nitrate de sodium, du phosphate de potassium et du sulfate de magnésium, à la même concentration que dans la solution initiale complète.

Une première série d'expériences comprenait 5 lots de 3 plantes placées dans les 5 milieux suivants, répartis dans des flacons de 4 litres 500 de capacité environ :

Lot I, témoin des lots II, III et IV : solution purement minérale (P. M.).

Lot II, solution (P. M.) additionnée de 20 milligrammes de lactate de calcium et de 20 milligrammes de citrate de sodium par litre (L. + C.).

Lot III, solution (P. M.) avec 130 milligrammes de matières humiques par flacon (H.).

Lot IV, solution (P. M.) avec 30 milligrammes de cendres d'humus par flacon (C. H.).

Lot V. Solution ordinaire préparée avec de l'eau de source et des sels ordinaires, exception faite des 4 éléments additionnels Al, B, F, I (T). Ce lot remplit le rôle de témoin vis-à-vis du lot I (1).

---

(1) La série comptait un sixième lot pourvu de la même solution que le lot V additionné des 4 corps complémentaires. Les plantes de ce lot sont devenues chlorotiques ; elles m'ont fourni l'occasion d'observer pour la première fois l'accident de végétation dû à la présence du plomb dans l'eau de source et que j'ai décrit sous le nom de chlorose toxique. *Comptes rendus des séances de la Société de Biologie*, t. LXXIX, p. 1059.

J'ai réuni dans le tableau XI les résultats de cette série d'expériences dont la durée a atteint 73 jours.

Chaque lot est représenté seulement par la plante la mieux venue.

Tableau XI.

DÉSIGNATION DES PLANTES	POIDS SEC DES PLANTES en grammes	EAU ÉVAPORÉE par CHAQUE PLANTE en kilogr.	EAU ÉVAPORÉE par kilogr. DE MATIÈRE SÈCHE en kilogr.
Lot I (P. M.) . . .	38,354	6,881	179,4
Lot II (L. + C.). .	39,180	8,699	222,0
Lot III (H.).	38,404	6,930	180,4
Lot IV (C. H.) . . .	39,475	6,891	195,6
Lot V (T.).	37,324	6,635	177,7

Ces résultats montrent que l'influence des acides organiques et de l'humus n'est plus sensible à la fin de l'expérience. Leurs effets ne sont apparents qu'au début de la végétation. Il est vraisemblable qu'ils sont absorbés bien avant la fin de l'expérience.

Il convient donc de comparer les développements des divers lots dès le début des cultures; on y parvient facilement en déterminant les poids de solution nutritive utilisée par chaque plante.

On a donc réalisé une seconde série d'expériences qui n'est que la reproduction de la première avec cette seule différence que l'humus dont on a fait usage a été extrait d'un terreau moins ancien; il ne renfermait que 10 p. 100 de cendres au lieu de 23 p. 100 comme le premier échantillon.

Les 10 cent. cub. s de mélange d'humus et d'eau offerts à chaque plant du lot III (H.) renfermaient 102 milligrammes d'extrait et 10 milligrammes de cendres.

On a évalué l'eau évaporée par chaque plante en 29, 39 et 51 jours : colonnes 2, 3, 4 du tableau XII. Ces trois dates délimitent deux intervalles de 10 et 12 jours, auxquels correspondent les quantités d'eau évaporées inscrites dans les colonnes 5 et 6.

                    P. MAZÉ

Tableau XII.

N^{os} des PLANTES	EAU ÉVAPORÉE EN GRAMMES PENDANT			le 1er intervalle	le 2e intervalle
	29 jours	39 jours	51 jours	10 jours	12 jours
(1)	(2)	(3)	(4)	(5)	(6)
Lot I (M. P.)					
1	591	1181	2151	590	970
2	588	1171	2267	583	1096
3	927	1309	2617	680	1308
Lot II (L. + C.)					
1	715	1560	3196	845	1636
2	1121	2210	4213	1089	2003
3	653	1343	2663	690	1320
Lot III (H.)					
1	913	1959	3827	1046	1868
2	818	1719	3229	901	1510
3	565	1367	2959	802	1592
Lot IV (C. H.)					
1	821	1656	3205	835	1549
2	850	1794	3604	944	1810
3	460	1078	2348	618	1270
Lot V (T.)					
1	542	865 (1)	»	323	»
2	140	290	»	150	»
3	249	358	»	109	»
Lot VI (T. + L.)					
1	568	990 (1)	»	422	»
2	496	830	»	334	»
3	548	865	»	317	»

On voit que les deux lots de plantes II et III qui poussent dans les solutions additionnées de petites quantités de matières organiques forment un ensemble plus homogène et plus prospère que les deux lots I et IV qui se développent dans les milieux minéraux. Les différences s'estompent dans les chiffres du tableau XIII qui renferme les résultats définitifs de la seconde série d'expérience à laquelle on a mis fin au bout de 72 jours.

(1) Toutes les plantes des deux lots V et VI sont atteintes de chlorose toxique.

Tableau XIII.

DÉSIGNATION DES PLANTES		POIDS SEC des PLANTES en grammes	EAU ÉVAPORÉE par CHAQUE PLANTE en kilogr.	EAU ÉVAPORÉE par kilogr. DE MATIÈRE SÈCHE en kilogr.
I (M. P.) . . .	Nº 2 . .	23,420	4,780	204,1
	Nº 3 . .	37,590	6,437	171,2
II (L. + C.) . .	Nº 1 . .	37,420	7,051	188,4
	Nº 2 . .	46,173	8,650	187,3
III (H.)	Nº 1 . .	35,120	5,602	159,5
	Nº 3 . .	37,820	6,686	176,7
IV (C. H.) . . .	Nº 1 . .	63,880	6,641	103,9 (1)
	Nº 2 . .	43,394	7,861	181,1

(1) Le poids de l'eau évaporée, pour élaborer 1 kilogramme de matière végétale sèche par la plante nº 1 du lot IV, est singulièrement réduit; il vaut donc qu'on s'y arrête, bien que jusqu'ici, je me sois toujours abstenu de prendre en considération les écarts que l'on a pu constater entre les chiffres déjà nombreux que j'ai publiés. Il est, en effet. tout naturel de les attribuer à des différences individuelles; et si on se reporte aux observations relatives aux transpirations diurne et nocturne chez le maïs. consignées au tableau XIII du 3e mémoire — Rôle de l'eau dans la végétation (Ces Annales, t. XXVII, p. 1093), on constatera la légitimité de cette interprétation.

Envisagé de ce point de vue, le résultat fourni par la plante nº 1 du lot IV signifie simplement que cette plante a mieux utilisé sa solution nutritive que toutes celles qui composent sa série. En d'autres termes, elle a travaillé plus « économiquement » puisqu'elle a fabriqué avec le même volume de solution minérale un poids plus élevé de matière végétale.

Mais cette conclusion suppose implicitement que la « solution physiologique » absorbée par les racines demeure constante pour toutes les plantes conformément d'ailleurs à la loi que j'ai établie. Or, on peut nourrir quelque doute sur le degré de généralité de cette loi, en présence de chiffres aussi discordants que ceux qui suggèrent les réflexions actuelles.

Il convient donc de lever ce doute. On y parvient facilement en comparant le taux des cendres que renferment les organes aériens de quelques plantes choisies à cet effet parmi celles du tableau XIII. J'ai réuni les éléments de comparaison dans le tableau ci-dessous.

DÉSIGNATION DES PLANTES		EAU ÉVAPORÉE par kilogr. DE MATIÈRES SÈCHES en kilogr.	CENDRES POUR 100 DE MATIÈRES SÈCHES	
			Feuilles	Tiges
Lot II (L. + C.) .	Nº 1.	188,4	10,69	12,64
Lot III (H.)	Nº 1.	159,5	10,72	13,06
Lot IV (C. H.) . .	Nº 1.	103,9	10,87	9,74
Id.	Nº 2.	181,1	10,48	13,24

On voit que le taux des cendres est à peu près constant dans les feuilles ; c'est un fait que nous connaissons depuis longtemps; on peut constater, par contre, qu'il varie dans les tiges, et que c'est celle de la plante nº 1 du lot IV qui est sensiblement plus pauvre en matière minérale que les autres. Ce résultat est donc conforme à celui que l'on pouvait prévoir, d'après la loi de l'absorption des solutions nutritives.

Cette constatation faite, on a le droit de tirer de ce fait particulier les déductions qu'il comporte, car je peux le déclarer dès maintenant, il n'est

La conclusion qui se dégage de la deuxième série d'expériences est donc en faveur d'une influence bienfaisante des matières organiques ajoutées à la solution minérale; mais cette même série d'expériences prouve en même temps que les matières organiques ne sont pas indispensables, si l'on excepte, bien entendu, les réserves séminales qui, elles, ne sont pas négligeables comme poids, puisqu'elles atteignent environ 4 à 5 décigrammes par graine.

III

INFLUENCE DE L'AÉRATION ET DE L'ÉTAT D'OXYDATION DU FER SUR LA MARCHE DE LA VÉGÉTATION

L'état chimique des éléments rares et en particulier du fer exerce une action sensible sur la marche de la végétation.

J'ai toujours fait usage de sulfate ferreux; mais lorsqu'il

pas unique dans son genre, comme je le montrerai plus tard : lorsque dans un lot de plantes cultivées dans les mêmes conditions, on constate que le volume de solution mis en œuvre pour élaborer le même poids de matières végétales varie sensiblement d'un végétal à l'autre, on peut affirmer que le rendement économique correspondant à chaque plante est en raison inverse du poids de solution utilisée, ou ce qui revient au même, de l'eau évaporée par unité de poids de matière organique créée.

Pour sélectionner les individus d'une même variété, pour comparer deux variétés de végétaux cultivés au point de vue du rendement économique, il suffit donc de déterminer le poids de l'eau évaporée par unité de poids de matière sèche récoltée.

L'application de ce principe n'est pas toujours facile; mais on peut tourner la difficulté en évaluant le taux des cendres des organes de réserve, puisque les cendres varient suivant le volume de solution nutritive utilisée.

Amené ainsi par l'enchaînement des faits à considérer le taux des cendres dans les organes de réserve comme un moyen de comparer le rendement économique des plantes, on est conduit tout naturellement à chercher la confirmation de cette conclusion dans les innombrables observations que renferme l'histoire de la betterave sucrière.

Or ces observations nous apprennent que le taux des cendres varie dans les racines en raison inverse de leur richesse saccharine. On n'a pas établi les causes de cette relation; mais il est hors de doute, à mon avis, qu'elles sont les mêmes que celles que j'ai mises en évidence chez le maïs.

Il en résulte que la détermination de la richesse saccharine, l'évaluation du taux des cendres, la mesure du volume d'eau évaporée pour élaborer l'unité de poids de matière végétale sèche, constituent autant de moyens d'établir le rendement économique d'une plante.

On sait les services que le premier a rendus dans la sélection de la betterave à sucre. Le dernier permettra aussi, je le pense, de sélectionner les meilleures variétés de céréales et de légumineuses.

s'agit de préparer un milieu nutritif ordinaire, on fait d'avance, en raison de la commodité du procédé, des solutions à 10 p. 100 de chacun des sels qui y entrent.

Or, le sulfate ferreux dissous se transforme partiellement en sel ferrique avec dépôt de rouille ; ce n'est donc pas du sulfate ferreux que l'on offre à la plante, mais un mélange de trois composés du fer.

Les solutions purement minérales ont été préparées, au contraire, avec des sels en nature, afin d'éviter, autant que possible, d'y introduire les éléments du verre que les solutions conservées en flacon renferment toujours en plus ou moins grande quantité.

Cette légère modification de technique peut avoir une répercussion sur l'évolution des plantules parce que les composés ferreux ne sont pas tolérés par les plantes aussi bien que les composés ferriques.

On peut supposer pourtant que les faibles doses de sulfate ferreux, que renferme la solution nutritive, s'oxydent rapidement dans les flacons de culture ; mais l'expérience ne justifie pas cette hypothèse pour deux raisons : d'abord le liquide stérilisé ne reprend que lentement l'oxygène dont le chauffage l'a privé, et, en second lieu, les racines qui envahissent bientôt toute la masse du liquide absorbent l'oxygène plus vite qu'il ne leur parvient.

Cette deuxième proposition ne paraît pas évidente ; mais il est facile de l'établir expérimentalement en montrant que les solutions nutritives réduisent le bleu de méthylène.

On introduit, à cet effet, dans les flacons de culture, des solutions d'entretien franchement teintées de bleu. On constate que la réduction du colorant peut se faire en moins de 24 heures si les racines forment un lacis serré, et si les conditions atmosphériques sont favorables à la végétation ; elle se produit aussi bien dans les solutions qui s'acidifient sous l'influence des excrétions des racines, que dans celles qui s'alcalinisent (1).

La décoloration n'est donc pas due exclusivement à des

____

(1) Une partie du bleu de méthylène est absorbée directement par les racines ; le colorant se répand dans les organes aériens ; mais il n'y est réellement visible que sur la plante sèche.

sucres réducteurs qui, en s'oxydant en milieu alcalin, aux dépens de l'oyygène de l'eau, libèrent de l'hydrogène qui se fixe sur le bleu de méthylène. Il faut admettre que le liquide renferme, en outre, des substances oxydables susceptibles de jouer, dans les milieux acides, le même rôle que les sucres dans les milieux alcalins.

La présence de peroxydase excrétée par les racines tend enfin vers le même but, mais indirectement, puisque cette diastase porte l'oxygène dissous sur certaines matières organiques, également éliminées par les racines (1).

Il en résulte que la solution nutritive est privée d'oxygène libre quand la végétation est active; les composés ferreux y conservent donc leur état initial (2).

On peut corriger ce défaut de la solution purement minérale, soit en remplaçant le sulfate ferreux par un composé ferrique, soit en l'oxydant dans la solution même.

J'ai donné la préférence au dernier moyen.

L'hypochlorite de sodium et le permanganate de potassium conviennent très bien à cette opération ; l'eau oxygénée y est impropre ; les plantules n'évoluent pas en présence de petites quantités de peroxyde d'hydrogène.

L'hypochlorite de sodium a été employé à raison de 4,5 et 6,7 milligrammes par litre de solution nutritive, quantités correspondant à 2 et 3 milligrammes de chlore libre. Le permanganate, à raison de 8,75 et 17,5 milligrammes par litre fournissant par conséquent 2,2 et 4,4 milligrammes d'oxygène actif par litre.

L'addition des corps oxydants à la solution nutritive précède la stérilisation.

(1) Ces divers procédés d'oxydation échappent à l'observation directe dans les cultures du maïs; celles du Sorgho et du Chou pommé les mettent en evidence d'une façon frappante. Les solutions nutritives aseptiques qui alimentent ces plantes se colorent, en effet, peu à peu en brun acajou foncé. Ce fait, qui est une illustration aussi simple que probante de l'existence d'une fonction d'excrétion chez les racines, établit en même temps que, parmi les substances excrétées, quelques unes peuvent s'oxyder au contact de l'air, grâce, peut-être, à la présence de peroxydase. La formation de ce pigment brun foncé n'est peut-être pas sans relation avec la forte pigmentation des graines du Sorgho et du Chou.

(2) L'aération insuffisante des solutions nutritives constitue par elle-même une condition défavorable à la végétation, à laquelle on ne peut remédier qu'en modifiant la forme et le volume des flacons de culture.

L'hypochlorite se décompose entièrement pendant le chauffage ; le permanganate étant employé en excès, les solutions demeurent franchement roses. Mais l'excès de permanganate n'est pas nuisible ; il se décompose, d'ailleurs, assez vite, au contact des racines, en les recouvrant d'un précipité brun, d'où les extrémités végétatives émergent, toutes blanches, au bout de 48 heures.

Dans les solutions ainsi traitées, les plantules se développent mieux et plus régulièrement que dans les milieux témoins.

Les avantages du procédé sont si évidents que j'emploie aujourd'hui le permanganate comme source de manganèse, dans les solutions nutritives, de façon à oxyder au maximum tout le fer qu'elles renferment.

CONCLUSIONS

Le maïs se développe et accomplit toute son évolution dans une solution minérale qui renferme 15 corps simples, en exceptant Na, dont l'utilité reste à démontrer.

Ce résultat fournit la solution d'un problème posé depuis longtemps. Il faut se hâter d'ajouter qu'il ne peut pas être généralisé ; il est vraisemblable seulement, que les exigences en éléments minéraux des graminées cultivées se rapprochent beaucoup de celles du maïs ; mais il est certain que les crucifères (Chou) et les légumineuses (Pois, Haricots, Vesce, Lupin) ne se développent pas bien dans la solution qui convient au maïs ; chaque famille, chaque genre de plantes a ses besoins particuliers qui portent soit sur la nature des éléments, soit sur leur degré de concentration dans le milieu nutritif.

Il n'existe donc pas de solution « omnibus » se prêtant indifféremment à la culture de toutes les espèces végétales. Il y a des éléments communs à toutes ces solutions ; ce sont : Az, P, K, S, Ca, Mg, Fe, et peut-être Cl et F ; mais on ne peut pas affirmer qu'il en est de même des éléments rares quand on constate que Mn et Zn jouent plus ou moins directe-

ment le rôle d'antidotes vis-à-vis d'intoxications d'origine alimentaire (1).

En ne considérant, dans cet ordre d'idées, que les faits que
j'ai mis en évidence chez le maïs seulement, on peut se permettre de classer les éléments de la solution en deux catégories,
une première qui comprendrait les éléments d'organisation, et une seconde qui réunirait les corps rares dont les
fonctions, encore mal connues, consisteraient à prévenir les
intoxications dues vraisemblablement à l'accumulation de
composés de transitions au cours des transformations que
subissent les substances alimentaires.

Il est permis de généraliser cette classification si on admet
que les plantes excrètent des produits toxiques qui rendent le
sol impropre à la culture continue d'une même espèce. Il est
clair, en effet, qu'une plante qui rejette de tels produits doit
assurer d'abord sa propre défense contre leur action pernicieuse.
Mais il est difficile d'admettre, comme je l'ai déjà affirmé à
plusieurs reprises, que des composés organiques solubles
résistent dans la terre, pendant des mois et des années, aux
moyens de destruction si puissants et si variés que les microbes
mettent en œuvre.

Mes observations ne concernent que les intoxications alimentaires du maïs dues à la privation de zinc ou de manganèse ;
rien ne prouve que sous l'influence des mêmes causes, des
plantes appartenant à d'autres espèces réagiraient de la même
manière ; en d'autres termes, rien ne permet de déduire de ces
résultats que les éléments rares, qui sont indispensables à une
espèce, le sont aussi à une autre. On s'explique même qu'une
fonction chimique définie puisse être assurée dans la plante,
par deux corps chimiquement voisins, ce qui revient à admettre
l'isomorphisme physiologique, mais limité aux éléments rares.

(1) P. MAZÉ, Chlorose toxique du maïs. La sécrétion interne et la résistance
naturelle des végétaux supérieurs aux intoxications et aux maladies parasitaires. *Comptes rendus de la Soc. de Biologie*, 1916, t. LXXIX, p. 1059.

METCHNIKOVELLIDÆ

ET AUTRES PROTISTES PARASITES DES

GRÉGARINES D'ANNÉLIDES

par M. CAULLERY et F. MESNIL.

(Avec la planche XIX.)

§ 1. — HISTORIQUE

Sous le titre « Sur un type nouveau (*Metchnikovella* n. g.) d'organismes parasites des Grégarines », nous avons fait connaître, il y a vingt et un ans, par de courtes notes présentées à la Société de Biologie et à l'Académie des Sciences (1), — cette dernière accompagnée de figures, — certains des curieux Protistes dont il va être question ici. Depuis lors, nous avions fait allusion à la découverte de nouvelles espèces (2); mais d'autres travaux nous avaient détournés de donner le mémoire d'ensemble que nous avions toujours projeté. La publication d'un livre en l'honneur d'ÉLIE METCHNIKOFF nous a paru une occasion opportune de faire voir le jour à ce mémoire sur des organismes dédiés précisément à Metchnikoff. En novembre 1914, nous avons donné un résumé visant surtout la partie systématique de notre travail (3).

Nous avons dit, dans nos premières communications, que des *Metchnikovella* avaient été vues avant nous. Elles l'ont été

---

(1) CAULLERY et MESNIL, *Comptes rendus de la Soc. de Biologie*, t. XLIX, p. 960, et *Comptes rendus de l'Acad. des Sciences*, t. 125, 1917, p. 787.

(2) CAULLERY et MESNIL, *C. R. Ass. franç. Avanc. Sc.*, Congrès de Boulogne, 1899, et « Recherches sur les Haplosporidies », *Arch. zool. expér.* (sér. 4), t. IV, 1905, p. 168.

(3) CAULLERY et MESNIL, *Comptes rendus de la Soc. de Biologie*, t. LXXVII, nov. 1914, p. 527.

par Claparède d'abord (1), qui les avait interprétées comme spores (« pseudo-navicelles ») de la grégarine qui les renfermait. Or, il suffit de comparer les figures de Claparède, que nous reproduisons page 480, avec celles qui accompagnent ce travail, pour n'avoir aucun doute sur leur attribution à des *Metchnikovella*.

Léger, ensuite (2), a décrit et bien figuré des inclusions cytoplasmiques chez deux grégarines d'une *Audouinia* : « Ce sont, dit-il, de petits corpuscules cylindriques ou naviculaires, pourvus d'une paroi et dont la configuration est si régulière et si uniforme, qu'ils ressemblent beaucoup à des spores. » Il note leur inconstance : « C'est, dit-il, une particularité plutôt due à un état spécial de l'hôte qu'à la grégarine elle-même. » Léger n'a bien vu que les kystes; il note pourtant que les « formations apparaissent sous forme de petites portions distinctes d'entocyte plus clair », et, fort justement, il constate que le noyau de la grégarine reste présent. N'ayant pas réussi à mettre de noyau en évidence dans les kystes, où il n'a vu que des granulations, et n'ayant pas aperçu les stades antérieurs, Léger s'est trouvé éloigné de songer à des parasites et il pose surtout, sans le résoudre, le problème de savoir s'il s'agit d'éléments de réserve, ou de bourgeons internes reproducteurs.

Labbé (3), en classant les *Metchnikovella* dans les *Incertæ sedis* des *Sporozoa* du *Tierreich*, cite les espèces que nous venions de décrire et leur en adjoint une autre, en interprétant un texte de Leidy qui nous avait échappé.

Chez une grégarine d'un Oligochète, *Distichopus sylvestris*, qu'il appelle *Monocystis mitis* (? *Gregarina enchytræi* Kölliker), Leidy (4) a vu des corps qu'il pense être des spores. « These are curved elliptical bodies 0^{mm}015 long by 0,0045 wide, and were collected into a group of usually two or three to seven, sometimes in advance of the nucleus and sometimes behind it. » On ne peut, d'après cette description et la figure trop sché-

(1) CLAPARÈDE, *Mém. Soc. Phys. et Hist. nat. de Genève*, t. XVI, 1861 (v. p. 159 et pl. IV, fig. 8 et 9).

(2) LÉGER, Recherches sur les Grégarines, *Tablettes zool.*, t. III, 1892, et *Thèse doct Sc. Nat. Paris*, 1891.

(3) LABBÉ, Sporozoa, *Tierreich*, livr. 5, 1899 (v. p. 125).

(4) LEIDY, *Proc. Acad. of nat. Sc.*, Philadelphie, t. XXXIV, mai 1882, p. 145.

matique de Leidy, savoir s'il s'agit d'une *Metchnikovella* ou
d'un autre micro-organisme ; mais, comme nous allons le voir,
Hesse a tranché la question en faveur des *Metchnikovella*.

Depuis 1897, il n'a pas été beaucoup ajouté à nos connaissances
sur les organismes nouveaux, dont nous faisions connaître la
nature parasitaire et en partie l'évolution. Des auteurs ont
signalé d'autres inclusions parasitaires chez diverses grégarines.

Montgomery, en 1898 (1), a vu, chez une grégarine de
l'intestin d'un Némertien, *Lineus gesserensis*, à noyau intact,
de petits éléments nucléés remplir l'endoplasme, mais il n'a
pas noté trace de kystes comme chez les *Metchnikovella*.

Dogiel, en 1906 (2), a décrit, sous le nom de *Hyalosphæra
gregarinicola*, un parasite de la grégarine *Cystobia chiridotæ*
et en a fait une coccidie. Il est certain que les divers stades
observés ne rappellent pas une *Metchnikovella* ; mais la détermination coccidie nous paraît à tout le moins douteuse.

Le même auteur, en 1907 (3), décrit comme schizogonie
d'une grégarine, appelée par lui *Schizocystis sipunculi*, mais qui
ressemble à un *Selenidium*, des états qui paraissent bien plutôt
représenter un parasite de l'endoplasme de la grégarine. Telle
fut, d'ailleurs, l'opinion de Brasil et Fantham (4), qui avaient
eu l'occasion d'observer des inclusions parasitaires chez des *Selenidium* de Phascolosomes et aussi d'Annélides Polychètes ; il
existe, disent-ils, non seulement le stade en morula, — que
nous mêmes avions signalé incidemment (5) —, mais beaucoup
d'autres états, entre autres les kystes vus par Léger chez un *Platycystis* (= *Selenidium*) d'*Audouinia*. Ces auteurs n'ont malheureusement pas précisé leurs observations. Peut-être faut-il
rapprocher des constatations de Dogiel celles de Swarczewsky (6)
qui, chez une *Lankesteria* de planaire du lac Baïkal, a trouvé des
formations analogues qu'il interprète comme schizogonie de la
grégarine.

(1) Montgomery, *Journ. of Morphol.*, t. XV, f. 2, nov. 1898 (v. p. 403).
(2) Dogiel, *Arch. f. Protistenk.*, t. VII, 1906, p. 106.
(3) Id., *Ibid.*, t. VIII, 1907, p. 203.
(4) Brasil et Fantham, *Comptes rendus de l'Acad. des Sciences*, t. CXLIV,
4 mars 1907, p. 518.
(5) Caullery et Mesnil, *Comptes rendus de la Soc. de Biologie*, t. LI, 14 oct.
1899, p. 791, et *Arch. zool. expér.*, t. IV, 1905 (v. p. 168).
(6) Swarczewsky, *Festschrift f. R. Hertwig*, t. I, 1910, p. 637.

En 1908, Averinzew, dans un travail écrit en russe, que nous n'avons pu consulter que tout récemment (1), a décrit en détails une *Metchnikovella selenidii*; il nous paraît bien s'agir d'une véritable *Metchnikovella* (v. p. 477).

La même année, Annie Porter (2) a observé un parasite d'une Schizogrégarine d'Ascidie, *Mesogregarina amaroucii*; elle le rapproche de *Chytridiopsis socius* et surtout du parasite des *Selenidium* de Brasil et Fantham.

Dans sa monographie des Monocystidées des Oligochètes, Hesse (3) signale plusieurs parasites de grégarines. D'abord, le parasite découvert par Leidy; Hesse montre qu'il s'agit bien d'une *Metchnikovella*; nous en parlerons plus loin.

Chez d'autres grégarines, parasites des testicules, l'auteur a rencontré des microbes, différents suivant l'espèce grégarienne considérée, et qui paraissent être de nature bactérienne; chez *Monocystis lumbrici*, ces microbes ne se rencontrent que chez des individus en dégénérescence; chez les autres, ils attaquent des individus d'apparence tout à fait normale. Léger, de son côté (4), a observé, dans le cytoplasme d'une autre grégarine, *Schizocystis gregarinoïdes*, des éléments parasitaires qu'il approche aussi des bactéries.

Egalement en 1909, Léger et Duboscq ont fait connaître deux cas de parasitisme des grégarines par des microsporidies : *Frenzelina conformis* d'un crabe, parasitée par *Nosema frenzelinæ*, microsporidie monosporée (5); *Lankesteria ascidiæ*, parasitée par *Perezia lankesteriæ*, microsporidie disporée (6). Les auteurs interprètent le cas de miss Porter comme étant aussi une microsporidie grégarinophile; ils font remarquer que *Chytridiopsis socius* n'envahit que très exceptionnellement le *Stylorhynchus longicollis*. Il est possible aussi que la schizo-

(1) Averinzew, Etudes sur les protozoaires parasites I-VII (en russe avec résumé allemand). *Trav. Soc. Imp Nat Saint-Pétersbourg*, t. XXXVIII, f. 2, 1908, *Sect. Zool. et Physiol.* (v. p. 109); analysé dans *Zool. Centralbl.*, t. XV, sept. 1908.

(2) Miss Porter, *Arch. zool. expérim.* (4), t. IX, 1908, N. et R., p. xliv, et *Arch. f. Protistenk.*, t. XV, 1909, p. 227.

(3) Hesse, *Arch. zool. expér.* (5), t. III (v. p. 233 et suiv.), et *Thèse doct. Sc. Nat.*, Paris 1909.

(4) Léger, *Arch. f. Protistenk.*, t. XVIII, 1909, p. 85 (v. p. 104).

(5) Léger et Duboscq, *Comptes rendus de l'Acad. des Sciences*, t. 148, 15 mars 1909, p. 733 (fig dans *Arch. f. Protistenk.*, t. XVII, 1909, pp. 117-119).

(6) Léger et Duboscq, *Arch. zool. expér.* (5), t. I, N. et R., p. lxxxix, 1909.

gonie, signalée par Averinzew (1) chez une grégarine d'un
Némertien du genre *Amphiporus*, soit également l'évolution
d'une microsporidie, comme certaines des figures incitent à le
croire.

Nous allons d'abord faire connaître nos observations sur les
Metchnikovella, ou plutôt les *Metchnikovellidæ*, car toutes les
espèces connues ne peuvent être classées dans un genre
unique; puis nous parlerons des autres parasites des grégarines.

§ II. — CARACTÈRES GÉNÉRAUX DES *METCHNIKOVELLIDÆ*.
ÉVOLUTION. AFFINITÉS.

Habitat. — Les *Metchnikovellidæ* sont des parasites du cytoplasme de grégarines intestinales d'annélides; toutes, à l'exception d'une seule, se rencontrent dans des grégarines d'Annélides polychètes marines; *Metchn. hessei*, en revanche, parasite
le cytoplasme d'une grégarine d'Oligochètes terrestres.

Toutes nos observations personnelles ont porté sur des Polychètes de la région du Cap de la Hague (Manche); mais il ne nous
paraît pas douteux que les *Metchnikovellidæ* sont cosmopolites,
puisque Léger en a observé chez des Polychètes à Belle-Isle-en-
Mer, Claparède aux îles Hébrides, Averinzew dans la baie de
Kola, Leidy dans des Oligochètes terrestres des États-Unis
(Pennsylvanie), Hesse dans des Oligochètes de la Haute-Saône.

Les grégarines parasitées appartiennent à divers groupes :
Monocystidées (*Lecudina* et *Ophioidina* d'Annélides errantes,
Selenidium d'Ann. sédentaires, genre auquel il faut peut-être
rattacher le *Monocystis mitis* Leidy d'Oligochètes); Dicys-
tidées (*Polyrhabdina* et *Ancora* d'Ann. sédentaires), et Tricystidées [*Sycia=Ulivina* (2)]. Il ne semble pas y avoir parallélisme
entre la structure des *Metchnikovellidæ* et celle des grégarines-
hôtes. On peut rencontrer, chez la même espèce de grégarine,
deux espèces de parasites, de forme assez dissemblable. Notons

---

(1) Averinzew, *Zool. Anz.* t. XXXIII, 1908, p. 685, et *Arch. f. Protistenk.*,
t. XVI, 1909, p. 71 (v. en particulier les fig. 27-29).
(2) Au sujet de ces genres de grégarines, voir Caullery et Mesnil, *Comptes
rendus de la Soc. de Biologie*, t. LXXVII, 14 nov. 1914, p. 516.

pourtant que les *Metchnikovellidæ*, à kystes en forme de bâtonnet allongé, paraissent propres aux *Ancora*.

Quand l'infection existe, elle affecte presque toujours la plupart des grégarines d'une même Annélide.

KYSTES. CLASSIFICATION. — Ce qui caractérise avant tout les *Metchnikovellidæ*, ce sont leurs kystes : formations plus ou moins allongées, allant d'un type ovoïde (la longueur ne dépasse guère le double de la largeur) jusqu'à des bâtonnets, où la longueur atteint 25 fois la largeur, et des fuseaux, également très allongés, à extrémités très effilées ; la largeur va de 2 μ à 6 μ 5. Ces kystes ont une paroi épaisse qui se laisse difficilement traverser par les matières colorantes et qui est souvent renforcée aux extrémités par une sorte de bouchon (v. fig. A, 2, 4 et 6) ; cette disposition est même exagérée chez l'espèce type, *Metchn. spionis*, où il y a de longues parties terminales, qui paraissent même creusées d'une sorte de canal (fig. A, 1 *d*).

A l'intérieur de ces kystes, on distingue un certain nombre de corpuscules immobiles, bien individualisés, de forme légèrement ovoïde, ou en pépin de raisin (fig. A, 1 *e*). On arrive, sur coupes, à colorer dans chaque corpuscule un grain ou une petite masse chromatique centrale (pl. V, fig. 5). Il s'agit très vraisemblablement de germes, spores nues protégées par l'enveloppe du kyste.

Le nombre de ces spores paraît relativement constant pour une espèce déterminée, mais variable pour les diverses espèces : 8, 12, 16, 32 ; on en compte parfois une centaine chez l'espèce aberrante, *Amphiacantha longa*.

Étant donnée la variété de formes de ces kystes, nous avons cru devoir, dans notre note de 1914, élever les *Metchnikovella* au rang de *famille*, et grouper les diverses espèces en trois genres :

1. Nous avons conservé le genre *Metchnikovella* pour toutes les espèces (fig. A, 1-7) chez lesquelles la longueur des kystes n'excède pas dix fois leur largeur. Ils sont tous cylindriques ou fusiformes, à extrémités arrondies. Leur forme générale reste assez variable. L'espèce type, *M. spionis*, occupe une place à part, en raison de la constitution spéciale des extrémités du

kyste, extrémités allongées et ne renfermant pas de spores
(fig. 1 *a*) ; chez d'autres espèces, comme *M. legeri* (fig. 6), il y
a un épaississement polaire assez marqué. De même, il n'y a
pas de différence tranchée entre les formes en fuseau et les
cylindriques. *M. claparedei* (1) fait le passage au genre
suivant.

2. Nous avons créé le genre *Amphiamblys* (2) pour des

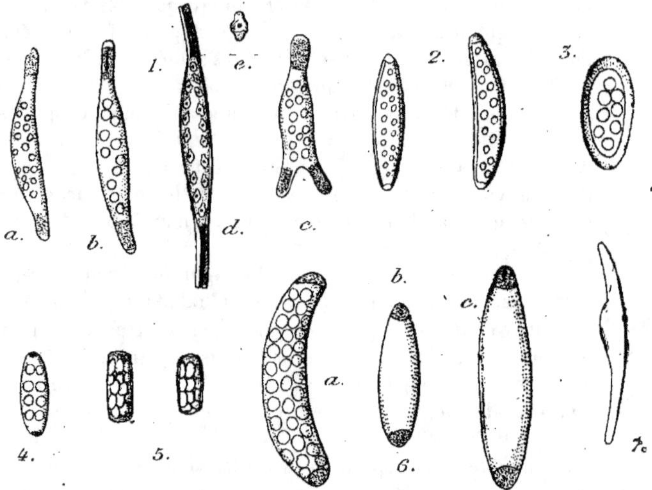

Fig. A. — 1. *Metchnikovella spionis* : *a*, *b*, *c*, d'après le vivant (*c*, kyste anormal) ; *d*, d'après les préparations colorées ; *e*, spore. — 2. *Metch. incurvata* : à gauche, kyste vu de face ; à droite, vu de profil. — 3. *Metch. oviformis*. — 4. *Metch. nereidis*. — 5. *Metch. minima* (d'après Léger). — 6. *Metch. legeri* ; *a*, kyste vu de profil ; *b* et *c*, kystes vus de face. — 7. *Metch. claparedei* (d'après Claparède). — G. = 1.250 D.

espèces à kystes cylindriques, longs, plus ou moins arqués,
arrondis aux extrémités, et dont la longueur dépasse dix fois la
largeur. Nous n'en connaissons que deux espèces qui parasitent, d'ailleurs, des grégarines de même type (fig. B, 8 et 9).

(1) Nous ne l'avons pas observée nous-mêmes ; l'importance du renflement, situé vers le milieu du kyste et figuré par Claparède, serait à préciser.
(2) De ἀμφι et ἀμβλύς, émoussé.

3. **Enfin**, il nous a paru utile de créer un troisième genre *Amphiacantha* (1) pour l'espèce à kystes terminés en deux longues pointes effilées, que nous avons observée dans la grégarine d'un Eunicien.

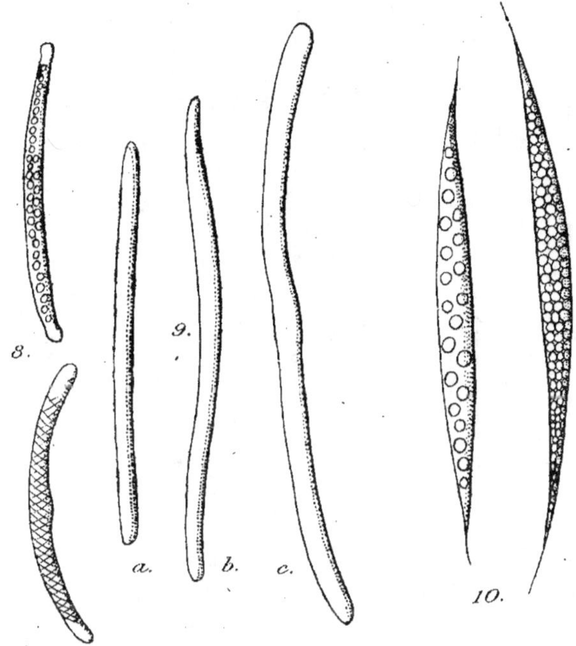

Fɪɢ. B. — 8. *Amphiamblys capitellidis*. — 9. *Amphiamblys capitellæ* : *a* et *b*, kystes d'une grégarine en comète ; *c* (var. *longior*), kyste d'une *Anchora sagittata* type. — 10. *Amphiacantha longa* : à gauche, kyste vu de face ; à droite, vu de profil. — G. = 1.250 D.

Le tableau ci-dessous (2) résume ce qui concerne l'habitat et les caractères des diverses espèces :

(1) De ἀμφι et ἄκανθα, épine.
(2) Ce tableau reproduit, complété, celui que nous avons publié en 1914.

ANNÉLIDE	GRÉGARINE	DIMENSIONS des KYSTES EN µ	NOMBRE de SPORES	INDICATION de la FIGURE (2)	NOM DU PARASITE
Spio martinensis	Polyrhabdina brasili C. et M.	20-40 $\times$ 4	16	A 1	Metchnikovella spionis C. et M., 1897.
Id.	Id.	10 $\times$ 5	12	E 2	Metchnikovella brasili n. sp.
Pygospio seticornis	Polyrhabdina pygospionis C. et M.	18-22 $\times$ 4	16	A 2	Metchnikovella incurvata C. et M., 1914.
Id.	Id.	14 $\times$ 6,5	8	A 3	Metchnikovella oviformis C. et M., 1914.
Platynereis dumerilii	Lecudina pellucida ou espèce voisine	10-12 $\times$ 4	8	A 4	Metchnikovella nereidis C. et M., 1914.
Fridericia polycheta	Monocystis (? Selenidium) mitis	(?) 10-12 $\times$ 3-4	12	G k	Metchnikovella hessei Mesn., 1915.
Ophelia limacina	Selenidium sp	(?) 15-20 $\times$ 7	(?) 16	H k	Metchnikovella selenidii Aver., 1908.
Audouinia tentaculata	Selenidium cirratuli	8,7 $\times$ 4,3	(?)	A 5	Metchnikovella minima C. et M., 1914.
Id.	Sycia inopinata (= ? Ulivina elliptica)	20-30 $\times$ 5,5-7	32	A 6	Metchnikovella legeri C. et M., 1914.
Phyllodoce sp	Grégarine aplatie à contours losangiques	27 $\times$ 4-5 (1)	(?)	A 7	Metchnikovella claparedei C. et M., 1914.
Capitellides giardi	Ancora sp.	35-40 $\times$ 2,5	32	B 8	Amphiamblys capitellidis C. et M., 1897.
Capitella capitata	Forme en comète	50-60 $\times$ 3	(?)	B 9 a-b	Amphiamblys capitellæ C. et M., 1914.
Id. (?)	Ancora sagittata type	80 $\times$ 3,5	(?)	B 9 c	Id. var. longior n.
Lumbriconereis tingens	Ophioidina (= ? Lecudina) elongata ou espèce voisine	70-80 $\times$ 4,5	»	B 10	Amphiacantha longa C. et M., 1914.

(1) Épaisseur mesurée au renflement médian.
(2) Grossissement : 1.250 D. environ, sauf pour la figure Hk.

ÉVOLUTION. — S'il est relativement facile de caractériser les kystes, il est beaucoup plus difficile de se faire une idée précise de l'évolution qui aboutit à ces formations. Nous avions, à cet égard, dès 1897, recueilli un certain nombre de données concernant notre espèce type, *M. spionis*, parasite d'une grégarine aplatie, de grande taille, qui se prête particulièrement bien à l'observation. Nous aurions voulu les compléter; nous avons malheureusement été mal servis par les circonstances (et c'est une des raisons qui nous ont fait différer si longtemps la publication de notre mémoire *in extenso*) : la grégarine en question était parasitée surtout en un point de l'habitat de l'Annélide-hôte et quand, à plusieurs reprises, les années suivantes, nous avons voulu reprendre notre étude, les *Metchnikovella* avaient à peu près complètement disparu. Les matériaux d'étude fournis par les autres *Metchnikovellidæ* se sont montrés moins favorables. Pourtant, l'étude récente que nous avons pu faire d'une seconde espèce de *Metchnikovella* de la grégarine de *Spio martinensis*, nous a permis de corroborer certaines de nos conclusions.

Chez cette Grégarine, comme d'ailleurs chez toutes les autres espèces, le parasitisme se décèle par l'existence de plages claires, qui tranchent au milieu du cytoplasme, toujours plus ou moins granuleux. Ces zones sont généralement arrondies, à contours plus ou moins diffus. Le noyau de la Grégarine est toujours présent; il est parfois refoulé de sa position normale.

Chez la Grégarine parasitée par *M. spionis*, les stades végétatifs du parasite se traduisent, non seulement par des taches claires, mais encore par une sorte de réseau à l'intérieur du cytoplasme (fig. C, 1 et 2).

A cela, à peu près, se bornent les constatations à l'état frais. En examinant avec soin, à l'immersion, des Grégarines écrasées, on ne distingue pas de limites nettes aux taches ou traînées claires. A leur intérieur, on constate la présence de corps arrondis, un peu réfringents. Il nous avait paru que ces corps étaient parfois groupés par deux, dont l'un plus petit que l'autre, et nous avions pensé à une multiplication par bourgeonnement (nous en avons parlé dans notre note préliminaire). Nous devons dire que nos observations, sur préparations colorées à l'hématéine, tant pour *Metchn. spionis* que pour les autres espèces, ne nous ont rien fourni à l'appui de cette observation.

Ces corps arrondis, plus ou moins réfringents, assez isolés les uns des autres, correspondent probablement aux cellules que l'on observe sur les coupes de *Spio* contenant des Grégarines parasitées par *M. spionis*. Les figures 1, 2 et 3 de la planche donnent une idée des aspects observés dans les cas des traînées cytoplasmiques. On a des cellules en files linéaires, arrondies, mesurant 2 μ de diamètre, et renfermant à leur intérieur une petite masse de chromatine bien compacte. Ces cellules sont en multiplication active et on observe un certain nombre de stades : plaques équatoriales assez bien caractérisées, avec fuseaux achromatiques ; quelques diasters. Il s'agit sans doute de mésomitoses, comme c'est le cas chez un grand nombre de Protistes. Averinzew (*l. c.*) figure des promitoses dans la schizogonie de sa *Metchnikovella* (cf. Amibes du type *limax*).

Le reste des traînées ne se colore généralement pas ; il correspond sans doute à une zone où le cytoplasme granuleux de la Grégarine se trouve solubilisé sous l'action des cellules parasitaires. Parfois cependant, les traînées apparaissent comme des bandes prenant plus fortement l'hématéine que le protoplasme grégarinien ; mais, en pareil cas, on ne distingue plus de noyaux nets, et nous pensons que l'on se trouve alors en présence de parasites en dégénérescence chromatolytique, et non, — hypothèse qui peut aussi venir à l'esprit — de stades prékystiques.

Un pareil état végétatif s'observe, sous des aspects un peu différents, pour les autres espèces, jamais avec la même netteté. Chez *Amphiamblys capitellæ*, on retrouve les mêmes petites cellules (pl. XIX, fig. 6) ; mais ici, les files parasitaires se trouvent serrées les unes contre les autres, et on a quelque difficulté à les différencier ; d'ailleurs, les kystes se présentent toujours en faisceau assez compact. Pourtant, en y regardant de près, on reconnaît la même disposition fondamentale que chez *M. spionis*.

Chez *M. brasili*, la seconde espèce parasite de la Grégarine de *Spio martinensis*, les états végétatifs se présentent sous forme de plages multinucléées, dont la figure 7 (pl. XIX) donne une bonne idée ; il semble, dans ce cas, qu'on ait affaire, non à des agrégats de cellules, mais à des plasmodes. Averinzew figure aussi des plasmodes; ils paraissent présenter des pseudopodes.

Comment passe-t-on de ces états végétatifs aux kystes? Ici, ou bien nos observations présentent des lacunes, ou bien, et c'est ce que nous pensons, les kystes se forment tout simplement par une sorte d'individualisation d'une partie de traînée ou de plage parasitaire, qui s'entoure d'une membrane épaisse.

Il est probable que des états comme celui de la figure 3 (pl. XIX), où il y a des cellules sur deux files contiguës, conduisent précisément à ces kystes où les éléments que nous avons appelés germes sporaux se trouvent en effet sur deux rangées.

La figure 8 (pl. XIX), qui appartient à *M. brasili*, montre une Grégarine avec un grand nombre de kystes mûrs et quelques plages, lesquelles, par leur forme, leurs dimensions, le nombre des noyaux, correspondent bien à un état précédant l'enkystement. Et cette figure, rapprochée de la figure 7, laisse facilement supposer comment on passe des états végétatifs aux kystes.

Un autre argument en faveur de notre manière de voir est tiré de la constatation de l'inégalité de dimensions des kystes, et surtout des anomalies que présente *M. spionis*. La figure D (p. 473) donne une idée de ces anomalies, qui étaient surtout abondantes chez l'individu qui a fourni les éléments de cette figure; les formes bifurquées, par exemple, s'expliquent pour le mieux en supposant que l'enkystement a empiété sur deux branches divergentes du réseau.

Enfin, si la constitution des germes sporaux se fait à l'abri de l'enveloppe de kystes aussi simplement différenciés, on conçoit que de pareils germes puissent se former indépendamment des kystes. Or, nous avons souvent noté, chez diverses espèces, en écrasant les Grégarines parasitées, qu'il en sortait des éléments ayant tous les caractères des germes sporaux des kystes, et qui s'étaient sûrement formés en dehors d'eux.

D'après Averinzew (*l. c.*), les cellules qui entrent dans la composition des kystes copuleraient deux à deux avant de devenir des germes sporaux. Ce fait, s'il est confirmé, n'est nullement en contradiction avec les faits que nous avons observés.

Mode de pénétration. — Il paraît certain que l'infection se
fait par le tube digestif de l'Annélide qui absorbe, avec ses
aliments, les kystes parasitaires. Soit par dissolution des parois,
soit par déhiscence, les germes sporaux sont mis en liberté,
et ils pénètrent dans le cytoplasme de la Grégarine, probablement à des stades divers de celle-ci et en particulier lorsque la
Grégarine est encore jeune, appendue à l'épithélium intestinal,
et que son enveloppe est relativement mince.

Les germes, inclus dans le cytoplasme grégarinien, apparaissent d'abord comme de petites masses, telles que celles
représentées planche **XIX**, figure 9, en *i*, renfermant à leur
centre un grain chromatique bien délimité. Ils se multiplient,
ou bien sur place, en donnant ces traînées ou ces plages dont
nous avons déjà parlé, ou bien à distance, et l'auto-infection de
chaque Grégarine se trouve ainsi réalisée. Mais peut-il y avoir
auto-infection, à l'intérieur d'un même tube digestif, pour les
diverses Grégarines qui s'y trouvent, ou bien ces Grégarines
sont-elles toutes infectées par le ou les kystes venant de l'extérieur? Nous adoptons de préférence cette seconde manière de
voir, car nous avons remarqué un certain synchronisme des états
observés chez une même Annélide : en général, les *Metchn.* y
sont partout à la période végétative, ou bien partout à l'état de
kystes. Les Grégarines ne sont jamais très nombreuses chez une
Annélide, et on conçoit qu'un ou un petit nombre de kystes
suffisent à infecter la majeure partie d'entre elles.

Relations du parasite et de la Grégarine-hôte. — L'action
pathogène des *Metchnikovellidæ* nous a toujours paru peu
importante, au moins en ce qui concerne la phase végétative
de la Grégarine ; il n'y a, à l'encontre de cette opinion, que
l'observation de Léger concernant la *Metchn.* d'un *Selenidium*
(v. p. 478), et nous devons regarder le cas comme exceptionnel.
Mais nous croyons que les Grégarines fortement parasitées,
qui, comme on le sait, sont des gamontes, sont incapables
d'accomplir leur évolution sexuée ; nous n'avons malheureusement aucun document à cet égard. Averinzew prétend que,
quand l'infection est légère, la sporulation de l'hôte est possible
et que les kystes du parasite sont éliminés en même temps que
ceux de la Grégarine.

Le parasite vit aux dépens du cytoplasme de la Grégarine qu'il dissout et raréfie. Mais nous pensons que la Grégarine est capable de lutter contre l'infection, et nous interprétons dans ce sens ces figures, dont nous avons déjà parlé, où les parasites apparaissent comme en chromatolyse.

Un autre fait est encore plus probant : les *Spio* de la région où nous avons découvert notre espèce type étaient abondamment parasités en 1897; quand nous avons voulu, quelques années plus tard, reprendre nos études, la Grégarine était aussi fréquente, mais on ne trouvait plus de kystes de *Metchnikovella*.

Affinités. — Si le mode de formation des kystes est bien celui que nous supposons, il faut dire que nous ne connaissons chez les Protistes aucun cas analogue. Et cela seul donne aux *Metchnikovellidæ* un caractère spécial qui les isole dans l'ensemble des Protistes.

Les kystes, considérés en eux-mêmes, indépendamment de leur genèse, présentent évidemment des analogies parmi les organismes inférieurs. Ils ressemblent, par exemple, à des asques de Champignons, ou encore aux kystes de certaines Haplosporidies.

Chatton (1) a insisté sur cette ressemblance avec les asques de certaines levures. Il a décrit, en 1913, sous le nom de *Coccidiascus legeri*, une curieuse levure que l'on trouve à l'intérieur des cellules épithéliales de l'intestin d'une mouche Drosophile et voisine d'ailleurs du *Rhaphidospora ledanteci* Léger, d'un autre insecte ; et il a montré que les asques de sa levure ressemblent beaucoup aux kystes de l'espèce que nous avons appelée depuis *Metchnikovella legeri.* Chatton avait même poussé la comparaison jusqu'aux ascospores, sur germes sporaux, aciculaires chez *Coccidiascus* et peut-être aussi chez certaines *Metchnikovellidæ*, d'après une observation que nous lui avions communiquée, mais que nos recherches ultérieures n'ont pas confirmée. Nous-mêmes, en 1897, avions songé à un rapprochement avec des levures que nous rencontrions dans une autre annélide. Mais, à cette époque, comme aujourd'hui, la genèse probable de nos kystes nous obligea à abandonner cette

(1) Chatton, *Comptes rendus de la Soc. de Biologie*, t. LXXV, 1913, p. 117.

hypothèse. Nous ne méconnaissons pas, néanmoins, que c'est encore à des asques que les kystes, une fois constitués, ressemblent le plus.

Ces kystes ressemblent aussi à ceux de certaines Haplosporidies, ordre de Sporozoaires, ou plus exactement de Néosporidies, que nous avons créé autrefois (1). Mais, chez *Cœlosporidium*, par exemple, on passe graduellement d'un état uninucléé à l'état kystique plurinucléé, tandis que, même chez les *Metchnikovellidæ* qui paraissent avoir un état plasmodial, ce sont des territoires plurinucléés de ce plasmode qui s'individualisent pour donner des kystes, sans autre changement que l'épaississement de la paroi et l'individualisation des germes sporaux. Sans nier les rapports des deux groupes, nous ne pouvons donc souscrire à l'opinion d'Averinzew que les Metchnikovellidées sont des Haplosporidies.

Nous avions, en 1897, à la suggestion de Metchnikoff, posé la question d'analogie avec de curieux microbes, décrits par Haffkine en 1890 (2) sous le nom de *Holospora*, qui sont parasites du macro- ou du micronucléus des Infusoires ciliés, et qui sont caractérisés par une multiplication à la fois scissipare et gemmipare et par l'apparition brusque de formes de résistance à aspect réfringent. Mais ces « holospores » ne rappellent pas du tout nos kystes, et nous avons dit que la reproduction gemmipare de nos cellules végétatives est tout à fait douteuse.

La structure nucléaire des *Metchnikovellidæ* ne rappelle pas celle des levures, et fait plutôt songer à d'autres champignons inférieurs, Myxomycètes et Chytridinées, plus particulièrement aux *Plasmodiophoracées*. M. Pinoy, en particulier, a attiré notre attention sur cette ressemblance, en nous renvoyant aux intéressants mémoires de Maire et Tison (3). Mais il faut d'abord faire remarquer que, au moins en ce qui concerne la *division* nucléaire, les Metchnikovellidées ne seraient pas d'un type uniforme, puisque Averinzew signale une haplomitose là où nous avons observé de la mésomitose. Au point de vue des états végétatifs et de la formation individuelle des spores, le rapprochement entre les deux groupes est possible ; mais le kyste reste

---

(1) *Arch. zool. expérim.*, l. c.
(2) Haffkine, *Annales de l'Institut Pasteur*, t. IV, 1890, p. 148.
(3) Maire et Tison, *Annales mycologici*, t. VII, 1909, p. 226, et t. IX, 1911, p. 226.

toujours quelque chose de particulier à notre groupe, qui justifie *son isolement parmi les Protistes inférieurs.*

§ III. — DESCRIPTION DES ESPÈCES DE *METCHNIKOVELLIDÆ*

Nous allons donner, dans les pages qui vont suivre, la description, non seulement des espèces que nous avons nous-mêmes observées, mais encore des espèces vues par d'autres auteurs.

1. — Genre *Metchnikovella* C. et M., 1897, *emend.* 1914.

1. *Metchnikovella spionis* C. et M., 1897, espèce type
(fig. A 1, C et D ; pl. XIX, fig. 1-5).

Habitat : *Polyrhabdina brasili* C. et M. de *Spio martinensis.*

Les *Spio martinensis* Mesn. se rencontrent, dans la région du cap de la Hague, dans diverses sortes de sables : sable jaunâtre des grandes anses où les rochers sont rares, sable compact blanc grisâtre cimenté par de l'humus provenant de débris d'algues (sablon). Partout, ces annélides sont parasitées par deux espèces de grégarines : une aplatie, de grande taille (jusqu'à 200 μ) qui ne présente que des mouvements de glissement et que nous avons nommée *Polyrhabdina brasili*, et un *Selenidium*, grégarine nématoïde, à côtes bien marquées, très mobile.

Les *Polyrh. brasili* des annélides du sable jaunâtre de l'anse d'Escalgrain, à l'O. du cap de la Hague, — et aussi de l'anse de Vauville, — sont parasitées par *Metchn. spionis*. Nous n'avons jamais rencontré cette espèce chez les grégarines des *Spio* du sablon de l'anse Saint-Martin, à l'E. du cap de la Hague ; mais nous y avons observé, en 1917, une autre *Metchnikovella*, que nous décrivons plus loin sous le nom de *M. brasili*.

En 1897, les neuf dixièmes environ des *Spio* de l'anse d'Escalgrain hébergeaient des *Polyrhabdina* ; chez le tiers de ces annélides ainsi parasitées, la plus grande partie des grégarines étaient elles-mêmes parasitées. L'infection peut être très précoce : nous avons trouvé le parasite à divers états dans des céphalins, c'est-à-dire des grégarines jeunes, encore appendues par leur épimérite à l'épithélium intestinal de l'annélide. Les grégarines parasitées se présentent sous des états divers que l'on peut ranger en 3 catégories : type vacuolaire (fig. C, 1) dans lequel on observe des vacuoles claires, tranchant sur le cytoplasme granuleux de la grégarine, à contours irréguliers, plus ou moins arrondies ou ovalaires dans le sens transversal ; — type réticulé (fig. C, 2) dans lequel le cytoplasme est parcouru, dans tous les sens et dans toute sa masse, par des traînées hyalines, peu réfringentes, d'un calibre sensiblement constant ; — enfin type kystique (fig. C, 3) dans lequel l'entocyte renferme des corps figurés, de forme assez constante, à contours bien marqués, assez réfringents, allongés suivant l'axe de la grégarine en un fuseau mesurant 20 μ à 40 μ de long sur 4 μ de large. Ils peuvent coexister avec les traînées ; ils sont souvent en grand nombre (une centaine environ) et remplissent alors à peu près complètement le volume de la grégarine dont le noyau, dans tous les cas, reste parfaitement intact (1).

Les kystes ont une membrane épaisse qui se laisse difficilement pénétrer par les matières colorantes. Leur portion médiane (sur les 3/5 de la longueur) est légèrement renflée et renferme des corpuscules nucléés (fig. A, 1 *e* et pl. XIX, fig. 4 et 5), en forme de pépin de raisin, bien individualisés, de 2 µ 5 de long, généralement au nombre de 16, disposés sur deux lignes, sauf aux extrémités (fig. A, 1 *d*). Les deux bouts du fuseau ont une affinité spéciale pour les colorants qui en imprègnent d'abord la partie axiale. Cette disposition donne aux kystes de *M. spionis* un caractère très spécial dans le groupe, à tel point que nous avons pensé à restreindre le genre *Metchnikovella* à cette espèce. Mais nous y avons renoncé, au moins provisoirement, car d'autres espèces présentent des bouchons polaires dont l'état réalisé chez *M. spionis* n'est probablement qu'une exagération.

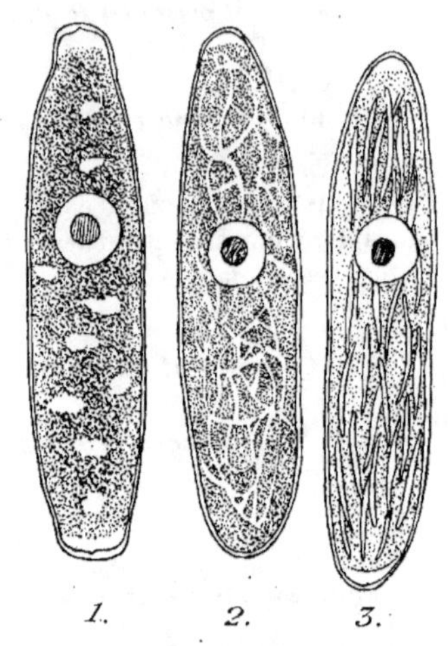

Fig. C. — Grégarines parasitées par *Metchnik. spionis* : 1 et 2, stades végétatifs ; 3, kystes. — × 400 environ.

Les dimensions des kystes présentent des variations assez notables ; la longueur peut aller de 20 à 40 µ. La

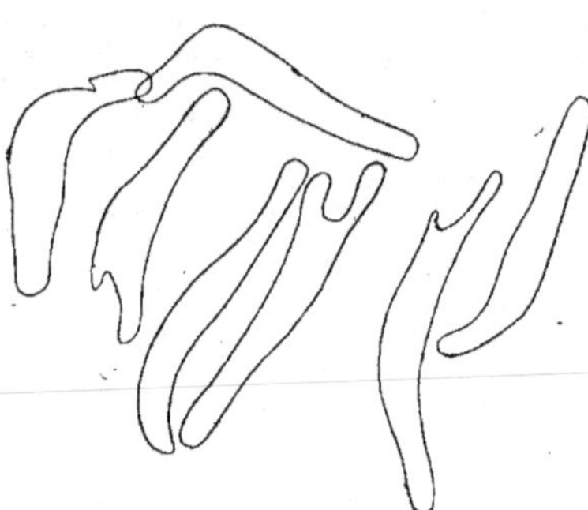

Fig. D. — Kystes anormaux de *Metchnik. spionis* × 900.

(1) Nous avons pourtant observé, tout à fait exceptionnellement, quelques noyaux qui, bien qu'ayant conservé leurs contours, nous ont paru parasités ; l'un d'eux même renfermait des éléments analogues aux spores. Averinzew (v. *infra*) a fait une observation semblable.

forme peut aussi varier et on observe parfois des individus anormaux, dont une extrémité est soit tronquée, soit bifurquée ; la figure D donne divers aspects de ces individus, tous provenant de la même grégarine. Nous avons (p. 220) tiré argument de ces états en faveur de notre conception de la genèse des kystes.

Comme nous avons surtout fait état des figures de multiplication végétative de *M. spionis* pour décrire, dans le chapitre précédent, l'évolution des *Metchnikovellidæ*, nous nous contenterons ici d'y renvoyer ainsi qu'aux figures 1-3 de la planche XIX. Rappelons aussi que nous avons constaté la présence d'éléments tout à fait analogues aux germes sporaux en dehors des kystes.

Nous aurions voulu compléter ces recherches et corroborer nos résultats par de nouvelles observations, mais les années suivantes, en particulier en 1905 et 1913, nous avons constaté que l'infection des grégarines des *Spio* de l'anse d'Escalgrain par *M. spionis* avait disparu ou à peu près.

2. *Metchnikovella brasili* n. sp.
(fig. E et pl. XIX, fig. 7-8).

Habitat : *Polyrhabdina brasili* C. et M. de *Spio martinensis*.

Dans l'anse Saint-Martin, les *Polyrh. brasili* ne renferment jamais les kystes si caractéristiques de *M. spionis* ; leur cytoplasme peut présenter pourtant des taches claires ; ce n'est que l'an dernier (1917) que nous avons reconnu qu'il s'agit d'une autre espèce de *Metchnikovella*. Nous la dédions à la mémoire de L. Brasil, dont nous déplorons la disparition prématurée, et

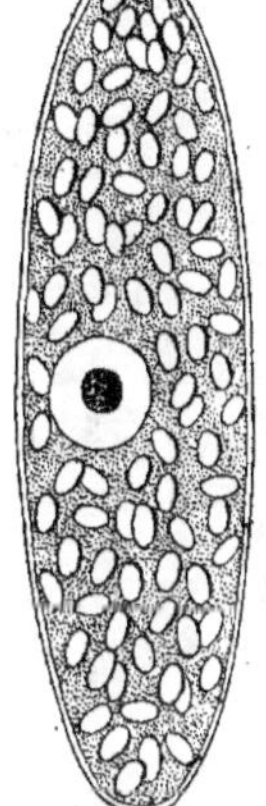

Fig. E. — 1, Grégarine parasitée par *Metchnik. brasili* × 350. — 2, kyste de *M. brasili* × 1350.

auquel nous avions dédié, en 1914, la grégarine-hôte.

A l'état frais, on distingue, ou bien des taches claires dans le cytoplasme de la grégarine, ou bien un cytoplasme appauvri en granules, dans lequel baignent des corps ovoïdes de 10 μ sur 5 μ, rappelant assez, par leur forme et leur réfringence, des spores de Microsporidies. Mais leurs dimensions sont relativement grandes, et leur structure (on observe à leur intérieur des éléments au nombre de 12 environ) ainsi que leur genèse écartent cette supposition et montrent qu'on a affaire à une *Metchnikovella* à petits kystes.

On reconnaît en effet, en étudiant des grégarines fixées et colorées sur frottis de *Spio* dilacérés, des plages plurinuclééés telles que les représente la figure 7 (pl. XIX). Ce sont manifestement des portions de ces plages qui s'individualisent, s'entourent d'une membrane épaisse qui ne se laisse plus traverser par les colorants. Vers la fin d'un enkystement, on distingue, bien isolées dans le cytoplasme, de ces masses dont les dimensions, la forme.

le nombre des noyaux, indiquent qu'elles sont des stades prékystiques
(fig. 8, *pk*).

L'infection débute, sans doute, dans la grégarine, par de petites masses
uninucléées que nous avons observées à plusieurs reprises.

Par les dimensions de ses kystes, *M. brasili* se rapproche surtout de la *M.
minima* observée par Léger chez un *Selenidium* ; elle en diffère par la forme
ovoïde et non cylindrique des kystes.

3. *Metchnikovella incurvata* C. et M., 1914 (fig. A, 2).

Habitat : *Polyrhabdina pygospionis* C. et M. de *Pygospio seticornis*.

En 1898, dans une boue adhérente à la surface des rochers de la Marette
(anse Saint-Martin), nous avons rencontré une faune abondante d'Annélides
(qui a malheureusement disparu depuis), parmi lesquelles un Spionidien,
Pygospio seticornis. Ce Spionidien était parasité par une grégarine intestinale,
appartenant au genre *Polyrhabdina*, voisine de celle des *Spio martinensis*,
mais n'atteignant pas d'aussi grandes dimensions. Les grégarines étaient en
général extrêmement abondantes dans le tube digestif de l'Annélide. Nous
y avons rencontré des kystes qui nous ont paru devoir être rapportés à
deux espèces de *Metchnikovella* : *M. incurvata* et *M. oviformis*.

M. incurvata est caractérisée par des kystes fusiformes, plus larges au
milieu qu'aux bouts, légèrement incurvés, mesurant 18 à 22 µ sur 4 µ. Les
parois latérales ne sont pas très épaisses ; mais, aux deux extrémités, existe
une sorte de bouchon qui a environ 1 µ 5 d'épaisseur. Les germes sporaux
que contiennent ces kystes sont au nombre de 16 ;
ils ont une forme ovoïde régulière et mesurent
environ 1 µ de diamètre. Comme chez *M. spionis*, on
constate, en écrasant des grégarines infectées, qu'il
existe des spores directement incluses dans le cytoplasme grégarinien ; elles paraissent donc pouvoir se
former indépendamment des kystes.

Des états végétatifs de *M. incurvata*, nous n'avons
vu, et seulement sur le frais, que des vacuoles claires
arrondies, de dimensions variables, réparties dans le
cytoplasme grégarinien.

4. *Metchnikovella oviformis* C. et M., 1914
(fig. A, 3 et fig. F).

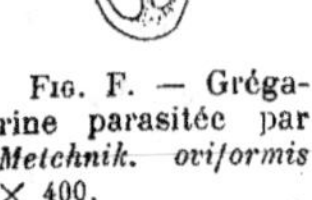

Fig. F. — Gréga-
rine parasitée par
Metchnik. oviformis
× 400.

Habitat : *Polyrhabdina pygospionis* C. et M. de *Pygospio seticornis*.

Chez un exemplaire de *Pygospio seticornis* dont les
grégarines étaient parasitées, nous avons constaté
que les kystes étaient différents de ceux que nous venons de décrire.
Ce sont des corps ovoïdes de 14 µ × 6 µ 5, donc beaucoup plus trapus que
les précédents et de forme différente. La paroi est d'une épaisseur uniforme ; elle ne présente pas de bouchons polaires. Chaque kyste renferme
8 germes (fig. A, 3). La figure F ci-contre représente une grégarine bourrée
de ces kystes.

Nous avons cru devoir créer pour ces kystes une espèce nouvelle, *M. oviformis*, différente de *M. incurvata*. *Polyrhabdina pygospionis*, comme *P. brasili*, est donc parasitée par 2 espèces distinctes de *Metchnikovella*.

5. *Metchnikovella nereidis* C. et M., 1914 (fig. A, 4).

Habitat : *Lecudina pellucida* (Köll.) Ming. (ou espèce voisine) de *Platynereis dumerilii*.

En écrasant, en 1898, un némertien trouvé dans la même boue que l'Annélide qui héberge les deux espèces précédentes, nous avons vu sortir de son tube digestif des grégarines parasitées par une *Metchnikovella*, en même temps que des débris d'une *Nereis dumerilii*. Les caractères de la grégarine, sa présence constatée chez des *N. dum.* de la même zone, nous ont convaincus que nous avions affaire, non à un parasite des grégarines du némertien (dont les sucs digestifs ont d'ailleurs une action dissolvante sur les grégarines), mais à un parasite de grégarines de la *Nereis*.

Cette grégarine est allongée; elle présente une sorte de tête, reliée au reste du corps par une région moins large (cou); sur la région céphalo-cervicale, on distingue des myonèmes transversaux; on observe des mouvements brusques de flexion de la tête et d'une partie du cou à droite et à gauche. Il s'agit d'une espèce du genre *Lecudina* Ming., sans doute voisine de l'espèce type *L. pellucida* (de *Nereis cultrifera*), si elle ne lui est pas identique.

Les *Metchnikovella* de cette grégarine se sont présentées sous forme de kystes (fig. A, 4), de $10-12\,\mu \times 4\,\mu$, moins ovoïdes et plus fusiformes que ceux de *M. oviformis*, se rapprochant un peu des kystes de *M. incurvata* et présentant, comme ceux, des épaississements polaires. On distingue, à l'intérieur de ces kystes, un certain nombre de spores, probablement 8, sur deux rangées.

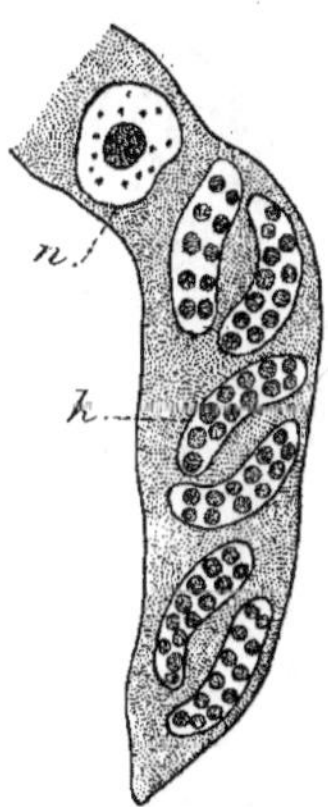

Fig. G. — Fragment de grégarine parasitée par *Metchnik. hessei* : *n*, noyau de la grégarine; *k*, kystes du parasite × 1250 (d'après Hesse).

6. *Metchnikovella hessei* Mesn., 1915 (fig. G).

Habitat : *Monocystis* (? *Selenidium*) *mitis* Leidy de *Fridericia polychela*.

Hesse a fait connaître, dans sa thèse de doctorat ès sciences, entre autres parasites des Monocystidées d'Oligochètes, un micro-organisme dont il a observé divers stades dans le cytoplasme d'une grégarine d'Oligochète de la Haute-Saône, *Fridericia polychela*.

Il identifie cette grégarine avec *Monocystis mitis* Leidy, trouvée par cet auteur dans le tube digestif d'autres oligochètes, aux États-Unis, en particulier *Distichopus sylvestris*, et pense que la *Metchnikovella* qu'il observe n'est autre

que celle vue en 1882 par le savant américain. En tout cas, d'après les figures et les descriptions de Hesse (*l. c.*, p. 48 et 49, fig. X et XI), son *Monocystis mitis* nous paraît bien voisin des *Selenidium*.

Hesse a observé des stades mono- ou plurinucléés et des kystes. Certaines
figures font penser à une multiplication mitotique des noyaux. Les kystes
sont naviculaires comme ceux de *M. spionis* et renferment également de nombreux noyaux disposés en deux séries parallèles au grand axe du kyste. Le
noyau de l'hôte n'est pas altéré ; le cytoplasme est absorbé par le parasite,
mais il ne paraît pas y avoir de réaction de défense. On aperçoit cependant,
autour des kystes, un amoncellement de petits grains chromatoïdes, qui « sont
probablement des grains d'excrétion rejetés par le parasite au moment de
la sporulation » (*l. c.*, pp. 234 et 235).

Nous reproduisons ci-dessus une des figures de Hesse, qui montre, dans
le cytoplasme de la grégarine, des corps arqués, en forme de banane,
mesurant 10-12 µ × 3-4 µ et dont les spores, figurées sur deux rangées,
paraissent être, d'une façon assez constante, au nombre de 12. Nous croyons,
comme Hesse, qu'il s'agit bien d'une *Metchnikovella*. Nous avions négligé
de citer cette observation dans
notre note de 1914 ; l'un de nous
a réparé cet oubli dans une analyse de la note en question (1) et
a nommé l'espèce *M. hessei*.

Cette espèce, par ses dimensions et le nombre de ses spores,
serait surtout à rapprocher de
M. brasili ; par sa forme, de *M.
selenidii* (v. *infra*). A noter que
c'est la seule espèce signalée
jusqu'ici en dehors des Annélides polychètes et marines.

7. *Metchnikovella selenidii* Aver., 1908 (fig. H).

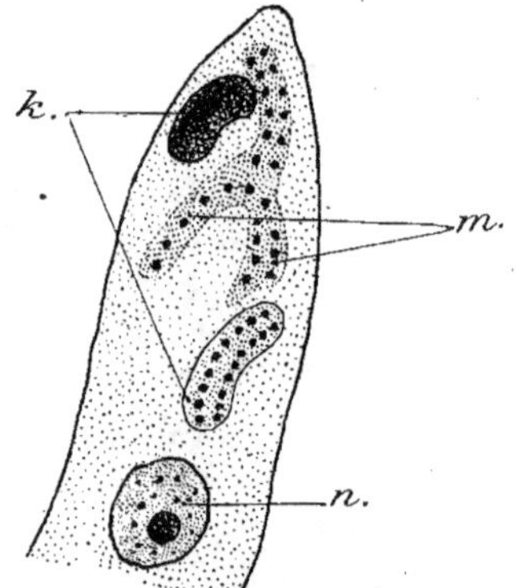

Fig. H. — Fragment de grégarine parasitée par *Metchnik. selenidii* : *n*, noyau de
la grégarine ; *m*, stade négatif ; *k*, kyste
du parasite × 700 (d'après Averinzew).

Habitat : *Selenidium* sp. de
Ophelia limacina (baie de Kola).

Dans un mémoire publié en
russe et que nous n'avions pas
pu consulter en 1914, Averinzew
décrit, sous le nom de *M. selenidii*, un parasite de l'endoplasme de la grégarine du genre *Selenidium*, rencontrée dans l'intestin d'*Ophelia limacina*.
Cette espèce se présente d'abord sous forme de petits corps arrondis
ou elliptiques. A un stade de développement ultérieur, on a des plasmodes filamenteux (rappelant les traînées de *M. spionis*) et ramifiés, avec un
grand nombre de noyaux. La division se fait par promitose (cf. divisions des
Vahlkampfia). Quand on passe à la phase de reproduction, le protoplasme

_____

(1) Voir *Bull. Inst. Pasteur*, t. XIII, 1915, note de la page 359.

perd graduellement sa substance chromatique, les noyaux deviennent plus gros, s'ordonnent en rangées régulières et le cytoplasme se condense autour des noyaux. Les cellules ainsi individualisées copuleraient deux à deux (les figures de l'auteur ne nous paraissent nullement convaincantes) et le parasite entier se fragmente et s'enkyste. Chaque cellule du kyste est une spore. Une extrémité de la paroi kystique présente un épaississement qui se colore avec l'hématoxyline et sert de couvercle aux spores.

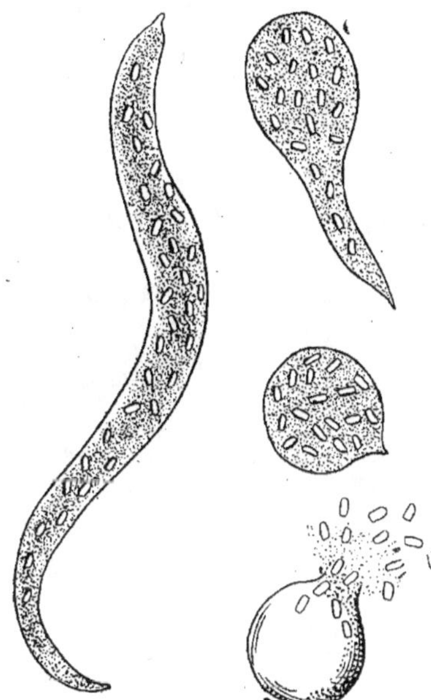

La figure H ci-dessus montre un fragment de grégarine avec un plasmode et deux kystes (l'un d'eux laisse voir les spores) de *Metchnikovella*. Les kystes très arqués, mesureraient 15-20 µ × 7 µ et renfermeraient 18 à 20 spores (? ou 16) elliptiques, de 2 µ de long.

Le noyau de la grégarine, conformément à la règle, est intact. Pourtant, l'auteur a observé un noyau rempli de spores du parasite (cf. *M. spionis*).

Les kystes seraient, au moment de la sporulation de la grégarine, contenus dans les kystes de celle-ci et éliminés avec eux à l'extérieur.

8. *Metchnikovella minima* C. et M., 1914 (fig. A, 5 et fig. I).

Fig. I. — Stades divers de la mise en boules et de l'éclatement du *Selenidium* parasité par *Metchnik. minima* × 230 (?) (d'après Léger).

Habitat : *Selenidium cirriatuli* (R. Lank.) Ming. d'*Audouinia* sp. (probablement *A. tentaculata*).

Nous avons créé cette espèce pour les formations découvertes par Léger dans le cytoplasme de grégarines pour lesquelles il a créé le genre *Platycystis* (mais qui doivent être rangées dans les *Selenidium* de Giard), et qu'il a rencontrées dans le tube digestif d'*Audouinia* (très probablement *A. tentaculata*), pêchées à Belle-Isle en mer. Il s'agit sans doute de *Selenidium* (*Polyrhabdina*) *cirratuli* (R. Lank.) Ming.

Léger a observé des mouvements très vifs de la grégarine parasitée, puis sa mise en boule, suivie d'un éclatement de la boule (fig. I). Les corpuscules, ainsi mis en liberté, mesuraient 8 µ 70 × 4 µ 30; ils étaient très réfringents, avec une paroi épaisse, et renfermaient une vingtaine de granulations. En raison de cette épaisse paroi et de leur forme générale, ces formations nous paraissent être des *Metchnikovella*; mais il convient de faire quelques réserves en raison de leur petite taille et surtout du nombre des granulations qui correspondraient à des spores particulièrement petites.

Brasil et Fantham disent avoir observé des parasites analogues chez les *Selenidium* de Phascolosomes; malheureusement ils se sont bornés à les signaler. Pour notre part, nous n'avons jamais observé de kystes chez nos parasites de *Selenidium* (v. *infra*).

Quant au phénomène si curieux de la mise en boule, suivie de l'éclatement de la grégarine, nous l'avons observé aussi chez des *Selenidium*, mais ils étaient parasités par des microbes sûrement d'une autre nature que les *Metchnikovella*.

9. *Metchnikovella legeri* C. et M., 1914 (fig. A, 6 et fig. J).

Habitat : *Sycia inopinata* Lég. d'*Andouinia tentaculata*.

Nous avons nommé ainsi, la dédiant à L. Léger, la *Metchnikovella* découverte par ce savant chez une autre grégarine des *Audouinia* de Belle-Isle en mer. Cette grégarine, que Léger a baptisée *Sycia inopinata*, et qui est probablement identique à l'*Ulivina elliptica* de Mingazzini, a des sporadins formés de deux parties séparées par une cloison, que Léger a assimilées aux protomérite et deutomérite des Grégarines tricystidées.

Léger a décrit, sans en reconnaître la véritable nature, dans le deutomérite de la grégarine, des formations de 32 μ × 6 μ (fig. J), assez fortement arquées, à paroi très nette,

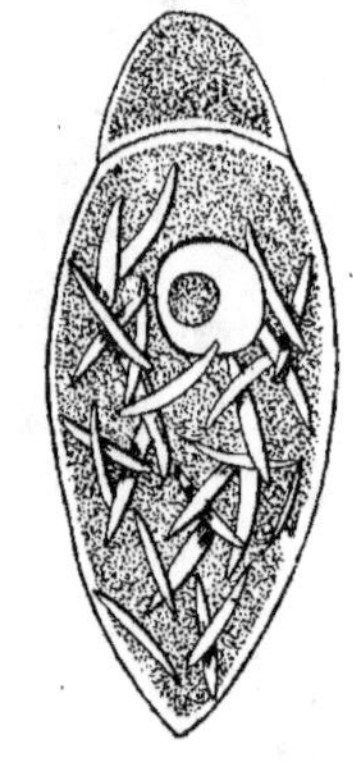

Fig. J. — Grégarine parasitée par *Metchnik. legeri* × 350 (d'après Léger).

assez épaisse et réfringente, surtout aux deux extrémités, renfermant des granulations plus ou moins serrées. Nous avons retrouvé les mêmes formations chez des *Sycia* d'*Andouinia tentaculata* de l'anse Saint-Martin. Les kystes (fig. A, 6), d'après nos mensurations, auraient 20 à 30 μ sur 5 μ à 7 μ; les variations de taille sont donc assez grandes. Ils sont incurvés comme l'indique Léger; à chaque extrémité, on observe un épaississement de la paroi comme chez les *M. incurvata* et *nereidis*. A l'intérieur, on distingue un grand nombre de sphères assez réfringentes; il y en au moins 32, sur 2 rangs aux extrémités, sur 3 et même plus de rangs au milieu.

Comme Léger, nous n'avons observé de kystes que dans le deutomérite; mais nous avons constaté en plus que, parfois, le protomérite renferme des masses irrégulières remplies de corps qui paraissent identiques aux spores des kystes. Cette production de spores est donc ici clairement indépendante des kystes; suivant que la *Metchnik.* évolue dans le deuto- ou le protomérite, il y aurait production ou non de kystes.

10. *Metchnikovella* (?) *claparedei* C. et M., 1914
(fig. A, 7 et fig. K).

Habitat : Grégarine (g? sp?) de *Phyllodoce* sp ?

Nous avons dit (p. 209) que Claparède est, à notre connaissance, le premier qui ait observé des *Metchnikovella*. Il les a vus dans une grégarine de forme losangique, trouvée chez une *Phyllodoce* sp? des îles Hébrides. Cette grégarine, d'assez grande taille (0 mm. 11), qui serait à revoir, est peut-être à rapprocher des *Ophioidina*, telles que *O. elongata*, qui ont la même forme générale losangique (extrémité antérieure pointue).

Les formations, vues par Claparède chez toutes les grégarines qu'il a observées et regardées par lui comme des spores de la grégarine (pseudo-navicelles), sont certainement des kystes de *Metchnikovellidæ*; mais nous ne les classons qu'avec réserves dans le genre *Metchnikovella*, car, d'après la figure de Claparède, la largeur (sauf au renflement médian qui a pu être exagéré dans le dessin) n'est que le dixième de la longueur. L'espèce pourrait donc se rapprocher soit des *Amphiamblys* si réellement les extrémités sont arrondies comme l'indique Claparède, soit même, si les extrémités sont en pointe, des *Amphiacantha* :

Fig. K. — Grégarine parasitée par *Metchnik. claparedei* × 320.— A côté, kyste isolé, plus grossi (d'après Claparède).

la seule espèce connue parasite une *Ophioidina* dont nous avons rapproché la grégarine de Claparède. En tout cas c'est une espèce à revoir.

II. — Genre *Amphiamblys* C. et M., 1914.

1. *Amphiamblys capitellidis* (*Metchnikovella c.* C. et M., 1897
(fig. B, 8).

Habitat : *Ancora* sp? de *Capitellides giardi*.

Peu après avoir, en 1897, découvert *M. spionis*, espèce type de notre genre *Metchnikovella*, nous trouvions, chez une Grégarine (du tube digestif de *Capitellides giardi* des mares à *Lithothamnion* de l'anse Saint-Martin), appartenant au genre *Ancora* — qui serait propre aux Capitelliens — des formations parasitaires qu'il convenait manifestement de rapprocher de *M. spionis*.

Ici, les kystes (fig. B, 8) se présentent sous forme de longs bâtonnets de 35-40 µ × 2 µ 5, légèrement incurvés, avec, au centre de la courbure, un petit renflement, plus ou moins reconnaissable, et, aux deux extrémités, des parties un peu différenciées, qu'un léger étranglement sépare du reste du bâtonnet (fig. 8, en haut). Ces kystes étaient groupés en faisceau parallèle à l'axe de la Grégarine.

On distingue, à l'intérieur des kystes, des corps arrondis (spores) en deux rangées, le nombre total paraît être de 32. Nous ne savons si ce sont les spores ou la structure de l'enveloppe kystique qui donnent à certains individus une apparence striée, telle que le représente la figure 8 (en bas).

Nous n'avons observé ce parasite qu'une fois ; mais nous avons pu compléter nos observations en étudiant l'espèce voisine, *Amph. capitellæ.*

2. *Amphiamblys capitellæ* C et M., 1914
(fig. B, 9 et fig. L, 10; pl. XIX, fig. 6).

Habitat : Grégarine en comète de *Capitella capitata.*

Au centre de l'anse Saint-Martin, dans un substratum composé de galets cimentés par une boue riche en débris d'algues, on rencontre de nombreuses *Capitella capitata*, dont nous avons décrit autrefois (1) les parasites, en particulier une Grégarine en forme de comète. L'extrémité antérieure est arrondie et l'extrémité postérieure va en s'atténuant. Cette Grégarine nous paraît à rapprocher des *Ancora*, malgré l'absence des appendices latéraux qui donnent la forme d'ancre; il existe d'ailleurs des types plus trapus que notre forme en comète, mais ayant la même forme générale et qui présentent des ébauches de bras.

Quoi qu'il en soit, nous avons constaté en 1898 et à diverses autres reprises que ces Grégarines en comète renferment, comme le représente la figure L, des kystes disposés en faisceaux d'un plus ou moins grand nombre d'individus. Chacun de ces kystes présente la même forme générale que ceux de *M. capitellidis*, mais nous n'avons pas noté de petit épaississement au centre de la courbure, et les dimensions sont un peu plus grandes, 50-60 $\mu \times 3\mu$. Nous avons cru devoir créer une espèce distincte.

Nous n'avons pu nous rendre compte du nombre et de la disposition des germes renfermés dans les kystes. On voit parfois, inclus dans un magma

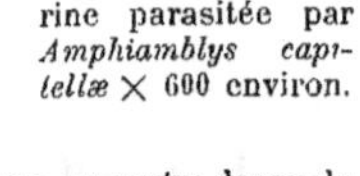

Fig. L. — Grégarine parasitée par *Amphiamblys capitellæ* $\times$ 600 environ.

granuleux, des espaces clairs, arrondis, sortes de noyaux, au centre desquels il y aurait un grain; c'est peut-être un stade de début. Le kyste complètement mûr paraît renfermer, comme dans les autres espèces, des corps ovoïdes très réfringents de 3 $\mu \times 2\ \mu$; ces corps peuvent aussi se former indépendamment des kystes (2).

Des matériaux recueillis ces dernières années nous ont fait connaître les stades végétatifs de cette Metchnikovellidée, qui se traduisent par des espaces clairs, au milieu du cytoplasme grégarinien. Les préparations colorées montrent de nombreux corps arrondis, à contour assez mal limité et renfermant une masse chromatique centrale (pl. XIX, fig. 6). Ces corps sont

---

(1) Mesnil et Caullery, *Comptes rendus de la Soc. de Biologie*, t. L, 20 nov. 1897, p. 1005.

(2) Nous avions cru observer, anciennement, des germes allongés, aciculaires, de 15 μ (M. Chatton y a fait allusion dans une note sur *Coccidiascus legeri*); mais nos observations ultérieures ne nous ont pas apporté de confirmation.

souvent alignés, disposition qui nous parait en rapport avec la forme en bâtonnet des kystes.

En septembre 1905, chez une *Ancora sagittata* typique trouvée chez un Capitellien du sablon (c'est-à-dire d'habitat différent de l'espèce précédente) et qui diffère à certains égards de *Capitella capitata*, nous avons observé un faisceau de 25-30 kystes, longs de 80 μ sur 3 μ 1/2, par conséquent de dimensions supérieures à ceux de *M. capitellæ*, mais offrant le même aspect (fig. B, 9 *c*); un seul de ces kystes montrait, au centre de la concavité, un petit épaississement. Même à l'immersion, nous n'avons rien distingué de net à l'intérieur de ces kystes; on a l'apparence d'une double striation losangique, donnant l'impression que les spores sont allongées.

Provisoirement, nous créerons la variété *longior* de *M. capitellæ* pour ces kystes (1).

III. — Genre *Amphiacantha* C. et M., 1914.

Espèce unique : *Amphiacantha longa* C. et M., 1914
(fig. B, 10).

Habitat : *Ophioidina elongata* Ming. (ou espèce voisine) de *Lumbriconereis tingens*.

Cette Metchnikovellidée est d'un type tout à fait particulier, en raison de ses kystes, dont les bouts, au lieu d'être arrondis comme chez les *Metchnikovella* proprement dits ou les *Amphiamblys*, sont très effilés. Nous avons dû créer pour elle un nouveau genre que nous avons appelé *Amphiacantha*.

Nous n'avons malheureusement pu étudier cette curieuse espèce qu'à l'état frais. Nous ne l'avons observée qu'une fois, le 5 août 1906, parasitant les Grégarines d'un Eunicien, *Lumbriconereis tingens*, de l'anse Saint-Martin. Cette Grégarine est assez allongée et ses deux extrémités sont pointues, la partie large du corps, où se trouve le noyau, est beaucoup plus voisine de l'extrémité antérieure que de la postérieure. Elle rentre dans le genre *Ophioidina* Ming., Grégarine monocystidée, dont les limites avec le genre *Lecudina* sont à préciser, et est une espèce voisine de. *Oph. elongata* Ming. do *Lumbriconereis sp.*

On trouve, dans le cytoplasme des Grégarines parasitées, des fuseaux très allongés de 70-80 μ $\times$ 4 μ 5, généralement droits, mais parfois incurvés ou mieux légèrement tordus. On remarque une certaine inégalité de taille de ces fuseaux. Les germes contenus à l'intérieur paraissent être en nombre variable; dans quelques cas, ils sont très nombreux, plus de 100.

Une étude cytologique des stades végétatifs eût été très désirable pour préciser les affinités de cette Metchnikovellidée, aberrante par ses kystes. Mais nous manquons de documents à cet égard; les matériaux que nous avions mis de côté ne nous ayant fourni aucune indication en raison de la mauvaise conservation du tube digestif de l'annélide.

(1) Cecconi (*Archiv. f. Protistenk.*, t. VI, 1905) signale, en note (p. 238) de son mémoire sur la grégarine en ancre des *Capitella capitata* de Naples, l'existence d'une *Metchnikovella*. On peut se demander si les figures 8 et 9 de sa planche ne représenteraient pas des stades végétatifs.

§ IV. — **AUTRES PROTISTES PARASITES DE GRÉGARINES**

Nous avons eu l'occasion, dans la partie historique de ce mémoire, de montrer qu'il existe d'autres parasites de grégarines que les Metchnikovellidées. Il nous reste à les passer rapidement en revue en faisant connaître nos observations personnelles.

1. MICROSPORIDIES. — Nous donnons la première place aux parasites découverts par Léger et Duboscq chez une grégarine de crabe, *Frenzelina conformis*, et chez une grégarine d'Ascidie, *Lankesteria ascidiæ* ; ils ont rapporté l'un et l'autre protiste aux Microsporidies, en se basant sur la structure des spores, dont, pour la première espèce au moins, ils ont pu observer le filament polaire dévaginé.

Il est possible que d'autres microsporidies, parasites de grégarines, aient été vues par miss Porter chez *Mesogregarina amaroucii* d'une autre Ascidie et par Averinzew chez une grégarine de Némertien. Pour notre part, nous ne pensons pas avoir rencontré de ces micro-organismes.

2. PARASITE DE *Polyrhabdina spionis* (?) (pl. XIX, fig. 9-10). — En examinant un frottis coloré du Spionidien du sable, *Scolelepis ciliata*, nous avons constaté que la *Polyrhabdina* (espèce très voisine de *P. spionis* Köll., parasite de *Scolelepis fuliginosa*) de notre annélide était parasitée ; nous n'avions aucune observation sur le frais, et quand nous avons voulu, une autre année, combler cette lacune, l'annélide avait disparu de la station.

La figure 9 donne une idée des formes végétatives du parasite. On distingue (*i*) des grains chromatiques isolés et entourés d'une mince couche protoplasmique, sans doute éléments de propagation de l'infection dans le cytoplasme de la grégarine, et des masses plurinucléées avec cytoplasme assez chromophile et noyau vésiculeux renfermant un gros caryosome moyennement chromatique. Tantôt ces masses sont globuleuses, tantôt en traînées filamenteuses simples ou ramifiées (fig. 9′) ; la chromatine est parfois condensée en une plaque équatoriale.

La figure 10 représente une grégarine écrasée, où l'on reconnaît encore le noyau, et qui est bourrée de corps ovoïdes, de 3 µ environ de long, qui ont bien pris le colorant (hémalun) et qui laissent distinguer à leur intérieur une masse chromatique, plus ou moins allongée suivant l'axe du parasite. Chez une autre grégarine, il existait, en plus de ces petits corps, quelques masses ressemblant aux formes végétatives, mais où la chromatine nucléaire était plus condensée et plus colorée (fig. 10'). Ces masses représentaient sans doute des sporontes, par opposition aux autres qui seraient des schizontes.

Les phases végétatives ne sont pas sans rappeler les Microsporidies ; mais les petits corps ovoïdes nous paraissent différer nettement des spores de Microsporidies, et rappeler plutôt les Haplosporidies de la famille des *Haplosporidiidæ* ou des *Bertramiidæ*. De nouvelles recherches sont nécessaires pour préciser.

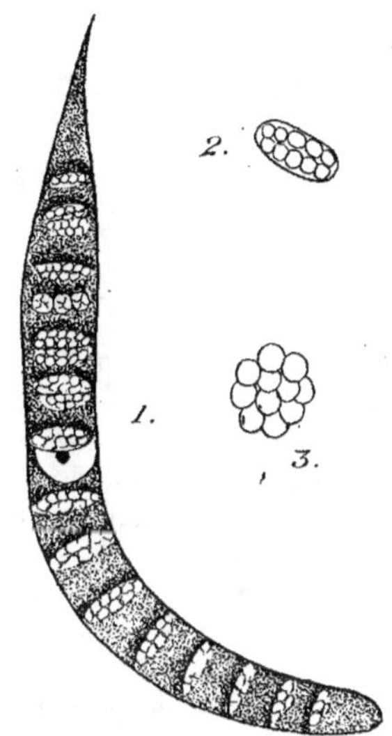

Fig. M. — 1, *Selenidium* parasité par *Bertramia selenidicola* × 650 ; — 2, amas parasitaire isolé × 700 ; — 3, morula plus grossie (× 1250).

3. Parasites mûriformes des *Selenidium* (fig. M). — Nous avons observé, chez les *Selenidium* du même type, de l'intestin de *Spio martinensis* et de *Scolelepis fuliginosa* (1), deux Spionidiens du sable de l'anse Saint-Martin, des inclusions cytoplasmiques, allongées transversalement, et tranchant par leur aspect homogène sur le fond granuleux constitué par le cytoplasme de la grégarine. On reconnaît ainsi, à un faible grossissement, l'existence de grégarines parasitées. A un grossisse-

(1) Caullery et Mesnil, *Travaux du Laboratoire de Wimereux*, t. VII, 1899, p. 88.

ment plus fort, et aussi après écrasement du *Selenidium*, on reconnaît que les inclusions sont le plus souvent occupées par des amas de petites boules sphériques, disposées en 2 rangées ; chaque sphère mesure 2 µ 5 environ de diamètre et renferme un grain central de chromatine (fig. M).

On a là, somme toute, un aspect qui diffère, par l'absence de kystes, des Metchnikovellidées, observées chez d'autres *Selenidium*, et qui n'est pas sans rappeler les *Bertramia* (ordre des Haplosporidies).

Par mesure d'ordre et d'une façon tout à fait provisoire, nous désignerons ces parasites mûriformes sous le nom de *Bertramia selenidicola*.

4. Parasite du *Selenidium* « en virgule » de *Cirratulus cirratus*. — Chez le *Selenidium* de *Cirratulus cirratus* que nous avions appelé autrefois « en virgule » (1), et que nous appellerons aujourd'hui *Selen. virgula*, nous avons trouvé aussi des inclusions parasitaires. Souvent, le cytoplasme de la grégarine est rempli de petites boules, isolées les unes des autres, et pourvues chacune d'un noyau pariétal. Fréquemment, les boules sont alignées en longues files comme dans *Metchn. spionis* ; mais nous n'avons jamais observé de kystes. Nous rapprochons ce parasite des précédents. La différence de distribution dans la grégarine peut tenir à des causes mécaniques telles que la résistance plus grande du cytoplasme à la propagation des parasites dans les *Selenidium* des *Spio* et *Scolelepis*, d'où un obstacle à la dissémination des éléments parasitaires. Nous ne croyons pas qu'il s'agisse là de stades végétatifs de Microsporidies, car, malgré le grand nombre de *Selenidium* de *Cirratulus* parasités vus par nous, nous n'avons jamais observé les spores caractéristiques des Microsporidies.

5. Bactéries (?) parasites des grégarines. — Nous avons noté, dans notre historique, que Hesse et Léger avaient signalé des bactéries parasites de grégarines ; il semble que les unes détruisent la grégarine, tandis que d'autres sont tolérées. On conçoit qu'une culture pure de ces microbes, permettant de nous fixer sur leurs affinités, n'ait pu être obtenue.

(1) *Travaux du Laboratoire de Wimereux, l. c.,* p. 83.

C'est aussi aux Bactéries que nous rapportons les infections,
ou plus exactement les phénomènes pathologiques, que nous
avons observées chez deux *Selenidium*.

Dans le gravier de la Marette (anse Saint-Martin), vivent des
Scoloplos mülleri parasités par un *Selenidium*. Comme chez
les *Selenidium* observés par Léger (v. p. 478), nous avons
constaté une mise en boule de la grégarine ; on distinguait à
son intérieur de petits granules animés d'un vif mouvement
brownien ; puis la boule crevait et les petits granules (? bactéries)
étaient mis en liberté. Une fois, le *Selenidium* d'une autre
annélide, *Amphiglene mediterranea*, nous a offert le même
spectacle. Malheureusement, toutes ces observations ont été
faites à l'état frais ; quand, une autre année, nous avons voulu
reprendre l'étude de la dégénérescence du *Selenidium* de *Scoloplos*, nous avons constaté que ce parasite avait disparu
complètement.

Rappelons enfin, pour mémoire, l'énigmatique *Hyalosphæra
gregarinicola* de Dogiel et concluons qu'il existe, en dehors des
Metchnikovellidées, toute une variété de Protistes parasites des
grégarines, dont la nature a besoin d'être précisée et au sujet
desquels nous n'avons d'autre prétention ici que d'appeler
l'attention des chercheurs.

EXPLICATION DE LA PLANCHE XIX

Toutes les préparations ont été colorées à l'hémalun, généralement suivi d'éosine. Dans les figures où le noyau de la grégarine est représenté, il est désigné par la lettre *n*.

FIG. 1-5. — *Metchnikovella spionis* C. et M.

FIG. 1. — Coupe passant par l'axe de la grégarine et montrant les stades végétatifs du parasite sous forme de traînées de cellules. G = 820.

FIG. 2. — Coupe tangentielle d'une grégarine montrant quelques cellules parasitaires plus grossies. *c*, division nucléaire avec plaque équatoriale. G = 1.050.

FIG. 3. — Fragment de coupe d'une grégarine où certaines traînées parasitaires (*a*) sont doubles. G = 700.

FIG. 4. — Coupe de grégarine montrant un certain nombre de kystes de *Metchnikovella*. G = 820.

FIG. 5. — Kyste plus grossi dans lequel on distingue les spores nucléées. G = 1.200.

FIG. 6. — *Amphiamblys capitellæ*. Grégarine en comète de *Capitella capitata*, observée dans un frottis, avec stades végétatifs du parasite. G = 820.

FIG. 7-8. — *Metchnikovella brasili.*

FIG. 7. — Portion d'une grégarine observée dans un frottis, montrant les stades végétatifs du parasite sous forme de plaques multinucléées. G = 820.

FIG. 8. — Portion d'une autre grégarine (frottis) avec des kystes (*k*) non colorés et des stades prékystiques (*p k*) colorés. G = 820.

Fig. 9-10. — Parasite indéterminé de la *Polyrhabdina spionis*
de *Scolelepis ciliata*.

Fig. 9. — Stades végétatifs; on remarquera en *i* des stades initiaux, qu'on retrouve également chez les *Metchnikovella*. G = 820.

Fig. 9′. — Portion d'un cordon parasitaire montrant des plaques équatoriales. G = 1.050.

Fig. 10. — Grégarine écrasée montrant de nombreuses spores (?) du parasite. G = 820.

Fig. 10′. — Stade (?) prékystique; la chromatine des noyaux est condensée au centre et se colore d'une façon intense. G = 700.

DU MÉCANISME DE L'INFECTION DYSENTÉRIQUE, DE LA VACCINATION CONTRE LA DYSENTERIE PAR LA VOIE BUCCALE ET DE LA NATURE DE L'IMMUNITÉ ANTIDYSENTÉRIQUE[1]

Par A. BESREDKA.

I. — Essais de vaccination par la voie sous-cutanée.
  — Sensibilité du lapin vis-à-vis de l'ingestion des bacilles dysentériques tués.
  — Sensibilité du lapin vis-à-vis de l'inoculation du virus dans les veines et sous la peau.
  — Mécanisme de l'infection dysentérique.
II. — Ingestion de bacilles dysentériques tués et réaction agglutinante.
  — Ingestion de bacilles dysentériques tués et anticorps préventifs.
  — Ingestion de bacilles dysentériques tués et immunité active.
  — Mécanisme de l'immunité antidysentérique.

I

Malgré la fréquence de la dysenterie bacillaire dans l'armée, jusqu'à présent on n'a presque pas eu recours à la vaccination. Non pas que l'on mette en doute l'efficacité de la méthode; les expériences de laboratoire sont aussi favorables au vaccin anti-dysentérique qu'aux vaccins typho-paratyphiques. Ce qui empêche chez l'homme l'application du vaccin en question, c'est sa grande toxicité en injection sous-cutanée.

Au début de la guerre, des essais de vaccination antidysentérique furent tentés dans l'armée russe; on dut y renoncer, les bénéfices de la méthode ayant été jugés hors de proportion avec les accidents observés du fait de la vaccination. En Angleterre, la question est à l'étude; on y cherche à pallier les inconvénients de la vaccination par l'emploi d'un vaccin sensibilisé

[1] Voir la note préliminaire dans les *C. R. Académie des Sciences*, t. CLXVII, p. 242, 5 août 1918.

(Gibson). En Allemagne, la recherche d'un moyen prophylactique contre la dysenterie est de plus en plus à l'ordre du jour. A en juger par les récentes publications, les préférences des Allemands vont vers le vaccin préparé par Boehncke, dit « Dysbacta », qui est également une sorte de vaccin sensibilisé (combinaison de bacilles, de toxine et d'antitoxine dysentériques). Plus de 200.000 personnes en ont déjà reçu.

En France, il n'a été fait, à notre connaissance, usage systématique d'aucun vaccin antidysentérique, ni dans l'armée, ni dans la population civile (1).

En présence des difficultés qu'offre la vaccination par la voie sous-cutanée, nous avons cherché à réaliser l'immunité antidysentérique par une autre voie. Le choix de cette dernière nous fut dicté par le siège des lésions dysentériques et par la porte d'entrée du virus.

Nous décidâmes de tenter la voie buccale.

*
* *

Par une longue pratique de vaccination contre divers antigènes (microbes, toxines, cellules), nous avons appris que l'on réussit à réaliser d'autant mieux un haut degré d'immunité que l'organisme est plus vivement impressionné par l'apport d'antigène; inversement, l'organisme se laisse d'habitude difficilement vacciner lorsque d'emblée il se montre peu sensible à l'antigène.

Les animaux sont-ils sensibles vis-à-vis du virus dysentérique donné par la bouche? Telle fut donc la première question que nous avons jugé utile de résoudre avant d'aller plus loin.

Instruit par nos recherches antérieures sur l'endotoxine dysentérique (2), nous nous sommes adressé à la souris et surtout au lapin, ces animaux s'étant montrés dans nos expé-

____

(1) Un essai de vaccination a été fait en 1915, dans le Sud Tunisien, par Ch. Nicolle. Un millier de militaires ont dû recevoir, en injection sous-cutanée, d'abord 250 millions de bacilles en solution physiologique de fluorure de sodium, puis ultérieurement 750 millions. En raison d'un mouvement des troupes, la seconde injection ne fut pas pratiquée. L'action prophylactique de cet essai ne put donc pas être suivie.

(2) *Ces Annales*, t. XX, p. 304, 1906.

riences les plus sensibles à l'endotoxine, en injections intra-péritonéale et surtout intraveineuse.

Comment l'ingestion de bacilles tués est-elle supportée par les lapins ?

Les tentatives faites autrefois pour reproduire des maladies infectieuses *per os* ayant échoué, il s'établit en bactériologie l'idée que les cultures tuées étaient inoffensives par cette voie; cela s'appliquait surtout à des bacilles dysentériques, typhiques, paratyphiques et à des vibrions cholériques.

Si cette idée s'était montrée réellement exacte, nous aurions considéré les tentatives de vacciner par la bouche comme vouées d'avance à l'insuccès.

Or, au cours des recherches entreprises, depuis le début de la guerre, sur la paratyphoïde B, étendues dans la suite à la dysenterie, nous avons vu que les animaux étaient effectivement rebelles aux cultures mortes introduites par la bouche, mais que cet état réfractaire pouvait, dans certains cas, être facilement vaincu. Nous avons vu que l'on y parvient soit en administrant une dose suffisante des corps de microbes, soit en usant d'un artifice que nous avons décrit au sujet de l'infection par le bacille paratyphique B (1).

Expérience I. — Deux petits lapins (1.360 grammes et 1.490 grammes, reçoivent par la bouche des bacilles de Shiga, tués par chauffage à 60° pendant une heure. Chacun avale la valeur d'un quart de culture sur gélose, en boîte de Roux.

Cinq jours après, les deux lapins sont trouvés morts. A l'autopsie : congestion intense des parois intestinales avec suffusions sanguines de place en place. Rien d'anormal en apparence dans les autres organes. Sang et bile stériles.

Expérience II. — Deux lapins vigoureux (2.100 grammes et 1.980 grammes) reçoivent par la bouche un sixième de culture chauffée (60° — 1 h.), sur gélose. en boîte de Roux On n'observe rien d'anormal dans l'allure des animaux; ils continuent à manger et à augmenter de poids. Au bout de cinq jours, on sacrifie l'un d'eux. A l'autopsie : au niveau de l'intestin, des foyers hémorragiques circonscrits, témoins, très vraisemblablement, d'un processus inflammatoire en voie de régression.

Donc, contrairement à ce que l'on croyait généralement, les lapins sont loin d'être insensibles à l'ingestion des cultures mortes de bacilles de Shiga. Pour peu que la dose soit bien choisie, les lapins périssent d'intoxication : tout comme s'ils

(1) *C. R. Académie des Sciences*, t. CLXVII, p. 212, 29 juillet 1918.

avaient été inoculés avec du virus vivant, ils présentent, à l'autopsie, des lésions siégeant principalement à l'intestin.

En cas d'animaux résistants, ou en cas de doses faibles de bacilles tués, ceux-ci, administrés par la bouche, provoquent des lésions intestinales passagères, incapables de compromettre la santé de l'animal.

Le lapin manifeste donc une sensibilité indéniable à l'ingestion des bacilles chauffés; rien ne s'oppose par conséquent *a priori* à ce que l'on puisse, comme nous l'avons fait remarquer plus haut, vacciner le lapin par ingestion.

*
* *

Avant de passer aux essais d'immunisation par la voie digestive, examinons la réceptivité du lapin vis-à-vis du virus dysentérique, introduit par la voie veineuse ou par la voie sous-cutanée. L'étude du mécanisme de cette réceptivité nous permettra de comprendre le mécanisme de là non-réceptivité, c'est-à-dire de l'immunité.

Inoculons à un lapin *dans la veine* marginale de l'oreille une dose mortelle de bacilles vivants de Shiga. L'échantillon dont nous nous sommes servi tuait à un dixième de culture sur gélose en tube de vingt-quatre heures. Suivant le cas, le lapin succombe le lendemain ou, au plus tard, le surlendemain.

A l'autopsie, les lésions qui attirent surtout l'attention sont celles qui ont pour siège l'intestin : c'est d'abord l'aspect fortement dilaté des vaisseaux des parois, puis celui du contenu de l'intestin grêle, complètement liquide dans presque toute son étendue et riche en bulles de gaz.

Ce qui frappe surtout le bactériologiste, c'est la répartition du virus inoculé dans les veines, notamment sa localisation élective le long du canal intestinal. L'animal a beau périr dans les vingt-quatre heures qui suivent l'injection des bacilles dans le torrent circulatoire, le sang et les organes demeurent invariablement stériles. Il en est de même de l'appareil rénal qui ne véhicule aucun bacille : l'urine est stérile. Par contre la totalité ou la presque totalité des bacilles se porte vers l'appareil intestinal par lequel s'effectue l'élimination au dehors. Ainsi la vésicule biliaire renferme des bacilles de Shiga en abondance et à l'état pur. L'ensemencement du contenu intestinal, depuis le duodénum jusqu'à la portion terminale de l'intestin grêle, révèle une masse de bacilles de Shiga, et, fait surprenant, ces bacilles y sont en culture absolument pure, à l'exclusion de tout autre microbe d'association.

EXPÉRIENCE I. — 22 *janvier*. Lapin, 1.900 grammes; reçoit dans les veines 1/10 culture en tube sur gélose de vingt-quatre heures de bacilles de Shiga vivants.

23 *janvier*. Paralysie du train antérieur. Il pèse 1.670 grammes.

24 *janvier*. Trouvé mort le matin. A l'autopsie : congestion des parois intestinales. Vésicule biliaire distendue; bile brune. Vessie très pleine. Le sang du cœur est liquide. L'intestin grêle renferme dans presque toute son étendue un liquide verdâtre, visqueux et de nombreuses bulles de gaz.

Le gros intestin est vide dans sa partie inférieure.

Ensemencements :

Sang stérile.

Urine stérile.

Bile : culture pure du bacille de Shiga.

Duodénum : culture pure du bacille de Shiga.

Intestin grêle à différentes hauteurs : culture pure du bacille de Shiga.

EXPÉRIENCE II. — 14 *janvier*. Lapin, 1.880 grammes; reçoit dans les veines 1/10 culture vivante en tube, de vingt-quatre heures sur gélose de Shiga.

15 *janvier*. Mort le matin. A l'autopsie faite aussitôt : les vaisseaux de l'intestin, grêle et gros, sont fortement injectés. La vésicule biliaire est de dimensions normales. Le contenu de l'intestin grêle depuis le duodénum est visqueux, verdâtre. Rien d'anormal dans les organes.

Ensemencements :

Sang stérile.

Bile : culture pure de Shiga.

Contenu de l'intestin grêle prélevé à différents points : culture pure de Shiga.

Nous voyons donc, d'après ces exemples, que l'*inoculation du virus dysentérique a beau être faite directement dans la circulation générale, elle ne donne jamais lieu à de la septicémie; bien que rapidement mortelle, l'infection demeure strictement limitée à l'appareil intestinal*.

Le tableau de l'autopsie est sensiblement le même lorsque, au lieu de bacilles vivants, on injecte dans les veines de l'endotoxine dysentérique préparée d'après le procédé que nous avons décrit autrefois (1). Les ensemencements dans ce cas ne

1) *Loc. cit.*

sauraient nous apprendre comment s'élimine l'endotoxine,
mais, à en juger par les altérations macroscopiques, cette
élimination doit se faire, en grande partie, au niveau de la
muqueuse intestinale.

* * *

Ce qui est encore beaucoup plus instructif, c'est le sort du
virus introduit *dans le tissu cellulaire sous-cutané*.

Quand on inocule sous la peau des bacilles vivants à dose
mortelle, on s'attend à voir le virus se généraliser et tuer
l'animal par septicémie, d'autant plus que, pour déterminer
la mort dans ces conditions, il faut injecter une grande quantité de bacilles.

Or l'expérience nous montre que les choses se passent en
réalité tout autrement. Le virus injecté sous la peau reste
d'abord pendant quelque temps cantonné dans le tissu cellulaire, à la manière des microbes nettement toxigènes. Les
bacilles de Shiga se désagrègent sur place avec une extrême
facilité, le produit toxique est porté au loin, principalement
dans l'appareil intestinal pour lequel ce produit accuse une
affinité toute particulière.

Déjà à l'œil nu, on constate que c'est au niveau de l'intestin
que siège le maximum des altérations. Cette constatation est
corroborée, comme nous allons le voir, par la recherche de
l'endotoxine dysentérique.

Mais le processus ne s'arrête pas là : après l'endotoxine, ce
sont les bacilles dysentériques qui se mobilisent à leur tour. En
quittant le tissu cellulaire sous-cutané, les bacilles se dirigent
— fait extrêmement intéressant — directement vers la muqueuse intestinale; ainsi, lorsqu'on fait l'autopsie d'un lapin
qui vient de succomber à l'inoculation sous-cutanée, on a beau
chercher le bacille de Shiga dans le sang, dans la rate, dans
le foie ou dans l'urine; tous ces essais d'ensemencement restent stériles. Par contre, en ensemençant la bile et surtout le
contenu de l'intestin grêle, on a toutes les chances — à la
condition que les ensemencements soient faits aussitôt après
la mort — de trouver les bacilles de Shiga, et, en certains
points, à l'état de culture pure.

Comme tous les lapins réagissent d'une façon à peu près identique, nous nous contentons de citer un seul exemple.

Lapin, 1.550 grammes, reçoit sous la peau du ventre (7 novembre) deux cultures et demie en tube de bacilles de Shiga de vingt-quatre heures sur gélose, émulsionnées dans 8 cent. cubes d'eau physiologique.

Le lendemain (8 novembre) le lapin pèse 1.400 grammes. Il présente une plaque rouge œdémateuse au niveau de l'injection. Le surlendemain (9 novembre) il est malade ; dans l'après-midi il a le train antérieur paralysé.

Le 10 novembre, l'animal est complètement paralysé ; il pèse 1.270 grammes. Comme il est à toute extrémité, on l'achève.

A l'autopsie, on trouve, au niveau de l'inoculation, du tissu infiltré d'un liquide transparent rougeâtre. Le foie est congestionné et friable. Tous les viscères paraissent normaux, excepté l'intestin grêle dont les vaisseaux sont fortement dilatés. De place en place, on voit des plaques de Peyer turgescentes. Le duodénum et le reste de l'intestin grêle renferment un liquide visqueux verdâtre. La partie inférieure de l'intestin grêle renferme des matières complètement liquides, riches en épithélium desquamé.

A l'ensemencement : le sang, le foie, la rate, l'urine, le duodénum sont stériles. La bile, très largement ensemencée, donne deux colonies de Shiga. Le contenu de l'intestin grêle, ensemencé à différents niveaux, donne de nombreuses colonies de bacilles de Shiga et, le plus souvent, à l'état de culture pure.

Le liquide du tissu sous-cutané donne également une culture pure de bacilles de Shiga.

Le contenu de l'intestin dilué d'eau physiologique, d'une part, et l'urine, d'autre part, sont filtrés sur papier filtre, et les deux filtrats, complètement transparents, sont additionnés de sérum antidysentérique fortement agglutinant. Au bout de deux heures de séjour au laboratoire, on voit un précipité abondant se former dans les deux cas. Le contenu intestinal et l'urine renferment donc de l'endotoxine ; c'est, par conséquent, par les appareils rénal et intestinal que le virus s'élimine au dehors.

Que doit-on conclure de l'ensemble de ces expériences, si ce n'est que le mécanisme de la toxi-infection dysentérique est invariablement le même, quelle que soit la porte d'entrée du virus ?

Que le lapin soit infecté par la voie sanguine ou par la voie sous-cutanée, qu'il soit inoculé avec du virus vivant ou avec du virus inanimé, c'est-à-dire avec bacilles tués ou endotoxine, il ne sait réagir autrement que par son appareil intestinal. On peut exprimer cette idée encore autrement : quel que soit le mode d'administration du virus, l'animal réagit comme s'il en avait reçu directement par la voie buccale.

Nous n'ignorons certes pas que la réceptivité de l'animal est loin d'être la même, suivant que l'on s'adresse à la voie veineuse, à la voie sous-cutanée ou à la voie buccale. Mais cette différence de réceptivité, sans contredire l'idée qui vient d'être émise, tient simplement à ce que toutes les voies ne se valent pas au point de vue du transport du virus vers l'organe sensible, c'est-à-dire, vers l'intestin.

La voie veineuse est, comme on le sait, la plus sévère; c'est qu'elle est la plus directe et permet de porter, sinon intégralement, au moins une partie notable de virus, rapidement dans l'intestin.

La voie buccale est la plus inoffensive, car le virus est dilué dans la masse alimentaire et, tout en subissant l'action de divers ferments rencontrés sur son chemin, a de plus l'avantage de s'acheminer très lentement vers le point terminus.

La voie sous-cutanée est, certes, beaucoup moins sévère que la voie veineuse, mais elle n'a pas les avantages de la voie buccale : le virus reste en grande partie localisé au niveau de l'injection, donne naissance à de l'endotoxine sous la peau où l'on assiste à la formation d'un gros œdème. Ce n'est qu'une faible partie de virus injecté, qui réussit à s'échapper du filtre adsorbant sous-cutané et à parvenir jusqu'à l'intestin.

D'après cette conception, la dose du virus effectivement agissante ne varie guère : si l'on est obligé, pour obtenir le même effet, de faire varier les doses au départ, c'est que, en empruntant des voies différentes, nous exposons le virus à subir en cours de route des pertes très inégales.

A la lumière de cette conception du mécanisme de l'infection dysentérique, nous serons en état de mieux saisir le mécanisme de l'immunité antidysentérique.

II

Au commencement du chapitre précédent nous avons vu que les lapins, auxquels on fait ingérer des bacilles de Shiga tués, réagissent de deux façons : ou ils succombent rapidement à l'intoxication dysentérique, ou ils survivent. L'issue dépend de la dose de bacilles ingérés et de la résistance de l'animal.

Lorsque l'animal résiste à l'ingestion des bacilles, en garde-t-il un souvenir quelque peu durable? En d'autres termes, assiste-t-il indifférent au passage des bacilles à travers son canal intestinal, ou bien subit-il des modifications au sein de ses humeurs ou de ses tissus?

La réaction la plus facile à mettre en évidence dans les humeurs, celle qui accompagne ou précède les autres, est sans contredit la réaction agglutinante. C'est à elle que nous nous adressâmes tout d'abord pour nous orienter.

L'expérience a porté d'abord sur trois lapins qui ont été soumis à une *seule* ingestion.

Le sérum de trois lapins (1.680 grammes, 1.670 grammes, 1.830 grammes est examiné vis-à-vis du bacille de Shiga avant l'ingestion, puis après l'ingestion de quatre cultures en tube, sur gélose, chauffées à 60° — 1 h.

Avant, les sérums agglutinaient les bacilles de Shiga faiblement à 1/25. Après, le pouvoir agglutinant, examiné à différents intervalles, a donné les chiffres suivants pour les trois sérums au bout de onze jours : 1/100, 1/100, 1/50; au bout de dix-huit jours, 1/200, 1/200, 1/100; au bout de un mois, 1/50, 1/25, 1/25.

L'expérience suivante a porté sur six lapins (de poids variant de 1.720 à 1.930 grammes). Il s'agissait de savoir quel était le pouvoir agglutinant de leurs sérums après qu'ils avaient subi une *double* ingestion de bacilles dysentériques. Les quantités de corps microbiens administrées ayant été à la limite de la dose mortelle, trois lapins ont succombé au cours de l'expérience.

Voici un court résumé concernant chacun de ces lapins.

Lapin 64. — 26 *décembre*, pèse 1.800 grammes, reçoit *per os* un sixième de culture en boîte de Roux, de bacilles de Shiga chauffés (60° — 1 h.) (la boîte entière est délayée dans 40 cent. cubes d'eau physiologique; on prélève 6 1/2 c.c. d'émulsion auxquels on ajoute de la bile de bœuf et de la réglisse, en tout 25 cent. cubes).

3 *janvier*, pèse 1.780 grammes; reçoit *per os* un cinquième de culture en boîte de Roux, dans les mêmes conditions que précédemment.

11 *janvier*, pèse 1.750 grammes; on le saigne à l'oreille; son sérum n'agglutine pas le bacille de Shiga à 1/50 (il n'a pas été fait de titrage au-dessous de ce taux)

15 *janvier*, pèse 1.850 grammes; on le saigne à l'oreille; son sérum n'agglutine pas à 1/50 (comme le sérum normal agglutine parfois à 1/25, il n'a pas été fait d'essai à un taux inférieur à 1/50).

Lapin 65. — Mort d'intoxication dysentérique quatre jours après la première ingestion (1/6 boîte) de corps microbiens.

Lapin 66. — Mort d'intoxication dysentérique six jours après la seconde ingestion (1/5 boîte) de corps microbiens.

Lapin 67. — 26 *décembre*, pèse 1.720 grammes, reçoit *per os* 1/6 de culture de bacilles de Shiga, chauffés (60° — 1 h.) en boîte de Roux.

3 *janvier*, pèse 1.500 grammes; reçoit *per os* 1/5 de culture de bacilles de Shiga, chauffés (60° — 1 h.) en boîte de Roux.

11 *janvier*, pèse 1.600 grammes; on le saigne à l'oreille. Son sérum n'agglutine pas le bacille de Shiga, 1/50 (il n'a pas été titré au-dessous de ce taux).

Lapin 68. — 26 *décembre*, pèse 1.930 grammes; reçoit *per os* 1/5 de culture de bacilles dysentériques tués par la chaleur (60° — 1 h.) en boîte de Roux.

3 *janvier*, pèse 2.000 grammes; reçoit *per os* la même dose que précédemment.

11 *janvier*, pèse 1.920 grammes; on le saigne à l'oreille. Son sérum n'agglutine pas le bacille de Shiga à 1/50 (il n'a pas été fait de titrage au-dessous).

28 *janvier*, pèse 2.070 grammes; on le saigne à l'oreille. Son sérum n'agglutine pas à 1/50.

Lapin 69. — Mort d'intoxication dysentérique quatre jours après la première ingestion (1/5 boîte) de corps microbiens.

Nous voyons donc que chez les lapins de la première expérience, qui n'ont eu qu'un seul repas microbien, le pouvoir agglutinant du sérum a atteint, après dix-huit jours, le titre maximum de 1 : 200. Après un mois, la teneur du sérum en agglutinines avait déjà tendance à revenir à la normale.

Chez les lapins de la seconde expérience, qui avaient reçu deux repas microbiens, à huit jours d'intervalle, l'examen du sérum, fait à la suite du deuxième repas, à des intervalles de huit, douze, vingt-cinq jours, ne révéla aucune trace d'agglutinine.

Nous devons donc conclure que l'ingestion de bacilles dysentériques tués, à dose massive, est suivie de production d'agglutinine spécifique pendant un temps qui est limité. Lorsqu'on renouvelle l'administration de bacilles et que l'on examine le sérum dans le mois qui suit la seconde ingestion, on ne constate plus trace d'agglutinine dans le sérum : on dirait qu'après la première absorption de microbes, l'intestin se refuse d'en absorber une nouvelle quantité.

Bornons-nous pour le moment à constater ce fait; nous y reviendrons plus bas.

*
* *

Et des anticorps préventifs, en existe-t-il dans le sérum des lapins, ayant avalé des corps de bacilles dysentériques? *A priori*, rien ne s'oppose à ce que ces anticorps soient présents dans le sérum, alors même que ce dernier serait dépourvu d'agglutinine.

Les trois lapins (64, 67, 68), dont l'histoire est rapportée plus haut, ont été saignés au huitième et au dixième jour après le second repas.

Leurs sérums ont été injectés, à titre préventif, à des souris; le lendemain, il a été inoculé à ces dernières dans le péritoine une dose mortelle de bacilles de Shiga vivants.

Des souris témoins furent inoculées dans les mêmes conditions, après avoir reçu la veille, à titre préventif, du sérum de lapin normal.

EXPÉRIENCE I. — 13 *janvier*. Une souris blanche (n° 1) reçoit sous la peau du dos 1 cent. cube de sérum mixte provenant d'un mélange, à parties égales, des sérums de trois lapins (64, 67, 68), saignés huit jours après le second repas microbien.

Une souris blanche (n° 2) reçoit sous la peau du dos 1 cent. cube de sérum normal de lapin.

Une souris blanche (n° 3) ne reçoit rien.

14 *janvier*. Il est inoculé aux trois souris dans le péritoine 1/30 de culture de vingt-quatre heures en tube sur gélose de bacilles de Shiga vivants.

15 *janvier*. La souris n° 1 est malade.

La souris n° 2 est mourante.

La souris n° 3 est malade.

16 *janvier*. Les deux souris (n°s 1 et 2) sont trouvées mortes; la souris n° 3 s'est rétablie.

EXPÉRIENCE II. — 20 *janvier*. Une souris grise (n° 1) reçoit sous la peau du dos 1 cent. cube de sérum du lapin n° 64 (voir plus haut) saigné douze jours après le second repas microbien.

Une souris grise (n° 2) reçoit sous la peau du dos 1 cent. cube de sérum de lapin neuf.

Une souris grise (n° 3) ne reçoit rien.

21 *janvier*. On inocule aux trois souris dans le péritoine 1/20 culture de vingt-quatre heures sur gélose de bacilles de Shiga vivants.

22 *janvier*. Trouvées mortes les souris n°s 1 et 2; la souris n° 3 est malade.

23 *janvier*. Trouvée morte la souris n° 3.

La conclusion s'impose : le sérum des lapins ayant ingéré à deux reprises, à huit jours d'intervalle, des corps bacillaires de Shiga, ne possède pas d'anticorps préventifs.

*
* *

Il nous reste à voir comment nos lapins, qui ne véhiculent dans leur sang ni agglutinine, ni anticorps préventifs, ni, vraisemblablement, aucun autre anticorps, se comportent, lorsqu'on leur inocule dans le sang une dose sûrement mortelle de virus dysentérique.

EXPÉRIENCE I. — 20 *juin*. *Lapin* 24, 1.880 grammes; il avait reçu *per os* le 1ᵉʳ juin, c'est-à-dire trois semaines auparavant, 1/5 de culture en boîte de Roux de bacilles de Shiga chauffés à 60° pendant une heure. Le 20 juin on lui injecte dans la veine marginale de l'oreille 1/10 de culture de vingt-quatre heures sur gélose de bacilles Shiga vivants.

Lapin 25, témoin, 1.880 grammes, reçoit la même dose de bacilles vivants de Shiga dans les veines.

21 *juin*. *Le lapin* 25 est trouvé mort. *Le lapin* 24 va bien. Il survit définitivement.

EXPÉRIENCE II. — 23 *juillet*. *Lapin* 26, 2.180 grammes, avait reçu *per os* le 12 juillet et le 15 juillet, 1/10 culture en boîte de Roux de Shiga chauffée (60° — 1 h.).

Lapin 27, 2.070 grammes, avait reçu *per os* le 12 juillet et le 15 juillet, d'abord de la bile de bœuf (8 cent. cubes) et aussitôt après, 1/10 culture de Shiga chauffée, 60° — 1 h., en boîte de Roux.

Lapin 28, témoin, 2.400 grammes.

23 *juillet*. Huit jours après la deuxième ingestion de microbes, on inocule aux trois lapins la même dose de virus vivant (1/10 culture sur gélose) dans les veines.

De trois lapins, seul le témoin est mort le lendemain dans la soirée; les deux autres survécurent définitivement.

EXPÉRIENCE III. — 22 *janvier*. *Lapin* 67, 1.730 grammes (voir page 310); il avait reçu *per os* à deux reprises des bacilles de Shiga tués, le 26 décembre et le 3 janvier), reçoit dans les veines 1/10 culture Shiga vivante sur gélose.

Lapin 73, neuf, 1,900 grammes, reçoit dans les veines la même dose.

23 *janvier*. *Le lapin* 67 pèse 1.540 grammes (a perdu depuis hier 190 grammes), il va assez bien, il mange.

Le lapin 73 pèse 1.670 grammes (a perdu depuis hier 230 grammes), il a le train antérieur paralysé.

24 *janvier*. *Le lapin* 67 pèse 1.550 grammes. Il survit définitivement.

Le lapin 73 est trouvé mort. A l'autopsie : congestion intense des vaisseaux intestinaux. L'intestin grêle est rempli, dans toute son étendue, d'un liquide verdâtre contenant des bulles de gaz. Le sang du cœur, liquide, est stérile. L'urine, qui distend fortement la vessie, est stérile. Par contre, la bile, le contenu du duodénum et le contenu de différentes portions de l'intestin grêle, donnent à l'ensemencement une *culture pure* de bacilles de Shiga.

EXPÉRIENCE IV. — 16 *janvier*. *Lapin* 64, 1.850 grammes (voir chap. II : il avait reçu *per os*, à deux reprises, des bacilles de Shiga tués, le 26 décembre et le 3 janvier), reçoit dans les veines 1/10 culture de Shiga vivante sur gélose.

Lapin 72, neuf, 1.880 grammes, reçoit dans les veines la même dose.

17 *janvier*. *Le lapin* 64 pèse 1.650 grammes; va bien.

Le lapin 72 est mort le matin. A l'autopsie, on constate les mêmes altérations que chez le témoin (n° 73) de l'expérience précédente. Comme chez ce dernier, l'ensemencement du sang reste stérile, tandis que celui de la bile et du contenu de l'intestin grêle, puisé à différentes hauteurs, donne une *culture pure* de bacilles de Shiga.

29 *janvier. Le lapin* 64 pèse 2.000 grammes.

Dans les expériences qui précèdent, il s'agit tantôt des lapins qui avaient été soumis à une seule ingestion et renferment, par conséquent, une faible quantité d'anticorps (Exp. I), tantôt des lapins qui, ayant été soumis à deux ingestions, ne renferment aucun anticorps dans le sang (Exp. II, III, IV).

Les uns et les autres se comportent de même, en face d'une épreuve qui tue le témoin en vingt-quatre heures; c'est-à-dire :

Les lapins traités avec des cultures chauffées de bacilles de Shiga per os deviennent solidement vaccinés contre l'infection dysentérique mortelle.

Des résultats de même ordre peuvent être obtenus chez des souris auxquelles on fait manger du pain trempé dans des cultures de bacilles dysentériques, tués par la chaleur. Pour faire mieux accepter aux souris ces repas microbiens, on les laisse à jeun pendant vingt-quatre heures, la veille de l'expérience. On leur donne ensuite des microbes à avaler, deux fois, à huit jours d'intervalle. L'épreuve par la voie péritonéale (1/20-1/30 de culture de vingt-quatre heures sur gélose) est faite une dizaine de jours après le second repas vaccinant. Les témoins meurent en moins de vingt-quatre heures. Les souris vaccinées présentent, suivant le cas, une survie de plusieurs jours ou définitive, probablement selon la dose des microbes qu'elles avaient ingérés.

De toutes ces expériences, qu'il serait inutile de multiplier, découle avec évidence le fait que l'ingestion de bacilles dysentériques tués, seuls ou de préférence mélangés avec de la bile, pratiquée une seule fois ou de préférence répétée deux fois, confère une immunité active solide; cette immunité est telle que l'animal peut affronter impunément l'inoculation du virus la plus sévère, celle qui emporte le témoin, lapin ou souris, en vingt-quatre heures.

* *

Rappelons que les lapins en expérience ne renferment dans leur sang d'anticorps décelables ni *in vitro*, ni *in vivo*. L'immunité qu'ils acquièrent est donc d'essence locale. Elle s'établit, comme tout nous porte à croire, au niveau de l'intestin, à la suite d'une ébauche des lésions dysentériques, consécutives à la première ingestion de corps bacillaires.

C'est à la faveur de l'érosion ébauchée de la muqueuse intestinale qu'une partie de l'antigène réussit à traverser la paroi de l'intestin, à pénétrer dans le sang et à y donner naissance à quelques anticorps, notamment, à des agglutinines. Mais, dès que cette effraction première de la paroi est réparée, une immunité solide s'établit. La barrière intestinale devient infranchissable. On a beau renouveler l'ingestion de microbes; aucun antigène ne saurait plus trouver accès au sang circulant; aucun anticorps ne saurait non plus y prendre naissance.

Cette immunité locale intestinale, consécutive à l'ingestion des microbes, comment la placer par rapport à l'immunité générale ou à l'immunité tout court, qui est acquise à la suite de la vaccination par la voie sous-cutanée?

L'immunité intestinale est-elle une manifestation locale de l'immunité générale et, comme telle, lui est-elle subordonnée, ou bien les deux immunités s'établissent-elles indépendamment l'une de l'autre? Enfin, y a-t-il intérêt à vouloir obtenir, en vue de la vaccination active, l'immunité générale, c'est-à-dire la production des anticorps dans le sang, comme c'est l'usage aujourd'hui?

A notre avis, qu'il s'agisse de la dysenterie ou de la fièvre paratyphoïde B et même de la fièvre typhoïde, comme nous le montrerons prochainement, les animaux n'ont qu'un seul et unique moyen d'acquérir l'immunité active. Nous estimons que, quel que soit le mode de vaccination que l'on adopte, qu'on la pratique par la voie sous-cutanée, intra-veineuse ou intra-buccale, l'immunité active qui en résulte est invariablement la même : elle est locale, c'est-à-dire, intestinale.

Dans toutes ces affections à localisations intestinales, la vaccination n'est efficace, d'après nous, qu'autant que le vaccin arrive, en dernier lieu, au contact de l'intestin ou de certaines zones de ce dernier. Si la vaccination est plus efficace par la voie veineuse que par la voie sous-cutanée, c'est parce que le vaccin, en empruntant la voie veineuse, arrive rapidement et presque intégralement jusqu'à l'intestin. C'est pour la même raison que la vaccination est plus efficace quand on s'adresse à un vaccin vivant, sensibilisé ou non, qu'à un vaccin mort. Dans le même ordre d'idées, on s'explique pourquoi la vaccination par la voie sous-cutanée exige, pour être efficace, des doses massives et répétées : c'est que, plus on introduit de corps microbiens sous la peau, plus il en échappe au filtre sous-cutané et plus il parvient d'antigène non modifié jusqu'à l'intestin.

Lorsque nous nous adressons, dans la pratique journalière, pour vacciner, à la voie sous-cutanée, nous empruntons une voie détournée : une grande partie de la substance vaccinante reste en route ; fixée sur les éléments du tissu conjonctif elle ne parvient donc jamais à destination. La voie intrapéritonéale et surtout la voie veineuse, qui constituent des lignes de transit, pour ainsi dire, directes, sont précieuses, certes, au point de vue de l'économie du vaccin, mais elles ne sont pas pratiques, en raison des réactions secondaires qu'elles comportent.

Le mode de vaccination de choix est sans conteste celui qui emprunte la voie buccale : le vaccin va directement au but et il comporte, en plus, le maximum de sécurité.

En examinant, au chapitre précédent, le mécanisme de l'infection par des bacilles dysentériques vivants, nous avons vu que, quelle que soit la porte d'entrée du virus, les ravages qu'il occasionne sont toujours les mêmes ; ils sont localisés au même endroit, et leur intensité est en raison directe du nombre d'individus qui arrivent au contact de la muqueuse intestinale. Nous pouvons en dire autant du vaccin antidysentérique : quelle que soit la porte d'entrée du vaccin, son mode d'action est toujours le même, et cette action bienfaisante se mesure par la quantité d'antigène qui parvient jusqu'à l'organe sensible, c'est-à-dire, jusqu'à l'intestin.

Quant aux anticorps qui apparaissent dans le sang lors de la vaccination par les voies autres que la voie buccale, ils sont surtout utiles, à notre avis, en vue de l'immunité passive. Dans l'immunité active, leur rôle est nul, comme nous le montre l'expérience. Nous dirons même plus : quand on vise l'immunité active, on ne doit pas rechercher les anticorps ; on a tout intérêt, au contraire, à en éviter la production, car celle-ci s'acquiert au prix de réactions parfois très graves de l'organisme.

Ce que nous venons de dire au sujet de la dysenterie, s'applique à la fièvre paratyphoïde B, et à la fièvre typhoïde, comme nous le montrerons dans un prochain mémoire.

Dans les expériences à venir, il reste deux points à mettre au clair : 1° la durée de l'immunité locale obtenue par la voie gastro-intestinale; 2° le mécanisme intime de cette immunité locale, c'est-à-dire la localisation de l'appareil cellulaire de l'intestin, qui préside à la production de cette immunité.

En terminant, faisons remarquer que des essais préliminaires chez l'homme nous ont montré que l'administration par la voie buccale des bacilles de Shiga tués ne s'accompagne d'aucune réaction, ni locale ni générale.

CONCLUSIONS

I. — Les lapins manifestent une sensibilité incontestable aux bacilles dysentériques tués, introduits par la voie buccale. Ils succombent à l'intoxication ou survivent définitivement, après avoir présenté dans ce dernier cas des altérations passagères au niveau de l'intestin.

L'introduction des bacilles dysentériques vivants par la voie veineuse tue le lapin avec des lésions siégeant au niveau de l'intestin.

Quelle que soit, d'ailleurs, sa porte d'entrée, qu'il soit introduit par la voie veineuse ou par la voie sous-cutanée, le virus dysentérique vivant ne donne jamais lieu à de la septicémie.

En cas d'inoculation intraveineuse, le virus s'élimine directement par les voies digestives. En cas d'inoculation sous-cutanée, le virus reste d'abord localisé au lieu de l'injection et exerce son action à distance en mettant en liberté de l'endotoxine qui présente une affinité particulière pour l'intestin; plus tard, les bacilles inoculés sous la peau se frayent un passage à travers les tissus et s'éliminent uniquement par les voies intestinales, tout comme en cas d'inoculation intraveineuse.

II. — Les bacilles dysentériques tués, administrés par la

bouche, ne donnent lieu à la production d'agglutinine qu'à la suite de la première ingestion. Dans la suite, les agglutinines ne se forment plus dans le sang.

Il en est de même des substances préventives : on n'en constate pas la présence à la suite de l'administration, surtout répétée, de bacilles dysentériques tués par la bouche

L'absence des anticorps dans le sang n'exclut pourtant pas l'acquisition par l'animal d'une immunité active solide, même vis-à-vis du virus vivant inoculé directement dans le sang.

Cette immunité, consécutive à l'ingestion de cultures mortes, comme celle consécutive à leur injection dans les veines, sous la peau ou en n'importe quel autre point de l'économie, est de nature locale intestinale.

SUR LA MODIFICATION D'UNE SOUCHE MICROBIENNE

PAR LA

SÉLECTION DES GERMES PHAGOCYTABLES

par E. WOLLMAN.

Lorsqu'on injecte à un lapin du vaccin charbonneux sous la peau d'une oreille (le lapin résiste toujours à l'inoculation du premier vaccin charbonneux et souvent à celle du deuxième) et que sous la peau de l'autre oreille on inocule du charbon virulent on constate les phénomènes suivants.

Dans la première oreille il se produit un afflux de leucocytes amenant un exsudat purulent; toutes les bactéridies sont rapidement phagocytées. L'exsudat formé dans la deuxième oreille reste séreux, ne contient pas ou presque pas de leucocytes; la phagocytose est nulle, les bactéridies pullulent (1).

Ce sont là les deux termes extrêmes de la réaction de l'organisme. D'une manière générale, lorsqu'on inocule à un animal une culture pathogène, on constate qu'une partie des germes devient la proie des phagocytes, tandis que d'autres y échappent, se multiplient et envahissent l'organisme (2). Il y a donc entre les germes d'une même culture des différences individuelles qui font que ces germes résistent plus ou moins efficacement aux moyens de défense de l'animal (3). Ne pourrait-on mettre à profit ces différences individuelles pour séparer et sélectionner les germes phagocytables d'une part, ceux qui ne le sont pas, de l'autre?

---

(1) Metchnikoff, Immunité dans les maladies infectieuses, p. 168. Paris, 1901.

(2) Ces phénomènes ont été bien analysés par Bordet. *Ann. Soc. sc. méd. et nat. de Bruxelles*, t. IV, 1895, et *Annales de l'Institut Pasteur*, t. XI, 1897, p. 177.

(3) On a attribué ces différences à la chimiotaxie positive ou négative (Bordet), ou à la production de substances particulières repoussant les leucocytes (aggressines de Bail).

Si cette séparation réussissait, quelles seraient les propriétés des variétés ainsi obtenues? Telles sont les questions que nous nous sommes posées dans ce travail; par suite des circonstances, nous n'avons pu qu'aborder à peine la seconde.

Nous nous sommes tout d'abord adressé au charbon virulent. Lorsqu'on en injecte une suspension dans la cavité péritonéale du cobaye, et qu'on prélève d'heure en heure une gouttelette d'exsudat, on constate que même au bout de cinq à six heures cet exsudat ne contient pas ou presque pas de leucocytes; la phagocytose est nulle ou à peu près. Il est impossible dans ces conditions de tenter la séparation que nous nous proposions de faire.

On peut tourner la difficulté en « préparant » les animaux. Si la veille de l'inoculation on injecte dans la cavité péritonéale une suspension stérile d'aleurone, il se produit une leucocytose abondante et quatre à cinq heures après l'injection des bactéridies on constate une phagocytose réduite, mais nettement marquée.

Pour éviter cette complication de la technique, nous avons préféré nous adresser dans les expériences préliminaires au deuxième vaccin pastorien. Celui-ci est en effet virulent pour le cobaye et le tue en soixante-douze heures environ en injection sous-cutanée. Lorsqu'on en injecte une suspension dans la cavité péritonéale d'un cobaye normal et qu'on examine l'exsudat d'heure en heure, on constate les faits suivants : Une heure après l'injection, l'exsudat renferme de nombreuses bactéridies libres ayant conservé la forme et la grosseur de celles de la culture injectée. Il n'y a que de très rares leucocytes. Deux à trois heures plus tard, on trouve d'assez nombreux leucocytes dont un certain nombre ont englobé des bactéridies. Il y a toujours beaucoup de bactéridies libres, parmi lesquelles des formes plus grandes et plus épaisses que celles de la culture. Plus tard encore (cinq à six heures après l'inoculation), les leucocytes sont nombreux; beaucoup d'entre eux ont phagocyté des bactéridies. La grande majorité des bactéridies libres sont de grosses formes à capsule. On peut tenter à ce moment la séparation des bactéridies phagocytées et de celles qui sont libres dans l'exsudat.

MARCHE D'UNE EXPÉRIENCE

On injecte dans la cavité péritonéale d'un cobaye le quart
environ d'une culture de dix-huit heures sur gélose inclinée
de deuxième vaccin charbonneux. Cinq heures après cette

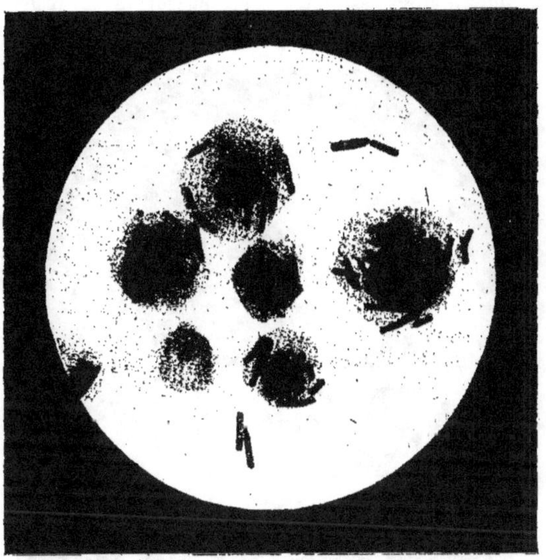

Figure 1.

inoculation, le cobaye est tué par saignée. On incise la paroi
abdominale (après épilation et flambage) et on lave la cavité
péritonéale avec 30 cent. cubes d'eau physiologique stérile. On
prélève le liquide ainsi obtenu, et on le centrifuge pendant trois
à quatre minutes. On obtient un culot c_1, composé en grande
partie de leucocytes, et un liquide surnageant s_1 renfermant surtout des bactéridies libres. On remet le culot en suspension
dans 30 cent. cubes d'eau physiologique stérile et l'on centrifuge à nouveau, d'une part la suspension c_1, riche en leucocytes
ainsi obtenus et d'autre part la suspension s_1. Cette opération

est répétée à cinq ou six reprises, de sorte qu'on arrive à avoir d'une part un culot (c_s) ne contenant à peu près que des leucocytes, dont une partie renferme des bactéridies phagocytées et d'autre part un liquide surnageant (s_s) ne contenant que des bactéridies libres, c'est-à-dire des bactéridies ayant résisté à la phagocytose et dont la plupart sont entourées de capsules.

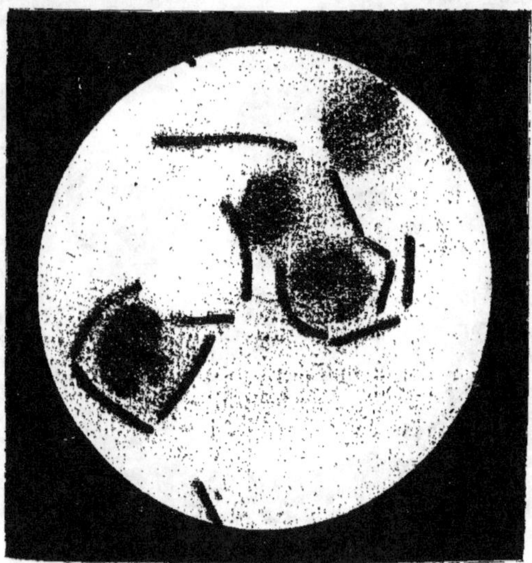

Figure 2.

On ensemence sur gélose inclinée le culot et la suspension de bactéridies. On obtient de cette façon deux cultures; l'une — culture c_1, — provient de bactéridies englobées par les leucocytes; l'autre — culture s_1, — de bactéridies qui ont résisté.

Le lendemain, on injecte chacune de ces deux cultures dans la cavité péritonéale de cobayes neufs. On répète les opérations de la veille avec cette différence que, pour le cobaye inoculé avec la culture c_1, on ne prend après chaque centrifugation que le culot; chez celui injecté avec la culture s_1, on ne conserve que la suspension surnageante. Après cinq à six centrifugations, on réensemence le culot et le liquide surnageant obtenus en dernier lieu. On obtient deux nouvelles cultures c_2 et s_2 avec lesquelles on fait un nouveau passage dans la cavité péritonéale du cobaye et ainsi de suite.

Dès ce moment (troisième passage sur l'animal), l'aspect des exsudats prélevés cinq à six heures après l'inoculation chez les deux cobayes est très différent. Chez le cobaye injecté avec la culture c_2, l'exsudat est très riche en leucocytes dont la plus grande partie ont englobé des bactéridies; il y a peu de bactéridies libres, dès la première centrifugation on obtient un culot abondant et un liquide surnageant très clair. Chez le cobaye injecté avec la culture s_2 l'exsudat montre encore des leucocytes abondants, mais dont la très grande majorité est vide; les bactéridies libres sont très nombreuses et un grand nombre sont entourées de capsules. A la centrifugation un liquide trouble recouvre le culot leucocytaire.

Ainsi les bactéridies qui proviennent de l'ensemencement des culots successifs, c'est-à-dire de la multiplication de bactéridies englobées par les leucocytes, se montrent beaucoup plus phagocytables que la souche primitive. Par contre, les bactéridies provenant de l'ensemencement des liquides surnageants deviennent de plus en plus réfractaires à la phagocytose. Ces différences s'accentuent avec le nombre de passages sur l'animal, chaque passage et chaque ensemencement revenant à la sélection des germes phagocytables lorsqu'on ensemence le culot leucocytaire, à celle de germes réfractaires à la phagocytose lorsqu'on ensemence le liquide surnageant.

La nature des expériences fait qu'il est difficile de réaliser un grand nombre de passages. Malgré toutes les précautions, la contamination n'est pas facile à éviter; d'autre part, l'ensemencement du culot leucocytaire reste quelquefois stérile, ce qui oblige à recommencer les opérations.

Dans deux séries d'expériences nous avons pu faire six et huit passages sur cobayes. Les figures 1 et 2 présentent les photographies des préparations faites avec l'exsudat péritonéal de cinq heures produit par les variétés c_5 et s_5 (cinquième passage sur cobaye) (1).

(1) Ces photographies ont été faites par M. Jeantet.

On voit d'une part (fig. 1, variété *c*, produite par sélection des germes phagocytables) les leucocytes bourrés de bactéridies ; les quelques bactéridies libres conservent la forme et la grosseur des bactéridies de culture.

D'autre part (fig. 2, variété *s* produite par sélection des germes réfractaires à la phagocytose), les leucocytes sont nombreux mais n'englobent pas de bactéridies. Celles-ci sont entourées de capsules. N'était l'abondance de leucocytes, cette préparation ferait penser à un exsudat produit par le charbon virulent.

On peut donc par la méthode que nous venons de décrire obtenir à partir d'une seule et même souche deux variétés se comportant de façon très différente vis-à-vis des phagocytes. Quelles sont les propriétés de ces variétés? Comme nous l'avons dit plus haut, nous avons pu entamer à peine cette partie de notre travail.

Les quelques expériences faites pour comparer la virulence des deux variétés semblent indiquer que la variété *c* est avirulente, tandis que la variété *s* conserve la virulence de la souche d'origine.

Si par de nouvelles recherches ces résultats étaient confirmés et étendus à d'autres espèces microbiennes, nous nous trouverions en présence d'un procédé d'atténuation des virus qui serait la contre-partie de la méthode courante d'exaltation de la virulence par passages sur l'animal. Dans cette dernière en effet ce sont les germes virulents qui sont sélectionnés, ceux qui ont triomphé des phagocytes. C'est le contraire qui se produit avec la technique que nous venons de décrire (1).

____

(1) Etant donné le rôle des organes phagocytaires dans la production des anticorps il serait intéressant d'étudier la vaccination par ces variétés phagocytables.

INFLUENCE

DE LA TEMPÉRATURE SUR LA PHAGOCYTOSE

par Th. MADSEN et Ove WULFF.

(Travail de l'Institut sérothérapique de l'Etat Danois.)

Des recherches précédentes faites sur ce sujet (par *Ledingham, Milhit, Sulima, Wulff*, etc.) ont démontré que la phagocytose augmente par la température entre certaines limites, mais une étude exacte ayant l'objet de déterminer l'optimum phagocytaire n'a pas encore été entreprise.

Pour tenter de résoudre ce problème nous avons préféré travailler sur le pouvoir phagocytaire des globules blancs eux-mêmes, sans addition de sérum, excluant ainsi toute action des opsonines. Par ce procédé nous avons espéré obtenir les conditions d'expérience les plus simples.

Nous avons employé la technique suivante : le sang humain est recueilli dans une solution de citrate de sodium à 0,25 p. 100 et ensuite lavé par centrifugations répétées avec l'eau physiologique.

Dans une pipette Pasteur on aspire les émulsions du sang et des microbes en quantités égales, séparées par une bulle d'air. La pipette fermée par fusion est placée pendant un temps défini à la température de l'expérience. Ensuite on casse la pointe de la pipette et on fait vivement se mélanger les deux émulsions; la pipette est de nouveau refermée puis exposée à la température de l'expérience. Après 15 minutes la réaction est interrompue et on détermine le degré de la phagocytose de la manière usuelle.

Les microbes sont obtenus par l'émulsion d'une culture en gélose d'environ 24 heures en l'eau physiologique.

Généralement les expériences sont exécutées en double avec

des B. coli et des staphylocoques. Dans les tableaux ci-dessous on a, comme index phagocytaire, indiqué le nombre moyen des microbes par phagocyte.

TABLEAU I. — Index phagocytaire.

TEMPÉRATURE	B. COLI		STAPHYLOCOQUES	
	obs.	calc.	obs.	calc.
0°	0,50	0,64	0,52	0,53
5°	0,86	0,81	0,88	0,77
10°	1,04	1,00	1,10	1,09
15°	1,24	1,24	1,58	1,54
20°	1,44	1,53	2,46	2,15
25°	1,80	1,85	2,86	2,96
30°	2,24	2,24	3,78	4,05
35°	3,92	2,69	5,46	5,46
40°	2,48		4,22	
45°	1,32		2,14	
	$\mu = 6.870$		$\mu = 11.230$	

TABLEAU II. — Index phagocytaire.

Température	B. Coli	Staphylocoques
33°	2,14	1,90
35°	2,82	3,00
37°	3,74	3,46
39°	3,06	2,26
41°	2,00	1,66
45°	1,26	»
50°	0,54	0,60

TABLEAU III. — Index phagocytaire.

TEMPÉRATURE	B. COLI		STAPHYLOCOQUES	
	obs.	calc.	obs.	calc.
0°	0,52	0,54	0,32	0,39
9°	0,78	0,86	0,62	0,62
16°5	1,20	1,22	1,16	0,92
20°	1,44	1,43	1,34	1,08
26°	1,80	1,87	1,50	1,43
31°	2,02	2,32	1,68	1,80
34°	2,22	2,62	2,02	2,04
36°	2,48	2,85	2,20	2,20
37°	2,96	2,96	2,78	2,34
	$\mu = 7.760$		$\mu = 8.200$	

Ces tableaux montrent un accroissement continuel du pouvoir phagocytaire partant de 0° jusque 37°, tandis qu'il y a une baisse considérable aux températures plus élevées.

Tableau IV. — Index phagocytaire.

Température	B. Coli	Staphylocoque
— 5°	0,00	0,16
35°	1,18	1,46
36°	1,68	2,12
37°	2,42	2,76
38°	2,06	2,26
39°	1,28	1,60
55°	0,05	0,18

L'expérience du tableau IV exécutée à des intervalles plus rapprochés montre qu'avec les leucocytes du sang humai) normal l'optimum est exactement à 37°.

A — 5° il y a encore de faibles traces de phagocytose; de l'autre côté le phénomène a presque disparu à + 55°.

La courbe ci-dessous représente graphiquement les relations entre la température et la phagocytose.

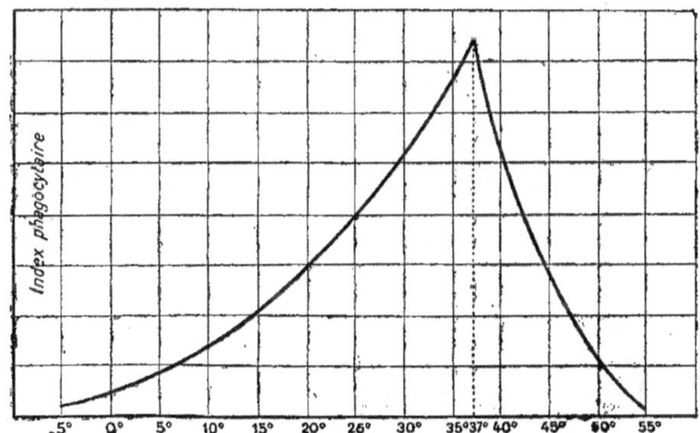

Nous avons examiné si les relations entre la température et le pouvoir phagocytaire suivaient la loi de van't Hoff-Arrhenius :

$$\frac{K_1}{K_2} = e^{\frac{\mu}{2} \cdot \frac{T_1 - T_2}{T_1 \cdot T_2}}$$

où K_1 et K_2 indiquent les pouvoirs phagocytaires aux températures T_1 et T_2. T_1, T_2 indiquent les températures absolues, e la base des logarithmes naturels et μ une constante.

Les tableaux I, II, III, IV, contiennent, dans les colonnes marquées calc., les valeurs calculées par la formule indiquée. On y a observé une concordance remarquable, exception faite aux températures optimales, où la phagocytose observée surpasse parfois les valeurs théoriques; voir aussi tableau XVIII. Il faut pourtant se rappeler l'incertitude de la détermination du pouvoir phagocytaire, vu la circonstance que celui-ci a été observé 15 minutes seulement après le mélange des microbes et des phagocytes.

Dans les expériences précédemment citées les B. coli et les staphylocoques vont de pair. Une autre expérience fut entreprise pour constater si le cas était le même pour d'autres microbes.

TABLEAU V.

	10°	25°	37°	42°
B. anthrac. . . .	0,58	1,05	2,06	1,20
B. typhique. . .	0.62	1,00	2,80	1,10
B. *coli*	0,65	1,10	3,06	1,25
Staphylocoques.	0,54	1,12	3,10	1,40
Streptocoques .	1,36	2,74	3,50	1,95
B. *proteus*. . . .	1,56	2,30	4,08	1,90
Vibrio nasik. . .	1,06	2,66	5,46	1,80
B. diphtérique .	3,14	4,72	12,36	2,86

Il est à remarquer dans le tableau V que huit espèces différentes de microbes se comportaient de la même manière, ce qui nous donne une grande probabilité pour qu'il s'agisse, ici, d'une loi applicable à bien des cas.

On s'occupe seulement, dans toutes ces expériences, de la *phagocytose spontanée*, mais d'après celles de Wulff il est fort probable que la phagocytose, en *présence du sérum*, se comportera de la même manière, mais naturellement avec un index phagocytaire plus élevé.

Ainsi l'optimum phagocytaire des leucocytes humains normaux se trouve à 37°. Quel est-il chez les animaux, où la température du sang est autre? Nous avons, à cet égard, examiné

les pnagocytes du cobaye (température normale 39°), du coq et
du pigeon (température normale 41°).

Tᴀʙʟᴇᴀᴜ VI. — **Index phagocytaire.**

	Température	B. Coli	Staphylocoques
Cobaye	37°	1,68	1,04
	39°	2,50	1,74
	41°	1,36	1,02
Coq	37°	1,68	2,04
	39°	2,42	2,52
	41°	3,00	2,72
	45°	1,36	1,25
Pigeon	37°	1,78	2,18
	39°	2,02	2,40
	41°	2,35	2,94
	45°	1,23	1,80

Il ressort du tableau VI que, dans ces exemples, l'optimum
phagocytaire coïncide avec la température normale des organismes, fournisseurs des leucocytes. Il nous parut ensuite intéressant d'examiner si, dans un organisme dont la température
oscillait pendant de courts intervalles, l'optimum phagocytaire
variait de façon correspondante. Les malades fébricitants se
prêtaient bien à ces recherches (1).

D'abord des expériences de contrôle montraient que l'optimum phagocytaire chez deux malades sans élévation de température se trouvait à 37°.

Tᴀʙʟᴇᴀᴜ VII. — **Index phagocytaire des personnes sans élévation
de la température.**

Température	I		II	
	B. Coli	Staphylocoques	B. Coli	Staphylocoques
36°	2,80	3,56	2,72	3,58
37°	3,26	4,90	3,36	5,20
38°	2,90	4,00	3,04	3,94

Une série d'expériences assez étendues permettent de voir
que, chez les personnes fébricitantes, l'optimum suit exacte-

<hr>

(1) Le professeur Rovsɪɴɢ, *Rigshospitalets Afd. C.*, a bien voulu nous permettre d'exécuter ces recherches à son hôpital, ce qui lui donne droit à
toute notre gratitude.

ment la température du malade. Nous présentons quelques exemples :

TABLEAU VIII. — **Température, malade 38°5.**

Température	Index phagocytaire
37°	1,90
38°	2,75
39°	1,92

TABLEAU IX. — **Température, malade 38°.**

Température	Index phagocytaire
37°	4,76
38°	5,22
39°	5,22
40°	4,60

TABLEAU X. — **Température, malade 39°.**

Température	Index phagocytaire
37°	5,66
38°	6,77
39°	8,28
40°	7,05

TABLEAU XI. — **Température, malade 39°.**

Température	Index phagocytaire
37°	2,65
38°	3,14
39°	4,68

Après cette constatation il restait à examiner à quel degré et à quelle vitesse les globules blancs étaient en état de varier leur optimum avec les variations journalières d'un fébricitant.

TABLEAU XII. — **Malade fébricitant.**

TEMPÉRATURE	TEMPÉRATURE	
	DU SOIR : 38°4	DU MATIN : 37°5
37°	2,00	1,80
38°5	»	[2,26]
38°	2,44	1,72
38°4	[2,48]	»
39°	2,08	1,48
40°	1,56	»

Le tableau XII représente un malade souffrant d'une affection urinaire, dont la température du soir était de 38°4, et celle

          TH. MADSEN ET OVE WULFF

du matin suivant (quinze heures plus tard) de 37°5. Dans tous
ces cas le déplacement de l'optimum correspond exactement à
la baisse de la température. Le plus prononcé que nous ayons

TABLEAU XIII. — **Malade fébricitant.**

TEMPÉRATURE	TEMPÉRATURE	
	DU SOIR : 39°3	DU MATIN : 38°
37°	1,80	2,18
38°	2,02	[2,82]
39°	2,54	2,20
39°3	[2,88]	»
40°	2,34	»

Affection spinale chez un homme : Température du soir 39°3.
Température du matin, 15 heures plus tard, 38°.

TABLEAU XIV. — **Malade fébricitant.**

TEMPÉRATURE	TEMPÉRATURE	
	DU SOIR : 38°6	DU MATIN : 38°
37°	2,20	2,82
38°	2,46	[3,48]
38°6	[3,58]	»
39°	2,78	2,68
40°	2,40	»

observé était une femme, souffrant d'une pyélite calculeuse.
La température ne variait pas de moins de 4° pendant les quar-
torze heures du soir au matin suivant, et l'optimum phagocytaire
suivait exactement ces variations.

TABLEAU XV. — **Malade fébricitant.**

TEMPÉRATURE	TEMPÉRATURE	
	DU SOIR : 40°5	DU MATIN : 36°5
35°	»	3,28
36°	»	4,02
36°5	»	[4,38]
37°	2,55	3,80
38°	3,16	3,02
39°	4,00	2,84
40°	4,54	2,76
40°5	[5,00]	»
41°	4,32	»

Il ressort de ces expériences que l'optimum phagocytaire se
trouve constamment à la température de l'organisme au moment où les leucocytes sont enlevés.

Un grand nombre d'autres expériences nous ont permis de confirmer ce fait, ainsi qu'on peut le constater, que la défense phagocytaire de l'organisme pendant la fièvre n'est pas réduite à cause de l'élévation de la température.

Il s'ensuit, des tableaux XII à XV, que l'élévation fébrile de la température n'a produit qu'une augmentation insignifiante du maximum phagocytaire.

La même émulsion des microbes étant employée pour servir à la détermination du pouvoir phagocytaire du soir et du lendemain, on pourrait attribuer ce phénomène à une augmentation pendant la nuit de la sensibilité de l'émulsion résultant d'une élévation de l'index phagocytaire. A observer aussi que, généralement, l'index phagocytaire pour toutes les températures est plus élevé le lendemain que le soir précédent.

Pour résoudre cette question nous avons entrepris des déterminations d'une émulsion du *B. coli* dans l'eau physiologique, avant et après un séjour de 18-19 heures à 20°C. Comme il ressort des tableaux XVI et XVII la différence est si petite qu'une variation de la sensibilité n'est guère vraisemblable.

TABLEAU XVI. — **Détermination de l'index phagocytaire d'une émulsion de B. *coli* avant et après un séjour à 20°.**

TEMPÉRATURE	I		II 19 HEURES APRÈS	
—	obs.	calc.	obs.	calc.
3°	1,48	1,55	1,64	1,64
11°	1,84	1,89	2,00	2,00
22°	2,20	2,43	2,20	2,59
36°	3,32	3,32	3,52	3,52

$$\mu = 3.950$$

TABLEAU XVII.

TEMPÉRATURE	I		II 18 HEURES APRÈS	
—	obs.	calc.	obs.	calc.
10°	1,46	1,47	1,50	1,49
20°	2,00	2,07	1,86	2,07
35°	3,32	3,32	3,38	3,38

$$\mu = 5.700$$

Chez un autre malade (tableau XVIII), où la température

TABLEAU XVIII. — **Malade fébricitant**.

TEMPÉRATURE	TEMPÉRATURE			
	DU SOIR : 38°5		DU MATIN : 37°	
	obs.	calc.	obs.	calc.
0°	0,68	0,68	0,80	0,78
10°	1,12	1,00	1,32	1,15
20°	1,46	1,36	1,70	1,67
30°	2,00	2,08	2,12	2,35
36°	2,36	2,51	2,48	2,86
37°	2,60	2,60	[2,96]	2,96
38°	2,98	2,69	2,32	(3,06)
38°5	[3,50]	2,73	1,64	(3,10)
39°	2,88	»	»	»
40°	2,14	»	»	»

$$\mu = 6.140$$

variait de 38°,5 (soir) à 37° (matin), la différence entre les maximums phagocytaires était plus prononcée(3,50-2,96).

Dans les tableaux I, III, XVI, XVII, XVIII on trouve, à côté des valeurs observées, les valeurs calculées pour l'index phago-cytaire. Les constantes μ indiquent les valeurs du coefficient de température qui dans ces expériences varient entre 4.000 et 10.000. Nons n'approfondirons pas la cause possible de ces variations. Une élévation de la température de 10° correspond environ à une augmentation de la phagocytose de 1,3 — 1,85. Ainsi les variations de la température ne jouent pas le même rôle pour la phagocytose que pour le pouvoir bactéricide du sérum, où l'augmentation par degré est environ trois fois plus grande.

*
* *

Après ces expériences sur des animaux à sang chaud il nous parut intéressant d'étudier quelques organismes pœcilothermes à cet égard. Nous disposons de très peu d'expériences seulement sur le pouvoir phagocytaire des globules blancs de la grenouille vis-à-vis des colibacilles et des staphylocoques.

Il ressort du tableau XIX que les variations de l'index phagocytaire à 10°, 25°, 37° et 41° étaient peu sensibles. Ainsi aucun

TABLEAU XIX. — **Leucocytes de la grenouille.**

Température	Colibacilles	Staphylocoques
10°	2,32	2,74
25°	2,16	3,20
37°	2,34	2,97
41°	2,24	3,14

maximum n'était constaté, la phagocytose étant la même entre 10° et 41°. Ce résultat était assez imprévu, si l'on considère les relations intimes entre la température des pœcilothermes et leur métabolisme. Nous avons recherché comment se comportaient les globules blancs des grenouilles gardées pendant trois jours à différentes températures : 0°, 17° et 37°. Les tableaux

TABLEAU XX. — **Leucocytes d'une grenouille gardée à 0°.**

Température	Colibacilles	Staphylocoques
0°	1,78	2,81
9°	2,04	2,85
17°	2,06	3,06
37°	1,95	2,96

TABLEAU XXI. — **Leucocytes d'une grenouille gardée à 17°.**

Température	Colibacilles	Staphylocoques
0°	2,32	2,50
9°	n	2,66
17°	2,42	2,40
26°	2,47	2,34
27°	2,13	2,54
40°	2,34	2,62

TABLEAU XXII. — **Leucocytes d'une grenouille gardée à 37°.**

Température	Colibacilles	Staphylocoques
0°	2,26	2,70
9°	2,15	2,64
17°	2,34	2,75
37°	2,25	2,52

XX, XXI et XXII montrent que le résultat était le même, le pouvoir phagocytaire restait égal entre 0° et 37° (40°).

Résumé.

Chez les homœothermes le pouvoir phagocytaire augmente avec la température, en partant d'environ $+ 5°$ jusqu'à un maximum qui correspond exactement à la température de l'individu dont proviennent les globules blancs.

Ainsi dans des conditions normales le maximum se trouve chez l'homme à environ 37°, chez le cobaye à 39°, chez le coq et le pigeon à 41°.

Une augmentation de la température au-dessus de ce maximum fait diminuer rapidement la phagocytose.

Chez les personnes fébricitantes le maximum phagocytaire suit étroitement les variations de la température.

L'augmentation de la phagocytose avec la température semble suivre la loi de van't Hoff-Arrhenius. Les valeurs de μ varient entre ca. 4.000 et 11.000.

Chez la grenouille un tel optimum n'est pas observé, la phagocytose étant la même à toutes les températures examinées.

LES PARTICULARITÉS DE LA NUTRITION

ET LA VIE SYMBIOTIQUE CHEZ LES MOUCHES TSÉTSÉS

par E. ROUBAUD.

La genèse de ce travail est due à une étude sur les processus spéciaux de la métamorphose des Glossines, que j'avais entreprise en 1914, à l'occasion du Jubilé Metchnikoff. Interrompues pendant la guerre, puis reprises à des intervalles divers, ces recherches n'ont conduit à une orientation tout autre que ne le comportait mon intention primitive. Après m'être efforcé d'interpréter le mécanisme particulier de la Nymphose chez ces mouches, j'ai été amené, en reprenant l'étude de certaines formations à bactéroïdes, mises en évidence par l'auteur allemand Stuhlmann dans certaines parties déterminées de l'intestin des tsétsés adultes, à préciser la nature et à rechercher la genèse de ces formations, aux stades antérieurs de la vie de ces insectes.

De proche en proche, j'ai été ainsi conduit à m'attacher aux particularités spéciales offertes par le fonctionnement de l'appareil de la nutrition, à tout âge, chez les Glossines, à sérier entre eux tous les faits ainsi relevés et finalement à les rattacher les uns aux autres comme la conséquence d'un processus fondamental de symbiose nutritive avec certains organismes du type des levures, vivant dans l'intestin des tsétsés et que l'on retrouve chez les Mouches piqueuses pupipares. C'est cet ensemble de données que je présente dans ce Mémoire.

La question de la symbiose, chez les organismes supérieurs, est actuellement très discutée. Mon intention n'était pas de prendre parti dans les débats qui s'amorcent journellement sur ce chapitre, depuis l'apparition de l'ouvrage de P. Portier sur les symbiotes. Mais, sans aller jusqu'à une généralisation aussi complète que l'a tentée l'auteur, il est incontestable que l'étude des insectes offre des exemples nombreux d'associations héréditaires avec des micro-organismes qui paraissent jouer un rôle nécessaire dans la vie de ces êtres.

L'ensemble des données que j'ai tenté de grouper, touchant les conditions spéciales de la nutrition des tsétsés, en les comparant à ce qui se passe chez les diptères des groupes voisins, plaide fortement en ce sens. Si la démonstration physiologique directe du rôle des levures symbiotiques dans la nutrition de ces mouches n'est pas facile, on peut du moins, par une étude attentive des faits d'ordre divers, tels que nous les présentons, en dégager des indications qui, je le crois, paraîtront convaincantes.

Au surplus, je me suis placé simplement dans un domaine encore voisin de l'hypothèse; mais j'ai tenu à orienter dès à présent les recherches ultérieures en exposant les faits tels qu'ils me paraissent se relier les uns aux autres. Je me propose de revenir plus tard, s'il m'est possible, principalement sur le côté expérimental de la question.

LA NUTRITION CHEZ LA LARVE

Mode de fonctionnement de l'épithélium intestinal.
Ses conséquences biologiques.

Ainsi que je l'ai déjà montré dans mon précédent travail sur
Glossina palpalis (1), les larves de Glossines, comme celles des
Pupipares types, sont exclusivement nourries pendant toute
leur vie intra-utérine aux dépens de la sécrétion particulière

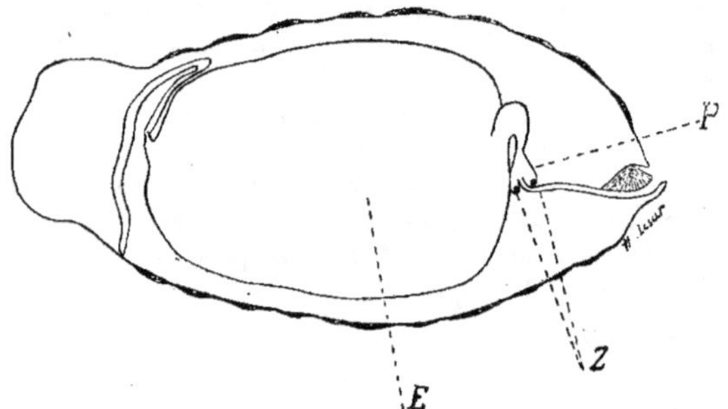

Fig. 1. — Coupe sagittale d'une larve de glossine, montrant les grands traits
de l'organisation digestive : E, sac stomacal provenant de l'accumulation
dans l'intestin moyen d'une masse énorme de plasma nourricier; P, proventricule; Z, zone des symbiotes larvaires.

des glandes annexes de l'appareil femelle. Ces glandes se ramifient à l'infini et prennent un développement tout particulier
chez la mouche mère, au cours de la gestation.

La sécrétion nutritive est une émulsion de couleur blanche
qui remplit les fonctions du lait chez les mammifères et peut
être biologiquement assimilée à ce dernier. La larve se gorge
de ce lait avec une abondance telle que son intestin moyen
finit par former un sac volumineux, remplissant plus des deux
tiers de la cavité du corps (fig. 1, E). On constate ainsi que,

(1) La *Glossina palpalis*, sa biologie, son rôle dans la transmission des
Trypanosomiases, *Thèse Fac. Sc. Paris*, 1909; et Martin, Leboeuf et Roubaud,
La Maladie du Sommeil au Congo français, Paris, Masson, 1909.

pendant toute la vie larvaire, le lait ne cesse de s'accumuler, et l'estomac de se distendre, ce qui démontre *a priori* que la digestion de la substance nutritive est infiniment moins rapide que son ingestion. Examinons quelles peuvent être les raisons physiologiques d'une telle accumulation du lait dans l'estomac de la larve.

Tout d'abord, lorsqu'on examine le contenu intestinal larvaire, un fait paraît ressortir immédiatement : c'est l'inertie apparente de l'épithélium intestinal au point de vue de la transformation chimique de l'aliment. La matière nutritive ingérée par la larve ne paraît subir d'autres modifications dans l'estomac qu'un épuisement progressif en matières grasses, et, consécutivement, une concentration de plus en plus grande de sa substance. Ce sont là, semble-t-il, de simples modifications physiques dues à l'absorption directe d'une partie de la substance de l'émulsion nourricière. On voit en effet les gouttelettes grasses, très abondantes chez les larves jeunes, disparaître progressivement, au fur et à mesure de la croissance larvaire, de la masse laiteuse contenue dans l'estomac; si bien qu'à la nymphose ce plasma nourricier n'est plus guère constitué que par une matière homogène, assez finement granuleuse, à réaction acidophile, et dont les constituants insolubles dans l'eau, l'alcool à 100°, les acides dilués, le xylol, donnent les réactions générales des substances protéiques. Il s'effectue par conséquent, au cours de la vie larvaire, une sorte de triage par l'épithélium intestinal des constituants de l'émulsion nourricière. Les corps gras sont absorbés en premier lieu, avec une activité particulière, et, après épuisement plus ou moins complet des matières grasses, il reste dans l'estomac une masse plasmatique presque entièrement constituée par des matières albuminoïdes, dont nous verrons la destinée ultérieure.

En même temps, et comme conséquence directe de cette activité spéciale d'absorption des matières grasses manifestée par son épithélium stomacal, on voit l'organisme de la larve se saturer de graisse. Cette substance, en effet, non seulement constitue l'élément dominant des réserves contenues dans le corps adipeux jusqu'à la nymphose, mais on la retrouve aussi en abondance dans les éléments figurés du sang de la larve. Lorsqu'on ponctionne une larve arrivée au terme de sa croissance, on constate que les leucocytes sont chargés d'inclusions volumineuses, de nature exclusivement graisseuse (fig. 7). Enfin, les cellules de l'épithélium intestinal elles-mêmes se montrent, dans toute l'étendue de l'intestin moyen, exagérément distendues par ces mêmes inclusions graisseuses, qui réduisent le cytoplasme à l'état de minces trabécules (fig. 3).

Si cette dernière particularité dénote une activité d'absorption toute spéciale à l'égard des matières grasses, elle ne traduit pas, par contre, que l'épithélium larvaire soit doué d'activité digestive franche à l'extérieur des cellules. On ne peut mettre en évidence, dans ces éléments surchargés de graisse, et le plus souvent réduits, par une tension extrême, à l'état de membrane d'une excessive minceur, les témoins histologiques ordinaires d'un processus physiologique de sécrétion externe. Cette inertie chimique de l'épithélium est d'ailleurs bien en rapport avec la stase prolongée de la matière nourricière à son contact. On sait d'autre part que chez les larves de mouches ordinaires (mouches à viande), ainsi qu'il résulte des expériences diverses réalisées par Guyénot, par Bogdanow, par E. Wollman, l'épithélium intestinal ne manifeste pas normalement non plus de grandes propriétés digestives et que la préparation de l'aliment par les bactéries protéolytiques est la condition naturelle du développement rapide de ces larves (1). Lorsque le milieu nutritif est facilement assimilable, les sécrétions digestives sont pour ainsi dire nulles et l'épithélium se borne à absorber : c'est ce qui se produit chez les larves de Glossines. Il est probable d'ailleurs que cette absorption n'est pas un phénomène purement passif, mais qu'elle suppose, surtout dans le cas des graisses, des modifications de contact plus ou moins profondes dues à l'activité physiologique des cellules, le mécanisme de l'absorption des substances grasses étant certainement complexe. Mais la sécrétion à distance dans la lumière intestinale de produits de digestion actifs ne paraît pas à envisager ici.

Les seules cellules de l'épithélium moyen des larves de Glossines qui pourraient manifestement traduire un processus

____

(1) Condition cependant non indispensable, comme l'a tout récemment montré Wollman qui a aisément nourri des asticots en milieu stérile mais facilement assimilable (cervelle). *C. R. Soc. Biol.*, t. LXXXII n° 16, 31 mai 1919.

de sécrétion externe, il est vrai d'ordre particulier, sont les cellules du fond du cul-de-sac proventriculaire. Ce sont elles vraisemblablement qui sécrètent la membrane péritrophique. Ces cellules, qu'avec Ch. Pérez (1) je considère comme d'origine endodermique et formant la continuation directe antérieure des cellules du ventricule chylifique, ne présentent point de vacuoles graisseuses comme les éléments normaux de ce dernier. Elles sont hypertrophiées et d'aspect bien différent de celui des autres cellules de l'intestin moyen (fig. 12, *z*). Bornons-nous pour l'instant à signaler le fait, nous reviendrons ultérieurement avec plus de détails sur les intéressantes particularités morphologiques et biologiques dévolues à ces éléments.

L'inertie manifestée par l'épithélium stomacal des larves, au point de vue de la transformation chimique de l'aliment, s'explique naturellement par ce fait que l'émulsion nourricière maternelle est composée de principes directement assimilables. On en a la confirmation d'ailleurs par la disparition complète des glandes salivaires chez la larve, disposition qui est en rapport avec l'inutilité de toute préparation chimique de l'aliment.

Ainsi, l'épithélium digestif des larves de Glossines n'agit pas ou n'agit certainement que d'une façon très secondaire sur l'aliment, au point de vue chimique. Il se borne à jouer à son égard, d'ailleurs par un mécanisme sans doute complexe, un rôle d'absorption, avec triage électif des constituants graisseux. Tandis que ces derniers passent en excès dans l'organisme, où ils sont mis en réserve dans des tissus divers, la plus grande quantité des éléments protéiques contenus dans la riche matière nutritive ingérée par la larve, restent inabsorbés pendant la vie larvaire et s'accumulent simplement dans l'estomac. Les conséquences de ce mode de fonctionnement de l'épithélium digestif sont considérables au point de vue biologique; on peut en effet leur rapporter, d'une part les modifications d'ordre anatomique très particulières qui caractérisent le tractus intestinal des larves de tsétsés; et d'autre part aussi les conditions physiologiques spéciales qui dominent tout le processus de la métamorphose chez la pupe de ces mouches, et lui

____

(1) Recherches histologiques sur la métamorphose des Muscides, *Arch. Zool. Exper.*, t. IV, n° 1, février 1910.

prêtent, par rapport aux autres Muscides non pupipares, son allure particulière.

Tout se passe en effet comme si, malgré la quantité considérable d'aliment ingérée, la larve de Glossine, trop richement alimentée en matières grasses, n'était qu'insuffisamment pourvue en matériaux de nature albuminoïde. La larve parvient à la nymphose avec une insuffisance notoire en réserves de cette nature, si on la compare aux larves correspondantes des autres Muscides à développement non pupipare. La plus grande quantité de ces réserves restent pour ainsi dire en dehors de l'organisme, non absorbées, et non assimilées, quoique ingérées et surchargeant par leur abondance même le sac stomacal.

Il est permis de penser que ce fait physiologique, lié comme on l'a dit au mode de fonctionnement de l'épithélium intestinal, est devenu la cause première des modifications anatomiques si particulières de l'intestin moyen des larves. Insuffisamment repue en aliments albuminoïdes, par suite de l'élection de son épithélium pour les matières grasses du lait, la larve de la tsétsé conserve pendant toute sa vie intra-utérine une avidité nutritive extrême qui la porte à se surgorger de la sécrétion maternelle.

L'ingestion étant plus rapide que l'absorption, il se produit au cours de la vie larvaire une surcharge stomacale qui dilate progressivement l'intestin moyen et le transforme en ce sac volumineux que nous avons décrit. La masse plasmatique ainsi ingérée n'y subit que lentement le triage des matériaux immédiatement assimilables, par épuisement en premier lieu des éléments graisseux, tandis que la plus grande quantité de la matière albuminoïde reste inabsorbée.

Une autre conséquence de la faible quantité d'aliments albuminoïdes, assimilés par la larve, c'est que l'organisme larvaire n'élimine aussi qu'une quantité relativement faible de matériaux azotés de désassimilation. C'est là ce qui permet également d'expliquer cette deuxième particularité curieuse du tractus intestinal larvaire, chez les Glossines : le rectum ne communique pas avec l'intestin moyen ; l'anus, d'autre part, n'est point fonctionnel et les matériaux d'excrétion, qui sont de nature exclusivement urinaire, simplement accumulés dans la lumière du rectum, pendant toute la vie larvaire et la vie nymphale, ne pourront être rejetés au dehors qu'après l'achèvement des métamorphoses. On conçoit aisément qu'une telle particularité d'ordre anatomique ne soit compatible qu'avec l'absence complète des résidus alimentaires de la digestion, et avec la faible importance de l'excrétion urique. Et c'est bien en effet ce que l'on constate chez les larves de Glossines. Bien que le rectum ne serve plus qu'à l'accumulation des produits urinaires, puisqu'il ne communique qu'avec les tubes de Malpighi, la lumière de cet organe, au moment des métamorphoses, ne renferme qu'une quantité très faible de matériaux d'excrétion. D'autre part, le corps adipeux, qui, chez les larves de mouches ordinaires, ainsi que l'a montré Ch. Pérez, fonctionne largement comme rein d'accumulation, joignant à ses globules de nature graisseuse ou albuminoïde une quantité considérable de granulation du groupe urique, ce corps adipeux n'apparaît pas soumis, chez les larves de Glossines, à de semblables fonctions. L'hémalun n'y différencie pas de corpuscules basophiles entièrement ou partiellement colorables, pouvant faire songer à des éléments de la série xanthique, comparables aux *pseudo-nuclei* de Berlese, ou aux corpuscules basophiles décrits par les auteurs dans le corps gras des asticots. Il n'y a donc point surcharge de l'organisme larvaire de la tsétsé en produits de désassimilation azotés. Cet ensemble de particularités morphologiques ou physiologiques nous apparaît comme la conséquence directe du régime alimentaire et du fonctionnement particulier de l'épithélium digestif de la larve de Glossine. Cette larve ne désassimile que peu de matières azotées, parce qu'elle n'en assimile que peu.

LA NUTRITION PENDANT LA NYMPHOSE

A. — ÉVOLUTION DE L'INTESTIN MOYEN ET DE SON CONTENU.

Lorsque la larve de Glossine s'immobilise pour se transformer en pupe, son réservoir stomacal se trouve donc, comme nous l'avons dit, surchargé d'une ample masse de réserve albuminoïde, provenant du lait maternel dont l'épithélium digestif

a extrait en majeure partie les éléments graisseux. Quelle est
la destinée de cette masse plasmatique qui représente la plus
grande partie de l'aliment albuminoïde encore inassimilé,
nécessaire à l'organisme de la Glossine adulte?

Dès le début de la nymphose (fig. 2), on voit exsuder en
abondance de toute la périphérie du sac stomacal, mais particulièrement dans la région ventrale, un plasma homogène (p'') qui
offre les mêmes réactions
éosinophiles et sensible-
ment le même aspect géné-
ral que le plasma contenu
dans l'estomac, quoique
plus finement granuleux.
Cette substance se répand
dans la cavité générale et
vient baigner directement
tous les organes, en particulier les éléments du corps
graisseux. En même temps,
on note une perte de sub-
stance importante à la périphérie de la masse plasmatique stomacale (p'). Des vides
nombreux s'y produisent
tandis que la portion centrale de cette masse se con-
centre au contraire davantage (p). On assiste manifestement à une exsudation
de la matière nourricière
albuminoïde de l'intestin
dans la cavité générale.

Le phénomène ne débute
pas en réalité au moment
même de la nymphose; il
est déjà manifeste chez les
larves âgées qui n'ont point
encore abandonné l'utérus

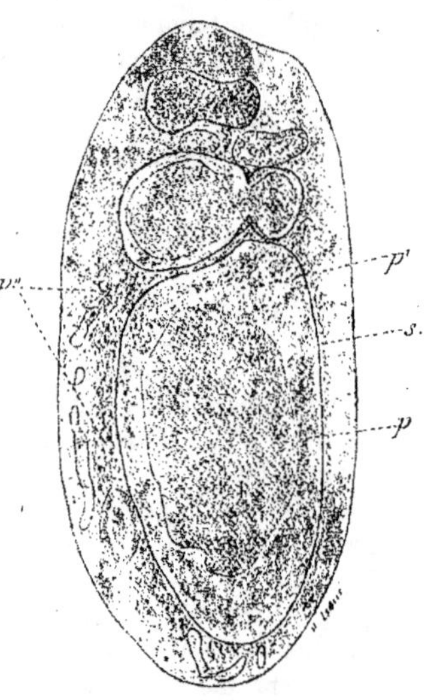

Fig. 2. — Coupe sagittale vers la région
médiane d'une pupe de *Gl. palpalis*
d'environ dix-huit heures, montrant
l'exosmose d'une partie du plasma
nourricier dans la cavité générale :
s, paroi de l'anse principale du sac
stomacal larvaire ; *p*, portion centrale
résiduelle, dense, du plasma nourricier, inapte à la dialyse ; *p'*, portion
périphérique du plasma déjà en partie diffusée dans la cavité générale ;
p'', plasma d'origine stomacale, exos-
mosé et baignant les organes de la
cavité générale. — Gr. 20.

maternel. Il est probable qu'il se produit pendant toute la vie

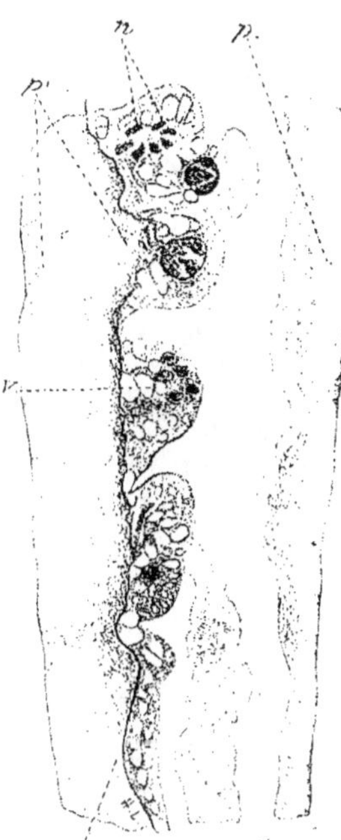

Fig. 3. — Coupe au niveau d'une portion de la paroi du sac stomacal chez une pupe de quarante-huit heures, montrant l'assise épithéliale encore intacte en apparence, mais dont les cellules, moins distendues, ont déjà perdu beaucoup de leurs vacuoles graisseuses (v) d'absorption. Une notable partie du plasma nourricier p a diffusé de droite à gauche à travers l'assise épithéliale et baigne extérieurement (p') la paroi stomacale qui le renfermait primitivement. Ce dépôt est plus dense au niveau de la basale et à l'intérieur des cellules, ce qui traduit la marche de la dialyse à travers la paroi cytoplasmique cellulaire. Fix. Brazil; color. Safranine or. — Gr. 450 env.

larvaire : mais il prend, soudain, chez la pupe en formation, une ampleur toute particulière.

S'agit-il d'une exsudation véritable, c'est-à-dire d'une simple filtration à travers des pores ou interstices de la paroi stomacale? C'est peu probable. Il s'agit plutôt, pour nous, puisqu'à ce moment la paroi épithéliale a conservé presque partout encore toute son intégrité, d'une dialyse de principes albuminoïdes solubles. On peut d'ailleurs noter dans le cytoplasme des cellules intestinales l'existence, et le dépôt vers la basale, d'une matière éosinophile particulière très finement granuleuse, qui traduit le passage à travers ces éléments histologiques des principes albuminoïdes provenant du plasma (fig. 3).

Mais pourquoi l'extension subite prise par ce processus de dialyse albuminoïde dans la pupe en formation? Sans doute correspond-elle à la cessation de l'activité propre des cellules épithéliales, activité qui, comme nous l'avons vu, se manifeste électivement pendant toute la vie larvaire dans le sens de l'absorption des corps gras. Cette activité cesse dès l'apparition des processus histologiques qui con-

damnent les organes caducs auxquels appartient l'assise épithéliale tout entière. Celle-ci, atteinte brusquement dans sa
vitalité, ne joue plus alors d'autre rôle que celui d'une simple
membrane osmotique à travers laquelle s'effectue d'une façon
massive la dialyse, jusqu'alors très ralentie, des principes
albuminoïdes solubles du plasma stomacal.

Chez le pou du mouton (*Melophagus ovinus*), Diptère pupipare
typique, Berlese (1) a signalé une série de phénomènes qui
concordent dans leur expression générale, avec ceux que nous
venons de décrire (2). Chez la pupe du Mélophage, d'après cet
auteur, le contenu de l'estomac s'extravase sous la forme d'un
plasma granuleux qui vient baigner tous les organes pour être
ensuite repris par le corps adipeux. Ces phénomènes rentrent
dans le processus général de fonctionnement trophique du tube
digestif et du tissu adipeux, tel que le conçoit l'auteur italien,
chez les larves d'insectes à la nymphose. Mais il fait allusion à une simple filtration mécanique de matières granuleuses. Or, ce n'est certainement pas sous cette forme, nous
l'avons dit, que les choses se passent. La matière nutritive
albuminoïde, qui remplit l'estomac des Glossines, paraît constituée par un mélange d'éléments dialysables et de principes
insolubles. L'épithélium, dont l'intégrité anatomique est encore
entière, permet la dialyse de la première catégorie de substances qui sont déversées par exosmose dans la cavité générale. Au fur et à mesure que s'effectue ce triage des principes albuminoïdes dialysables et assimilables, le reste de la
masse nutritive, formé d'aliments indiffusibles, inabsorbables
directement par les cellules, se réduit, en se concentrant de
plus en plus. A la fin du troisième jour, l'exosmose de la totalité des éléments solubles étant terminée, la masse albuminoïde
résiduelle non dialysable, qui reste contenue dans l'estomac
larvaire, ne forme plus qu'un amas dense et compact, dont le
volume n'excède guère le quart de la masse initiale.

Cet amas résiduel, inassimilable actuellement par l'organisme
de la Glossine, ne subira plus avant l'éclosion de la mouche

(1) *Riv. di Patologia vegetale*, t. VIII, 1899.
(2) Chez l'*Hippobosque*, également pupipare, j'ai fait des constatations
analogues. Il est superflu d'ajouter que tous les Diptères pupipares vrais
doivent obéir aux mêmes particularités physiologiques générales de nutrition
que les Glossines.

adulte, d'autres transformations qu'une concentration de plus en plus grande en un bloc éosinophile dur et homogène. Sa destinée est liée à celle de l'épithélium intestinal larvaire qui le renferme.

Ici, les phénomènes ne diffèrent guère de ce que les auteurs,

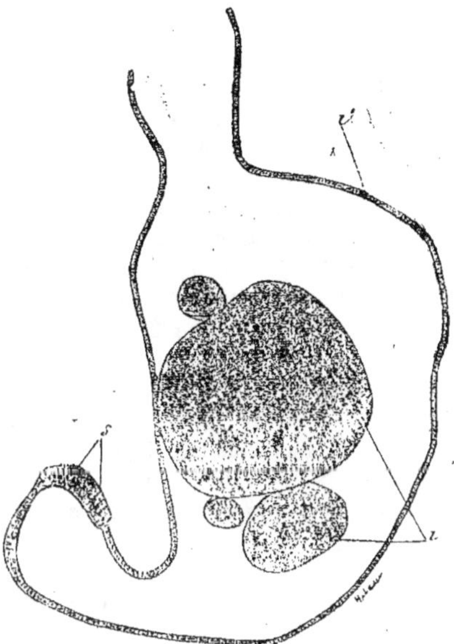

Fig. 4. — Coupe sagittale au niveau de l'intestin moyen d'une pupe de dix jours, montrant l'englobement par l'assise imaginale *i'* des restes de l'estomac larvaire exuvié et de son contenu *i*; *s*, fragment de la zone des symbiotes imaginaux.

d'une façon générale, ont signalé pour la métamorphose de l'intestin moyen des insectes. Il se produit, en effet, chez la pupe de Glossine, par le processus habituel que l'on connaît, notamment chez les larves de Muscides, depuis les travaux de Ganin, Van Rees, Kowalevsky, Pérez, etc., une *exsuviation totale* de l'épithélium larvaire.

Les petites cellules imaginales émanées des îlots de rem-

placement qui existent déjà, chez la larve, à la base de l'épithélium, comme chez les autres Muscides, s'organisent progressivement en une assise continue qui détache de la basale
l'ancien épithélium larvaire, et le rejette avec son résidu
alimentaire dans la lumière du nouvel intestin ainsi constitué
(fig. 15, p. 523 et fig. 4, *i*).

L'ensemble résiduel constitué par le manchon épithélial
larvaire et les restes du plasma éosinophile qu'il renferme est
ainsi comparable au *corps jaune* des larves de mouches. Mais
celui-ci est formé, comme le précise Ch. Pérez, exclusivement
par des restes cellulaires, tandis que chez les glossines il s'y
adjoint une quantité encore notable de matière nutritive.

Le résidu mixte épithélio-plasmatique de la nymphe des
Glossines ne tarde pas d'ailleurs à se trouver plongé au sein
d'une nouvelle matière fluide (fig. 15, *p*, d'aspect fibro-gra-
nuleux sur les coupes, épaisse, et à réaction assez nettement
basophile, semblable à celle que Ch. Pérez signale chez les
mouches à viande et qu'il interprète comme un produit de
sécrétion des petites cellules intestinales.

J'y verrais plutôt, en raison de l'indifférenciation encore si
grande de ces petites cellules imaginales, dont le cytoplasme
extrêmement vacuolaire ne témoigne guère d'une activité de
sécrétion propre, un produit d'endosmose de substances éma-
nant de la cavité générale, qui traversent par diffusion cette
mince paroi cytoplasmique et progressivement se déposent dans
la cavité intestinale au fur et à mesure que se produit l'allongement de la paroi épithéliale.

Vers le dix-huitième ou le vingtième jour, cette matière devenue peu à peu acidophile commence à disparaître, sans doute
réabsorbée. Dans les anses intestinales antérieures les cellules
s'affrontent à leur bord libre, tandis que, dans la région
moyenne, l'épithélium est maintenant directement en contact
avec le résidu éosinophile provenant du sac stomacal larvaire.
Alors on assiste, dans toute l'étendue de l'intestin moyen, à un
processus curieux d'émission de boules sarcodiques naturelles,
que j'interpréterai comme un phénomène intensif de *rénovation cellulaire autotomique*. Les petites cellules cubiques de
l'épithélium imaginal s'étirent fortement en hauteur; leur
région basilaire prend un cytoplasme dense, basophile, tandis

que leur extrémité distale est ampulleuse et formée de mailles inégales. Cette portion distale détache par pincements successifs de sa substance vacuolaire des sphères autotomiques de cytoplasme qui tombent dans la lumière intestinale (fig. 5, *b*; fig. 6). Toutes les cellules de l'épithélium réagissant ainsi, depuis le début de l'intestin moyen, simultanément, avec une activité extrême, rejettent dans la lumière intestinale une quantité considérable de ces sphères autotomiques. Celles-ci s'agrègent les unes aux autres, perdent leur aspect vacuolaire initial en condensant leur substance; il se constitue ainsi, dans une notable partie de la lumière du tractus intestinal moyen, une nouvelle masse granuleuse plasmatique d'origine cellulaire qui sera ultérieurement digérée.

En même temps que se réalise cette curieuse épuration du cytoplasme, on assiste à la différenciation progressive des corps cellulaires de l'assise épithéliale qui prend son aspect définitif; le noyau se condense et s'étire en une sorte de larme, disposition que l'on constate chez l'adulte (fig. 6).

Dans l'intestin moyen nymphal de l'Hyponomeute, Mme A. Hufnagel (1) a récemment décrit et figuré des cellules en processus de sécrétion qui séparent de leur masse des boules de sécrétion éosinophiles, très compa-

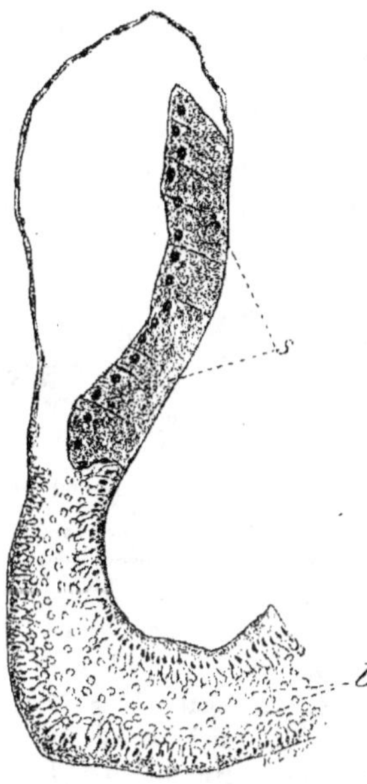

Fig. 5. — Coupe au niveau d'une anse de l'intestin moyen imaginal chez une pupe de trente jours, montrant la rénovation autotomique continue dans la partie antérieure et l'émission intense de boules de cytoplasme *b*, qui remplissent la cavité. La coupe passe par une des bandes de la zone des symbiotes *s*, à cellules géantes bien différenciées. — Gr. 100.

(1) *Arch. Zool. Exp.*, t. LVII, pp. 47-202, 20 juillet 1918.

rables à celles que je mentionne chez la pupe de Glossines. Je ne crois pas, au moins ici, qu'il s'agisse d'un processus de sécrétion, parce que ce phénomène est généralisé à toutes les cellules de l'épithélium simultanément, qu'il coïncide avec des transformations cellulaires profondes et prélude à la différenciation définitive des éléments histologiques en question; d'ailleurs, chez la Glossine adulte, un tel processus, lorsque l'épithélium s'est constitué sous son aspect définitif, ne s'observe plus. Je crois qu'il faut l'interpréter comme un processus d'épuration cytoplasmique au même titre que les processus analogues de rajeunissement cellulaire par rejets de boules autotomiques, signalés par Ch. Pérez (1) dans certaines cellules des pupes de Calliphora, par E. Poyar-korff (2) chez la Galéruque, par Mme Huf-nagel chez l'Hyponomeute. Mais chez la Glossine le processus offre une généralité et une ampleur infiniment plus grandes qu'on ne l'a constaté jusqu'ici.

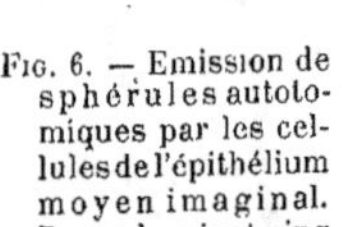

Fig. 6. — Emission de sphérules autoto-miques par les cel-lules de l'épithélium moyen imaginal. Pupe de vingt-cinq jours. — Gr. 400.

L'évolution chez la nymphe de Glossine de l'épithélium imaginal comprend ainsi deux périodes bien tranchées, l'une assez longue, d'indifférenciation, au cours de laquelle les cellules, petites, cubiques, à cytoplasme vacuolaire, ne jouent sans doute qu'un simple rôle d'absorption à l'égard des substances dissoutes soit extra-, soit intra-intestinales; l'autre de différenciation active avec expulsion d'une partie notable de leur substance cytoplasmique.

Ces deux périodes ne correspondraient-elles pas au rappel cœnogénétique de la double mue épithéliale ancestrale des nymphes d'insectes? Au point de vue morphologique, cette hypothèse est séduisante; mais il me paraît plus rationnel de chercher dans ces faits une interprétation d'ordre physiologique ou physique : je pense que, dans la destinée de ces éléments cellulaires qui sont plongés au sein de liquides organiques dont la nature chimique varie selon l'état de la nymphose, les phéno-

____

(1) *Loc. cit.*
(2) *Arch. Anat. micr.*, t.XII, 1910.

mènes osmotiques doivent jouer un grand rôle. En fait, l'émission des sphères cytoplasmiques intestinales donne singulièrement l'impression d'une plasmolyse naturelle des éléments épithéliaux. Or, il faut précisément remarquer que ce phénomène n'apparaît qu'avec la disparition du contenu intestinal. On ne l'observe pas dans les anses digestives encore chargées de résidus nourriciers ou d'autres substances de remplissage. Au début de la formation de l'intestin imaginal, la lumière de l'organe, comme nous l'avons dit, se remplit progressivement d'une substance épaisse, à réaction basophile, vraisemblablement d'origine cœlomique. Lorsque cette substance a disparu, la concentration moléculaire du milieu n'est plus la même; et l'on conçoit facilement qu'il puisse en résulter une plasmolyse générale dont l'influence sera définitive sur la morphologie des éléments anatomiques?

Au fur et à mesure que la nymphose progresse, les restes provenant de l'estomac larvaire et de son contenu éosinophile cheminent vers l'arrière et passent à la partie postérieure de l'intestin moyen. Ils accusent un commencement de digestion vers la fin de la nymphose seulement.

Quant aux phases dernières de l'utilisation par l'organisme de la Glossine de ces résidus plasmatiques, ce n'est guère qu'après l'éclosion, lorsque l'épithélium imaginal a complètement achevé sa différenciation, qu'ils paraissent se produire. Il y a tout lieu de penser que c'est pendant la phase d'inanition précédant l'éclosion que ces déchets nourriciers sont repris et utilisés, au moins partiellement, par la mouche adulte, avec les différents vestiges de la différenciation intestinale imaginale.

B. — Role des leucocytes dans la nutrition nymphale.

Nous avons vu que, chez la larve âgée, les leucocytes ont un rôle manifeste de mise en réserve temporaire et de dispersion générale des éléments graisseux qui saturent l'organisme. Leurs fonctions diffèrent ainsi nettement, quant à la nature du produit véhiculé, de celles que l'on observe chez les larves de mouches ordinaires, où ce sont des granules de nature albuminoïde qui, d'après les observations de Ch. Pérez, parsèment le cytoplasme des éléments migrateurs. On voit par là combien la nature des réserves dominantes est différente chez les deux types de larves. La charge graisseuse des leucocytes (fig. 7), chez les Glossines, représente un des aspects par lesquels se traduit la saturation de l'organisme larvaire en matières grasses, comme conséquence de l'électivité d'absorption exercée par l'épithélium stomacal à l'égard de ces substances.

Ces fonctions de véhicule des matières grasses sont dévolues chez la larve de Glossine à tous les éléments migrateurs de la cavité générale, et non point seulement à certaines catégories d'entre eux, comme Mme A. Hufnagel l'a constaté par exemple pour les leucocytes à inclusions graisseuses de la larve de l'Hyponomeute. Ce sont là d'ailleurs fonctions particulières à la vie larvaire. Dès le début de la nymphose on les voit céder brusquement la place à une autre forme d'activité physiologique, la fonction phagocytaire, qui s'exerce en particulier à l'égard des muscles, de l'hypoderme et de certaines parties du tube digestif larvaire antérieur et postérieur. Le phénomène débute par certains des muscles, les plus périphériques, et s'accomplit suivant le thème classique qu'en ont donné pour les diptères Kowalevsky et Van Rees, sous l'inspiration des géniales découvertes de Metchnikoff et que Ch. Pérez a mis si minutieusement au point dans ses belles études sur la métamorphose des Muscides. Les leucocytes s'infiltrant par le sarcolemme, comme le décrit ce dernier auteur, disloquent les colonnes musculaires, fragmentent le sarcoplasme et se chargent de sarcolytes. Ils se transforment ainsi en ces volumineuses « sphères de granules » dont la nature et la signification physiologique sont aujourd'hui classiques chez les pupes de mouches. Suivant le type ordinaire, ces leucocytes repus émigrent activement dans toutes les régions du corps où se produit un travail intense de reconstitution imaginale, apportant ainsi directement aux éléments en histogénèse le concours de leur activité nutritive.

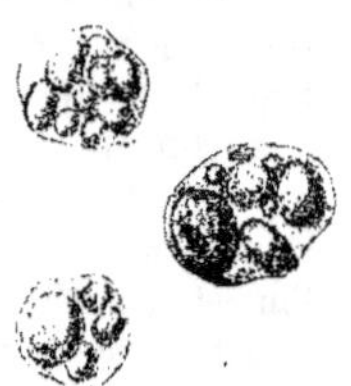

Fig. 7. — Inclusions graisseuses dans les leucocytes d'une larve âgée. Color. Soudan III. — Gr. 1670.

Il semble que, chez les Glossines, l'activité phagocytaire soit

moins brutale, plus progressive, que chez les larves de mouches à viande. Un petit nombre seulement des muscles sont détruits dans les premières vingt-quatre heures de la nymphose;
les autres ne disparaîtront que dans les jours qui suivent. En
particulier, certains muscles de l'abdomen ne sont encore qu'à
peine attaqués par les phagocytes le cinquième jour; ces
muscles paraissent dégénérer spontanément avant d'être
envahis par les éléments phagocytaires.

Cette sorte de gradation dans l'échelle de l'activité phagocytaire chez les Glossines permet de se représenter, comme
non imputable directement à l'attaque des phagocytes, la destruction des organes qui sont appelés à subir l'histolyse. Je ne
saurais penser, en effet, que l'afflux leucocytaire s'exerce
réellement d'une manière primitive sur des organes normaux,
de manière à en provoquer la destruction *per se* avant toute
autre cause spontanée de dégénérescence. Il est plus vraisemblable que les organes ou les éléments histologiques appelés à
disparaître meurent d'abord, ou subissent des modifications
physiologiques, non décelables souvent par les réactifs histologiques, mais capables de provoquer l'afflux phagocytaire. S'il
est difficile pour ceux des muscles périphériques qui subissent
l'atteinte phagocytaire, dès les tout premiers moments de la
nymphose, de déceler histologiquement une altération antérieure à l'infiltration des phagocytes, cela tient à ce que, la très
grande majorité des phagocytes étant encore inemployés à
cette époque, il se produit un afflux massif et accéléré de ces
éléments vers les premiers organes affectés par la dégénérescence. Ultérieurement, comme le plus grand nombre des phagocytes encore disponibles se trouvent déjà repus de fragments
musculaires, leurs mouvements de dispersion comme leur activité phagocytaire se ralentissent; c'est alors que l'on peut percevoir des signes indiscutables de dégénérescence (changement
de colorabilité, perte de la striation des muscles, pycnose des
noyaux) antérieurs souvent à toute infiltration leucocytaire,
dans les éléments aptes à l'histolyse. Ce fait est notamment
indiscutable pour les muscles abdominaux les plus tardivement atteints (5° jour), qui se montrent transformés en masses
plasmodiques, à la périphérie desquelles seules des sphères de
granules ou leucocytes repus exercent une pression le plus

souvent purement extérieure, sans qu'il y ait encore traces d'infiltrations et de dislocations mécaniques subséquentes. Il est manifeste que l'activité ralentie des sphères de granules s'exerce ici sur des éléments atteints de dégénérescence spontanée. Le fait est non moins apparent pour des organes à histolyse tardive comme le rectum, où les sphères de granules, vers le cinquième jour, n'englobent progressivement encore que des fibres musculaires en partie modifiées.

Quoi qu'il en soit, le fait important à retenir au point de vue de la nutrition générale, consiste dans la mise en mouvement par les leucocytes d'une quantité de matériaux albuminoïdes provenant de l'élaboration des organes larvaires résiduels, et dans leur transport jusque dans les parties les plus reculées de l'organisme en histogénèse.

C. — Évolution du tissu adipeux.

L'élaboration des principes albuminoïdes nécessaires à l'histogénèse des nouveaux organes n'est pas uniquement le fait de l'activité leucocytaire. Le tissu adipeux joue également dans ce sens un rôle de toute première importance.

Le corps gras, chez les Glossines, obéit en effet, dans son évolution nymphale, au tracé qu'en a donné Berlese pour les différents types d'insectes en général et en particulier pour le Mélophage dont l'organisation pupipare nous rapproche très étroitement du type organique des Glossines. C'est ce tissu qui assure l'élaboration et la mise en réserve du plasma nutritif extravasé dans la cavité générale. Son rôle est ici des mieux marqués, en raison même de la grande quantité de matière nutritive albuminoïde qui vient le baigner et des transformations importantes dont consécutivement ses éléments histologiques sont le siège.

Ce qui frappe tout d'abord, au début de la formation de la pupe, c'est l'insuffisance notable de la mise en charge albuminoïde de ce tissu par rapport à ce qu'on observe chez les Muscides non pupipares (Calliphores d'après Pérez, Drosophiles d'après Guyénot, etc.) C'est, comme ailleurs, l'élément graisseux qui constitue le principe dominant de ces réserves. La graisse déposée dans de volumineuses vacuoles distend les cellules (fig. 8, à gauche) et, seuls, un petit nombre de globules de nature albuminoïde sont visibles au moment de la nymphose dans les mailles du réseau cytoplasmique.

Mais, rapidement, lorsque le plasma nutritif issu de la cavité digestive s'est répandu dans la cavité générale, on voit les cellules adipeuses accentuer leur mise en charge et vers le cinquième jour une véritable poussière de granulations éosinophiles, mêlée à des globules plus ou moins volumineux, remplit le cytoplasme (fig. 8, à droite). Les vacuoles graisseuses persistent en partie, malgré cet apport de réserves

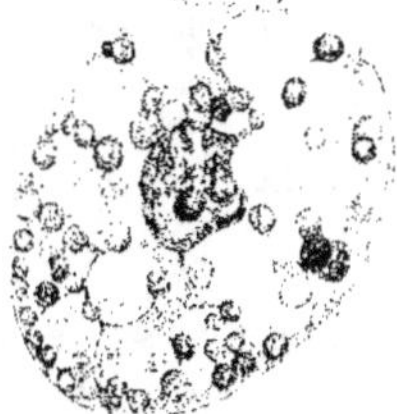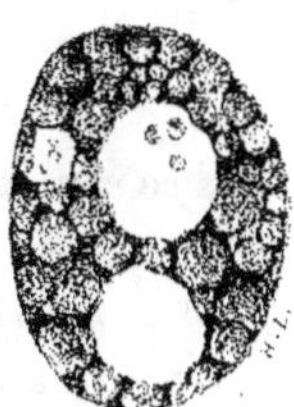

Fig. 8. — Deux cellules adipeuses nymphales de *Gl. palpalis*. A gauche, cellule d'une pupe en formation : grande abondance de vacuoles grasses, faible quantité de granules albuminoïdes. A droite, cellule grasse d'une pupe de cinq jours : la mise en charge albuminoïde est achevée ; les vacuoles graisseuses ont diminué d'importance au profit des sphérules albuminoïdes très abondantes. — Gr. 560.

nouvelles et se maintiendront pendant toute la durée de la nymphose.

L'une des particularités qui distinguent le tissu adipeux, ainsi chargé de réserves albuminoïdes, de celui des mouches ordinaires, c'est, nous avons déjà insisté sur ce point, l'absence de granulations basophiles (pseudo-nuclei) mêlées aux granules éosinophiles ; il n'apparaît pas que ce tissu joue, chez les Glossines, un rôle d'accumulation des produits d'excrétion, au moins au début de la nymphose.

La phase de mise en liberté transitoire des éléments du corps adipeux, si générale chez les insectes pendant la métamorphose et qui concourt à la diffusion dans les différentes régions de l'organisme, des réserves nutritives, ne se manifeste chez les

Glossines que vers le cinquième jour, lorsque la mise en charge albuminoïde de ce tissu est achevée. Très rapidement d'ailleurs, les cellules adipeuses s'organisent par pression réciproque en une sorte de syncytium, et c'est sous cet aspect qu'on les observe pendant la majeure partie du temps nymphal. Progressivement, vers la fin de la nymphose, ces éléments s'étant déchargés d'une partie de leurs réserves reprennent sensiblement leur aspect initial du début de la nymphose. Au moment de l'éclosion un bon nombre d'entre les cellules grasses larvaires subsistent encore, avec des vacuoles graisseuses encore très abondantes. Leur désintégration ultérieure, comme chez les autres Muscides, appartiendra à la vie imaginale.

LES CONDITIONS DE LA NUTRITION CHEZ L'ADULTE

A la suite des transformations diverses que nous avons décrites pendant la vie nymphale se trouve constitué le tractus intestinal moyen des Glossines adultes, qui renferme les parties véritablement importantes pour la digestion et l'absorption des aliments ingérés. Il nous faut ici revenir sur la physiologie de la nutrition de ces mouches et sur les particularités morphologiques des différentes parties de leur épithélium intestinal sur lesquelles porte principalement l'intérêt des phénomènes de la nutrition.

RÉGIME ALIMENTAIRE. — Les Glossines sont des mouches à régime hémophage strict, absolu, dans les deux sexes, quelles que soient les circonstances de la vie. On ne saurait trop insister sur ce fait qui, pour nous, domine la question du rôle particulier d'hôtes intermédiaires joué par ces mouches à l'égard des trypanosomes pathogènes africains des zones où elles fréquentent. Tandis que les autres représentants de la tribu des Stomoxyides, alliés directement aux Glossines, sont en effet des mouches capables de puiser, en dehors du corps des hôtes, des liquides organiques variés, et de s'alimenter d'eau et de jus sucrés, les Glossines, dans les conditions naturelles, ne peuvent se nourrir que de sang prélevé à l'intérieur du corps des hôtes.

Tous les observateurs sont actuellement d'accord sur la question. Même épuisées par la soif et l'inanition, à la suite d'un séjour prolongé à une température plus élevée que leur moyenne habituelle, les Glossines ne cherchent point à se désaltérer comme le font les Muscides voisins, Stomoxes ou Lyperosies, lorsqu'on place des gouttes d'eau à leur disposition. Elles meurent si on ne les met pas à même de satisfaire leur appétit aux dépens du sang d'un vertébré, prélevé directement dans le corps, à travers la paroi cutanée, ou, comme l'ont montré Rodhain et ses collaborateurs (1), à travers une membrane animale.

Accidentellement, on pourrait cependant penser que dans la nature ces mouches, lorsqu'elles sont pressées par la faim, cherchent à piquer parfois certains invertébrés comme des chenilles ou d'autres larves d'insectes de forte taille, des mollusques, etc. Le fait peut être observé tout au moins en captivité. Mais les liquides organiques que les Glossines parviennent ainsi à puiser dans le corps de ces animaux sont en quantité si faible qu'ils ne sauraient suffire à entretenir la vie des tsétsés, même dans les conditions du laboratoire, ainsi que j'ai pu le constater (2).

D'autre part, si le sang des Vertébrés constitue le seul liquide nourricier susceptible, dans les conditions naturelles, d'entretenir intégralement l'existence de ces mouches, il faut encore distinguer à ce sujet entre le sang des vertébrés à sang froid et celui des mammifères ou des oiseaux.

Le sang des animaux homœothermes paraît être le seul capable de subvenir aux conditions physiologiques normales de la vie de ces mouches. Comme l'a vu, le premier, Kleine, et comme j'ai pu le vérifier après lui, les Glossines nourries sur des reptiles (varans, crocodiles, crapauds) peuvent vivre pendant un certain temps mais ne se reproduisent plus.

Ce fait permet de penser que le chimisme intestinal de ces mouches présente une très grande rigueur d'adaptation à l'égard d'un type d'aliments exclusif ; le tube digestif des tsétsés ne peut digérer et absorber normalement que du sang et du sang de vertébrés à sang chaud. C'est là un remarquable

(1) *Rapports sur les travaux de la Mission scientifique du Katanga*, Bruxelles, 1913.
(2) *Bull. Soc. Path. exot.*, t. IV, 1911, p. 544.

exemple d'adaptation parasitaire très étroitement définie chez
un insecte piqueur qui, par ailleurs, manifeste une existence
tout à fait indépendante de ses hôtes.

Par ce régime alimentaire hémophage exclusif, qui place
les Glossines dans une dépendance parasitaire stricte à l'égard
des vertébrés homœothermes, de même que par leur mode de
développement pupipare qui apparaît également comme la
conséquence de ce même régime alimentaire, ces mouches
occupent une situation tout à fait à part, parmi les autres
représentants du groupe des Stomoxyides. Il faut de plus
concevoir, ainsi que nous l'avons dit plus haut, que le rôle
particulier joué par les Glossines dans le cycle évolutif et la
transmission des Trypanosomes africains relève aussi directement de l'exclusivité de leur régime alimentaire hémophage.
La phase initiale de développement intestinal, qui dans la plupart des cas précède l'évolution terminale des flagellés dans le
milieu salivaire des Glossines, n'est compatible apparemment
qu'avec l'existence d'un milieu intestinal constant dans sa
constitution chimique et qui ne saurait être brusquement
modifié par l'ingestion de substances de nature variée comme
c'est le cas pour les autres Stomoxyides.

On voit par conséquent quelle importance biologique et pratique revêt la question du régime alimentaire des Glossines
adultes. L'intérêt de la question se précise en s'orientant d'une
manière très spéciale lorsqu'on étudie comment se présente le
fonctionnement de l'appareil digestif chez ces mouches.

Marche et siège de la digestion du sang. — Le sang fraîchement ingéré qui remplit l'intestin moyen des mouches adultes ne
subit guère de transformations digestives nettes que dans la
région postérieure de cet organe. Dans les deux tiers antérieurs
environ du tractus intestinal moyen, l'épithélium digestif ne
paraît pas exercer d'action digestive à proprement parler, tout
au moins sur les éléments figurés. La masse sanguine qu'il renferme s'épaissit simplement et devient visqueuse, sans doute
par absorption de l'eau dont la plus grande partie est rejetée au
dehors peu de temps après la succion. C'est à ce simple rôle
d'absorption des éléments liquides du sérum que paraît se
borner, à ce niveau, l'activité de la muqueuse, dont l'action

digestive directe sur les éléments figurés n'est pas appréciable, et qui d'ailleurs ne traduit pas morphologiquement, dans les coupes, d'activité réelle de digestion. On peut cependant noter parfois, à la périphérie de la masse globulaire ingérée, un très léger début de digestion ; mais, avec Stuhlmann, j'en attribuerai la cause à des sécrétions diastasiques étrangères à l'épithélium lui-même, soit à des fermentations produites par des micro-organismes intestinaux ou à l'action du liquide salivaire.

Le fait certain, c'est que lorsque le sang, pour une raison quelconque, séjourne d'une façon prolongée dans les parties antérieure et moyenne de l'intestin moyen, il s'y maintient, sans modifications appréciables de la masse globulaire. C'est ce que l'on constate, par exemple, dans les accidents particuliers de la gestation qui s'observent souvent chez les Glossines en captivité et se traduisent par la transformation prématurée de la larve en nymphe dans l'utérus. L'impossibilité d'expulsion du produit, qui reste en partie engagé dans l'orifice vulvaire, détermine sur le tractus intestinal une compression artificielle qui entrave l'écoulement normal des matériaux de la digestion et provoque leur stase prolongée dans les régions antérieures de l'intestin moyen. On constate alors que le sang contenu dans ces parties, même au bout de trois ou quatre jours, n'a pas subi de transformations digestives réelles, mais s'est transformé en une masse compacte, par suite de l'épuisement plus ou moins total des liquides initiaux. Il y a eu absorption de ces derniers, mais non pas digestion à proprement parler de la masse sanguine.

La digestion n'est réalisée d'une façon complète que lorsque la masse sanguine ingérée a franchi la portion moyenne de l'intestin moyen abdominal.

C'est précisément la région où l'épithélium, jusque-là constitué par de petites cellules peu différenciées, présente brusquement une modification histologique curieuse, qui jusqu'ici paraît spéciale aux Glossines et sur laquelle nous devons nous arrêter longuement. L'auteur allemand Stuhlmann, dans son bon travail consacré particulièrement à *Gl. fusca* (*brevipalpis*)(1), a fait connaître l'existence, dans toute la longueur de

---

(1) *Arbeiten aus d. kaiserl. Gesundheitsamte*, t. XXVI, n° 3, 1907.

ce qu'il nomme l'intestin moyen (1) (Mitteldarm), d'une zone particulière suivant laquelle l'épithélium se trouve localement et irrégulièrement épaissi, présentant macroscopiquement des taches ou des bandes de couleur plus blanche que le reste de l'organe. Si l'on fait une coupe au niveau de ces taches, on reconnaît que l'épithélium y présente un aspect très différent de l'épithélium normal. Les cellules y sont de trois à cinq fois plus hautes que leurs congénères, et disposées de manière à former de volumineuses papilles qui font saillie dans la lumière de l'organe (fig. 9), occupant parfois plus de la moitié ou des deux

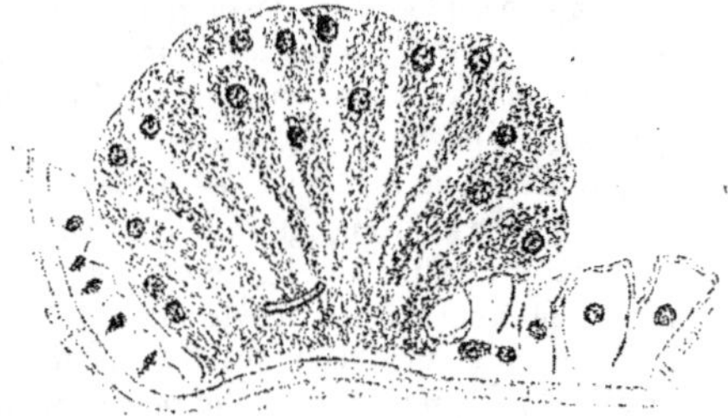

Fig. 9. — Coupe au niveau d'une papille à cellules géantes de l'intestin moyen (zone des symbiotes) chez *Gl. palpalis*. Fix. Brazil. — Gr. 350.

tiers du calibre de celui-ci. Le cytoplasme des éléments ainsi différenciés apparaît à un faible grossissement comme plus fortement colorable. Le noyau, qui occupe la partie *distale* au lieu de la base des cellules, n'est pas modifié, si ce n'est qu'il apparaît un peu plus volumineux que celui des cellules normales.

En examinant ces éléments hypertrophiés, à l'immersion, on les reconnaît bourrés de formations bacillaires de 3 à 5 μ de longueur moyenne, dont Stuhlmann ne précise pas la nature, mais qu'il interprète comme des *Symbiontes* jouant un rôle inconnu mais réel dans la vie des Glossines. Il remarque en effet que toutes les mouches examinées présentent dans les mêmes différenciations intestinales les mêmes « Symbiontes », et que

(1) Il s'agit, d'après la nomenclature de l'auteur allemand, de la portion moyenne de l'intestin moyen abdominal.

cette constance même doit écarter l'idée de parasitisme dans l'action physiologique de ces éléments. Il les rapproche des bactériodes ou bactérioïdes observés dans les œufs, la paroi intestinale, ou le corps graisseux de divers insectes, par nombre d'auteurs, notamment par Cuénot chez Ectobia, par Henneguy chez la Blatte, par Escherich chez l'Anobium, etc.

Fig. 10. — Une des cellules géantes plus grossie de la zone des symbiotes intestinaux chez *Gl. palpalis*. Le cytoplasme est bourré de levures intracellulaires; le noyau repoussé vers la partie distale de l'élément. — Gr. 1150.

Ces Symbiontes sont libérés par la désagrégation des cellules qui les renferment et s'observent à l'état libre dans la lumière intestinale de toutes les Glossines. Il est probable qu'ils se nourrissent du contenu intestinal et réinfestent ensuite d'autres cellules épithéliales lorsque dans les intervalles de la digestion l'épithélium est revenu au stade de repos.

Stuhlmann interprète les hautes cellules bourrées de Symbiontes comme jouant vraisemblablement un rôle dans la régénération de l'épithélium intestinal et il donne par suite le nom de zone de régénération aux régions de l'intestin ainsi différenciées. Sans se prononcer d'une façon ferme sur le rôle physiologique des micro-organismes qui les remplissent, il émet l'hypothèse que par leurs sécrétions diastasiques ils activent la régénération des cellules. Toutefois, la raison de la localisation de ces éléments suivant certaines zones cellulaires, lui échappe complètement et le problème de la signification de ces « zones de régénération » ainsi que celui de la nature de leurs Symbiontes reste entier.

Il est curieux que la question de l'intervention directe de ces « Symbiontes » dans la nutrition des Glossines ne se soit pas plus nettement posée pour l'auteur allemand, qui, à plusieurs reprises, parle de l'intervention symbiotique de bactéries dans la digestion sanguine et ne se prononce pas absolument sur le rôle digestif de l'épithélium stomacal proprement dit. Sans doute est-ce parce qu'il a pu constater l'existence de ses Symbiontes chez des pupes encore assez éloignées de leur date d'éclosion et chez lesquelles le tube digestif n'était pas encore fonctionnel, ce qui semble écarter *a priori* l'idée d'une intervention de ces organismes dans la physiologie de l'épithélium intestinal des mouches adultes. Mais, dans ce cas aussi, une régénération aussi précoce de cet épithélium, suivant l'hypothèse de l'auteur, serait difficile à concevoir, si l'on admet avec Stuhlmann que les hautes cellules renfermant les Symbiontes représentent des zones de régénération épithéliale. Or, à bien examiner les choses, une semblable interprétation ne saurait se soutenir. Les cellules bourrées de bactéroïdes de l'intestin des Glossines représentent, en réalité, comme nous allons le voir, des cellules géantes qui n'ont aucun caractère commun avec celles du reste de l'intestin moyen. Mais il est nécessaire, pour se représenter leur rôle probable, de préciser tout d'abord leur nature, ainsi que celle des bactéroïdes qu'elles renferment et d'étudier leur origine, ou tout au moins leur localisation, aux stades antérieurs de la vie des Glossines.

Fig. 11. — Levures symbiotiques de *Gl. palpalis* sur frottis. Fix. osmique; color. Giemsa. — Gr. 1700.

NATURE DES ZONES DE RÉGÉNÉRATION. LES LEVURES SYMBIOTIQUES CHEZ LES GLOSSINES ADULTES (1). — Stuhlmann, qui a parfaitement décrit et figuré les corps bactéroïdes observés par lui dans les cellules de ces zones de régénération, ne s'est pas prononcé avec précision sur leur véritable nature. Il les tient, il est vrai, pour des organismes spéciaux, mais il tend à les considérer comme des protozoaires d'un type particulier.

Ces éléments s'observent non seulement dans le cytoplasme des cellules hypertrophiées (fig. 9 et 10), où on les rencontre d'une façon constante, quelle que soit l'espèce de Glossine étudiée, mais aussi chez la plupart des Glossines, sinon chez toutes,

(1) J'exprime ici tous mes remerciements à M. Mesnil, qui a bien voulu m'assister dans l'identification de ces micro-organismes.

à l'état libre. On peut les retrouver dans la lumière intestinale,
parfois à l'état de véritable culture. Il est plus facile de se rendre
compte de leur morphologie par frottis de ces cultures, qu'en
les colorant sur place à l'intérieur des cellules. Il ne saurait
cependant y avoir de doutes sur l'identité des formes intra- ou
extra-cellulaires.

Les bactéroïdes des Glossines sont des éléments mesurant
de 3 à 5 μ, en bâtonnets plus ou moins rectilignes, souvent
arqués et flexueux. Leur cytoplasme est vacuolaire ; le noyau,
difficilement visible dans les frottis colorés au Giemsa. Le fait
fondamental, au point de vue morphologique, qui permet de
fixer la nature de ces organismes est la formation de bourgeons
typiques de levures (fig. 11). Il y a également reproduction par
cloisonnement transversal. La formation d'asques ou d'ascospores n'a jamais été constatée.

Ces données permettent de fixer assez étroitement la position
systématique de ces micro-organismes. Les bactéroïdes de l'intestin et des cellules intestinales des Glossines peuvent être
considérés comme des levures; leurs affinités basées sur les
caractères biologiques de multiplication par scissiparité et par
bourgeonnement, les placent dans un groupe intermédiaire
entre les Saccharomycètes et les Schizosaccharomycètes. Elles
seraient par suite, on le voit, à rapprocher des *Cicadomyces*
observés par Karel Sulc (1) et par P. Büchner (2) dans le
pseudo-vitellus d'un certain nombre d'Orthoptères.

D'une façon générale d'ailleurs, les affinités de ces levures les
rattachent biologiquement d'une manière très étroite aux Ascomycètes symbiotiques décrits et figurés par nombre d'auteurs
chez des insectes divers, et notamment aux levures signalées
en 1889 par Karawaiew (3) dans l'intestin d'un Coléoptère, l'*Anobium paniceum*, levures cultivées en 1900 par Escherich (4),
ou aux levures de genres divers qui se développent avec une si
remarquable constance dans des organes cœlomiques spéciaux
(mycétomes de Karel Sulc), chez les Hémiptères homoptères.
Les figures données par P. Büchner dans son travail d'ensemble

(1) *Sitz. d. königl. böhm. Gesellsch. d. Wissenschaft.*, in *Prag.*, 1910.
(2) *Arch. f. Protistenk.*, t. XXVI, 1912.
(3) *Biol. Centralbl.*, t. IX, 1899.
(4) *Ibid.*, t. XX, 1900.

sur les Symbiotes intracellulaires des Hémiptères (1), notamment celles de la planche VI qui ont trait aux Mycétomes de *Cicada orni*, celles de Pierantoni (2) relatives à *Coccidomyces dactylopii* rappellent absolument l'aspect des levures intracellulaires des Glossines. Il faut remarquer que dans la plupart des cas chez ces levures symbiotiques intracellulaires la présence d'asques ou d'ascospores n'a pu être constatée. Le fait ne doit pas surprendre puisqu'il s'agit d'organisme purement symbiotique, à transmission héréditaire et qui ne passent jamais par suite dans le milieu extérieur.

Ainsi les cellules des zones de régénération de Stuhlmann, chez les Glossines, sont des cellules géantes bourrées de levures symbiotiques, comparables dans une certaine mesure aux cellules des mycétomes (mycétocytes de K. Sulc), connus chez les Hémiptères. Mais, à la différence de ce qui s'observe chez ces insectes dont les mycétomes sont essentiellement cœlomiques, les levures intracellulaires des Glossines peuvent être libérées, par la dissociation des éléments histologiques qui les renferment dans la cavité intestinale et s'y développe, librement.

La constance absolue des zones à mycétocytes chez toutes les espèces de Glossines observées par Stuhlmann et par moi, montre qu'il s'agit selon toute vraisemblance d'une transmission héréditaire. Mais l'auteur allemand, bien qu'ayant constaté l'existence de ces formations particulières chez des pupes encore éloignées de leur date d'éclosion, n'a pu remonter plus avant dans la genèse de ces curieuses zones. Quelle est la raison de leur localisation constante suivant une région déterminée de l'intestin moyen, que représentent physiologiquement ou morphologiquement les éléments si curieusement hypertrophiés de la muqueuse, c'est ce que je me suis proposé d'examiner.

Il est nécessaire pour cela d'étudier les stades larvaires et la métamorphose ; de rechercher l'existence en premier lieu des levures chez la larve, et de voir quelle est leur destinée au cours de la nymphose.

(1) Studien an intracellularen Symbionten. I. Die intracellularen Symbionten der Hemipteren. *Arch. f. Protist.*, t. XXVI, 1912, 112 pp.
(2) *Arch. f. Protist.*, t. XXXI, 1913.

Les levures symbiotiques chez la larve. — L'existence chez les larves de Glossines de levures intracellulaires correspondant à celles des zones intestinales hypertrophiées des mouches adultes n'a pas été mise en évidence jusqu'ici.

Elles y existent cependant, localisées comme chez l'adulte à l'intestin moyen, mais la région où on les rencontre, d'une manière absolument constante, quel que soit l'âge ou l'espèce de la larve, est bien différente de celle où elles se localisent chez les tsétsés adultes. C'est au niveau du *proventricule* larvaire qu'il convient de les rechercher. Encore ne les observe-t-on uniquement que dans les cellules de la membrane externe du cul-de-sac proventriculaire, à l'origine même de ce feuillet externe, c'est-à-dire dans une région où l'épithélium ne participe pas encore à l'absorption de la matière alimentaire Le proventricule larvaire, petit renflement piriforme situé à la zone de jonction de l'œsophage et du sac intestinal (fig. 1, *P*), est en effet constitué comme chez toutes les larves de mouches par trois feuillets épithéliaux(fig. 12). Les deux plus internes paraissent appartenir au stomodœum ectodermique et doivent être compris comme résultant du reploiement du tube œsophagien, embouti sur lui-même de manière à former une valvule saillante à l'intérieur de l'organe. Le feuillet externe, c'est-à-dire celui qui constitue la paroi même du proventricule, se relie insensiblement à l'épithélium du sac stomacal. Comme il n'existe aucune ligne de démarcation précise entre les deux épithéliums à ce niveau et que les cellules de la paroi externe proventriculaire passent progressivement, en se chargeant plus ou moins de vacuoles graisseuses, au type habituel des cellules de l'intestin moyen, il y a lieu de considérer ce feuillet externe tout entier comme d'origine endodermique.

Or, les cellules à levures comprennent uniquement les cellules de la partie tout à fait initiale de ce feuillet, c'est-à-dire les plus rapprochées du fond du cul-de-sac proventriculaire (fig. 12, *z*). Ces éléments sont assez fortement distendus, par rapport aux éléments voisins, bien que leur hypertrophie ne soit nullement comparable à celle des zones à levures de l'intestin des adultes. Ce ne sont point des cellules géantes, mais des éléments dont la hauteur moyenne est cependant à peu près le double de celle des cellules voisines. Ces cellules à

levures se reconnaissent à la densité particulière de leur
cytoplasme, assez fortement colorable parce qu'il est surchargé
par les faisceaux pressés et compacts des levures symbiotiques,
qui sont généralement orientés dans le sens de la hauteur des
cellules.

Contrairement à ce qu'on observe dans les cellules à levures

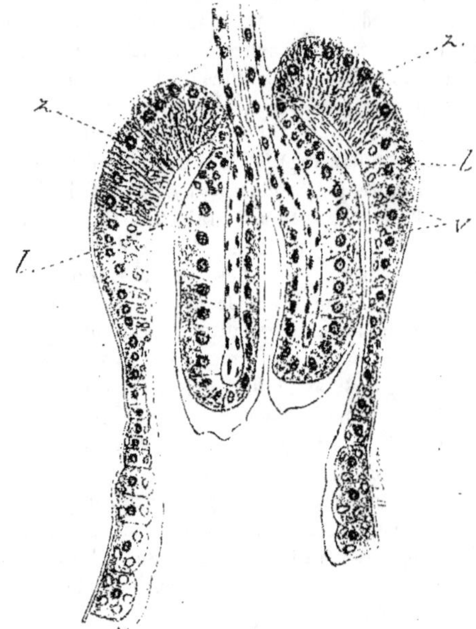

Fig. 12. — Coupe axiale du proventricule larvaire montrant la zone des symbiotes z, constituée par les cellules du cul-de-sac proventriculaire externe;
l, amas de levures libres dans la cavité; v, vacuoles graisseuses dont
l'apparition dans les cellules traduit les fonctions d'absorption de la paroi,
et limite l'extension des symbiotes. — Gr. 340.

de l'intestin adulte, le noyau est situé à la base des cellules.

Comme dans l'intestin des Glossines adultes, les levures se
rencontrent aussi à l'état libre dans la lumière digestive ; mais
chez la larve on ne peut constater leur existence que dans le fond
du cul-de-sac proventriculaire (fig 12, l). On voit des amas de

levures coiffer la surface libre des cellules mères, alignés en
faisceaux plus ou moins denses qui s'allongent suivant le grand
axe de la cavité. Il ne paraît pas douteux que ces éléments ne
se répandent plus loin dans la lumière intestinale; il est infiniment probable qu'ils se mêlent plus ou moins intimement à
la masse nourricière ingérée par la larve, mais il est impossible
de les définir avec certitude au sein de cette masse nourricière.

Nous avons dit que les cellules du feuillet proventriculaire
externe participent insensiblement aux fonctions normales des
cellules stomacales en se chargeant progressivement de graisse.
Or, dès l'instant où la graisse apparaît avec quelque abondance
dans ces éléments cellulaires (fig. 12, *v*), les levures ne s'observent plus dans le cytoplasme des cellules. Il faut donc en
conclure que l'existence intracellulaire de ces éléments symbiotiques est incompatible avec la physiologie normale des
cellules du sac stomacal, lesquelles, comme nous l'avons vu,
sont exclusivement adaptées à des fonctions d'absorption. Au
contraire, il y a lieu de considérer que les cellules à levures
du cul-de-sac proventriculaire sont des cellules à fonctions
apparentes de sécrétion. On doit leur attribuer la sécrétion
de la membrane péritrophique, membrane mince, à fonctions
peu définies, qui s'étend comme un tube étroit jusqu'à une
certaine distance dans l'intérieur de l'estomac.

Que ces cellules proventriculaires exercent des fonctions de
sécrétion digestive plus réelles, on ne saurait l'établir et il est
infiniment vraisemblable qu'il n'en est rien. Mais on peut du
moins poser ce principe que les levures symbiotiques n'intéressent que des cellules intestinales douées de fonction de sécrétion externe, et n'intervenant pas dans l'absorption de l'aliment. C'est là une notion qui n'est pas sans importance pour
se représenter le mode d'intervention physiologique des micro-
organismes symbiotiques en question.

L'existence constante de ces éléments symbiotiques chez les
larves, même très jeunes, permet de penser qu'ils sont transmis soit héréditairement par la voie des œufs, à la manière des
Symbiotes d'Hémiptères ou d'Orthoptères, soit plutôt par la
sécrétion lactée maternelle. Mais mes recherches ne m'ont
encore fourni, à cet égard, aucune indication précise. Je les ai
vainement recherchés dans l'ovaire, les ovules ou les glandes

nourricières. Le cytoplasme des cellules de ces dernières présente, il est vrai, des différenciations qui rappellent assez des micro-organismes du type qui nous occupe. Et la localisation des levures à l'état libre chez la larve, à l'entrée même de l'intestin moyen, dans le retrait constitué par le cul-de-sac proventriculaire, est un indice qui plaiderait en faveur de l'origine alimentaire de l'infection des larves. Mais je ne saurais actuellement trancher la question avec certitude.

LES LEVURES SYMBIOTIQUES PENDANT LA NYMPHOSE. — Quelle est la destinée de ces éléments au cours des transformations nymphales ? Tout d'abord il faut noter que les cellules du feuillet externe proventriculaire, en raison de leur origine endodermique même, participent à la délamination générale qui rejette en bloc l'intestin moyen larvaire dans la cavité du nouvel intestin. Cette délamination est précoce. On voit en effet, dès la fin du premier jour, les cellules à levures commencer à abandonner l'assise musculaire périphérique (fig. 13). Le deuxième jour elles sont pour la plupart complètement détachées de leur base et fragmentées en boules de dimensions inégales (fig. 14), bourrées de levures, qui sont rejetées dans la lumière intestinale tandis qu'une nouvelle assise de petite cellules imaginales s'est déjà complètement constituée à la périphérie. La délamination progresse donc ici plus rapidement que dans les régions plus reculées de l'intestin moyen et s'accompagne d'une dissociation mécanique des éléments histologiques.

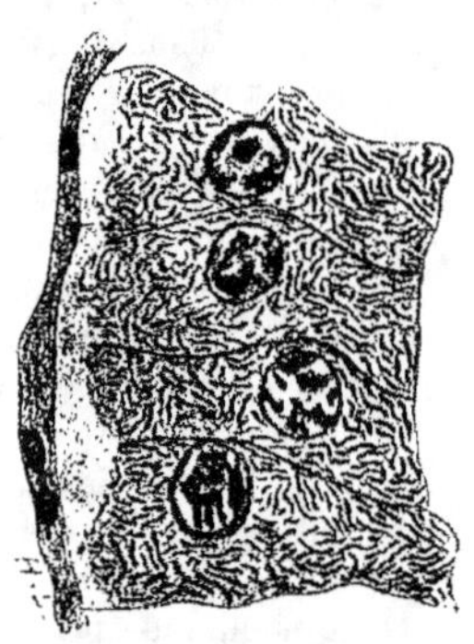

Fig. 13. — Fragment d'une coupe transversale au niveau de la zone des symbiotes proventriculaires, chez une pupe de vingt-quatre heures de *Gl. palpalis*. Les cellules à levures commencent à se détacher de la paroi musculaire du proventricule. — Gr. 850.

Les levures symbiotiques sont rejetées dans la lumière intestinale en amas plus ou moins volumineux provenant de la désagrégation des cellules hôtes, quelques-unes également à l'état libre. Il se forme ainsi des amas denses de ces éléments entre les cellules et la péritrophique. Que deviennent-ils ensuite, je ne saurais pour le moment le définir avec certitude. Mais il ne me paraît pas douteux que, contrairement à ce qui paraît se passer pour les Symbiotes d'Hémiptères, d'après les recherches récentes de P. Büchner (1), les levures chez les Glossines ne sont pas véhiculées par des mycétocytes, mais se répandent librement dans le contenu du tractus intestinal.

Celui-ci est constitué d'abord par les restes de la sécrétion nourricière ingérée antérieurement par la larve, puis par

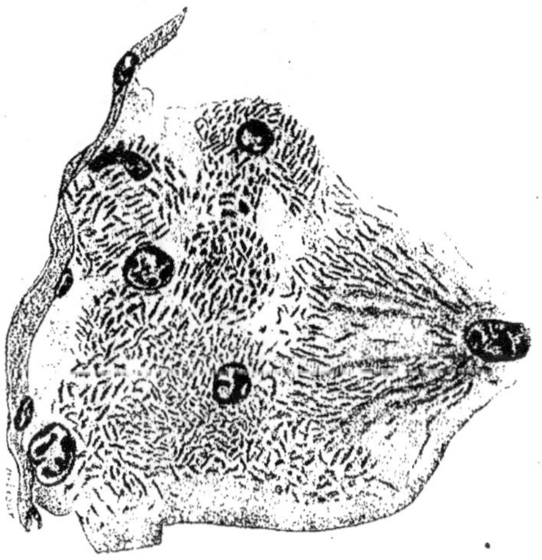

Fig. 14. — Dissociation de la zone des symbiotes proventriculaires chez une pupe de quarante-huit heures de *Gl. tachinoïdes*. Fragmentation des cellules et mise en liberté partielle des levures intracellulaires. Fragment de coupe transversale. — Gr. 850.

le plasma extérieur qui remplit, comme nous l'avons dit, la cavité du nouvel intestin, lorsque l'assise épithéliale imaginale a achevé de se constituer. Il n'est pas facile de mettre en évidence avec certitude au sein de ces plasmas divers, denses, très colorables, des éléments à contour aussi peu défini que ces micro-organismes. Mais on les retrouve avec

(1) Studien an intracellularen Symbionten. II. *Arch. f. Protist.*, t. XXXIX, n° 1, août 1918.

certitude dès le quatrième jour, en nombre plus ou moins important, dans une zone très caractérisée du nouvel épithélium. On voit en effet (fig. 15), dès les premiers moments de la constitution de l'intestin imaginal, se différencier vers le tiers

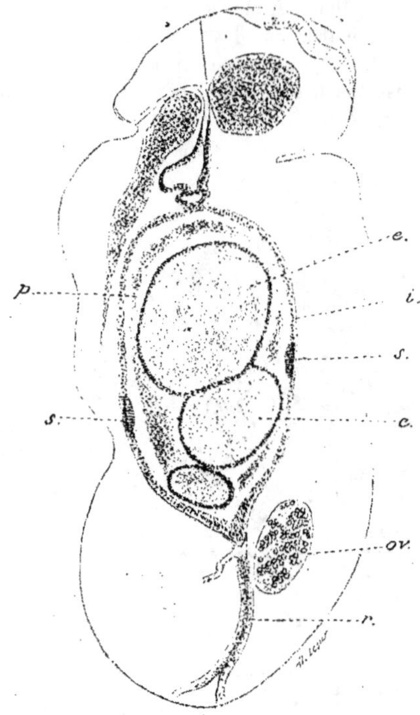

Fig. 15. — Coupe sagittale d'une pupe de *Gl. palpalis* au quatrième jour de la nymphose, montrant l'englobement des restes de l'estomac larvaire (*e*) par l'intestin moyen imaginal (*i*) et la différenciation précoce de la zone des symbiotes imaginaux suivant un anneau transversal *e, s*; *e*, restes de l'estomac larvaire et du plasma non diffusé englobés par l'intestin moyen imaginal *i*; *s*, anneau des symbiotes imaginaux; *p*, substance basophile de remplissage; *ov*, ovaire; *r*, rectum. — Gr. 30.

postérieur du nouveau sac intestinal (*i*), qui circonscrit complètement et englobe les restes de l'estomac larvaire (*e*), une sorte d'anneau épithélial (*s*) qui tranche nettement par sa

36

colorabilité plus intense et son épaisseur plus grande sur le
reste de l'intestin. Cette zone s'étend transversalement et un
peu obliquement par rapport au grand axe du sac intestinal.

Les cellules qui la constituent sont près de deux fois plus
hautes, dans la partie moyenne de cette zone, que les autres
cellules de l'épithélium imaginal. De plus, tandis que ces
dernières ont un contour mal défini, montrent un cytoplasme
extrêmement vacuolisé, peu chromatophile, et un petit noyau
occupant le milieu de l'élément, les cellules de l'anneau des
Symbiotes (fig. 16) ont un cytoplasme dense, fortement basophile, un contour très net, un noyau volumineux basilaire, pourvu d'un nucléole très apparent. Ces éléments cellulaires s'ouvrent individuellement par un prolongement tubuliforme dans la lumière intestinale. Il s'agit donc de cellules à fonctions glandulaires et l'anneau des Symbiotes représente dans sa totalité, à ce stade, une réunion de glandes unicellulaires spéciales groupées en une assise continue sur une faible épaisseur initiale.

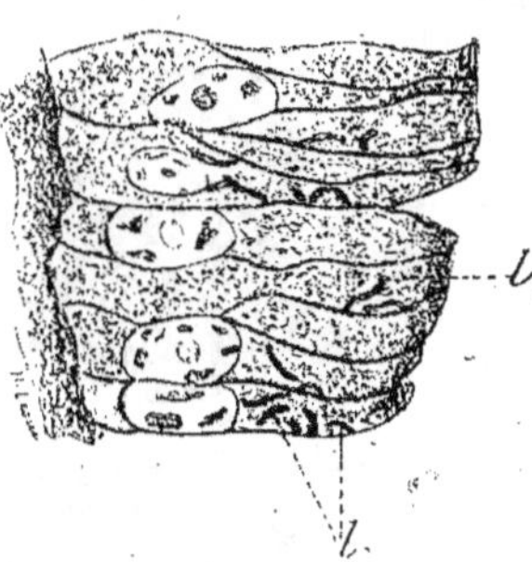

Fig. 16. — Coupe au niveau d'un fragment de l'anneau des symbiotes
chez une pupe de quatre jours,
montrant le début de l'envahissement des cellules glandulaires par
les levures *l*. Certains éléments
sont encore privés de symbiotes.
— Gr. 1350.

Dès le quatrième jour de la
nymphose on peut nettement
retrouver les levures à l'intérieur du cytoplasme de ces cellules
glandulaires (fig. 16, *l*). Elles y sont encore relativement peu
nombreuses et certains éléments de la zone en paraissent même
encore totalement dépourvus. Mais rapidement leur nombre
s'accroît et en même temps les éléments qui les abritent perdent
leur aspect initial. Le noyau d'abord basilaire devient submédian et le canal tubuliforme qui faisait communiquer librement ces éléments avec la lumière intestinale cesse d'être visible.

Pendant la majeure partie de la nymphose l'anneau des symbiotes reste à un état de développement médiocre. Il subit surtout, par suite de l'étirement du sac intestinal primitif et de la formation des anses digestives, des déplacements résultant de l'inégalité de croissance ou d'allongement des parois intestinales. D'anneau transversal continu qu'il était primitivement, on le voit dès le dixième jour prendre une position manifestement oblique (fig. 4, s); il tend de plus en plus à se placer suivant la longueur du tractus intestinal, position qu'on lui constate chez l'adulte, et sa forme devient quelconque. Au quatorzième jour (fig. 17), une coupe transversale du tractus intestinal dans sa région moyenne montre la transformation de l'anneau en bandes longitudinales.

Ainsi se trouve progressivement réalisée l'apparente disposition en bandes longitudinales irrégulières que nous avons signalée chez la Glossine adulte.

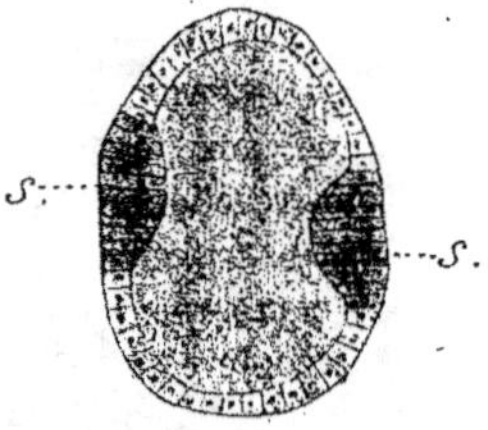

LA NUTRITION SYMBIOTIQUE CHEZ LES GLOSSINES

POSITION DE LA QUESTION

Dans tout ce qui précède, nous avons sans hésitation utilisé le terme de Symbiotes pour caractériser les levures héréditaires, intra- ou extra-cellulaires, que nous avons signalées, à tous les stades de la vie, dans l'intestin des Glossines. La plupart des auteurs qui ont traité des Mycétomes d'insectes et des formations réactionnelles analogues, produites par des Ascomycètes ou d'autres micro-organismes de nature plus ou moins précisée, ont fait de même.

Fig. 17. — Coupe transversale d'une anse digestive de l'intestin moyen chez une pupe de quatorze jours, montrant la zone des symbiotes s agencée suivant deux bandes longitudinales symétriques. — Gr. 100.

Cette question est actuellement très discutée. Nous avons été ramené par hasard, en étudiant le détail des phénomènes de la nutrition chez les mouches tsétsés, à poser à nouveau, au sujet de ces insectes, la question de la vie symbiotique. Examinons de plus près comment se pose cette question pour les Glossines et quels arguments nous pouvons apporter en faveur du rôle physiologique joué par les levures qui nous occupent dans la vie de ces Diptères piqueurs.

La compréhension du rôle physiologique des mycétomes

d'Homoptères, mycétomes exclusivement cœlomiques, est évidemment complexe : aussi les interprétations des auteurs à ce sujet sont-elles très variées. Tandis que Karel Sulc leur accorde une action bactéricide, Pierantoni admet qu'ils exercent une action chimique sur les sucres absorbés; et plus près de nous Portier (1) leur confère un rôle mixte de transformateur chimique, allié, conformément à sa théorie, avec celui de « fabrique de Symbiotes ».

Chez les Glossines l'interprétation paraît immédiatement plus facile, en raison de la localisation purement intestinale de ces levures. Les zones à levures de l'intestin de ces mouches ne sont pas rigoureusement comparables d'ailleurs, au point de vue anatomique, aux mycétomes cœlomiques des Hémiptères, formations réactionnelles spéciales constituées par des groupements de mycétocytes ou cellules à levures, sous une enveloppe commune. C'est avec les cellules à levures de l'intestin du Coléoptère *Anobium paniceum* que le rapprochement peut être le mieux établi. Chez cet insecte, comme chez les Glossines, les cellules à levures sont des éléments particuliers de l'épithélium appartenant à une zone bien définie de l'intestin moyen. Comme chez les Glossines aussi, ces levures passent de la larve à l'adulte, et l'importance de leur développement dans les cellules varie suivant les stades évolutifs de la vie de l'insecte. Ainsi qu'Escherich l'a fait remarquer, il existe, en effet, un rapport direct entre l'activité alimentaire du Coléoptère et l'abondance des levures, et cette constatation parle nettement en faveur du rôle joué par ces éléments dans la nutrition de l'hôte. C'est chez la larve, où l'activité nutritive est la plus grande, que les cellules à levures sont les plus développées. Pendant la nymphose, le tractus intestinal est au repos et les levures ne s'y observent plus qu'en petit nombre; elles réapparaissent en plus grande abondance chez l'adulte, quoique moins développées que chez la larve, parce que l'activité nutritive de l'adulte est également moindre.

Chez les Glossines nous avons pu faire, on l'a vu, des constatations analogues : l'importance du développement intracellulaire des levures est en rapport étroit avec l'activité nourricière, et, on peut le préciser, avec le développement des sécré-

(1) *Les symbiotes*. Paris, Masson, 1918.

tions digestives. Chez la larve, nourrie d'un lait directement assimilable et chez laquelle, nous l'avons dit, l'épithélium digestif n'a pas à intervenir dans la préparation chimique de l'aliment, les levures symbiotiques ne s'observent qu'en quantité beaucoup moindre que chez l'adulte. La zone des mycétocytes proventriculaires est des plus restreintes, et ni la surface relative couverte par cette zone, ni le degré d'hypertrophie des cellules à levures ne peuvent se comparer à ce que l'on observe chez la mouche adulte. S'il est permis de parler du rôle joué par les micro-organismes dans les cellules proventriculaires des larves, ce ne peut être apparemment que d'une action irritative locale, qui concourt peut-être à activer la sécrétion péritrophique, mais qui est sans doute d'importance secondaire au point de vue de la nutrition générale.

Pendant la majeure partie de la nymphose, où l'activité digestive des cellules intestinales est pour ainsi dire nulle, où la sécrétion péritrophique est également abolie, l'importance prise par la zone des levures est encore moindre que chez la larve. Ce n'est que lentement, nous l'avons dit, qu'on voit se développer l'anneau des Symbiotes. Cependant, vers le dixième jour, il est possible de noter, exclusivement au contact des cellules à levures, des traces d'action digestive, s'exerçant aux dépens de la masse plasmatique qui remplit l'intestin moyen. La réaction colorante de cette substance passe brusquement d'une basophilie à une éosinophilie intense, mais seulement le long de la surface de contact avec les cellules à Symbiotes.

C'est surtout vers la fin de la nymphose (fig. 5) qu'on voit ces dernières manifester, sous la pression des levures, une hypertrophie marquée, contemporaine de la disparition complète du plasma intestinal et des transformations brusques corrélatives de l'épithélium, traduites par l'émission des boules autotomiques. Mais c'est seulement chez les mouches adultes, en cours d'activité nutritive, que l'hypertrophie des cellules à Symbiotes et le développement de la zone en question acquièrent toute leur ampleur.

Ainsi s'accuse déjà nettement la donnée suivante : c'est que le développement relatif des levures intracellulaires est lié chez les Glossines à l'activité de la digestion; mais on peut aller plus loin encore.

Nous avons vu que chez la larve, comme chez l'adulte, les seules cellules qui sélectionnent les levures sont des cellules caractérisées morphologiquement par des propriétés particulières de secrétion. Chez la larve, ce sont les cellules qui sécrètent la péritrophique; il n'y a point de chimisme intestinal manifeste, et les levures se cantonnent, en abondance assez restreinte dans des éléments faiblement hypertrophiés. Chez l'adulte, les seules cellules qui offrent un développement mycélien sont des cellules qui se distinguent de toutes les autres, dès le début de la nymphose, par une morphologie particulière, en rapport avec des fonctions glandulaires. Or, nous avons également constaté, en étudiant la digestion chez la mouche adulte, que toute la partie initiale de l'intestin moyen ne paraît pas agir sur la digestion du sang; mais que celle-ci se trouve réalisée brusquement d'une façon complète, lorsque la masse sanguine ingérée a franchi la zone des levures.

Et si l'on réfléchit au développement considérable pris par les cellules géantes, à l'ampleur des bandes hypertrophiées de la muqueuse qui font saillie dans la lumière intestinale, l'obstruant presque complètement par places, on conçoit que la suractivité des sécrétions de pareils organes puisse jouer un rôle important dans la digestion des mouches.

La multiplication des levures dans le cytoplasme des cellules géantes est telle que ce dernier est réduit à peu de chose et que chaque cellule géante, chaque mycétocyte, pour donner à ces éléments leur appellation réelle, représente un véritable sac à levures. Et, bien que le noyau hypertrophié, à nucléole volumineux, de ces curieuses cellules traduise une activité fonctionnelle intense, on peut se demander, étant donnée l'importance prise par la masse des levures dans le complexe cellulaire, si ce ne sont pas directement les diastases des levures qui réalisent par elles-mêmes la plus grande partie de la digestion du sang.

La question du rôle joué par ces éléments mycéliens dans la digestion sanguine ne saurait être abordée de façon plus précise pour le moment, en l'absence de données plus strictement expérimentales. Toutefois l'ensemble des observations que nous avons fait ressortir nous autorise déjà, pensons-nous, à conclure fermement à une Symbiose entre les Glossines et les levures. On peut affirmer que les zones à caractère réactionnel de la muqueuse des tsétsés adultes, où ces micro-organismes s'observent d'une façon constante, jouent un rôle considérable dans la nutrition de ces mouches. Mais, à la lumière de données d'un autre ordre, il nous semble permis d'aller plus loin encore, et de concevoir les particularités d'hémophagie stricte et de pupiparité sur lesquelles nous avons précédemment insisté, comme une conséquence directe de leur vie symbiotique. Si les tsétsés sont devenues des Stomoxyides suceurs de sang exclusifs, si l'alimentation de ces mouches a pu se faire entièrement et exclusivement aux dépens du sang de certains types de Vertébrés supérieurs, si enfin leur développement a pris ce caractère si spécial de la pupiparité, avec toutes les conséquences adaptatives qu'elle comporte chez la mère comme chez le produit, nous pensons qu'il en faut chercher la raison dans les particularités d'un chimisme intestinal où se retrouvent comme éléments importants, sinon fondamentaux, les sécrétions diastasiques des levures symbiotiques.

La question de la vie symbiotique des Glossines, telle que nous venons de la poser, ouvre ici des horizons biologiques d'une ampleur considérable, et qui dépassent un simple intérêt de curiosité. Tout d'abord, l'adaptation au régime sanguivore exclusif a eu, en effet, comme nous l'avons indiqué plus haut, des conséquences redoutables au point de vue de la transmission élective par ces mouches d'un grand nombre de trypanosomes pathogènes africains. S'il faut chercher dans l'association symbiotique des Glossines avec certaines catégories de levures, le déterminisme de leur régime alimentaire, il faudra également, par suite, rapporter à ce type de Symbiose toutes les conséquences pathologiques qui dérivent de l'adaptation au régime hémophage pur. Dans ces conditions, ce n'est plus aux mouches tsétsés seules qu'il faudrait relier le cycle néfaste des agents des trypanosomiases, mais bien à l'association symbiotique levure-glossine, telle que nous l'avons définie.

Le régime hémophage pur paraît avoir eu d'autre part, pour les mouches en question, une autre conséquence biologique, d'importance pratique moins grande, mais qui se relie à tout ce que nous venons de dire, au sujet des phénomènes de la nutrition. Il semble avoir déterminé la *pupiparité*, c'est-à-dire le développement intégral des larves, en petit nombre, dans l'utérus maternel, aux dépens de sécrétions exagérées des glandes annexes, avec toutes les conséquences précédemment passées en revue, qu'un semblable régime alimentaire a pu présenter pour l'évolution des larves et des pupes. Le cycle des phénomènes biologiques qui ont permis l'avènement de ce type de développement pupipare, ayant sa base même dans l'alimentation intensive du parent, il peut être conçu comme une conséquence secondaire de la nutrition symbiotique. Si cette conception, comme les précédentes, est exacte, on devra retrouver chez les autres Diptères pupipares des associations symbiotiques nutriciales analogues à celles des tsétsés, et, au contraire, constater leur absence chez les diptères piqueurs non pupipares, en particulier chez les Stomoxyides, les plus directement alliés aux glossines, mais non doués d'hémophagie stricte et de pupiparité. C'est ce que nous allons examiner avec quelque détail, parce que c'est là, croyons-nous, que réside le point crucial de notre démonstration.

Les mouches tsétsés ou Glossines occupent biologiquement une situation tout à fait à part dans la série des Diptères. Si, par leurs caractères extérieurs, ces mouches se rattachent indiscutablement à la tribu des *Stomoxyides*, dont le type le plus répandu n'est autre que le Stomoxe ordinaire des écuries, par leurs conditions de nutrition et de développement elles sont au contraire infiniment plus voisines du groupe hétérogène des *Pupipares*, qui, très différenciés par leur vie parasitaire exclusive, ne paraissent offrir morphologiquement aucun lien de parenté directe avec les Glossines. Pour la thèse qui nous occupe, l'étude comparative des représentants de ces groupes divers de diptères hémophages, pupipares ou non, offre, on le conçoit, un intérêt de premier ordre.

J'ai étudié avec soin, pour y rechercher la présence de formations mycéliennes comparables à celles des Glossines, le tractus intestinal de Diptères hémophages variés, non pupipares : Culicides, Tabanides, larves d'*Auchmeromyia luteola*, Stomoxes, Lyperosia. Chez aucun de ces insectes, je n'ai pu constater l'existence de Schizomycètes intestinaux intracellulaires et constants.

Tous ces diptères s'alimentent de sang, mais aucun d'une

façon exclusive. Examinons, en particulier, à ce point de vue, le cas des Stomoxyides non pupipares (Stomoxes, Lyperosia) qui sont les Muscides les plus manifestement voisins des Glossines.

Le tractus intestinal des Stomoxes et des Lyperosia, bien qu'il ne présente aucune trace de formations réactionnelles à levures symbiotiques, est apte à la digestion complète du sang ingéré. Mais, si l'on étudie avec soin les besoins alimentaires réels de ces Muscides, on constate que si une alimentation sanguine leur est nécessaire, elle ne leur est point *suffisante* pour vivre. Peu de temps après s'être gorgés de sang sur un hôte mammifère habituel, les Stomoxes et les Lyperosies recherchent l'*eau* avec avidité. Privées de la possibilité de se désaltérer, ces mouches s'alimentent difficilement et souvent n'achèvent pas la digestion totale de la masse de sang qu'elles ont ingérée; elles meurent au bout d'un temps plus ou moins long, et l'on constate fréquemment dans ce cas que la digestion n'a pas été complète : il reste encore des globules inaltérés dans le tractus intestinal moyen. Si, au contraire, on leur fournit de l'eau en suffisance, on peut les conserver, sans réitérer l'alimentation sanguine pendant plusieurs jours.

Ainsi, la quantité d'eau puisée dans le sang par ces insectes ne leur suffit pas normalement pour vivre; il est indispensable qu'ils en prélèvent encore à l'extérieur. Et ce que nous venons de dire au sujet des Stomoxes est également vrai pour les Moustiques, et sans doute aussi pour tous les autres Diptères hémophages non pupipares. Résumons en disant que l'absence de symbiotes s'allie avec la non-exclusivité du régime sanguivore et l'absence de pupiparité.

Examinons maintenant le cas des Diptères autres que les Glossines qui appartiennent à cette dernière catégorie biologique.

Le groupe des Diptères pupipares est manifestement un groupe hétérogène comprenant des Diptères d'origine variée qui offrent en commun, par convergence, les caractères de l'hémophagie stricte et de la pupiparité, tels que nous les avons définis chez les Glossines. Mais l'adaptation de ces pupipares à la vie plus ou moins permanente sur le corps de leurs hôtes vertébrés les éloigne des Glossines, mouches moins avancées dans leurs adaptations parasitaires et qui ont conservé l'existence à l'état libre des autres Stomoxyides. Si, biologiquement,

les phénomènes de la pupiparité sont liés à l'hémophagie
stricte, et si celle-ci n'a été rendue possible chez les Diptères
supérieurs que grâce à l'association symbiotique avec certains
micro-organismes, on devra, disons-nous, retrouver chez les
Pupipares typiques des conditions d'association symbiotique
superposables à celles observées chez les Glossines.

Or, précisément dans un travail récent consacré à l'étude des
Rickettsia de l'intestin des Mélophages (1), H. Sikora signale
accessoirement l'existence constante, chez ces Pupipares, entre
le premier et le deuxième quart de l'estomac, de places particulières où l'épithélium est « extraordinairement développé » ;
ces cellules renferment de grandes quantités de *formations se
colorant en rose au Giemsa*, et qu'il tient « pour des parasites
semblables à ceux que Stuhlmann a décrit chez *Glossina* ».
Cette appréciation, que j'ai pu vérifier directement, est exacte.

En examinant aussi le tractus intestinal d'un autre Pupipare,
voisin des Mélophages, le Lipoptène du cerf, j'y ai retrouvé sans
peine des formations à cellules géantes comparables à celles
des Glossines adultes. Le matériel dont je me suis servi ayant
été fixé imparfaitement à l'alcool, je n'ai pu étudier plus à fond
les levures symbiotiques, mais il n'est pas douteux qu'il ne
s'agisse d'organismes très voisins de ceux des tsétsés. Enfin,
examinant un troisième type de Pupipares, l'Hippobosque des
chevaux (*H. equina* L.), j'ai constaté l'existence, également chez
ce diptère, d'une quantité énorme de levures symbiotiques
intestinales intracellulaires. Ces micro-organismes se présentent
sous un aspect indiscutablement identique à celui que l'on
observe chez les Glossines. Il est facile de les étudier à l'état
frais et sur frottis. Je ferai connaître ultérieurement, avec plus
de détails, les caractères particuliers de la symbiose chez ces
différents Pupipares.

Ainsi, trois Pupipares types, pris au hasard, n'ayant morphologiquement aucune parenté immédiate avec les Glossines,
révèlent l'existence, conformément à l'hypothèse émise plus
haut, de l'association symbiotique et de ses conséquences immédiates : l'hémophagie et la pupiparité. Le problème nous
apparaît donc comme résolu. Nous pouvons affirmer la généra-

(1) *Arch. f. Sch. u. Trop. Hyg.*, L. XXII, n° 24, déc. 1918, p. 444.

lisation de processus symbiotiques semblables chez tous les Diptères présentant des conditions de nutrition et de reproduction analogues à celles que nous avons étudiées chez les mouches tsétsés.

Tous les Diptères à reproduction *Pupipare* sont pourvus de *Symbiotes intestinaux* et doués *d'hémophagie stricte*. Ces trois caractères biologiques sont nécessairement liés l'un à l'autre. Il est désormais facile de se représenter le rôle des levures symbiotiques dans la vie de ces différents diptères piqueurs.

En premier lieu, il faut concevoir l'hémophagie stricte comme dépendant nécessairement de la présence des Symbiotes. C'est grâce à l'intervention de ces micro-organismes dans la digestion du sang que les diptères peuvent trouver exclusivement, dans le sang lui-même, les éléments de l'eau en quantité suffisante pour leurs besoins physiologiques. On peut admettre l'existence de diastases sécrétées par les levures qui concourent à assurer assez rapidement la digestion des albumines et des éléments figurés du sang, pour que l'organisme du diptère puisse y rencontrer la totalité des éléments nécessaires à son existence. C'est vraisemblablement à ce rôle que se réduit l'intervention symbiotique des levures; mais ce rôle est indispensable.

L'hémophagie *stricte* des mouches piqueuses n'est possible que grâce à la Symbiose. C'est une *hémophagie symbiotique*.

En second lieu, la pupiparité paraît découler nécessairement de ce régime hémophage strict ou symbiotique. Il est facile de concevoir qu'un tel régime, qui garantit à l'organisme de l'insecte une alimentation uniforme, exceptionnellement riche et facile, a pu permettre le développement exagéré des glandes utérines dont les sécrétions accrues à l'excès ont rendu possible le développement utérin des larves. Enfin, n'étant plus astreints à trouver en dehors des hôtes le complément d'eau propre à assurer leur vie normale, les diptères piqueurs pourvus de symbiotes ont pu vivre de plus en plus étroitement aux dépens de certains hôtes vertébrés. D'abord librement, comme les Glossines, qui en dehors de leurs prises de sang vivent complètement indépendantes des hôtes; puis de plus en plus étroitement. Ainsi a pu se réaliser cette remarquable série adaptative que nous offrent, dans le sens de l'Ectoparasitisme, l'ensemble des Diptères Pupipares, chez lesquels on peut suivre

de façon si complète, avec l'atrophie progressive des ailes et
la dégradation parasitaire croissante, une modification si complète du type de la mouche.

CONCLUSIONS

Nous nous sommes efforcé de dégager, dans le cours de
cette étude, l'ensemble des particularités offertes chez les Glossines à tous les stades de la vie par les phénomènes de nutrition et le fonctionnement des organes digestifs. Les données
acquises constituent un ensemble, dont il est permis de déduire
des conséquences, à la fois d'ordre biologique et d'ordre pratique, dignes d'intérêt. Résumons-en les traits principaux.

En raison de l'adaptation à la pupiparité, phénomène qu'on
peut concevoir comme lié au régime hémophage strict et
exclusif, la larve est nourrie dans l'utérus par une sécrétion
lactée dont les principaux éléments sont directement assimilables. Aussi l'épithélium digestif n'a-t-il pas à intervenir dans
la transformation digestive préalable de l'aliment. Il borne son
activité à l'absorption des produits nourriciers. Mais, pendant
toute la vie larvaire, cette activité se porte bien davantage sur
l'absorption des substances grasses contenues dans l'émulsion
nourricière, que sur celle des substances de nature protéique.
Il y a ainsi saturation précoce de l'organisme en matières
grasses, et insuffisance notoire dans la mise en réserve des
éléments albuminoïdes, pendant la période larvaire. Tout se
passe comme si, malgré son alimentation intensive, la larve de
Glossine, en raison de la priorité d'absorption des matières
grasses, par son épithélium digestif, voyait la majeure partie
de son aliment protéique demeurer extérieur à son organisme,
condamné à une stase pure et simple dans la cavité stomacale.

Lorsque la larve quitte l'utérus maternel, cessant ainsi de
recevoir de nouvel aliment, l'épithélium digestif a achevé
d'épuiser les matières grasses contenues dans la cavité stomacale, et seulement alors peut se produire, sans doute par un
simple phénomène de dialyse, l'absorption massive des principes albuminoïdes solubles qui surchargent cette cavité.

Le début de la nymphose correspondrait donc, au point de

vue du fonctionnement de l'intestin moyen, à la période de jeûne physiologique pronymphal des larves de mouches ou asticots ordinaires. C'est la période au cours de laquelle le tractus intestinal achève l'absorption des aliments ingérés. Cette période, chez les Glossines, se trouve retardée, pour les raisons physiologiques ou plus simplement physiques que nous avons exposées. Elle prend place dans les deux ou trois premiers jours de la nymphose. Malgré les apparences, c'est là un fait qui retentit fortement sur la marche générale des métamorphoses, parce que ses conséquences physiologiques sont très profondes. L'obligation où se trouve un organisme en pleine crise physiologique, d'assimiler et d'élaborer une masse très considérable de matière nutritive, alors que les échanges circulatoires sont nuls, les phénomènes respiratoires singulièrement compromis, ne va pas sans apporter à la marche normale du processus nymphal une complication redoutable. Celle-ci se traduit, à la fois, par une augmentation sérieuse dans la durée de la nymphose et aussi par une diminution marquée dans la résistance vitale des pupes.

La durée de la nymphose est, chez les tsétsés, près de cinq fois plus grande pour la même moyenne thermique que celle des mouches vulgaires. D'autre part, comme nous l'avons montré, les pupes des Glossines sont des pupes fragiles, ne s'accommodant que d'une température sensiblement égale, et ne résistant pas à des écarts thermiques fréquents. En particulier, toute élévation, même légère, de leur moyenne normale compromet leur existence. Ne faut-il pas voir dans la rigueur de cet accommodement à une température donnée la conséquence même de la complexité particulière des phénomènes physiologiques dont l'organisme nymphal des tsétsés est le siège ? Et nous trouvons ainsi, dans l'étude des processus spéciaux de la nutrition, pendant la métamorphose, un appui logique en faveur de la méthode rationnelle de destruction des pupes par la chaleur solaire, telle que nous l'avons préconisée. Le principe de l'éclaircissement des gîtes, renforcé par les considérations qui précèdent, reste la base fondamentale des mesures d'action à prescrire contre ces redoutables insectes.

Au point de vue biologique pur, enfin, l'étude des conditions de la nutrition chez les adultes fait ressortir des faits curieux, dont la portée dépasse aussi sans doute les limites de la science pure. Ces mouches particulières, qui représentent, quoique vivant à l'état libre, des parasites aussi profondément et entièrement adaptés à la nutrition sanguine que des ectoparasites permanents, doivent l'exclusivité de leur régime alimentaire hémophage à une symbiose étroite avec des levures intra- et extra-cellulaires, qui se développent dans une zone spécialisée de l'intestin moyen. Cette association symbiotique, que nous avons d'autre part trouvée constante chez les diptères qui participent aux mêmes conditions de développement que les Glossines, permet de comprendre, du même coup, toutes les singularités d'adaptation biologique de ces mouches : d'abord, au sens général, la *pupiparité* avec toutes les conséquences qu'elle comporte au point de vue du mode de développement des larves, et de la marche de la nymphose ; ensuite, comme conséquence d'un régime alimentaire exclusif (*hémophagie stricte*) aux dépens du sang des vertébrés, le rôle particulier que les tsétsés jouent dans le cycle évolutif des trypanosomes et des parasites sanguicoles variés. Tous ces faits se relient entre eux les uns les autres, à tel point qu'il nous paraît permis de définir toutes les particularités biologiques générales des tsétsés, et celles des Diptères Pupipares typiques, comme la résultante plus ou moins directe de leur vie symbiotique avec des micro-organismes intestinaux du groupe des levures.

SUR

LA VITESSE DE LOCOMOTION DU VIBRION CHOLÉRIQUE

par le Professeur G. SANARELLI

Directeur de l'Institut d'Hygiène de l'Université de Rome.

En observant, à l'ultra-microscope, dans une goutte suspendue, des germes mobiles, on reste frappé non seulement par la forme des trajectoires qui diffèrent selon les espèces bactériennes, mais aussi par la différence, souvent notable, des vitesses.

Les uns se déplacent presque indolemment, les autres se meuvent avec agilité dans une direction ou dans l'autre ; il y en a enfin qui traversent le champ du microscope avec une telle vitesse, qu'ils donnent l'impression d'une flèche se décrochant de son arc.

On peut naturellement calculer, d'une manière approximative, la vitesse moyenne de chaque espèce bactérienne, si l'on a le soin de suivre dans une goutte suspendue contenant peu de germes les individus qui, entrant à un moment donné dans le champ microscopique, le parcourent presque diamétralement jusqu'au point opposé. On peut déterminer ainsi, avec un compteur à la main, la durée de la traversée.

Peu d'auteurs se sont occupés de la mobilité des bactéries. Le premier, M. Gabritschewsky (1), non seulement a intro-

---

(1) Ueber active Beweglichkeit der Bakterien. *Zeits. f. Hygiene u. Infektionskr.*, vol. XXXV, 1900, p. 104.

duit des dispositifs techniques appropriés, mais a étudié la mobilité en relation avec la température, l'âge des cultures, la nature des milieux, l'addition de différentes substances, etc.

MM. Lehmann et Fried (1) et, peu après, M. Stigell (2), parmi les données fournies par M. Gabritschewsky, ont fixé leur attention particulière sur la vitesse de certains vibrions, d'une mobilité exceptionnelle : elle serait de $0^{mm}1$ à $0^{mm}2$ par seconde.

M. Stigell, qui a étudié systématiquement, à ce point de vue, beaucoup de germes, a obtenu pour le vibrion cholérique des valeurs constamment plus basses : au maximum de $0^{mm}08$ par seconde. MM. Lehmann et Fried ont registré des vitesses plus fortes que celles signalées par M. Stigell, mais toujours inférieures à $0^{mm}1$-$0^{mm}2$.

Les données de M. Gabritschewsky laissaient, cependant, encore des doutes. Eh bien, je possède des exemplaires de vibrions cholériques dont la vitesse est égale à celle, certainement exceptionnelle, qui a été signalée par ce savant.

Mes observations — renouvelées bien des fois — ont été faites à la température ambiante de 25 C. environ, avec des cultures âgées de vingt-quatre heures, développées sur agar et ensuite délayées dans du bouillon ou, de préférence, dans du sérum de cobaye.

J'ai fait des expériences avec les différentes souches vibrioniennes qui sont connues dans les laboratoires sous les noms de vibrions de Hambourg, Constantinople, Saint-Pétersbourg, Rome, Marseille, Isonzo, Naples, Palerme, Massaouah, de la Prusse Orientale, etc., et j'ai trouvé que, à peu près, tous les vibrions cholériques possèdent la même vitesse de locomotion. Le vibrion de Massouah m'est apparu un peu moins rapide que les autres. Complètement immobiles étaient devenus ceux de Saint-Pétersbourg et de la Prusse Orientale, dont le pouvoir toxique peut être considéré aujourd'hui comme insignifiant : j'ai dû, en effet, injecter six cultures dans le péritoine pour tuer des cobayes de 300 grammes !

(1) Beobachtungen über die Eigenbewegung der Bakterien. *Archiv f. Hygiene*, vol. XLVI, 1903, p. 311.
(2) Ueber die Fortbewegungsgeschwindigkeit und Bewegungskurven einiger Bakterien. *Centralbl. f. Bakt., I. Abt. Orig.*, vol. XLV, 1908, p. 289.

Les vibrions cholériques se montrent toujours bien plus mobiles dans le sérum frais de cobaye, que dans le bouillon de viande. Pour cela, mes déterminations sur la vélocité ont été faites dans le sérum et toujours à l'ultra-microscope.

Ce n'est pas mon intention d'étaler des chiffres ; je voudrais simplement établir si la vitesse du vibrion cholérique peut être comparée avec celle d'animaux ou d'objets mobiles, tels qu'ils se présentent au regard dans la vie quotidienne. C'est là une question qui est bien loin d'être superflue, ni si simple qu'elle en a l'air au premier abord, surtout lorsqu'on veut trouver une comparaison convenable et compatible avec les principes de la physique et de la physiologie.

MM. Lehmann et Fried ont envisagé ce problème et ils ont remarqué que les chiffres se rapportant à la vélocité des bactéries sont loin de représenter exactement la rapidité de leur mouvement de translation. Cela est si vrai que, à la fin de leur note, ils font observer qu'on peut avoir une idée qui s'approche davantage du réel en ayant recours au rapport entre l'espace parcouru, par un microbe donné, dans l'unité de temps et la longueur de son corps. Afin de développer cette idée, ils prennent divers exemples, tels que celui de l'hirondelle qui parcourt une longueur 45 fois plus grande que son corps, celui du cheval qui, dans sa carrière, parcourt, dans une seconde, un espace 10 fois plus grand que son corps, etc.

Il suffit, pour démontrer combien l'usage de tels chiffres est fallacieux pour représenter les impressions des vitesses, d'une simple remarque :

Si le cheval, en pleine course, passe à 4-5 mètres devant nos yeux, et si l'hirondelle vole à quelques centaines de mètres de distance, ce sera la course du cheval qui nous semblera plus rapide, non le vol de l'hirondelle, car celle-ci mettra beaucoup plus de temps à traverser le champ visuel.

Il est évident, dans ce cas, que la mesure entre nos impressions ne peut pas être donnée par le rapport 45 : 10. Les comparaisons auxquelles MM. Lehmann et Fried ont recours ne sont donc pas acceptables.

Afin de donner une idée de la vitesse des bactéries, telle que nous pouvons l'apprécier à l'ultra-microscope, il faut recourir à d'autres considérations.

Pour mes observations j'ai fait usage d'un agrandissement de 800 diamètres.

Avec ce système le diamètre apparent du champ du microscope est de 200 millimètres et le diamètre réel, mesuré avec un micromètre objectif, est de 0^{mm}25. En observant plusieurs fois, en goutte suspendue, des vibrions très mobiles, j'ai remarqué que la plupart de ces microbes parcourent le diamètre du champ microscopique en deux secondes environ. Leur vitesse moyenne apparente est, par conséquent, égale au rayon du champ-image, c'est-à-dire 10 centimètres par seconde, et la vitesse réelle correspondante est de 0^{mm}125 par seconde, c'est-à-dire de 75 millimètres à la minute, ce qui correspond à 45 centimètres à l'heure, tandis que leur vitesse apparente est de 10 cm. $\times$ 60, c'est-à-dire de 6 mètres à la minute : ce qui fait 360 mètres à l'heure.

Néanmoins, ni la première, ni la seconde de ces expressions ne nous donnent la plus lointaine idée de la vitesse vertigineuse du vibrion, dont l'œil reste frappé au microscope. C'est qu'en effet l'impression de vitesse ne dépend pas de la *vitesse effective*, mais bien de la *vitesse angulaire*.

Cela posé, représentons dans la figure ci-contre le diamètre de l'image du champ du microscope (qui mesure, comme il a été dit, 20 centimètres) par le segment AB; menons par le point moyen de AB la perpendiculaire OM, dont la longueur soit à celle de AB, comme 25 centimètres (distance de la vision distincte) sont à 20 centimètres. Prolongeons OA, OB, OM et menons la perpendiculaire OM en M', la longueur OM' étant à OM comme 4.000 centimètres (c'est-à-dire 40 mètres), longueur que nous choisissons arbitrairement, sont à 25 centimètres. A' et B' seront les points d'intersection de la dite perpendiculaire avec les côtés de l'angle.

Supposons que le vibrion entre dans l'angle visuel en A, dans le même temps qu'une locomotive y entre au point A', et que l'un et l'autre se meuvent uniformément, de façon qu'à l'instant où le vibrion quitte l'angle visuel, après avoir parcouru le trait AB, la locomotive disparaisse en B'. Le vibrion et la locomotive auront deux vitesses effectives bien différentes, mais l'impression que nous aurons reçue de ces vitesses sera identique, les vitesses *angulaires* étant les mêmes.

Les triangles OAM et OA'M' étant semblables, on a :

$$AM' : OM' = AM : OM.$$

$$AM' = \frac{4.000 \times 10}{25} = 1.600 \text{ centimètres} = 16 \text{ mètres.}$$

Nous pouvons donc conclure que le vibrion se meut appro-

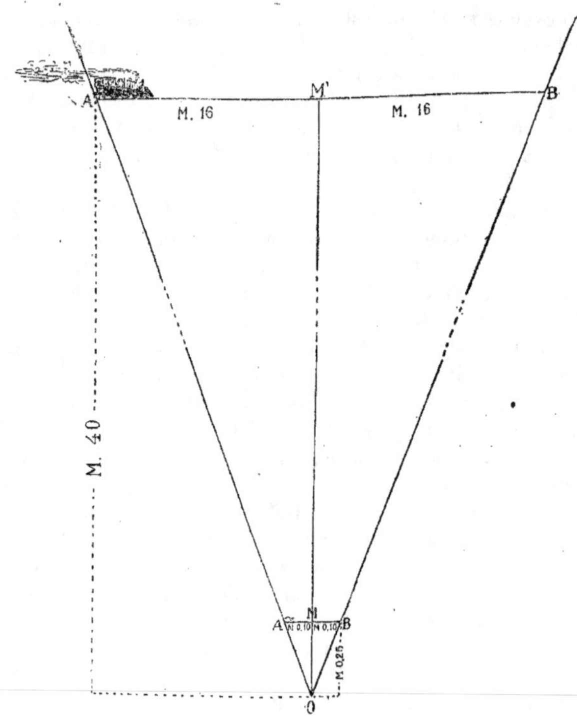

ximativement avec une vitesse telle, qu'on peut la comparer
à celle d'un train qui passe devant nous à la distance de
40 mètres, en parcourant 16 mètres à la seconde. Un tel
train a une vitesse de 960 mètres à la minute, c'est-à-dire de

57 kilomètres 600 à l'heure. Telle est l'expression vraiment
appropriée pour représenter l'impression qu'on reçoit au
microscope de la vitesse extraordinaire du vibrion. C'est une
expression qui satisfait complètement les exigences de notre
sens visuel.

Le vibrion cholérique a une vitesse de déplacement de beaucoup supérieure à celle de tous les autres microbes que j'ai
expérimentés. Elle est 3 fois plus grande que celle du *B. prodigiosus* et du B. pyocyanique, 5 fois plus grande que celle du
B. typhique, 10 fois plus grande que celle du colibacille et
du *Proteus vulgaris*, 12 fois plus grande que celle du *B. megatherium*, etc.

Puisque toutes ces bactéries sont fournies d'une quantité de
cils quelquefois très remarquable, tandis que le vibrion cholérique d'habitude en a un seul, il faut croire que la vélocité
des microbes n'est pas en relation avec le nombre de leurs
organes de locomotion.

DU MODE D'ACTION
DE L'ADRÉNALINE SUR LES TOXINES BACTÉRIENNES

par A. MARIE.

On sait depuis 1912 (1) qu'un alcaloïde normal de l'organisme, l'adrénaline, présente à un haut degré le pouvoir de neutraliser les toxines solubles. Parmi les questions nombreuses que suscite ce fait nouveau, l'une des plus importantes est celle de son mécanisme : l'adrénaline agit-elle seulement en modifiant les caractères physiques et chimiques des toxines, ou bien la présence dans l'organisme des sécrétions de la surrénale permet-elle aux humeurs d'exercer un pouvoir antitoxique sur les poisons bactériens? Telle est la question à laquelle nous apportons la contribution suivante, en retenant surtout parmi les faits découverts par nous ce qui a trait d'une part à la *neutralisation du pouvoir toxique par l'adrénaline*, d'autre part à l'*action de cette substance dans l'immunisation par les mélanges neutres toxine-adrénaline.*

I. — NEUTRALISATION DU POUVOIR TOXIQUE PAR L'ADRÉNALINE

I. — Nos recherches sur cette question ont abouti à une première constatation importante : tandis que l'adrénaline et ses sels peuvent rendre inoffensives de très nombreuses doses de toxines bactériennes telles que les poisons diphtérique et tétanique, des toxines végétales (2) comme l'abrine, la crotine, la ricine, enfin certains venins, la sécrétion principale des capsules se montre tout à fait inactive sur les alcaloïdes

(1) *C. R. Soc. Biol.*, LXXII, p. 864.
(2) *C. R. Soc. Biol.*, LXXVIII, p. 330.

végétaux, et aussi sur un extrait microbien, la tuberculine. Nous avons fait de nombreux essais avec ces dernières substances et jamais n'avons pu déceler la moindre action de l'adrénaline sur elles. Ainsi, la dose mortelle, 0 gr. 000025 de sulfate de strychnine pour une souris de 15 grammes, la tuera dans le même temps, que cette quantité ait été ou non mélangée et soumise à une ébullition prolongée avec un sel d'adrénaline; il en est de même pour la morphine, dont le chlorhydrate tue la souris à la dose de 0 gr. 005, sans être influencé par un contact prolongé avec l'alcaloïde des surrénales, ou avec la glande elle-même.

Nous pourrions faire des remarques analogues pour la nicotine, la cocaïne, et aussi pour une autre substance, la tuberculine, qui tue le cobaye tuberculeux aux mêmes doses, mélangée et chauffée ou non avec l'adrénaline.

Or les alcaloïdes végétaux, ainsi que la tuberculine, ont un caractère biologique commun : s'il est relativement facile d'augmenter la résistance naturelle de l'organisme à leur action toxique, on ne parvient pas à déceler d'anticorps spécifiques dans le sang des animaux accoutumés à ces poisons; pour les sels de morphine, en particulier, dont on arrive à faire supporter d'assez fortes doses au chien, jamais nous n'avons constaté la présence d'anticorps spécifiques dans le sang de cet animal, et s'il est un caractère biologique différenciant les toxines des alcaloïdes, il semble que ce soit l'impossibilité pour ceux-ci de provoquer dans le sang l'apparition d'anticorps spécifiques.

Nous sommes ainsi conduit à opposer l'un à l'autre ces deux ordres de faits : d'une part l'adrénaline neutralise des produits donnant des antitoxines, d'autre part elle laisse inaltéré le pouvoir toxique de substances auxquelles on ne connaît pas d'anticorps. On peut donc se demander si, en plus des réactions physico-chimiques entre une toxine et l'adrénaline, il ne se fait pas dans l'organisme de réaction humorale ayant pour effet de rendre la toxine inoffensive, si bien qu'on pourrait se représenter sa neutralisation par l'adrénaline en deux temps, le premier de transport de l'oxygène par l'adrénaline sur la toxine, elle-même destinée dans un deuxième temps à être fixée par les anticorps normaux des humeurs.

II. — Dans un autre ordre d'idées, il nous semble difficile d'expliquer, sans l'intervention d'anticorps, d'activité variable avec chaque espèce animale, ce fait que le même mélange toxine-adrénaline, neutre pour une espèce animale, ne l'est pas pour une autre.

Exposons à 37° un mélange de 0,02 c. c. de toxine tétanique et de 0 gr. 0002 de chlorhydrate d'adrénaline, puis injectons la moitié de cette préparation dans la patte chez un cobaye de 320 grammes et l'autre chez une souris de 16 grammes : le premier succombera à un tétanos typique, tandis que la seconde n'aura pas manifesté le plus léger signe de tétanos local. Donc, il ne suffit pas que les deux substances, l'adrénaline et la toxine, réagissent l'une sur l'autre suivant certaines proportions, car l'innocuité de leur mélange varie avec l'espèce animale, avec sa résistance, avec ses qualités humorales, et si le cobaye s'est montré beaucoup plus sensible à la tétanine que la souris, c'est sans doute que le sang de celui-là exerce mal les propriétés fixatrices qui caractérisent les anticorps (1).

III. — Non seulement, ainsi que nous l'avons montré (2), l'alcaloïde des surrénales n'altère pas les propriétés d'antigène de la toxine tétanique, mais l'action de l'adrénaline, dans les mélanges neutres, n'aboutit même pas à une destruction du pouvoir toxique de la tétanine, car nous avons vu quelquefois le tétanos éclater chez des animaux, par exemple à la suite d'une injection de sérum humain pratiquée une semaine après celle du mélange neutre (Tableau I, p. 580).

Ainsi, il a suffi d'un peu de sérum pour faire apparaître tardivement le tétanos chez des souris pour lesquelles l'innocuité du mélange toxine-adrénaline restait assurée (souris 2) sans une semblable injection, laquelle aura modifié non la réaction entre la toxine et l'adrénaline, mais sans doute l'adhésion de la tétanine aux anticorps normaux du sang.

IV. — Dans les remarques qui précèdent, nous nous sommes appuyé sur des recherches où la toxine n'était injectée aux animaux qu'après avoir subi à 37° l'action de l'adrénaline. Si, au lieu d'inoculer de semblables mélanges, on administre

---

(1) On sait combien il est difficile d'immuniser le cobaye contre la toxine tétanique.

2 *Annales de l'Institut Pasteur*, XXXII, p. 97.

A. MARIE

séparément les deux substances, on sait que les résultats diffèrent totalement suivant que l'injection est faite sous la peau ou directement dans le sang. Dans le premier cas, l'adrénaline

TABLEAU I. — **Apparition d'un tétanos tardif après l'injection d'un mélange neutre toxine-adrénaline.**

INJECTION APRÈS 20 HEURES A 37°	1	2	3	4	5	6	7	8	9	10	11	12
1. Souris TT. 0 cc. 001	≡	+										
2. Souris TT. 0 cc. 001 + 0 gr. 0001 de chl. d'adr.	0	0	0	0	0	0	0	0	0	0	0	0
3. Souris TT. 0 cc. 001 + 0 gr. 0001 de chl. d'adr.	0	0	0	0	0	0 → 0,25 sérum	≡	≡ 0,25 sérum	+			
4. Souris TT. 0 cc. 001 + 0 gr. 0001 de chl. d'adr.	0	0	0	0	0	0	0	0	0	=	≡	≡

n'exerce jamais d'action préventive contre une intoxication tétanique ou diphtérique; dans le deuxième, on peut (1), chez le cobaye ou chez le lapin, ne pas voir éclater les phénomènes toxiques, même après l'injection de plusieurs doses mortelles de toxine : toutefois, l'adrénaline doit être administrée peu de temps avant la toxine, de préférence dans le même tronc veineux, où se fera peut-être la rencontre de celle-ci avec l'alcaloïde fixé pour un temps sur les terminaisons sympathiques. Mais quel que soit le mode d'administration séparée des deux substances, qu'elles aient été injectées sous la peau ou directement dans le sang, on ne retrouve plus la toxine tétanique dans les humeurs. On sait que ce poison y est décelable pendant longtemps chez les animaux qui l'ont reçu à l'état pur. Au contraire, chez tous ceux qui ont reçu d'abord l'adrénaline, puis la toxine tétanique, cette dernière ne se retrouve plus dans le sang de l'animal, lequel pourra néanmoins présenter

(1) *Annales de l'Institut Pasteur*, XXXII, p. 97.

des signes de tétanos, le poison ayant subi une absorption directe par les expansions nerveuses qui l'ont puisé dans la lymphe au point d'inoculation, où il reste longtemps à une concentration élevée (1).

Il n'est pas nécessaire d'inoculer la toxine immédiatement après ou en même temps que l'adrénaline pour constater cette

Tableau II. — **Disparition de la toxine tétanique dans le sang.**

INJECTIONS		1	2	3	4	5	6	7
d'adrénaline et ensuite de toxine tétanique à des souris	de leur sang à d'autres souris							
1. Souris reçoit seulement 0 gr. 0001 TT.	15 minutes après la 1re injection.	=	≡	≡	+			
2. Souris : 0 gr. 00007 adrén. base dans la veine et 5 minutes après 0 cc. 000015 TT. (P GP).	4 h. après.	0	0	0	0	0	0	0
3. Souris : 0 gr. 0001 chl. d'adr. PGP et 1 h. 30 après 0 cc. 01 TT. PDP	5 min. après.	0	0	0	0	0	0	0
4. Souris : 0 gr. 0001 chl. d'adr. PGP et 5 h. après 0 cc. 01 TT. PDP	5 min. après.	0	0	0	0	0	0	0
5. Souris : seulement 0 cc 000016 TT.	30 min. après.	—	=	=	=	=	=	=
6. Souris : 0 gr. 00007 chl. d'adr. PGP et 15 heures après 0 cc. 000016 TT. PDP . . .	30 min. après.	0	0	0	0	0	0	0

disparition du poison tétanique; on ne le retrouve pas davantage s'il a été injecté à une époque où sûrement il ne reste plus trace d'adrénaline dans le sang. On sait, en effet, qu'elle y disparaît en quelques secondes : si la toxine, malgré cette disparition de l'adrénaline, ne se montre plus dans les humeurs, on peut penser qu'une autre substance que l'alcaloïde l'y aura neutralisée (Tableau II).

Ainsi, tandis que chez les animaux témoins il était facile de

(1) *Annales de l'Institut Pasteur*, XVI, p. 818.

déceler la toxine dans le sang du cœur, elle avait disparu chez les animaux adrénalinés : or il est certain que dans cet espace de temps variant entre quelques minutes et quinze heures, toute trace d'adrénaline a disparu, et on est conduit à penser que la toxine avait été neutralisée par une substance autre que l'alcaloïde.

Ce dernier, ainsi que nous l'avons vu (1), se fixe électivement dans le voisinage des terminaisons sympathiques. On peut donc se demander encore si dans un premier temps la toxine n'est pas oxydée par l'adrénaline ainsi fixée, avant de se trouver neutralisée par un anticorps du sérum sanguin. Dans cette hypothèse, la neutralisation d'une toxine serait toujours conditionnée par deux faits : le premier d'oxydation par l'adrénaline, pouvant se faire *in vitro* ou bien *in vivo*, le deuxième, d'adhésion par les anticorps normaux du sérum.

II. — ACTION DE L'ADRÉNALINE DANS L'IMMUNISATION
PAR MÉLANGES NEUTRES TOXINE-ADRÉNALINE

Nous avons montré (2) que l'adrénaline laisse intactes les propriétés d'antigène de la toxine tétanique : s'il en était autrement, on comprendrait mal la possibilité d'une immunisation des animaux, au cours de laquelle les lésions rencontrées dans les surrénales témoignent d'une participation intense du système chromaffine, celui qui sécrète l'alcaloïde des capsules. De plus 'emploi de l'antigène tétanique adrénaliné pour les vaccinations nous avait révélé une propriété intéressante et utile à sa préparation. Si l'on cherche en effet, dans les mélanges neutres toxine-adrénaline, à se débarrasser, par la dialyse, de l'adrénane en raison de sa haute toxicité, on voit qu'en dialysant elle se 1arge elle-même des qualités d'antigène de la toxine, comme si cette dernière était une substance constituée par deux groupements séparables l'un de l'autre, le premier doué du pouvoir d'antigène et entraîné par l'adrénaline à travers la paroi dialysante, le deuxième toxique et restant dans le dialyseur quand le mélange a été préparé avec un excès de toxine. C'est là un

(1) *Annales de l'Institut Pasteur*, XXXII, p. 97.
(2) *Annales de l'Institut Pasteur, loco citato.*

procédé commode pour se procurer un mélange neutre antigène tétanique-adrénaline, puisque le liquide dialysé présente, à côté des propriétés de l'adrénaline, celles d'antigène de la toxine, et cela sans aucun pouvoir tétanisant.

Nous ferons remarquer d'ailleurs que la toxine tétanique *pure* ne traverse jamais les dialyseurs et que l'eau dans laquelle ils plongent ne présente à aucun moment de propriété immunisante, qu'elle soit additionnée ou non de doses croissantes d'adrénaline avant l'injection aux animaux.

Une chose frappante quand on utilise cet antigène tétanique dialysé, c'est la rapidité avec laquelle il provoque dans l'organisme l'apparition d'antitoxine spécifique et l'on se trouve ainsi conduit à analyser le phénomène, à se demander en particulier, si en dehors du rôle spécifique joué par l'antigène tétanique, l'adrénaline n'exercerait pas une action par elle-même.

Il va de soi qu'on ne saurait s'attendre à voir l'adrénaline vacciner un animal contre une toxine bactérienne: un traitement longtemps poursuivi par des doses croissantes de cet alcaloïde seul n'a d'autre effet que de créer une accoutumance à ce dernier poison, plus facile à réaliser si l'on utilise les sels d'adrénaline droite, sans pour cela augmenter la résistance naturelle de l'organisme vis-à-vis de la toxine. Pour que celle-ci soit neutralisée *in vivo* après une injection d'adrénaline, nous avons vu que les deux substances doivent être introduites directement dans la circulation et à peu d'intervalle l'une de l'autre. Toutefois, on peut se demander si les propriétés humorales, caractérisant ce que l'on appelle les anticorps normaux, ne se manifesteraient pas d'une façon particulièrement active *in vitro* dans le sérum d'animaux inoculés avec les sécrétions des glandes surrénales, glandes dont le fonctionnement semble être constamment intéressé au cours des vaccinations contre les toxines microbiennes.

Dans les essais qui suivent (Tableau III, p. 584) les injections ont toujours été faites par la voie sanguine, aussi bien pour l'adrénaline que pour les émulsions, préalablement filtrées sur papier, de glandes surrénales, tout autre mode d'administration, sous-cutané ou intrapéritonéal, de ces produits n'ayant donné que des résultats négatifs.

TABLEAU III. — **Pouvoir antitoxique du sérum.**

INJECTIONS INTRAVEINEUSES	INJECTIONS DES MÉLANGES TOXINE-SÉRUM (après 24 heures à 37°)	RÉSULTATS									
		1	2	3	4	5	6	7	8	9	10
1. Lapin de 2.245 gr. reçoit dans la veine 0 cc. 20 de solution millésimale de chl. d'adrénaline. . . .	1. Souris : Sérum pris au lapin 1, avant l'injection, 1 cc. + TT. 0 cc. 000025	—	—	=	≡	≡	+				
	2. Souris : Sérum pris au lapin 1, aussitôt après l'injection, 1 cc. + TT. 0 cc. 000025	=	=	=	≡	≡	≡	≡	+		
	3. Souris : Sérum pris au lapin 1, 2 h. 40 après l'injection, 1 cc. + TT. 0 cc. 000025	0	0	0	0	0	0	0	0	0	0
	4. Souris : Sérum pris au lapin 1, 6 heures après l'injection, 1 cc. + TT. 0 cc. 000025	0	0	0	0	0	0	0	0	0	0
	5. Souris : Sérum pris au lapin 1, 20 heures après l'injection, 1 cc. + TT. 0 cc. 000025	0	0	0	0	0	0	0	0	0	0
	6. Souris : Sérum pris au lapin 1, 24 heures après l'injection, 1 cc. + TT. 0 cc. 000025	—	—	=	=	=	=	≡	=	≡	≡
2. Lapin de 2.270 gr. reçoit l'émulsion d'une capsule surr. de cobaye neuf.	7. Souris : Sérum pris au lapin 2, avant l'injection, 1 cc. + TT. 0 cc. 00001	=	=	=	=	≡	≡	+			
	8. Souris : Sérum pris au lapin 2, 5 heures après l'injection, 1 cc. + TT. 0 cc. 000025	0	0	0	0	0	0	0	0	0	0
3. Lapin de 2.350 gr. reçoit l'émulsion de deux capsules surr. de cobaye neuf.	9. Souris : Sérum pris au lapin 3 avant l'injection, 1 cc. + TT. 0 cc. 000025	—	≡	≡	+						
	10. Souris : Sérum pris au lapin 3, 6 heures après l'injection, 1 cc. + TT. 0 cc. 000025	0	0	0	0	0	0	0	0	0	0

Il ressort de ces expériences que le sérum, dénué de toute propriété antitétanique à l'état normal, a présenté un pouvoir antitoxique assez faible, mais évident, à la suite de l'injection, à des lapins, d'adrénaline ou d'extrait capsulaire par la voie veineuse. Or, nous rappellerons que les physiologistes ne reconnaissent pas la présence de l'adrénaline à l'état libre dans le sang, au delà de quelques secondes après son injection. En supposant qu'il en fût autrement, on voit que l'énorme dilution à laquelle se trouverait cet alcaloïde dans le sérum s'oppose à la possibilité d'une neutralisation directe de la toxine par l'adrénaline. De plus. les faits ne se présentent pas toujours avec les mêmes caractères que dans ce tableau, et l'irrégularité des résultats quantitatifs est pour nous une preuve de plus en faveur d'une action d'anticorps normaux (1).

On sait en effet quelles variations présente la courbe d'une antitoxine chez des animaux en cours d'immunisation ; si la teneur en anticorps spécifiques subit les irrégularités considérables que l'on sait pendant les vaccinations, quelles ne doivent pas être celles des anticorps normaux ?

Quant au rôle de l'adrénaline ou des extraits capsulaires dans cette apparition du pouvoir antitoxique du sérum, on peut y voir un processus d'oxydation de substances (2) qui, à l'état normal, s'opposeraient à l'adhésion des toxines par ces complexes lipoïdo-protéiques que sont les anticorps normaux.

Les sécrétions des glandes surrénales, l'adrénaline, passent aussi pour jouer un rôle d'hormones, et nous avons recherché si un organe tel que le cerveau ne pourrait offrir un pouvoir antitétanique alors que le sérum n'en présente pas, chaque fois notamment que l'adrénaline a été introduite non par la voie

(1) Nous rappellerons que les anticorps normaux du sérum ont été étudiés surtout vis-à-vis des toxines solubles. Dans le sang de 60 p. 100 des enfants, de 85 p. 100 des adultes, on a reconnu la présence d'antitoxine diphtérique, sans que l'histoire des personnes autorisât à l'attribuer à une diphtérie antérieure. Nous ne connaissons aucune recherche analogue dans le sérum du lapin, mais chez 30 p. 100 des chevaux et des bovidés on a constaté un pouvoir antitétanique très net de leur sérum.

(2) Pour que soit plausible cette hypothèse de substances antagonistes, qui dans le sérum s'opposeraient à l'action des anticorps normaux et seraient plus oxydables qu'eux, il faut que l'adrénaline reste sans action sur ces anticorps : précisément, des expériences variées nous ont convaincu de l'inaltérabilité parfaite de l'antitoxine tétanique et de l'antitoxine diphtérique après un contact très prolongé avec l'adrénaline.

sanguine, mais dans le tissu cellulaire. De plus, mettant à profit la tolérance que nous avons signalée (1) pour l'encéphale vis-à-vis de l'adrénaline, nous avons, dans d'autres expériences, introduit cet alcaloïde additionné ou non d'antigène tétanique directement dans le cerveau, pour savoir si la substance nerveuse ne pouvait ainsi acquérir de propriétés préventives (2).

La substance cérébrale, qui présente *in vitro*, chez les mammifères, un pouvoir d'absorption intense pour la toxine tétanique, est, on le sait, tout à fait dépourvue de propriétés préventives, ce que montre une fois de plus le tableau IV. Mais on y voit que le traitement de ces animaux par l'adrénaline, introduite dans le tissu cellulaire ou bien directement dans l'encéphale, a pu rendre la substance cérébrale active (3) *in vivo* contre environ une dose mortelle de toxine tétanique, alors que le sang était dénué de tout pouvoir préventif (4).

En terminant notre premier mémoire (5), nous avions rappelé que, dans les toxi-infections, beaucoup d'accidents d'asthénie cardiaque étaient attribués à un épuisement de la fonction adrénalinique et à une défaillance consécutive du système vasculaire ; à la suite des recherches que nous venons d'exposer, nous nous demandons si l'action bienfaisante de l'adrénaline, observée dans certaines maladies infectieuses (grippe, pneumonie, fièvre typhoïde, etc.), ne tiendrait pas aussi au rôle favorisant que peut avoir cet alcaloïde dans l'activité des anticorps normaux du sérum.

(1) *Annales de l'Institut Pasteur, loco citato.*

(2) Les propriétés « antitétaniques » bien connues de la substance cérébrale s'opposent à faire des mélanges *in vitro* et conduisent à rechercher le pouvoir *préventif* qui, on le sait, manque totalement dans la substance nerveuse à l'état normal.

(3) On peut prélever le cerveau et l'inoculer à la souris dès le lendemain de l'injection d'adrénaline ; toutefois, il faut attendre quelques jours pour permettre la résorption de la substance nerveuse chez l'animal avant de l'éprouver avec la toxine.

(4) Au cours de l'évolution de la rage et de la vaccination contre elle, nous avons montré et suivi dans la substance cérébrale le développement de propriétés antirabiques ; d'autre part, on sait combien les glandes surrénales sont intéressées dans l'incubation de cette maladie : peut-être y a-t-il une relation entre les deux ordres de faits, l'adrénaline, en tant qu'hormone, développant dans le cerveau des réactions de défense dont l'infection rabique finit par triompher. (*Annales de l'Institut Pasteur,* XXVI.)

(5) *Annales de l'Institut Pasteur,* XXVII, p. 294.

TABLEAU IV. — *Pouvoir préventif de la substance cérébrale.*

INJECTIONS DE CHL. D'ADRÉNALINE à 1 pour 1.000	INJECTIONS DE LA SUBSTANCE CÉRÉBRALE	ÉPREUVE AVEC TT. au bout de	1	2	3	4	5	6	7
1. — Souris : 0 cc. 10 2 jours de suite. . . .	1. Souris : cerveau de la souris 1, pris le lendemain.	48e heure : 0 cc. 00001	0	0	0	0	0	0	0
	2. Souris : cerveau de la souris 1, pris le lendemain.	6e jour : 0 cc. 00001	0	0	0	0	0	0	0
	3. Souris : cerveau de souris neuve	3e jour : 0 cc. 00001	—	=	≡	+			
2. — Souris : 0 cc. 10 6 jours de suite. . . .	4. Souris : cerveau de la souris 2, pris 6 jours après.	4e jour : 0 cc. 00001	0	0	0	0	0	0	0
	5. Souris : cerveau de la souris 2, pris 6 jours après.	4e jour : 0 cc. 00001	0	0	—	—	—	—	—
3. — Cobaye : 0 cc. 10 8 jours de suite . . .	6. Souris : cerveau du cobaye 3, pris aussitôt après la dernière injection	8e jour : 0 cc. 00001	—	—	=	≡	≡	+	
4. — Cobaye : 0 cc. 10 13 jours de suite. . .	7. Souris : cerveau du cobaye 4, pris 7 jours après la dernière injection	8e jour : 0 cc. 00001	0	0	0	0	0	0	0
	8. Souris : cerveau de cobaye neuf	7e jour : 0 cc. 00001	—	≡	≡	+			
5. — Cobaye : 0 cc. 10 13 jours de suite . . .	9. Souris : cerveau du cobaye 5, pris 11 jours après la dernière injection	4e jour : 0 cc. 00001	0	0	0	0	0	0	0
6. — Lapin : 0 cc. 10 6 j. de s. dans cerveau.	10. Souris : cerveau du lapin 6, pris 10 jours après la dernière injection	4e jour : 0 cc. 00001	0	0	0	0	0	0	0
7. — Lapin : 0 cc. 10 antigène tét. adr. dans le cerveau	11. Souris : sang du lapin 7, pris le lendemain de l'injection.	8e jour : 0 cc. 00001	—	=	≡	≡	+		
	12. Souris : cerveau du lapin 7, pris le lendemain de l'injection.	8e jour : 0 cc. 00001	0	0	0	0	0	0	0
8. — Lapin : 0 cc. 25 antigène tét. adr. dans le cerveau	13. Souris : cerveau du lapin 8, pris 5 jours après l'inj.	4e jour : 0 cc. 00001	0	0	0	0	0	0	0
	14. Souris : cerveau du lapin 8, pris 1 jour après l'inj.	3e jour : 0 cc. 00001	0	0	0	0	0	0	0
	15. Souris : cerveau de lapin neuf	8e jour : 0 cc. 00001	=	≡	≡	+			

ÉTUDE

SUR LE TRÉPONÈME DE LA PARALYSIE GÉNÉRALE

par C. LEVADITI et A. MARIE (de Villejuif).

(Avec la planche XX.)

En novembre 1913, nous avons réussi, en collaboration avec
M. Danulesco, la transmission du tréponème de la paralysie
générale au lapin, en inoculant dans le scrotum de cette espèce
animale du sang prélevé dans la circulation générale d'un
sujet atteint de la maladie de Bayle (1). Ce tréponème fut
entretenu par des passages réguliers sur le lapin, ce qui nous
permit de le comparer, au point de vue morphologique, biologique et anatomo-pathologique, au virus de la syphilis habituelle, cutanée, muqueuse et viscérale. Ce virus, conservé
également sur le lapin, nous avait été fourni par M. Truffi et
provenait d'un syphilome primaire humain. De cette comparaison, il résultait des différences manifestes entre les deux
germes. Nous les avons signalées dans une note présentée à
l'*Académie des Sciences* en juin 1914 (2), et avons conclu que
le *tréponème des paralytiques généraux devait être considéré
comme une variété à part, neurotrope, du* Spirochæta pallida.

Ces recherches ont dû être interrompues en août 1914, du
fait de la guerre. Nous les avons reprises dès mars 1919, et

(1) Levaditi, Présence du tréponème dans le sang des paralytiques
généraux. *C. R. de l'Acad. des Sciences*, 1913, t. CLVII, p. 864, séance du
10 novembre.

(2) Levaditi et A. Marie (de Villejuif), Le tréponème de la paralysie
générale. *C. R. de l'Acad. des Sciences*, 1914, t. CLVIII, p. 1595, séance
du 8 juin.

actuellement de nouvelles expériences sont en cours. Mais avant que les résultats de ces expériences puissent constituer le sujet de publications à venir, nous désirons résumer dès à présent les observations de 1913 et 1914. Ces observations sont, en effet, assez probantes pour permettre, d'ores et déjà, un certain nombre de conclusions, à notre avis, du plus haut intérêt.

TRANSMISSION DU VIRUS DE LA PARALYSIE GÉNÉRALE AU LAPIN

Observation. — *La...*, trente-sept ans, représentant de commerce, marié, sans enfants. Sa femme a eu plusieurs fausses couches. En juin 1912, un certificat médical, rédigé par les docteurs Régnier et Bérillon, décrivait ainsi l'état du malade :

« Est atteint de troubles mentaux caractéristiques de la paralysie générale confirmée. Depuis plusieurs mois on constatait chez lui l'apparition d'une exaltation et d'une excitation très manifestes, au cours desquelles il exprimait des idées de grandeur. Depuis trois ans, *La...* se livre à des excentricités, en particulier à des écarts de conduite, en désaccord avec sa manière d'être antérieure. Il recueille chez lui une fille publique, à laquelle il attribue des qualités exceptionnelles. Il raconte qu'il a eu récemment une entrevue avec le préfet de police, qui lui a accordé de mettre sa compagne en pension à Saint-Lazare, au régime de l'eau, jusqu'à ce qu'elle soit suffisamment punie de lui avoir dérobé pour cinquante francs de parfumerie. Ayant écrit récemment au tsar et à la tsarine une lettre très respectueuse, il a eu, comme réponse, la décoration de chevalier de Saint-Stanislas. *La...* se déclare très fier de porter cet ordre. Depuis un mois, la maison de commerce où il était employé a dû le remercier, car il ne cessait de chanter d'une façon incohérente, affirmant qu'il possédait une voix de baryton dont il devait tirer le plus grand profit.

« Après plusieurs instants de conversation, on remarque l'existence de troubles de la parole. »

Le 7 *juin 1912*, on constate, à Sainte-Anne (Dr Juquelier), un affaiblissement des facultés intellectuelles, avec euphorie et quelques idées de satisfaction. Accrocs de la parole, pupilles inégales et paresseuses. Diagnostic : *début probable de paralysie générale*.

Un certificat du docteur Marie (Villejuif) confirme le diagnostic de paralysie générale et mentionne des antécédents spécifiques : *syphilis contractée il y a quinze ans*. Ces antécédents sont vérifiés par les fausses couches répétées de la femme de *La...*

Décédé le 5 novembre 1913, soit environ *deux ans* après le début de sa maladie.

Réaction de Wassermann positive avec le sang, le 28 mai 1913.

Inoculation. — Nous nous sommes servis de la méthode indiquée par Uhlenhuth et Mülzer, à savoir l'inoculation au lapin de sang fraîchement recueilli dans la veine du pli du coude. L'injection est pratiquée en partie dans le scrotum, en partie dans le testicule.

590   C. LEVADITI et A. MARIE

Le 26 mars 1913, nous prélevons du sang chez 7 malades,
dont 5 paralytiques généraux (1 à la première période, 2 à la
seconde et 2 à la troisième), 1 tabétique et 1 maniaque suspect
de syphilis. Le sang (10 cent. cubes), non défibriné, est injecté
à des lapins, deux pour chaque malade.

Tous les animaux inoculés ont présenté des réactions inflammatoires locales, quelques jours après l'inoculation. Vers le
15 juin, ces réactions avaient notablement diminué et chez la
plupart d'entre eux il n'en restait aucune trace le 20 juillet.
Seul le lapin n° 27, qui avait été injecté avec le sang du malade
La..., présentait à ce moment un petit nodule scrotal. Or,
après une *incubation de cent vingt-sept jours*, nous constatons
chez cet animal une lésion scrotale bilatérale. Il s'agissait de
*papules confluentes, légèrement érodées, couvertes de squames,
le tissu conjonctif sous-jacent étant épaissi, légèrement œdé-
mateux.*

L'examen à l'ultra-microscope montra un grand nombre de
tréponèmes caractéristiques, très mobiles. Ces tréponèmes,
examinés sur frottis colorés au Giemsa par la méthode de
Fontana-Tribondeau et sur coupes imprégnées par notre procédé, sont absolument identiques à ceux qui infectent le
chancre syphilitique.

Cette expérience prouvait ainsi que le *spirochète circule dans
le sang des paralytiques généraux et que l'on peut l'y déceler
par inoculation scrotale et testiculaire pratiquée sur le lapin.*

*

On sait que grâce à l'emploi du procédé de Levaditi (imprégnation argentique), Noguchi (1) réussit à démontrer la présence du tréponème pâle dans le cerveau des paralytiques
généraux. Sur 70 cas examinés par cet auteur, en collaboration
avec Moore (2), il fut possible de déceler le parasite sur coupes
12 fois. Il s'agissait de cerveaux provenant de paralytiques dont

(1) Noguchi. *C. R. de la Soc. de Biol.*, séance du 15 février 1913, t. LXXIV,
n° 7.
(2) Noguchi et Moore. *Journ. of. Exp. medicine*, 1er février 1913.

la maladie datait de cinq à trente mois, en moyenne depuis dix-sept mois, et âgés de trente à soixante ans. Dans un travail ultérieur, Noguchi (1) relate les résultats enregistrés après l'examen d'un plus grand nombre de cas (au total 200), en se servant d'un procédé d'imprégnation argentique un peu différent de celui de Levaditi et Manouélian (pyridine-acétone); les spirochètes furent trouvés dans quarante-huit encéphales, soit un pourcentage de 24 p. 100.

Cette découverte était d'une importance capitale. Elle apportait la preuve indubitable de la nature· spirochétienne de la paralysie générale et venait établir sur une base inébranlable la conception d'Essmarck et Jessen (1857) et surtout de Fournier (1859), basée sur la clinique et la statistique. Déjà cette conception avait trouvé un fort appui dans la découverte de Wassermann et Plaut (2), confirmée par de nombreux auteurs [Alt, Marie et Levaditi, Weygandt, Morgenroth et Stertz, Bab, Citron, Beaussart (3) etc.], concernant la présence de principes donnant une réaction de Wassermann positive dans le sérum et le liquide céphalo-rachidien des paralytiques généraux. Mais aucune autre constatation antérieure ne valait, en force démonstrative, celle de Noguchi.

Aussi, nombreux furent-ils les chercheurs qui entreprirent de vérifier les premières constatations de Noguchi et Moore. Dès août 1913, Marinesco et Minéa (4) font savoir qu'ils ont examiné sur coupe vingt-six cerveaux de paralytiques généraux (un seul cas de maladie de Bayle associé à une méningite syphilitique), avec deux résultats positifs. Peu après, Levaditi, Marie et Bankowski (5) confirment les constatations de Noguchi, indiquent des méthodes rapides permettant de déceler le tréponème dans l'encéphale de presque tous les paralytiques *morts en ictus*, et établissent la topographie des foyers parasitaires dans le cortex cérébral. De plus, ils insistent sur les rapports probables entre l'ictus apoplectiforme et la pullulation du spirochète au

---

(1) Noguchi. *Münch. med. Woch.*, avril 1913, n° 14.
(2) Wassermann et Plaut. *Deutsche med. Wech.*, 1906, n° 44. Voyez pour la littérature la thèse de Beaussart et F. Plaut: *Die Wassermanns'che Serodiagnostik der Syphilis in ihrer Anw. auf die Psychiatrie*, Fischer, Iéna, 1909.
(3) Beaussart. *Thèse de Paris (Le Séro-diagnostic de la syphilis)*, Bloud, 1909.
(4) Marinesco et Minéa. *Bull. de l'Acad. de Méd.*, 1913, n° 12.
(5) Levaditi, Marie et Bankowski. *Ces Annales*, 1913, n° 7, p. 577.

niveau des zones motrices de l'écorce. Leurs constatations positives étaient au nombre de huit sur neuf cerveaux soumis à l'examen, soit un pourcentage de 88 p. 100.

D'autres auteurs ne se bornèrent pas à dépister le tréponème sur le cadavre; ils allèrent à sa recherche *in vivo*, au moyen de ponctions cérébrales pratiquées par voie de trépanation. Ainsi, récemment encore, Valente (1) relate 40 examens faits par le procédé de Neisser et Pollac, avec un pourcentage de résultats positifs de 70 p. 100. Ceci paraît indiquer que l'observation faite sur le vivant est supérieure à l'examen sur coupes ou sur frottis effectué *post mortem*, l'agonie et la putréfaction cadavérique faisant disparaître les tréponèmes, surtout lorsqu'ils sont clairsemés dans l'écorce cérébrale.

L'agent pathogène de la syphilis pullule donc dans la substance grise encéphalique chez les paralytiques généraux. Existe-t-il également dans le sang et le céphalo-rachidien?

De nombreux essais avaient été faits sur le lapin par Uhlenhuth et Mülzer (2) en 1913 (sang et liquide céphalo-rachidien), mais sans succès. Graves (3) réussit à déceler le tréponème dans le sang de deux *tabétiques* par inoculation testiculaire, faite sur la même espèce animale. Il est vrai que Noguchi (4) et Nonne (5) attribuent à Graves la découverte du virus, non chez des tabétiques, mais chez des *paralytiques généraux*: mais Frühwald (6), qui cite le travail de Graves en détail, ne parle que de deux cas de tabes. Malheureusement, n'ayant pas pu nous procurer l'original de ce travail, il nous a été impossible de contrôler ce point de bibliographie.

Les expériences publiées par nous en novembre 1913, en collaboration avec Danulesco, semblent donc être parmi les premières à prouver la présence de l'agent pathogène de la syphilis dans la circulation générale des sujets atteints de la maladie de Bayle.

Depuis, d'autres chercheurs ont vérifié ces données, du moins en ce qui concerne le liquide céphalo-rachidien. Ainsi,

(1) VALENTE. *Arquivos do instituto bacteriologico Camara Pestana*, t. V, f. 1, Lisbonne, 1918.
(2) UHLENHUTH et MULZER. *Berl. klin. Woch.*, 1913, n° 44, p. 2031.
(3) GRAVES. *Interstate med. Journ.*, 1913, t. XX, n° 6.
(4) NOGUCHI. *la Presse Médicale*, 1913, n° 81, p. 805.
(5) NONNE. *Berl. klin. Woch.*, 1913, p. 1542.
(6) FRÜHWALD. *Wien. klin. Woch.*, 1913, n° 42, p. 1709.

Volk et Pappenheim (1) relatent en 1913 une série d'expériences faites avec le liquide obtenu par ponction chez cinq paralytiques généraux; dans un cas il fut possible de transmettre la syphilis au lapin (inoculation intra-testiculaire). Peu après, Arzt et Mattauschek (2) disent avoir inoculé à des lapins du liquide céphalo-rachidien provenant de cinq sujets atteints de mani-festations spécifiques cérébrales, dont quatre paralytiques généraux. Malgré les conditions défavorables de leurs essais (température du liquide, nombre insuffisant des animaux), ces auteurs ont enregistré deux succès, après une incubation de deux mois. Il s'agissait d'*efflorescences papuliformes* contenant de nombreux tréponèmes. A remarquer que les deux paraly-tiques dont le liquide s'est montré virulent n'offraient rien de particulier au point de vue clinique : l'un dément, l'autre maniaque, leur sang et liquide céphalo-rachidien présentaient les altérations habituelles. De plus, les malades n'étaient pas en ictus au moment de la ponction. A remarquer que ni dans les liquides virulents, ni dans les autres, il ne fut possible de déceler le spirochète à l'examen direct.

*
* *

Il résulte de ces travaux (3) que *dans la paralysie générale, quels que soient son aspect clinique, son évolution et sa gravité, l'agent pathogène de la syphilis existe dans l'écorce cérébrale, le sang et le liquide céphalo-rachidien. La présence du tréponème peut être décelée soit par examen microscopique (cerveau), soit par inoculation aux animaux,* en particulier au lapin. Il s'agit donc de tréponèmes virulents, et ceci est vrai non seulement pour le germe présent dans le sang et le liquide céphalo-rachidien, mais aussi pour le parasite qui infecte le cerveau [injection au lapin d'émulsion cérébrale fraîchement

---

(1) Volk et Pappenheim. *K. K. Gesellschaft der Aerzte in Wien, 1913.*

(2) Arzt et Mattauschek. *K. K. Gesellschaft der Aerzte in Wien*, séance du 30 janvier 1914. *Wien. klin. Woch.*, 1914, n° 5.

(3) Du fait des circonstances créées par la guerre, il est possible que des travaux se rapportant à cette question nous aient échappé. Nous prions les auteurs d'excuser ces lacunes involontaires.

recueillie (1) (Noguchi, Uhlenhuth, Forster et Tomaczevski).

Toutefois les résultats positifs sont loin d'être constants; leur rareté contraste plutôt avec le grand nombre d'examens et d'inoculations pratiquées par les divers auteurs. Citons, comme exemple, les cent trois injections réalisées par Valente sur le lapin, avec des émulsions de matière cérébrale recueillie par ponction *in vivo* ou *post mortem*; aucune n'aboutit à un succès manifeste. Cette rareté surprenante des résultats positifs paraît attribuable à plusieurs facteurs, dont les principaux sont : les imperfections de la technique, la réceptivité de l'animal d'expérience et surtout la virulence atténuée du « *virus nerveux* ». Examinons-les tour à tour :

Que les techniques soient, et surtout aient été imparfaites, les progrès accomplis en ce qui concerne la découverte du tréponème dans l'écorce cérébrale le prouvent assez. Au fur et à mesure que les procédés d'exploration se multiplient et que l'on abandonne l'examen *post mortem*, pour recourir à la recherche sur le vivant, le nombre des succès augmente d'une façon frappante. Levaditi, Marie et Bankowski décèlent le tréponème chez presque tous les paralytiques *morts en ictus* (88,8 p. 100), grâce à la technique de l'examen à l'ultra-microscope, et concluent que le parasite existe d'une façon *constante* dans l'écorce cérébrale de ces malades. Cette conclusion est conforme à celle formulée six ans plus tard par Valente : le spirochète pullule dans l'écorce cérébrale de *tous* les paralytiques généraux, quelle que soit l'évolution de leur maladie.

Il est incontestable, d'autre part, que le lapin n'est pas un animal dont la réceptivité à l'égard du virus sypbilitique égale celle de l'homme, des anthropoïdes, ou même des simiens inférieurs. On s'en aperçoit lorsqu'on tente la transmission de la syphilis à cette espèce animale, en partant du virus humain primaire ou secondaire. Beaucoup d'essais restent infructueux, et de fréquents passages sont nécessaires si l'on veut obtenir un virus fixe, transmissible à tout coup.

Reste à considérer la virulence particulière du *tréponème*

(1) Rappelons à ce propos que Landsteiner et Poetzel ont été les premiers à provoquer l'apparition d'une lésion locale en inoculant à un singe de l'émulsion cérébrale fraîchement recueillie chez un P. G. *Centrabl. f. Bakt.*, *Ref.* t. XLI, 1908, p. 791.

nerveux; c'est là un problème de la plus haute importance et que nous traiterons en détail dans ce qui suit.

Quoi qu'il en soit, on peut conclure, dès à présent, *que la paralysie générale est liée à la présence constante du* Treponema pallidum *dans l'écorce cérébrale et à son existence fréquente, quoique très probablement intermittente et éphémère, dans le sang et le liquide céphalo-rachidien.*

* *
*

Est-il possible de transmettre en série chez le lapin le virus de la paralysie générale? Nos essais ont été concluants à ce point de vue.

En effet, en partant du lapin n° 27, inoculé avec le sang du paralytique général *La...*, il nous a été possible de réaliser *trois passages consécutifs*, du 26 mai 1913 au 29 juillet 1914.

Nous avons vu que, chez le lapin n° 27, les premières manifestations scrotales ont débuté après une incubation de 127 jours. Deux jours après (le 8 novembre 1913), nous avons prélevé un fragment de lésion cutanée, et après l'avoir débité en morceaux d'environ un millimètre de diamètre, nous l'avons introduit au moyen d'une canule sous la peau du scrotum. Les cinq inoculations ont fourni toutes des résultats positifs, après une incubation variant entre 55 et 94 jours. Chez tous les animaux furent constatées des ulcérations papulo-squameuses contenant des tréponèmes; ceux-ci furent décelés 94 et 100 jours après l'injection.

Ce premier passage fut suivi d'un *second*, pratiqué en partant des lapins n°ˢ 23 et 26, le 16 février et le 3 avril 1914. La première série comportait quatre lapins, la seconde deux.

a) *Première série.* — 3 résultats positifs, sur 4 inoculations, avec une incubation de 46 à 77 jours. Tréponèmes décelés 46, 46 et 77 jours après l'inoculation.

b) *Seconde série.* — 2 résultats positifs sur 2 inoculations, avec une incubation de 49 et 60 jours. Spirochètes décelés le 59ᵉ et le 61ᵉ jour.

Le troisième passage fut réalisé le 7 mai, en partant du lapin n° 80, sur 4 animaux. Trois résultats positifs, après une incubation de 36, 43 et 46 jours. Tréponèmes présents le 46ᵉ jour.

Le quatrième et dernier passage fut fait en partant des lapins 77 et 79, sur deux séries (3 et 6 animaux), le 26 juin et le 29 juillet 1914.

Série A : (20 juin), insuccès complet.

Série B : a dû être interrompue.

En résumé : *Il nous a été possible de réaliser trois passages avec le virus de la paralysie générale*, suivi d'un quatrième. Ce dernier dut être interrompu pour des motifs indépendants de notre volonté. Sur un total de 15 animaux, 13 résultats positifs ont été enregistrés, soit un pourcentage de succès égal à 86 p. 100. La période d'incubation a varié entre 46 et 94 jours; elle fut en moyenne de 55 jours. La durée de cette période nous a paru s'abréger sensiblement, au fur et à mesure que le virus s'acclimatait sur le lapin, ainsi qu'il résulte des chiffres suivants :

PÉRIODE D'INCUBATION MOYENNE.

Premier passage. . . . . 63 jours
Deuxième passage. . . . . 55 jours
Troisième passage. . . . . 41 jours

Quoi qu'il en soit, *cette durée fut manifestement plus longue que celle enregistrée lors de la transmission du virus syphilitique habituel au lapin.* Ainsi, dans nos dernières tentatives, la période d'incubation n'a pas dépassé 48 jours (expériences faites d'après la même méthode, avec du virus humain : chancre vulvaire, service de M. Ravaut). D'un autre côté, la transmission en série chez le lapin d'un virus adapté depuis longtemps à cette espèce animale, tel le virus de Truffi (v. plus loin), réussit en général après une période latente de 20 à 25 jours.

CARACTÈRES SPÉCIFIQUES DU VIRUS DE LA PARALYSIE GÉNÉRALE

Nous désirons insister tout particulièrement sur les *caractères spécifiques du virus de la paralysie générale* et sur les différences qui existent entre ce virus et celui de la syphilis habituelle, cutanée, muqueuse et viscérale.

Une fois la conception de la nature syphilitique de la paralysie générale, appuyée sur des données statistiques et cliniques, admise par la plupart des neuro-pathologistes, certains auteurs, surtout en France et en Allemagne, émirent l'hypothèse que le virus qui engendre la maladie de Bayle serait différent de celui qui provoque les accidents spécifiques habituels. Ce virus se distingue par son affinité élective pour le système nerveux, cerveau ou moelle; il fut désigné par le terme « *virus nerveux* ». Suivant cette hypothèse, si un syphilitique fait, au bout d'un certain nombre d'années, du tabes ou de la paralysie générale, c'est que, dès le début, il a été contaminé par cette variété *sui generis* du microbe de la maladie de Fracastor (nous dirions aujourd'hui variété de *Treponema pallidum*). Sur quoi cette hypothèse est-elle basée?

D'abord sur ce fait incontestable, mis en lumière par Fournier, que *la syphilis débute et évolue, chez les futurs paralytiques généraux et tabétiques, d'une façon plutôt bénigne.* Elle est plus légère, en ce sens que l'accident primaire est fugace, les manifestations secondaires éphémères ou inexistantes, les lésions tertiaires cutanées et viscérales excessivement rares. On peut objecter à cela la difficulté, souvent insurmontable, d'enquêter sur les antécédents des paralytiques généraux déments, tant auprès d'eux qu'auprès de leurs proches. Mais l'objection tombe devant les observations de Fournier, qui a pu suivre personnellement l'évolution de la maladie, depuis le chancre jusqu'à la péri-encéphalite, chez 83 paralytiques. Parmi ces malades, 70 n'ont eu que très passagèrement une roséole ou des plaques muqueuses, ou une alopécie, 8 des accidents secondaires moyens et 3 seulement des lésions tertiaires; enfin 2 paralytiques n'ont présenté, comme toute manifestation spécifique, que le chancre. Par contre, parmi 243 cas de syphilis grave, suivis pendant de longues années, aucun ne présenta plus tard des symptômes paralytiques ou tabétiques. Ce qui conduit Fournier à conclure que « les paralysies générales succèdent d'une façon très habituelle, quasi constante, à des syphilis de modalité bénigne » (1).

Ces données, confirmées par d'autres savants, ont été interprétées en faveur de l'hypothèse d'un virus neurotrope, dont l'affinité pour le système nerveux est d'autant plus grande qu'est peu marquée sa prédilection pour l'ectoderme. Il est vrai que, d'après Fournier, les différences d'évolution mentionnées plus haut tiennent plutôt à ce que les candidats à la maladie de Bayle deviennent paralytiques précisément parce que leur syphilis, ayant été passée inaperçue ou considérée comme légère, le traitement qu'on leur a fait subir avait été insuffisant. Mais, comme le remarquent A. Marie et Plaut, cette interprétation ne semble pas justifiée. Tout d'abord on possède des observations de paralytiques ayant subi des traitements intensifs et répétés pendant l'évolution de leur syphilis (2); ensuite on sait que la maladie de Bayle est absente ou très rare dans les pays tropicaux, là où la vérole est grave et son traitement pour ainsi dire inexistant (voir plus loin).

Un autre argument invoqué en faveur de l'hypothèse neurotrope est tiré de ce fait, universellement reconnu, que *dans les pays tropicaux ou sous tropicaux, là où la vérole cutanée, muqueuse et viscérale est des plus graves, où il n'est pas rare de*

---

(1) Cité d'après Plaut *Allg. Zeitschr. f. Psychiatrie*, t. LXVI, p. 340. Rapport au Congrès annuel des psychiatres allemands, avril 1909, Cologne et Bonn.
(2) A. Marie. *Soc. de Méd. de Paris*, avril 1908

voir des lésions tertiaires apparaître très tôt et des manifestations osseuses compliquer souvent cette évolution, le tabes et la paralysie générale sont inexistants, ou peu s'en faut. Le virus à affinité muco-cutanée paraît donc infiniment plus répandu dans ces contrées que le germe neurotrope. Il est vrai que, pour expliquer ce contraste, on a fait intervenir des particularités plus intimement liées à la race qu'au germe. Mais cette objection n'est qu'apparente.

En effet, on sait qu'en Europe la paralysie générale n'a été signalée fréquemment qu'après la fin du xviiᵉ siècle (Plaut), cependant que l'apparition de la syphilis grave, épidémique, remonte à beaucoup plus loin. Il est donc probable que, chez l'européen, de longues années ont été nécessaires pour qu'une variété de tréponème à affinité nerveuse puisse se créer par voie d'adaptation et de sélection. Les races tropicales se trouvent donc actuellement à la même phase où étaient, il y a quelques siècles, les blancs d'Europe, alors que, comme aujourd'hui dans les tropiques, la vérole était d'une gravité exceptionnelle et cependant sans retentissement tardif sur le système nerveux central.

Puis, il y a la *syphilis nerveuse conjugale et familiale.* Nombreux sont les auteurs qui ont insisté sur ce fait que, lorsque la femme est contaminée par son mari, futur paralytique général, sa syphilis à elle montre une certaine tendance à se localiser dans le cerveau ou la moelle épinière. Nous ne citerons pas tous les travaux se rapportant à cette question. Rappelons cependant les observations publiées par Marie et Beaussart (1), concernant le matériel hospitalisé à l'Asile Villejuif de 1907 à 1912. Ces auteurs publient 27 cas de syphilis nerveuse conjugale. Dans 26 cas, le mari était atteint de la maladie de Bayle, une seule fois il s'agissait de démence syphilitique. Chez 13 d'entre eux on a découvert des antécédents spécifiques, chez presque tous la réaction de Wassermann était positive. Or, la femme fut trouvée atteinte de paralysie générale, ou de signes précurseurs de la maladie de Bayle, ou encore de tabes, ou de syphilis méningée. Dans onze cas, il s'agissait de paralysie générale confirmée, dans cinq autres de *tabes incipiens*, ou plus ou moins

---

(1) MARIE et BEAUSSART. *La Clinique*, 3 février 1911, p. 75, nᵒ 5. Ce travail a été complété par de nouvelles observations (A. MARIE).

avancé. Citons, comme exemple, quelques-unes des observations de Marie et Beaussart :

OBSERVATION I. — X... (entré le 7 avril 1907), quarante-neuf ans, paralytique général à la troisième période, syphilis à vingt-quatre ans. *A vécu dix-huit ans avec sa femme, qu'il a contaminée; celle-ci est morte de P. G. en 1906.*

OBSERVATION II. — X..., trente-six ans (entré le 11 juillet 1906), paralytique général à la troisième période, syphilis en 1896. *Femme contaminée en 1897, syphilis méningée, Argyll, internée en 1908 pour P. G.*

OBSERVATION III. — X..., trente-deux ans (entré le 28 novembre 1908), paralytique général à la troisième période, syphilis en 1897. A eu une première maîtresse qui a été la contaminatrice de X... Cette femme l'a quitté pour vivre avec le frère du malade, lequel a été contaminé à son tour et est devenu P. G. Elle a vécu avec un troisième amant, lequel est également paralytique général. *La femme de X... est morte de P. G.*

OBSERVATION IV. — X..., quarante-huit ans (entré le 8 février 1910), paralytique général à la deuxième période, syphilis en 1893. *Femme ataxique* depuis deux ans.

Ajoutons une observation inédite (Levaditi) :

OBSERVATION V. — X..., cinquante ans, paralytique général, mort deux ans après le début de sa maladie. *Femme tabétique.*

Il est donc hors de conteste que, dans un certain nombre de cas, l'un des conjoints étant paralytique général, l'autre fait à un certain moment une syphilis à localisation nerveuse. Les partisans de l'hypothèse du virus neurotrope interprètent ces faits en admettant que la vérole cérébrale ou médullaire d'un des conjoints est due à la transmission, de la part de l'autre, d'un tréponème dont l'affinité pour le système nerveux est particulièrement accusée.

Toutefois, certains auteurs, entre autres Hubner et Plaut, objectent à cette façon de voir la rareté de la syphilis neurotrope conjugale. Les observations sont, en effet, assez clairsemées, ce qui paraît surprenant, étant donnée la fréquence de la maladie de Bayle. Cette objection ne nous semble pas cependant irréfutable. Tout d'abord, avec Nonne (1), il y aurait lieu de tenir compte d'une certaine prédisposition innée chez la femme, ou d'un affaiblissement acquis de ses centres nerveux, les rendant plus susceptibles à fixer le virus neurotrope. Ensuite

____

(1) NONNE. Cité d'après PLAUT, *Syphilis und Nervensystem.*

les observations de syphilis nerveuse conjugale deviennent plus fréquentes, au fur et à mesure que l'on se donne la peine de les dépister.

Quant à la vérole *neurotrope familiale*, elle est moins probante, au point de vue qui nous intéresse. En effet, il résulte, de la statistique publiée par Marie et Beaussart, que la plupart des descendants des paralytiques généraux étaient atteints de débilité mentale, de dégénérescence, d'imbécillité, de mélancolie, d'idiotie, d'épilepsie, par conséquent de manifestations dont le rapport direct avec la syphilis est loin d'être établi. Un seul, parmi eux, était hérédosyphilitique et *paralytique général (fille de père et mère paralytiques)*.

Enfin, on a invoqué en faveur de la théorie neurotrope *l'apparition du tabes et de la maladie de Bayle chez des sujets contaminés à la même source, par un même virus à affinité nerveuse.* Si les observations de ce genre sont peu nombreuses, elles n'en sont pas moins suggestives.

En voici quelques-unes :

Erb cite cinq hommes, non apparentés, qui se sont infectés à la suite de rapports avec la même prostituée et qui sont devenus paralytiques ou tabétiques. Nonne parle de trois amis qui sont devenus syphilitiques après avoir été en contact, la même nuit, avec une fille publique ; l'un d'eux eut le tabes et les deux autres la maladie de Bayle. Brosius observe sept souffleurs de verre contaminés par un de leurs camarades, en se servant du même chalumeau (infection buccale) ; deux devinrent paralytiques, deux autres tabétiques, dix ans après. Babinski mentionne l'histoire de deux étudiants, liés par un certain degré de parenté, qui furent syphilisés en même temps par une maîtresse commune et qui devinrent paralytiques généraux quinze ans après. De son côté, Mott observe deux frères de lait infectés par leur nourrice, atteints tous deux de méningo-encéphalite spécifique. Nous trouvons dans les observations recueillies par Marie et Beaussart de nouveaux faits du même genre. Il s'agit de deux jumeaux contaminés par une même maîtresse, devenus paralytiques généraux en même temps et de deux autres frères infectés à la même source, dont l'un devint tabétique et l'autre paralytique.

Enfin, on cite souvent les faits relatés par Morel-Lavallée (1). « En mai 1870, une fille, Marthe X..., âgée de dix-huit ans, contracte la syphilis et la transmet à son amant A..., étudiant en médecine, âgé de vingt-deux ans. Ce dernier se sépare d'elle, néglige tout traitement pendant le siège et continue ses études médicales. Au bout de trois ans, à la veille de terminer ses études, il est pris de douleurs de tête violentes. Son caractère s'aigrit, il ne peut plus supporter aucun bruit, ne veut plus voir personne, pousse des cris, maigrit. Sur les conseils du Dr Duguet, qui diagnostique *une méningite syphilitique*, il quitte Paris et meurt au bout de deux mois.

« En 1871, la même Marthe X... devient la maîtresse d'un deuxième étudiant en médecine B..., à qui elle communique la syphilis. Au bout d'un mois à peine, elle quitte B... pour un de ses amis C... et vit maritalement avec ce dernier pendant près de quatre ans; pendant cette période elle fait deux fausses couches. Neuf ans après, C... commence à déraisonner, devient triste, sa parole s'embarrasse, il a des terreurs, pas de délire bien franc. Le médecin aliéniste de l'Asile de la Lozère diagnostique *paralysie générale progressive*. Mort en 1882.

« Quant à B..., il se marie et a deux enfants vivants et robustes. Au bout de quinze ans, il commence à délirer, veut tuer ses enfants, est interné à Charenton, avec le diagnostic *paralysie générale*, et meurt en 1888. »

De ces trois malades, aucun ne s'était soigné d'une façon sérieuse. Morel-Lavallée a appris plus tard que la même fille Marthe avait contaminé un pharmacien D..., décédé de *paralysie générale* en 1890, et E..., ingénieur, mort de *folie syphilitique*.

Le même auteur cite deux autres observations, non moins intéressantes, relatées par W. B. Goldsmith, en 1885 : le mari et sa femme contractent tous deux la syphilis et sont atteints de P. G. huit ou dix ans plus tard. Un homme devient syphilique et transmet la maladie à sa femme, ainsi qu'à sa belle-sœur, âgée de seize ans, qui demeurait avec eux. Le mari devint paralytique général six ans après la contamination, la femme huit ans après et la belle-sœur sept ans après (à l'âge de vingt-trois ans).

(1) MOREL-LAVALLÉE, Paralysie générale et syphilis. *Revue de Médecine*, 1893.

On parle également du cas suivant : vers 1886, à Alger,
quatre zouaves sont syphilisés le même jour par la même
femme et acquièrent d'emblée une syphilis grave. Deux sont
morts à Alger même, en moins de deux ans; le troisième succombe à Paris, la troisième année, de paralysie générale à
marche rapide; le quatrième, de tabes avec cécité (service de
Rendu, à Necker).

Ces faits, quoique peu nombreux, tendent à prouver qu'*un
même virus, puisé à la même source, provoque tôt ou tard, chez
des sujets n'offrant aucun lien de parenté, des lésions nerveuses,
tabes ou paralysie générale.* De là à admettre qu'il s'agit d'une
variété à part de tréponème à affinité neurotrope spécifique,
différent du spirochète qui engendre la syphilis habituelle, il
n'y a qu'un pas. Il fut franchi par des observateurs tels que
Erb, Nonne, Mott, devenus partisans de l'hypothèse du neurotropisme, longtemps avant la découverte du *Treponema pallidum* et sa constatation dans la corticalité cérébrale, le sang et
le liquide céphalo-rachidien.

Cette hypothèse est cependant loin d'être admise unanime-
ment. On en trouvera la critique dans le rapport de Plaut (1),
critique basée surtout sur le petit nombre d'observations probantes et sur l'explication que l'on peut en donner en faisant
intervenir la simple coïncidence. Plaut en propose une autre,
à notre avis moins plausible, et qui peut être résumée ainsi :
*les candidats à la paralysie générale et au tabes sont des sujets
qui, dès le début, ont une façon anormale de réagir à l'égard du
virus syphilitique habituel,* le seul existant d'ailleurs. C'est,
comme on le voit, attribuer un mécanisme singulièrement
obscur à des phénomènes qui s'éclaircissent autrement mieux
à la lumière de la conception neurotrope. D'ailleurs, le fait que
les observations venant à l'appui de cette conception sont en
nombre relativement restreint ne prouve rien; ces observations
constituent quand même un faisceau de preuves qui n'est
pas négligeable et qui rend fort probable l'hypothèse du neurotropisme. Et d'ailleurs, seule l'expérimentation peut préciser la
part de vérité que contient cette hypothèse. Que nous apprend-
elle à ce sujet?

(1) Plaut, déjà cité.

* *

Nous trouvant en possession de deux virus syphilitiques transmissibles en série chez le lapin, l'un provenant d'un sujet atteint de syphilis cutanée et muqueuse (virus de Truffi), l'autre de la paralysie générale, il nous a été possible de les comparer et de vérifier ainsi expérimentalement l'hypothèse du neurotropisme. Pour la commodité de l'exposition, nous appellerons le tréponème de la paralysie générale : *virus neurotrope* (*V. N.*) et le spirochète de la syphilis habituelle : *virus dermotrope* (*V. D.*).

Nous avons exposé au début de ce mémoire l'histoire de notre virus neurotrope ; quelques mots au sujet du virus dermotrope dont nous nous sommes servis sont nécessaires :

Virus de Truffi (*V. dermotrope*) : Ce virus a été obtenu en juin 1908, par M. Truffi (1), en inoculant « dans le testicule du lapin de la sérosité obtenue par compression d'un chancre âgé de quatorze jours. Le chancre siégeait sur le prépuce, était typique, mesurait un centimètre et demi de diamètre. Après une incubation d'environ soixante jours, un syphilome fut constaté sur la peau du scrotum. Présence de tréponèmes ».

Il s'agit donc d'un virus ayant, comme *source, un accident primaire humain et qui fut entretenu pendant six ans par des passages réguliers sur le lapin.* Nous le possédions au laboratoire depuis environ trois ans. Les passages étaient effectués de la manière suivante : dès que le chancre scrotal offrait un développement suffisant (1 à 2 centimètres de diamètre), on l'excisait et débitait en tous petits fragments de 1 millimètre de diamètre environ. Ces fragments étaient introduits au moyen d'une canule, sous la peau du scrotum du lapin (même procédé que pour la greffe du cancer expérimental).

Après une période d'incubation assez courte (deux à trois semaines), le greffon inoculé se développe rapidement, adhère d'une part à la vaginale, d'autre part au scrotum et commence à s'ulcérer. Il se forme ainsi un chancre de dimensions parfois considérables ; son diamètre atteint le plus souvent 1 à 3 centimètres ; sa base est indurée, cartilagineuse, la partie ulcérée se

(1) Lettre de M. Truffi, datée du 25 mai 1914.

couvre de croûtes. L'examen à l'ultra-microscope montre, dès le début, de très nombreux tréponèmes.

Cette lésion primaire, qui apparaît rapidement et qui guérit également avec rapidité (deux à trois semaines), laisse après elle une cicatrice pigmentée. Nous n'avons jamais constaté de récidives, ni de généralisation, contrairement à Arzt et Mattauschek.

COMPARAISON DES DEUX VIRUS, DERMOTROPE ET NEUROTROPE

Nos études nous ont montré que les deux virus, dermotrope et neurotrope, loin d'être identiques, offrent des dissemblances marquées. Ces dissemblances sont de nature biologique et anatomo-pathologique. Examinons-les en détail :

1° **Période d'incubation.** — La période d'incubation qui précède l'éclosion des lésions provoquées par le *virus neurotrope* est particulièrement longue. Ainsi que nous l'avons montré précédemment, cette période, lors de la première inoculation, a été de *cent vingt-sept jours* (*plus de quatre mois*). Plus tard, au fur et à mesure que les passages étaient effectués, cette durée devint plus brève; toutefois, des incubations de 55, 60, 77 et 94 jours furent relativement fréquentes, et, même au troisième passage, les lésions n'apparurent pas avant *cinq ou six semaines*. Il en est de même de la durée de la période latente des lésions observées par d'autres auteurs, en inoculant au lapin le virus de la paralysie générale et du tabes, puisé dans le cerveau et le sang. Ainsi, dans les deux cas positifs de Noguchi, cette durée a été de quatre-vingt-sept et cent deux jours (virus cérébral de *P. G.*), dans ceux de Graves (virus sanguin), de sept à neuf semaines.

Par contre, l'incubation, lorsqu'il s'agit du *virus dermotrope*, est de beaucoup plus courte. En ce qui concerne la transmission directe de l'homme au lapin, nous venons de voir que la période latente, pour le virus de Truffi, a été d'environ *six semaines* (au lieu de plus de quatre mois, dans notre cas). Elle fut de quarante-huit jours dans la série dont nous nous servons actuellement (virus Ravaut). D'un autre côté, tandis que, lors des passages consécutifs, l'incubation pour le virus Truffi (dermotrope) s'abrège, au point qu'elle ne dépasse pas quinze jours, cette incubation reste plus longue avec le tréponème neurotrope (43, 46, 49, 60 et 77 jours dans nos expériences).

On pourrait objecter que la durée exceptionnellement longue de l'incubation pour le virus de la paralysie générale est due, non pas à des qualités inhérentes au germe, mais au nombre restreint des spirochètes qui circulaient dans le sang injecté. Nous ne pensons pas que cet argument soit valable. En effet, lorsque, au lieu de sang, on inocule de la matière cérébrale, ainsi que l'a fait Noguchi, on constate la même lenteur dans l'éclosion des lésions. Or la matière cérébrale renferme parfois autant de tréponèmes, sinon plus, qu'il y en a dans un suc de chancre ou dans un fragment de plaque hypertrophique. D'un autre côté, dans les lésions de P. G. expérimentale qui ont servi à nos passages, le nombre des spirochètes était considérable, et cependant la durée de la période d'incubation restait quand même supérieure à celle enregistrée avec le virus de Truffi.

Il y a donc lieu de conclure que *la durée de la période d'incubation pour le virus neurotrope inoculé au lapin, qu'il s'agisse de la première transmission (origine humaine), ou de passages ultérieurs, est sensiblement supérieure à celle qui précède l'éclosion des accidents engendrés par le virus dermotrope.*

2° **Aspect des lésions.** — *a*) AU POINT DE VUE MACROSCOPIQUE : Le virus neurotrope engendre chez le lapin des lésions essentiellement superficielles, érosions plus ou moins étendues, couvertes de squames et entourées d'une zone d'infiltration dermique (Voy. fig. 1 et Pl. XX, fig. 8 et 9). Jamais nous n'avons observé, pendant les treize mois que nous avons conservé notre virus, des accidents locaux comparables, même de loin, à ceux provoqués par le virus dermotrope (Truffi ou Ravaut). A aucun moment nous n'avons remarqué les lésions ulcéreuses, indurées, à base cartilagineuse, couvertes de croûtes, intéressant à la fois le scrotum et la vaginale, qui caractérisent le virus de Truffi (Voy. fig. 2 et Pl. XX, fig. 7). Il ne s'agissait pas non plus du nodule profond, adhérent à la vaginale, devenant de plus en plus superficiel, envahissant la peau et s'ulcérant finalement, que nous voyons dans notre série actuelle de syphilis expérimentale du lapin.

b) Au point de vue microscopique : Les altérations provoquées par le *virus neurotrope* sont constituées par un épaississement dermique et une infiltration à mononucléaires et à plasma-

FIG. 1.

zellen, ayant comme siège les papilles et les zones toutes superficielles du derme. L'épiderme est en voie de desquamation ; il finit par s'ulcérer et l'ulcération a comme base les zones dermiques les plus proches de la couche de Malpighi. On constate peu de lésions d'endartérite, mais une péri-vascularite intense, sans obstruction des vaisseaux; ceux-ci sont dilatés (Voy. Pl. XX, fig. 4, 5 et 6).

Par contre, dans le chancre engendré par le virus Truffi, l'infiltration et l'endartérite sont de beaucoup plus marquées, l'envahissement des tissus profonds plus intense. Toute une partie macroscopiquement cartilagineuse, et qui constitue la base indurée du syphilome, montre des altérations vasculaires, des foyers d'infiltration à mononucléaires, des néo-formations conjonctives, aussi marqués que dans le plus induré des chancres humains (Voy. Pl. VIII, fig. 1 et 3).

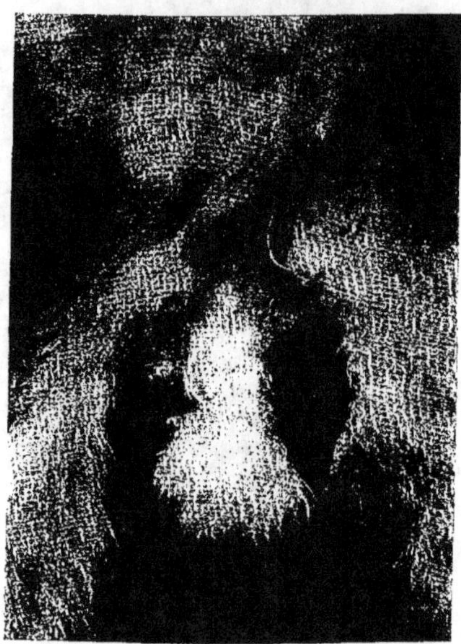

Fig. 2.

Enfin, ce qui est frappant, c'est la différence dans la *topographie* des tréponèmes, constatée sur coupes imprégnées à l'argent.

Dans les lésions à virus neurotrope, les spirochètes montrent une affinité toute particulière pour les épithéliums de la couche de Malpighi (Voy. Pl. XX, fig. 2). Les parasites pullulent de préférence au niveau des cellules épithéliales de l'épiderme, dissocient ces cellules, principalement celles de la couche basale et semblent même les pénétrer. Par contre, dans le *chancre de Truffi*, les tréponèmes, en plus grand nombre, sont répandus un peu partout. Ils se multiplient surtout dans les zones dermiques infiltrées et autour des vaisseaux; leur topographie est la même que celle observée dans les syphilomes primaires humains, décrite par l'un de nous, en collaboration avec Roché (1).

En résumé, tant au point de vue macroscopique, qu'au point de vue des caractères microscropiques et de la topographie des tréponèmes, des différences frappantes existent entre les lésions provoquées chez le lapin par le virus neurotrope et celles engendrées par le virus de la syphilis habituelle. Le tableau ci-dessous résume ces différences :

VIRUS NEUROTROPE.	VIRUS DERMOTROPE.
MACROSCOPIQUEMENT :	
Erosion papulo-squameuse	Chancre induré.
MICROSCOPIQUEMENT :	
Epiderme. —Erosion, [desquamation, [ulcération légère.	Ulcération profonde.
Derme.—Lés. vasculaires, pas d'endartérite, périartérite	Endo- et périartérite.
Infiltration. — Peu accusée	Intense.
Néoformation conjonct. — Nulle	Intense.
Distrib. des tréponèmes. — Couche épithéliale	Couches profondes.

Ajoutons que d'autres auteurs ont également constaté les caractères particuliers des altérations provoquées par le virus de la paralysie générale. Ainsi Volk et Pappenheim, de même que Artz et Mattauschek (2), ont obtenu des *efflorescences papuliformes*, en inoculant au lapin le liquide céphalo-rachidien des paralytiques, et non pas le chancre induré consécutif à l'injection du virus dermotrope à la même espèce animale.

3° **Évolution**. — Le virus neurotrope se distingue du tréponème de la syphilis habituelle par le fait que *les altérations qu'il provoque chez le lapin ne guérissent qu'avec une extrême lenteur*. Chez ceux de nos animaux conservés jusqu'à leur guérison définitive, toute trace de manifestation locale n'avait définitivement disparu qu'après 89, 114, 161, 169, 195 jours ou plus. Cette durée est donc sensiblement plus longue que

(1) LEVADITI et ROCHÉ: *La Syphilis*, Paris, Masson (1909).
(2) Déjà cités.

celle du chancre scrotal de Truffi, du moins dans la généralité des cas.

4° **Virulence.** — Même différence frappante en ce qui concerne le pouvoir pathogène des deux virus pour des espèces animales autres que le lapin. Nous avons étudié ce pouvoir en

Fig. 3.

expérimentant sur les singes inférieurs et sur le chimpanzé ; un accident de laboratoire nous a fourni l'occasion, aussi regrettable qu'utile, d'apprécier la virulence des germes pour l'homme. Voici les détails de nos constatations :

I. — Virus dermotrope (Truffi).

1° Singes inférieurs. — *Macaccus cynomolgus n° 713* : Inoculé par scarification aux arcades sourcilières, le 19 novembre 1913, avec du suc prélevé sur un chancre scrotal (lapin n° 19). Présence de très nombreux tréponèmes mobiles. Le 15 décembre, *après une incubation de vingt-six jours*, macules rouges à l'endroit de l'inoculation. La lésion s'ulcère le 16 et le 17 décembre

610 C. LEVADITI et A. MARIE

(présence de tréponèmes). Elle guérit le 26 décembre. *Durée totale : onze jours.*

Macaccus rhesus n° 464 : Inoculé au même moment, de la même manière. Apparition de papules à l'endroit scarifié, le 14 décembre, après une *incubation de vingt-cinq jours.* Le 16 décembre, belle lésion papulo-croûteuse bilatérale (Voy. fig. 3). Très belles papules couvertes de croûtes le 7 janvier 1914 (Voy. fig. 4). Présence de tréponèmes mobiles. *Guérison complète le 20 janvier, après trente-sept jours.*

Macaccus rhesus n° 733 : Inoculé le 7 février 1914 avec du suc du chancre

Fig. 4.

du lapin n° 73 D, par scarification bilatérale à l'arcade sourcilière. *Vingt-quatre jours après*, nodule rougeâtre à droite; ulcération assez étendue le 38e jour. Guérison partielle le 11 mai. Mort accidentellement.

2° SINGES ANTHROPOÏDES. — *Chimpanzé Hélène* : Inoculé le 19 novembre 1913 avec du suc de chancre riche en tréponèmes, provenant du lapin n° 19. Début de la lésion locale le 3 janvier 1914, soit après *une incubation de quarante-cinq jours,* sous la forme d'une rougeur, accompagnée de gonflement des arcades. Le 6 janvier, petites excoriations couvertes de croûtelles, surtout du côté gauche. Même état le 7 et 8 janvier (Voy. fig. 5). Le 12 janvier, lésions ulcéreuses bilatérales, à base indurée. Ces lésions s'accentuent le 5 février et se transforment en deux chancres typiques (Voy. fig. 6). Elles persistent le 15 mars et ne guérissent que longtemps après (*durée de plus de cent seize jours*).

3° Infectiosité pour l'homme. — Une personne, parmi celles qui ont pris part à ces recherches, s'infecte accidentellement par piqûre le 7 janvier 1914, avec du suc provenant du chancre du lapin n° 74 D, suc contenant de très nombreux tréponèmes mobiles. La piqûre avait comme siège le dos de la main. Le 20 janvier, soit treize jours après, *l'examen du sang fournit un Wassermann négatif*. Aucune lésion locale jusqu'au 31 janvier. A ce moment, on constate une macule légèrement érythémateuse, devenue nettement papuleuse le 7 février, *trente et un jours après l'accident*. Cette papule, légè-

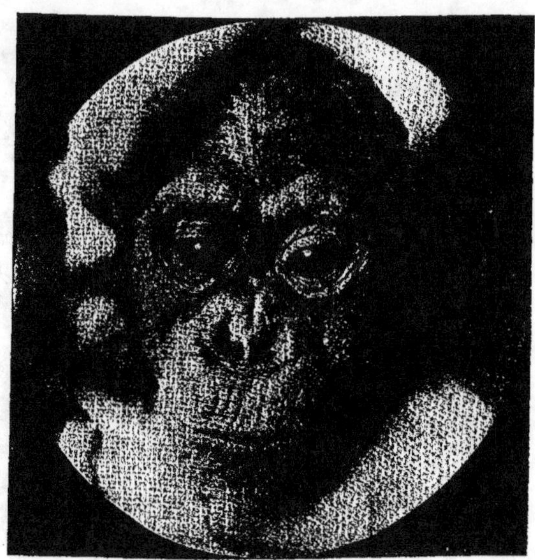

Fig. 5.

rement indurée, est couverte de squames au centre (Voy. fig. 7). Wassermann négatif. Absence de ganglions et de manifestations secondaires. La lésion conserve le même aspect le 24 février et ne pâlit que vers le 10 mars, soit trente-huit jours après le début. *La réaction de Wassermann devient positive e 10 mars (elle était négative le 24 février), soit trente-huit jours après les premiers indices de manifestation locale*. Guérison complète le 24 mars (à ce moment on ne constate qu'une simple tache pigmentaire). La lésion, examinée à plusieurs reprises, s'est montrée riche en tréponèmes. Le sujet a été suivi de près pendant plus de six mois. *A aucun moment il n'a présenté des manifestations secondaires cutanées ou muqueuses*. Sa réaction est restée positive pendant tout le temps de l'observation (elle l'était encore le 16 juin).

Il résulte de ces constatations que le *virus dermotrope conserve*

*sa virulence pour les simiens inférieurs et les singes anthro-
poïdes, même après un très grand nombre de passages sur le
lapin, effectués pendant la période de six ans écoulée entre 1908
et 1914. Il continue à être pathogène pour l'homme,* malgré son
adaptation sur le lapin, ainsi que le prouve l'accident regrettable dont nous venons d'énoncer l'histoire (1).

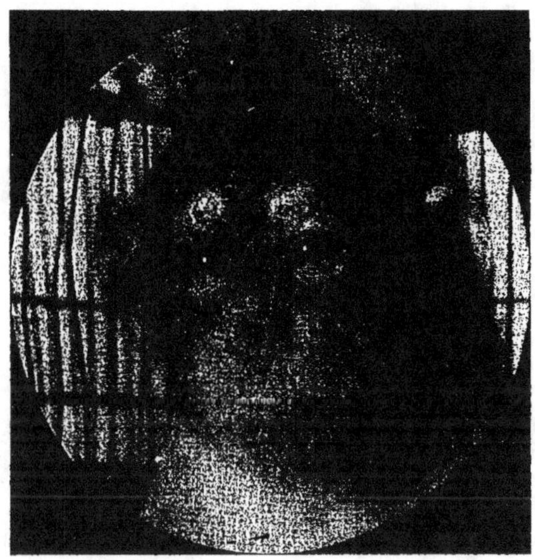

Fig. 6.

Toutefois cette *pathogénéité paraît être atténuée pour l'espèce
humaine, si l'on tient compte de la légèreté de la lésion locale,
de l'absence d'engorgement ganglionnaire et de l'apparition tardive de la réaction de Wassermann dans le sang* (2).

Etant donnée la virulence marquée, quoique atténuée, du
virus dermotrope pour les singes et l'homme, il était du plus
haut intérêt d'apprécier cette virulence pour les *paralytiques*

(1) Un accident semblable a été signalé en Allemagne.
(2) On sait (Levaditi, Ravaut et Yamanouchi) que la réaction de Wassermann
devient positive environ *15 jours* après l'apparition du syphilome primaire

généraux à antécédents syphilitiques incontestables, à réaction
de Wassermann positive dans le sang et le liquide céphalo-
rachidien. Forts des résultats négatifs fournis par deux inoculations consenties, faites sur d'anciennes syphilitiques, nous
avons réalisé, après avoir pris conseil de notre maître, le
Dr Roux, deux déterminations de virulence sur des paralytiques généraux, non internés, à la dernière période. Il s'agissait de contrôler ainsi, *avec notre virus de passage*, les constatations déjà anciennes de Krafft-Ebing (1), concernant la non-
transmissibilité de la syphilis aux paralytiques généraux. Voici
le détail de nos observations :

OBSERVATION I. — X..., 50 ans, antécédents spécifiques, atteint de paralysie
générale : démence, inconscience, euphorie, embarras de la parole; satur-
nisme. Inoculé par scarification au bras droit le 6 mars 1914 avec le virus
Truffi, provenant du lapin 59/1. Présence de nombreux tréponèmes très
mobiles. Réaction de Wassermann *positive* avant l'inoculation (sérum et
liquide céphalo-rachidien), ainsi que le 22 avril et le 13 mai 1914. Léger érythème à l'endroit inoculé, le 12 mai (sixième jour), disparaissant quelques
jours après. Absence de tréponèmes. Observé pendant soixante-seize jours,
ce malade n'offrit aucune autre manifestation générale ou locale.

OBSERVATION II. — Y..., 49 ans, syphilis en 1885, *femme morte de P. G.*
Atteint de paralysie générale : incohérence, euphorie, dysarthrie, inégalité
pupillaire. Wassermann positif le 13 mai 1919. Inoculé par scarification au
bras droit, le 6 mai 1914, avec le virus Truffi provenant du lapin 59/1. Présence de nombreux tréponèmes. Réaction de Wassermann *positive* avant
l'inoculation (sérum et liquide céphalo-rachidien). Le 6e jour, érythème le
long des stries, avec très légère infiltration sous-jacente. Absence de tréponèmes. L'érythème disparaît totalement le 7e jour. Observé pendant soixante-
seize jours. Aucune manifestation ni locale, ni générale.

Ces deux inoculations de contrôle montrent que *le virus dermotrope de passage* (*virus* Truffi), pathogène pour le lapin, les
simiens inférieurs, les anthropoïdes et l'homme (*pathogénéité
atténuée*), est totalement dépourvu de virulence pour les paralytiques généraux à réaction de Wassermann positive. Ces
données, conformes à celles de Krafft-Ebing, prouvent que *les
sujets atteints de la maladie de Bayle, porteurs de tréponèmes à
localisation cérébrale et sanguine, offrent une immunité cutanée marquée vis-à-vis du virus dermotrope de passage.*

(1) KRAFFT-EBING. Congrès de Moscou, 1897.

II. — Virus neurotrope (Levaditi et Marie).

1° Virulence pour les singes inférieurs. — *Macaccus rhesus n° 748* : Inoculé par scarification aux deux arcades sourcilières, avec du suc provenant des lapins 21, 24 et 26, porteurs de lésions à virus neurotrope (premier passage). Le suc renferme de nombreux tréponèmes mobiles. *Aucune manifestation générale ni locale pendant les cinquante-quatre jours d'observation.*

Macaccus rhesus n° 749 : Inoculé au même moment et de la même manière que le précédent. *Même résultat négatif après cent vingt-sept jours.*

2° Singes anthropoïdes. — *Chimpanzé Thérèse* : Inoculé au même moment et de la même manière que les précédents. *Aucune manifestation ni locale, ni générale.*

Il résulte de ces expériences que, *contrairement au virus dermotrope, le germe neurotrope de la paralysie générale est dépourvu de virulence pour les singes inférieurs et les anthro-*

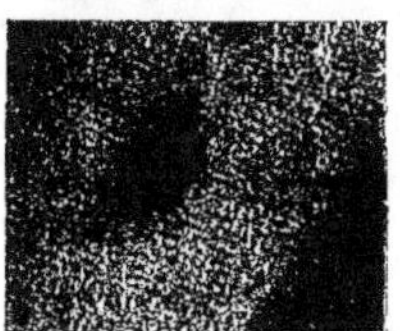

Fig. 7.

poïdes, lorsque, après un seul passage sur le lapin, on inocule par scarification cutanée à ces espèces animales. A remarquer que le premier de ces virus est encore manifestement pathogène, malgré ses innombrables passages sur le lapin, tandis que le tréponème de la paralysie générale est inoffensif, dans les mêmes conditions, quoiqu'il n'ait subi qu'un seul passage.

En présence de ces constatations, il devenait éminemment important de savoir ce qui arriverait si on inoculait notre virus neurotrope par *voie cutanée à l'homme*. L'absence de tout pouvoir pathogène manifeste pour les singes inférieurs et les anthropoïdes détermina un des collaborateurs qui ont participé à ces recherches de se prêter à l'expérience. Voici le résultat enregistré :

X..., aucun antécédent syphilitique, *réaction de Wassermann négative*. Le 10 mars 1914, on procède à l'inoculation par *scarification au bras droit*, avec le suc riche en tréponèmes prélevé sur le lapin n° 24 (premier passage).

Aucune réaction ni générale ni locale pendant de longs mois d'observation. R. de Wassermann négatif le 43ᵉ jour. Actuellement, cinq ans après cette tentative, le sujet ne montre aucun trouble pouvant être attribué à l'inoculation du virus neurotrope. *La réaction de Wassermann était encore négative le 10 septembre 1919.*

Cette expérience montre que le *virus neurotrope de passage* (lapin), *inoculé par scarification cutanée, est dépourvu de virulence non seulement pour les singes inférieurs et les anthropoïdes, mais aussi pour l'homme.*

A fortiori, *est-il non virulent pour les paralytiques généraux en puissance d'infection et à Wassermann positif dans le sang et le liquide céphalo-rachidien.* C'est ce que prouvent les observations suivantes :

Observation I. — X... (Voy. observation page 766). Inoculé par scarification au bras gauche avec du virus neurotrope pris sur le lapin nᵒ 80 F (2ᵉ passage), le 6 mai 1914. Léger érythème pâle le 6ᵉ jour. Cet érythème disparaît quelques jours après. *Aucune manifestation locale et générale dans la suite.*

Observation II. — Y... (observation page 766). Inoculé au même moment, de la même manière. *Même résultat négatif* (1).

Conclusions. — Des différences fondamentales existent entre le virus dermotrope et neurotrope de passage, en ce qui concerne leur virulence pour les singes inférieurs, les anthropoïdes et l'homme. Déjà d'une pathogénéité inégale pour le lapin, en ce sens que le germe neurotrope engendre des lésions apparaissant tardivement, à intensité modérée, à évolution lente, par conséquent dénotant une virulence moins marquée que celle du virus dermotrope, ces deux virus sont encore plus dissemblables lorsqu'on considère leur activité pathogène pour le singe et l'homme. *Tandis que le tréponème de la syphilis habituelle engendre chez les simiens inférieurs et le chimpanzé un chancre spirochétien typique, et provoque chez l'homme une lésion locale papulo-squameuse à tréponèmes, non accompagnée de manifestations générales, mais suivie d'un Wassermann positif, quoique tardif, le germe de la paralysie générale, inoculé de la même manière, se montre totalement inoffensif.*

(1) Quelques essais d'inoculation du virus neurotrope sous la dure-mère et dans le cerveau du singe et du lapin, faits en 1914, sont restés infructueux. De nouvelles expériences sont actuellement en cours.

*
* *

Les différences entre les deux tréponèmes, manifestes lorsqu'on considère leurs propriétés pathogènes pour le singe et l'homme, deviennent plus frappantes encore quand on réalise des expériences *d'immunité croisée* chez le lapin.

Nous nous sommes inspirés des études sur l'immunité croisée entreprises avec le spirille des diverses fièvres récurrentes, africaine, américaine et européenne. Ces études ont montré que malgré la ressemblance morphologique entre les germes qui engendrent ces fièvres récurrentes et le même aspect clinique de la maladie, les spirilles qui les provoquent ne sauraient être considérés comme identiques. En effet, les animaux qui guérissent de la récurrente africaine et acquièrent ainsi une immunité solide contre le spirille de cette infection continuent à être sensibles à l'égard du virus de la récurrente américaine ou européenne. Les germes qui engendrent ces spirilloses, tout en appartenant au même groupe, doivent donc être considérés comme des variétés à part.

Or on sait que les lapins qui guérissent de la syphilis expérimentale due au virus syphilitique de passage (dermotrope) deviennent réfractaires à l'égard d'une seconde inoculation d'épreuve. Si les deux tréponèmes, celui de la syphilis habituelle et le neurotrope étaient identiques, cet état réfractaire devrait se manifester, non seulement à l'égard du germe dermotrope, mais aussi vis-à-vis du spirochète de la paralysie générale. Que cette immunité croisée ne s'exerce pas, qu'en d'autres mots *les lapins guéris du virus de Truffi et vaccinés contre ce virus contractent les altérations papulo-squameuses de la paralysie générale et inversement, on sera autorisé à conclure en faveur de la dissemblance biologique des deux parasites.* Que répond l'expérience à ce sujet?

Expérience I. — On se sert de deux lapins guéris, l'un d'un chancre Truffi, l'autre des lésions papulo-squameuses provoquées par le tréponème de la paralysie générale.

Lapin Truffi n° 65 F. — Inoculé le 3 janvier 1914, chancre bien développé le 3 février. Guéri *le 3 avril.*

Lapin P. G., n° 24 F (premier passage). — Inoculé le 8 novembre 1913, lésions papulo-squameuses le 10 février 1914. Guéri après le traitement par le 606, le 20 février.

Le 3 avril 1914, on inocule le lapin nº 65 F (Truffi) et deux témoins (63 I et 64 I) avec du virus *P. G.* (lapin 26 E); on pratique la même inoculation au lapin nº 24 E (P. G.) avec du virus Truffi, prélevé sur le lapin de passage 86 H (tréponèmes très nombreux), en même temps qn'à quatre témoins (59, 60, 61 et 62).

Résultat. — *Témoins :* a) Série Truffi. — Chancres de dimensions inégales, mais prononcées, après une incubation de vingt-trois jours. Présence de nombreux tréponèmes.

b) Série *P. G.* — Lésions papulo-squameuses avec tréponèmes, après une incubation de quarante-neuf et soixante jours.

Lapin nº 24 E, vacciné contre P. G., contracte la syphilis Truffi (beau chancre spirochétien) après une *incubation normale de vingt-trois jours.*

Lapin nº 65 F, vacciné contre Truffi, montre des lésions papulo-squameuses caractéristiques du virus neurotrope après une *incubation de cinquante jours.*

Expérience II. — Dans cette expérience, nous avons eu soin d'éprouver la sensibilité de nos lapins guéris et réfractaires, simultanément avec les deux virus, en pratiquant l'inoculation de chacun d'eux dans l'un des testicules.

Lapins guéris. — 1º **Virus Truffi** : a) *Lapin nº 92 H.* — Inoculé avec du virus de passage le 6 mars. Chancre bien développé et riche en tréponèmes le 3 avril, soit après vingt-huit jours. La lésion est en voie de guérison le 29 avril; on achève cette guérison par une injection de salvarsan (0,03 p. 1.000), le 29 avril. Le 4 mai, guérison complète.

b) *Lapin nº 95 H.* — Même inoculation, même traitement. Guéri le 4 mai.

c) *Lapin nº 93 H.* — Même inoculation, même évolution. Guérison spontanée le 29 avril.

2º **Virus P. G.** : *Lapin nº 21 E.* (premier passage). Inoculé le 8 novembre 1913, guéri spontanément le 114e jour.

Lapin nº 23 E (premier passage). Inoculé au même moment, en voie de guérison le 27 avril. On achève cette guérison par une injection de salvarsan (0,03 p. 1.000).

Le 7 *mai*, on éprouve la sensibilité de ces lapins, en leur inoculant, dans le testicule *droit*, du virus *Truffi* (lapin 59 I, nombreux spirochètes), dans le testicule *gauche*, du virus *P. G.* (lapin 80 F, deuxième passage, nombreux tréponèmes). De plus, quatre lapins témoins servent de contrôle pour chacun des virus inoculés.

Résultat. — **Témoins Truffi** : Chancres bien développés le 2 juin, vingt-six jours *après l'inoculation.*

Témoins P. G. : Lésions papulo-squameuses chez trois des quatre animaux injectés, après une incubation de *trente-six, quarante-trois* et *quarante-six jours.*

Lapins guéris. 1º **Virus Truffi** : *Lapins 92 H.* — 1º *Testicule droit, inoculé avec le virus homologue Truffi* : aucune lésion; *testicule gauche, inoculé avec le virus hétérologue P. G.* : lésions papulo-squameuses le 8 juillet, soit *soixante-deux jours après l'inoculation.*

Lapin 95 H. — *Testicule droit; inoculé avec le virus homologue Truffi* : petite lésion ulcéreuse très tardive, sans tréponème; *testicule gauche, inoculé avec le virus hétérologue P. G.* : lésion squameuse le 19 juin, qui disparaît dans la suite.

Lapin 93 H. — *Testicule droit inoculé avec le virus homologue Truffi* : récidive de l'ancienne lésion Truffi, apparue sur la cicatrice du premier chancre,

récidive constatée dès le 16 mars, soit neuf jours après la nouvelle inoculation; cette récidive persiste jusqu'au 8 juillet, lorsqu'on procède à son extir-
pation. Aucune altération visible au point inoculé avec le virus Truffi;
testicule gauche, injecté avec le virus hétérologue P. G. : lésions papulo-squameuses typiques, contenant des tréponèmes, le 8 juillet, soit *soixante-deux
jours après l'inoculation.*

2° **Virus P. G.** : *Lapin 21 E. — Testicule droit, inoculé avec le virus hétérologue
Truffi* : chancre manifeste le 22 mai, après une incubation de quinze jours,
contenant de nombreux tréponèmes. Ce chancre atteint des dimensions
considérables le 7 juillet; *testicule gauche, injecté avec le virus homologue P. G.* :
aucune lésion apparente jusqu'au 27 juillet.

Lapin 23 E. — Testicule droit, inoculé avec le virus hétérologue Truffi (le 9 juillet) :
chancre syphilitique avec spirochètes nombreux le 27 juillet; *testicule gauche,
injecté avec le virus homologue P. G.* : *résultat* inutilisable, à cause de la récidive tardive des lésions papulo-squameuses. (A remarquer que cet animal a
été guéri par injection de 606, par conséquent son immunité pourrait n'être
que partielle).

Ces expériences permettent de conclure que *les animaux qui
guérissent, après avoir présenté les lésions locales provoquées soit
par le virus dermotrope, soit par le germe neurotrope, et qui, de
par ce fait, ont acquis un état réfractaire à l'égard du tréponème homologue, continuent à être réceptifs vis-à-vis du virus
hétérologue.* Il en résulte qu'entre le spirochète de la syphilis
habituelle (virus dermotrope) et celui de la paralysie générale
et du tabes (virus neurotrope), il y a des dissemblances au
moins aussi marquées qu'entre le spirille de Dutton et celui
d'Obermayer, agents pathogènes de la fièvre récurrente africaine et européenne.

*Le tréponème de la paralysie générale doit donc être considéré
comme une variété différente du spirochète de la vérole cutanée
muqueuse et viscérale.*

* *

Considérations générales. — Les faits exposés dans ce
mémoire montrent qu'entre le tréponème de la syphilis habituelle et le spirochète des lésions post-syphilitiques cérébrales
et médullaires, tel qu'on l'obtient du sang des paralytiques
généraux (et probablement aussi de leur cerveau), il y a des
différences frappantes, tant au point de vue biologique qu'au
point de vue des lésions qu'ils engendrent chez l'homme et les
animaux. Ces différences persistent, malgré un nombre plus ou
moins grand de passages sur le lapin. Elles se traduisent :

1° Par la durée de l'incubation, de beaucoup plus longue pour le tréponème neurotrope ;

2° Par les caractères des manifestations que les deux germes provoquent chez le lapin : chancre induré avec le spirochète de la syphilis habituelle, lésions papulo-squameuses avec le microbe neurotrope ;

3° Par les particularités microscopiques de ces lésions : affinité épithéliale marquée du germe neurotrope, altérations vasculaires et sclérogènes de beaucoup plus accentuées avec le virus dermotrope ;

4° Par l'évolution des papulo-squames, dues à la pullulation du spirochète de la paralysie générale chez le lapin : évolution lente, guérison spontanée tardive, récidive au bout d'un temps parfois très long ;

5° Par le pouvoir pathogène de ces germes : virulence marquée pour les singes inférieurs, les simiens anthropoïdes et l'homme, du tréponème dermotrope, pathogénéité nulle, par inoculation cutanée, du spirochète de la paralysie générale ;

6° Enfin, par le fait que les animaux guéris des lésions provoquées par l'un des tréponèmes et qui, de par ce fait, ont acquis un état réfractaire à l'égard de ce tréponème, continuent, dans la généralité des cas, à être réceptifs pour l'autre spirochète.

Si, donc, certains syphilitiques montrent tôt ou tard des symptômes de paralysie générale ou de tabes, c'est qu'à un moment donné, au cours de l'évolution de leur maladie, ils se trouvent infectés par un tréponème à affinité élective pour les centres nerveux. Combien, parmi les sujets contaminés de vérole, voient leur infection se terminer par des complications tardives encéphalo-médullaires? Il est impossible de le déterminer avec précision, mais la proportion des paralytiques ne doit pas dépasser 1 à 2 p. 100. C'est le chiffre que donne Plaut, se basant sur la statistique publiée par Matthes, qui comporte un grand nombre de syphilitiques traités dans la même clinique et suivis pendant vingt ans. C'est, à peu de chose près, le chiffre des manifestations tertiaires chez les spécifiques (de 3,3 p. 100 à 7,4 p. 100, par Schalko).

La question est de savoir si *ces syphilitiques, voués au tabes et à la paralysie générale, sont contaminés dès le début par une*

variété à part de tréponème, ou bien si cette variété se crée ulté-
rieurement, par suite d'une adaptation progressive, due précisé-
ment à sa vie dans les centres nerveux. Le problème n'est pas
facile à résoudre, attendu que les études comparatives ne peuvent porter que sur le germe isolé du cerveau ou du sang de
malades en pleine évolution de leur parasyphilis, et non pas
sur des tréponèmes puisés dans un organisme en route vers la
paralysie générale.

Toutefois, certaines des observations citées au cours de ce
mémoire tendent à prouver que les différences dont il est question plus haut doivent exister dès l'origine de l'infection.
Citons, entre autres, l'évolution particulière de la syphilis
cutanée et muqueuse chez les paralytiques généraux, la rareté
des accidents tertiaires chez ces malades, l'apparition exceptionnelle de la maladie de Bayle chez les tropicaux à syphilis
généralement très grave, la contamination à la même source
d'individus chez lesquels la vérole se termine par des accidents
encéphalo-médullaires.

A notre avis, les deux hypothèses, celle de la différenciation
initiale primitive et celle de l'adaptation progressive, loin
d'être incompatibles, s'associent au contraire pour expliquer
encore mieux les particularités du virus neurotrope. Pour nous,
parmi la multitude de germes syphilitiques, morphologiquement identiques, mais de virulence inégale, qui assurent la
transmission de la vérole dans les contrées civilisées, par
conséquent infectées de longue date, il en existe qui se distinguent par une *aptitude plus grande à se localiser dans les
centres nerveux.* Cela ne veut pas dire qu'ils soient totalement
incapables de se fixer sur l'ectoderme ou sur certains autres
viscères, hormis l'axe cérébro-spinal, loin de là ; autrement, on
ne comprendrait pas leur transmission d'un individu à un
autre, transmission qui ne peut s'effectuer que par la voie
cutanée, muqueuse ou sanguine (héréditaire). Toutefois, leur
faculté d'engendrer les lésions de la peau et des muqueuses
paraît d'emblée peu marquée, témoins les accidents plus
fugaces, plus légers enregistrés chez les futurs paralytiques et
tabétiques.

*Cette variété de tréponème à aptitude neurotrope ne tarde
pas à se transformer en une autre dont l'affinité pour le cerveau*

ou la moelle devient de plus en plus marquée, voire même exclu-
sive, cela au fur et à mesure que les germes vivent et pullulent
au contact de la substance encéphalo-médullaire. Et c'est préci-
sément cette dernière variété que nous avons eue entre les mains
et que nous avons pu comparer avec le virus dermotrope.

Ce qui, d'après nous, montre d'une façon péremptoire que la dissemblance entre les deux virus n'est pas aussi profonde, lors de la contamination initiale, que lorsque la paralysie générale ou le tabes ont atteint leur plein développement, c'est que le *tréponème, destiné à devenir neurotrope, vaccine l'homme contre la syphilis cutanée et muqueuse, tandis que le germe, déjà devenu neurotrope, n'immunise plus le lapin à l'égard du spirochète de Truffi.* Nous en avons la preuve dans les expériences de Krafft-Ebing et les nôtres, ayant trait à l'état réfractaire des paralytiques généraux vis-à-vis d'une réinfection avec du virus primaire ou du virus dermotrope de passage; nous avons montré, d'autre part, que les lapins guéris de la lésion P. G. contractaient, aussi bien que les témoins, le chancre TRUFFI.

En somme, l'éclosion *des troubles dits « parasyphilitiques » nous apparaît comme étant due à la contamination, à des sources spéciales, par une souche de tréponème à aptitude neu-rotrope plus ou moins marquée, souche capable de s'adapter facilement aux centres encéphalo-médullaires, voire même à se transformer à la longue en une variété à caractères fixes, à neurotropisme pour ainsi dire exclusif.*

Ce neurotropisme peut être à ce point prononcé, que les lésions engendrées par cette variété dans l'écorce cérébrale et la moelle n'ont plus rien de commun avec elles que les anatomo-pathologistes considèrent comme caractéristiques pour la syphilis. En effet, tous ceux qui ont étudié de près l'histologie pathologique de la paralysie générale, Nissl (1), Alzheimer (2), Binswanger (3), Ballet (4), entre autres [voir le rapport documenté de Fischer (5)] ont été frappés du peu de ressemblance

---

(1) NISSL. *Histol. u. histopath. Arb. über die Hirnrinde,* t. I.
(2) ALZHEIMER. *Histol. u. histopath. Arb. über die Hirnrinde,* t. I.
(3) BINSWANGER. *Virch. Arch.,* t. CLIV.
(4) BALLET. Cité d'après Fischer.
(5) FISCHER. Rapport au Congrès annuel de la Société allemande de psychiatrie, 1909, Cologne et Bonn.

qu'il y a entre les altérations proprement dites syphilitiques du cerveau (endartérite, gomme, méningite spécifique) et celles qui caractérisent la maladie de Bayle. Ceci est à ce point vrai, qu'avant la découverte du tréponème neurotrope dans l'encéphale des paralytiques généraux, Fischer, après une étude approfondie de la question, concluait en ce sens : « La paralysie générale progressive ne saurait être considérée, au point de vue anatomo-pathologique, comme une lésion syphilitique *directe* du cerveau » (Voir également Klipel).

Ajoutons que la question qui fait le sujet du présent travail est devenue plus actuelle depuis 1914. De nombreuses commotions de guerre, de même que certains accidents du travail, semblent montrer que des syphilis nerveuses, en apparence silencieuses, peuvent accélérer leur évolution et se transformer, à brève échéance, en des paralysies générales galopantes. Cela montre, dans notre hypothèse, que *la diminution de la résistance centrale cérébro-spinale peut favoriser la pullulation locale d'un virus neutrope latent.*

*
* *

Nous n'ignorons pas les difficultés du problème que nous avons tenté de résoudre, ni les lacunes du présent travail. Beaucoup d'autres questions restent encore à élucider et, parmi elles, une des plus importantes est celle qui a trait à *l'inefficacité des divers traitements antisyphilitiques appliqués aux paralytiques généraux et aux tabétiques.* Nous reviendrons sur ces divers points dans des publications ultérieures. Disons, pour l'instant, que l'étude du mécanisme qui préside à cette inaction de la thérapeutique spécifique a été ébauchée par nous déjà en 1914. Elle nous a montré que *l'inefficacité en question n'est pas due à l'arséno-résistance du virus neurotrope,* puisque des lapins infectés avec ce virus ont été guéris, aussi bien que les animaux porteurs de chancres Truffi, par une injection intraveineuse d'arsénobenzol (V. exp. II, ci-dessus).

Le mécanisme paraît donc être tout autre, ainsi que nous aurons l'occasion de le montrer prochainement.

Paris, 27 août 1919.

LÉGENDE DE LA PLANCHE XX

Fig. 1. — *Coupe de chancre Truffi* (virus dermotrope). Coloration à l'hématéine-éosine. *m, m'*, fibres musculaires; *i*, zone d'infiltration profonde à mononucléaires; *c*, tissu conjonctif. La coupe intéresse la base indurée du chancre. Grossissement: $\frac{70}{1}$.

Fig. 2. — *Coupe de papule squameuse scrotale, virus de la paralysie générale* (virus neurotrope). Imprégnation à l'argent. *c*, couche cornée; *m*, couche de Malpighi; *s*, spirochètes autour des cellules épidermiques; *d*, papilles dermiques. Grossissement : $\frac{700}{1}$.

Fig. 3. — *Coupe de chancre Truffi* (virus dermotrope). Coloration à l'hématéine-éosine. *u*, ulcération et croûte; *e*, épiderme; *i*, zone d'infiltration limitant l'ulcération; *g*, glande; *n*, foyer d'inflammation à mononucléaires, à disposition péri-vasculaire, constituant la base indurée du chancre. Grossissement : $\frac{60}{1}$.

Fig. 4. — *Coupe de papule squameuse scrotale; virus de la paralysie générale.* Coloration au Van Gieson. *e*, épiderme; *g*, glande; *i*, papilles dermiques infiltrées; *v*, vaisseaux dilatés et entourés de mononucléaires; *l*, traînée inflammatoire le long d'un interstice conjonctif; *c*, tissu conjonctif du derme. Grossissement : $\frac{60}{1}$.

Fig. 5. — *Coupe de papulo-squame scrotale : virus de la paralysie générale.* Coloration par la méthode de Mann. *c*, couche cornée; *e*, épiderme; *n*, zone d'infiltration dermique; *v*, vaisseaux dilatés et entourés de lymphocytes et de plasmazellen; *g*, glande. Grossissement: $\frac{70}{1}$.

Fig. 6. — *Coupe de papulo-squame scrotale; virus de la paralysie générale.* Coloration au bleu de méthylène-éosine. *v*, vaisseau dilaté, avec périvascularite constituée par des lymphocytes et des plasmazellen (*l*); *e*, paroi vasculaire. Grossissement: $\frac{450}{1}$.

Fig. 7. — *Chancre Truffi* (virus dermotrope). Scrotum du lapin.

Fig. 8. — *Papulo-squames scrotales du lapin* (virus neurotrope).

Fig. 9. — *Lésions provoquées par le virus de la paralysie générale chez le lapin.* Scrotum du lapin.

LA PATHOGÉNIE DU CHOLÉRA

ET LA VACCINATION ANTICHOLÉRIQUE

par J. CANTACUZÈNE.

I

La vaccination anticholérique, dont les dernières campagnes en Orient ont si pleinement démontré l'efficacité, s'est, pendant longtemps, heurtée au scepticisme des médecins et des bactériologistes. Aujourd'hui cette efficacité apparaît clairement ; c'est à elle que les troupes de l'armée d'Orient ont dû d'échapper au péril du choléra, alors qu'elles opéraient dans des régions où, depuis plusieurs années, la maladie s'était installée sous forme endémique. Les statistiques publiées par Arnaud (1) relativement au choléra dans l'armée grecque pendant la deuxième guerre balkanique nous apprennent que, sur une armée de 108.000 hommes, opérant en foyer cholérique, la morbidité fut de 5,75 p. 100 chez les non-vaccinés, de 3,12 p. 100 chez ceux qui subirent une vaccination incomplète et de 0,41 p. 100 seulement chez les hommes vaccinés complè-

(1) ARNAUD, Choléra dans l'armée hellénique en 1912-1913, *Bull. Acad. Méd.*, 1914, t. **71**, p. 384.

tement. Voilà des chiffres impressionnants. Mais c'est surtout ce que j'appellerai « l'expérience roumaine » qui a tranché la question et établi la valeur de la méthode sur des bases d'une indiscutable précision ; appliquée systématiquement à plus d'un million et demi d'individus militaires et civils, elle a permis en 1913, lors de la campagne de Bulgarie, d'enrayer en peu de jours l'épidémie qui s'était abattue sur l'armée roumaine, puis, en 1916, de juguler littéralement le choléra jusqu'au début de la guerre contre l'Allemagne ; il fit de nouveau son apparition parmi les troupes et parmi les populations de la rive droite du Danube qui se retiraient devant les armées de l'envahisseur.

En ce qui me concerne, je puis en parler avec une certitude d'autant plus grande que, témoin actif de ces deux campagnes anticholériques, j'étais moi-même en 1913 quelque peu atteint du scepticisme général qui régnait alors. Etant chargé en 1913 du service des épidémies dans l'armée d'opération, je fis, malgré mes doutes, et dès l'apparition des premiers cas, appliquer la méthode des vaccinations d'une façon aussi systématique que possible (ce qui à cette époque n'alla pas sans quelque difficulté, tant le préjugé était fort). Trois semaines plus tard, devant l'évidence des résultats, mon doute avait fait place à une conviction profonde.

Il n'est pas sans intérêt de rechercher les causes du discrédit qui pendant tant d'années s'attacha à la méthode des vaccinations anticholériques. Ces causes peuvent se ramener à trois principales : 1° la campagne impitoyable qui fut menée en 1884 contre le Dr Ferran et qui laissa, dans l'esprit des médecins, une impression longue à s'effacer ; 2° le peu de publicité faite autour des expériences de Haffkine dans les Indes, tout intéressantes qu'elles fussent, ainsi que le vague dont s'enveloppèrent les essais tentés en Russie quelques années plus tard. L'imprécision des données qui résultèrent de ces deux campagnes anticholériques ne fit qu'aggraver le scepticisme régnant ; enfin, 3° les conceptions, inexactes sur bien des points, touchant la pathogénie du choléra, qui pendant bon nombre d'années hantèrent l'esprit des microbiologistes et firent que beaucoup d'entre eux considérèrent *a priori* le choléra comme peu justiciable d'une vaccination préventive.

La vaccination anticholérique fut proposée et appliquée pour la première fois à l'homme par le Dr Ferran, de Barcelone, en 1884 (1) ; cet expérimentateur avait commencé par démontrer la possibilité d'immuniser les cobayes contre la péritonite vibrionienne. C'est donc à lui que revient le mérite de cette découverte et il est équitable de lui rendre aujourd'hui une justice qui lui a été refusée, au début, par la commission officielle chargée de contrôler ses expériences. Peut-être sa technique ne fut-elle pas toujours à l'abri des critiques ; on était alors au début de l'ère bactériologique et les méthodes de laboratoire n'étaient pas encore entrées dans la pratique courante. Ferran inoculait des cultures vivantes ; les résultats qu'il obtint semblent avoir été encourageants. Il n'en est pas moins vrai que le verdict prononcé contre lui impressionna fortement le monde médical et abolit pour longtemps toute confiance dans une méthode qui vingt-neuf ans plus tard devait constituer le procédé de choix pour prévenir et combattre une épidémie de choléra.

Quatre années plus tard, en 1888, Haffkine, appliquant à la préparation du vaccin anticholérique les méthodes pastoriennes (premier vaccin atténué et deuxième vaccin exalté au moyen de passages par les animaux de laboratoire), s'en alla tenter aux Indes des expériences sur une vaste échelle. Les résultats, si l'on s'en rapporte aux statistiques (2), furent incontestablement favorables ; cependant ils ne réussirent pas à imposer la conviction, et voici pourquoi : si, parmi les populations de l'Inde soumises à la vaccination, morbidité et mortalité furent infiniment moindres chez les vaccinés que chez les témoins, néanmoins, comme ces essais ne portèrent que sur un petit nombre de villages, l'évolution générale de l'épidémie aux Indes ne s'en trouva guère influencée au point de frapper l'imagination du public. Ainsi ces expériences, mal coordonnées, n'eurent pas le retentissement qu'elles méritaient. Ajoutons qu'elles eussent probablement été plus démonstratives si les doses de vaccin injectées eussent été plus fortes.

<hr>

(1) FERRAN, a) Communication à l'Académie de Barcelone. 16 juillet 1884 ; — b) Sur la prophylaxie du choléra au moyen d'injections hypodermiques de cultures pures du bacille virgule. C. R. Acad. des Sciences, 1885.

(2) HAFFKINE, Vaccinations against Cholera. Brit. med. journ., 1895 et 1899.

Une impression d'imprécision et de flou plus grande encore se dégagea des expériences faites en Russie de 1904 à 1909 ; malgré les résultats favorables obtenus en certaines régions, elles paraissent avoir faiblement impressionné le grand public médical ; les statistiques furent souvent contradictoires ; il ne semble pas que la méthode ait été appliquée partout avec une rigueur suffisante. Il est certain que là encore les quantités de vaccin injectées furent en général trop faibles ; l'expérience faite en Roumanie nous a montré à quel point, en matière de vaccination anticholérique, les résultats sont variables avec la quantité de corps microbiens que reçoit l'organisme vacciné.

Bref, il faut en arriver aux dernières guerres balkaniques, et particulièrement aux deux campagnes anticholériques roumaines, pour trouver enfin des résultats précis, indiscutables, entraînant la conviction. Là, en effet, les conditions d'expérimentation furent particulièrement favorables ; les inoculations ayant été pratiquées avec une régularité, une méthode, une rigueur que seule la discipline militaire permettait de réaliser dans d'aussi vastes proportions ; j'ajoute : avec une foi et une ardeur scientifiques tout à fait rares. Je doute, en effet, si au milieu des difficultés et des angoisses de la retraite roumaine en 1916, les résultats prophylactiques eussent pu être ce qu'ils furent en réalité, sans la confiance passionnée, la conscience, le dévouement avec lesquels le personnel des jeunes bactériologistes roumains chargés de combattre le choléra accomplirent leur mission : c'est à eux que nous devons d'avoir éteint en peu de jours l'épidémie dans sa marche envahissante.

Parmi les causes qui ont pendant longtemps retardé la méthode des vaccinations, il faut réserver une place importante aux conceptions pathogéniques. A force d'envisager le choléra comme une maladie toxique issue d'une infection strictement localisée, à la façon de la diphtérie et du tétanos, on s'acharna longtemps à la poursuite d'une sérothérapie jusqu'ici décevante. Le choléra est une maladie toxique ; cela est hors de doute, et ses formes rapides présentent les caractères d'un empoisonnement aigu ; la présence du vibrion cholérique dans les organes reste exceptionnelle ; l'hémoculture faite pendant la vie est presque toujours négative ; elle est rarement positive à l'autopsie si celle-ci est pratiquée immédiatement après la mort ; pour ma part, sur 53 autopsies de cholériques faites aussitôt après la mort, je n'ai isolé que cinq fois le vibrion du sang du cœur ; les voies biliaires sont les seules où l'on ait de grandes chances de le rencontrer en dehors de l'intestin.

Le lieu des vibrions cholériques, c'est l'intestin grêle et surtout sa muqueuse. C'est au contact de cette muqueuse dénudée qu'il trouve les conditions favorables à sa pullulation ; c'est là que s'élaborent les poisons spécifiques qui vont agir sur le système nerveux et les capsules surrénales. Il s'agit bien, somme toute, d'une intoxication générale à point de départ intestinal ; l'erreur a été d'assimiler ce processus à celui de la diphtérie et du tétanos et cette erreur a influencé la thérapeutique spécifique : la notion des infections à caractère purement toxique, de leur curabilité par des antitoxines, de la difficulté que l'on éprouve dans la diphtérie, par exemple, à réaliser une vaccination préventive au moyen de corps bactériens, pesait à tel point sur les esprits que l'on constatait une tendance générale à appliquer au choléra des conceptions analogues. De là, pour beaucoup de bactériologistes, une répugnance réelle à accepter la possibilité d'une vaccination active contre le choléra ; cette répugnance trouvait un argument d'ordre expérimental dans l'échec de la vaccination préventive chez les jeunes lapins auxquels on inocule le choléra par voie intestinale (1). Mais n'oublions pas que ce choléra expérimental des jeunes lapins, si intéressant à d'autres égards, s'éloigne trop des conditions normales de l'infection pour qu'il soit possible d'en déduire quoi que ce soit relativement à l'efficacité des vaccinations préventives.

Quoi qu'il en soit, pendant longtemps, les expérimentateurs se détournant de la recherche d'un vaccin préventif, portèrent leurs efforts vers l'obtention d'une bonne toxine soluble et d'un sérum antitoxique. Bien des constatations intéressantes sortirent de ces longues et patientes recherches ; mais il faut bien le reconnaître : les expériences assez nombreuses de sérothérapie pratiquées sur l'homme ont démontré que l'obtention d'un

---

(1) E. Metchnikoff, Recherches sur le choléra et les vibrions, *quatrième mémoire. Annales de l'Institut Pasteur*, 1894, t. 8, p. 529 et 589.

sérum anticholérique efficace était chose infiniment moins
simple que lorsqu'il s'agit de la diphtérie et du tétanos ; les
produits toxiques élaborés par les vibrions cholériques ne peuvent en effet être comparés à ceux que l'on isole, si facilement,
des cultures de diphtérie par exemple.

Dans l'état actuel de la science, nous ne pouvons définir une
toxine que par son action sur l'organisme. Or, tandis que, dans
la diphtérie ou le tétanos, l'organisme réagit sur le mode antitoxique, il réagit, dans le choléra, sur le mode antibactérien.
Voilà un point capital qu'il ne faut pas perdre de vue lorsque
l'on poursuit la recherche du traitement spécifique du choléra.
Le sang d'un malade qui a surmonté une attaque de diphtérie
ne contient ni agglutinines, ni sensibilisatrice spécifiques ; on
y décèle par contre la présence d'antitoxines capables de neutraliser *in vitro* les poisons solubles obtenus dans les cultures.
Au contraire, chez un malade guéri du choléra on ne trouve
pas d'antitoxines, ainsi que nous l'a démontré Salimbeni (1) ;
mais on y rencontre agglutinines, précipitines et sensibilisatrice
anticholériques. Le sang des individus vaccinés contre le choléra se trouve dans le même cas ; il ne contient pas d'antitoxines, mais il est excessivement riche en anticorps bactériens.
Je rappelle ici les recherches exécutées en Roumanie par
MM. Balteano et Lupu (2). L'apparition et l'évolution des anticorps dans le sang des individus vaccinés contre le choléra y
sont minutieusement étudiées et suivies jour par jour. Contrairement aux affirmations d'Aaser (3), ces expérimentateurs ont
établi que la quantité des anticorps aussi bien que leur persistance dans le sang croît avec le nombre des injections vacci-
nales : d'autre part, ils n'ont pu constater de baisse appréciable
dans la quantité d'anticorps présents à la suite d'une nouvelle
inoculation d'antigène. Leurs expériences seraient par conséquent défavorables à l'idée de l'existence d'une « phase négative ».

La possibilité de vacciner activement contre le choléra

<hr>

(1) A. T. Salimbeni, Recherches sur la vaccination préventive contre le
choléra asiatique. *Bull. Soc. Path. exot.*, 1915, t. 8, p. 17 et 22.
(2) J. Balteano et N. Lupu. *C. R. Soc. Biol.*, 1914, t. 76, p. 680 et 683.
(3) Aaser, Ueber die Schutzimpfung des Menschen gegen Cholera asiatica.
Berl. klin. Wochenschr., 1910, p. 34.

résulte d'ailleurs de l'observation clinique courante : une attaque de choléra confère à l'individu qui l'a surmontée une immunité certaine; les récidives au cours d'une même épidémie sont rarissimes ; je n'en possède pour ma part qu'une seule observation personnelle, la récidive survenue à d ux mois de distance, ayant été suivie de mort; et si l'on ne peut encore déterminer quelle est la durée de cette immunité, son existence du moins est indiscutable. Je rappelle à ce propos les intéressantes constatations faites au cours de la dernière guerre par MM. Galasesco et Balteano (1); 27 cholériques, ayant terminé leur convalescence depuis une quinzaine de jours, reçurent sous la peau des doses de vaccin anticholérique qui chez un individu normal eussent déterminé la réaction générale et locale bien connue. Les résultats furent d'une remarquable constance : « Aucun des individus inoculés ne présenta la moindre « réaction ; ni douleur locale, ni gonflement, ni fièvre, ni « malaise si léger fût-il. » L'attaque de choléra avait immunisé ces hommes contre l'antigène cholérique. Je rappelle également que les cobayes ayant reçu plusieurs fois à un intervalle de dix à quinze jours, des vibrions cholériques dans l'estomac, sont solidement vaccinés contre la péritonite vibrionienne, à condition d'attendre pour les éprouver, que dix-huit jours se soient écoulés depuis la dernière inoculation gastrique (2)

Tâchons maintenant, à la lumière de quelques données nouvelles, de nous rendre compte en quoi les conceptions pathogéniques anciennes doivent être modifiées.

Notons d'abord ceci : lorsque l'on parle pour la diphtérie ou le tétanos d'infection localisée, il s'agit d'une infection localisée à une surface assez petite. Il n'en est pas de même du choléra ; la plus grande partie de la muqueuse de l'intestin grêle est envahie par les vibrions, ce qui représente une surface énorme et un champ d'infection hors de proportion avec ce que l'on observe dans les maladies citées plus haut. Il est difficile dans ces conditions de parler d'infection locale

---

(1) Galasesco et Balteano. *C. R. de la Soc. médico-chirurgicale du front russo-roumain*, 1917, t. 1.

(2) J. Cantacuzène, Recherches sur le mode de destruction des vibrions dans l'organisme. *Thèse de Paris*, 1894, p. 139.

D'autre part, il est certain qu'entre le milieu intestinal (intestin grêle) et les vibrions cholériques, il existe des relations nécessaires, qui donnent aussi bien à l'infection qu'à la réaction organique une physionomie toute spéciale. Nous devons aujourd'hui considérer l'infection cholérique avant tout comme une infection de la muqueuse intestinale et l'immunité contre le choléra comme une immunité de l'intestin lui-même. L'immunité apparaît dans l'intestin grêle avant d'apparaître dans le sang ; le fléchissement de la résistance de l'organisme au choléra intestinal correspond à un fléchissement de cette immunité locale ; immuniser l'organisme contre le choléra revient surtout à immuniser la muqueuse de l'intestin grêle contre l'infection vibrionienne.

Il y a là un processus d'attaque et de défense très particulier et qui présente plus d'un point d'analogie avec les processus analogues étudiés récemment par M. Besredka à propos de la dysenterie et des infections typho-paratyphiques (1).

Le vibrion cholérique est un micro-organisme entérotrope. Quel que soit son point d'introduction dans l'organisme, qu'on l'inocule par voie gastrique, par voie péritonéale ou sanguine, par injection intracérébrale, ou par la voie biliaire, c'est toujours à la muqueuse de l'intestin grêle que l'infection aboutit. Les travaux de Baroni (2), Sanarelli (3), Violle (4), Cantacuzène et A. Marie (5), etc., le démontrent ; quel que soit ce point d'introduction, au bout d'un certain temps la muqueuse d'abord, puis la lumière de l'intestin grêle, sont envahies ; au point que l'on peut affirmer, sans trop de paradoxe, que le moyen le plus sûr de déterminer chez les cobayes une entérite cholérique est de pratiquer l'inoculation par voie intraveineuse ou intrapéritonéale. Quand l'infection a lieu par voie gastrique comme chez l'homme, l'épithélium intestinal offre à la pénétration du vibrion dans la muqueuse une barrière difficile à

<hr>

(1) A. Besredka, Du mécanisme de l'infection dysentérique, de la vaccination contre la dysenterie par la voie buccale et de la nature de l'immunité dysentérique. *Annales de l'Institut Pasteur*, 1919, t. **33**, n° 5. — Id. Reproduction des infections paratyphique et typhique. *Ibid.*, 1919, t. **33**, n° 8.

(2) V. Baroni et Ceaparu. *C. R. Soc. Biol.*, 1912, t. **72**, p. 894.

(3) C. Sanarelli. Pathogénie du choléra. *La Presse Médicale*, 1916, p. 505.

(4) H. Violle. De la vésicule biliaire envisagée comme lieu d'inoculation. *Annales I. P.*, 1912, t. **26** et *C. R. Acad. des Sciences*, 1911, t. **150**, p. 1524.

(5) J. Cantacuzène et A. Marie. *C. R. Soc. Biol.*, 1913, t. **32**, p. 842.

franchir ; tant que le vibrion est présent dans la cavité intestinale seule, il n'y a point de choléra. Pour que le processus pathologique apparaisse il faut qu'il y ait lésion de la barrière épithéliale et que l'infection de la muqueuse puisse s'amorcer en quelque point. Or cet amorçage peut se faire par les mécanismes les plus divers ; toutes les causes capables de détériorer l'épithélium de l'intestin grêle ou de le modifier au point de vue de son état d'équilibre physiologique peuvent suffire. La muqueuse de l'intestiu grêle représente une des plus vastes surfaces d'élimination de l'organisme pour les poisons élaborés dans les tissus ; son importance à ce point de vue n'est peut-être pas loin d'être comparable à celle du rein lui-même ; quand cette élimination est pathologique apparaissent des lésions de l'épithélium en même temps qu'un fléchissement de tout le système de défense localisé dans la paroi intestinale. C'est ainsi que bien des produits d'auto-intoxication parmi lesquels il faut vraisemblablement compter ceux par exemple qui résultent du surmenage, modifient cette muqueuse et favorisent la pénétration des vibrions cholériques. Tous les anciens observateurs ont signalé, et les dernières campagnes nous ont démontré une fois de plus, l'influence très grande du surmenage sur la genèse du choléra. Je puis citer l'exemple du ...e régiment d'infanterie roumaine, un de ceux qui pendant la campagne de Bulgarie payèrent au choléra le plus lourd tribut ; les cas de choléra cessaient de se produire sitôt que le régiment était mis au repos pendant quelques jours, pour recommencer dès qu'il se remettait en marche ; ce rythme se reproduisit régulièrement un certain nombre de fois, jusqu'à ce que le triage des porteurs de germes et une vaccination générale eussent mis fin à l'épidémie (1). Les entérites banales par indigestion, les septicémies à tendance entérotrope telle que la colibacillose (expé-

(1) Voici un autre cas fort typique. En 1916, le ...e régiment de la ...e division qui campait en Dobrogea, en plein foyer cholérique et qui avait présenté quelques cas de choléra (les vaccinations préventives avaient été faites dans cette division avec une négligence manifeste), fut revisé au point de vue des porteurs de vibrions avant de partir pour le front. On y découvrit huit porteurs de germes parfaitement sains d'ailleurs (sept soldats et un officier) que le commandant refusa de laisser en arrière. Après deux jours de marches forcées le régiment exténué arriva à P. et entra aussitôt en tranchées. Les huit porteurs eurent le choléra dès lendemain de leur arrivée.

riences de Sanarelli (1), les purgatifs [expériences de Pottevin et Violle (2), de Cantacuzène et Marie] (3), l'injection sous-cutanée de sérum entérolytique [expériences de M. Nasta (4), la suppression de la sécrétion biliaire Violle] (5), peuvent provoquer le choléra en permettant aux vibrions présents dans l'intestin de pénétrer dans la muqueuse. Peut-être, ainsi que l'a supposé Metchnikoff (6), existe-t-il quelque association microbienne inconnue capable de favoriser et d'amorcer la pullulation intrapariétale des vibrions cholériques. Il n'est pas impossible non plus que le vibrion cholérique lui-même en exaltant sa virulence au cours des passages d'homme à homme, ne devienne par lui-même, à un moment donné, capable de réaliser l'effraction de la barrière épithéliale ; l'observation clinique nous démontre en effet l'extrême virulence des vibrions fraîchement sortis de l'organisme malade. Il est fort probable d'ailleurs que la pénétration dans la muqueuse intestinale d'un petit nombre de germes cholériques, en y réalisant un début d'immunité locale, sensibilise cette muqueuse pour l'intoxication vibrionienne : c'est ainsi que des expériences faites avec M. A. Marie nous ont montré que l'extrait d'intestin grêle vacciné qui, injecté préventivement sous la peau, protège un cobaye contre une dose mortelle de vibrions inoculés dans le péritoine, détermine au contraire une péritonite vibrionienne mortelle lorsqu'on l'inocule dans le péritoine en même temps qu'une dose non mortelle de vibrions. On voit par les exemples précédents que l'amorçage de l'infection pariétale constitue encore un point très obscur de la pathogénie du choléra. Cet amorçage une fois réalisé, la muqueuse est envahie ; les vibrions y pullulent souvent avec une surprenante rapidité et inondent l'organisme de leurs produits toxiques.

La muqueuse intestinale représente, en effet, un milieu essen-

---

(1) G. Sanarelli, Pathogénie du choléra. *La Presse Médicale*, 1916, p. 505.

(2) H. Pottevin et H. Violle, Transmission du choléra aux singes par la voie gastro-intestinale. *Bull. Soc. Path. exot.*, 1913, t. **6**, p. 482.

(3) J. Cantacuzène et A. Marie, Choléra gastro-intestinal chez le cobaye. *C. R. Soc. Biol.*, 1914, t. **76**, p. 306.

(4) M. Nasta. *C. R. Soc. Biol.*, 1914, t. **77**, p. 177.

(5) H. Violle, Sur la pathogénie du choléra. *C. R. Acad. des Sciences*, 1914, t. **158**, p. 1710.

(6) E. Metchnikoff. *Annales de l'Institut Pasteur*, 1894, t. **8**, p. 529 et 589.

tiellement favorable à cette pullulation du vibrion, ainsi qu'à l'exaltation de ses propriétés pathogènes. On est frappé, à l'autopsie d'individus chez lesquels le choléra a évolué d'une façon suraiguëe, de voir combien les vibrions sont rares dans le contenu liquide de l'intestin grêle ; au contraire, au contact immédiat de la paroi dénudée, on les trouve en quantités prodigieuses, la majorité d'entre eux en voie de vibriolyse. Il faut que la maladie se prolonge un peu pour que les vibrions apparaissent en masse dans le liquide intestinal ; l'envahissement de la muqueuse semble donc précéder celle du tube digestif. Cette action favorisante de la muqueuse peut se démontrer expérimentalement. Il résulte de nos recherches faites avec A. Marie (1) qu'il suffit d'ajouter à une dose non mortelle de vibrions cholériques introduits dans le péritoine d'un cobaye une faible quantité d'extrait d'intestin grêle normal, parfaitement inoffensive par elle-même, pour provoquer en très peu d'heures une péritonite cholérique mortelle avec invasion de la muqueuse et de la lumière intestinale.

D'autre part, il est certain aujourd'hui que chez les animaux immunisés contre le choléra, à côté de l'immunité générale s'établit également une immunité locale de la paroi intestinale ; bien plus, l'immunité locale semble précéder l'immunité générale et s'établir plus rapidement qu'elle. Dans un travail déjà ancien (2) j'avais constaté que chez les cobayes vaccinés contre le choléra par voie sous-cutanée ou intrapéritonéale, les vibrions cholériques trouvent dans l'intestin grêle un milieu bactéricide qui les fait rapidement périr : dans ce cas les vibrions vivants ont disparu de l'intestin grêle trois heures après l'inoculation, tandis que chez les témoins non vaccinés les vibrions s'y rencontrent en grand nombre vingt-cinq heures après l'injection par voie gastrique. Nous avons montré dans des recherches récentes (3) que la sensibilisatrice apparaît dans

(1) J. CANTACUZÈNE et A. MARIE, Action activante de la muqueuse intestinale sur les propriétés pathogènes du vibrion cholérique. *C. R. Soc. Biol.*, 1919, t. 82, p. 842.

(2) J. CANTACUZÈNE, Recherches sur le mode de destruction des vibrions dans l'organisme. *Thèse de Paris*, 1894.

(3) J. CANTACUZÈNE et A. MARIE, Sur l'apparition précoce de sensibilisation spécifique dans l'intestin grêle des cholériques. *C. R. Soc. Biol.*, 1919, t. 82, p. 981.

l'intestin grêle dès les premières heures qui suivent l'imprégnation de l'organisme par l'antigène cholérique ; ce pouvoir sen-
sibilisateur de l'intestin est très énergique d'emblée. A ce même
moment la sensibilisatrice n'existe pas encore dans le sang ou
n'y existe que sous forme de traces.

De cet ensemble de faits, il résulte la notion très claire que
les procédés mis en œuvre par l'organisme pour lutter contre
le choléra sont avant tout d'ordre antibactérien ; dès lors, la
vaccination préventive au moyen de corps microbiens apparaît
comme une méthode absolument rationnelle. Les résultats
expérimentaux fournis par les deux dernières campagnes anticholériques, en Roumanie, constituent une magnifique démonstration pratique de cette affirmation.

Ce sont les résultats de cette expérience roumaine que nous
allons exposer maintenant.

II

Au cours de ces dernières années, la Roumanie eut à subir
deux attaques de choléra : la première pendant l'été de 1913,
au moment de la campagne de Bulgarie ; puis en septembre 1916 presque aussitôt après son entrée en campagne
contre les puissances de l'Europe centrale. Dans l'intervalle
des deux épidémies, c'est-à-dire pendant près de trois ans, on
ne signala aucun cas suspect en Roumanie qui resta complètement indemne pendant ce laps de temps, bien qu'elle fût
environnée de foyers cholériques sur toutes ses frontières.

Ces deux apparitions du choléra en Roumanie se rattachent
à la grande pandémie, la huitième dans l'ordre historique, qui
depuis 1904 a pénétré dans l'Europe orientale et s'y est maintenue depuis lors. L'origine de cette pandémie se trouve dans
le pèlerinage musulman de 1902 ; elle présente ceci de particulier qu'elle a suivi une voie de pénétration toute nouvelle
qui n'est ni l'antique route des caravanes de l'Afghanistan
et de la Perse, ni celle de la mer Rouge et des ports méditerra-
néens, mais bien le nouveau chemin de fer, qui du Hedjaz

mène vers Damas et Alep. De là le choléra envahit l'Asie-
Mineure d'une part, la Perse de l'autre; elle s'est depuis lors
maintenue en Asie-Mineure sous forme de foyers endémiques
qui en 1912 se propagèrent dans la péninsule balkanique à
l'occasion de la guerre turco-bulgare; d'autre part, de Perse
elle gagnait la mer Caspienne et atteignait Bakou en 1904. Le
choléra sévit avec une extrême violence en Russie de 1904 à
1909; en 1909 plus de 8.300 cas se produisirent dans la seule
ville de Pétrograd. A partir de 1909 l'épidémie russe décrut
d'intensité, tout en se maintenant jusqu'à l'époque actuelle
sous forme de foyers endémiques. A l'occasion des récents
mouvements militaires, elle subit une recrudescence, poussant
des pointes en Allemagne (camps de prisonniers russes de
Dantzig et de Königsberg) et surtout en Autriche-Hongrie où
elle fit en 1914 et 1915 de nombreuses victimes. La péninsule
balkanique relativement épargnée jusque-là fut envahie en
1912 par le choléra qu'y importèrent les troupes turques
d'Anatolie; il décima les deux armées belligérantes devant les
lignes de Tchataldja; depuis il n'a jamais quitté la péninsule
et c'est là que l'armée roumaine s'infecta en juillet 1913.

L'actuelle pandémie cholérique n'avait guère touché la
Roumanie avant 1913; quelques cas isolés s'étaient produits en
1908, 1909, 1910 et 1911 dans les ports du bas Danube (Galatz
et Braïla) et de la mer Noire (Constantza) qui ont avec la
Russie des relations journalières. Grâce à d'actives et inces-
santes mesures de surveillance, ces foyers naissants furent
toujours rapidement éteints sur place et jamais l'épidémie ne
s'étendit. En 1912 et pendant la première moitié de 1913,
aucun cas ne fut signalé en Roumanie et l'armée était absolument indemne de choléra lorsqu'elle franchit le Danube à la
fin de juin 1913.

L'armée roumaine, qui entra en Bulgarie en 1913, n'était
pas vaccinée contre le choléra; la campagne avait été décidée
presque à l'improviste et d'ailleurs les vaccinations à ce moment
n'étaient pas encore à l'ordre du jour. C'est à Vratza, dans les
Balkans, que les troupes prirent le germe de la maladie qui y
régnait depuis plusieurs mois; cinq jours après avoir traversé
cette localité, le 13 juillet, un premier cas de choléra se produisit parmi les troupes du premier corps d'armée (...ᵉ régi-

ment d'infanterie). Le même jour se produisit dans ce même régiment une véritable explosion de cas. De là l'épidémie fit très rapidement tâche d'huile parmi les hommes exténués par des marches forcées. Le 20 juillet l'on comptait déjà plus de deux mille cas. Ceux qui à cette époque ont connu l'hôpital improvisé d'Orhania ont gardé de cet enfer un ineffaçable souvenir! La situation était critique et le choléra s'étendait rapidement à l'armée entière. Dès la première alerte l'emploi systématique de la vaccination avait été décidé; mais quelques jours se passèrent avant que l'on pût parer au danger et fabriquer en hâte à Bucarest des quantités suffisantes de vaccin anticholérique. Les inoculations ne purent-être commencées que le 22 juillet. Que l'on songe aux difficultés presque insurmontables que l'on éprouva lorsqu'il s'agit d'appliquer cette méthode à des troupes en marche, manœuvrant en pays ennemi, et que pour des raisons stratégiques, faciles à comprendre, on ne pouvait immobiliser. Les circonstances permirent néanmoins de fixer sur place le premier corps d'armée où le choléra à ce moment faisait rage. Les 50.000 hommes qui le composaient furent répartis autour d'Orhania en bivouacs bien isolés les uns des autres, et vaccinés intégralement. Le résultat dépassa toutes les espérances; l'épidémie y fut arrêtée net. Nous donnons plus loin la relation de cette remarquable expérience.

Pendant ce temps, dans le reste de l'armée les vaccinations se faisaient tant bien que mal, au hasard des marches et des haltes, lorsque, les préliminaires de paix étant signés le 31 juillet, les troupes reçurent l'ordre de rebrousser chemin et de se replier sur le Danube. On put maintenir sur place jusqu'à la fin des vaccinations le premier corps et l'épidémie y était éteinte le 4 août. Mais le quatrième corps (celui de Moldavie) était gravement atteint lorsque dans sa marche en arrière il arriva sur le Danube. Que faire? Le renvoyer dans ses foyers était exposer la Moldavie à la contamination certaine; prolonger son séjour en Bulgarie était chose impossible, le retrait immédiat des troupes roumaines étant l'une des conditions de la paix. Le corps d'armée tout entier fut alors transporté sur la rive gauche du Danube, fixé sur place et mis en quarantaine aux environs de Zimnicea. Tous les hommes, au nombre d'une cinquantaine de mille, furent vaccinés; chez tous, sans exception, l'on pratiqua l'examen bactériologique des matières fécales. Les porteurs de germes étaient légion; on en trouva 12 p. 100 dans l'un des régiments. Les laboratoires arrivaient à exécuter 1.800 à 2.000 analyses de matières par jour. A mesure que le triage des porteurs de germes était terminé pour chaque unité, ces derniers étaient isolés du reste et retenus sur place; le groupe indemne était renvoyé dans ses foyers après vaccination complète. On ne levait la quarantaine pour les porteurs sains qu'après que deux nouvelles analyses pratiquées sur chacun d'eux eussent démontré qu'ils n'étaient pas contagieux.

Ces opérations de triage et de vaccinations demandèrent pour être terminées vingt-neuf jours, du 9 août au 6 septembre. On peut dire qu'aucun soldat appartenant au IV⁰ corps ne quitta Zimnicea qu'après avoir été vacciné et reconnu indemne de vibrions. On ne peut que rendre un juste hommage aux jeunes bactériologistes qui surent mener à rien ces longues et délicates opérations. Quant au résultat, voici : on ne signala dans toute la Moldavie, après la démobilisation du corps d'armée, que quatre cas de choléra; il fut constaté d'ailleurs qu'ils se produisirent chez quatre individus n'appartenant pas au corps d'armée et immigrés de points éloignés du pays. N'est-ce pas là le triomphe des méthodes de laboratoire appliquées à la prophylaxie des maladies infectieuses? Peu d'exemples sont plus démonstratifs que celui-là.

Tandis que l'on s'efforçait de la sorte à éteindre l'épidémie de choléra dans l'armée, les convois de ravitaillement et de munitions passant et repassant de la rive gauche du Danube sur la rive bulgare, faisant la navette d'un point à un autre, disséminaient la maladie et l'introduisaient en Roumanie dans la population civile. Si l'explosion brusque qui marqua les débuts de l'épidémie dans l'armée peut être mise sur le compte d'une origine hydrique, il n'est pas douteux que c'est aux porteurs sains de germes qu'est due la contamination de la population civile en Olténie et dans une partie de la Valachie. Grâce à d'énergiques mesures de vaccinations générales appliquées à la population civile dans tous les villages où l'épidémie se déclarait, on eut promptement raison de cette dernière. En novembre on signalait le dernier cas de choléra. Tel est en résumé l'historique de l'épidémie de 1913; après avoir commencé avec une extrême violence, elle était complètement éteinte, aussi bien dans l'armée que dans la population civile, moins de quatre mois après le début, si bien éteinte qu'aucun cas de choléra ne fut constaté en Roumanie pendant tout le cours des années 1914, 1915 et la première moitié de 1916.

Lorsque s'ouvrit la campagne de 1916, la Roumanie était donc indemne de choléra et constituait un îlot isolé entouré de populations et d'armées contaminées. Contrairement à ce qui s'était passé en 1913, l'armée était vaccinée presque entièrement; comme il arrive d'ordinaire en pareil cas, un certain nombre d'hommes étaient parvenus à se soustraire à la vaccination : permissionnaires, ordonnances, soldats appartenant aux colonnes de ravitaillement et échappant facilement au contrôle, gradés divers, etc..., représentant environ 8 à 10 p. 100 de l'effectif total; en outre, une division d'infanterie, la ...°, n'avait été vaccinée que très négligemment, sans doute par suite de la mollesse du commandement. Cette division, au début de la campagne, fournit un certain nombre de cas de choléra; mise au repos pendant quelques jours, après les premiers revers de l'armée roumaine, l'on profita de ce répit pour la soumettre à une vaccination générale. A partir de ce moment, elle ne présenta plus aucun cas suspect malgré le surmenage intensif auquel elle fut soumise.

C'est sur la rive droite du Danube, parmi la population civile de la Dobrogea, que le choléra apparut en septembre. Quand et par qui fut-il importé? Probablement par les troupes russes d'une part, et de l'autre par les espions bulgares qui sillonnèrent le pays en grand nombre durant les semaines qui précédèrent l'entrée en campagne, passant et repassant la frontière sans relâche. Il est certain qu'à ce moment, et avant toute apparition de cas confirmés, les porteurs sains de vibrions abondèrent dans la Dobrogea, ainsi que le démontra l'enquête bactériologique faite dès la constatation du premier cas positif.

Le choléra éclata en effet tout d'abord dans un camp de Bulgares et de Turcs dobrogiens internés à Galatz; parmi ceux-ci, un groupe de 1.200 individus appartenant à des familles aisées du district de Tulcea et qui ne fournirent d'ailleurs aucun cas de choléra, présenta néanmoins une proportion de 5 p. 100 de porteurs sains; dans le deuxième groupe de 5.500 personnes, provenant des villages du quadrilatère (Dobrogea méridionale), on constata la présence de porteurs de germes dans la proportion de 7 p. 100; c'est dans ce second groupe que le choléra éclata avec violence; l'épidémie y fut jugulée en très peu de jours par la vaccination intensive; on lira plus loin le récit détaillé de cette remarquable observation. Puis des cas de plus en plus nombreux furent signalés parmi la population dobrogienne, quelques cas isolés apparurent également parmi les troupes roumaines manœuvrant dans cette région. Ceci se passait au mois d'octobre. Cependant, les armées ennemies progressaient au sud du Danube; Constantza fut occupé; les Russes abandonnèrent la rive droite. Ce fut alors parmi les habitants de ces provinces une panique indescriptible; à ce moment commença le lamentable exode des populations dobrogiennes vers la rive gauche du Danube; on fuyait en masse devant les envahisseurs; en deux ou trois jours les routes se couvrirent de longs convois de fugitifs composés de femmes, d'enfants et de vieillards, à pied ou en charrettes à bœufs, la plupart transis et affamés roulant à flots pressés vers le Danube pour mettre le fleuve entre eux et les Bulgares; le choléra accompagnait ces troupes d'hommes en détresse et déjà les chemins de l'émigration se jalonnaient de croix et de tombes. La situation devenait critique pour la Roumanie de la rive gauche où les émigrés commençaient à affluer et à se disséminer en éventail, s'installant par familles ou par petits groupes dans les villages des districts de Braila, Ialomitza, Covurlui, Ramnicu-Sarat et Buzou; déjà çà et là, dans ces villages, on commençait à signaler des cas de choléra. L'ensemencement était en train de se faire. Il fallait agir vite et fort. Des têtes de pont sanitaires furent aussitôt établies sur le Danube à Galatz et à Braila, points de passages des réfugiés. Tout habitant de la rive droite arrivant sur la rive gauche recevait une injection massive (4 à 5 cent. cubes) de vaccin anticholérique sous la peau, et n'était admis qu'à la condition de se soumettre à cette mesure. La population des grandes villes danubiennes,

Braila et Galatz, par où s'écoulait le flot des fugitifs, fut vaccinée intégralement en quelques jours. Tous les villages où s'arrêtaient les réfugiés dobrogiens furent scrupuleusement repérés et leurs habitants vaccinés en bloc. Le personnel de nos laboratoires et hôpitaux de contagieux de campagne, concentré dans les régions menacées, y exerçait une surveillance impitoyable et ne laissait rien passer. Les troupes roumaines de l'armée de Dobrogea, à mesure qu'elles repassaient sur la rive gauche, étaient elles-mêmes revaccinées systématiquement. Les résultats furent décisifs; l'immense danger qui provenait de la dissémination du choléra par les réfugiés de la Dobrogea fut conjuré en quelques jours. Les foyers naissants furent éteints les uns après les autres. Des porteurs de germes continuèrent malgré tout à circuler assez longtemps à travers le pays; c'étaient surtout des réfugiés réduits à l'état de vagabondage, résidus de la déroute, errant misérablement de village en village, ou campant tant bien que mal en plein champ, dans les régions de Tecuci et de Marasesti, affamés le plus souvent, peu ou pas vêtus, offrant le spectacle d'une effroyable déchéance physiologique, insaisissables au milieu du désarroi général. Si pendant quelques semaines encore, on signala çà et là, dans quelques villes moldaves (Botosani, Vaslui), des cas isolés de choléra, importés par ces errants, chaque fois l'épidémie naissante fut arrêtée net par l'isolement des premiers cas et la vaccination pratiquée en bloc sur toute la population locale. Il n'y eut pas d'épidémie; on n'entendit plus parler du choléra au cours de la guerre malgré les fatigues, les privations, la misère et les épidémies intercurrentes (typhus exanthématique et fièvre récurrente). Cette belle victoire prophylactique fut due à la seule vaccination, appliquée en grand, avec ténacité, vigilance, et confiance. Telle fut la seconde épidémie roumaine; étant données les circonstances au milieu desquelles elle prit naissance, elle eût pu tourner à la catastrophe; quelques semaines suffirent pour la maîtriser complètement et le nombre total des cas, fort difficile à préciser, fut en somme très faible.

Nous allons passer maintenant à l'étude détaillée d'un certain nombre d'observations caractéristiques qui mettent pleinement en lumière la valeur de la vaccination anticholérique.

III

Nous avons fait usage pour nos vaccinations d'un vaccin polyvalent, dans la composition duquel entraient vingt-cinq races de vibrions, dont quinze provenant de l'épidémie régnante. Les émulsions vibrioniennes étaient chauffées pendant une heure et demie à 55°-56°; la concentration du vaccin était comprise entre 1/2 milliard et 1 milliard de corps microbiens par centimètre cube. On pratiquait deux inoculations successives de 2 et 4 cent. cubes à six jours d'intervalle. Dans certains cas où il fallut aller vite pour éteindre un foyer naissant, les inoculations furent de 3 et 5 cent. cubes et même parfois de 4 et 6 cent. cubes. Même à ces fortes doses, elles furent toujours supportées sans accidents autres que la réaction générale et locale bien connue. Pendant la campagne de Bulgarie de 1913, on pratiqua généralement trois inoculations successives de 1, 2, 3 cent. cubes. L'expérience aussi bien que l'expérimentation nous ont promptement démontré l'importance des fortes doses, indispensables dès qu'il s'agit d'obtenir des résultats rapides, et aussi des injections multiples, la quantité d'anticorps produits croissant avec le nombre d'inoculations successives, contrairement aux affirmations d'Aaser. Le scepticisme que j'ai rencontré chez beaucoup de médecins russes, relativement à l'efficacité de la vaccination anticholérique, provient en partie, je crois, du fait que chez eux la technique vaccinale comportait l'usage de doses trop faibles : trois inoculations successives de 0,5, 1 et 1,5 cent. cube d'un vaccin assez peu concentré. Pour revacciner un individu ayant déjà subi une dizaine de mois auparavant une vaccination complète, il suffit d'une seule inoculation de 3 cent. cubes.

Passons maintenant à l'exposé des observations caractéristiques.

Observation I (*Campagne de 1913, 1ᵉʳ corps d'armée*). — Le 1ᵉʳ corps d'armée s'infecta en passant à Vratza dans les Balkans. Le premier cas de choléra y apparut le 13 juillet 1913 dans le ...⁰ régiment d'infanterie; le même jour un grand nombre de cas apparurent dans ce même régiment. Les deux jours suivants une véritable explosion de cas se produisit dans le corps d'armée tout entier. Le 21 juillet on comptait déjà plus de 2.500 cas avec une moyenne de 300 cas nouveaux par jour. On improvisa un hôpital de cholériques à Orhania ; on arrêta sur place et l'on fit camper le corps d'armée tout entier (50.000 hommes) sur les hauteurs qui entourent cette localité, en ayant soin de bien espacer les bivouacs. La première inoculation de vaccin (1 cent. cube) fut pratiquée sur tout le corps d'armée le 21 juin, la seconde (2 cent. cubes) le 27, la troisième (3 cent. cubes) le 2 août. Entre le 21 et le 27, on nota une certaine baisse dans l'épidémie mais l'on continua à signaler 100 à 200 cas nouveaux par jour ; de même dans l'intervalle entre la seconde et la troisième inoculation, les cas nouveaux continuèrent à apparaître dans les mêmes proportions ; 120 cas nouveaux furent encore signalés la veille de la troisième injection. Le surlendemain de cette dernière, l'épidémie s'arrêta *tout d'un coup* et l'on ne signala plus que deux cas ; un cas le jour suivant, 5 août ; le 6 août la morbidité tomba à zéro. L'épidémie fut comme coupée au couteau aussitôt après la dernière inoculation. Depuis ce jour aucun cas nouveau ne s'est plus produit dans le corps d'armée, malgré les fatigues de la marche de retour et les chaleurs excessives.

Parmi les régiments de ce corps d'armée, un seul, le ...⁰ d'artillerie, avait été vacciné préventivement par son médecin dès la première menace d'épidémie (1) ; il bivouaquait aux environs d'Orhania entouré de régiments contaminés. Dans ce régiment immunisé on ne compta que trois cas de choléra et seulement chez des hommes ayant échappé à la vaccination.

Ces résultats impressionnants ont entraîné immédiatement la conviction des médecins qui prirent part à cette vaste expérience, si démonstrative. L'on observera que si une baisse appréciable se produisit dans l'ensemble du corps d'armée après la

----

(1) Ce médecin qui sauva ainsi par sa prévoyance tant de vies humaines est notre très regretté confrère et ami le Dr A. Stefanesco, qui perdit la vie le 3 novembre 1919 dans la terrible catastrophe de chemin de fer de Pont-sur-Yonne.

première vaccination, il n'y eut arrêt brusque de l'épidémie qu'après la troisième. L'on constatera d'autre part, en lisant les deux observations qui suivent et qui appartiennent à des régiments faisant partie de ce même corps d'armée, que là, il y eut arrêt brusque également : dans l'un après la seconde, et dans l'autre après la première inoculation. Cette discordance entre le résultat général et les résultats particuliers s'explique ainsi : dans l'ensemble du corps d'armée les inoculations se firent à des doses relativement faibles (1, 2, 3 cent. cubes) ; dans les deux régiments cités, grâce à l'initiative de certains médecins, les injections se firent à doses massives (3 et 5 cent. cubes dans les deux cas). L'avantage qui résulte de l'emploi des fortes doses apparaît là d'une manière frappante.

Observation II (*Campagne de 1913, ...ᵉ régiment d'infanterie*). — Ce régiment avait été particulièrement surmené par des marches forcées. Son effectif était de 4.500 hommes. Il fut violemment atteint par la maladie dès le début de l'épidémie. En dix jours il présenta 386 cas de choléra avec 166 morts. Le deuxième jour de l'épidémie tous les hommes reçurent une première injection de 3 cent. cubes de vaccin ; une seconde injection de 5 cent. cubes six jours après la première. Dans l'intervalle des deux injections les cas nouveaux se produisirent sans discontinuer et l'on ne signala aucune baisse dans leur nombre. Huit jours exactement après la première inoculation (deux jours après la deuxième) l'épidémie s'arrêta brusquement et le nombre de cas tomba d'un coup à zéro. Aucun cas nouveau ne se produisit par la suite.

Observation III (*Campagne de 1913, ...ᵉ régiment d'infanterie*). — Le régiment fut atteint dès le début de l'épidémie et présenta pendant les premiers jours 280 cas de choléra avec 120 morts.

Les vaccinations commencèrent au troisième jour de l'épidémie par une première inoculation de 3 cent. cubes. Les jours suivants, les cas nouveaux continuèrent à se produire dans la proportion d'une trentaine par jour. Au sixième jour après la première injection, il y eut un arrêt brusque de la maladie. La deuxième injection de 5 cent. cubes eut lieu le lendemain. Plus un seul cas ne se produisit dans la suite sauf chez un capitaine qui seul de son régiment avait refusé obstinément de se laisser vacciner. Avant de mourir, il reconnut son erreur et déclara mourir par sa faute.

OBSERVATION IV (*Campagne de 1913, ...ᵉ régiment d'infanterie*). — Ce régiment atteint dès le commencement de l'épidémie présenta pendant les premiers jours 270 cas de choléra avec 28 morts. Le quatrième jour après le début de la maladie les hommes furent vaccinés à la dose de 2 cent. cubes. Les trois jours qui suivirent la première inoculation furent marqués par une augmentation sensible de la morbidité et de la mortalité. La deuxième injection fut pratiquée six jours après la première à la dose de 4 cent. cubes. Quatre jours après cette dernière l'épidémie s'arrêta presque complètement. Cependant on constata encore deux cas nouveaux pendant les quatre jours suivants. Plus un cas ne se produisit à partir du neuvième jour qui suivit la seconde inoculation.

Cette observation est instructive à plus d'un point de vue. Notons d'abord l'aggravation de la morbidité qui suivit la première inoculation. Cette aggravation fut observée dans d'autres régiments encore par différents médecins et ramena l'attention sur la question controversée de la « phase négative » et du danger qu'il y a à vacciner en milieu épidémique. Nous reviendrons sur ce point à la fin de ce travail. D'autre part notons ceci : les doses employées dans ce régiment ne furent ni les doses relativement faibles employées dans l'ensemble du corps d'armée, ni les doses fortes signalées aux observations II et III. Il s'agit ici de doses intermédiaires ; les résultats furent intermédiaires également. L'épidémie s'arrêta presque complètement après la seconde inoculation, mais non pas avec ce caractère de soudaineté que l'on constate dans les deux observations précédentes.

OBSERVATION V (*Campagne de 1913, ...ᵉ régiment de cavalerie*). — Le dépôt de ce régiment comprenant 180 hommes était caserné à Turnu-Magurele sur le Danube. Tous les hommes du dépôt furent vaccinés contre le choléra, sauf 4 (tous quatre ordonnances d'officiers). Il se produisit trois cas de choléra parmi les hommes du dépôt, tous trois parmi les quatre hommes non vaccinés ; aucun cas parmi les autres.

OBSERVATION VI (*Campagne de 1913, ...ᵉ régiment d'infanterie*). — Dès le début de l'épidémie le commandant s'était opposé formellement à ce que son régiment fût vacciné. Ce régiment présenta un nombre exceptionnellement élevé de porteurs de germes : 12 p. 100 à son arrivée à Zimnicea. Il renfermait une proportion considérable de soldats israélites (au nombre de plus de 200) qui exigèrent la vaccination, chose qui leur fut accordée. Le résultat fut le suivant : aucun cas de choléra ne se produisit par la suite parmi les soldats israélites ; il y eut plus de 450 cas dans le reste du régiment.

Cette observation a la valeur d'une véritable expérience de laboratoire.

. OBSERVATION VII (*Campagne de 1916, ... camp d'internés de Galatz*). — Au commencement de la campagne 1916, alors que l'on avait encore signalé en Roumanie aucun cas de choléra, un groupe de 6.700 Bulgares et Turcs, de tout âge et de toute condition, habitant la Dobrogea, avait été réuni à Galatz pour être interné dans un camp de concentration ; 5.500 d'entre eux avaient été installés provisoirement à bord de chalands sur le Danube en face de la ville dans des conditions d'hygiène insuffisantes. Ils avaient été amenés à Galatz, par eau, le 6 septembre ; en cours de route un cas de mort suspect s'était produit ; deux autres cas mortels survinrent le 12 septembre, deux autres encore le 17. C'est à ce moment seulement que l'attention des autorités sanitaires fut éveillée. Une rapide enquête démontra qu'il s'agissait de choléra. Le 19, l'épidémie fit explosion et 42 cas de choléra se produisirent ce jour-là. A partir de ce moment l'épidémie s'installa et chaque jour l'on signalait de 40 à 52 cas nouveaux. Des mesures immédiates furent prises. Le groupe entier des internés fut débarqué à Galatz le 21 septembre et installé dans une spacieuse caserne aménagée à cet effet ; trois pavillons furent réservés : l'un pour l'isolement des cas confirmés, l'autre pour l'isolement des malades suspects. Le troisième fut destiné à recevoir les porteurs sains de germes au fur et à mesure que s'accomplissaient les opérations de triage.

Le triage des porteurs de germes ainsi que les inoculations commencèrent aussitôt. L'on pratiqua l'examen des matières fécales du groupe tout entier ; la proportion des porteurs sains fut de 7 p. 100 pour le groupe de 5.500 personnes débarquées des chalands ; ils furent isolés du reste du groupe. Ce triage terminé on le recommença une seconde fois après la fin des vaccinations pour le groupe de ceux qui avaient été reconnus

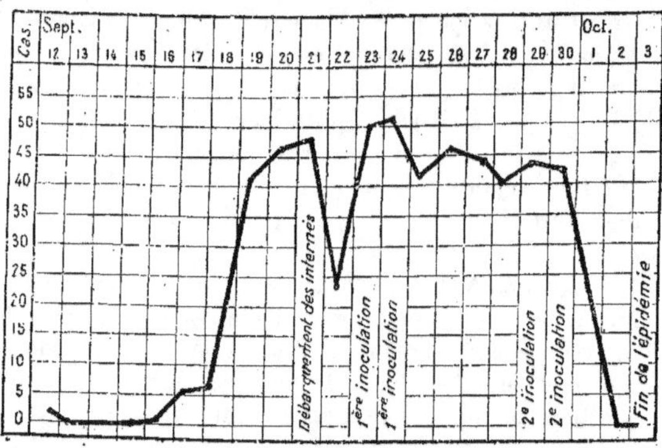

Campagne de 1916, ... camp d'internés de Galatz.

indemnes ; cette revision permit de retrouver quelques porteurs de germes qui avaient échappé à un premier examen.

Cependant les cas de choléra ne discontinuaient pas : une baisse sensible s'était produite le jour de l'encasernement des internés, probablement du fait qu'ils avaient été installés dans des conditions de confort meilleures. Mais dès le lendemain l'épidémie reprenait son cours. La mortalité était de 75 p. 100 sur le nombre total des malades et portait dans la proportion de 3/4 sur les internés turcs, plus sensibles au choléra que les Bulgares.

La première série d'inoculations pour le groupe tout entier se fit le 23 et le 24 septembre avec 2 cent. cubes de vaccin. Aucune amélioration générale ne fut notée pendant les jours qui suivirent immédiatement ; aucune aggravation non plus ; la seconde série d'inoculations eut lieu le 29 et le 30. Le 30 l'on

signala encore 37 cas nouveaux. Le surlendemain, 2 octobre,
l'épidémie s'arrêta brusquement et tomba à zéro. Plus aucun
cas ne se reproduisit dans la suite.

Cette observation si démonstrative gagne encore en intérêt,
lorsque l'on suit le sort ultérieur de ces internés turco-bulgares.
Maintenus pendant plusieurs semaines encore dans leur caserne,
un mois après l'extinction totale du choléra, une brusque épidémie d'entérite accompagnée de fièvre et de diarrhée se
déclara parmi eux. Il y eut 150 malades et 8 morts. Chez
aucun de ces malades on n'isola de vibrions cholériques; les
recherches faites à l'autopsie demeurèrent également négatives.
Le tableau clinique et anatomo-pathologique n'avait rien de
commun avec celui du choléra. Il s'agissait de cas d'intoxication
alimentaire consécutifs à l'usage d'aliments avariés. Cette épidémie s'arrêta rapidement par les traitements usuels et aucun
cas de choléra ne se produisit à cette occasion. Plus tard, par
suite de l'avance des armées ennemies, tout le groupe des
internés fut transporté dans le nord de la Moldavie; le transport s'effectua par un froid rigoureux dans des conditions de
confort détestables. Dans leur nouveau séjour ces internés
payèrent un lourd tribut aux épidémies intercurrentes, typhus
exanthématique et fièvre récurrente. Malgré ces misères le
choléra ne reparut plus jamais parmi eux; jamais les examens
bactériologiques répétés ne révélèrent la présence de porteurs de
germes. La vaccination avait définitivement protégé leur organisme contre l'infection vibrionienne.

Observation VIII (*Campagne de 1916, …ᵉ régiment d'infanterie.* — Au début de septembre, 1.200 recrues quittent la ville
de Slatina où l'on n'avait signalé jusque-là aucun cas de choléra.
Ils s'embarquèrent pour Galatz, dans un train qui venait
d'amener des contingents russes; ceux-ci avaient souillé les
wagons de toute façon et le train était dans un état de malpro-
preté peu ordinaire. On n'eut pas le temps de le désinfecter
avant l'embarquement des recrues. Après l'arrivée de ces dernières à Galatz, un cas de choléra se produisit parmi elles, exactement quatre jours après le départ. Un examen sommaire pratiqué aussitôt sur quelques-uns des hommes pris au hasard fit
découvrir la présence de porteurs de germes. Le lendemain se

produisirent trois nouveaux cas mortels; le surlendemain sept cas mortels. L'épidémie croissait rapidement. Ce jour même l'on pratiqua chez tous les hommes une première injection massive avec 4 cent. cubes de vaccin et trois jours après une deuxième injection avec 6 cent. cubes de vaccin; trois nouveaux cas mortels se produisirent dans cet intervalle de trois jours. L'épidémie s'arrêta brusquement le jour de la seconde inoculation. Aucun cas nouveau de choléra ne se produisit dans la suite. Les doses massives avaient jugulé l'épidémie. Ce fut seulement le lendemain de la seconde inoculation, alors que l'on avait paré au danger, que l'on pratiqua systématiquement l'examen microbiologique des matières fécales chez tous les hommes; on isola le vibrion cholérique chez 145 d'entre eux; ce qui donna une proportion de 12 p. 100 de porteurs de germes.

Notons dans cette observation : 1° le temps d'incubation que l'on doit estimer à trois ou quatre jours, le régiment s'étant probablement infecté dès le premier jour de son embarquement; 2° la rapidité avec laquelle ont agi les doses massives, puisque l'épidémie était arrêtée trois jours après la première inoculation; 3° l'inocuité des doses massives, bien que l'on eût mis un intervalle de trois jours entre la première et la seconde injection.

OBSERVATION IX (*Campagne de 1916, Hôpital de contagieux de campagne N° 2*). — Pendant l'épidémie de typhus exanthématique, alors que le choléra avait disparu de l'armée roumaine, cet hôpital soignait des militaires atteints de typhus appartenant indifféremment aux armées roumaine et russe; les malades des deux armées alliées étaient confondus dans les mêmes salles. Les Roumains étaient vaccinés contre le choléra; les Russes ne l'étaient pas. Un typhique russe, entré probablement en incubation de choléra, fit, étant à l'hôpital, une attaque de choléra mortelle; pendant les jours qui suivirent de nombreux cas de choléra éclatèrent parmi les malades ou convalescents russes avec une mortalité de 40 p. 100. L'examen microbiologique des matières fécales pratiqué chez tous les malades de l'hôpital décela la présence du vibrion cholérique chez un très grand nombre d'entre eux, russes ou roumains. Seuls les Russes furent atteints de la maladie; aucun cas, même suspect, ne se produisit parmi les Roumains, sauf chez un sergent sanitaire qui, ainsi que le démontra l'enquête, avait réussi à se soustraire à la vaccination préventive. Observation des plus démonstratives, présentant elle aussi toute la valeur d'une expérience de laboratoire (1).

OBSERVATION X (*Campagne de 1916, hôpital de contagieux de campagne N° 5*). — A Vaslui, le choléra éclata dans un dépôt de 750 réfugiés et vagabonds appartenant à cette classe d'errants sillonnant les routes, qui furent si nombreux au moment de la déroute ; 53 cas de choléra se produisirent dans ce dépôt, et l'on constata la présence de 130 porteurs de germes parmi ceux qui ne furent pas atteints. Malades et porteurs de germes furent isolés dans l'aile vide d'une caserne dont l'autre aile était occupée par de vieux réservistes au nombre de 550 mélangés à quelques jeunes recrues. L'isolement ne fut pas étanche ; il y eut contact entre les porteurs de germes et les soldats occupant la caserne : en effet 7 cas de choléra ne tardèrent pas à se produire parmi ces derniers. Une enquête minutieusement faite nous démontra qu'aucun cas de choléra ne se produisit parmi les réservistes qui tous avaient été vaccinés et que les sept malades étaient des recrues qui n'avaient pas encore subi la vaccination.

OBSERVATION XI. — Au début de la campagne de 1916, nous eûmes à déplorer au laboratoire, où nous préparions les vaccins, la mort, par suite d'une attaque de choléra suraiguë, d'un vieux garçou de laboratoire, employé à la stérilisation des ballons ayant contenu les cultures. Tout notre personnel avait été vacciné préventivement. Après enquête, nous apprîmes que le garçon en question avait réussi à se soustraire à la vaccination au su de tous ses camarades qui n'avaient pas voulu le dénoncer.

(1) Cette association du typhus exanthématique et du choléra a été observée à plusieurs reprises au début de la campagne. Quand le choléra éclate chez un typhique à la période d'état, le tableau clinique du choléra se substitue à celui du typhus : chute brusque de la température dès le début des symptômes cholériques, algidité, cyanose, diarrhée classique, crampes. Tous les cas de choléra survenus en pleine période d'état du typhus ont été mortels.

Les quelques observations qui précèdent suffisent par leur netteté pour établir solidement la haute valeur des vaccinations anticholériques. Les résultats d'une vaccination consciencieusement appliquée sont d'une évidence telle que l'on a peine à s'expliquer le scepticisme tenace dont fait preuve E. Friedberger dans un travail récent (1), où il se trouve d'ailleurs en contradiction avec l'opinion généralement professée en Allemagne par les expérimentateurs qui se sont occupés de la vaccination anticholérique. Friedberger doute que la diminution de la morbidité au cours d'une épidémie de choléra puisse être due à la vaccination. Pour être convaincu du contraire il suffit de se reporter aux observations citées plus haut et de constater à quel point les individus vaccinés préventivement sont devenus réfractaires au choléra, qui atteint par contre les individus témoins. Les observations 5, 6, 9 et 10 sont, à ce point de vue, absolument caractéristiques.

Et maintenant nous possédons des éléments suffisants pour répondre à la question souvent posée : Faut-il vacciner contre le choléra en plein foyer épidémique? N'y a-t-il pas lieu de redouter que la vaccination, en sensibilisant l'organisme en puissance de germes, ne déclenche l'attaque de choléra? La résistance de l'individu qui vient d'être inoculé ne passe-t-elle pas pendant les premiers jours par une phase négative qui l'expose plus qu'un autre au danger de l'infection?

Cette phase négative, qui théoriquement devrait correspondre à un abaissement momentané de la teneur du sang en anticorps spécifiques, n'existe pas, si l'on s'en rapporte à l'expérimentation sur l'homme et les animaux. MM. Lupu et Balteano, dans un travail déjà cité, ayant suivi jour par jour l'évolution des anticorps du sang chez des soldats en voie de vaccination, ont constaté que ces anticorps (agglutinines, précipitines, sensibilisatrice) ne baissent pas, du moins d'une façon appréciable, dans le sang, à l'occasion d'une nouvelle injection sous-cutanée d'antigène. Une constatation analogue fut faite par G. Bessau et B. Paetsch (2) chez des lapins vaccinés contre le choléra;

(1) E. FRIEDBERGER. *Zeitschr. f. Immunitätsforschung*, I. Origin. 1919, p. 119 et 185.

(2) G. BESSAU et B. PAETSCH. Ueber die negative Phase. *Centr. f. Bakt.*, I. Origin. t. **63**, p. 67.

chez ces animaux, ni les agglutinines ni les bactériolysines du sérum ne semblent diminuer à la suite d'une nouvelle injection intraveineuse d'antigène. Peut-être la conclusion qui consisterait à déduire de là la non-existence d'une phase négative dépasse-t-elle les conditions de l'expérience. Si, comme cela semble probable aujourd'hui, l'immunité active contre le choléra est avant tout une immunité de l'intestin grêle, il est possible qu'une injection d'antigène cholérique détermine passagèrement une atténuation de cette immunité locale. Nous manquons à ce point de vue de données expérimentales et c'est là un point qu'il sera intéressant d'éclaircir. Certains faits d'observation tendent à prouver qu'il pourrait en être ainsi. Plusieurs médecins affirment avoir observé au cours des vaccinations pratiquées pendant la campagne de Bulgarie une augmentation du nombre et de la gravité des cas de choléra pendant les deux à trois jours qui suivirent immédiatement la première injection vaccinale. Notre observation N° 4 parle dans le même sens. Je puis citer l'observation de deux femmes, en apparence bien portantes, qui, ayant reçu une injection de 2 cent. cubes de vaccin, firent, l'une six heures, l'autre dix heures après l'inoculation, une attaque sévère de choléra. Ces femmes étaient sans doute en état d'incubation ; il n'en est pas moins vrai que l'inoculation semble avoir déclenché chez elles l'infection latente. Par quel mécanisme ? Nous l'ignorons. Le vaccin cholérique, en vertu de son entérotropisme, détermine une irritation et une congestion de la muqueuse de l'intestin grêle. L'expérimentation chez le cobaye le démontre. Au cours de la « maladie vaccinale » chez l'homme on note parfois des crampes intestinales légères. Or toute irritation de la muqueuse intestinale peut ouvrir une porte à l'invasion vibrionienne. Il n'est donc pas impossible théoriquement que la « phase négative » existe, jusqu'à un certain point, pour l'intestin. Mais dans la pratique il n'y a pas lieu d'en tenir compte et les accidents restent malgré tout absolument exceptionnels. Un premier point est à relever : Si parfois l'on a eu l'occasion de noter des réactions de ce genre après l'emploi de doses moyennes de vaccin, jamais nous ne les avons observées à la suite d'injections massives. L'observation n° 8 est à ce point de vue caractéristique : On n'a pu relever rien de semblable parmi les 1.200 hommes inoculés avec 4 et 6 cent. cubes de vaccin, malgré la proportion considérable (12 p. 100) de porteurs de germes que renfermait le groupe. Pendant l'épidémie de 1913, MM. Slatineano et Jonesco Mihaiesti (1) ont systématiquement expérimenté les effets du vaccin sur un groupe de 375 porteurs sains de vibrions. Aucun de ces hommes ne manifesta, au cours des vaccinations, de phénomènes réactionnels autres que les manifestations classiques de la maladie vaccinale ; aucun ne prit le choléra. Ces expérimentateurs ont pu d'ailleurs établir, en suivant pendant plusieurs jours leurs sujets d'expérience, que la vaccination n'exerçait aucune action sur l'élimination des germes. N'oublions pas que l'une des conséquences les plus caractéristiques des vaccinations pratiquées en plein foyer épidémique est la soudaineté dans l'arrêt de l'épidémie quelques jours après l'injection du vaccin. Le résultat général des vaccinations anticholériques est là pour nous prouver que, loin de s'arrêter à de vaines considérations théoriques, il est *nécessaire* de pratiquer les vaccinations même en plein foyer épidémique. La guérison de l'épidémie est à ce prix, à condition toutefois, comme il est de règle de le faire, d'exclure de la vaccination les individus atteints de lésions évidentes du myocarde, du foie ou des reins. Il serait tout aussi absurde de renoncer, pour des craintes hypothétiques, à la sérothérapie antidiphtérique par crainte des accidents anaphylactiques. La leçon de choses qui se dégage de toute l'histoire les vaccinations anticholériques est qu'en médecine aucune théorie, si séduisante fût-elle, ne vaut une bonne expérience.

*   *

Les conclusions pratiques de ce travail sont les suivantes :

1° L'efficacité de la vaccination préventive contre le choléra au moyen de corps microbiens chauffés est certaine. Il n'existe pas de méthode plus sûre pour mettre l'individu à l'abri de l'infection cholérique; il n'en existe pas de plus sûre non plus pour éteindre sur place un foyer naissant. La caractéristique de son action dans ce dernier cas est la soudaineté avec laquelle

---

(1) A. Slatineano et C. Jonesco Mihaiesti. *C. R. Soc. Biol.*, t. **76**, 1914, p. 698.

l'épidémie est arrêtée, à la condition expresse que les inoculations aient été pratiquées à doses suffisantes ;

2° L'emploi de fortes doses s'impose et les résultats obtenus diffèrent considérablement selon les quantités de corps microbiens injectés ; trois à quatre milliards de corps microbiens sont nécessaires pour réaliser une solide vaccination préventive. Pour éteindre rapidement un foyer naissant, il est utile d'inoculer de quatre à cinq milliards de corps chauffés, sans craindre de réduire à quatre ou cinq jours l'intervalle entre deux vaccinations successives ;

3° Si, théoriquement, la question de la phase négative n'est pas encore résolue, dans la pratique l'expérience nous enseigne à n'en pas tenir compte. Il faut vacciner en milieu épidémique. C'est la condition *sine qua non* pour éteindre rapidement une épidémie ;

4° L'immunité locale de l'intestin joue, dans la défense de l'organisme, un rôle considérable. Elle semble se constituer dans cet organe avant d'apparaître dans la circulation générale.

CONSIDÉRATIONS

SUR LES THÉORIES DE LA COAGULATION DU SANG

par le Dr Jules BORDET

(Institut Pasteur de Bruxelles).

Bien que se prêtant particulièrement à l'analyse, puisqu'il s'accomplit *in vitro*, le phénomène de la coagulation n'a pas encore, malgré les travaux innombrables dont il a été l'objet, livré entièrement son secret.

En collaboration souvent avec M. Gengou ou M. Delange, nous avons, comme beaucoup d'autres, tenté de l'élucider, l'explication d'ailleurs partielle que nous jugeons la plus plausible différant assez sensiblement de celles que divers auteurs proposent de leur côté. Il est bon à certains intervalles de résumer la question, en la discutant dans un bref aperçu d'ensemble où l'on coordonne les notions acquises. Je ne rappellerai ici que les faits essentiels.

Chacun le sait, la coagulation du sang consiste dans l'organisation, en trabécules de fibrine, des particules colloïdales de fibrinogène, lequel, comme Frédéricq l'a montré en 1877, préexiste dans le plasma circulant. *In vivo*, le plasma est un milieu colloïdal équilibré dont les constituants se maintiennent à l'état dispersé. Lorsque le sang s'épanche, l'influence déterminante première qui par l'intermédiaire de phénomènes successifs provoque la séparation, sous forme solide, du fibrinogène, c'est souvent le mélange avec le suc de la plaie, lequel contient des principes très actifs. Mais c'est là un facteur surajouté, et nous considérerons de préférence ici la coagulation du sang pur, en d'autres termes celle qu'il subit exclusivement par ses propres moyens. Une influence déterminante essentielle de cette coagulation autonome, c'est le contact d'un corps étranger, qui, tel le verre, n'agit que par sa présence, puisqu'il ne libère aucune substance soluble. Le contact, facteur externe, déclenche l'activité des facteurs internes propres au sang, et c'est ainsi qu'apparaît le principe directement coagulant, le fibrinferment ou thrombine, qu'on trouve dans le sérum issu du caillot, mais qui, comme Schmidt l'a montré, ne se rencontre pas, en dose efficace tout au moins, dans le plasma encore liquide. On distingue donc, dans le phénomène total de la coagulation, plusieurs phases ; le problème principal est en somme celui de l'apparition de la thrombine, le rôle du fibrinogène étant purement passif.

On peut extraire le fibrinogène du plasma et l'obtenir ainsi à un état de pureté approchée ; mais, insistons sur ce point, on ne doit jamais perdre de vue la notion de l'extrême complexité de la composition du sang ; ce que le physiologiste étudie essentiellement, ce n'est pas la coagulation du fibrinogène pur, c'est celle du fibrinogène plongé dans une ambiance. Les colloïdes du sang sont unis entre eux par les liens multiples et délicats de l'adhésion moléculaire ; le sang possède une tension osmotique déterminée ; il contient des sels alcalins ; or l'influence de la tension osmotique ou de la réaction sur la production de la thrombine est manifeste ; d'autre part, le fibrinogène que l'on extrait et tente de purifier se montre plus soluble en présence de traces de sels alcalins que dans la solution neutre de chlorure sodique ; il y a lieu de penser que certains colloïdes contribuent à le maintenir à l'état dispersé, tandis que d'autres éléments en suspension favorisent son agrégation en fibrine. Il faut tenir compte de toutes les influences.

Techniques fondamentales et facteurs de la coagulation.

Le sang de nombreux animaux de laboratoire se coagulant promptement, il y a indication formelle à ralentir le phénomène afin d'en saisir mieux les différentes phases et il importe surtout de pouvoir arrêter le processus à des moments déterminés de son évolution. L'investigation fournit bientôt une série de constatations, essentielles non seulement par leur signification propre et immédiate, mais aussi parce qu'elles ouvraient

de précieuses possibilités techniques aux recherches ultérieures. On put ainsi séparer les facteurs en jeu et déterminer
comment et quand ils interviennent.

L'abaissement de la température ralentit la coagulation ; on
peut avec succès faire intervenir le froid surtout lorsqu'il s'agit
d'animaux (cheval), dont le sang ne se coagule pas très vite
même à la température ordinaire. On réussit à séparer ainsi,
par centrifugation, le plasma et les cellules ; mais cette technique ne se prête guère à une analyse plus pénétrante.

L'élévation de la tension osmotique qu'on détermine en ajoutant au sang au sortir de l'artère une quantité suffisante de sel,
tel que le sulfate magnésique ou le chlorure sodique, prévient
la coagulation (Hewson, Schmidt). Les plasmas salés que l'on
obtient ainsi par centrifugation ont rendu de grands services,
surtout celui qu'on se procure par addition de chlorure sodique
(3 à 5 p. 100). Ce sel étant un élément normal de l'organisme,
il suffit de diluer le plasma dans la quantité voulue d'eau distillée pour obtenir un liquide susceptible de coagulation spontanée et qui ne renferme pas de matière étrangère au sang.

La découverte d'Arthus et Pagès eut une influence décisive :
l'ion calcique est nécessaire à la coagulation. L'addition au sang
au sortir de l'artère de sels décalcifiants tels l'oxalate sodique
(1 ou 2 p. 1.000), le fluorure sodique, le citrate sodique (1),
enlève au sang le pouvoir de se coaguler spontanément, mais
la recalcification ultérieure (CaCl^2) restitue au sang et généralement aussi au plasma qu'on en a séparé par centrifugation
l'aptitude à se prendre en masse par ses propres moyens.

On peut aussi prévenir la coagulation en substituant au contact actif et habituel du verre, corps mouillable, celui d'un
solide dont, si l'on peut s'exprimer ainsi, le sang ou le plasma
ne perçoit guère la présence. Freund a vu que le sang recueilli
dans un vase enduit d'huile ou de vaseline ne se coagule que
fort lentement ; la paraffine surtout convient bien ; ces corps se

---

(1) SABBATANI a montré que le citrate s'oppose à l'ionisation des sels
calciques. Il entrave notamment leur précipitation par l'oxalate. Le citrate
sodique étant inoffensif, HUSTIN (1911) l'a utilisé pour assurer l'incoagulabilité
du sang destiné à la transfusion. Ultérieurement, KLINGER et STIERLIN (*Corr.
Blatt. f. Schweizer Aerzte*, 1917) ont montré que le citrate disparaît rapidement du sang, de telle sorte que promptement le sang transfusé selon le
procédé de Hustin redevient en quelque sorte, dans l'organisme, du sang
normal.

distinguent en ce qu'ils sont difficilement mouillables. Bordet et Gengou ont signalé qu'on réussit parfois, en employant pour la saignée et la centrifugation des tubes paraffinés, à maintenir pendant plus de vingt-quatre heures du plasma de lapin à l'état fluide, ce liquide se coagulant d'ailleurs promptement lorsqu'on le transvase dans un tube ordinaire. La paraffine toutefois ne satisfait en général qu'imparfaitement à la condition requise : fréquemment elle finit par se laisser mouiller, elle agit alors comme un contact (1).

Le sang de certains animaux se prête à la séparation des cellules et du plasma sans qu'on soit forcé de recourir ni à la décalcification, ni à la paraffine : Delezenne a montré que le sang des oiseaux ne se coagule qu'avec une lenteur extrême si l'on a soin de pratiquer la saignée de façon à empêcher toute pénétration, dans le sang, de débris de tissus et notamment du suc qui s'exsude de la plaie opératoire (2). Vu l'extrême activité coagulante que ce suc manifeste chez les animaux les plus divers, cette précaution est d'ailleurs toujours indispensable, quelle que soit l'espèce en expérience, car il ne faut pas confondre, dans l'étude du déterminisme de la coagulation, les facteurs propres au sang avec ceux qui lui sont étrangers.

Le plasma d'oiseau qu'on se procure conformément aux indications de Delezenne ressemble autant qu'il est possible au plasma circulant. Le plasma oxalaté répond d'ailleurs aussi, d'une façon satisfaisante, à cette condition si désirable, laquelle est mieux remplie encore si les plasmas dont il s'agit sont obtenus par centrifugation en tube paraffiné. Les cellules sanguines, et notamment les plaquettes, éléments pourtant fort délicats, se conservent bien en milieu oxalaté, comme l'ont montré divers auteurs, notamment Pringle et Tait, Aynaud. On peut donc présumer que les plasmas en question, séparés par une énergique centrifugation, ne se sont guère chargés de

(1) Il convient de tenir compte de ce que la paraffine se laisse mieux mouiller par le sang ou le sérum que par l'eau. Ce fait est dû à l'adsorption sur la paroi, de certaines matières, probablement albuminoïdes, qui constituent ainsi un mince enduit mouillable par l'eau. On constate, en effet, qu'une paroi de paraffine que le sérum est parvenu à mouiller (donnant lieu ainsi à un ménisque concave) reste mouillable par l'eau, même après un rinçage soigneux, à moins qu'on ne frotte la surface et qu'on n'enlève de cette façon le dépôt qui conférait l'adhésion pour l'eau.

(2) Le sang des poissons se comporte semblablement.

principes propres aux éléments cellulaires et qui, normalement, y restent confinés. *A priori*, on ne saurait en dire autant
des plasmas salés. Il est bien vraisemblable que la forte concentration saline, fort préjudiciable aux cellules, puisse avoir
pour effet d'en extraire certaines substances : c'est ce qu'on
peut d'ailleurs démontrer pour ce qui concerne l'un des générateurs de la thrombine, dont il sera question plus loin, et qui
est le cytozyme.

Le contact d'une paroi mouillable, les sels solubles de
calcium, sont des facteurs de coagulation : il suffit, pour
empêcher le phénomène, de les éliminer. On conçoit qu'on
arrive au même résultat en absorbant la thrombine ou les
substances mères dont celle-ci dérive.

C'est ce que Bordet et Gengou reconnurent en étudiant
divers précipités chimiquement inertes, notamment le sulfate
de baryte et le fluorure calcique, lesquels manifestent pour les
principes dont il s'agit une affinité d'adsorption très prononcée
et les mettent ainsi hors de cause (1). Comme Bordet et Delange
le constatèrent ultérieurement, le précipité gélatineux de
phosphate tricalcique agit de cette façon avec une extrême
énergie ; le sang mélangé au sortir de l'artère à une petite
quantité de ce précipité reste fluide, la centrifugation fournissant un plasma parfaitement stable. Le plasma oxalaté, additionné d'une trace de précipité qu'on élimine ensuite par centrifugation, n'est plus coagulable par recalcification; ce plasma
« phosphaté » se prête à d'instructives expériences.

Ces procédés divers qui permettent l'obtention de plasmas
fluides peuvent, cela va sans dire, être concurremment mis en
œuvre. Par exemple, pour obtenir du plasma oxalaté, on
emploie un tube à saigner paraffiné, et l'on mélange le sang au
sel décalcifiant en tube également paraffiné. Il est bon de
recueillir et de centrifuger en tube paraffiné, et de préférence

---

(1) C'est en tenant compte de ce fait que Bordet et Gengou (*Ann. I. P.*, 1903)
purent expliquer les propriétés singulières du plasma fluoré qu'on obtient
en centrifugeant du sang additionné, au sortir de l'artère, d'environ 3 p. 1.000
de fluorure calcique. Arthus et Pagès avaient reconnu que ce plasma,
contrairement au plasma oxalaté, n'est pas coagulable par recalcification. Le
fait est dû précisément à la production à ce moment de fluorure calcique en
quantité qui suffit à réaliser l'adsorption d'un des générateurs de la thrombine. Le précipité de CaFl² absorbe aussi la thrombine elle-même : il enlève
au sérum son pouvoir coagulant.

en faisant intervenir une température basse, le sang d'oiseau que, conformément aux recommandations de Delezenne, on a préservé de tout mélange avec le suc de la plaie.

Ayant réussi grâce à ces procédés à séparer le plasma des cellules, il faut tenter d'aller plus loin en soumettant à l'analyse tant l'élément cellulaire que l'élément plasmatique. Chez les mammifères tel le lapin, la légèreté remarquable des plaquettes, signalée par Mosen en 1893, permet de les isoler aisément : on centrifuge tout d'abord le sang oxalaté à vitesse modérée, on décante le plasma surnageant trouble qui ne contient plus que des plaquettes, dont on peut ensuite provoquer la sédimentation grâce à une centrifugation cette fois très énergique et prolongée ; le dépôt peut naturellement être lavé ensuite à la solution physiologique légèrement oxalatée. Il était d'autant plus important de pouvoir isoler les plaquettes que ces éléments jouent un rôle de premier ordre dans la coagulation. Quant au plasma, une des influences auxquelles on songe tout d'abord en vue de réaliser la dissection des facteurs de la coagulation, c'est celle du chauffage ménagé. Le fibrinogène est précipitable à 56° sous forme de flocons qui ne se redissolvent pas par refroidissement : il est donc mis entièrement hors de cause, le plasma ainsi traité n'est plus coagulable. Malheureusement, la thrombine, au moins en milieu plasmatique ou sérique, n'est guère plus résistante ; l'un de ses générateurs (prothrombine ou prosérozyme) est également très vulnérable ; la chaleur n'est donc pas un agent bien utile. Par contre, le sel marin à l'état concentré est précieux. Le fibrinogène est intégralement précipitable à saturation de chlorure sodique et se sépare déjà au moins partiellement à demi-saturation. Partant de plasma oxalaté, Hammarsten a pu ainsi, en précipitant le fibrinogène par le chlorure sodique, le dissolvant ensuite pour le reprécipiter, et répétant cette technique un certain nombre de fois, obtenir une solution dite pure de fibrinogène en liquide légèrement salé. A vrai dire, le fibrinogène ainsi préparé ne se maintient d'habitude pas longtemps en solution lorsque le milieu est neutre. Il se sépare lentement sous forme de flocons ou même se coagule ; Nolf a montré que le produit est plus stable si l'on a eu soin d'y introduire une trace de carbonate sodique : l'alcalinité favorise la dissolution du

fibrinogène. Même dans ces conditions la coagulation spontanée
peut apparaître au bout d'un certain temps; on explique souvent ce fait en disant qu'en se précipitant le fibrinogène a
entraîné une trace de thrombine ou de ses générateurs, dont on
ne peut le débarrasser. Mais il n'est pas certain que cette interprétation soit exacte. En principe on ne saurait affirmer que la
thrombine soit l'unique agent capable de provoquer la coagulation du fibrinogène. Les recherches récentes de Gratia (1)
démontrent que certains microbes possèdent également ce pouvoir ; Arthus (2) a reconnu d'autre part que le venin de certains
serpents manifeste une énergie coagulante extrême vis-à-vis de
plasmas incoagulables spontanément et même à l'égard de la
solution pure de fibrinogène. Il se peut bien au surplus que la
tendance à la coagulation soit véritablement inhérente au fibrinogène, et qu'il puisse la manifester plus aisément lorsque
certains constituants du plasma, auxquels il est normalement
mélangé, ont été écartés ; il se peut bien aussi, par contre, que
d'autres constituants du plasma, non identiques à la thrombine, mais très disposés eux-mêmes à se séparer du liquide,
accompagnent le fibrinogène qu'on précipite, se retrouvent
avec celui-ci dans la solution aqueuse, et communiquent au
produit obtenu une instabilité particulière, c'est-à-dire favorisent nettement la tendance propre du fibrinogène au floccon-
nement ou à la coagulation (3). On sait combien sont
délicates les conditions d'équilibre colloïdal et que, dans
un mélange de colloïdes, certains constituants peuvent,
soit favoriser, soit entraver la précipitation des autres.
Les conditions de la coagulation du sang complet ou d'un
plasma normal d'une part, de la solution dite pure de fibrinogène, de l'autre, ne sont pas identiques : les conclusions
des expériences où cette solution intervient doivent parfois
n'être acceptées qu'avec prudence. La thrombine est à coup
sûr un agent de coagulation par excellence et très vraisemblablement toujours indispensable dans les conditions habituelles,

(1) *C. R. Soc. de Biol.*, 1920, 1er semestre, p. 584 et 649.
(2) *Archives internationales de physiologie*, novembre 1919.
(3) On obtient un fibrinogène plus stable en partant de plasma oxalaté traité
tout d'abord par le phosphate tricalcique. Voir pour l'interprétation de ce
fait : BORDET, Propriétés des solutions dites pures de fibrinogène, *C. R. Soc.
de Biol.*, 1920, 1er semestre. p. 576.

c'est-à-dire lorsqu'il s'agit de la coagulation de ce liquide très complexe, le sang ou le plasma. Il a été reconnu qu'elle s'adsorbe sur la fibrine. Mais la fibrine n'est pourtant que du fibrinogène modifié grâce à un processus particulier d'insolubilisation, lequel, d'après divers auteurs, doit être rapproché de la cristallisation, rien ne démontrant d'ailleurs qu'en l'absence de thrombine le fibrinogène soit toujours, même lorsqu'on l'a extrait du plasma, incapable de subir cette métamorphose.

Si l'on ajoute à du plasma oxalaté une quantité de chlorure sodique sec voisine de la dose maximale que le liquide peut dissoudre (ajoutons par exemple 0 gr. 3 de NaCl par centimètre cube de plasma), le fibrinogène se précipite totalement ; on peut le laver ensuite à la solution saturée de NaCl (légèrement oxalatée), puis le redissoudre dans l'eau distillée, de préférence très légèrement alcalinisée, contenant par exemple 0,25 p. 1.000 de bicarbonate sodique ; on obtient ainsi une solution qui, même recalcifiée, se maintient fluide au moins pendant un certain temps. Mais le liquide surnageant qu'on décante après centrifugation du plasma salé peut être débarrassé du sel par dialyse, puis recalcifié ; on constate dans ces conditions que, sans se coaguler lui-même (puisqu'il ne contient plus de fibrinogène), il peut provoquer la coagulation de la solution du fibrinogène obtenue d'autre part ; le mélange de ces deux fractions du plasma primitif, reconstituant celui-ci, restitue les propriétés premières. Ce fait, observé tout d'abord par Pekelharing, fournit naturellement d'importantes possibilités expérimentales.

Lorsque du sang se coagule spontanément, le fibrinogène se sépare en se convertissant en fibrine insoluble. Le sérum s'exsude du caillot, et ce sérum contient de la thrombine ; il est activement coagulant. Mais on doit immédiatement se demander si le sérum jouit d'un pouvoir coagulant également énergique lorsqu'il provient, d'une part du sang complet, d'autre part d'un plasma limpide bien purgé des éléments cellulaires. On sait depuis longtemps que la présence des cellules sanguines favorise la coagulation. Par exemple, le sang d'oiseau extrait avec les précautions voulues coagule très lentement ; si on le centrifuge, la couche inférieure renfermant les cellules se prend en masse plus promptement que le liquide surnageant, lequel, rapidement séparé, peut même se maintenir indéfiniment fluide. Recalcifions d'une part du sang oxalaté complet, d'autre part le plasma oxalaté provenant de la même saignée et décanté après centrifugation : Nolf, confirmant les données de Loeb, a reconnu que, dans ces conditions, c'est le sérum du sang complet qui contient le plus de thrombine ; les cellules participent donc à la genèse de ce principe.

Il est possible au surplus de préciser cette donnée. Divers auteurs attribuaient aux plaquettes un rôle capital dans la coagulation ; ce sont surtout Lesourd et Pagniez qui, en 1909, ont définitivement démontré cette notion. Le plasma oxalaté trouble, qu'une centrifugation modérée a débarrassé des globules rouges et blancs, mais non des plaquettes, se coagule par recalcification beaucoup plus vite qu'un plasma identique, sauf qu'une centrifugation très énergique l'a clarifié en éliminant ces derniers éléments. L'addition au plasma limpide d'une suspension de plaquettes en accélère considérablement la coagulation ; on constate aussi que les caillots riches en plaquettes sont beaucoup plus rétractiles. Comparant deux sérums, que fournissent respectivement un plasma riche et un plasma pauvre en plaquettes, Bordet et Delange constatèrent que la teneur en thrombine est considérablement plus élevée dans le premier. Les plaquettes sont si légères, qu'il est pratiquement impossible de les éliminer toutes par centrifugation ; celle-ci permet néanmoins d'obtenir des plasmas qui par recalcification ne se coagulent plus que très lentement : si l'on pouvait écarter complètement les plaquettes ou les principes qui en proviennent, le plasma de mammifère ainsi obtenu se comporterait vraisemblablement à la façon du plasma des oiseaux, dont le sang, comme on sait, ne renferme pas d'éléments identiques aux plaquettes des mammifères, et pour cette raison sans doute, ne coagule que très lentement par ses propres moyens. En filtrant du plasma oxalaté de lapin à travers une bougie poreuse, qui arrête les plaquettes ou leurs débris, Cramer et Pringle obtiennent un plasma quasi incoagulable par recalcification. Mais ce plasma recalcifié coagule par addition de plaquettes. Nous pouvons donc, soit en laissant les plaquettes dans le plasma oxalaté, soit en les enlevant, déterminer par recalcification une coagulation qui est rapide ou qui est lente, et obtenir ainsi, corrélativement, un sérum riche ou pauvre en thrombine.

Mais il importe de savoir que la puissance coagulante d'une thrombine n'est pas seulement en rapport avec son abondance, avec sa concentration; elle dépend aussi de son âge : Schmidt avait déjà signalé que le pouvoir coagulant d'un sérum s'affaiblit avec le temps; Bordet et Gengou (1) ont montré que cette atténuation est très rapide : un sérum qui, éprouvé immédiatement après la coagulation dont il résulte, coagule très rapidement le plasma oxalaté, est déjà beaucoup moins actif quinze ou vingt minutes plus tard. Donc, lorsqu'on est renseigné sur la puissance originelle d'une thrombine, on peut déterminer si elle est de formation récente ou s'est produite depuis longtemps; certaines expériences exigent que l'on dispose de cette donnée.

Quand la coagulation d'un plasma s'amorce pour se propager ensuite, ce plasma se convertit de proche en proche en sérum, lequel représente la véritable solution naturelle de thrombine, celle qui intervient dans le phénomène normal : la thrombine la plus authentique, celle qui inspire à l'expérimentateur la sécurité la plus grande, c'est donc le sérum luimême, et l'on redoute souvent, lorsqu'on s'efforce d'extraire un principe actif, de le dénaturer. Il convient néanmoins de tenter la purification de la thrombine. Le procédé de Schmidt consistait dans la précipitation du sérum par l'alcool, le précipité étant séché ensuite et extrait par l'eau. Buchanan, Gamgee, Howell mettent de préférence à profit le fait que la thrombine se retrouve en partie dans le caillot de fibrine; ils l'en extraient en le traitant par une solution de NaCl suffisamment concentrée (8 p. 100). Il est spécialement intéressant de pouvoir isoler non la thrombine toute formée, mais les substances mères dont elle dérive. Le phosphate tricalcique n'absorbe pas le fibrinogène du plasma oxalaté, et pourtant enlève à celui-ci l'aptitude à se coaguler par recalcification : il s'empare d'un élément nécessaire à l'apparition de la thrombine. Mais, séparé par centrifugation, lavé (2) et remis en suspension

_____

(1) *Annales de l'Institut Pasteur*, 1904.
(2) On a recours pour le lavage à de la solution physiologique saturée de phosphate tricalcique.

dans un volume suffisant de solution physiologique, il est susceptible de se redissoudre dans ce véhicule à condition qu'on y fasse barboter de l'acide carbonique (1); il remet ainsi en liberté ce qu'il avait absorbé, c'est-à-dire l'une des substances mères de la thrombine. Bordet et Delange (2) ont employé ce procédé pour l'analyse des facteurs qui commandent la coagulation. Nous allons voir enfin qu'un autre principe fort important est susceptible d'être extrait des cellules par l'alcool : c'est le second générateur de la thrombine.

Genèse de la thrombine et ordre de succession des phénomènes.

Telles sont les techniques principales auxquelles on doit d'avoir pu recueillir une série de données essentielles, que nous récapitulerons brièvement. Ni le sang circulant, ni le sang qu'on maintient fluide *in vitro* grâce au revêtement de paraffine, ni le sang fortement salé ou décalcifié au sortir de l'artère, ne contiennent de thrombine. Les agents essentiels qui président à l'apparition de la thrombine aux dépens de ses générateurs sont, outre une tension osmotique convenable, c'est-à-dire une concentration saline qui ne soit pas exagérée, la présence d'un sel calcique soluble, le contact d'un corps solide ayant de l'adhésion pour le liquide. Mais si la thrombine a pu se former grâce à l'intervention de ces agents, elle peut désormais provoquer la coagulation même en l'absence de sel calcique, et même en vase paraffiné; quant à la forte concentration saline, elle contrarie très visiblement l'action de la thrombine (3).

Par exemple, comme l'ont fait Pekelharing, Hammarsten, recalcifions du plasma oxalaté; la coagulation s'opère; recueillons le sérum et, l'ayant décalcifié par addition d'un excès d'oxa-

(1) Le phosphate semble se redissoudre mieux lorsqu'il a été obtenu par addition de chlorure calcique à un notable excès de la solution de phosphate sodique contenant un peu d'ammoniaque; il va sans dire que le précipité doit être très soigneusement lavé.

(2) Analyse et synthèse du processus de la coagulation. *Bull. de la Soc. royale des sciences médicales et naturelles de Bruxelles*, 1914.

(3) Comme Bordet et Gengou l'ont signalé, la concentration de 3 à 5 p. 100 de NaCl entrave beaucoup plus formellement la production de la thrombine qu'elle n'en contrarie le pouvoir coagulant lorsque ce principe a pu se produire. La thrombine peut encore, fort lentement à vrai dire, provoquer la coagulation dans un liquide salé à 3 ou 4 p. 100.

late sodique, versons-le dans du plasma oxalaté ; le mélange
coagule : le plasma oxalaté constitue donc un réactif commode pour déceler la présence de thrombine. Cette expérience
démontre que les sels calciques solubles, indispensables pour
que la thrombine se produise, ne sont plus nécessaires pour que,
la thrombine ayant pu se produire, elle agisse. D'autre part, à
l'exemple de Bordet et Gengou, ramenons à sa teneur normale
en sel, par addition d'eau distillée, du plasma chloruré sodique, et immédiatement après, divisons le liquide en deux parts,
l'une qu'on maintient en vase paraffiné, l'autre qu'on verse dans
un vase ordinaire. La première portion se maintient fluide
très longtemps ; la seconde se coagule, la solidification s'effectuant tout d'abord contre la paroi du verre, c'est là que la
thrombine apparaît tout d'abord (1). Or le sérum qui se produit
ainsi coagule très promptement le plasma maintenu en vase
paraffiné. Comme le calcium, le contact intervient dans la production, mais non pas nécessairement dans l'action, de la
thrombine.

On peut exprimer ces faits en disant que dans le sang circulant ou les plasmas encore fluides, la thrombine n'est pas toute
préparée, mais existe sous une forme inactive, la prothrombine,
qui en présence de sel calcique et sous l'influence du contact
engendre la thrombine active.

Or, en 1903, Morawitz constata que le sérum, dont on décèle
et même mesure si aisément le pouvoir coagulant en le mêlant
à un volume convenable de plasma oxalaté, devient subitement
et considérablement plus actif si l'on y introduit un peu de suc
de plaie ou d'émulsion d'organes broyés. Ce fait important fut
confirmé par Fuld et Spiro. Et pourtant le suc de tissu ne
manifeste point par lui-même d'énergie coagulante vis-à-vis
du plasma oxalaté. Morawitz, Fuld et Spiro, déduisirent de ce
fait qu'à côté de la thrombine, le sérum contient encore une
certaine dose de prothrombine non transformée, et qu'en réalité
la thrombine naît de l'action mutuelle de deux générateurs,

---

(1) Dans le plasma salé qu'on dilue en verre nu, l'apparition de la thrombine exige un temps prolongé, mais la coagulation survient vite dès que la
thrombine s'est produite. Comme Bordet et Gengou l'ont signalé, un plasma
salé, qui se serait coagulé quarante minutes après dilution, reste fluide
lorsque vingt ou même trente minutes après l'addition d'eau distillée on
l'oxalate à 1 p. 1.000.

l'un existant dans le plasma (thrombogène), l'autre dans les cellules tant des tissus que du sang (thrombokinase ou cytozyme). On comprend ainsi que l'addition d'un complément de thrombokinase, sous forme de suc de tissu, achève la transformation de la prothrombine dont le sérum renfermait un excès et fasse apparaître ainsi une dose additionnelle de thrombine. Normalement, la thrombokinase (cytozyme) est cantonnée dans les cellules, mais s'en échappe quand le sang est extrait ou lorsqu'on dilacère les tissus. Ainsi s'explique le fait que le suc de tissu ajouté au sang qu'on vient d'extraire en accélère beaucoup la coagulation. Morawitz signala que le suc de tissu perd beaucoup de ce pouvoir accélérateur lorsqu'on le chauffe vers 58°; c'est pourquoi il admit (erronément comme nous allons le voir) que la thrombokinase ou cytozyme est une matière thermolabile, l'autre générateur, le thrombogène fourni par le plasma, étant d'ailleurs aussi très sensible au chauffage.

Reste à savoir s'il est légitime d'identifier ainsi, au point de vue des substances actives, la coagulation due à l'apport de suc d'organes à celle que le sang peut subir par ses propres moyens. Sans doute, les cellules des tissus contiennent-elles des matières actives que le sang ne possède pas; on ne doit pas oublier en effet que le suc de tissu injecté dans la circulation est fortement toxique et peut tuer rapidement l'animal en développant des coagulations intravasculaires. Rien il est vrai n'interdit de penser que les tissus puissent renfermer d'autre part des principes existant également dans les cellules sanguines. Disons immédiatement que telle est bien la réalité, et que la notion des deux générateurs se vérifie aussi lorsqu'on étudie la coagulation du sang pur. Mais on doit immédiatement se demander dès lors si la thrombokinase décrite par Morawitz, sensible au chauffage et de nature protéique, est vraiment identique à l'une des deux substances mères existant dans le sang, ou bien représente un élément spécial aux cellules des tissus, un facteur adjuvant mais non indispensable de la coagulation, et dont le rôle est d'accélérer celle-ci au niveau de la plaie.

Il fallait évidemment reproduire l'expérience de Morawitz en faisant intervenir, au lieu de suc d'organes, des cellules sanguines et notamment des plaquettes, dont le rôle dans la coagulation apparaissait si nettement.

Ayant reconnu que, contrairement au plasma oxalaté riche en plaquettes, le plasma oxalaté débarrassé autant que possible de ces éléments fournit par recalcification un sérum pauvre en thrombine, Bordet et Delange (1) ajoutèrent à une dilution d'un pareil sérum, en présence d'un léger excès de chlorure calcique, un peu de suspension de plaquettes bien lavées, laquelle, par elle-même, ne coagule aucunement le plasma oxalaté ; le mélange obtenu, décalcifié quelques instants après, manifesta un pouvoir coagulant très énergique vis-à-vis du plasma oxalaté. Les plaquettes se comportent donc dans une telle expérience comme le suc de tissu. L'hypothèse des deux générateurs se vérifiant pour la coagulation qui dépend exclusivement des matériaux sanguins, ces auteurs appelèrent sérozyme le principe que le sérum apporte, et cytozyme celui que les plaquettes fournissent. Chauffé vers 58°, le sérum perd la propriété de donner de la thrombine par addition de plaquettes, tandis que, chauffées à 100°, les plaquettes sont encore aussi aptes qu'auparavant à faire naître la thrombine lorsqu'on les mélange au sérum ; le sérozyme est donc thermolabile, le cytozyme est thermostable. On reconnaît que la réaction entre ces deux principes, d'où résulte la thrombine, refuse de s'accomplir en milieu décalcifié : les plaquettes n'accélèrent pas la coagulation d'un mélange, privé de calcium, de sérum et de plasma oxalaté.

Qu'elles soient fraîches ou aient été chauffées, les plaquettes accélèrent avec la même énergie la coagulation du plasma oxalaté, bien limpide, et que l'on vient de recalcifier. D'autre part, l'activité coagulante que vis-à-vis de ce plasma le suc de tissu manifeste, et qui est plus puissante encore, se déprime très sensiblement par le chauffage vers 58°, comme l'avait vu Morawitz, mais ne disparaît pas complètement tant s'en faut, ainsi que Bordet et Delange (2) purent s'en convaincre. Or, on trouve que, même chauffé à 100°, le suc est encore parfaitement apte à faire apparaître de la thrombine lorsqu'on l'introduit dans du sérum. Il y a donc lieu de croire que le suc de tissus contient, comme les plaquettes, le véritable cytozyme, c'est-à-

(1) *Annales de l'Institut Pasteur*, 1912.
(2) La question du rôle des lipoïdes dans la coagulation du sang. *Berlin, klin. Woch.*, 1914.

dire le générateur thermostable de la thrombine, mais renferme en outre une substance favorisante spéciale, beaucoup plus sensible au chauffage, de nature sans doute protéique et qui, n'étant pas décelable dans les plaquettes, semble bien étrangère au sang. Aucun motif n'invite jusqu'ici à la considérer comme une substance mère de la thrombine, c'est-à-dire comme entrant dans la constitution même de ce principe actif. En résumé, aux facteurs de coagulation que le sang possède déjà par lui-même, la Nature en ajoute un autre : les tissus, grâce à une matière spéciale, accélèrent la prise en bloc du sang qui vient à leur contact. Mais les tissus contiennent aussi, comme le sang, du cytozyme proprement dit. Cette notion se précisa lorsque Bordet et Delange déterminèrent la nature chimique du cytozyme (1).

Wooldridge avait observé que l'addition de lécithine peut provoquer la coagulation du plasma peptoné. Schmidt et ses élèves avaient reconnu que des substances extractibles des tissus par l'alcool et présentant les caractères de solubilité des lipoïdes favorisent la coagulation des plasmas et même qu'elles augmentent le pouvoir coagulant du sérum. Mais comment agissent ces matières? Favorisent-elles, comme le pensait Schmidt, la production de la thrombine sans entrer dans la constitution même de celle-ci? Ou bien l'un des générateurs est-il vraiment un lipoïde? Ou bien les lipoïdes se bornent-ils à faciliter l'action sur le fibrinogène d'une thrombine préformée? On ne pouvait choisir entre ces hypothèses qu'à la faveur d'une expérimentation systématique.

L'extrait obtenu par addition, à une émulsion épaisse de plaquettes, de vingt volumes d'alcool, laisse en s'évaporant un faible résidu contenant une substance ayant les caractères de solubilité des lécithines, c'est-à-dire soluble dans l'alcool, l'éther, le chloroforme, l'essence de pétrole, le toluol, très peu soluble dans l'acétone. Or Bordet et Delange constatèrent que cette substance, émulsionnée même en quantité très faible dans l'eau, se comporte exactement comme les plaquettes : mélangée à du sérum en milieu calcifié, elle produit une thrombine très puissante, c'est-à-dire confère au liquide, que l'on décal-

____

(1) *Bull. de la Soc. royale des sciences médicales et naturelles de Bruxelles*, octobre 1912 et *Annales de l'Institut Pasteur*, mai 1913.

43

cifie ensuite, le pouvoir de coaguler très promptement le plasma oxalaté.

Mais elle n'accélère aucunement en milieu décalcifié la coagulation du plasma oxalaté par le sérum ; elle n'agit donc pas en intensifiant l'action d'une thrombine préformée. Comme les plaquettes, elle hâte considérablement la coagulation du plasma oxalaté limpide que l'on vient de recalcifier. Elle coagule le plasma oxalaté recalcifié après filtration sur bougie. L'extrait alcoolique de tissu, de muscle par exemple, possède des propriétés identiques (1). Le lipoïde qu'on se procure ainsi très aisément agit comme cytozyme à dose pour ainsi dire infinitésimale. La thrombine peut se produire même lorsque le sérum et le cytozyme proviennent d'espèces très éloignées, lorsqu'il s'agit par exemple de sérum de lapin et de cytozyme extrait des muscles de poisson.

Les plaquettes, riches en cytozyme lipoïdique, ne libèrent, lorsqu'on les laisse macérer dans la solution physiologique ou dans l'eau distillée, pas trace de thrombine, qu'elles produiraient à coup sûr si elles possédaient à la fois les deux générateurs de ce principe. On en déduit que l'autre générateur, le sérozyme thermolabile, provient non des cellules sanguines, mais du plasma. On peut d'ailleurs l'en extraire. Du plasma oxalaté limpide, additionné d'un peu de suspension de phosphate tricalcique, qu'on élimine ensuite par centrifugation, ne coagule plus spontanément par recalcification. Il ne coagule pas davantage par addition ni de plaquettes, ni de suc de tissu, ni de cytozyme extrait à l'état de lipoïde, tandis qu'il se solidifie promptement par addition de thrombine toute formée. Mais si, reprenant par la solution physiologique, le sédiment de phosphate retiré du plasma, on le dissout par le gaz carbonique, le liquide obtenu, additionné de cytozyme, agit énergiquement comme thrombine (Bordet et Delange). Si l'on part de plasma oxalaté qu'une centrifugation énergique a débarrassé de la presque totalité des plaquettes, c'est-à-dire de presque tout le cytozyme, le traitement par le phosphate enlevant ensuite le sérozyme, on réalise une véritable dissection des facteurs déter-

---

(1) L'antigène syphilitique préparé selon la recette de Bordet et Ruelens, *C. R. Soc. de Biol.*, 1er semestre 1919, p. 880, qui ne contient pas les matières solubles dans l'acétone, fonctionne comme un excellent cytozyme.

minants de la coagulation, sans toutefois altérer gravement la
composition du plasma au point de vue de ses autres constituants ; le plasma « phosphaté » obtenu représente du fibrinogène se trouvant dans des conditions aussi physiologiques qu'il
est possible, c'est-à-dire dans une ambiance éminemment semblable à celle qu'il rencontre dans le plasma naturel. Le plasma
phosphaté est pour cette raison un excellent réactif de la thrombine. On démontre d'ailleurs aisément que, lorsqu'il se coagule
sous l'influence de celle-ci, il reste entièrement passif, c'est-
à-dire qu'aucune néoformation de thrombine ne s'y effectue (1).

Le terme de « générateur de la thrombine », appliqué au sérozyme (2) et au cytozyme, implique que ces deux substances
réagissent l'une sur l'autre. C'est ce qu'on démontre aisément
en mettant à profit le fait que la thrombine vieillit vite. Prenons
du plasma décanté après centrifugation modérée de sang oxalaté : ce plasma est très riche en plaquettes ; centrifugeons très
énergiquement une portion de ce liquide, et décantons. Nous
disposons de deux plasmas, l'un riche, l'autre très pauvre en
plaquettes. Recalcifiés, le premier coagule promptement, le
second beaucoup plus lentement. Nous obtenons deux sérums,
le premier contenant plus de thrombine que le second, c'est-à-

(1) Bordet, Coagulation du fibrinogène sans néoformation de thrombine,
C. R. Soc. de Biol., 1920, 1er semestre, p. 299.

(2) L'étude intime du sérozyme est encore très incomplète. Nous avons
signalé qu'il est très sensible au chauffage ; il est destructible aussi par des
traces d'acide, il résiste mieux aux alcalis (Hirschfeld et Klinger, Bioch.
Zeitsch., 1913). Mais lorsque la thrombine s'est constituée, elle résiste mieux
que le sérozyme originel aux acides faibles. La trypsine détruit le sérozyme
(Henzfeld et Klinger, 1916).

On sait depuis longtemps (Bordet et Gengou, Ann. I. P., 1901), que le sérum
d'un animal d'espèce A immunisé contre le sérum d'espèce B, neutralise le
pouvoir coagulant de ce sérum B. Il y a lieu d'admettre que l'élément de la
thrombine qui est atteint dans ces conditions est, non le cytozyme lipoïdique,
mais le sérozyme de nature vraisemblablement albuminoïde. Bordet et
Delange ont constaté, en effet, que si l'on injecte à un cobaye du phosphate
tricalcique qui a absorbé du sérozyme de lapin et qu'on a redissous ensuite par
CO^2, ce cobaye fournit un sérum qui, chauffé vers 58° et ajouté même à faible
dose à du sérum de lapin, empêche celui-ci de réagir avec le cytozyme lipoïdique
pour produire de la thrombine. A vrai dire, à dose plus forte, le sérum du
cobaye neuf manifeste déjà ce pouvoir : il s'agit, semble-t-il, d'anticorps
normaux. On comprend ainsi que, dans certains cas tout au moins, la
thrombine d'une espèce donnée ne coagule que difficilement un plasma
d'espèce différente, ce plasma pouvant contenir des principes altérant cette
thrombine. Par exemple, le sérum de lapin, additionné de cytozyme, ne
coagule que très péniblement le plasma oxalaté de bœuf, lequel est facilement coagulable par le mélange de cytozyme et de sérum de bœuf ; par
contre, ce mélange coagule bien le plasma oxalaté de lapin.

dire déterminant plus activement en milieu décalcifié la coagulation du plasma. Conservons les sérums jusqu'au lendemain, ce qui a pour effet de déprimer considérablement le pouvoir coagulant ; ajoutons alors aux deux sérums un peu de cytozyme lipoïdique, puis, peu après, introduisons du plasma oxalaté de façon à ce que les mélanges contiennent un excès d'oxalate : on trouve cette fois que le sérum issu du plasma pauvre en plaquettes possède le pouvoir coagulant de beaucoup le plus fort, et c'est compréhensible. Le plasma pauvre en plaquettes contenait peu de cytozyme, donc un excès de sérozyme, lequel après coagulation doit se retrouver intégralement dans le sérum. Il en résulte que celui-ci doit posséder à un haut degré l'aptitude à réagir ensuite avec de nouveau cytozyme (lipoïde) pour donner de nouvelle thrombine. Au contraire, dans le plasma qui avait conservé ses plaquettes, le sérozyme a pu se consommer précisément parce que, lors de la recalcification, il a pu réagir avec une quantité de cytozyme très notable, donnant ainsi de la thrombine en abondance, laquelle, le lendemain, a perdu beaucoup de son activité.

Cette expérience a permis à Bordet et Delange non seulement d'accepter la notion que le cytozyme consomme le sérozyme en s'unissant à lui pour donner la thrombine, mais aussi de rechercher si, dans cette réaction génératrice de la thrombine, les divers éléments présumés agir en vertu de leur cytozyme, plaquettes fraîches ou qui ont été chauffées, suc de tissu, extraits alcooliques d'organes, s'équivalent véritablement. Disposant de sérum issu de la coagulation par recalcification de plasma oxalaté très limpide, on le répartit en plusieurs parts, l'une d'elles étant gardée telle quelle, les autres étant additionnées, soit de l'un, soit de l'autre des éléments cités. Le lendemain chacun des liquides est lui-même divisé en plusieurs portions qui reçoivent soit l'un soit l'autre des éléments dont il s'agit ; on constate ainsi que, seul, le sérum conservé pur a gardé intégralement la qualité sérozymique, c'est-à-dire l'aptitude à engendrer de la thrombine par addition de cytozyme, quel que soit d'ailleurs le matériel contenant celui-ci. Des expériences complémentaires (1) établissent même que le sérozyme

(1) Bordet, Mode d'union du sérozyme et du cytozyme. *C. R. Soc. de Biol.*, mai 1919, p. 921.

et le cytozyme semblent s'unir non pas selon des équivalents strictement définis, mais plutôt suivant des proportions variables ; lorsqu'on tente de préparer des mélanges exactement neutres, on trouve que ceux-ci fonctionnent ultérieurement dans une certaine mesure, tant comme sérozyme que comme cytozyme ; chacun des principes ne paraît complètement saturé que si l'autre principe a été ajouté en excès bien notable. On le sait, ces relations sont comparables à celles que les études sur l'Immunité ont mises en évidence à propos du mode d'union des toxines et des antitoxines.

U.1 fait remarquable est révélé par la détermination des temps qu'exige l'apparition de la thrombine lorsqu'on mélange du cytozyme lipoïdique ou des plaquettes, d'une part à du sérum issu de la coagulation du plasma oxalaté limpide recalcifié, d'autre part à du plasma oxalaté identique mais que l'on vient de recalcifier et qui en conséquence ne s'est pas encore coagulé. Dans le mélange cytozyme-sérum, la thrombine est engendrée au bout d'un temps mesurable, mais cependant très court. Dans le mélange cytozyme-plasma, le délai est beaucoup plus long ; en d'autres termes, le sérozyme du sérum réagit très vite avec le cytozyme, le sérozyme du plasma réagit plus lentement. Il faut admettre en conséquence que le plasma doit tout d'abord subir une certaine modification pour se montrer apte à réagir avec le cytozyme, et l'on exprime cette notion en disant que dans le plasma le sérozyme se trouve à l'état de prosérozyme.

Le plasma phosphaté calcifié, étant un excellent indicateur de la thrombine, se prête particulièrement à de telles expériences : dans deux tubes contenant un volume assez fort de plasma phosphaté, on peut introduire du cytozyme et, d'une part, un peu de sérum issu de la coagulation de plasma oxalaté limpide recalcifié, d'autre part même quantité de ce plasma oxalaté que l'on vient de recalcifier ; on observe que la coagulation apparaît beaucoup plus promptement dans le premier tube que dans le second (1).

En conséquence, la première phase de la coagulation du sang se signale par une modification qui est telle, que le pouvoir de

____

(1) Un troisième tube contient du plasma phosphaté et du sérum sans cytozyme ; la coagulation y est extrêmement lente, le sérum provenant de plasma oxalaté très limpide étant pauvre en thrombine.

réagir très promptement avec le cytozyme, c'est-à-dire la fonction sérozymique, apparaît. Le sang circulant renferme le prosérozyme, il n'est pas apte à réagir avec le cytozyme; ainsi s'explique pourquoi, comme Bordet et Delange, Gratia l'ont reconnu, les injections intraveineuses, même à forte dose, de cytozyme épuré sous forme de lipoïde, ne sont pas dangereuses, bien qu'accroissant dans une mesure très notable la coagulabilité du sang que l'on extrait (1).

Le mécanisme de l'apparition de sérozyme peut-il être plus attentivement étudié? On emploie avec avantage à ce propos (2) du plasma oxalaté dont le fibrinogène a été éliminé sous l'influence précipitante du chlorure sodique ajouté, à l'état sec, à dose de 0 gr. 3 pour 1 cent. cube. Après dissolution complète du sel et centrifugation soigneuse, le liquide surnageant est dialysé en présence d'un grand volume de solution physiologique contenant un peu d'oxalate. Recalcifié ensuite, ce liquide ne fournit pas le moindre flocon de fibrine, même si on l'additionne de cytozyme, mais, dans ces conditions, bientôt une thrombine très active apparaît : si l'on ajoute alors une quantité convenable de plasma phosphaté, le mélange se prend en bloc en quelques instants. En l'absence de cytozyme, le pouvoir coagulant qui se développe est très faible (3), il va sans dire qu'il reste nul si on ne recalcifie pas.

Ce plasma sans fibrinogène (que pour abréger nous appellerons dialysat) peut être utilisé pour la détermination des temps qu'exige après recalcification l'apparition du sérozyme, c'est-à-dire de l'aptitude à réagir très promptement avec le cytozyme pour donner la thrombine. En effet le fibrinogène (plasma phosphaté), que l'on peut ajouter à des moments différents, révèle, en se coagulant presque instantanément, le fait qu'une thrombine active vient de se produire.

Au surplus, le cytozyme peut être introduit soit immédiatement après recalcification du dialysat, soit quelque temps après. On constate ainsi que dans le dialysat simplement recal-

---

(1) Comme Bordet et Delange le font remarquer (*C. R. Soc. de Biol.*, juillet 1913) le fait que le sang se coagule plus rapidement *in vitro* après injection intraveineuse de cytozyme est probablement susceptible d'applications thérapeutiques.

(2) BORDET. *C. R. Soc. de Biol.*, 1919, **82**, p. 1139.

(3) On a utilisé, en effet, un plasma oxalaté bien débarrassé des plaquettes.

cifié l'apparition du sérozyme réclame un temps vraiment prolongé : si à du liquide dialysé on ajoute, immédiatement après
la recalcification, du cytozyme et du plasma phosphaté, la coagulation ne survient qu'après un notable délai. Au contraire
si le cytozyme et le plasma sont versés dans un dialysat recalcifié assez longtemps auparavant, une ou deux heures par
exemple, la coagulation est très rapide. On reconnaît en outre
que dans le dialysat recalcifié l'apparition du sérozyme est plus
prompte si le liquide est maintenu au contact du verre que s'il
est conservé en vase paraffiné. Chose remarquable, la présence
de cytozyme agit dans le même sens : le délai total nécessaire
à la production de la thrombine est très notablement plus court
si le cytozyme est introduit immédiatement après recalcification du dialysat. Par contre la présence de fibrinogène ne hâte
aucunement l'apparition du sérozyme ni conséquemment celle
de la thrombine.

Il résulte de ces constatations, d'abord que le fibrinogène,
élément passif de la coagulation, ne participe en rien à la genèse
de l'élément actif, la thrombine, ensuite que le premier acte
de la coagulation consiste dans la production ou la libération
du principe (sérozyme) capable en s'unissant au cytozyme de
donner naissance à la thrombine, cette production ou cette libération étant grandement favorisée par le contact du verre, ou
bien encore par l'influence du cytozyme lui-même. L'énoncé de
ces données n'est que la traduction des résultats expérimentaux, mais l'interprétation ne saurait être formulée avec toute
la sécurité désirable. Ce que nous appelons prosérozyme n'est-il
que du sérozyme masqué par une matière antagoniste, par un
colloïde protecteur qui l'isole en quelque sorte et prévient de
cette façon ou tout au moins retarde la réaction avec le cytozyme, le contact agissant en mettant hors de cause, par adsorption peut-être, cette substance antagoniste, le cytozyme de son
côté disputant à celle-ci le sérozyme, c'est-à-dire tendant en
vertu de son affinité à le lui arracher? Ou bien le prosérozyme
est-il vraiment une entité distincte, une substance mère dont la
conversion en sérozyme proprement dit est de quelque façon
favorisée tant par le contact d'un solide que par la présence de
cytozyme?

Quoi qu'il en soit de l'explication vraiment intime des phénomènes, il convient de signaler que l'on arrive exactement aux mêmes résultats si l'on emploie pour les expériences de ce genre du plasma dont le fibrinogène a été éliminé par un agent autre que le chlorure sodique. C'est ce que Gratia (1) a pu réaliser fort ingénieusement. Cet auteur a constaté qu'en se développant dans du plasma oxalaté, le staphylocoque (2) provoque la coagulation du fibrinogène sans faire aucunement intervenir les générateurs de la thrombine, et sans altérer ces principes : on obtient donc ainsi du plasma défibrinogénisé, mais qui, à cela près, est encore du plasma. Instituant de son côté avec un tel liquide des expériences analogues à celles que nous venons de rappeler, Gratia a été amené à formuler des conclusions identiques ; les résultats concordent parfaitement bien que les techniques diffèrent.

Nous venons de le dire, le rôle du fibrinogène n'est que passif, la transformation en fibrine ne comportant aucun renforcement de la cause même qui commande ce phénomène. Il paraît bien acquis que la thrombine se fixe, soit partiellement lorsqu'elle s'est produite en abondance, soit à peu près totalement lorsqu'elle agit à dose minime, sur le fibrinogène dont elle provoque la prise en caillot ; en effet, la quantité de fibrinogène qu'une dose déterminée de thrombine peut transformer en fibrine n'est pas illimitée ; les plasmas décalcifiés ou les solutions pures de fibrinogène sont des réactifs, non seulement qualitatifs, mais aussi quantitatifs (Arthus), de la thrombine. Rettger a montré (1909) que la quantité de fibrine formée sous l'influence de la thrombine est en rapport étroit avec la quantité de ce principe que l'on a mise en œuvre. Nolf s'est prononcé très énergiquement contre la théorie enzymatique de Schmidt, d'après laquelle la thrombine serait un ferment qui ne se consommerait pas en agissant. La tendance très vive à l'adhésion dont elle fait preuve même en milieu décalcifié en happant le fibrinogène, la thrombine peut selon toute apparence la manifester aussi, au moins en milieu calcifié, vis-à-vis de ses propres générateurs. Dans ces conditions elle peut, si elle n'en a pas été saturée, s'annexer une dose supplémentaire de

____

(1) *C. R. Soc. de Biol.*, 1919, **82**, p. 1247.
(2) C'est Loeb en 1903 qui a reconnu le premier le pouvoir du staphylocoque de coaguler le plasma.

cytozyme, mais, chose remarquable, il semble bien qu'elle soit capable aussi de s'emparer très promptement du sérozyme même lorsque ce principe appartient à du plasma, c'est-à-dire n'existe encore qu'à l'état de prosérozyme inactif. Il en résulte que celui-ci est activé, l'addition de thrombine à du plasma calcifié ayant de cette façon pour effet, non seulement d'insolubiliser le fibrinogène, mais aussi de hâter considérablement l'apparition de thrombine nouvelle, aux dépens des matériaux propres à ce plasma (1).

(1) La coagulation de plasma salé que l'on vient d'allonger de la quantité voulue d'eau distillée est considérablement accélérée, si l'on ajoute au liquide un peu de sérum, celui-ci provoquant une néoformation de thrombine, laquelle vient s'additionner à celle que déjà le sérum possédait. En effet, comme Bordet et Gengou l'ont signalé il y a longtemps, sous l'influence du sérum le plasma libère très promptement la totalité de la thrombine qu'il est susceptible de produire, mais que, sans l'aide du sérum, c'est-à-dire par ses propres moyens, il n'eût engendré, en se coagulant spontanément, qu'au bout d'un temps beaucoup plus long. On peut expliquer le fait en admettant simplement que le sérum contient un excès de sérozyme, lequel s'unit très vite au cytozyme présent dans le plasma. Mais d'autres expériences semblent bien démontrer que la thrombine est également capable de dégager le sérozyme d'un plasma contenant du prosérozyme et de se l'incorporer, ce qui augmente le pouvoir coagulant. Rappelons brièvement, à ce propos, quelques constatations. Si l'on veut provoquer une coagulation en milieu décalcifié, en mélangeant, par exemple, volumes égaux de sérum et de plasma oxalaté, il est clair que l'on peut ou bien oxalater d'abord à 1 pour 1.000 le sérum (lequel est par définition légèrement calcifié) et le verser ensuite dans volume égal de plasma oxalaté à 1 p. 1.000, ou bien introduire le sérum non oxalaté dans un volume égal de plasma oxalaté à 2 p. 1.000, la teneur en oxalate devenant naturellement la même dans les deux mélanges obtenus. Ceux-ci se comportent à peu près de la même façon, c'est-à-dire coagulent très vite, si la thrombine est très fraîche, par conséquent très active. Mais si elle date de quelques heures, c'est-à-dire s'est déjà très notablement affaiblie, on observe (Bordet et Gengou) que le mélange dont les deux constituants ont été oxalatés avant d'être réunis se coagule beaucoup plus lentement que le mélange de sérum non oxalaté et de plasma oxalaté à 2 p. 1.000. Il est logique de présumer, concernant ce second mélange, que pendant le court espace de temps nécessaire à la précipitation du calcium, à l'instant donc où le mélange n'est pas encore décalcifié, la thrombine du sérum engage avec les générateurs de thrombine existant dans le plasma une réaction ayant pour effet de rendre le pouvoir coagulant plus intense. C'est vraisemblablement sur le prosérozyme que la thrombine agit. En effet, j'ai constaté récemment que ce phénomène ne se produit pas si au sérum non oxalaté l'on ajoute du plasma oxalaté à 2 p. 1.000 qui a été préalablement traité par le phosphate tricalcique et débarrassé ainsi des matériaux nécessaires à la production du sérozyme. On reconnaît que dans ces conditions la coagulation sous l'action d'une thrombine vieillie est toujours lente; elle s'effectue au bout de temps égaux dans ces divers mélanges : celui de sérum non oxalaté et de plasma (traité par le phosphate tricalcique) oxalaté à 2 p. 1.000, celui de sérum oxalaté à 1 p. 1.000 et de plasma (traité ou non par le phosphate tricalcique) oxalaté à 1 p. 1.000, tandis qu'elle est très notablement plus rapide dans le mélange

Nous aurons plus loin l'occasion de rappeler que, selon toute vraisemblance, la thrombine est capable également de s'unir à l'antithrombine. Il résulte des constatations de Nolf que si sous certaines influences de la thrombine se produit dans le plasma peptoné, celui-ci perd de ce fait son pouvoir antithrombique : ajouté à du sang complet il n'entrave plus la coagulation. D'après Haycraft, Pekelharing, Morawitz, l'hirudine neutralise la thrombine, mais entrave aussi sa production.

Quoi qu'il en soit, les données que nous possédons concernant les propriétés de la thrombine sont encore bien incomplètes, mais c'est plutôt le problème de sa genèse qui nous a préoccupé dans le présent article. Ce qu'il importe en effet de déterminer avant tout, c'est l'ordre de succession des phénomènes divers dont l'ensemble constitue le processus total de la coagulation, et c'est aussi de définir à quel moment, et de quelle façon, tel facteur indispensable ou adjuvant intervient. Rien n'empêche d'ailleurs qu'un même facteur n'agisse de plusieurs façons différentes, et à des moments différents.

C'est le cas par exemple du contact. Dès que le sang épanché rencontre une paroi, des relations de contact s'établissent entre celle-ci et les cellules, particulièrement les plaquettes, dont la tendance à l'accolement est prononcée. Il est fort probable que l'adhésion des plaquettes aux corps étrangers détermine la libération du cytozyme. Gratia (1) a montré que le sang oxalaté ou le plasma oxalaté contenant encore des plaquettes se coagule plus promptement par recalcification lorsqu'il a séjourné en

de sérum non oxalaté et de plasma, oxalaté à 2 p. 1.000, mais qui n'a pas subi le contact du phosphate tricalcique.

Il est hautement probable que la thrombine peut s'adsorber encore sur divers colloïdes protéiques et que ce phénomène explique l'affaiblissement rapide de la thrombine dans le sérum. On sait grâce aux recherches de Morawitz qu'une thrombine atténuée par la conservation récupère son énergie première lorsqu'on l'additionne d'une quantité convenable, d'ailleurs modérée, de soude caustique ou de carbonate sodique, l'alcali étant ensuite exactement neutralisé par un acide. Or, Herzfeld et Klinger (1917) admettent que l'affaiblissement de la thrombine dans le sérum est dû à ce que celle-ci s'accole à des matières colloïdales, le complexe formé se condensant progressivement de telle façon que bientôt la thrombine ne se trouve plus à un état suffisamment dispersé pour réagir efficacement sur le fibrinogène et provoquer sa coagulation. Mais il suffit de remettre la thrombine en liberté, par dissociation du complexe, pour lui faire reprendre ses propriétés premières. Tel serait le mode d'action de l'alcali. Cette interprétation nous semble très plausible.

(1) *Journ. de physiologie et de pathologie générale*, 1917-1918, **17**, p. 772.

verre nu que s'il a été maintenu en vase paraffiné ; en outre le
contact confère à ce liquide l'aptitude à se coaguler après filtration, celle-ci retenant les cellules, mais n'arrêtant pas le
cytozyme libéré.

La tendance à l'adhésion que certains éléments figurés manifestent si visiblement ne doit pas faire naître l'impression que
le contact agit simplement par l'intermédiaire de la vitalité
des cellules, en irritant celles-ci et déterminant par conséquent
une réaction. Nous l'avons rappelé, les expériences de Bordet
et Gengou sur le plasma que l'on dilue d'eau distillée, celles
de Bordet et celles de Gratia sur le plasma privé de son fibrinogène par l'action du sel marin saturé ou du staphylocoque,
démontrent que le contact exerce une influence décisive dans
des conditions qui excluent l'ingérence de la vitalité cellulaire,
ou même lorsqu'aucun élément figuré n'est présent. Le contact agit sur le plasma, il intervient dans la transformation du
prosérozyme en sérozyme, cette modification préalable à l'apparition de la thrombine étant d'autre part favorisée par la présence de cytozyme, lequel, s'il s'agit de sang complet, a été
précisément concentré au niveau de la paroi grâce à l'accolement des plaquettes. On le voit, le contact exerce simultanément plusieurs influences, toutes éminemment susceptibles de
contribuer à la coagulation. D'après Gratia, il agit même plus
tard encore, au moment où la thrombine s'étant produite, le
fibrinogène est sur le point de s'insolubiliser sous forme de ·
fibrine ; le contact favorisant son passage à l'état solide comme
il facilite la cristallisation de diverses substances ; l'observation
attentive a montré en effet à cet auteur que la coagulation passive due à l'addition de thrombine en milieu décalcifié débute
généralement le long de la paroi ou bien sur les poussières en
suspension. Cette opinion est en harmonie avec les observations
de Bordet et Gengou concernant les propriétés agglomérantes
que divers précipités manifestent à l'égard du fibrinogène en
voie de coagulation. Avant de se condenser en flocons fibrineux
visibles, le fibrinogène s'instabilise en quelque sorte et s'accole
violemment à des particules minérales, telles que du sulfate de
baryte, lequel dans ces conditions se condense immédiatement
en volumineux paquets, tandis que rien de semblable n'apparaît si le fibrinogène se trouve encore à son état normal de col-

loïde bien équilibré ; en somme l'agglutination mutuelle vio-
lente des particules minérales et du fibrinogène en voie d'insolubilisation n'est que la coagulation anticipée de celui-ci sur un
support, et l'on conçoit qu'une paroi agisse comme une parti-
cule.

Le rôle si décisif et si spécifique du calcium est encore très
obscur dans son intimité, et l'on ne saurait trancher la question de savoir s'il agit par sa présence ou intervient comme élément chimique en entrant dans une combinaison. Il est nécessaire à l'union du sérozyme et du cytozyme, comme à l'apparition du sérozyme lui-même. En l'absence de calcium soluble,
le contact semble incapable de produire cet effet si important
qui est de concourir à la production du sérozyme (1). Quant à
la thrombine, nous savons qu'elle provoque la coagulation en
milieu décalcifié ; il est probable néanmoins que les agents
décalcifiants affaiblissent, dans une mesure appréciable, son
action sur le fibrinogène : signalons à ce propos que les solutions dites pures de fibrinogène sont nettement stabilisées par
une trace d'oxalate neutre de soude comme elles le sont par les
alcalins.

Le suc de tissus doit une partie de son pouvoir coagulant au
cytozyme lipoïdique qu'il contient, mais intervient aussi, nous
l'avons rappelé, grâce à un constituant plus altérable, sensible
notamment à la chaleur, dont le mode d'action est encore peu
connu. L'hypothèse la plus vraisemblable est que ce principe
est doué de tendances à l'adhésion très prononcées qui lui permettent de servir de trait d'union entre les divers éléments qui
participent à la coagulation ; on constate notamment que la
thrombine née dans un liquide contenant du suc de tissus frais
disparaît, par adsorption sans doute, avec une promptitude
remarquable. D'autre part, le suc entre en réaction avec les cellules : il agglutine énergiquement les plaquettes, même en
milieu décalcifié (Aynaud) ; le chauffage ou le traitement par
des précipités minéraux absorbants lui enlève ce pouvoir. Selon

(1) Cependant, dilué de quelques volumes de solution physiologique
plusieurs heures avant d'être recalcifié, le plasma oxalaté se coagule sensiblement plus vite que si on le dilue immédiatement avant de le recalcifier.
Il semble donc que l'influence prolongée de la dilution facilite, dans une
certaine mesure, l'apparition du sérozyme, même en l'absence du sel
calcique.

toute probabilité, c'est à ce principe coagulant précipitable
par l'acide acétique (Wooldridge) que le suc de tissu doit sa
toxicité, laquelle s'atténue beaucoup par chauffage à 65° ou par
contact du kaolin ou du noir animal (Czubalski 1914). L'hirudine, étant susceptible de prévenir la coagulation, protège les
animaux contre les effets de l'injection d'extrait (Gley, Dold et
Ogata).

Influences favorisantes et facteurs antagonistes.

Impulsion et résistance sont choses corrélatives, tout facteur
tendant à imprimer une modification ou à déterminer un changement d'état doit nécessairement surmonter des obstacles ;
s'il faut élucider comment le sang se coagule, il faut comprendre aussi pourquoi, dans les circonstances normales, il se
maintient à l'état fluide. Le plasma circulant contient des sels
calciques solubles, mais on doit bien admettre que la paroi
vasculaire ou les cellules sanguines ne produisent pas sur lui
des effets de contact identiques à ceux que déterminent les
corps étrangers tels que le verre ; il semble qu'au point de vue
contact, ces éléments figurés se comportent, à l'égard du plasma,
comme le plasma lui-même. C'est la raison majeure pour
laquelle le sang, dans les vaisseaux, reste liquide. Nous savons
d'autre part que ce principe essentiel, le cytozyme, est normalement cantonné, au moins en très grande partie, dans les plaquettes. Ce sont là de précieuses garanties, mais on peut présumer que sans doute elles ne suffiraient pas à elles seules à
préserver le sang contre toute éventualité ; des détériorations
des éléments figurés peuvent survenir ; une certaine diffusion
des principes cellulaires dans le liquide ambiant est *a priori*
inévitable ; on doit prévoir en conséquence que le sang, pour
rester indéfiniment fluide *in vivo*, doit posséder en soi quelque
facteur antagoniste de la coagulation, capable d'assurer l'équilibre ; nous avons déjà fait allusion à la réaction alcaline, favorable à la dissolution du fibrinogène, au rôle probable des colloïdes protecteurs, et l'on sait que certaines influences pertur-
batrices, telles l'injection de peptone, de thrombine, de suc de
tissu frais, d'anaphylatoxine, provoquent un processus réactionnel caractérisé par la diminution de coagulabilité du sang ou

même par l'apparition dans ce liquide d'un pouvoir anticoagulant manifeste (antithrombine).

De ce qu'un plasma doué de sa composition parfaitement
normale (tel le plasma non décalcifié d'oiseau obtenu selon la
technique de Delezenne) refuse de se coaguler *in vitro*, on ne
doit donc pas inférer que ce plasma ne contient absolument
aucune trace de tel principe nécessaire à la coagulation : c'est
un point sur lequel Nolf a justement insisté. On doit cependant
affirmer qu'il ne contient pas ce principe en quantité suffisante ;
le plasma fluide d'oiseau se coagule lorsqu'on y introduit du
cytozyme lipoïdique extrait des cellules (1). Nous savons au
surplus que le cytozyme est susceptible non seulement de donner de la thrombine en s'unissant au sérozyme, mais aussi de
favoriser l'apparition de celui-ci. Mais, comme Nolf l'a montré
le plasma d'oiseau se coagule souvent aussi lorsqu'on se borne
à l'allonger d'eau distillée. Or nous n'ignorons pas qu'une
forte concentration saline s'oppose aux réactions qui conduisent à l'apparition de la thrombine, et l'on démontre aisément (2) que la concentration la plus propice à ce processus est
inférieure à celle du sang normal. Par conséquent le plasma
d'oiseau qui contient sûrement du prosérozyme n'est pas totalement exempt du cytozyme indispensable ; seulement, il en
contient très peu, et c'est pourquoi les phénomènes ne se
déroulent que si les conditions optimales lui sont offertes.

Obtenu par centrifugation rapide, le plasma oxalaté et bien
limpide de cheval ne se coagule parfois qu'avec une extraordinaire lenteur par recalcification. L'addition de cytozyme accé-

(1) Rappelons que le sang d'oiseau ne contient pas d'éléments identiques
aux plaquettes des mammifères, et que si les leucocytes ne sont pas
dépourvus de cytozyme, ils semblent ne le libérer que lentement. Chez les
mammifères, la coagulation d'exsudats leucocytaires inflammatoires peut
être hâtée beaucoup par addition de plaquettes (Bordet et Delange).

Howell (1914) a vu que la lymphe oxalatée de mammifère, fortement centrifugée, peut ne pas coaguler par recalcification, à moins qu'on n'ajoute du
lipoïde.

(2) Bordet et Delange (*Ann. I. P.*, 1912) ont signalé qu'une forte concentration saline entrave la réaction sérozyme-cytozyme, laquelle s'accomplit
très aisément dans un liquide pauvre en sel. Il résulte des déterminations
de Herzfeld et Klinger (*Bioch. Zeitsch.*, 1915) que la concentration la plus
favorable est voisine de 0,5 p. 100.

Le plasma oxalaté se coagule notablement plus vite si, en le recalcifiant,
on l'allonge de un ou deux volumes d'eau distillée que si on l'additionne
d'une quantité correspondante de solution physiologique à 9 p. 1.000.

lère le processus, que l'on peut hâter aussi, d'autre part, par simple addition d'eau distillée ou même de solution physiologique. Celle-ci n'agit selon toute vraisemblance qu'en rompant l'équilibre, en affaiblissant l'influence des colloïdes protecteurs qui paralysaient la réaction (1).

Ces influences favorisantes qui se bornent à faciliter le travail des principes actifs véritables, peuvent être qualifiées d'influences thromboplastiques, mais il faut se garder de confondre leur mode d'action avec celui de ces principes mêmes. Nolf a montré par exemple que l'introduction de verre pilé dans un plasma de poisson qui restait fluide peut en déclencher la coagulation ; il a observé des effets de contact analogues, aboutissant à la production de thrombine et corrélativement à la coagulation, en faisant naître au sein du plasma peptoné un précipité d'oxalate calcique. On sait d'autre part que le cytozyme ajouté à du plasma peptoné peut en déterminer la coagulation, mais il est clair que le cytozyme n'agit pas à la façon du verre pilé ou de l'oxalate calcique ; ceux-ci, introduits dans du sérum, n'y développent pas de thrombine, laquelle par contre se forme en abondance dans le mélange de sérum et de cytozyme. Le verre pilé et les particules analogues n'interviennent que comme multiplicateurs de contact, ils facilitent à ce titre le processus qui conduit à l'apparition de la thrombine aux dépens des générateurs ; ceux-ci existaient dans les plasmas dont il s'agit, mais ne se manifestaient point, car une influence antagoniste entrave les réactions.

Il semble bien acquis en effet que dans le plasma peptoné, l'antithrombine non seulement contrarie l'action de la thrombine, mais surtout empêche sa production (2), cette influence

_____

(1) Il est probable que les colloïdes protecteurs peuvent gêner aussi l'action de la thrombine toute formée. D'après Morawitz, le plasma oxalaté normal se coagule moins aisément par la thrombine que la solution de fibrinogène pur.

(2) Que la thrombine et l'antithrombine du plasma peptoné ou des têtes de sangsue (hirudine) se neutralisent mutuellement, cette notion est acceptée depuis longtemps. André Gratia (*C. R. Soc. de Biol.*, 28 février 1920, **83**, p. 313) a constaté récemment que l'hirudine saturée de thrombine et, par conséquent, neutralisée, reste telle malgré l'atténuation que le vieillissement imprime à la thrombine ; toutefois le chauffage à 60° restitue l'hirudine. Il s'agit, comme Gratia (*C. R. Soc. de Biol.*, 26 juin 1920, **83**) l'a montré, d'une union par adsorption en proportions variables, chacune des substances affaiblissant d'autant plus fortement l'autre, qu'elle intervient en dose plus

antagoniste pouvant être contre-balancée par l'augmentation en quantité d'un des générateurs, le cytozyme, ou par l'intervention d'influences thromboplastiques, c'est-à-dire susceptibles de favoriser la genèse de la thrombine, telles que l'addition d'eau distillée, l'augmentation des surfaces de contact avec des corps étrangers, etc.

Examen des théories relatives à la genèse de la thrombine.

Un problème aussi difficile que celui de la coagulation du sang devait forcément suggérer de nombreuses explications. Parmi les théories proposées, il en est que les constatations ultérieures ont nettement infirmées et qu'il serait par conséquent superflu de discuter encore actuellement.

L'interprétation assez inattendue de Wooldridge, d'après laquelle la thrombine serait non la cause première et nécessaire mais le produit de la coagulation, a été comme on sait reprise et développée par Nolf. La coagulation résulterait pour cet auteur de l'accolement de trois colloïdes, le fibrinogène, le thrombogène et le thrombozyme, ces deux derniers provenant respectivement du plasma et des cellules et correspondant au thrombogène et à la thrombokinase de Morawitz ; on sait que ces matières sont considérées comme de nature albuminoïde.

grande. De la thrombine incomplètement saturée d'antithrombine peut encore coaguler une quantité importante de fibrinogène, mais ne provoque plus qu'une coagulation lente, même si la quantité de fibrinogène soumise à son action est relativement très faible. On comprend ainsi que, dans un plasma de peptone, on puisse observer la formation de flocons de fibrine tandis que l'antithrombine est loin encore d'être complètement neutralisée.

Il est certain que l'antithrombine s'oppose à la production de la thrombine : l'analyse des phénomènes le démontre. Les recherches de A. Gratia (*C. R. Soc. de Biol.*, 28 février 1920, **83**, p. 341), récemment instituées à Bruxelles, ont fait voir qu'une dose d'antithrombine notablement inférieure à celle qu'exige la neutralisation d'une quantité donnée de thrombine fraîche, suffit amplement à entraver la réaction sérozyme-cytozyme engendrant cette même quantité de thrombine. Une dose d'hirudine bien moindre encore, incapable d'empêcher la réaction sérozyme-cytozyme et *a fortiori* de neutraliser la thrombine formée, est cependant capable de retarder considérablement la transformation de prosérozyme en sérozyme.

Plus grande est la quantité de cytozyme que l'on fait intervenir, mieux est combattue l'influence antagoniste que l'antithrombine tend à exercer sur la réaction sérozyme-cytozyme. On ne doit pas en déduire que, conformément à l'opinion de Howell, le cytozyme neutralise directement l'antithrombine, nous allons revenir sur ce point. En réalité, le cytozyme en excès exerce sur le sérozyme une attraction plus puissante, et l'influence dispersante de l'antithrombine est ainsi plus aisément vaincue (Gratia).

Etant susceptibles de s'unir en proportions variables, ces trois colloïdes pourraient former des complexes de constitution différente. Le complexe riche en fibrinogène, c'est la fibrine. Quant à la thrombine, elle serait un complexe de thrombogène et de thrombozyme renfermant peu ou pas de fibrinogène, mais dans la formation duquel le fibrinogène interviendrait néanmoins, en ce sens que la présence de ce corps et sa transformation en fibrine seraient nécessaires pour que l'union du thrombogène et du thrombozyme puisse se réaliser intégralement. En somme, la production de fibrine serait, dans la coagulation du sang, la condition même de l'apparition de la thrombine; elle lui serait, sinon antérieure, au moins concomitante, le fibrinogène intervenant ainsi nécessairement dans la genèse de ce principe actif.

Cette théorie est en désaccord formel avec les constatations rappelées ci-dessus, notamment avec le fait que dans un plasma totalement débarrassé de son fibrinogène, le processus formateur de thrombine se poursuit comme dans le plasma complet, les facteurs déterminants (présence de prosérozyme, intervention du contact, du calcium, du cytozyme) opérant aussi efficacement et de la même façon en l'absence de fibrinogène qu'en présence de ce corps. Au surplus, la thrombine se produit très activement aussi lorsqu'en l'absence de fibrinogène on fait agir sur le cytozyme le prosérozyme extrait, avant toute coagulation, du plasma oxalaté par le procédé du phosphate tricalcique.

L'opinion défendue par Bordet et Delange, à savoir que le lipoïde dénommé cytozyme, et qui offre les caractères de la lécithine, est vraiment l'un des générateurs de la thrombine, n'est pas acceptée par Nolf, pour qui les matières du type de la lécithine représentent simplement des agents thromboplastiques favorisant l'accolement mutuel des trois colloïdes, thrombogène, thrombozyme et fibrinogène, c'est-à-dire propices aussi bien à la genèse de la thrombine qu'à l'effet coagulant de celle-ci sur le fibrinogène. En d'autres termes, le générateur de thrombine qui est déversé dans le sang par les leucocytes ou les plaquettes, et que Nolf dénomme thrombozyme, n'a, d'après cet auteur, et contrairement à l'avis de Bordet et Delange, rien de commun avec le lipoïde. Mais en réalité aucun fait expérimen-

44

tal relatif à la coagulation du sang par ses propres moyens (sans intervention de suc de tissu) ne vient démontrer la participation, dans ce processus, d'un thrombozyme différent du lipoïde. L'expérience donne en effet de la façon la plus formelle l'impression que les éléments figurés les plus importants à considérer dans la coagulation autonome du sang, les plaquettes, doivent leur activité à ce principe thermostable et extractible par l'alcool, le lipoïde. Les plaquettes chauffées à 100° accélèrent la coagulation aussi bien que les plaquettes fraîches, l'émulsion de lipoïde extrait se comporte exactement comme celles-ci ; il est inutile de supposer l'existence d'un principe actif autre que le lipoïde, et qui serait le thrombozyme de Nolf.

Semblablement, l'idée de ce savant d'après laquelle un sérum calcifié pourrait renfermer côte à côte à la fois du thrombogène (lequel correspond au sérozyme de Bordet et Delange) et le thrombozyme hypothétique en question, ces substances s'abstenant d'ailleurs de réagir à moins qu'on n'introduise une substance thromboplastique, nous paraît manquer de base expérimentale. On ne pourrait admettre davantage que le lipoïde ajouté à du sérum se borne à fortifier l'action d'une thrombine préformée sans fonctionner comme générateur véritable. Nous avons rappelé, en effet, qu'en milieu décalcifié le lipoïde n'intensifie pas l'influence coagulante de la petite quantité de thrombine que renferme, à côté d'une dose importante de sérozyme, le sérum obtenu par recalcification du plasma oxalaté pauvre en plaquettes. Au contraire, en milieu calcifié, et sans que la présence de fibrinogène soit nécessaire ni même utile, le sérozyme s'unit au cytozyme, engendre ainsi de la thrombine, les deux principes se consommant mutuellement par le fait même de leur union. Etant donné d'autre part que le cytozyme et les plaquettes s'équivalent quant à leur influence accélératrice sur la coagulation des plasmas pourvus de calcium, la notion que le cytozyme lipoïdique est le principe actif des éléments figurés sanguins et entre dans la constitution même de la thrombine nous paraît ressortir à l'évidence de l'ensemble des expériences.

Tout en attribuant aux lipoïdes et particulièrement à l'un des représentants de cette catégorie de substances, la céphaline (1), une grande importance dans la coagulation, Howell ne se rallie pas davantage à l'idée que des matières de ce type sont vraiment des matériaux formateurs de thrombine. Reprenant les constatations de Wooldridge sur les propriétés des extraits alcooliques de tissus, Howell montre que l'addition de lipoïde à du plasma peptoné en provoque la coagulation, mais il admet que cette substance agit en neutralisant l'antithrombine. D'après lui, l'influence accélératrice qu'elle exerce sur la coagulation du plasma oxalaté normal que l'on vient de recalcifier s'explique de la même façon, le sang renfermant même à l'état normal une proportion appréciable d'antithrombine, dont le rôle est essentiellement d'empêcher la transformation de la prothrombine en thrombine : Howell estime que la substance mère de la thrombine est unique et n'a besoin, pour engendrer celle-ci, que de concours de sels calciques.

Personne évidemment ne conteste la réalité de l'antithrombine (2) ni même l'existence, dans le sang parfaitement normal, d'une ou de plusieurs matières antagonistes de la coagulation ; nous avons d'ailleurs insisté plus haut sur ce point à propos de l'équilibre colloïdal du sang, de la lenteur avec laquelle certains plasmas se coagulent bien que renfermant les éléments nécessaires, de l'influence adjuvante de certains agents tels la dilution, etc. Mais la question est de savoir si le cytozyme, lorsqu'il provoque ou accélère la coagulation malgré l'antithrombine, agit en neutralisant directement l'antithrombine comme le pense Howell, ou bien favorise l'apparition d'une thrombine abondante capable de surmonter, peut-être même d'anéantir, l'influence inhibitrice de l'antithrombine.

En réalité, l'opinion d'Howell ne nous paraît pas en harmonie avec certaines constatations relatées dans les pages précédentes.

Si, conformément aux vues d'Howell, le lipoïde a pour effet de neutraliser l'antithrombine en permettant ainsi à la pro-

(1) Nous ne concevons guère, à vrai dire, pourquoi Howell attribue une importance spéciale à la céphaline plutôt qu'à la lécithine. La céphaline est peu soluble dans l'alcool ; or, l'alcool se comporte, envers le cytozyme, comme un excellent dissolvant. Howell reconnaît lui-même l'activité des extraits alcooliques.

(2) Il résulte des recherches de Howell (*Amer. Journ. of Physiol.*, 1910 et années suivantes) que l'antithrombine résiste au chauffage à 60°, est détruite vers 75°-80°.

thrombine de se transformer en thrombine, on est contraint
d'admettre que le sérum issu de la coagulation par recalcification d'un plasma oxalaté pauvre en plaquettes, contient à la
fois beaucoup de prothrombine et beaucoup d'antithrombine,
puisque l'addition de ce cytozyme lipoïdique y développe en
abondance la thrombine. En somme, le sérum ressemblerait
beaucoup au plasma originel. Mais on ne conçoit guère, dans
ces conditions, pourquoi le cytozyme lipoïdique ne réagit pas de
la même façon, d'une part avec le sérum, d'autre part avec le
plasma que l'on vient de recalcifier : dans le plasma, le sérozyme
n'existe pas à l'état voulu pour réagir sans délai avec le cytozyme, tandis que dans le sérum la réaction du cytozyme sur le
sérozyme est très prompte ; ce fait nous semble inconciliable
avec la théorie d'Howell. Certes, l'hypothèse de l'existence, dans
le sang ou le plasma, d'une matière antagoniste tendant à
empêcher le sérozyme de réagir avec le cytozyme et le maintenant ainsi à l'état de prosérozyme, est, sinon rigoureusement
démontrée, au moins plausible, ainsi qu'il a été dit plus haut.
Mais si le cytozyme s'attaquait directement, comme Howell le
pense, à cette matière antagoniste, on comprendrait malaisé-
ment pourquoi il agit plus lentement dans le plasma que dans
le sérum.

Mais si, comme nous l'admettons, son affinité s'adresse au
sérozyme, on conçoit qu'il lui soit difficile de réagir dans le
milieu plasmatique, c'est-à-dire lorsque le sérozyme est protégé
par la matière empêchante en question. En réalité, ainsi que
nous l'exprimions quelques lignes plus haut, le principe qui
contre-balance directement l'influence empêchante de l'antithrombine, c'est la thrombine et non le cytozyme. Celui-ci
n'est antagoniste de l'antithrombine qu'en raison de son pouvoir d'engendrer la thrombine. Mais comme il ne la produit
que grâce à la collaboration du sérozyme, la présence de ce
dernier principe est aussi nécessaire que celle du cytozyme à
l'abolition de l'influence antithrombique. Ces données résultent
à l'évidence de l'expérimentation à laquelle le mode d'action
du cytozyme sur le plasma hirudiné a été soumis récemment
par Gratia (1). Cet auteur démontre que le cytozyme ne neutra-

(1) *C. R. Soc. de Biol.*, juin 1920.

lise pas quantitativement l'hirudine. Un peu de cytozyme provoque la coagulation rapide d'un plasma que l'addition d'une quantité modérée d'hirudine avait rendu inapte à la coagulation spontanée, mais une quantité quelconque de cytozyme est impuissante si la dose d'hirudine mise en œuvre dépasse une certaine limite, bientôt atteinte d'ailleurs ; ceci se comprend aisément si l'on admet que c'est la thrombine, et non le cytozyme, qui vient à bout de l'antithrombine : en effet, la quantité de thrombine qu'un liquide additionné d'une dose suffisante de cytozyme peut fournir ne dépend plus que de sa teneur en sérozyme, l'addition d'un supplément de cytozyme étant désormais inutile. D'autre part, et corrélativement, la neutralisation apparente de l'antithrombine par le cytozyme s'accomplit d'autant plus efficacement que le liquide est plus riche en sérozyme : par exemple, une quantité de thrombine qui pourrait faire coaguler un volume donné de plasma phosphaté non hirudiné ne détermine pas la coagulation de ce volume de plasma phosphaté additionné d'hirudine, même si l'on ajoute à celui-ci une dose de cytozyme considérable, dépassant de beaucoup celle qui suffit à faire coaguler, sans qu'il soit nécessaire d'ajouter de la thrombine, la même quantité de plasma semblablement hirudiné mais qui est riche en sérozyme, c'est-à-dire qui n'a pas été traité par le phosphate tricalcique. En d'autres termes, une dose de cytozyme plus que suffisante pour surmonter, en présence de sérozyme, l'influence antagoniste d'une quantité donnée d'hirudine, est tout à fait incapable de produire cet effet si le plasma hirudiné soumis à son action a été au préalable dépouillé, par le phosphate, du sérozyme qu'il contenait. En résumé, les constatations de *Gratia* relatives à l'antithrombine ne cadrent pas avec la théorie d'Howell, mais s'harmonisent au contraire parfaitement avec la thèse de Bordet et Delange, d'après laquelle le cytozyme s'unit au sérozyme pour engendrer la thrombine.

CONTRIBUTION

A L'ÉTUDE DES MICROBES ANTAGONISTES

DE LA BACTÉRIDIE CHARBONNEUSE

(BACILLUS ANTHRACIS)

RECHERCHES EXPÉRIMENTALES

par W. SILBERSCHMIDT et E. SCHOCH
(Travail de l'Institut d'hygiène de l'Université de Zurich.)

Le point de départ des expériences que nous allons relater dans ce travail est l'observation suivante :

Un médecin nous envoie une pustule dont il venait de faire l'excision dans un cas suspect de charbon. Le malade était occupé dans une filature de crins ; ces crins provenaient en majeure partie de Russie et de l'Amérique du Sud. Nous savons que dans ces deux pays la maladie charbonneuse s'observe assez souvent chez le cheval.

Une émulsion de la pustule est inoculée à une souris et à un cobaye. La souris meurt en moins de quarante-huit heures ; à l'autopsie pas d'œdème typique et pas de bacille du charbon ; nous trouvons dans les frottis d'organes et dans la culture le bacille de Friedländer à l'état de pureté. Le cobaye inoculé avec la même émulsion meurt un peu plus tard ; le diagnostic de charbon est facile ; la bactéridie se trouve dans les frottis et dans la culture de la rate.

L'examen microscopique direct de la pustule nous avait déjà permis de confirmer le diagnostic de charbon. La culture sur gélose du contenu de cette pustule nous fournit entre autres des colonies de bacille du charbon et du bacille de Friedländer.

Cette observation est intéressante à plus d'un chef. La présence du bacille de Friedländer dans une pustule maligne n'est pas fréquente et mérite d'être notée. Le fait que ce bacille est capable d'arrêter le développement du *Bacillus anthracis in vivo* aurait pu avoir pour conséquence une erreur de diagnostic. Si nous nous étions contentés d'une inoculation à la souris, nous aurions été conduits à nier la présence du bacille du charbon. Rappelons, à cette occasion, que toute analyse bactériologique de matières suspectes doit comporter l'examen microscopique direct, que nous plaçons en première ligne ; la culture et l'inoculation à l'animal complètent ce premier examen.

C'est en partant de l'observation que nous venons de résumer, que nous avons entrepris une série d'expériences dans le but d'étudier le rôle de l'infection mixte sur le développement de la bactéridie charbonneuse.

Nous ne referons pas ici l'historique de la question de l'infection mixte. Qu'il nous suffise de rappeler les travaux d'Emmerich, de Pavlovsky, de Bouchard, Fortineau, etc., sur le pouvoir antagoniste du streptocoque, du *Bacillus prodigiosus*, du bacille de Friedländer et surtout du pyocyanique sur l'infection charbonneuse. La pyocyanase, extrait stérilisé de cultures de bacille pyocyanique, a été préconisée par Emmerich et Loeb comme moyen prophylactique et thérapeutique contre une série de maladies bactériennes. Les auteurs se sont basés sur l'action « antiseptique », dissolvante de cultures de pyocyanique stérilisées sur un grand nombre de microbes, *Bacillus anthracis* entre autres.

L'infection mixte est un des problèmes que Metchnikoff a abordés en lui donnant une impulsion nouvelle. Lors du séjour de l'un de nous à l'Institut Pasteur, von Dungern a repris, sous la direction de notre vénéré Maître, l'étude expérimentale de l'antagonisme du bacille de Friedländer vis-à-vis de la bactéridie charbonneuse. Les expériences d'infection mixte dans la chambre antérieure de l'œil du lapin ont fourni un résultat très concluant : l'injection simultanée de cultures vivantes de *Bacillus anthracis* et de bacille de Friedländer était tolérée, tandis que les lapins témoins, qui n'avaient reçu que la bactéridie, mouraient de charbon. Les expériences effectuées avec des cultures de Friedländer stérilisées ne donnèrent pas de résultats aussi constants, l'injection sous-cutanée non plus.

Jusqu'ici on s'est surtout occupé de l'infection mixte en tant que facteur aggravant la marche de la maladie primaire. On n'a pas assez tenu compte, à notre avis, de l'*action empêchante*, de l'antagonisme proprement dit. Dans ses recherches sur le choléra expérimental Metchnikoff a reconnu que les divers microbes de l'estomac ne sont pas indifférents quant au développement de l'infection cholérique. Tandis qu'une levure (*Torula*), une sarcine. et un bacille coliforme favorisaient le développement de l'infection.intestinale chez le lapin, le bacille pyocyanique, un coccus blanc et un autre micrococoque exerçaient une action nettement empêchante. La lutte contre l'infection intestinale au moyen d'ingestion de cultures bactériennes (Joghourt, bac. bulgare, etc.) est une application pratique de ces expériences.

Les recherches que nous avons entreprises ont pour but d'apporter une contribution au problème complexe qui nous occupe.

RÉSUMÉ DES EXPÉRIENCES

Nous avons recherché l'action antagoniste d'un certain nombre de microbes, le bacille de Friedländer, les bacilles typhique, paratyphique, coli, pyocyanique, etc. sur le développement de l'infection charbonneuse.

Nous avons commencé par une série d'expériences *in vitro*, qui nous ont permis de constater que le bacille du charbon pousse sur milieux de culture solides à côté de la plupart de ses antagonistes, contrairement à ce qu'on observe avec le pyocyanique.

C'est le cobaye qui a servi à la plus grande partie de nos expériences; nous avons également fait des inoculations au lapin et à la souris. En vue d'obtenir des résultats concluants, nous avons opéré avec de fortes doses d'une culture très virulente de *Bacillus anthracis*. Le cobaye témoin mourait généralement dans les quarante-huit heures après l'injection.

La plupart des animaux ont été infectés par injection sous-cutanée d'une émulsion en bouillon ou en solution physiologique de culture fraîche sur gélose.

Le plus souvent nous injections le bacille du charbon et,

immédiatement après, l'émulsion de la culture dont nous voulions examiner les propriétés antagonistes; d'autres fois nous faisions le mélange *in vitro*. Nous avons fait l'autopsie et examiné le sang et la rate des animaux morts au cours de ces expériences.

Bacille de Friedländer et *Bacillus anthracis*.

a) Expériences sur le cobaye. — Sur 11 cobayes inoculés simultanément au même point avec les deux cultures, 8 ont survécu, 3 sont morts 1 jour 1/2, 2 et 19 jours après l'inoculation. A l'autopsie on ne retrouve que le bacille de Friedländer. Les témoins ayant reçu la culture de charbon seule ont succombé en 3 et 4 jours.

3 cobayes ont reçu les inoculations en 2 points différents, l'une à droite, l'autre sur le côté gauche; résultat : 2 animaux ont survécu, 1 est mort en 3 jours. Les cobayes morts après l'inoculation sous-cutanée des deux cultures n'ont présenté à l'autopsie que du Friedländer. Une injection intraveineuse des deux microbes tue le cobaye en 1 jour 1/2, comme le témoin.

Un cobaye qui avait reçu une injection sous-cutanée de culture de Friedländer est inoculé, 8 jours plus tard, au même point, avec le bacille du charbon; il meurt au bout de 4 jours, le témoin 2 jours plus tôt. A l'autopsie nous ne retrouvons que le *Bacillus anthracis*.

L'action antagoniste du bacille de Friedländer est donc très nette chez le cobaye. Elle se manifeste surtout lorsque les deux cultures sont injectées en un même point. Cette action n'est pas durable : une injection faite au même point 8 jours après l'injection du Friedländer n'est pas tolérée : le cobaye meurt de charbon avec un retard de 2 jours sur le témoin.

b) Expériences sur la souris. — Sur 8 animaux, aucun n'a survécu. Les 4 souris inoculées sous la peau au même endroit, de même que les 2 souris inoculées en des points différents, sont mortes, à une exception près, en même temps que les témoins. 2 autres animaux infectés au moyen de quelques lésions cutanées superficielles faites au bistouri, sont morts 4 et 21 jours après l'infection, alors que les témoins ont survécu 2 jours 1/2 et 7 jours 1/2. L'infection superficielle n'étant pas dosable, nous n'attacherons pas une trop grande importance à ce résultat. Le fait que toutes les souris sont mortes provient de leur plus grande sensibilité au bacille de Friedländer. Tandis que sur 8 cobayes témoins 7 résistent à l'injection du bacille de Friedländer, les 4 souris témoins meurent à la suite de l'injection d'une faible dose de culture pure de Friedländer. Point important, l'examen du sang a donné du bacille de Friedländer à l'état de pureté dans 6 cas sur 8; les 2 autres souris ont fourni une culture mixte (Friedländer et charbon). Les souris inoculées simultanément avec la bactéridie charbonneuse et le bacille de Friedländer meurent; dans la plupart des cas nous ne trouvons que le Friedländer à l'autopsie, le *Bacillus anthracis* ayant disparu.

c) Expériences sur le lapin. — Contrairement à ce que nous avons observé chez le cobaye, les 5 lapins inoculés, soit sous la peau, soit dans les veines, n'ont pas résisté; les injections simultanées de Friedländer et de charbon ont tué les lapins aussi vite que la culture de charbon seul. Les 2 animaux témoins, qui n'ont reçu que le Friedländer, ont survécu.

Les expériences sur le lapin sont intéressantes ; elles nous montrent que l'antagonisme entre le Friedländer et le *Bacillus anthracis* ne se manifeste pas chez le lapin comme chez le cobaye ou chez la souris. Ce fait est confirmé par les résultats de l'autopsie : l'examen du sang ou de la rate des lapins inoculés avec les deux microbes nous a fourni des cultures de charbon, alors que pour le cobaye et pour la souris nous n'avons généralement obtenu que du Friedländer.

Bacille typhique (d'Ebert) et charbon.

a) Expériences sur le cobaye. — Sur 12 animaux inoculés sous la peau simultanément, 5 ont survécu et 7 sont morts ; dans 4 cas la survie a été de 3, 3 1/2, 6 1/2 et 13 jours sur le témoin charbon seul, pour les 3 autres animaux les différences sont moins nettes. A l'autopsie nous n'avons obtenu une culture mixte de bacille typhique et de charbon que dans un cas, tandis que dans les autres la bactéridie charbonneuse avait disparu. L'inoculation du bacille typhique 8 heures après la culture du *Bacillus anthracis* n'a pas retardé la mort du cobaye ; à l'autopsie nous avons obtenu une culture mixte, donc présence des deux microbes dans divers organes. Dans un cas nous avons injecté le mélange des deux cultures dans la veine jugulaire, chez un autre cobaye dans le péritoine : les 2 animaux sont morts en 48 heures ; les cultures n'ont donné que du bacille typhique.

b) Expériences sur la souris. — 7 souris ont reçu deux cultures en injection sous-cutanée simultanément et au même point ; 5 animaux ont survécu et 2 sont morts avec le bacille typhique. 4 autres souris ont été inoculées en des points différents, l'une des cultures étant injectée sous la peau du dos, l'autre sous la peau du ventre ; 3 animaux ont succombé avec un retard marqué sur le témoin, le 4e a survécu.

L'infection superficielle au moyen de quelques lésions cutanées au bistouri n'a pas donné de résultat concluant : bien que nous ayons frotté une assez forte dose de culture d'anthrax sur la peau lésée, la souris témoin et une des souris à infection mixte ont résisté, la 2e est morte de charbon.

c) Expériences sur le lapin. — Une injection sous-cutanée des deux cultures est tolérée alors que le témoin-charbon seul meurt en 1 jour 1/2 ; 4 lapins inoculés dans la veine de l'oreille avec un mélange de deux cultures meurent ; dans deux cas l'examen microscopique et la culture du sang ne fournissent pas de charbon. Dans un autre cas l'inoculation de la bactéridie sous la peau et du bacille typhique dans la veine tue le lapin en 4 jours avec un résultat négatif à l'autopsie.

Les expériences relatées ici prouvent que le bacille typhique est nettement antagoniste et que, pour le cobaye comme pour la souris, l'injection sous-cutanée simultanée du bacille typhique et de la bactéridie charbonneuse permet d'empêcher le développement de l'infection charbonneuse. Pour le lapin les résultats sont moins concluants.

Bacille paratyphique B et charbon.

4 Expériences sur le cobaye, 2 sur la souris, et 2 sur le lapin. — Aucun animal n'a survécu ; quelques-uns ont présenté une survie de 2 à 4 jours sur le témoin ; à l'autopsie nous avons généralement trouvé le bacille du charbon

soit seul, soit avec le paratyphique. Nous pouvons conclure de ces quelques résultats que, contrairement à ce que nous avons observé pour le bacille d'Eberth, l'action antagoniste *in vivo* de la culture de bacille paratyphique B que nous avons inoculé n'était pas notable.

Bacterium coli et charbon.

a) Expériences sur le cobaye. — Sur 4 injections sous-cutanées au même point 2 survies et 2 décès; les 2 cobayes inoculés en 2 points différents meurent quelques heures après les témoins, de même que l'animal qui reçoit le *Bacterium coli* 8 heures après l'injection de charbon. Une injection intraveineuse et une injection intrapéritonéale du mélange tuent les cobayes en 2 jours et 2 jours 1/2. Dans le tissu sous-cutané et dans les organes nous trouvons presque régulièrement le *Bacillus anthracis* avec le *B. coli*; dans un cas ou deux le *B. coli* est resté localisé au point d'inoculation, tandis que dans la rate il n'y avait que du charbon.

b) Expériences sur la souris. — 4 injections sous-cutanées au même point, avec une survie; une injection en 2 points séparés, avec mort en même temps que le témoin; à l'autopsie *Bacillus anthracis*. Dans un cas d'injection de culture mixte dans le péritoine, la souris meurt en 24 heures; à l'autopsie on ne trouve que du *B. coli*.

c) Expériences sur le lapin. — Un animal inoculé sous la peau survit, le témoin charbon seul meurt en 2 jours; 2 autres lapins sont injectés par la voie veineuse : l'un survit, l'autre meurt de *B. coli*; un 4e lapin reçoit le charbon en injection sous-cutanée et le *Bacterium coli* dans la veine : mort de charbon en 3 jours, soit 24 heures après le témoin charbon seul.

De même que pour le Friedländer et pour le bacille typhique, nous avons pu démontrer l'action nettement antagoniste du *Bacterium coli* vis-à-vis de la bactéridie charbonneuse *in vivo*.

Bacille pyocyanique et charbon.

L'antagonisme de ces deux microbes ayant déjà été confirmé par de nombreux travaux, nous nous sommes contentés d'un petit nombre d'expériences pouvant servir de terme de comparaison.

a) Expériences sur le cobaye. — Sur 4 cobayes injectés avec les 2 cultures sous la peau, 2 ont survécu, les 2 autres meurent 3 jours après les témoins. A l'autopsie pas de charbon, pyocyanique dans tous les organes.

Comme pour les autres bactéries examinées, l'action antagoniste est moins nette lorsque l'inoculation est faite en des points différents. Un cobaye ayant reçu le pyocyanique sous la peau et le charbon dans le péritoine meurt de charbon en même temps que le témoin (charbon seul).

b) Expériences sur la souris. — Sur 3 souris injectées sous la peau au même point, 2 résistent, la 3e meurt de charbon. 2 souris ayant reçu une injection simultanée dans le péritoine et 4 animaux injectés en des points différents (péritoine et tissu sous-cutané) meurent. L'effet antagoniste n'est pas net, l'injection intrapéritonéale tuant trop vite.

c) Expériences sur le lapin. — 2 injections des deux cultures dans la veine : les lapins survivent alors que les témoins (charbon seul) meurent en 1 1/2 et en 4 jours. Un lapin injecté sous la peau meurt de pseudo-tuberculose le 10ᵉ jour : pas de charbon. Une 4ᵉ expérience avec injection de pyocyanique dans les veines et de charbon sous la peau tue l'animal; les 2 microbes se retrouvent à l'autopsie.

Ces quelques expériences confirment les données déjà acquises, à savoir que le bacille pyocyanique est un antagoniste du *Bacillus anthracis in vivo*. Elles nous montrent que l'action antagoniste de ce bacille n'est pas supérieure à celle de quelques autres micro-organismes que nous avons examinés.

Nous avons encore inoculé le bacille du charbon avec le pneumocoque, le streptocoque, le prodigiosus, le *Proteus vulgaris*, le *Bacillus mesentericus*. Nous n'avons pas obtenu de résultats aussi nets que dans les expériences relatées dans ce travail. Le petit nombre de ces expériences ne nous permet pas de conclusions définitives.

Expériences avec des cultures de Friedländer stérilisées. — Ces expériences ont été absolument négatives. Le bacille de Friedländer que nous avions tué par chauffage au bain-marie, injecté avec une culture virulente de *Bacillus anthracis* n'a pas empêché l'infection charbonneuse.

Expériences d'inoculation successive du charbon et de l'antagoniste. — En règle générale, l'action antagoniste ne se manifeste nettement que lorsque les deux microbes sont inoculés simultanément au même endroit; elle est déjà moins sûre avec des injections en des points différents. Il était intéressant de rechercher si l'injection successive au même point avait une action marquée sur la marche de l'infection charbonneuse.

Des cobayes, inoculés avec une culture de charbon, reçoivent, 8 heures après cette première inoculation, des cultures de Friedländer, de bacille typhique ou de *Bacterium coli* : dans aucun cas nous n'avons observé une survie. Les animaux moururent en présentant une infection mixte, le bacille du charbon se retrouvant en abondance dans les organes. Un cobaye ayant un gros abcès à la suite de l'injection d'une culture de bacille typhique reçoit une culture de charbon dans l'abcès : il meurt de charbon

Ces quelques expériences nous prouvent que l'action antagoniste des microbes étudiés est très limitée.

Les animaux ayant résisté à l'inoculation de cultures mixtes sont-ils immunisés contre l'infection charbonneuse ? Nos expériences nous obligent à répondre par la négative. Nous avons injecté le charbon à plusieurs animaux ayant résisté à l'injection de cultures mélangées et nous n'avons pas observé de survie. D'après nos expériences, la survie après l'inoculation simultanée de bacille du charbon et d'un antagoniste ne confère pas l'immunité contre une infection charbonneuse ultérieure.

Dans les expériences que nous venons de résumer, nous avons pu démontrer que, en dehors du bacille pyocyanique et du bacille de Friedländer, d'autres microbes, le bacille d'Eberth et le *Bacterium coli* entre autres, exercent une action nettement antagoniste vis-à-vis de l'infection charbonneuse. Cette action antagoniste s'exerce, bien que les microbes en question ne soient pas antagonistes dans les cultures *in vitro*. Elle est surtout manifeste lorsque l'inoculation du charbon et de l'antagoniste a lieu au même point et simultanément. Les inoculations en des points différents ne fournissent pas un résultat aussi constant, bien que la survie ait pu être observée souvent.

Les trois espèces d'animaux ayant servi à nos expériences : cobaye, souris et lapin, ne se sont pas toujours comportés de la même façon. Tandis que le cobaye nous a fourni le plus grand nombre de survies, les expériences sur le lapin ont fourni des résultats moins concluants. La souris, très sensible à l'injection du Friedländer, a mieux résisté à l'infection mixte avec le bacille typhique.

L'antagonisme que nous avons étudié ne se manifeste que lorsque l'infection est simultanée ; une injection de l'antagoniste huit heures après l'infection charbonneuse ne préserve plus l'animal.

Les cultures de Friedländer tuées par la chaleur n'exercent plus leur action antagoniste.

Les animaux ayant survécu à une injection de culture mixte ne sont pas immunisés de ce fait. Ils meurent de charbon injecté à forte dose quelque temps après.

CONCLUSIONS

1° Le bacille de Friedländer, injecté en même temps que le bacille du charbon, exerce une action nettement antagoniste et permet souvent de sauver l'animal. Les résultats ont été surtout démonstratifs sur le cobaye à qui nous avions injecté les deux micro-organismes sous la peau ; ils ont été moins nets pour le lapin, la souris inoculée avec les deux microbes meurt généralement de septicémie à Friedländer ; le bacille du charbon ne se retrouve plus à l'autopsie.

2° Le bacille typhique d'Eberth a également une action nettement antagoniste que nous avons constatée sur le cobaye et sur la souris, de même que sur le lapin.

3° Le *Bacterium coli* est un antagoniste du *Bacillus anthracis* ; ici aussi c'est l'inoculation sous-cutanée qui a donné les résultats les plus concluants.

4° Une culture du bacille paratyphique B, de notre collection, n'a pas exercé une action antagoniste aussi nette ; les animaux d'expérience sont morts après les témoins inoculés avec le charbon seul. A l'autopsie nous avons généralement retrouvé les deux microbes.

5° Nous avons pu confirmer les résultats concernant les propriétés antagonistes du bacille pyocyanique sur les trois espèces d'animaux ayant servi à nos expériences.

6° Les propriétés antagonistes sont surtout nettes lorsque les deux microbes ont été injectés simultanément au même point. Elles ne se manifestent pas toujours lorsque la deuxième culture est inoculée à une certaine distance.

7° Lorsque les deux cultures sont inoculées à huit heures d'intervalle nous n'avons plus pu constater d'antagonisme : les animaux meurent de charbon.

8° L'action antagoniste, si nette lorsque l'on injecte les cultures vivantes, ne se manifeste pas lors de l'injection de bacilles tués par la chaleur.

9° La résistance à l'injection simultanée de charbon et de Friedländer ou de typhique ne confère pas l'immunité vis à-vis d'une infection charbonneuse ultérieure.

Des expériences relatées dans ce travail il ressort qu'il est possible de neutraliser l'action d'une dose sûrement mortelle de bacille du charbon en inoculant simultanément une culture vivante d'un microbe antagoniste. Il n'y a pas de relation directe entre l'action empêchante *in vivo* et l'antagonisme *in vitro*. Le bacille pyocyanique agit sur le bacillus anthracis dans la culture (pyocyanase) ; c'est à cette action dissolvante qu'on a attribué le pouvoir antagoniste *in vivo*. Le bacille de

Friedländer, par contre, n'a pas de pouvoir antagoniste sur les cultures de charbon *in vitro* et cependant il agit d'une façon très nette sur l'animal.

L'infection mixte a fait l'objet de nombreux travaux en tant que facteur aggravant. Les propriétés des cultures du bacille pyocyanique ont motivé l'emploi de la pyocyanase contre diverses infections. Le rôle *empêchant* de certains micro-organismes, relevé par Metchnikoff pour le choléra expérimental et pour les infections intestinales, n'a pas encore été suffisamment étudié. Il est probable que l'étude de cette question nous permettra d'élucider maint problème dans le domaine de l'immunité et de la prédisposition.

W. SILBERSCHMIDT et E. SCHOCH

TABLEAUX DES EXPÉRIENCES

Nota. — La plupart des inoculations ont été faites simultanément et au même point, soit sous la peau, soit, plus rarement, dans la veine ou dans le péritoine ; les injections effectuées en des points différents ou à intervalles sont indiquées dans la colonne « mode d'infection ». — Pour les animaux qui ont succombé nous indiquons la durée de la survie, de même que pour les témoins inoculés avec un seul des microbes ; S. signifie que le témoin a survécu. — Le résultat de l'examen du sang et de la rate est enregistré dans la rubrique « autopsie ».

TABLEAU I. — **Charbon et Friedländer.**

	NUMÉROS	MODE D'INFECTION	NOMBRE	SURVIE	MORT (durée de la survie)	AUTOPSIE	TÉMOINS Charb.	TÉMOINS Friedl.	OBSERVATIONS
Cobayes.	1	Sous-cutanée.	1	1	»	»	4	2	
		— 2 points différents.	1	1	»	»	4	2	
	2	Sous-cutanée.	1	1	»	»	»	»	
		— 2 points différents.	1	»	1 (3)	Friedländer.	2	S.	
	3	a) Sous-cutanée	1	1	»	»	2	1	
		b) Charbon 8 jours après.	1	»	1 (4)	Charbon.	2	S.	
	4	Sous-cutanée	2	1	1 (19)	Friedländer.	2	»	Survie de 17 j.
	5	—	1	1	»	»	2	S.	
	10	—	1	1	»	»	3	S.	
		— 2 points différents.	1	1	»	»	3	S.	
	11	Sous-cutanée	2	1	1 (2)	Friedländer.	2	»	Dose de Friedl. trop forte.
	16	—	1	1	»	»	»	»	
Lapins.		Charb. sous-cut., Friedl. intrav.	1	»	1 (1 1/2)	Charbon.	»	»	
		Charb. intrav., Friedl. sous-cut.	1	»	1 (1 1/2)	Friedländer et Charbon.	1 1/2	»	
	27	Sous-cutanée.	1	»	1 (1 1/2)	Charbon et Friedländer.	1 1/2	»	
	14	Intraveineuse.	1	»	1 (1 1/2)	Charbon et Friedländer.	»	»	
		Sous-cutanée.	1	»	1 (2 1/2)	Charbon et Friedländer.	»	»	
		Charb. sous-cut., Friedl. intrav.	1	»	1 (1 1/2)	Charbon et Friedländer.	1 1/2	S.	
	15	Sous-cutanée.	1	»	1 (2 1/2)	Charbon.	»	»	
		Friedl. intrav., Charb. sous-cut.	1	»	1 (2)	Charbon et Friedländer.	1 1/2	S.	
	6	Sous-cutanée.	1	»	1 (1)	Charbon et Friedländer.	1	3	
		— 2 points différents.	1	»	1 (1)	Friedländer.	1	3	
Souris.		Infection superficielle.	2	»	2 (4 et 21)	Friedländer.	2 1/2	7 1/2	
	7	Sous-cutanée.	1	»	1 (3)	Charbon et Friedländer.	2 1/2	2 1/2	
		— 2 points différents.	1	»	1 (3 1/2)	Friedländer.	2 1/2	2 1/2	
	12	Sous-cutanée.	2	»	2 (3 1/2, 10 1/2)	Friedländer.	6 1/2	4 1/2	

TABLEAU II. — **Charbon et bacille typhique.**

NUMÉROS		MODE D'INFECTION	NOMBRE	SURVIE	MORT (durée de la survie)	AUTOPSIE	TÉMOINS Charb.	TÉMOINS B. typh.	OBSERVATIONS
3		Sous-cutanée	1	1	»	»	2	1	
4		—	1	»	1 (15)	B. typhique.	2	S.	Survie 13 jours.
8		—	2	»	2 (5, 5 1/2)	Pas de charbon.	2	S.	
10		—	1	1	»	»	3	S.	
11		—	2	2	»	»	2	»	
16		—	1	»	1 (1)	B. typhique.	1 1/2	»	
18	Cobayes.	Intraveineuse	1	»	1 (1 1/2)	Id.	»	»	
		Intrapéritonéale.	1	»	1 (3/4)	Id.	9 1/2	»	
21		Sous-cutanée à 8 h. d'intervalle.	1	»	1 (1 1/2)	Charbon et B. typhique.	1	»	
24		—	1	»	1 (3 1/2)	Id.	2 1/2	»	
27		—	1	»	1 (2)	B. typhique.	1 1/2	»	
26		—	1	»	1 (8 1/2)	Pas de charbon.	1	»	Survie 6 jours.
6		Sous-cutanée	1	1	»	»	»	»	
		— 2 points différents.	1	»	1 (5)	»	1	S.	
7		—	1	1	»	»	»	»	
	Souris.	— 2 points différents.	1	1	»	»	2 1/2	S.	
8		Infection superficielle.	2	1	1 (5)	Charbon.	S.	»	
12		Sous-cutanée	2	2	»	»	6 1/2	S.	
13		—	1	1	»	»	3	»	
17		—	2	»	2 (2 1/2, 1 1/2)	B. typhique.	8	»	
		Intrapéritonéale.	2	»	2 (1, 2 1/2)	B. typhique.	1	2 1/2	
27		Sous-cutanée 2 points différents.	2	»	2 (3 1/2)	»	1 1/2	10	
12		Sous-cutanée.	1	1	»	»	1 1/2	»	
	Lapins.	Intraveineuse.	1	»	1 (6 1/2)	Charbon.	1 1/2	»	
19		Typh. intrav. Charb. sous-cutan.	1	»	1 (4)	?	1 1/2	3 1/2	
		Intraveineuse.	1	»	1 (2 1/2)	B. typhique et charbon.	2 1/2	3 1/2	
20		—	1	»	1 (8 1/2)	B. typhique.	6	»	
26		—	1	»	1 (3 1/2)	Pas de charbon.	4	»	

TABLEAU III. — **Charbon et Paratyphique B.**

NUMÉROS		MODE D'INFECTION	NOMBRE	SURVIE	MORT (durée de la survie)	AUTOPSIE	TÉMOINS		OBSERVATIONS
							Charb.	Para B	
Cobayes.	9	Sous-cutanée.	1	»	1 (2 1/2)	Charbon et Para B.	2 1/2	»	
	24	—	1	»	1 (6)	Charbon.	2 1/2	»	
	25	— 2 points différents.	1	»	1 (1 1/2)	Charbon.	1 1/2	»	
		Charbon intrapéritonéal. Para-typhique B sous-cutané. . . .	1	»	1 (3 1/2)	Charbon.	1 1/2	»	
Souris.	9	Sous-cutanée.	1	»	1 (2)	Charbon et Para B.	2 1/2	S.	
	27	— 2 points différents.	2	1	1 (4 1/2)	Para B.	1 1/2	S.	
Lapin.	24	Intraveineuse.	1	»	1 (3 1/2)	Charbon et Para B.	»	S.	
	»	Sous-cutanée.	1	».	1 (2 1/2)	Charbon et Para B.	2	»	

TABLEAU IV. — **Charbon et Bacterium coli.**

	NUMÉROS	MODE D'INFECTION	NOMBRE	SURVIE	MORT (durée de la survie)	AUTOPSIE	TÉMOINS Charb.	TÉMOINS B. coli	OBSERVATIONS
Cobayes.	27	Sous-cutanéc	1	»	1 (2)	*B. coli.*	1 1/2	»	
	3	—	1	1	»	»	2	S.	
	4	—	1	1	»	»	»		
	18	Intraveineuse	1	»	1 (2)	Charbon et *B. coli.*	»	2	
		Intrapéritonéale	1	»	1 (2 1/2)	Charbon.	9 1/2	»	
	21	Sous-cutanée 8 h. d'intervalle	1	»	1 (2 1/2)	*B. coli* et charb. dans les org.	1	»	
	25	Sous-cutanée	1	»	1 (2)	Charbon.	1 1/2	»	
		— 2 points différents	1	»	1 (2)	*B. coli.*	1 1/2	»	
	26	Sous-cutanée 2 points différents	1	»	1 (2)	»	1	»	
	6	Sous-cutanée	1	»	1 (1 1/2)	*B. coli.*	1	3	
Souris.		— 2 points différents	1	1	1 (1 3/4)	Charbon.	1	»	
	12	—	1	1	»	»	»		
		— (Charb.) et intrapériton.					6 1/2	»	
		B. coli	1	»	1 (7 1/2)	Charbon.	»	»	
	13	Sous-cutanée	1	»	1 (3)	Charbon.	»	»	
	25	Intrapéritonéale	1	»	1 (1)	*B. coli.*	1 1/4	»	
		Sous-cutanéc	1	»	1 (2)	Charbon.	1 1/2	»	
		—	1	1	»	»	»		
Lapins.	24	Charb. sous-cutan., *B. coli* intrav.	1	»	1 (3)	Charbon.	2	»	
	26	Intraveineuse	1	1	»	»	4		
	20	—	1	»	1 (1/2)	*B. coli*	6	S.	

704

¡Tableau V. — **Charbon et Pyocyanique.**

NUMÉROS		MODE D'INFECTION	NOMBRE	SURVIE	MORT (durée de la survie)	AUTOPSIE	TÉMOINS Charb.	TÉMOINS Pyo-cyaniq.	OBSERVATIONS
Cobayes.	5	Sous-cutanée	1	»	1 (5)	Pyocyanique.	2	S.	
	8	—	1	»	1 (5 1/2)	Pas de charbon.	2	S.	
		— 2 points différents.	1	»	1 (2 1/2)	»	2	S.	
	11	—	2	2	»	»	2	»	
	25	— 2 points différents.	1	»	1 (3 1/2)	Charbon et Pyocyanique.	1 1/2	S.	
		Charb. intrapérit. Pyoc. sous-cut.	1	»	1 (1 1/2)	Charbon.	1 1/2	»	
Souris.	12	Sous-cutanée	2	2	»	»	6	S.	
	17	Intrapéritonéale.	1	»	1 (1 1/2)	Pyocyanique.	1	»	
		Pyoc. intrapérit., Charb. s.-cut.	1	»	1 (1 1/2)	Pyocyanique.	8	»	
	21	Pyoc. s.-cut., Charb. intrapérit.	1	»	1 (1 1/2)	Charbon.	1 1/2	»	
		Pyoc. intrapérit., Charb. s.-cut.	2	»	2 (1/2. 1 1/2)	Charbon et Pyocyanique.	1 1/2	1/2	
	25	Sous-cutanée	1	»	1 (1 1/2)	Charbon.	1 1/2	»	
		Intrapéritonéale.	1	»	1 (1)	Pyocyanique.	1 1/4	S.	
Lapins.	16	Sous-cutanée	1	»	1 (10)	Pas de charbon.	1 1/2	»	Mort de pseudo-tuberculose.
		Intraveineuse	1	1	»	»	1 1/2	»	
	19	Pyoc. intrav., Charbon sous-cut.	1	»	1 (2)	Charbon et Pyocyanique.	1 1/2	»	
	26	Intraveineuse	1	1	»	»	4	»	

CONTRIBUTION
A L'ETUDE DES INFECTIONS INTESTINALES

LE *BACILLUS BOOKERI*

par H. TISSIER.

Les travaux sur la flore microbienne intestinale occupent une large place dans l'œuvre de Metchnikoff. Cet esprit aux idées si larges voyait dans la prolifération d'espèces étrangères à la flore normale non seulement la cause des troubles digestifs, mais encore celle de la plupart de nos déchéances organiques. On sait avec quelle énergie il sut défendre ces idées et diriger de nombreux élèves dans ces intéressantes recherches.

Il ne semblait pas, après les discussions du Congrès de médecine de 1900, après les nombreux travaux parus de tous côtés, qu'on pût mettre en doute l'origine microbienne de la plupart des troubles digestifs de l'homme. Et pourtant, dès 1912, les travaux de l'École allemande et ceux d'une certaine partie de l'École française tendaient à leur chercher une autre cause.

C'était pourtant un fait connu, démontré, que dans tous les troubles digestifs qui ne sont pas d'origine toxique, on peut trouver, dans les selles, des microbes autres que ceux qui composent la flore normale. Ces espèces sont évidemment variées, mais elles apparaissent avec les premiers symptômes de la maladie et disparaissent avec elle (1).

Ce que nous savions encore, c'est que ces bactéries anormales ne pouvaient s'installer d'emblée dans notre intestin, qu'il fallait une sorte de préparation chimique du milieu et un bouleversement des défenses de la flore normale. Nous avions

(1) Tissier, *Thèse de Paris* 1900, et *Annales de l'Institut Pasteur*, **20**, février 1905 et **22**, mai 1905.

souvent observé qu'une fermentation putride précédait la pullulation d'espèces plus pathogènes.

Mais ce qui restait à démontrer, c'est le mode d'action de ces microbes. On ne parvenait pas à reproduire chez l'animal le symptôme des maladies observées. L'ingestion des cultures ne produisait aucun trouble chez nos animaux de laboratoire.

Metchnikoff, que cette question passionnait, eut l'idée d'utiliser pour ses expériences, non plus les cobayes et les lapins dont la flore intestinale est si différente de celle de l'homme, mais des singes et plus spécialement des anthropoïdes qui ne présentent pas cet inconvénient. On sait qu'il parvint ainsi à reproduire le choléra infantile, levant ainsi le dernier doute sur l'origine microbienne de ces troubles digestifs (1).

On peut schématiquement grouper ces infections intestinales en trois catégories : les *infections putrides, catarrhales* et *pyrétiques*.

Dans le premier cas, on trouve dans les matières fécales tous les éléments nécessaires à une putréfaction vraie. On peut en isoler des bactéries protéolytiques ferments mixtes : *B. perfringens* et ferments simples : *B. sporogenes* (2), *B. colicogenes* (3) associées ou non à des espèces moins actives : *Coccobacillus perfœtens* (4), *Micrococcus parvulus* (5), *B. saccharobutyricus*, *B. barati* (6) qui semblent surtout agir par leur produits de fermentation.

Les douleurs abdominales plus ou moins localisées, les coliques par crises plus ou moins violentes, les selles molles, fréquentes, accompagnées de glaires et d'émission de gaz fétides en sont les symptômes dominants. En modifiant le milieu chimique qui fait vivre ces microbes, on modifie plus ou moins vite les symptômes de la maladie.

Dans les infections pyrétiques, aux troubles fonctionnels que nous venons de décrire s'ajoutent un état saburral particulier et des phénomènes généraux, de la fièvre. A côté des bactéries putrides anaérobies se développe une abondante flore du type

(1) Metchnikoff. *Annales de l'Institut Pasteur*, 1914, n° 2.
(2) Metchnikoff. *Annales de l'Institut Pasteur*, **22**, décembre 1908.
(3) Tissier. *Annales de l'Institut Pasteur*, juillet 1912, p. 522.
(4) Tissier. *Thèse de Paris*, 1900.
(5) Veillon et Zuber. *Arch. méd. exp.*, juillet 1898, n° 4.
(6) Tissier. *Soc. de Biol.*, 1918, n° 8.

B. coli dont l'action élective se porte sur les produits de dédoublement des albumines. Ces microbes produisent des corps nuisibles à l'organisme et sont capables de pénétrer dans la circulation générale créant ainsi des septicémies plus ou moins tenaces. Ce sont les *paratyphiques A* et *B* qui forment les éléments les plus connus de cette catégorie dans laquelle il faudrait également mettre toute cette série de *B. paracoli* mis en lumière par les travaux des Écoles anglaise et américaine.

Dans les infections catarrhales, l'action microbienne porte surtout sur la muqueuse. Tout indique qu'elle est fortement touchée : selles glaireuses, diarrhéiques mélangées de sang ou de muco-pus dont l'émission s'accompagne de ténesme, de brûlures, sensation de griffe, etc. Parfois même la diarrhée est profuse et on voit paraître des phénomènes généraux graves.

C'est dans cette classe qu'il faut ranger les dysenteries bacillaires, les entérites cholériformes, le choléra infantile, etc. Les recherches bactériologiques faites pendant la guerre ont montré la grande variété des bacilles dysentériques. Des microbes dissemblables peuvent donc produire des troubles digestifs identiques. Il est bien probable qu'il en est de même pour les diarrhées estivales des jeunes enfants.

Metchnikoff considérait le *B. proteus vulgaris* comme étant la cause la plus fréquente, sinon l'unique, de ces infections (1). C'était déjà l'opinion de Booker en 1897. Escherich et Vargas en 1900 lui attribuaient un rôle important.

Il nous semble également que son action sur l'intestin ne peut être négligeable. Lors de l'épidémie de choléra infantile de 1900 nous l'avions fréquemment isolé des selles des nourrissons très gravement atteints; mais il est bon d'ajouter que nous l'avons rencontré dans des cas dont l'allure clinique ne rappelait en rien ces formes graves. Il existe également dans des selles d'enfants ne présentant que des indispositions légères.

A côté du *B. proteus vulgaris* nous devons placer une espèce plus rare en nos contrées, dont les caractères morphologique et clinique sont différents, mais dont l'action nocive est voisine : c'est le *B. bookeri* décrit par Ford en 1903 (2).

(1) METCHNIKOFF. *Annales de l'Institut Pasteur*, 1914, n° 2.
(2) W. W. FORD. *Studies from the royal Vict. Hosp.*, Montréal, 1, n° 5.

La description donnée par cet auteur est malheureusement très succincte et nous croyons nécessaire d'en donner une étude plus approfondie.

Il se présente au microscope sous l'aspect d'un coccobacille rappelant les formes banales du *B. coli*. Il est de même dimension et fixe également les colorants à ses extrémités. Il ne donne pas, par contre, de forme d'involution dans les vieilles cultures. Il est immobile. Sa vitalité est assez considérable, on peut le repiquer d'une culture en bouillon ordinaire vieille d'un mois ou d'une culture en gélatine datant de quatre mois et demi.

C'est un anaérobie facultatif se développant aussi bien à 37° qu'à 22°.

Sur gélose ordinaire il donne des colonies analogues à celles du *B. coli* qui prennent aussi en vieillissant une teinte café au lait. Elles virent légèrement le milieu de Drigalski. Ensemencée en gélose profonde cette espèce disloque le milieu par une abondante production de gaz. Elle liquéfie lentement la gélatine sans donner de colonies migratrices, mais, chose curieuse, elle communique à ce milieu liquéfié une teinte acajou. Le lait est coagulé lentement en fins grumeaux et le sérum prend une coloration jaunâtre. Sur pomme de terre elle se développe assez bien donnant une colonie peu épaisse de teinte marron clair. Tous les milieux amidonnés brunissent également. Les milieux à la tyrosine prennent, au bout de quelques jours, une coloration rose.

Ses propriétés chimiques sont plus spéciales. Ce bacille, en effet, n'attaque pas l'amidon et très faiblement les sucres. Il ne donne jamais de fermentation acide dans les milieux peptonés contenant du glucose, ou un autre sucre : lactose, saccharose, lévulose, galactose, mannite, dulcite. Le lait seul donne, après sa coagulation, une faible acidité qui disparaît par la suite. Si nous dosons les sucres de tous ces milieux nous voyons qu'environ un tiers a été détruit. Cette attaque a donc été insidieuse et lente, elle est insignifiante si on la compare à celle des matières protéiques.

Nous avons vu qu'il liquéfiait la gélatine, il attaque également les albuminoïdes et les protéines. Il était intéressant de mesurer son pouvoir protéolytique et nous l'avons mis en milieu peptoné contenant des quantités connues d'albumine animale ou végétale. Dans les deux cas, la bactérie avait utilisé les peptones et les acides aminés du milieu, délaissant les albumines. Dans le lait son action protéolytique est plus nette : un tiers de la caséine est détruite.

Son action élective se porte donc sur les dérivés des matières protéiques : albumoses, peptones, acides aminés, mais elle est loin d'être aussi intense que celle du *B. proteus vulgaris*, elle ne fait pas disparaître des milieux peptonés la réaction du buriet et ne donne ni indol, ni phénol.

C'est donc un *ferment protéolytique simple* ; mais comme le sont ordinairement les aérobies. Ces bactéries ne brisent pas en gros morceaux la molécule albuminoïde comme le font les grands anaérobies de la putréfaction, laissant les sous-produits à des microbes accessoires, ils la dissocient lentement jusqu'à l'ammoniaque comme le fait le *B. pyocyanique*.

Le *B. bookeri* est, enfin, pathogène pour les animaux de laboratoire. Un demi-centimètre cube de culture de bouillon ordinaire tue la souris en douze heures et 1 cent. cube inoculé sous la peau provoque, chez le cobaye, des troubles généraux dont il ne se relève que lentement. La même dose mise dans le péritoine tue l'animal en quelques heures.

Ce bacille peut également causer des troubles digestifs quand il est mélangé aux aliments. Pendant cinq jours de suite, nous avons donné à un chimpanzé de trois ans environ 10 cent. cubes d'une culture liquide mélangée à du lait. Trois jours après l'animal a perdu l'appétit et a eu des selles molles peu liquides et enfin glaireuses au nombre de huit à dix dans la journée. Au bout d'une quinzaine de jours seulement les troubles digestifs se sont atténués et ont disparu lentement.

Nous avons essayé de déterminer son mode d'action. Nous avons d'abord inoculé sous la peau d'un cobaye des cultures filtrées sur bougie ; 1 cent. cube produisait un malaise évident qui ne disparaissait qu'en trois ou quatre jours. Par contre la même dose, dans le péritoine, tuait rapidement l'animal. Des corps microbiens recueillis comme l'indique Nicolle et délayés dans l'eau physiologique (3 grammes pour 10 cent. cubes) inoculés sous la peau à la dose de 1 cent. cube n'ont fait qu'indisposer l'animal, tandis qu'ils l'ont tué quand ils ont été mis dans le péritoine. Ainsi corps microbiens et produits de culture sont également nuisibles. Le *B. proteus vulgaris* donne des toxines douze fois moins actives, mais les poisons adhérents aux corps microbiens tuent plus rapidement l'animal.

Il est donc bien probable que les troubles observés chez les enfants « porteurs de ce germe » : *B. bookeri*, étaient imputables à cette espèce. C'étaient d'abord de l'inappétence, puis des lourdeurs d'estomac, des digestions pénibles, des selles molles et enfin de la diarrhée glaireuse (8 à 10 selles dans les vingt-quatre heures) avec de légères coliques et enfin de la dépression, de l'amaigrissement, mais toujours sans fièvre.

Dans quelle condition cette espèce peut-elle se développer dans le tube digestif ? Il semble, d'après les quelques observations que nous possédons, qu'une préparation du milieu chimique lui est nécessaire. Il faut qu'il se produise dans les déchets digestifs, au moins un début de putréfaction. Nous avons toujours trouvé dans ces selles diarrhéiques du *B. perfringens*, côte à côte avec notre bacille. Nous avons alors cherché à donner une alimentation dont aucun déchet ne puisse être utilisé par cet anaérobie. Peu à peu, nous sommes arrivés, ainsi, à l'éliminer de la flore intestinale ; or, en même temps que lui, disparaissait le *B. bookeri*.

Nous vîmes, alors, diminuer puis disparaître tous les troubles dont se plaignaient nos jeunes malades, et nous ne pûmes jamais par la suite isoler, de leurs selles, l'une ou l'autre de ces deux bactéries.

Comme on le voit, tout rappelle dans ce genre d'infection ce qui se passe dans les infections légères à *B. proteus vulgaris*.

On doit donc les placer côte à côte dans la nosographie des maladies digestives.

ROLE DES HÉMOLYSINES
DANS L'INTOXICATION MICROBIENNE

par M. WEINBERG et M. NASTA.

Un grand nombre de microbes pathogènes sécrètent, à côté d'autres substances toxiques, des hémolysines. Bien que ces dernières aient déjà fait l'objet de nombreux travaux, nous ne sommes pas encore fixés sur la part qui leur revient dans l'intoxication générale de l'organisme au cours d'une infection.

Nous avons essayé de combler cette lacune, en étudiant comparativement la toxine totale de quelques microbes et la même toxine débarrassée de ces substances hémolytiques.

Par « toxine totale » il faut comprendre l'ensemble des substances toxiques que renferme la partie liquide et claire d'une culture bien centrifugée. Nous nous sommes servis presque exclusivement de la toxine non filtrée : le filtre Chamberland même peu serré, comme la bougie L 2 par exemple, retient une grande partie de l'hémolysine.

Les toxines étudiées sont celles du *B. perfringens*, du vibrion septique, du staphylocoque doré et du streptocoque.

Les animaux d'expérience ont été, pour la plupart, injectés dans la veine, car c'est par cette voie que l'effet des hémolysines est le plus brutal et par conséquent le plus nettement appréciable.

Deux procédés ont été employés pour priver la toxine de son pouvoir hémolytique : le procédé classique qui consiste à saturer la toxine par des globules rouges en excès, et le procédé de neutralisation par le sérum normal, dont les propriétés anti-hémolytiques sont connues depuis les travaux d'Ehrlich.

C'est l'analyse des résultats obtenus dans cette dernière

partie de nos recherches qui nous a permis d'apporter quelques
notions précises sur les propriétés curatives du sérum normal
de cheval ainsi que sur les effets non spécifiques de certains
sérums antitoxiques ou antimicrobiens.

TECHNIQUE

A. — L'hémolysine microbienne est obtenue par centrifugation de trois à
dix minutes (centrifugeur Jouan n° 2) des cultures microbiennes en bouillon
glucosé à 1 p. 1.000. Lorsque les microbes sont auto-agglutinants (streptocoque, bactéridie charbonneuse), on remplace avantageusement la centrifugation par la filtration sur papier durci, stérilisé à l'autoclave.

Pour les hémolysines du *B. perfringens*, du vibrion septique et du streptocoque, employer les cultures jeunes (quatorze à dix-huit heures); pour celle
du staphylocoque les cultures de cinq à six jours. Pour préparer la streptococolysine, ensemencer le bouillon avec le streptocoque conservé en
bouillon-sérum.

L'unité hémolytique d'une toxine microbienne est la quantité de toxine
capable d'hémolyser, au bout d'une heure d'étuve à 37°, 1 cent. cube de
globules rouges (5 p. 100) d'une espèce donnée. L'indice hémolytique représente le nombre d'unités hémolytiques contenues dans 1 cent. cube de toxine.

L'indice hémolytique de la toxine du *B. perfringens* était dans nos expériences de 30 à 50 (globules de cobayes); l'hémolysine de vibrion septique a
donné l'indice 0 à 10; la staphylolysine, 10 à 20 pour les globules de cobaye
et 80 à 100 pour ceux de lapin. La streptococolysine marquait 3 à 20.

B. — Pour établir l'indice antihémolytique, on verse dans une série de
tubes renfermant une unité d'hémolysine microbienne des doses décrois-
santes (1/10 à 1/1.000 de cent. cube) du sérum étudié. L'hémolysine et le
sérum doivent être dilués dans de l'eau physiologique, de façon que les
doses employées dans l'expérience soient de 0 c.c. 1.

Les tubes sont mis à l'étuve à 37° pendant une heure. Au bout de ce
temps, on ajoute 1 cent. cube de globules rouges (à 5 p. 100) et on remet
les tubes à l'étuve. Les résultats sont notés au bout de deux heures.

La limite du pouvoir antihémolytique du sérum est indiquée par le tube
renfermant la plus petite quantité de sérum empêchant complètement
l'hémolyse, c'est-à-dire par le dernier tube dans lequel le liquide surnageant les globules rouges reste absolument incolore. Si, par exemple, ce
dernier tube contient 0 c.c. 1 du sérum dilué au 1/10, l'indice antihémolytique
sera 100.

C. — Pour priver une toxine microbienne de son hémolysine, il n'est
nullement nécessaire de la mettre en contact avec des globules rouges en
excès. Prenons, par exemple, une toxine du *B. perfringens* à indice hémolytique 50 pour les globules de cobaye. Les 10 cent. cubes de cette toxine
renfermant 500 unités hémolytiques, on devrait, pour enlever toute trace
d'hémolysine, les mettre en contact avec un culot globulaire provenant de
la centrifugation de 500 cent. cubes de globules rouges à 5 p. 100 ou bien,
ce qui revient au même, avec un culot globulaire de 25 cent. cubes de sang
défibriné et lavé. En réalité, la toxine est déjà complètement privée de son

hémolysine après contact avec une quantité de globules rouges trois fois moindre (culot globulaire de 8 cent. cubes de sang).

Il n'est pas non plus nécessaire de prolonger le contact de la toxine avec les globules rouges. La fixation de l'hémolysine sur les globules rouges se fait très rapidement. Il suffit de verser dans un tube à centrifuge renfermant un culot de sang centrifugé et lavé la quantité de toxine à laquelle on veut enlever toute son hémolysine, de bien mélanger et de centrifuger immédiatement (trois à cinq minutes). La toxine, décantée aussitôt après la centrifugation, est complètement privée de son hémolysine, bien que, dans ce procédé, la quantité de sang laqué soit bien inférieure à celle qu'on trouve après un contact prolongé du mélange toxine-globules rouges à l'étuve ou à la glacière.

Cette fixation très rapide de l'hémolysine sur les globules rouges a été constatée pour toutes les hémolysines microbiennes étudiées.

Hémolysine du *B. Perfringens*.

Toutes les souches du *B. perfringens* produisent une hémolysine très active. Il arrive exceptionnellement qu'une souche, d'ordinaire hémolytique, provoque chez l'homme ou chez les animaux un œdème blanc avec peu de gaz ou sans gaz; mais les conditions qui favorisent la production par ce microbe de toxine uniquement non hémolytique ne sont pas encore déterminées et il est impossible de reproduire à coup sûr un œdème blanc avec une souche donnée de cet anaérobie.

Lorsqu'on injecte dans la veine d'un cobaye de 400 grammes 1 à 2 cent. cubes de toxine centrifugée du *B. perfringens* riche en hémolysine, l'animal meurt tantôt en quelques minutes, tantôt en une ou quelques heures. Si la mort n'est pas foudroyante, l'animal présente, en dehors d'autres symptômes (dyspnée, poil hérissé, soubresauts), une ou plusieurs crises d'hémoglobinurie dont la première survient quelquefois déjà 15 minutes après l'injection. Cette hémoglobinurie est la conséquence de la destruction intense des globules rouges *in vivo*, comme l'avaient montré les recherches de Guyonnet (1) qui a constaté chez les cobayes injectés une chute globulaire pouvant aller de 6.000.000 à 1.200.000. L'hématurie qui avait été signalée par Mlle Raphaël ne vient compliquer l'hémoglobinurie qu'au bout de 2 à 3 heures.

---

(1) G. Guyonnet, Les hémolysines bactériennes. *Thèse de Bordeaux*, 1919. — La destruction des globules rouges *in vivo* à la suite de l'injection de toxine du *B. perfringens* a déjà été notée par Bull et Pritchett (1917) dans leurs expériences sur le lapin.

Les constatations faites à l'autopsie : exsudat hémoglobinique de la plèvre, du péricarde, du péritoine ; congestion intense des viscères abdominaux ; vessie noire, rétractée ou bien distendue par l'urine riche en hémoglobine et souvent en globules rouges ; quelquefois petites taches noires ou même infarctus hémorragiques du poumon ailleurs complètement blanc, ne font que souligner l'importance des lésions du sang causées *in vivo* par l'hémolysine du *B. perfringens*.

D'ailleurs les expériences pratiquées avec la toxine de ce microbe, complètement privée de son hémolysine par le procédé du contact avec les globules rouges, montrent nettement que l'hémolysine joue un rôle primordial dans l'intoxication générale de l'organisme, lorsque l'animal est injecté par voie veineuse, et cela, que la mort soit foudroyante ou bien qu'elle survienne une ou quelques heures après l'injection.

Deux cobayes (460 et 490 grammes) reçoivent dans la veine, chacun 2 cent. cubes de toxine du *B. perfringens* à indice hémolytique 150. Ces deux cobayes sont pris immédiatement de convulsions et meurent l'un en deux, le deuxième en cinq minutes. Deux autres témoins (375 et 295 grammes), ayant reçu seulement 1 cent. cube de toxine, sont pris de secousses, se remettent, mais meurent l'un en quelques heures, l'autre en vingt heures.

Deux nouveaux cobayes pesant chacun 450 grammes reçoivent également dans la veine 2 cent. cubes de toxine débarrassée complètement de son hémolysine par le procédé du contact avec les globules rouges ; ils présentent quelques secousses, mais se remettent complètement.

Dans une autre expérience, où le témoin est mort en sept heures, deux cobayes sont injectés avec 2 et 5 cent. cubes de toxine débarrassée de son hémolysine. L'animal, injecté avec 5 cent. cubes, a présenté quelques secousses, a émis de l'urine franchement rouge, mais s'est remis complètement.

Les petites secousses et l'émission d'urine quelquefois franchement hémoglobiniques observées chez les cobayes injectés avec la toxine privée de son hémolysine sont dues à la richesse de cette toxine en hémoglobine dissoute. Nous avons observé maintes fois ces symptômes chez les cobayes témoins, injectés avec la quantité correspondante d'hémoglobine obtenue par hémolyse des globules rouges du cobaye avec de l'eau distillée, l'isotonie ayant été assurée par l'addition de quantité convenable de chlorure de sodium.

Ces faits établis, nous avons recherché si le sérum normal de cheval, doué de propriétés anti-hémolytiques, ne serait pas capable, lui aussi, de neutraliser la toxine du *B. perfringens* étudiée sur cobaye, comme il a été observé dans les expériences analogues faites sur souris (Weinberg et Séguin).

Nous avons d'abord étudié le pouvoir anti-hémolytique du sérum de cheval vis-à-vis de la toxine du *B. perfringens*. L'expérience, pratiquée comparativement avec le sérum de 20 chevaux neufs et un certain nombre de sérums spécifiques préparés à l'Institut Pasteur, a donné, pour les globules rouges de cobaye, les résultats suivants :

Le sérum de cheval neuf neutralise toujours l'hémolysine du *B. perfringens* vis-à-vis des globules rouges du cobaye : son indice anti-hémolytique varie de 50 à 500. L'indice anti-hémolytique des sérums spécifiques, préparés contre d'autres microbes que le *B. perfringens*, présente les mêmes variations que l'indice du sérum de chevaux neufs.

L'indice anti-hémolytique du sérum anti-*perfringens* antimicrobien est à peine plus élevé que l'indice le plus élevé de sérums normaux. Le sérum antitoxique anti-*perfringens* a donné les chiffres les plus élevés; il est 20 à 60 fois supérieur à l'indice de sérum normal.

Faisons maintenant une expérience comparative de la neutralisation *in vivo* de la toxine du *B. perfringens*, avec un sérum de cheval normal et un sérum spécifique.

Deux cobayes (355 et 400 grammes) reçoivent dans la veine, le premier, le mélange de 2 cent. cubes de toxine centrifugée de *B. perfringens* et de 0 c. c. 5 de sérum normal de cheval; le deuxième, la même quantité de toxine avec seulement 0 c. c. 2 de sérum normal. Les deux cobayes survivent, le deuxième ayant présenté une légère crise d'hémoglobinurie.

Trois cobayes (293, 360 et 295 grammes) sont injectés avec 2 cent. cubes de toxine mélangée à des doses croissantes (1/20, 1/30, 1/50 de cent. cube) de sérum antitoxique, anti-*perfringens*. Les deux premiers survivent, le troisième succombe en deux minutes.

Les cobayes (410 et 470 grammes) du troisième lot reçoivent dans la veine, l'un le mélange de 2 cent. cubes de culture de *B. perfringens* et de 0 c. c. 5 de sérum normal, l'autre, le mélange de 2 cent. cubes de culture et de 1/20 de cent. cube de sérum (anti-*perfringens*). Les deux cobayes survirent.

Enfin, les cobayes témoins (595, 590, 520 et 420 grammes), injectés dans la veine avec 2 cent. cubes de toxine seule meurent en une heure, trois heures et demie et cinq heures. Un autre témoin de 550 grammes n'ayant reçu que 1 cent. cube meurt en trois heures; enfin, le dernier cobaye témoin injecté dans la veine avec 2 cent. cubes de culture, meurt dans la nuit.

Cette expérience est démonstrative ; elle signifie que le pouvoir neutralisant du sérum de cheval, normal ou spécifique, est nettement proportionnel à son pouvoir anti-hémolytique vis-à-vis de l'hémolysine du *B. perfringens.*

En effet, nous avons utilisé dans cette expérience un sérum normal à indice anti-hémolytique 100 et le sérum spécifique à indice 2.000, c'est-à-dire 20 fois plus actif. Or, pour protéger un cobaye contre l'action de 2 cent. cubes de toxine, il fallait 0 c. c. 2 de sérum normal et une dose de sérum spécifique comprise entre 1/30 et 1/50 de cent. cube, c'est-à-dire à peu près 20 fois plus faible.

L'intérêt de nos observations est encore accru par le fait que nous avons obtenu le même résultat chez les cobayes injectés avec le mélange de culture et de sérum normal.

Pour terminer ce chapitre rappelons une expérience de Bull et Pritchett (1).

Ces auteurs injectent dans la veine d'un pigeon le mélange de 1 cent. cube de toxine de *B. perfringens* et de 1 cent. cube de sérum de lapin normal. Le pigeon meurt en une heure et demie.

Cette observation, d'apparence contradictoire, ne fait en réalité que confirmer nos conclusions. En effet l'hémolysine du *B. perfringens* dissout très activement les globules rouges de pigeon ; son indice atteint quelquefois jusqu'au chiffre 200. Et, cependant, le sérum de lapin neuf n'exerce aucun pouvoir empêchant vis-à-vis de cette hémolysine. Il ne pouvait donc pas empêcher la mort de l'animal dans l'expérience des auteurs américains que nous venons de citer.

Hémolysine du Vibrion septique.

Le Vibrion septique sécrète *in vivo* une hémolysine très active, comme le montrent les lésions hémorragiques considérables qu'on trouve à l'autopsie d'animaux morts à la suite d'inoculation intramusculaire ou sous-cutanée de culture de cet anaérobie.

In vitro, le Vibrion septique sécrète aussi une hémolysine, mais la partie non hémolytique de sa toxine est assez active

(1) *Journ. of exp. med.*, 1917, **26**, p. 116.

pour causer la mort de l'animal, même lorsqu'elle est débarrassée de tout pouvoir globulicide. Ainsi, dans une de nos expériences, la toxine du Vibrion septique, filtrée sur bougie Chamberland, tuait régulièrement, à la dose de 1 cent. cube, un lapin de 2 kilogrammes. Débarrassée de son hémolysine par contact avec les globules rouges de lapin, la même toxine ne tuait plus un lapin de même poids qu'au bout de vingt-quatre heures, et encore à la dose double (2 cent. cubes).

D'autres fois, la toxine non hémolytique du Vibrion septique est tellement active que son action n'est nullement affaiblie ni retardée par la suppression de l'hémolysine.

Hémolysine du staphylocoque doré.

Sans jouer un rôle prépondérant, l'hémolysine du staphylocoque doré contribue pour une grande part à l'intoxication générale de l'organisme causée par ce microbe. Aussi occupe-t-elle une place intermédiaire entre les hémolysines précédentes, comme cela découle d'ailleurs de quelques expériences que nous allons résumer.

Dans la première expérience, la toxine centrifugée du staphylocoque (24 cent. cubes) n'a été que partiellement débarrassée de son hémolysine, par contact de quinze minutes à la température du laboratoire avec le culot globulaire de sang de lapin (2 cent. cubes).

Son indice hémolytique était 100 avant le contact; après, il s'élevait encore à 40. Aussi les 2 lapins injectés avec la toxine traitée sont-ils morts en même temps (deux minutes et quelques heures) que les lapins témoins.

Dans une deuxième expérience, où la toxine du staphylocoque a été complètement privée de son hémolysine au contact d'une quantité plus grande de globules rouges (culot globulaire de 25 cent. cubes de sang pour 50 cent. cubes de toxine à indice hémolytique 50), les résultats ont été bien différents. Les deux lapins de 2 kilogrammes ayant reçu dans la veine 20 cent. cubes de toxine privée de son hémolysine sont morts au bout de vingt heures, sans avoir montré, après l'injection, de symptômes tant soit peu marqués, alors que le lapin témoin, injecté avec la même quantité de toxine centrifugée mais non traitée, a été pris quinze minutes après l'injection de paralysie du train postérieur, suivie de mort en quelques heures.

On obtient des résultats beaucoup plus nets lorsqu'on neutralise l'hémolysine du staphylocoque par l'antihémolysine du sérum normal ou bien du sérum non spécifique.

Voici quelques expériences démonstratives :

PREMIÈRE EXPÉRIENCE SUR COBAYES. — L'indice hémolytique de la toxine centrifugée du staphylocoque vis-à-vis des globules rouges de cobaye est 20. L'indice anti-hémolytique des sérums employés : 20 pour le sérum normal, 500 pour le sérum 803 (sérum antivibrion septique, à la fois antitoxique et antimicrobien).

Cobayes	Reçoivent dans la veine				Meurent
350 gr.	2 c.c. de toxine centrifugée				en 15 minutes.
400	2	—		. . . .	dans la nuit.
400	2	—		. . . .	dans la nuit.
300 gr.	2 c.c. de toxine,	1 c.c. de sérum normal			en 4 jours.
300	2	—	1	— 803	en 6 — 1/2
300	2	—	0,5	— —	en 2 —

DEUXIÈME EXPÉRIENCE SUR COBAYES. — Toxine staphylococcique et mêmes sérums que dans l'expérience précédente.

Cobayes	Reçoivent dans la veine				Meurent
250 gr.	2 c.c. de toxine centrifugée				en 6 heures.
320	2	—		. . . .	en 24 heures.
300	2 c.c. de toxine,	1 c.c. de sérum normal			en 4 jours.
270	2	—	0,5	—	en 36 heures.
280	2	—	0,2	—	en 2 heures.
300	2	—	0,5 c.c. de sérum 803 . .		en 48 heures.
270	2	—	0,2	—	en 36 heures.
280	2	—	0,1	—	en 3 jours.

EXPÉRIENCE SUR LAPINS. — L'indice hémolytique de la toxine staphylococcique est 90; les sérums sont les mêmes que dans l'expérience précédente.

Lapins	Reçoivent dans la veine				Meurent
1.800 gr.	5 c.c. de toxine centrifugée . , ...				dans la nuit.
2.320	10	—		. . . .	en 5 minutes.
2.100	10	—		. . . .	en 7 minutes.
2.200	10	—		. . . .	en 45 minutes.
2.250	10	—		. . . .	en 21 h. 50.
2.300	10 c.c. toxine centrif.,	0 c.c. 5 de sérum 803			en 22 heures.
2.500	10	—	1 c.c.	—	en 9 jours.
2.200	10	—	2 c.c.	—	en 13 jours.

Les résultats obtenus dans ces expériences sont d'autant plus significatifs que la toxine centrifugée de staphylocoque renferme encore un nombre considérable de germes et que, d'autre part, l'hémoculture faite à l'autopsie des animaux morts avec un grand retard à la suite d'injection intraveineuse de mélange de toxine-sérum a toujours donné des résultats positifs (1).

* *

Les faits que nous venons d'exposer démontrent nettement que les hémolysines bactériennes, loin d'être inoffensives, contribuent à l'intoxication générale de l'organisme au cours de l'infection microbienne. La part qui revient à chaque hémolysine dans cette intoxication dépend non seulement de l'intensité de son pouvoir globulicide, mais aussi de la proportion dans laquelle elle se trouve mélangée à la partie non hémolytique, dans une dose mortelle de toxine totale.

Cette proportion est très variable non seulement pour les différentes espèces microbiennes, mais encore pour les différentes souches d'une même espèce. Elle n'est même pas constante pour une souche donnée.

Ainsi une souche du *B. perfringens* très hémolytique peut, exceptionnellement, ne pas former d'hémolysine et produire chez le cobaye un œdème blanc. D'autre part, nous avons des souches de *B. perfringens* ayant causé chez l'homme une gangrène gazeuse toxique à œdème blanc et qui, une fois isolées de l'homme, se sont montrées très hémolytiques aussi bien *in vivo* que *in vitro*.

Du fait qu'une hémolysine joue un rôle prédominant dans l'intoxication générale de l'organisme causée par une toxine microbienne, il ne faudrait pas conclure que la partie non hémolytique de cette toxine soit complètement inactive. Ainsi la toxine du *B. perfringens*, débarrassée de son hémolysine, ne tue plus les cobayes du même poids que le témoin (400 grammes), mais

____

(1) Le staphylocoque passe à travers la bougie Chamberland L2. Nous avons trouvé jusqu'à 150, 160 germes pour 1 cent. cube d'une toxine obtenue par la filtration d'une culture de staphylocoque préalablement centrifugée pendant dix minutes. Cela explique pourquoi l'hémoculture pratiquée à l'autopsie des lapins injectés avec la toxine filtrée a donné, dans deux autres de nos expériences, des résultats positifs.

elle reste encore assez active pour tuer un cobaye de 200 à 250 grammes.

Les résultats de nos expériences avec la toxine du Vibrion septique ne signifient nullement que l'hémolysine ne joue aucun rôle dans l'intoxication causée par ce microbe. Ils prouvent seulement que, dans les conditions spéciales où nous nous sommes placés — et qui correspondent à la septicémie et à l'intoxication suraiguë dans les cas d'infection naturelle — la partie non hémolytique de la toxine est assez active pour amener à elle seule la mort foudroyante de l'animal.

Il ne faut pas perdre de vue la rapidité extrême avec laquelle l'hémolysine se fixe sur les globules rouges ; elle explique pourquoi il est si urgent de recourir à une injection intraveineuse de sérum dans le cas d'une infection causée par un microbe hémolytique. Elle explique aussi pourquoi un sérum thérapeutique préparé contre une espèce microbienne hémolytique, comme *B. perfringens*, staphylocoque, streptocoque, pneumocoque, etc., doit posséder à un haut degré un pouvoir antihémolytique.

Cette dernière nécessité est encore soulignée par les expériences dans lesquelles nous avons réussi à neutraliser la toxine de différentes espèces microbiennes par le sérum normal de cheval et par ce fait, enfin, que ce pouvoir neutralisant du sérum normal est assez exactement proportionnel à son pouvoir antihémolytique.

L'étude du pouvoir antihémolytique du sérum de cheval vis-à-vis d'une hémolysine donnée d'origine bactérienne permet d'expliquer certains succès thérapeutiques obtenus avec le sérum normal. Comme ce pouvoir antihémolytique est très variable suivant les échantillons de sérum, on s'explique comment, en utilisant un mélange de plusieurs sérums, on augmente les chances de ces succès thérapeutiques. Ainsi, pour notre part, nous n'avons jamais observé d'infections secondaires à staphylocoques dans les plaies traitées par le sérum mixte antigangreneux, dans lequel il n'entre pas, cependant, de sérum antistaphylococcique.

L'étude du pouvoir antihémolytique du sérum normal de cheval donne également la clef de la fréquence des affections à streptocoques observées dans les mêmes conditions. Besredka

avait déjà signalé le pouvoir antihémolytique très faible du
sérum normal de cheval vis-à-vis de la streptococolysine; nous
l'avons trouvé, pour notre part, nul chez 150 chevaux neufs.
D'autre part, de tous les sérums préparés à l'Institut Pasteur,
seuls les sérums antigangreneux, antipneumococcique et antiméningococcique se sont montrés très légèrement antihémolytiques. Sur 17 échantillons de sérum antistreptococcique
étudiés, 6 (sérums 732, 734, 735, 736, 771 et 788) se sont
montrés nettement antihémolytiques (indice antihémolytique
200 à 500) ; les autres ont été complètement dépourvus de
tout pouvoir antihémolytique. Il est possible que ces variations
de pouvoir antihémolytique, suivant les échantillons étudiés,
expliquent les résultats contradictoires signalés dans le traitement sérothérapique des infections à streptocoques. Le succès
obtenu dernièrement dans trois cas de septicémie puerpérale
traitée, d'après nos conseils, par du sérum antigangreneux
additionné de sérum antistreptococcique choisi parmi les échantillons les plus fortement antihémolytiques, vient à l'appui de
notre façon de voir.

SUR LE DOSAGE

DU TRYPTOPHANE DANS LES MATIÈRES PROTÉIQUES

par Pierre THOMAS.

Le tryptophane ou acide indol-3-aminopropionique fait partie de la molécule d'un grand nombre de substances protéiques, auxquelles il communique un caractère particulier, à savoir la propriété de fournir de l'indol sous l'action des bactéries de la putréfaction. La fibrine, la caséine, les albumines de l'œuf, du sérum et du lait, en particulier, se distinguent par leur teneur relativement élevée en tryptophane.

Dans la digestion des albuminoïdes, une partie du tryptophane est utilisée par l'organisme, le reste fournissant vraisemblablement la majeure partie de l'indol qui est ensuite excrété. Bien qu'il n'y ait pas de rapport défini entre la quantité d'indol formé dans l'organisme et la teneur en tryptophane des aliments, il existe cependant une relation assez étroite entre ces quantités. Le dosage du tryptophane dans les matières azotées faisant partie du régime alimentaire est donc nécessaire si on veut comprendre les variations de la quantité d'indol éliminée, en supposant — ce qui est légitime — que l'intestin n'est jamais dépourvu des espèces microbiennes capables d'amener sa formation aux dépens du tryptophane.

En examinant les travaux publiés sur le dosage du tryptophane, on se trouve amené à classer les méthodes en plusieurs groupes. Les unes reposent sur l'isolement direct du produit, les autres sur sa transformation par les bactéries en indol que l'on peut doser, d'autres enfin sur l'obtention de diverses réactions colorées dont on apprécie l'intensité ou qui servent de

(1) Ce mémoire a été remis au Comité en mai 1914.

limites de titrage. Nous examinerons rapidement ces divers procédés.

1° MÉTHODE PAR ISOLEMENT EN NATURE. — Elle a été employée par Hopkins et Cole (1) qui ont utilisé la digestion trypsique pour détacher le tryptophane de la molécule protéique, puis l'ont séparé par précipitation au moyen du sulfate mercurique en milieu acidifié par l'acide sulfurique. Après lavage du précipité, on le décompose au moyen de l'hydrogène sulfuré, puis on recommence encore une fois ce traitement. La solution obtenue est concentrée jusqu'à cristallisation ; finalement, on sèche et on peut peser. Hopkins et Cole ont ainsi retiré directement de la caséine 1,5 p. 100 de son poids de tryptophane. Ce résultat, que les auteurs indiquent comme un minimum en raison des pertes inévitables, est à retenir.

Cette méthode est celle qui donne les résultats les plus certains ; elle exige naturellement une quantité importante de matière protéique, ce qui la rend inapplicable dans beaucoup de cas.

2° MÉTHODE PAR TRANSFORMATION EN INDOL ET DOSAGE DE CE CORPS. — On a songé à décomposer le tryptophane et à doser l'indol produit. Ainsi, W. von Moraczewski (2) provoque la putréfaction de divers albuminoïdes, après les avoir soumis à la digestion pepsique et trypsique. L'indol formé est séparé par distillation et dosé. Mais les chiffres obtenus montrent que le calcul du tryptophane, basé sur ces dosages d'indol, ne peut donner aucun résultat constant.

3° MÉTHODE DE TITRAGE BASÉE SUR L'EMPLOI D'UNE RÉACTION COLORÉE. — Le tryptophane en solution pas trop étendue donne avec l'eau de brome une coloration rouge violacé. Cette réaction a été d'abord utilisée par Levene et Rouiller (3), en 1907, pour le dosage volumétrique, au moyen d'une solution titrée d'eau de brome. La fin du titrage était indiquée par le virage de la coloration du rouge violet au jaune, ce qui correspond à la transformation du mélange de tryptophane monobromé et dibromé en combinaison dibromée.

On peut reprocher à ce dosage son manque de précision.

(1) F. G. HOPKINS et S. COLE. *Journ. of Physiol.*, 1901, **27**, p. 418.
(2) W. VON MORACZEWSKI. *Bioch. Zeitsch.*, 1913, **51**, p. 340.
(3) P. LEVENE et C. ROUILLER. *Journ. of. Biol. Chem.*, 1907,

D'autre part, il n'est applicable que dans des solutions ne contenant, à côté du tryptophane, aucun corps susceptible d'absorber le brome.

4° MÉTHODES COLORIMÉTRIQUES. — Fasal (1) a indiqué en 1912 un procédé basé sur l'action de l'acide sulfurique en présence de l'acide glyoxylique (réaction de Hopkins). Il se fait une coloration violette, que l'auteur compare, au colorimètre, avec une gamme colorée obtenue au moyen d'une solution titrée de tryptophane pur.

Plus récemment, Herzfeld (2) a publié une méthode qui repose sur l'emploi du p-diméthylaminobenzaldéhyde en présence d'acide chlorhydrique. La coloration bleue qui apparaît progressivement est comparée, au colorimètre ou au spectrophotomètre, à celle que fournit une solution titrée de tryptophane pur, comme dans la méthode de Fasal.

Ces procédés sont d'une application commode et présentent l'avantage d'exiger seulement de petites quantités de substance. Leur précision laisse toujours à désirer, mais elle est au moins de même ordre que celle des méthodes d'isolement qui permettent actuellement de doser les acides aminés.

J'ai donc repris l'étude du procédé indiqué par Fasal. Cet auteur prend 0 gr. 1 environ de substance, desséchée jusqu'à poids constant, y ajoute 2 cent. cubes de solution d'acide glyoxylique (obtenue par réduction d'une solution saturée d'acide oxalique avec l'amalgame de sodium) puis 6 cent. cubes d'acide sulfurique concentré ; après avoir mélangé, il compare au colorimètre Dubosq avec le type de la gamme colorimétrique qui paraît le plus voisin de la teinte obtenue.

Fasal, voulant contrôler sa méthode, détermine la teneur en tryptophane de la caséine ; il trouve le chiffre de 0,65 p. 100. Comme dans une préparation faite par Abderhalden et Kempe (3), ces auteurs avaient obtenu avec la caséine 0,53 p. 100 de tryptophane, Fasal considère l'accord comme satisfaisant, sa méthode colorimétrique excluant, dit-il, les pertes.

En fait, en répétant le dosage selon Fasal avec de la caséine desséchée, en poudre, j'ai obtenu le chiffre de 0,6 p. 100. Il

(1) H. FASAL. *Bioch. Zeitsch.*, 1912, **44**, p. 392.
(2) E. HERZFELD. *Bioch. Zeitsch.*, 1913, **56**, p. 258.
(3) E. ABDERHALDEN et KEMPE. *Zeitsch. physiol. Chemie*, 1907, **52**, p. 208.

semble donc qu'il y a concordance. Malheureusement, on observe qu'après quelques heures de repos le mélange coloré en violet laisse surnager des grains très fins fortement colorés. C'est qu'une partie de la caséine ne s'est pas dissoute dans l'acide, accident presque inévitable avec la plupart des substances protéiques lorsqu'elles ont été séchées à l'étuve. J'ai alors pris de la caséine du même échantillon, que j'ai finement pulvérisée au mortier d'agate, tamisée au tamis de soie fin, puis séchée jusqu'à poids constant. Une détermination faite sur cette poudre m'a donné la valeur de 1,78 p. 100, la totalité du produit passant en dissolution dans l'acide sulfurique.

Ce chiffre peut être considéré comme en parfait accord avec celui de Hopkins et Cole, qui est d'ailleurs indiqué par Abderhalden lui-même dans ses ouvrages (1). En travaillant avec la méthode de Fasal, on peut donc arriver à des résultats satisfaisants, si on prend la précaution de pulvériser la substance assez finement pour qu'elle passe entièrement en dissolution dans l'acide ; cet auteur paraît avoir négligé cette précaution et par suite tous les résultats publiés par lui semblent bien douteux. Cette méthode présente pourtant un très grave inconvénient : c'est de donner des colorations très variables, allant du bleu au rouge-violet par toutes les teintes du violet. La comparaison au colorimètre avec la teinte bleue donnée par le tryptophane pur devient dès lors difficile, souvent impossible. Lorsqu'il s'agit de matières protéiques très riches en groupements hydrocarbonés, la couleur est toujours rabattue par une proportion variable de brun et la comparaison est impossible.

La méthode de Herzfeld paraît devoir éviter les inconvénients de la précédente. En effet, le tryptophane, préalablement libéré de la molécule par la digestion trypsique, est mis en évidence au moyen de réactifs moins violents, et les colorations obtenues semblent être en rapport plus direct avec sa teneur dans la molécule protéique.

Herzfeld prend 1 gramme de matière protéique séchée, qu'il dissout dans 500 cent. cubes d'une solution de carbonate de sodium à 0,5 p. 100, ajoute 0 gr. 5 de pancréatine et laisse digérer vingt-quatre heures à l'étuve, en présence de chloro-

(1) E. Abderhalden. *Lehrbuch d. physiol. Chemie*, 1914, 3e édit., p. 400.

forme et de toluène. Après ce temps, il mesure exactement 50 cent. cubes du liquide refroidi et filtré, y ajoute 10 cent. cubes de réactif au p-diméthylaminobenzaldéhyde (1), puis 40 cent. cubes d'acide chlorhydrique concentré, et laisse trente heures à la température ordinaire. Le liquide bleu est alors comparé, au colorimètre ou au spectrophotomètre, avec celui qui est fourni par une solution titrée de tryptophane. Bien entendu, le tryptophane contenu dans la pancréatine est déterminé par une expérience de contrôle et il en est tenu compte dans le calcul du résultat.

Dans quatre déterminations faites avec la caséine, Herzfeld trouve 0,52; 0,53; 0,51; 0,50; moyenne : 0,515 p. 100. En opérant par sa méthode, j'ai trouvé de 1,3 à 1,4 p. 100. Quelles peuvent être les raisons de cette divergence? Il y en a plusieurs.

D'abord, ici encore, la finesse de la poudre a son importance, car la dissolution dans le carbonate de sodium étendu peut n'être pas complète. Des poudres fines de caséine m'ont donné 1,60 et 1,63 au lieu de la teneur indiquée plus haut. Avec certaines substances, la finesse de la poudre ne suffit pas toujours, et il faut avoir recours à un autre moyen, comme nous le verrons plus loin.

D'autre part, la durée de la digestion employée par Herzfeld, vingt-quatre heures, est insuffisante pour détacher la totalité du tryptophane fixé dans la molécule. Hopkins et Cole indiquent de laisser la digestion jusqu'à ce que la réaction à l'eau de brome soit maximum, ce qui peut atteindre jusqu'à sept jours. On sait d'ailleurs que la quantité libérée augmente nettement dans les premiers jours de la digestion.

Enfin, Herzfeld paraît négliger complètement l'action de la lumière sur le développement de la réaction colorée qu'il utilise. J'ai observé qu'un mélange laissé à l'obscurité se colore beaucoup plus lentement qu'un autre mélange identique placé en pleine lumière. Sur une table, dans un laboratoire, des différences d'éclairement produisent des différences d'intensité dans

---

(1) Ce réactif a la composition suivante :

p-diméthylaminobenzaldéhyde. . . . . 20 grammes.
Acide chlorhydrique concentré. . . . . 500 cent. cubes.
Eau . . . . 500 cent. cubes.

la couleur des échantillons placés côte à côte. De plus la durée
de trente heures qu'il indique est plutôt insuffisante; j'ai
obtenu après quarante-huit et même soixante heures des
résultats plus comparables.

J'ajouterai qu'il n'y a aucun intérêt, au point de vue de la
précision, à remplacer le colorimètre par le spectrophotomètre;
ces deux instruments se complètent plutôt. Le colorimètre
donne de très bons résultats pour comparer les teintes bleues
de faible ou moyenne intensité, dans lesquelles une légère
différence de coloration ne gêne pas la comparaison, et dont le
pouvoir absorbant est trop petit, sous faible épaisseur, pour
permettre utilement l'emploi du spectrophotomètre. Inversement, ce dernier instrument convient très bien pour comparer
des solutions intensément colorées, avec lesquelles l'emploi du
colorimètre n'est pas recommandable (1).

*
* *

J'ai, en tenant compte de ces faits, employé le mode opératoire suivant. La substance protéique desséchée est pulvérisée
finement et tamisée à travers un tissu de soie serrée, puis la
poudre est séchée à l'étuve jusqu'à poids constant. On pèse
exactement un poids voisin de 0 gr. 40 de produit et on le
dissout en broyant au mortier, par petites portions, dans une
solution de carbonate de sodium à 0,5 p. 100. On complète
ensuite à 200 cent. cubes avec cette solution. Certaines substances ne se dissolvent pas complètement dans ces conditions.
On prend alors une certaine quantité de préparation, à l'état
humide, soit coagulée par la chaleur, soit précipitée et lavée,
et on l'essore avec soin. On prélève deux portions de même
poids, d'environ 2 grammes, de la masse humide, et on dessèche l'une à l'étuve jusqu'à poids constant, tandis que l'autre
est dissoute dans 200 cent. cubes de la solution de carbonate de
sodium. On connaît ainsi le poids de matière sèche en solution.

La solution, additionnée de 0 gr. 10 d'une préparation active
de pancréatine, puis de 5 cent. cubes de chloroforme et de
5 cent. cubes de toluène, est placée à l'étuve à 37° et aban-

---

(1) J'ai employé dans ces recherches le spectrophotomètre de Ch. Féry,
construit par Beaudoin, 31, rue Lhomond, à Paris.

donnée à cette température. On prélève après chaque période
de vingt-quatre heures un volume déterminé de liquide, que
l'on essaie à l'eau de brome après neutralisation. Quand la
coloration ne paraît plus augmenter d'intensité (cinq à sept
jours), on prélève avec une pipette une certaine quantité de
liquide que l'on filtre, et on mesure 50 cent. cubes de filtrat,
auquel on ajoute 10 cent. cubes de réactif au p-diméthylamino-
benzaldéhyde, préparé comme plus haut, puis assez d'acide
chlorhydrique concentré et pur pour amener le volume à
100 cent. cubes. On mélange et on laisse à la lumière, en
disposant à côté, soumis au même éclairement, un ballon semblable, dans lequel on a mis, avec le réactif et l'acide chlorhydrique, 50 cent. cubes d'une solution de tryptophane pur (1) de
richesse connue (0,004 à 0,010 p. 100). Après quarante à quarante-huit heures, on compare les teintes au colorimètre; on
fait de nouveau cette comparaison après cinquante-deux à
soixante heures, et on calcule la richesse en tryptophane. Voici
un exemple de détermination :

On a digéré un poids de caséine correspondant à 0 gr. 45 de
produit sec, dissous dans 200 cent. cubes de solution, avec
0 gr. 10 de trypsine. La réaction est faite sur 50 cent. cubes
de liquide, amenés à 100 cent. cubes. Une épaisseur de 0,95 de
ce liquide correspond au colorimètre à une épaisseur de 1,0
du liquide obtenu avec 10 cent. cubes de solution de tryptophane à 0,02 p. 100, amenés à 100 cent. cubes.

La solution de tryptophane contient :

$$\frac{0,02 \times 10}{100} = 0,002 \text{ p. 100 de T.}$$

La solution de caséine contient :

$$\frac{0,002 \times 1}{0,95} = 0,0021 \text{ p. 100 de T.}$$

La totalité de la digestion de caséine contient :

$$\frac{0,0021 \times 200}{50} = 0,0084 \text{ p. 100 de T.}$$

(1) Le tryptophane qui a servi à ces comparaisons provenait de la maison
Hoffmann La Roche, 21, place des Vosges, à Paris.
Il est commode d'en préparer une solution à 0 gr. 20 p. 100, que l'on dilue
plus ou moins au moment de l'expérience.

La trypsine employée contenait, d'après la détermination préalable, 0,70 p. 100 de tryptophane, soit 0,0007 pour 0 gr. 10, quantité utilisée. Il reste donc $0,0084 - 0,0007 = 0,0077$ T pour 0 gr. 45 de caséine, ce qui fait :

$$\frac{0,0077 \times 100}{0,45} = 1,71 \text{ p. 100 de caséine.}$$

CONCLUSIONS

Le dosage de tryptophane est une opération simple et conduit à des résultats concordants si on suit exactement le mode opératoire indiqué. Pour les substances qui résistent à la digestion ou refusent de se dissoudre complètement, on pourra se trouver bien du procédé de Fasal, mais à condition de partir d'un produit très finement pulvérisé et si ce produit ne renferme pas une proportion trop élevée de restes hydrocarbonés.

Quant à la teneur de la caséine en tryptophane, variable entre 1,7 et 1,8 p. 100 d'après les deux méthodes, elle concorde suffisamment avec les résultats de Hopkins et Cole pour pouvoir être admise.

TABLE DES AUTEURS

TABLE DES MATIÈRES

Paris. — L. MARETHEUX, imprimeur, 1, rue Cassette.

Annales de l'Institut Pasteur

(Mém. S. Metalnikov)

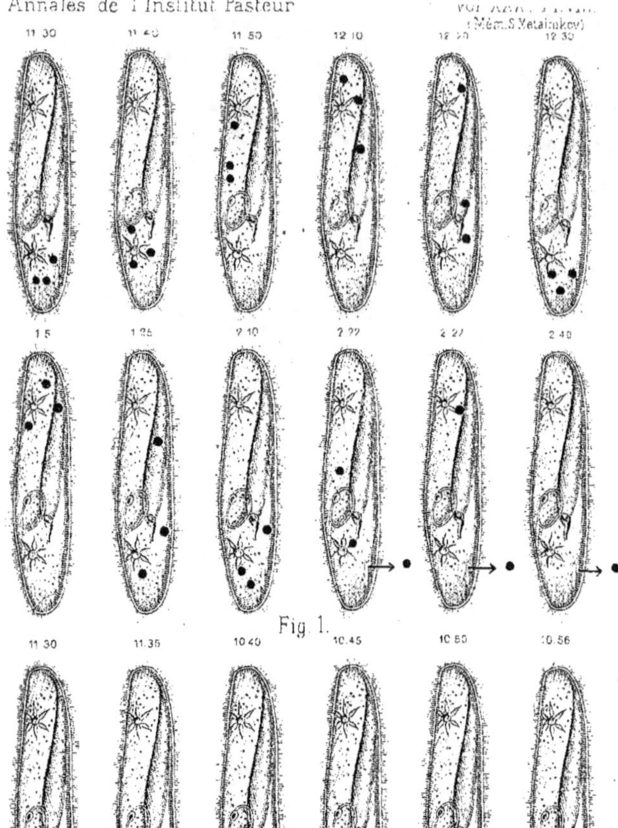

Fig. 1.

Fig. 2.

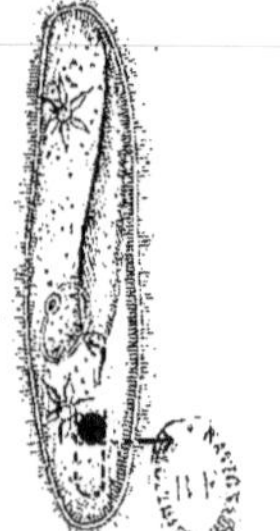

Fig. 3.

Ch. Constantin Lith.

Imp. Lafontaine, Paris.

(Mem S.Métalnikov)

Annales de l'Institut Pasteur

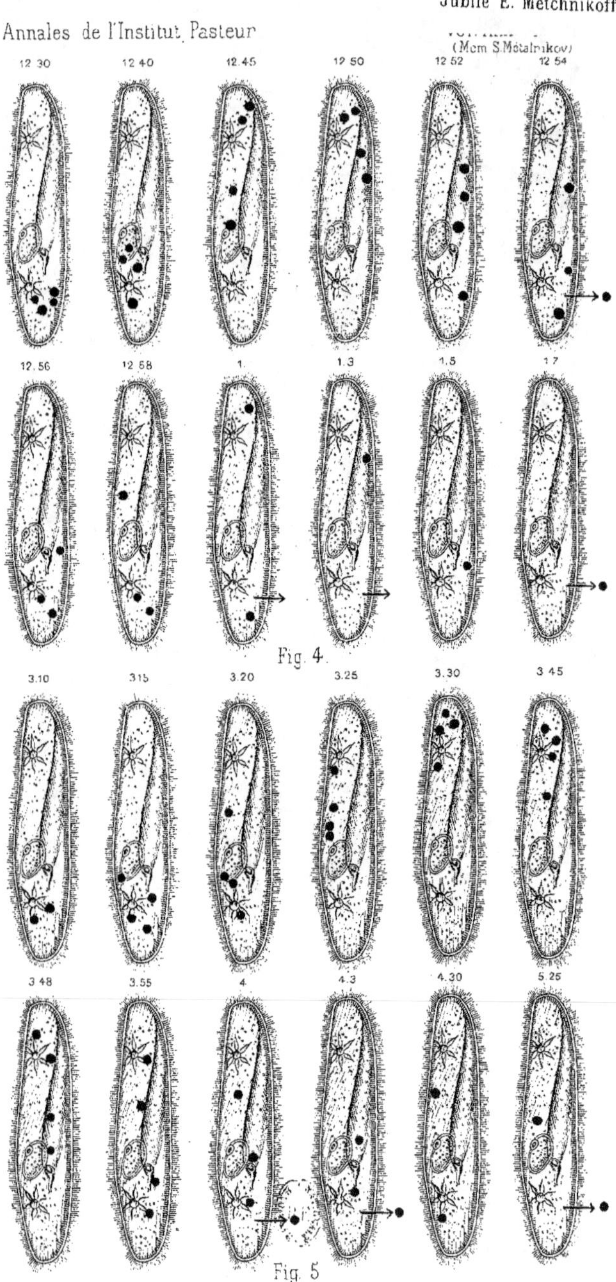

Jubilé Metchnikoff. Pl. III.
(Mém. Léger et Dubosq)

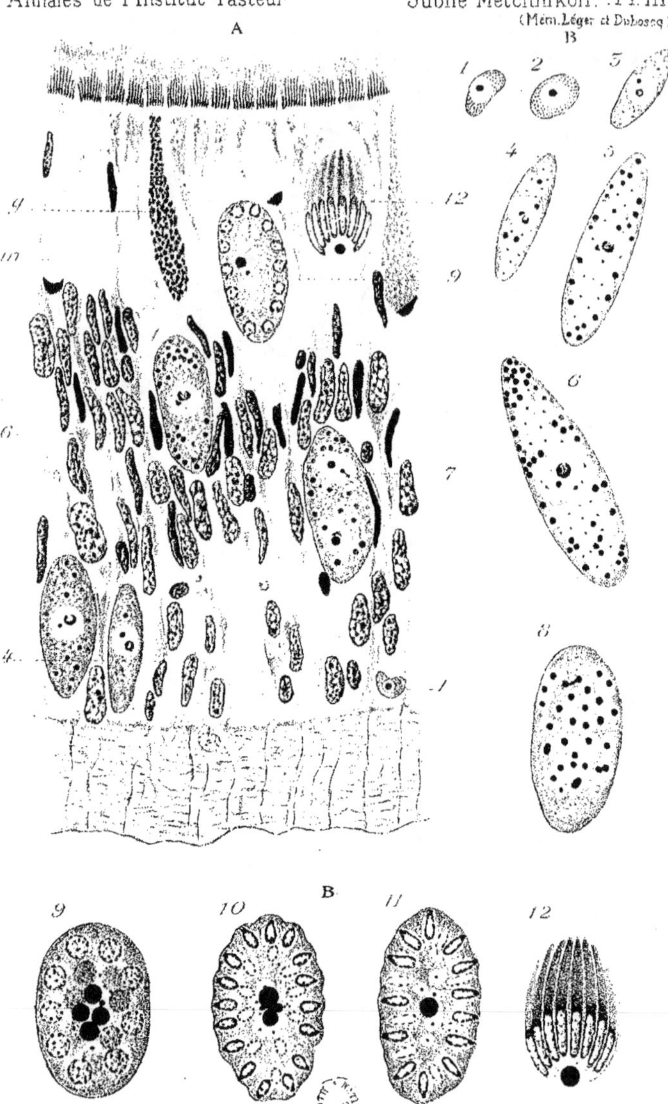

EIMERIA EPIDERMICA

1

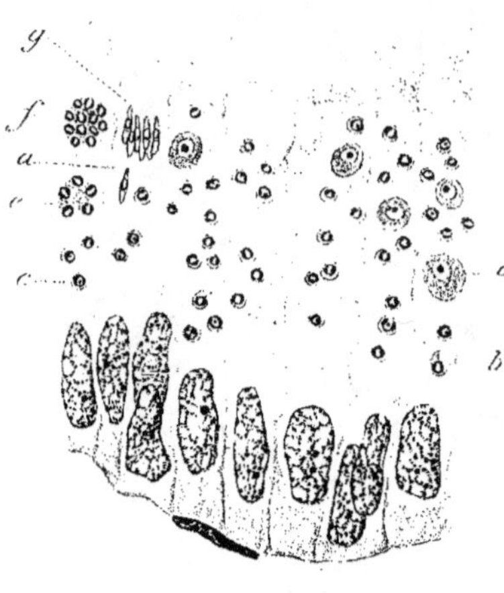

2

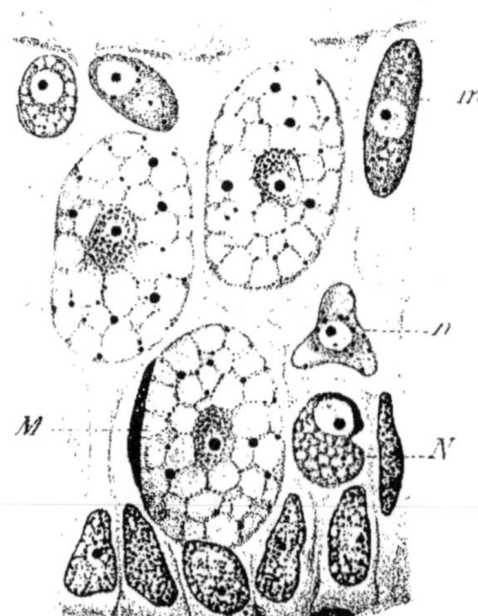

Constantin, lith.   Imp. d'Art I. Lafontaine

EIMERIA BEAUCHAMPI

1

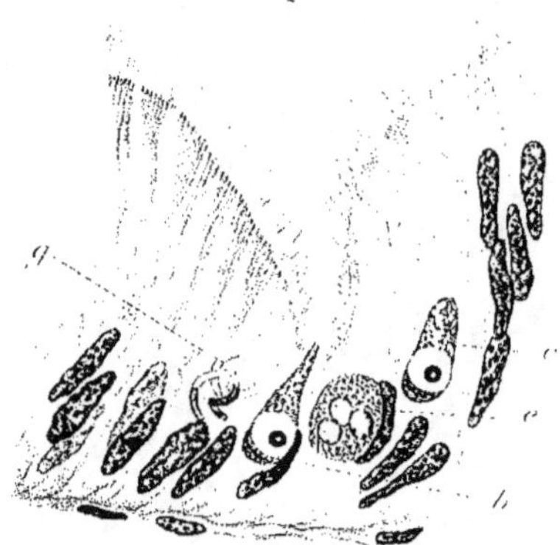

2

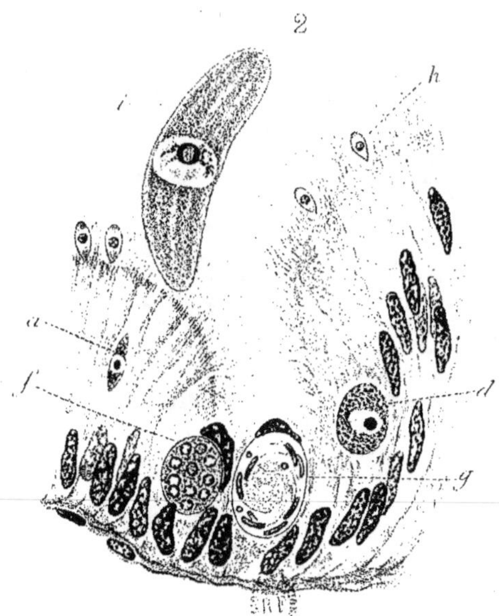

Constantin, lith.   Imp. d'Art L.Lefontaine.

SELENIDIUM METCHNIKOVI

Jubilé E. Metchnikoff. Pl. VI.

(Mém. Guilliermond.)

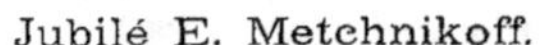

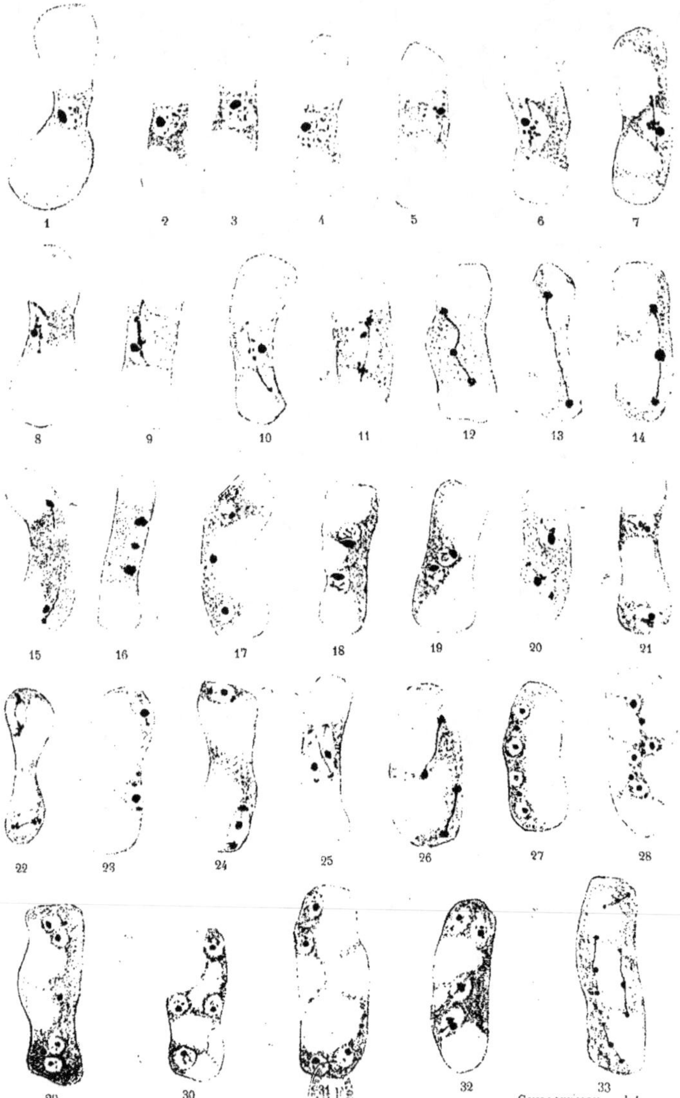

GUILLIERMOND, *del.*

Mitoses dans l'asque du *Schizosaccharomyces octosporus.*

(Mém. Magrou.)

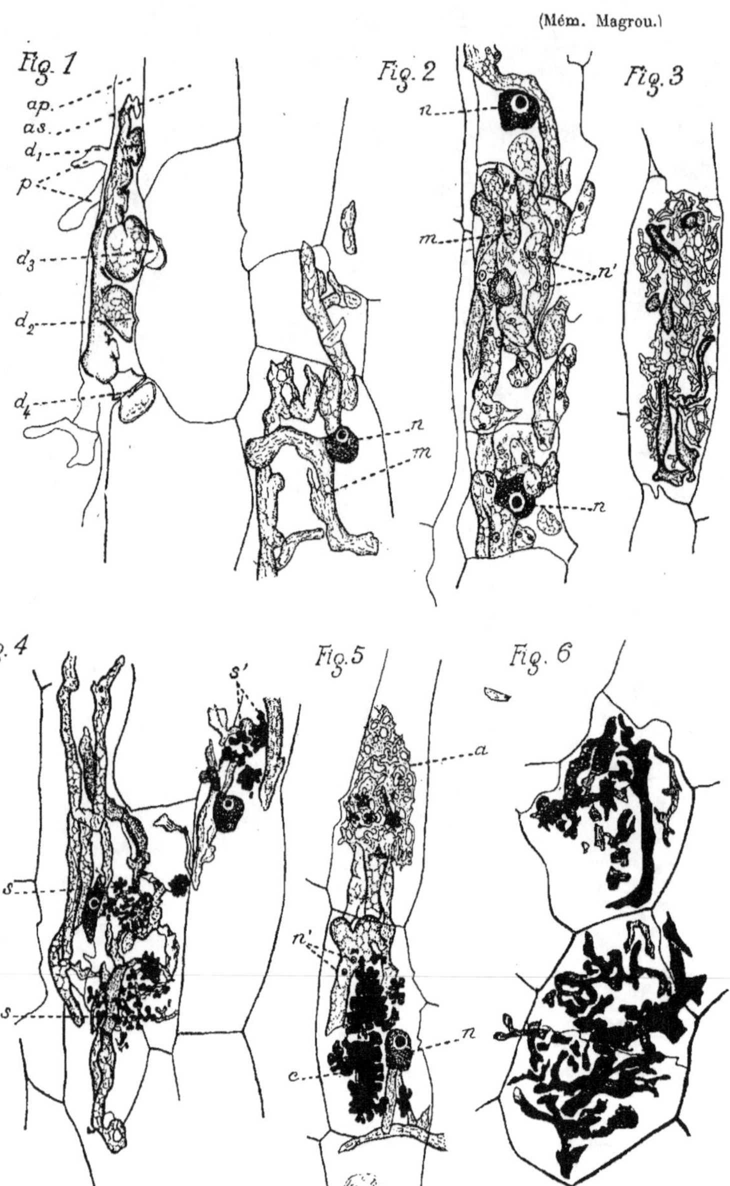

J. Magrou, del.

Racines de *Solanum tuberosum* envahies par un champignon endophyte.

L. Maretheux, imp.

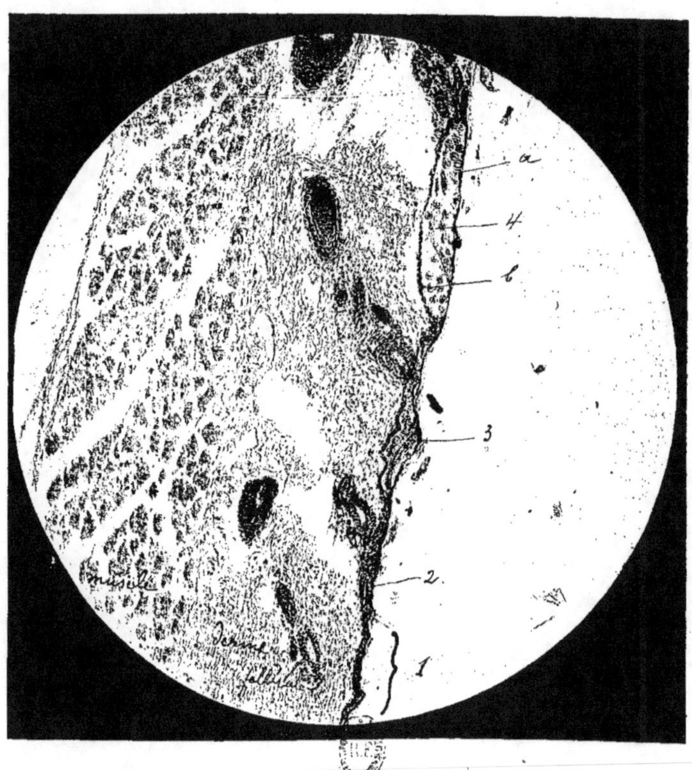

Coupe à travers la peau du cobaye, enlevée une heure après le dépôt de larves d'ankylostomes sur la peau.

1. Partie saine de l'épiderme et de la peau.
2. Une larve (fragment) à l'entrée d'un follicule pileux.
3. Décollement par les larves de la couche cornée de l'épiderme.
4. Bulle remplie de larves.
a, couche cornée ; b, corps muqueux de Malpighi.

[illegible]

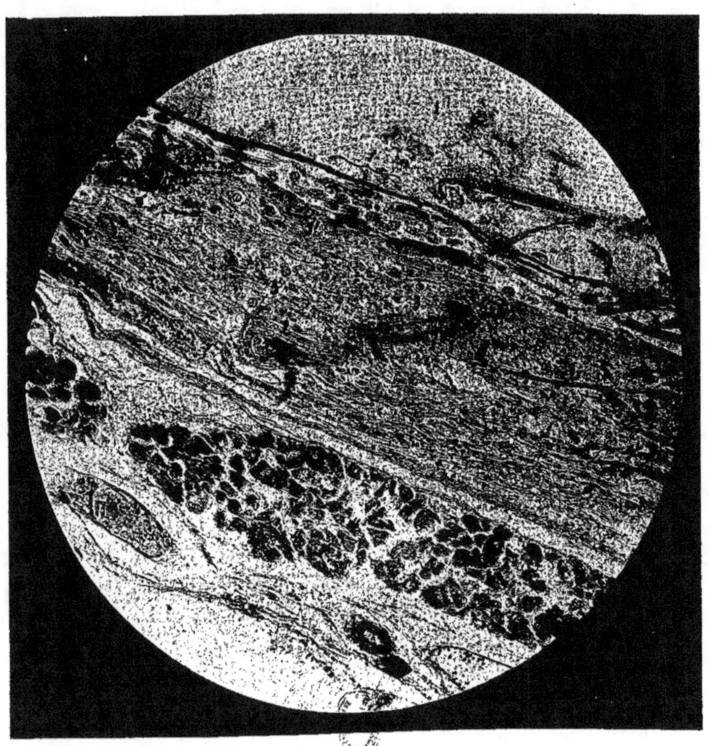

Coupe à travers la peau du cobaye, enlevée une heure après le dépôt de larves sur la peau.
1. Nid de larves ayant soulevé la couche cornée de l'épiderme.
1'. Coupe d'une larve pénétrant directement dans le derme.
2. Larves enroulées dans la profondeur ou à l'entrée (2') d'un follicule pileux.
3. Coupe transversale de larves dans le derme.
4. Coupe transversale de larves dans le tissu conjonctif intramusculaire profond.

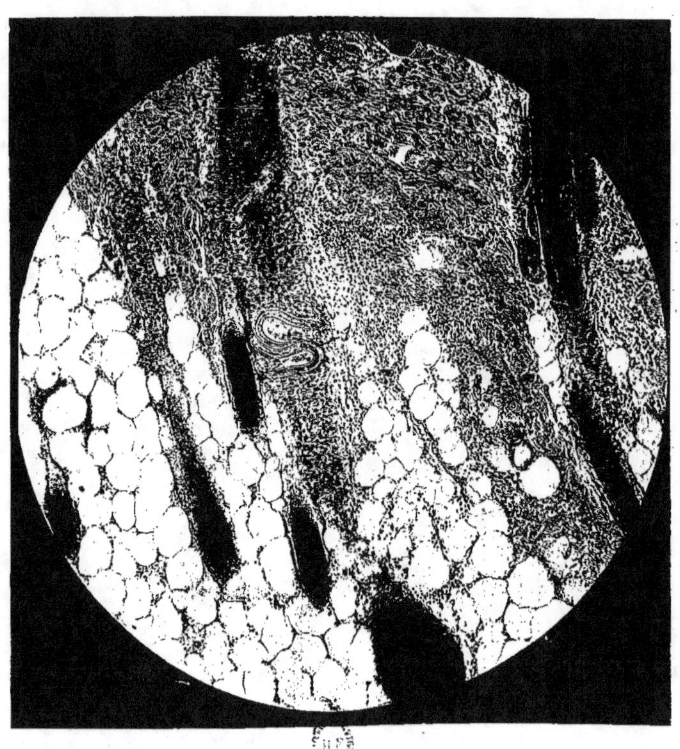

Coupe à travers la peau du chien, enlevée une heure après le dépôt de larves d'ankylostomes sur la peau.
1, 1'. Larves engagées dans la gaine épithéliale d'un follicule pileux.

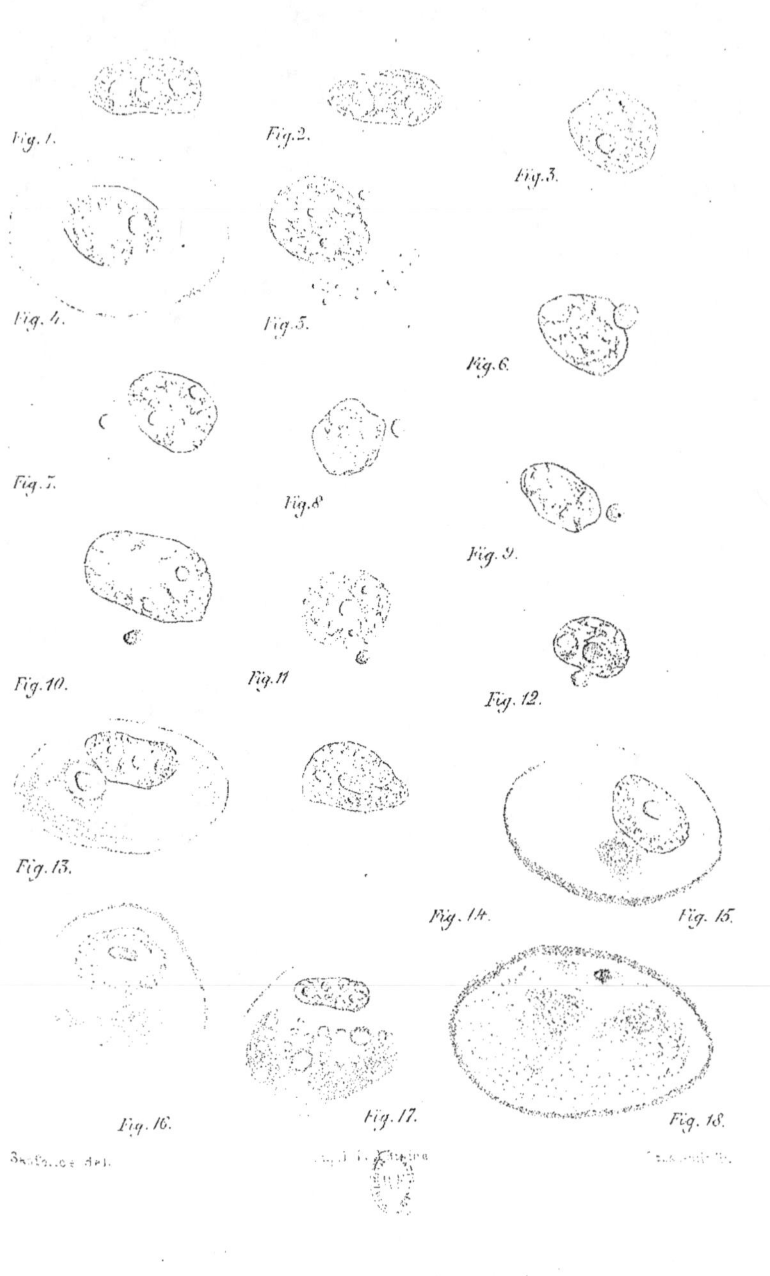

Fig. 1.
Fig. 2.
Fig. 3.
Fig. 4.
Fig. 5.
Fig. 6.
Fig. 7.
Fig. 8.
Fig. 9.
Fig. 10.
Fig. 11.
Fig. 12.
Fig. 13.
Fig. 14.
Fig. 15.
Fig. 16.
Fig. 17.
Fig. 18.

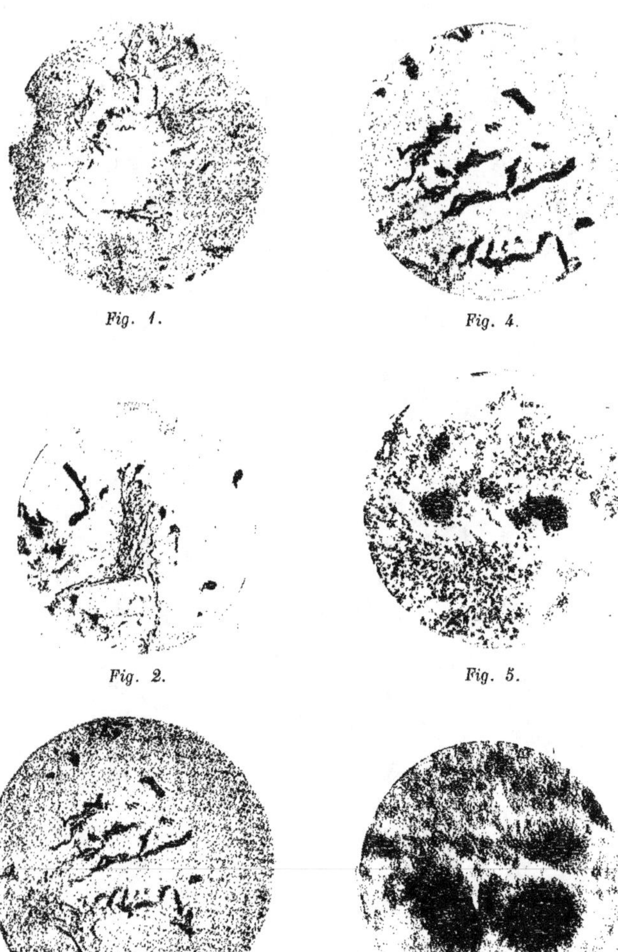

Fig. 1.

Fig. 4.

Fig. 2.

Fig. 5.

Fig. 3.

Fig. 6.

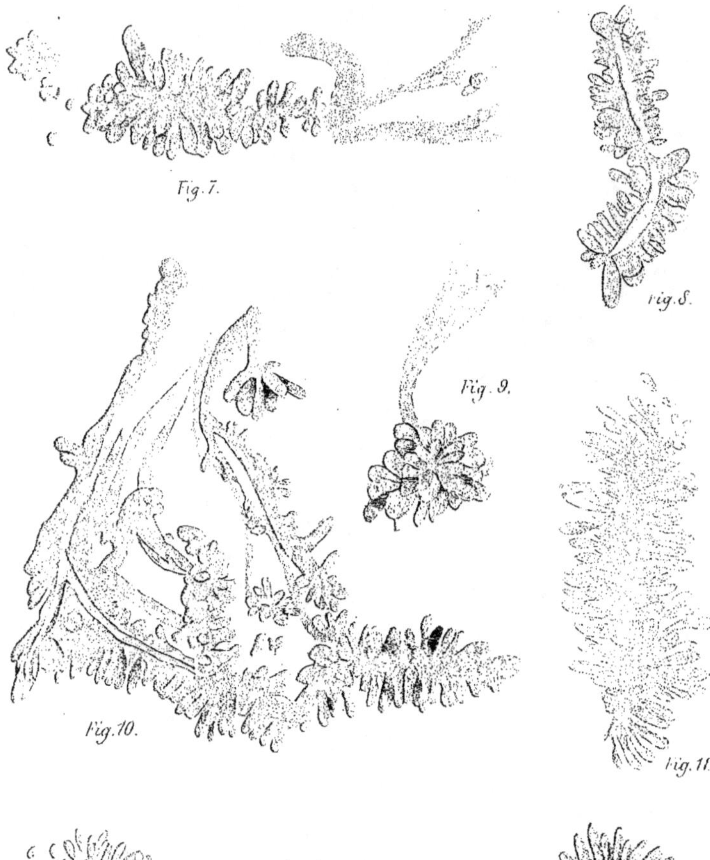

Fig.7.

Fig.8.

Fig.9.

Fig.10.

Fig.11.

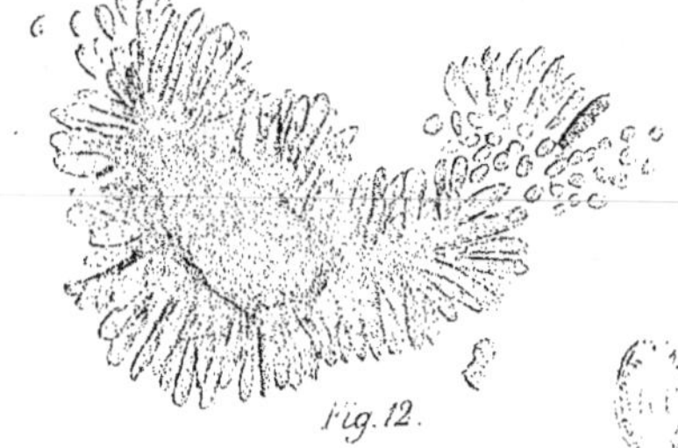

Fig.12.

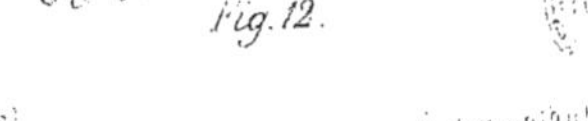

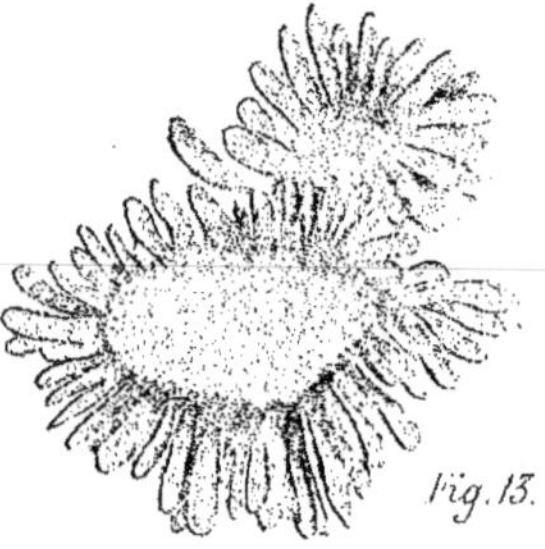

Fig.13.

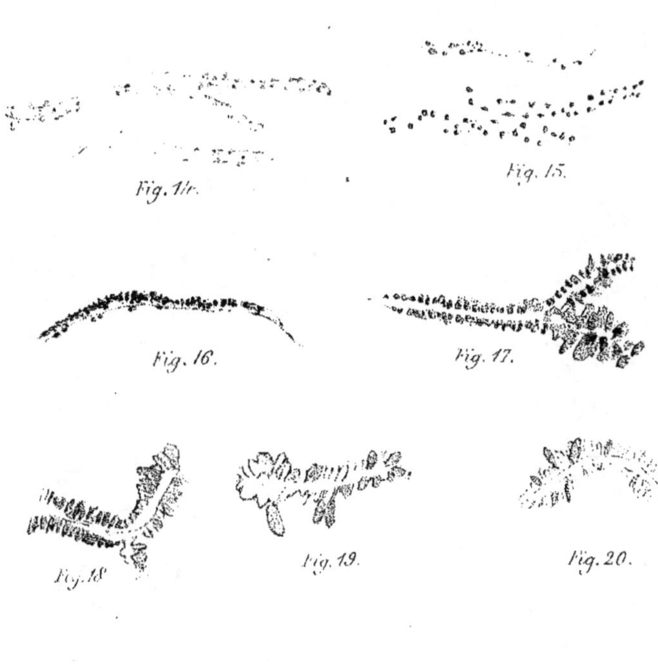

Fig. 14.

Fig. 15.

Fig. 16.

Fig. 17.

Fig. 18.

Fig. 19.

Fig. 20.

Fig. 21.

Fig. 22.

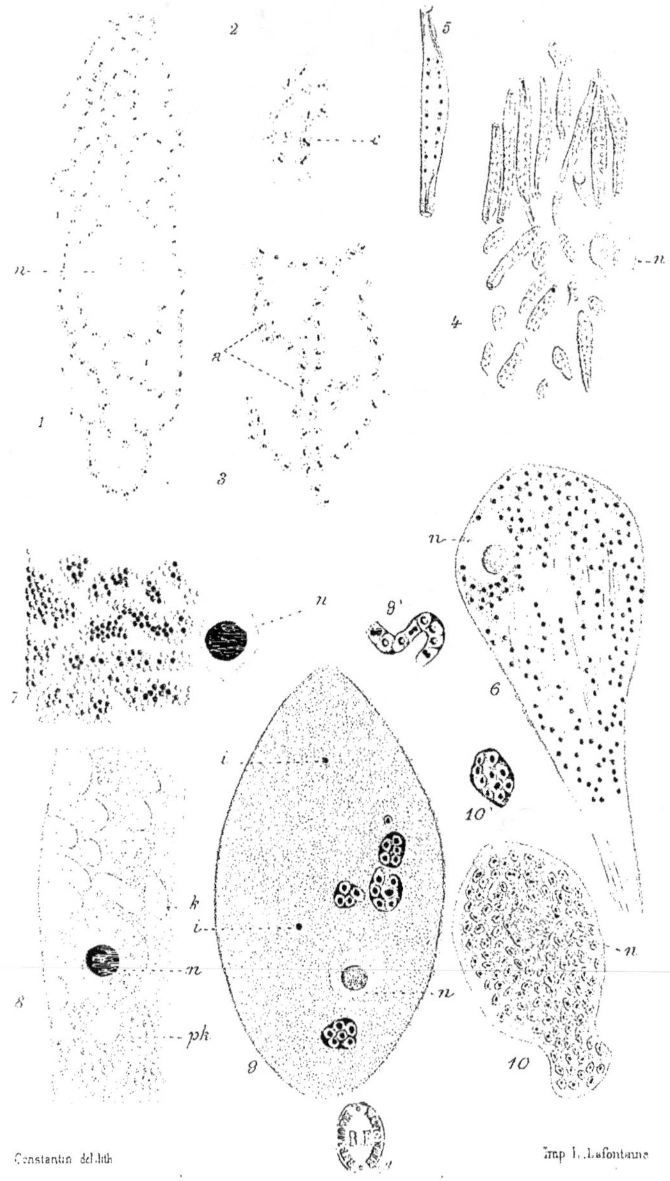

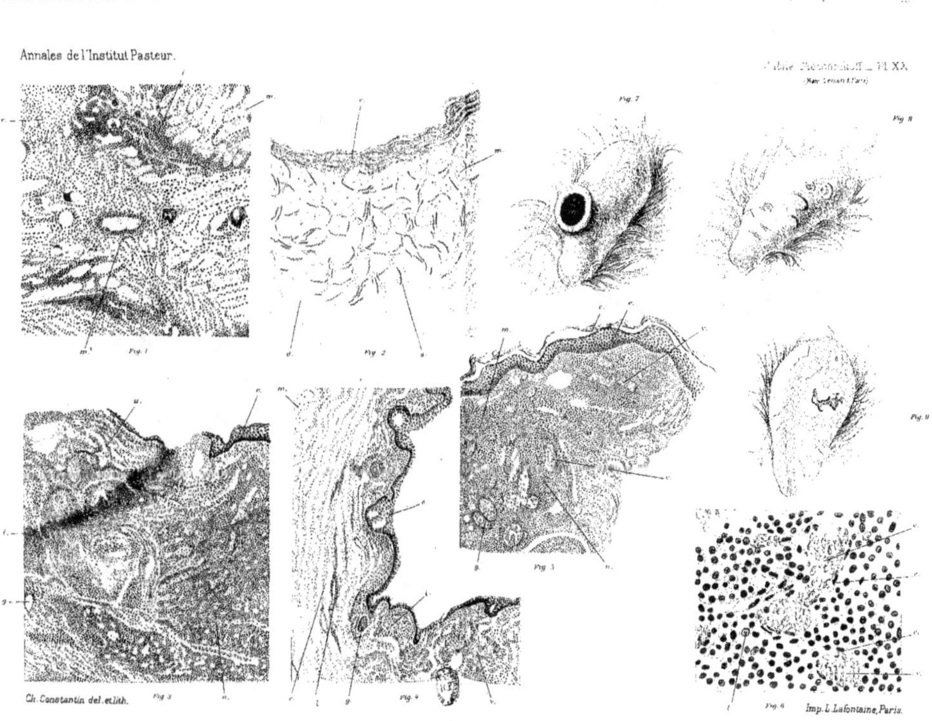

Ch. Constantin del. et lith.

Imp. L. Lafontaine, Paris.